Esther Bescós
Zoila Pena

Matemáticas aplicadas a las Ciencias Sociales

2º

Bachillerato

HUMANIDADES Y CIENCIAS SOCIALES

Oxford
EDUCACIÓN

ÁLGEBRA

ANÁLISIS

PROBABILIDAD Y ESTADÍSTICA

ANEXO

ice

1 Sistemas de ecuaciones

Tradicionalmente, se ha asignado la paternidad del álgebra a los matemáticos árabes. En realidad, el mérito de estos radica en la recopilación y ampliación de los conocimientos de matemáticos babilonios, egipcios, hindúes y griegos.

El sistema de numeración posicional permitió a los matemáticos babilonios, en el segundo milenio a. C., imprimir un notable desarrollo al álgebra.

El rey babilonio Hammurabi (siglo XVIII a. C.) es recordado por el famoso código que lleva su nombre, grabado en una estela de diorita, que actualmente se encuentra en el museo del Louvre de París. Este código jurídico de 282 apartados, con introducción y epílogo, contiene leyes que regían en la sociedad babilónica. Su descubrimiento, en 1902, constituye un hito en la historia del derecho.

Lo que es menos conocido es que, en diversas excavaciones arqueológicas, se han encontrado tablillas de arcilla de la época de Hammurabi en las que se plantean y resuelven sistemas de ecuaciones lineales con varias incógnitas.

Durante el desarrollo de esta unidad y de las dos siguientes, avanzarás en la discusión y resolución de sistemas de ecuaciones y utilizarás reglas deducidas por matemáticos famosos, pero también anónimos, a lo largo de un proceso que se inició hace 4 000 años y que, por supuesto, aún no ha concluido, ya que la curiosidad y el ansia de conocimiento de los seres humanos no tienen límite.

1. De las siguientes ecuaciones, di cuáles son lineales y cuáles no:

a) $3x + 2y - 4z = 10$

b) $3x^2 + 2x - 3 = 0$

c) $2x^3 - 3x + 5 = 10$

d) $2x - 5xy + z = 3$

2. Dada la ecuación lineal con dos incógnitas $x - y = 4$, establece otra ecuación que forme con esta:

a) Un sistema compatible determinado.

b) Un sistema compatible indeterminado.

c) Un sistema incompatible.

3. Indica si estas dos ecuaciones son equivalentes:

$$\begin{aligned} 2x + y - 3 &= 0 \\ 4x + 2y &= 6 \end{aligned}$$

1 Sistemas de ecuaciones lineales

1.1. Ecuación lineal

Se llama **ecuación lineal** con n incógnitas, $x_1, x_2, x_3, \ldots, x_n$, a toda expresión del tipo:

$$a_1x_1 + a_2x_2 + a_3x_3 + \ldots + a_nx_n = b$$

donde $a_1, a_2, a_3, \ldots, a_n$ son los **coeficientes,** y b, el **término independiente.**

Los coeficientes a_i, donde $1 \leq i \leq n$, y b son números reales.

Si $b = 0$, la ecuación recibe el nombre de **homogénea.**

Los valores $x_1, x_2, x_3, \ldots, x_n$ constituyen una solución de la ecuación si hacen que la igualdad se cumpla.

Una ecuación lineal puede tener más de una solución. En efecto, dada la ecuación lineal $3x_1 + 2x_2 - 5x_3 = 2$, una solución es la formada por los valores $x_1 = 1$, $x_2 = 2$ y $x_3 = 1$; pero también constituyen una solución los valores $x_1 = 0$, $x_2 = 6$ y $x_3 = 2$, entre otros. Se denomina **conjunto solución de la ecuación** al formado por todas sus soluciones.

Dos ecuaciones son **equivalentes** cuando tienen el mismo conjunto solución.

Así, las ecuaciones $3x - 2y = 4$ y $6x - 4y = 8$ son equivalentes, ya que tienen el mismo conjunto solución (ambas corresponden a la misma recta, y el conjunto solución está formado por todos los puntos de la misma).

Es fácil observar que si se multiplican los dos miembros de una ecuación por un número diferente de cero, la ecuación resultante es equivalente a la primera.

Recuerda

Una ecuación es una igualdad entre dos expresiones algebraicas que se verifica para ciertos valores de las variables (incógnitas). Si no se verifica para ningún valor, se dice que la ecuación no tiene solución.

Resolver una ecuación es hallar los valores de las incógnitas para los cuales se cumple la igualdad.

Recuerda

Una ecuación lineal tiene la peculiaridad de que el grado de todas las incógnitas es 1, y estas no aparecen multiplicadas o divididas entre sí. De este modo, $3x - 2y + xy = 13$ no es una ecuación lineal.

1.2. Sistemas de ecuaciones lineales

Un sistema de m ecuaciones lineales con n incógnitas se escribe así:

$$\begin{cases} a_{11}x_1 + a_{12}x_2 + a_{13}x_3 + \ldots + a_{1n}x_n = b_1 \\ a_{21}x_1 + a_{22}x_2 + a_{23}x_3 + \ldots + a_{2n}x_n = b_2 \\ \ldots \\ a_{m1}x_1 + a_{m2}x_2 + a_{m3}x_3 + \ldots + a_{mn}x_n = b_n \end{cases}$$

Los valores $x_1, x_2, x_3, \ldots, x_n$ son una solución del sistema si constituyen una solución de todas las ecuaciones que lo forman.

Se denomina **conjunto solución del sistema de ecuaciones** al conjunto integrado por todas las soluciones.

Cuando el sistema no tiene solución, recibe el nombre de **incompatible.** En caso contrario se llama **compatible.** Si la solución es única, se denomina **compatible determinado,** y si tiene más de una solución, **compatible indeterminado.** En el epígrafe 2 se muestra que si un sistema tiene más de una solución, entonces tiene infinitas soluciones.

Un sistema es **homogéneo** cuando todas las ecuaciones que lo forman lo son, es decir, cuando todos los valores b_i son cero:

$$\begin{cases} a_{11}x_1 + a_{12}x_2 + a_{13}x_3 + \ldots + a_{1n}x_n = 0 \\ a_{21}x_1 + a_{22}x_2 + a_{23}x_3 + \ldots + a_{2n}x_n = 0 \\ \ldots \\ a_{m1}x_1 + a_{m2}x_2 + a_{m3}x_3 + \ldots + a_{mn}x_n = 0 \end{cases}$$

Todos los sistemas homogéneos son compatibles, ya que admiten como mínimo la **solución trivial:** $x_1 = 0$, $x_2 = 0$, $\ldots$, $x_n = 0$.

Observa

El primer subíndice de cada coeficiente indica la ecuación a la que pertenece, y el segundo, la incógnita a la que acompaña.

Observa

Que un sistema sea indeterminado no indica que no se puedan determinar soluciones, sino que el número de estas es infinito.

2 Resolución de sistemas

2.1. Método de Gauss

Carl Friedrich Gauss

(1777-1855). Matemático y astrónomo alemán. El Príncipe de las Matemáticas, como es llamado por algunos, fue un niño prodigio. Ya en la escuela primaria sobresalió por su facilidad con las lenguas antiguas y la aritmética. A los 19 años, motivado por sus propios logros y descubrimientos, se decidió definitivamente a estudiar matemáticas. Tres años después obtuvo el doctorado con su demostración del teorema fundamental del álgebra. Sus contribuciones a las matemáticas puras y aplicadas son tan extensas y notables que se le considera uno de los tres matemáticos más grandes de todos los tiempos, junto con Arquímedes y Newton.

El **método de Gauss** permite resolver sistemas lineales de m ecuaciones con n incógnitas sin necesidad de que m y n coincidan. Consiste en aplicar el método de reducción para conseguir un sistema equivalente al original, en el que las diversas ecuaciones queden de forma tal que en una de ellas solo figure una incógnita; en otra, dos, entre las que se encuentre la que ha aparecido sola en la ecuación anterior; en la siguiente, tres, entre las que se encuentren las dos que pertenecían a las ecuaciones anteriores, y así sucesivamente. Cuando se ha completado el proceso, se dice que el sistema está **escalonado** (o **triangulado,** si $n = m$).

Consideremos el siguiente sistema:

$$\begin{cases} a_{11}x_1 + a_{12}x_2 + a_{13}x_3 + \ldots + a_{1n}x_n = b_1 \\ a_{21}x_1 + a_{22}x_2 + a_{23}x_3 + \ldots + a_{2n}x_n = b_2 \\ \ldots \\ a_{m1}x_1 + a_{m2}x_2 + a_{m3}x_3 + \ldots + a_{mn}x_n = b_m \end{cases}$$

Al aplicar el método de Gauss, el sistema equivalente tendrá la forma:

$$\begin{cases} a'_{11}x_1 + a'_{12}x_2 + a'_{13}x_3 + \ldots + a'_{1n}x_n = b'_1 \\ 0 + a'_{22}x_2 + a'_{23}x_3 + \ldots + a'_{2n}x_n = b'_2 \\ \ldots \\ 0 + 0 + 0 + \ldots + a'_{mn}x_n = b'_m \end{cases}$$

Los nuevos coeficientes proceden de los iniciales, después de aplicar a las diversas ecuaciones las transformaciones oportunas permitidas por los criterios de equivalencia de sistemas.

EJEMPLOS

a) *Resolver el siguiente sistema, aplicando el método de Gauss:*

$$\begin{cases} 3x - 2y + 4z = 3 \\ 5x - 3y + z = -6 \\ 4x + 4y - z = -2 \end{cases}$$

Sumando a la segunda ecuación multiplicada por 3 la primera por -5, se obtiene:

$$\begin{cases} 3x - 2y + 4z = 3 \\ y - 17z = -33 \\ 4x + 4y - z = -2 \end{cases}$$

Sumando ahora a la tercera ecuación multiplicada por 3 la primera multiplicada por -4, resulta:

$$\begin{cases} 3x - 2y + 4z = 3 \\ y - 17z = -33 \\ 20y - 19z = -18 \end{cases}$$

Multiplicando la segunda ecuación por -20 y sumándola a la tercera:

$$\begin{cases} 3x - 2y + 4z = 3 \\ y - 17z = -33 \\ 321z = 642 \end{cases}$$

De la última ecuación se obtiene $z = 2$; sustituyendo en la segunda, $y = 1$, y, por último, sustituyendo en la primera, $x = -1$.

En este caso, el sistema es compatible determinado.

En ocasiones es interesante estudiar el cambio de orden en las ecuaciones del sistema, ya que es posible que el método de reducción no nos permita escalonarlo en el orden dado. Observa, por ejemplo, este sistema:

$$\begin{cases} y + 2z = 4 \\ x - y - 3z = -5 \\ x - 2y = 6 \end{cases}$$

Cambiando el orden de las ecuaciones, se obtiene:

$$\begin{cases} x - 2y = 6 \\ y + 2z = 4 \\ x - y - 3z = -5 \end{cases}$$

Restando a la tercera ecuación la primera, resulta:

$$\begin{cases} x - 2y = 6 \\ y + 2z = 4 \\ y - 3z = -11 \end{cases}$$

Restando la segunda ecuación a la tercera, se obtiene:

$$\begin{cases} x - 2y = 6 \\ y + 2z = 4 \\ -5z = -15 \end{cases}$$

De este modo, la solución es $z = 3$, $y = -2$, $x = 2$.

Este sistema es compatible determinado.

EJEMPLOS

b) *Resolver el siguiente sistema de ecuaciones lineales:*

$$\begin{cases} x + y + z + t = 5 \\ 2x - y + z + 2t = 11 \\ x - y + 2z - 2t = 0 \\ x + 2y + 3t = 8 \end{cases}$$

Si restamos a la segunda ecuación la primera multiplicada por 2, a la tercera la primera, y a la cuarta también la primera, obtenemos:

$$\begin{cases} x + y + z + t = 5 \\ -3y - z = 1 \\ -2y + z - 3t = -5 \\ y - z + 2t = 3 \end{cases}$$

Si ahora sumamos a la tercera ecuación el producto de la cuarta por 2, y al producto de la cuarta por 3 le sumamos la segunda, resulta:

$$\begin{cases} x + y + z + t = 5 \\ -3y - z = 1 \\ -z + t = 1 \\ -4z + 6t = 10 \end{cases}$$

Por último, al restar a la cuarta ecuación la tercera por 4, obtenemos:

$$\begin{cases} x + y + z + t = 5 \\ -3y - z = 1 \\ -z + t = 1 \\ 2t = 6 \end{cases}$$

De la cuarta ecuación se deduce que $t = 3$. Sustituyendo en la tercera, se obtiene $z = 2$; de la segunda, $y = -1$, y de la primera, $x = 1$.

El sistema es compatible determinado.

Ya se indicó al inicio de este epígrafe que el método de Gauss permite resolver sistemas, aunque no coincidan el número de ecuaciones y de incógnitas.

Consideremos este sistema de cuatro ecuaciones con tres incógnitas:

$$\begin{cases} x + 2y + 3z = 1 \\ x + 3y - z = 4 \\ x + 3y + z = 2 \\ x + 2y + 4z = 0 \end{cases}$$

Para resolverlo por el método de Gauss, se procede de la siguiente manera:

- Se resta la primera ecuación a cada una de las demás y se obtiene:

$$\begin{cases} x + 2y + 3z = 1 \\ y - 4z = 3 \\ y - 2z = 1 \\ z = -1 \end{cases}$$

- Se resta la segunda ecuación a la tercera:

$$\begin{cases} x + 2y + 3z = 1 \\ y - 4z = 3 \\ 2z = -2 \\ z = -1 \end{cases}$$

- Se resta la tercera ecuación a la cuarta multiplicada por 2:

$$\begin{cases} x + 2y + 3z = 1 \\ y - 4z = 3 \\ 2z = -2 \\ 0 = 0 \end{cases}$$

- La última es una ecuación trivial que puede eliminarse. De este modo, la solución del sistema es:

$$x = 6, \ y = -1, \ z = -1$$

Como se ha podido observar, para resolver correctamente un sistema por el método de Gauss, es conveniente eliminar los coeficientes de la primera incógnita de todas las ecuaciones, a excepción de la primera. A continuación, se anulan los coeficientes de la segunda incógnita en todas las ecuaciones, a excepción de las dos primeras, y así sucesivamente.

E J E M P L O S

c) *Resolver el sistema:*

$$\begin{cases} x + y + z = 2 \\ 2x - y + z = 3 \\ -4x + 2y - 2z = 7 \end{cases}$$

Restando a la segunda ecuación la primera por 2 y sumando a la tercera la primera por 4, se obtiene:

$$\begin{cases} x + y + z = 2 \\ -3y - z = -1 \\ 6y + 2z = 15 \end{cases}$$

Sumando a la tercera ecuación la segunda por 2, resulta:

$$\begin{cases} x + y + z = 2 \\ -3y - z = -1 \\ 0 = 13 \end{cases}$$

El sistema es, pues, incompatible.

2.2. Método de Gauss-Jordan

Camille Jordan

(1838-1922). Ingeniero de minas francés. Realizó importantes descubrimientos en el campo del análisis, el álgebra y la geometría. Completó los estudios de Abel y Galois en su *Tratado sobre grupos de permutaciones y ecuaciones algebraicas*. Amplió el método de Gauss para la resolución de sistemas lineales de *m* ecuaciones con *n* incógnitas.

A veces es útil aplicar una variante del método de Gauss, llamada método de Gauss-Jordan. Este procedimiento consiste en transformar en cero todos los coeficientes, a excepción del coeficiente de la primera incógnita en la primera ecuación, del de la segunda incógnita en la segunda ecuación, y así sucesivamente.

Consideremos, por ejemplo, el siguiente sistema:

$$\begin{cases} a_{11}x_1 + a_{12}x_2 + a_{13}x_3 + \ldots + a_{1n}x_n = b_1 \\ a_{21}x_1 + a_{22}x_2 + a_{23}x_3 + \ldots + a_{2n}x_n = b_2 \\ \ldots \\ a_{m1}x_1 + a_{m2}x_2 + a_{m3}x_3 + \ldots + a_{mn}x_n = b_m \end{cases}$$

Aplicando el método de Gauss-Jordan, el sistema equivalente deberá tener la forma:

$$\begin{cases} a'_{11}x_1 + 0 + 0 + \ldots + 0 = b'_1 \\ 0 + a'_{22}x_2 + 0 + \ldots + 0 = b'_2 \\ \ldots \\ 0 + 0 + 0 + \ldots + a'_{mn}x_n = b'_m \end{cases}$$

Por tanto, la solución será:

$$x_1 = \frac{b'_1}{a'_{11}},\ x_2 = \frac{b'_2}{a'_{22}},\ \ldots,\ x_n = \frac{b'_m}{a'_{mn}}$$

EJEMPLOS

d) *Resolver el siguiente sistema por el método de Gauss-Jordan:*

$$\begin{cases} 3x - 2y + 4z = 3 \\ 5x - 3y + z = -6 \\ 4x + 4y - z = -2 \end{cases}$$

Se parte del sistema equivalente obtenido, aplicando el método de Gauss, en el ejemplo ***a)*:**

$$\begin{cases} 3x - 2y + 4z = 3 \\ y - 17z = -33 \\ 321z = 642 \end{cases}$$

Sumando a la primera ecuación la segunda multiplicada por 2, y dividiendo la tercera ecuación por 321, se obtiene el sistema que puedes ver a continuación:

$$\begin{cases} 3x - 30z = -63 \\ y - 17z = -33 \\ z = 2 \end{cases}$$

Sumando después a la primera ecuación la tercera multiplicada por 30, y a la segunda la tercera multiplicada por 17, resulta:

$$\begin{cases} 3x = -3 \\ y = 1 \\ z = 2 \end{cases}$$

Así, se obtiene como resultado:

$$x = -1,\ y = 1,\ z = 2$$

EJEMPLOS

e) *Solucionar, utilizando el método de Gauss-Jordan, el siguiente sistema de ecuaciones lineales:*

$$\begin{cases} x - 2y + z = -8 \\ 2x + 3y - 2z = 10 \\ 5x - 5y + 4z = -27 \end{cases}$$

Restando a la segunda ecuación la primera multiplicada por 2, y a la tercera la primera multiplicada por 5, se obtiene:

$$\begin{cases} x - 2y + z = -8 \\ 7y - 4z = 26 \\ 5y - z = 13 \end{cases}$$

Restando a la tercera ecuación multiplicada por 7 la segunda multiplicada por 5, resulta:

$$\begin{cases} x - 2y + z = -8 \\ 7y - 4z = 26 \\ 13\,z = -39 \end{cases}$$

Dividiendo la tercera ecuación por 13:

$$\begin{cases} x - 2y + z = -8 \\ 7y - 4z = 26 \\ z = -3 \end{cases}$$

Multiplicando la tercera por 4 y sumándola a la segunda, resulta:

$$\begin{cases} x - 2y + z = -8 \\ 7y = 14 \\ z = -3 \end{cases}$$

Dividiendo la segunda ecuación por 7:

$$\begin{cases} x - 2y + z = -8 \\ y = 2 \\ z = -3 \end{cases}$$

Por último, restando a la primera la tercera y sumándole la segunda por 2, se obtiene la solución:

$$x = -1,\ y = 2,\ z = -3$$

ACTIVIDADES

1 Resuelve los siguientes sistemas de ecuaciones por el método de Gauss:

a) $\begin{cases} 3x - y + z + t = 0 \\ 2x + y + z + 2t = -2 \\ 3x + y - z - t = 6 \\ 2x + 2y - 2z - 3t = 9 \end{cases}$

c) $\begin{cases} 2x + 3y - z = -4 \\ x + y + z = 3 \\ 3x + 2y + 4z = 13 \end{cases}$

b) $\begin{cases} 4x + 2y = -2 \\ x + y = -2 \\ 6x + 4y = -6 \end{cases}$

d) $\begin{cases} 3x + 2y - z = 2 \\ x + y - z = 5 \\ 4x + 3y - 2z = 9 \end{cases}$

Solución: ***a)*** $x = 1,\ y = 0,\ z = -2, t = -1$ ***b)*** $x = 1,\ y = -3$
c) $x = 1,\ y = -1, z = 3$ ***d)*** Es incompatible.

2 Resuelve los siguientes sistemas por el método de Gauss–Jordan:

a) $\begin{cases} 2x + 3y - z + t = 12 \\ x + y - 2z + 3t = 1 \\ 3x - y + 2z + 2t = -3 \\ 3x + 2y + 5z + 7t = -7 \end{cases}$

b) $\begin{cases} x + y - z = 2 \\ 2x + y + z = 1 \\ 3x + 2y + 4z = -1 \end{cases}$

Solución: ***a)*** $x = 2,\ y = 3,\ z = -1,\ t = -2$ ***b)*** $x = 1,\ y = 0,\ z = -1$

3 Discusión de sistemas

3.1. Sistemas con ecuaciones dependientes

James Joseph Sylvester

(1814-1897). Matemático inglés. Profesor en la Universidad de Oxford, realizó investigaciones sobre álgebra, teoría de números y geometría analítica. Estableció la teoría de los invariantes algebraicos junto con su colega y amigo Arthur Cayley.

Al escalonar por el método de Gauss un sistema que tiene una ecuación que depende de otras, siempre aparece una ecuación trivial. Esta ecuación puede eliminarse del sistema, que se resuelve con las ecuaciones que queden.

Si en un sistema hay una ecuación que depende de otras, dicha ecuación no aporta ninguna información para el cálculo de las soluciones, por ello, se puede eliminar.

Consideremos este sistema:

$$\begin{cases} 3x + 2y - 7z = 9 \\ x - y + 2z = 2 \\ 5x + 5y - 16z = 16 \\ 2x + 3y + 5z = -7 \end{cases}$$

La tercera ecuación depende de las dos primeras, ya que es igual a la primera por 2 más la segunda por -1.

Si aplicamos el método de Gauss y restamos a la segunda ecuación multiplicada por 3 la primera, a la tercera la segunda multiplicada por 5, y a la cuarta la segunda multiplicada por 2, se obtiene:

$$\begin{cases} 3x + 2y - 7z = 9 \\ -5y + 13z = -3 \\ 10y - 26z = 6 \\ 5y + z = -11 \end{cases}$$

Sumando ahora a la tercera ecuación la segunda multiplicada por 2, y a la cuarta la segunda, resulta:

$$\begin{cases} 3x + 2y - 7z = 9 \\ -5y + 13z = -3 \\ 0y + 0z = 0 \\ 14z = -14 \end{cases}$$

La tercera ecuación puede eliminarse, puesto que es una ecuación trivial. Por tanto, resolver el sistema inicial es equivalente a resolver este otro:

$$\begin{cases} 3x + 2y - 7z = 9 \\ -5y + 13z = -3 \\ 14z = -14 \end{cases}$$

De la tercera ecuación se obtiene $z = -1$; de la segunda, $y = -2$, y de la primera, $x = 2$.

ACTIVIDADES

3 Indica qué ecuaciones dependen de las demás en estos sistemas:

a) $\begin{cases} 3x + 2y + z = -1 \\ x + 2y - 2z = 0 \\ 6x + 4y + 2z = -2 \end{cases}$

b) $\begin{cases} x - y = 2 \\ 3x - 4y = 7 \\ 2x - 3y = 5 \end{cases}$

Solución: ***a)*** La tercera ecuación es la primera por 2. ***b)*** La tercera ecuación es la segunda menos la primera.

3.2. Sistemas con grados de libertad

Seguidamente se ejemplifican algunos casos de resolución de sistemas de ecuaciones lineales cuyas soluciones dependen de uno o más parámetros.

Así, observemos este sistema:

$$\begin{cases} x - 4y + 3z = 10 \\ x - 2y + z = 6 \\ 2x - 8y + 6z = 20 \end{cases}$$

Al aplicar el método de Gauss y restar a la tercera ecuación la primera multiplicada por 2, y a la segunda la primera, se obtiene:

$$\begin{cases} x - 4y + 3z = 10 \\ 2y - 2z = -4 \\ 0x + 0y + 0z = 0 \end{cases}$$

El sistema dado es, pues, equivalente a este otro:

$$\begin{cases} x - 4y + 3z = 10 \\ 2y - 2z = -4 \end{cases}$$

Se observa que para cada valor de z de la segunda ecuación se obtiene un valor de y. Sustituyendo estos valores en la primera ecuación, se puede obtener el correspondiente valor de x. Como puede verse, existen infinitas soluciones; estas se pueden expresar despejando x e y en función de z.

De la segunda ecuación se obtiene:

$$y = z - 2$$

Sustituyendo esta expresión en la primera, resulta:

$$x = z + 2$$

La solución del sistema se expresa de la siguiente manera:

$$\begin{cases} x = z + 2 \\ y = z - 2 \end{cases}$$

En general, si asignamos a z el valor real λ, las soluciones del sistema son las siguientes:

$$\begin{cases} x = \lambda + 2 \\ y = \lambda - 2 \\ z = \lambda \end{cases} \quad \text{donde } \lambda \in \mathbb{R}$$

Se dice que en estas expresiones λ es un **parámetro,** y que el sistema tiene un **grado de libertad** o bien que el **grado de indeterminación** es igual a uno.

Por ejemplo, para $\lambda = 0$, la solución del sistema es $x = 2$, $y = -2$ y $z = 0$; para $\lambda = 1$, la solución es $x = 3$, $y = -1$ y $z = 1$; y así para cualquier valor real de λ.

Se puede comprobar que la solución es correcta, ya que, al sustituir las expresiones de x e y en las ecuaciones del sistema, las igualdades que se obtienen resultan ciertas:

- $x - 4y + 3z = 10 \Rightarrow (\lambda + 2) - 4(\lambda - 2) + 3\lambda = 10 \Rightarrow$
  $\Rightarrow \lambda + 2 - 4\lambda + 8 + 3\lambda = 10 \Rightarrow 2 + 8 = 10$
- $x - 2y + z = 6 \Rightarrow (\lambda + 2) - 2(\lambda - 2) + \lambda = 6 \Rightarrow$
  $\Rightarrow \lambda + 2 - 2\lambda + 4 + \lambda = 6 \Rightarrow 2 + 4 = 6$
- $2x - 8y + 6z = 20 \Rightarrow 2(\lambda + 2) - 8(\lambda - 2) + 6\lambda = 20 \Rightarrow$
  $\Rightarrow 2\lambda + 4 - 8\lambda + 16 + 6\lambda = 20 \Rightarrow 4 + 16 = 20$

Analicemos ahora este otro sistema:

$$\begin{cases} x - 2y + z = 5 \\ 2x - 4y + 2z = 10 \end{cases}$$

Restando a la segunda ecuación la primera multiplicada por 2, obtenemos el sistema siguiente:

$$\begin{cases} x - 2y + z = 5 \\ 0x - 0y + 0z = 0 \end{cases}$$

Suprimiendo la segunda ecuación, es decir, la ecuación trivial, resulta el sistema equivalente:

$$x - 2y + z = 5$$

Despejando la variable x de esta ecuación, se obtiene:

$$x = 5 + 2y - z$$

Asignando a y el valor real μ, y a z el valor λ, concluimos que las soluciones del sistema son las siguientes:

$$\begin{cases} x = 5 + 2\mu - \lambda \\ y = \mu \\ z = \lambda \end{cases} \quad \text{donde } \lambda, \mu \in \mathbb{R}$$

En este ejemplo, λ y μ son dos parámetros, y se dice que el sistema tiene dos grados de libertad o que su grado de indeterminación es dos.

Observa

Dado un sistema de ecuaciones, existen muchos sistemas equivalentes que tienen el mismo conjunto solución.

En el ejemplo ***a)*** del epígrafe 1 se obtiene para el sistema:

$$\begin{cases} 3x - 2y + z = 1 \\ x + y - z = 2 \\ 6x + y - 2z = 7 \end{cases}$$

otro equivalente distinto al dado en el ejemplo ***a)*** de este epígrafe:

$$\begin{cases} 3x - 2y + z = 1 \\ x + y - z = 2 \end{cases}$$

EJEMPLOS

a) *Resolver el siguiente sistema:*

$$\begin{cases} 3x - 2y + z = 1 \\ x + y - z = 2 \\ 6x + y - 2z = 7 \end{cases}$$

Aplicamos el método de Gauss para la resolución del sistema. Así, multiplicando la primera ecuación por 2 y restándola a la tercera, se obtiene:

$$\begin{cases} 3x - 2y + z = 1 \\ x + y - z = 2 \\ 5y - 4z = 5 \end{cases}$$

Multiplicando ahora la segunda por 3 y restándole la primera, resulta este otro sistema:

$$\begin{cases} 3x - 2y + z = 1 \\ 5y - 4z = 5 \\ 5y - 4z = 5 \end{cases}$$

Como las dos últimas ecuaciones son iguales, al eliminar una de ellas, se obtiene un sistema equivalente al anterior:

$$\begin{cases} 3x - 2y + z = 1 \\ 5y - 4z = 5 \end{cases}$$

El sistema es compatible indeterminado, ya que existen infinitas soluciones, lo que se puede expresar del siguiente modo:

$$\begin{cases} x = \dfrac{5 + \lambda}{5} \\ y = \dfrac{5 + 4\lambda}{5} \\ z = \lambda \end{cases} \quad \text{donde } \lambda \in \mathbb{R}$$

3.3. Discusión de un sistema de ecuaciones

De todos los ejemplos expuestos hasta aquí cabe deducir que cualquier sistema de ecuaciones lineales se puede escalonar por el método de Gauss, es decir, es posible obtener a partir de él otro sistema escalonado equivalente.

Si al hacer esto resulta una ecuación del tipo $0 = b$, donde b es distinto de cero, el sistema es **incompatible.** En caso contrario, el sistema es **compatible.**

Si al escalonar un sistema de n ecuaciones con n incógnitas obtenemos un sistema equivalente con n ecuaciones no triviales del tipo:

$$\begin{cases} a_{11}x_1 + a_{12}x_2 + a_{13}x_3 + \dots + a_{1n}x_n = b_1 \\ \qquad a_{22}x_2 + a_{23}x_3 + \dots + a_{2n}x_n = b_2 \\ \qquad\qquad \dots \\ \qquad\qquad\qquad a_{nn}x_n = b_n \end{cases}$$

donde los coeficientes a_{11}, a_{22}, ..., a_{nn} son distintos de cero, el sistema tiene solución única, es decir, es **compatible determinado.**

Si el número de ecuaciones no triviales que se obtienen al escalonar el sistema es $n - 1$, el sistema es **compatible indeterminado,** con un grado de libertad o de indeterminación, es decir, tiene infinitas soluciones que dependen de un parámetro. Si el número de ecuaciones no triviales que se obtienen es $n - 2$, el sistema sigue siendo compatible indeterminado, pero ahora las soluciones dependen de dos parámetros, es decir, el sistema presenta dos grados de libertad o de indeterminación, y así sucesivamente.

> **Recuerda**
>
> Un sistema de ecuaciones lineales puede carecer de soluciones o tener una sola o infinitas soluciones; lo que no puede es tener dos, tres o cualquier otro número finito de soluciones.

> **Observa**
>
> Un sistema se puede escalonar operando con las ecuaciones de distinta forma, pero, en cualquier caso, el número de ecuaciones no triviales que se obtienen es siempre el mismo.

Sistemas homogéneos

Dado un sistema homogéneo de m ecuaciones con n incógnitas, si el número de ecuaciones no triviales coincide con el de incógnitas, el sistema es **compatible determinado** y su solución es la trivial ($x_1 = 0$, ..., $x_n = 0$).

Si el número de ecuaciones no triviales es $n - 1$, el sistema es **compatible indeterminado** con un grado de libertad, es decir, las infinitas soluciones dependen de un parámetro; si el número de ecuaciones no triviales es $n - 2$, la solución del sistema tendrá dos grados de libertad, y así sucesivamente.

EJEMPLOS

b) *Resolver el siguiente sistema:*

$$\begin{cases} x + 2y + z = 0 \\ 2x + 2y + 3z = 0 \\ 3x + 4y + 4z = 0 \end{cases}$$

Si triangulamos el sistema restando a la segunda ecuación la primera multiplicada por 2, y a la tercera la primera por 3, obtenemos:

$$\begin{cases} x + 2y + z = 0 \\ \quad -2y + z = 0 \\ \quad -2y + z = 0 \end{cases}$$

La última ecuación es igual que la segunda; por tanto, se puede eliminar, con lo que resulta este sistema equivalente:

$$\begin{cases} x + 2y + z = 0 \\ \quad -2y + z = 0 \end{cases}$$

Nuestro sistema se ha convertido en un sistema de dos ecuaciones con tres incógnitas. Por tanto, se trata de un sistema compatible indeterminado con un grado de libertad; luego, sus soluciones dependen de un parámetro:

$$x = -2\lambda,\ y = \lambda/2,\ z = \lambda, \text{ donde } \lambda \in \mathbb{R}$$

> **Recuerda**
>
> Un sistema homogéneo no puede ser incompatible, ya que siempre admite, por lo menos, la solución trivial.

OTRAS ACTIVIDADES

I Resuelve el siguiente sistema homogéneo:

$$\begin{cases} 3x + 2y + z = 0 \\ x + 2y - 2z = 0 \\ -x + 2y - 3z = 0 \end{cases}$$

3.4. Sistemas con parámetros

En los ejemplos anteriores se aplicaba el concepto de *parámetro* para designar el valor o los valores en función de los cuales podían expresarse las infinitas soluciones de un sistema compatible indeterminado. Es igualmente frecuente el caso, distinto del anterior, en el que los coeficientes de algunas de las incógnitas o algún término independiente del sistema están representados por letras, que reciben también el nombre de parámetros, cuyo valor se desconoce.

Procedimiento

En un sistema con parámetros conviene, siempre que sea posible, situar primero las ecuaciones que no contengan parámetros, ya que, de lo contrario, al aplicar el método de Gauss, estos aparecerán en todas las ecuaciones, con lo que la resolución se complicará.

Así, vamos a analizar en el siguiente ejemplo cuál debe ser el valor de a para que el sistema sea compatible:

$$\begin{cases} 2x - y = 3 \\ x + 3y = 2 \\ 3x + 2y = a \end{cases}$$

Para ello, escalonamos el sistema:

- Restando a la segunda ecuación multiplicada por 2 la primera, y a la tercera la segunda multiplicada por 3, obtenemos:

$$\begin{cases} 2x - y = 3 \\ 7y = 1 \\ -7y = a - 6 \end{cases}$$

- Sumando ahora la segunda ecuación a la tercera, obtenemos el siguiente sistema:

$$\begin{cases} 2x - y = 3 \\ 7y = 1 \\ 0 = a - 5 \end{cases}$$

Si $0 = a - 5$, es decir, si $a = 5$, la tercera ecuación se convierte en $0 = 0$ y la solución del sistema es $y = 1/7$, $x = 11/7$; el sistema es, pues, compatible determinado. Si $a \neq 5$, la tercera ecuación es degenerada y, por tanto, el sistema es incompatible.

EJEMPLOS

c) *Estudiar el siguiente sistema en función del valor del parámetro a:*

$$\begin{cases} 5x - 11y + 9z = a \\ x - 3y + 5z = 2 \\ 3x - 7y + 7z = 3 \end{cases}$$

Comenzamos cambiando el orden de las ecuaciones de modo que aquella que tiene el parámetro en el término independiente quede en último lugar:

$$\begin{cases} x - 3y + 5z = 2 \\ 3x - 7y + 7z = 3 \\ 5x - 11y + 9z = a \end{cases}$$

A continuación, restamos a la segunda ecuación la primera multiplicada por 3, y a la tercera la primera multiplicada por 5, y obtenemos el siguiente sistema:

$$\begin{cases} x - 3y + 5z = 2 \\ 2y - 8z = -3 \\ 4y - 16z = a - 10 \end{cases}$$

EJEMPLOS

Restando ahora a la tercera ecuación la segunda multiplicada por 2, resulta:

$$\begin{cases} x - 3y + 5z = 2 \\ \quad 2y - 8z = -3 \\ \qquad 0 = a - 4 \end{cases}$$

Observando el sistema equivalente anterior, se puede deducir que:

- Si $a \neq 4$, el sistema es incompatible.
- Si $a = 4$, el sistema es compatible indeterminado, con un grado de libertad, es decir, con un parámetro. De la segunda ecuación obtenemos $y = \dfrac{-3 + 8z}{2}$; sustituyendo esta expresión en la primera ecuación y despejando x, resulta $x = \dfrac{-5 + 14z}{2}$.

  Las soluciones del sistema son:

$$\begin{cases} x = \dfrac{-5 + 14\lambda}{2} = \dfrac{-5}{2} + 7\lambda \\ y = \dfrac{-3 + 8\lambda}{2} = \dfrac{-3}{2} + 4\lambda \qquad \text{donde } \lambda \in \mathbb{R} \\ z = \lambda \end{cases}$$

En la discusión de sistemas con parámetros hay que tener en cuenta que se desconoce el valor de estos, que incluso pueden ser nulos. Por este motivo, al realizar operaciones con las ecuaciones de un sistema para obtener otros equivalentes, hay que asegurarse de que estos realmente lo son, aunque los parámetros se anulen. Así, si multiplicamos una ecuación por el parámetro a (segundo criterio de equivalencia) o si multiplicamos una ecuación por a y le sumamos o restamos otra ecuación (tercer criterio), es posible que el sistema resultante no sea equivalente al anterior en el caso de que a sea nulo.

Vamos a comprobar, a continuación, que el resultado obtenido al resolver un sistema de ecuaciones lineales con parámetros es erróneo cuando no se aplican correctamente los criterios de equivalencia de sistemas. Partamos para ello del siguiente sistema:

$$\begin{cases} ax + (a+1)y = 2 \\ (a+1)x + ay = 6 \end{cases}$$

Multiplicamos la segunda ecuación por a y le restamos la primera multiplicada por $(a + 1)$:

$$\begin{cases} ax + (a+1)y = 2 \\ [a^2 - (a+1)^2]y = 6a - 2(a+1) \end{cases}$$

Es decir:

$$\begin{cases} ax + (a+1)y = 2 \\ -(2a+1)y = 4a - 2 \end{cases}$$

Se puede comprobar que este sistema no es equivalente al inicial si $a = 0$:

- La solución del sistema inicial es:

$$x = 6,\ y = 2$$

- El nuevo sistema obtenido tiene infinitas soluciones:

$$x = \lambda,\ y = 2, \text{ donde } \lambda \in \mathbb{R}$$

Observa

En la resolución del ejemplo propuesto se ha cometido el error de multiplicar la ecuación que se quiere sustituir por una constante cuyo valor se desconoce y que podría ser cero, con lo que la ecuación sería eliminada.

Si resolvemos el sistema de forma correcta, restando, por ejemplo, a la segunda ecuación la primera, obtenemos:

$$\begin{cases} ax + (a+1)y = 2 \\ x - y = 4 \end{cases}$$

Restando a la primera ecuación la segunda multiplicada por a, resulta:

$$\begin{cases} (2a+1)y = 2 - 4a \\ x - y = 4 \end{cases}$$

De la primera ecuación se obtiene:

$$y = \frac{2-4a}{2a+1}$$

Si $2a + 1 \neq 0$, esto es, si $a \neq -1/2$, el sistema es compatible determinado, es decir, tiene solución única, que es:

$$x = \frac{6+4a}{2a+1} \qquad y = \frac{2-4a}{2a+1}$$

Si $a = -1/2$, el sistema es incompatible, ya que de la primera ecuación se obtiene $0y = 4$.

Observa

En el ejemplo, si a fuese cero, se estaría restando cero a la primera ecuación, con lo que no se elimina nada.

Observa

Como se constata, el resultado correcto no coincide con el obtenido, al no respetar los criterios de equivalencia entre ecuaciones.

ACTIVIDADES

4 Discute los siguientes sistemas:

a) $\begin{cases} x + y + z = -2 \\ 2x - y + z = -5 \\ x + 2y + 2z = -5 \\ 2x + 3y + 3z = -7 \end{cases}$

b) $\begin{cases} x - y + z = -1 \\ 2x + y - z = 4 \\ 4x - y + z = 2 \end{cases}$

c) $\begin{cases} x + y + z = 1 \\ 2x - y + z = -8 \\ 4x + y + 3z = -7 \end{cases}$

d) $\begin{cases} x + y + z = -2 \\ x + y - z = 8 \\ x - y + z = -6 \end{cases}$

Solución: ***a)*** Sistema compatible determinado: $x = 1$, $y = 2$, $z = -5$. ***b)*** Sistema compatible indeterminado: $x = 1$, $y = 2 + \lambda$, $z = \lambda$. ***c)*** Sistema incompatible. ***d)*** Sistema compatible determinado: $x = 1$, $y = 2$, $z = -5$.

5 Discute los siguientes sistemas en función del valor del parámetro a:

a) $\begin{cases} x + ay = 1 \\ 3x - y = 2 \\ x - 5y = 0 \end{cases}$

b) $\begin{cases} x + 2y - z = 2 \\ 2x + y - z = 2 \\ x + y - az = 3 \end{cases}$

c) $\begin{cases} 3x + y - z = 3 \\ 4x - 3y + z = -5 \\ 2x + y + az = -3 \\ 6x - 2y + 3z = -4a \end{cases}$

Solución: ***a)*** Si $a = 2$, el sistema es compatible determinado; su solución es $x = 5/7$, $y = 1/7$. Si $a \neq 2$, el sistema es incompatible. ***b)*** Si $a = 2/3$, el sistema es incompatible. Si $a \neq 2/3$, el sistema es compatible determinado: $x = y = \dfrac{3-2a}{2-3a}$; $z = \dfrac{5}{2-3a}$ ***c)*** Si $a = -11/13$, el sistema es incompatible. Si $a \neq -11/13$, el sistema es compatible determinado.

6 Halla los valores de k para que el siguiente sistema homogéneo tenga soluciones distintas de la trivial:

$$\begin{cases} x - y + z = 0 \\ x + 2y - 2z = 0 \\ x + y + kz = 0 \end{cases}$$

Solución: Si $k = -1$, el sistema es compatible indeterminado; las soluciones son $x = 0$, $y = \lambda$, $z = \lambda$, donde $\lambda \in \mathbb{R}$. Si $k \neq -1$, el sistema solo admite la solución trivial.

Interpretación geométrica de sistemas de ecuaciones

Es sabido que la representación gráfica de las soluciones de una ecuación lineal con dos incógnitas corresponde a los puntos de la recta determinada por dicha ecuación.

Si tenemos un sistema de dos ecuaciones con dos incógnitas, pueden darse tres posibilidades:

- Que sea compatible determinado: las rectas se cortan en un punto.
- Que sea compatible indeterminado: las rectas tienen infinitos puntos en común; luego, son coincidentes.
- Que sea incompatible: las rectas no tienen ningún punto en común; luego, son paralelas.

Si tenemos un sistema de tres ecuaciones con dos incógnitas, también pueden darse tres posibilidades:

- Que sea compatible determinado: las tres rectas tienen un punto común. Repara en que esto puede ocurrir tanto si las tres rectas son secantes como si dos de las tres rectas son coincidentes y la tercera es secante a ambas.
- Que sea compatible indeterminado: las tres rectas coinciden.
- Que sea incompatible: no existe ningún punto en el que se corten las tres rectas a la vez. Esto puede ocurrir porque las tres rectas sean paralelas, porque se corten dos a dos en tres puntos del plano, o porque dos sean secantes y la tercera paralela a una de las dos anteriores.

1 *Interpretar geométricamente el siguiente sistema:*

$$\begin{cases} 2x + 3y = -1 \\ x + 5y = -4 \\ x - 2y = 3 \end{cases}$$

Para aplicar el método de Gauss, reordenamos el sistema:

$$\begin{cases} x + 5y = -4 \\ 2x + 3y = -1 \\ x - 2y = 3 \end{cases}$$

Restamos a la segunda ecuación la primera multiplicada por 2, y a la tercera la primera, y obtenemos:

$$\begin{cases} x + 5y = -4 \\ -7y = 7 \\ -7y = 7 \end{cases}$$

La segunda y la tercera ecuación son equivalentes y proporcionan el valor $y = -1$; sustituyendo en la primera, se obtiene $x = 1$.

El sistema es compatible determinado, es decir, las tres rectas se cortan en el punto $x = 1$, $y = -1$ (figura 1.1).

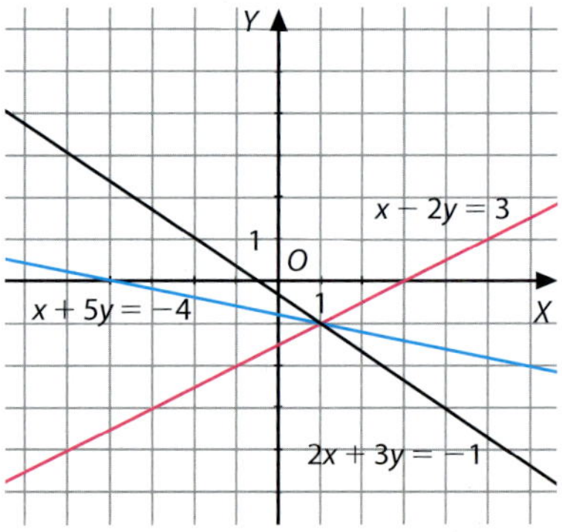

FIGURA 1.1.

2 *Interpretar geométricamente el siguiente sistema:*

$$\begin{cases} x + 5y = -4 \\ 2x + 3y = -1 \\ 2x + 10y = -8 \end{cases}$$

Aplicando el método de Gauss, se resta a la segunda y a la tercera ecuación la primera multiplicada por 2, y se obtiene:

$$\begin{cases} x + 5y = -4 \\ -7y = 7 \\ 0 = 0 \end{cases}$$

La tercera ecuación es la trivial, y esto es debido a que la tercera ecuación del sistema de partida depende linealmente de la primera; luego, hay dos rectas que son coincidentes. De la segunda ecuación se obtiene $y = -1$, y, sustituyendo en la primera, $x = 1$.

El sistema es compatible determinado, es decir, las tres rectas se cortan en un punto, aunque dos de las rectas coinciden (figura 1.2).

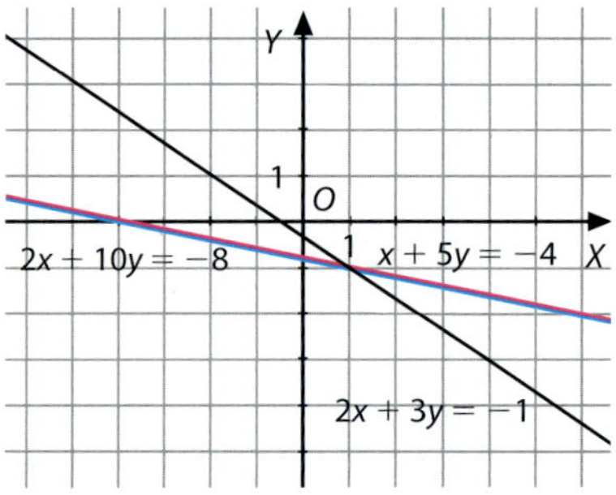

FIGURA 1.2.

3 *Interpretar geométricamente el siguiente sistema:*

$$\begin{cases} 2x + 3y = -1 \\ -10x - 15y = 5 \\ 8x + 12y = -4 \end{cases}$$

Aplicando el método de Gauss, se suma a la segunda ecuación la primera multiplicada por 5 y se resta a la tercera la primera multiplicada por 4, con lo que se obtiene:

$$\begin{cases} 2x + 3y = -1 \\ 0 = 0 \\ 0 = 0 \end{cases}$$

El sistema equivalente al sistema inicial está formado por una única ecuación con dos incógnitas; por lo tanto, es un sistema compatible indeterminado con un grado de libertad. Sus soluciones corresponden precisamente a los puntos de la recta de la figura 1.3:

$$x = \frac{-1 - 3\lambda}{2}, \quad y = \lambda \quad \text{donde } \lambda \in \mathbb{R}$$

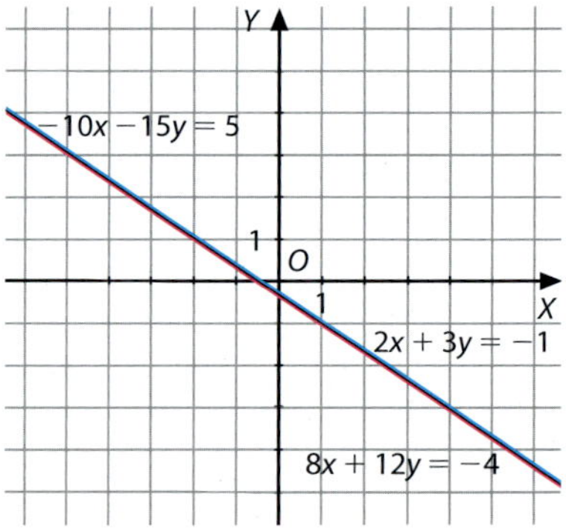

FIGURA 1.3.

4 *Interpretar geométricamente el siguiente sistema de ecuaciones lineales:*

$$\begin{cases} 2x + 3y = -1 \\ -10x - 15y = 20 \\ 8x + 12y = 5 \end{cases}$$

Aplicando el método de Gauss, se suma a la segunda ecuación la primera multiplicada por 5 y se resta a la tercera la primera multiplicada por 4, con lo que se obtiene:

$$\begin{cases} 2x + 3y = -1 \\ 0 = 15 \\ 0 = 9 \end{cases}$$

Las dos últimas ecuaciones son imposibles y, por tanto, el sistema es incompatible, con lo que las tres rectas no se cortan en ningún punto. Como puede observarse en la figura 1.4, dichas rectas son paralelas.

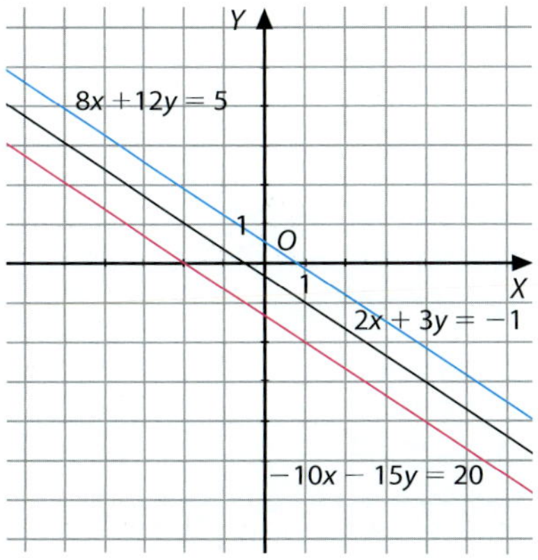

FIGURA 1.4.

5 *Interpretar geométricamente el siguiente sistema de ecuaciones lineales:*

$$\begin{cases} 2x + 3y = -1 \\ x + 5y = -4 \\ x + y = 1 \end{cases}$$

Aplicando el método de Gauss, se resta la primera ecuación a la segunda multiplicada por 2 y a la tercera multiplicada por 2, con lo que se obtiene el siguiente sistema:

$$\begin{cases} 2x + 3y = -1 \\ +7y = -7 \\ -y = 3 \end{cases}$$

El valor obtenido para la incógnita y varía según se utilice la segunda ecuación o la tercera.

El sistema dado es incompatible y, por tanto, las tres rectas no se cortan en un mismo punto.

Sin embargo, si tomamos el valor de y que resulta de la segunda ecuación, $y = -1$, y lo sustituimos en la primera, obtenemos $x = 1$.

De esta manera, las dos primeras rectas se cortan en el punto $(1, -1)$.

Por otro lado, si tomamos el valor de y deducido de la tercera ecuación, $y = -3$, y lo sustituimos en la primera, obtenemos $x = 4$. En este segundo caso ambas rectas se cortan en el punto $(4, -3)$.

El sistema es incompatible, pero las rectas se cortan dos a dos; para calcular el punto donde se cortan la segunda y tercera rectas, debemos resolver el siguiente sistema:

$$\begin{cases} x + 5y = -4 \\ x + y = 1 \end{cases}$$

El punto de corte es $(9/4, -5/4)$. En la figura 1.5 aparece representado el sistema.

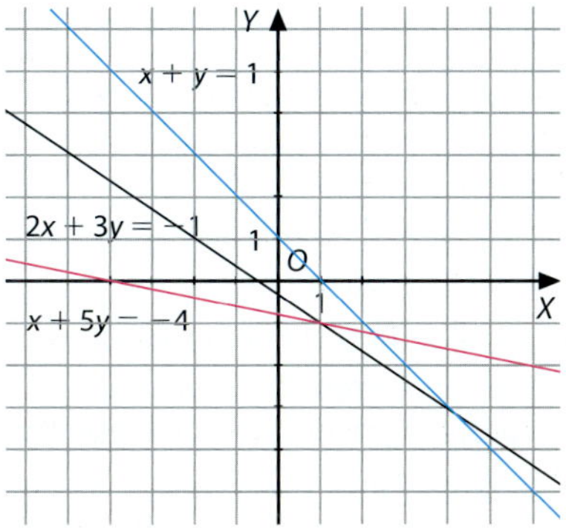

FIGURA 1.5.

6 *Interpretar geométricamente el siguiente sistema:*

$$\begin{cases} 2x + 3y = -1 \\ x + 5y = -4 \\ -4x - 6y = 12 \end{cases}$$

Para resolver el sistema por el método de Gauss, restamos la primera ecuación a la segunda multiplicada por 2, y sumamos a la tercera la primera multiplicada por 2:

$$\begin{cases} 2x + 3y = -1 \\ 7y = -7 \\ 0 = 10 \end{cases}$$

Como la última ecuación $(0 = 10)$ es imposible, el sistema es incompatible y, por tanto, las tres rectas no se cortan en un mismo punto.

Para representarlas, hemos de estudiarlas de dos en dos. Empezamos despejando y en la segunda ecuación y sustituyendo en la primera, con lo que se obtiene $y = -1$, $x = 1$. Luego, las dos primeras ecuaciones se cortan en el punto $(1, -1)$.

La primera y la tercera forman un sistema incompatible; por tanto, son paralelas.

Consideremos, a continuación, la segunda y la tercera ecuación:

$$\begin{cases} x + 5y = -4 \\ -4x - 6y = 12 \end{cases}$$

Este sistema es equivalente a:

$$\begin{cases} x + 5y = -4 \\ 14y = -4 \end{cases}$$

De aquí se desprende que $y = -2/7$, $x = -18/7$. Por tanto, la segunda y la tercera ecuación se cortan en el punto $(-18/7, -2/7)$.

El sistema dado de partida aparece representado en la figura 1.6.

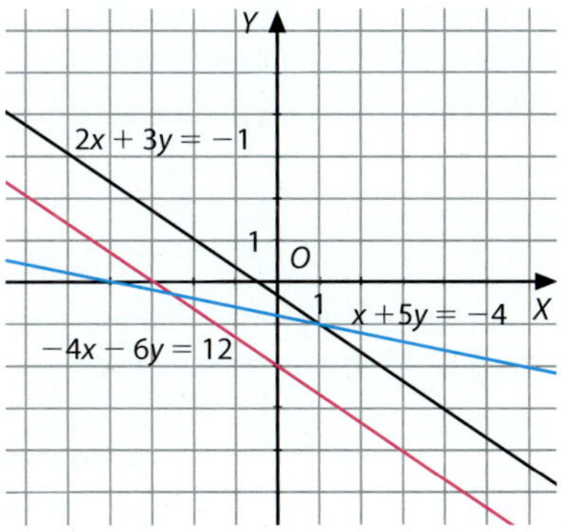

FIGURA 1.6.

EJERCICIOS Y PROBLEMAS

1 Indica tres ecuaciones equivalentes a cada una de las siguientes ecuaciones:

a) $4x_1 - 2x_2 + 10x_3 = -2$

b) $2x_1 + 3x_2 = 2$

c) $2x + 4y - z = 0$

d) $3x - 3y = 12$

2 Escribe un sistema de dos ecuaciones lineales con dos incógnitas que sea compatible determinado. Justifica la respuesta. Interpreta geométricamente este sistema.

3 Escribe un sistema de tres ecuaciones lineales con tres incógnitas que sea incompatible. Justifica la respuesta.

4 Indica, razonando tu respuesta y poniendo un ejemplo en caso afirmativo, si es posible escribir un sistema lineal homogéneo de dos ecuaciones con dos incógnitas que sea:

a) Compatible determinado.

b) Compatible indeterminado.

c) Incompatible.

5 Escribe un sistema incompatible de cuatro ecuaciones con tres incógnitas.

6 Sin resolver este sistema, di si puede ser incompatible:

$$\begin{cases} 2x + 3y - z = 0 \\ x + y - z = 0 \\ 3x + y + 5z = 0 \end{cases}$$

7 Indica cuáles de las siguientes transformaciones son válidas entre las ecuaciones de un sistema para obtener otro que sea equivalente:

a) Sustituir dos ecuaciones del sistema por su suma.

b) Multiplicar los primeros términos de todas las ecuaciones por un número real, *k*.

c) Sumar a una ecuación otra ecuación del sistema.

d) Multiplicar o dividir una ecuación cualquiera del sistema por un número real.

8 Comprueba si son equivalentes los siguientes sistemas:

a) $\begin{cases} 2x + 3y - 2z = 4 \\ x + y - z = 0 \\ 3x + y + 5z = 0 \end{cases}$ $\begin{cases} 2x + 3y - 2z = 4 \\ x + y - z = 0 \\ 4x + 2y + 4z = 0 \end{cases}$

b) $\begin{cases} x - 4y + z = 2 \\ 3x + 2y + z = 10 \\ 5x - 3y + 2z = 15 \end{cases}$ $\begin{cases} x - 4y + z = 2 \\ 8x - y + 3z = 25 \end{cases}$

c) $\begin{cases} 3x - y + z = 2 \\ 2x + y - 2z = 5 \\ 3x + 5z = 1 \end{cases}$ $\begin{cases} 5x - z = 7 \\ 3x + 5z = 1 \end{cases}$

d) $\begin{cases} x - 4y + z = 2 \\ 3x + 2y + z = 1 \\ 6x + 4y + 2z = 2 \end{cases}$ $\begin{cases} x - 4y + z = 2 \\ 3x + 2y + z = 1 \end{cases}$

9 Calcula las soluciones del primer sistema y el valor de *a* para que estos dos sistemas sean equivalentes:

$$\begin{cases} 3x - 4y + z = 4 \\ 2x - y - 2z = -3 \\ x + y + z = -3 \end{cases} \qquad \begin{cases} 3x - 4y + z = 4 \\ x - 3y + az = 7 \\ x + y + z = -3 \end{cases}$$

10 Resuelve los siguientes sistemas por el método de Gauss:

a) $\begin{cases} 3x + 2y + z = 1 \\ x + 2y + 3z = 2 \\ x + y + z = 1 \end{cases}$

b) $\begin{cases} x + y + z = 6 \\ 2x - 3y - z = -9 \\ 3x + 2y - 5z = -1 \end{cases}$

c) $\begin{cases} 2x - y + z = 1 \\ x - 2y - z = 0 \\ 5y - 3z = -2 \end{cases}$

d) $\begin{cases} x - 2y - 2z + t = 4 \\ x + y + z - t = 5 \\ x - y - z + t = 6 \\ x - y - z + t = 6 \end{cases}$

e) $\begin{cases} x + 2y + z = 4 \\ 2x - 3y + 4z = 6 \\ x - 5y + 3z = 3 \end{cases}$

f) $\begin{cases} 3x + 2y + z = 6 \\ 2x + 5y - 6z = 1 \\ 5x + 7y - 5z = 4 \end{cases}$

g) $\begin{cases} 3x + 2y - z = 4 \\ x - 3y + z = -5 \\ 3x - y + z = -3 \end{cases}$

h) $\begin{cases} 3x + 2y - z = 4 \\ 2x - 3y + z = -5 \\ x + 5y - 2z = 9 \end{cases}$

i) $\begin{cases} x + y + z = 1 \\ 2x - y + z = 7 \\ 3x + y + 2z = 6 \end{cases}$

j) $\begin{cases} x + y + z = 0 \\ 2x - 2y + z = 1 \\ x + y - z = 2 \end{cases}$

k) $\begin{cases} 3x + 2y = -5 \\ -x + y = 5/2 \\ 2x + 3y = -5/2 \\ 5x - 2y = -11 \\ 7x - 4y = -16 \end{cases}$

l) $\begin{cases} 2x + 3y + z = -3 \\ -x - y + 5z = 10 \\ 3x + 3y + 4z = 8 \end{cases}$

m) $\begin{cases} 2x + y - 3z + t = 6 \\ -3x + y - z - t = -3 \\ 5x - 2z + t = 8 \\ 4x + 3y - z = 5 \end{cases}$

n) $\begin{cases} 2x + 3y + z - t = 1 \\ x + y + z + t = 0 \end{cases}$

ñ) $\begin{cases} 3x + y + 2z = 1 \\ x + y - z = 1 \\ 9x + y + 11z = -4 \end{cases}$

o) $\begin{cases} x + y - z = 3 \\ -3x + 4y + z = 5 \\ 5x - 2y - 3z = 6 \end{cases}$

11 Determina el valor que ha de tener el parámetro *m* para que el siguiente sistema admita una solución distinta de la trivial:

$$\begin{cases} 2x + y - z = 0 \\ x + y - z = 0 \\ 3x - y + mz = 0 \end{cases}$$

12 Discute el siguiente sistema de ecuaciones en función del valor del parámetro *m:*

$$\begin{cases} x + 3y - 2z = 0 \\ 5x + 2y - z = 0 \\ 4x - y + mz = 0 \end{cases}$$

13 Discute el siguiente sistema en función del parámetro *a:*

$$\begin{cases} x - 2y = 1 \\ 2x + y = 1 \\ 3x - y = a \end{cases}$$

14 Discute el siguiente sistema en función del parámetro *a:*

$$\begin{cases} 2y - z = a \\ 2x - 2z = 4 \\ y + z = 7 \\ x + 2y - z = 2a \end{cases}$$

15 Discute el siguiente sistema en función del valor del parámetro *a:*

$$\begin{cases} x - y = 1 \\ -x + 2y = a \\ -x + (a + 1)y = a \end{cases}$$

16 Determina el valor de *a* para que el siguiente sistema sea compatible:

$$\begin{cases} 2x + y = 1 \\ 3x + ay = 0 \\ x + 4y = -a \end{cases}$$

17 La suma de las tres cifras de un número es 15. Si se intercambian la primera y la segunda cifra, el número aumenta 180 unidades, y si se intercambian la segunda y la tercera, el número aumenta 18 unidades. Calcula el número.

18 Un financiero invirtió en bolsa 18 000 € en acciones de tres empresas, A, B y C, y obtuvo un beneficio de 900 €. Si sabemos que invirtió en A tanto como en B y C juntas y que los beneficios de las empresas fueron de un 5 % en A, un 3 % en B y un 10 % en C, ¿cuánto invirtió en cada una?

19 Una cooperativa farmacéutica distribuye un producto en tres formatos distintos: A, B y C. Las cajas del tipo A tienen un peso de 250 g y un precio de 1 €, las del tipo B pesan 500 g y cuestan 1,80 €, mientras que las del tipo C pesan 1 kg y valen 3,30 €. A una farmacia se le ha suministrado un lote de cinco cajas, con un peso total de 2,5 kg, por un importe de 8,90 €. ¿Cuántos envases de cada tipo ha comprado la farmacia?

20 Si un millón de votantes de la izquierda hubieran votado a la derecha, las dos coaliciones hubieran obtenido el mismo número de votos. Pero si, por el contrario, un millón de votantes de la derecha hubiera votado a la izquierda, esta hubiera obtenido el triple de votos que aquella. ¿Cuántos votos ha obtenido cada una de las coaliciones?

21 Una empresa fabrica tres tipos de coches: A, B y C. El modelo A debe pasar 20 h en la unidad de montaje; el modelo B, 30 h, y el modelo C, 10 h. Los vehículos son enviados después a la unidad de acabado, donde el modelo A tiene que estar 10 h; el modelo B, 20 h, y el modelo C, 30 h. Si para fabricar 14 coches la unidad de montaje ha trabajado 370 h, y la de acabado, 290 h, ¿cuántos vehículos de cada tipo se han producido?

22 Si la altura de Carlos aumentase el triple de la diferencia entre las alturas de Toni y Juan, Carlos sería igual de alto que Juan. Las estaturas de los tres suman 515 cm. Ocho veces la altura de Toni es igual que nueve veces la de Carlos. ¿Cuánto mide cada uno?

23 La edad de una madre es, en la actualidad, el triple que la de su hijo. La suma de las edades del padre, la madre y el hijo es de 80 años, y dentro de 5 años la suma de las edades de la madre y del hijo superará en 5 años la edad del padre. ¿Cuántos años tienen los tres en la actualidad?

24 Calcula los valores de *a*, *b* y *c* para que la parábola de ecuación $y = ax^2 + bx + c$ pase por los puntos $A(1, 8)$, $B(-1, -2)$ y $C(-2, -10)$.

25 Un automóvil sube las cuestas a una velocidad de 54 km/h y las baja a 90 km/h; en llano marcha a 80 km/h. Para ir de A a B, dos puntos que distan entre sí 192 km, tarda 2 h y 30 min, y para volver de B a A, 2 h y 38 min. Calcula la longitud del camino llano entre A y B.

TODO UN CLÁSICO

El problema de los bueyes

Un problema cuya autoría se desconoce, pero que se ha convertido en un clásico del planteamiento y resolución de los sistemas de ecuaciones lineales, es el denominado *problema de los bueyes,* que puede enunciarse de la siguiente manera:

75 bueyes necesitan 12 días para comerse toda la hierba de un prado de 60 áreas. 81 bueyes consumen en 15 días la hierba de un prado de 72 áreas. ¿Cuántos bueyes se precisan para agotar la hierba de un prado de 96 áreas en 18 días?

Para resolver el problema de los bueyes, hay que suponer, en primer lugar, que, cuando los animales llegan a comer, la altura de la hierba es la misma en los tres prados y que sigue creciendo de modo uniforme en los tres prados mientras los bueyes se alimentan.

A continuación, llamamos x a la altura inicial de la hierba; y, a la altura que crece por día, y z, al número de bueyes pedido. Por tanto, igualamos lo que comen los bueyes durante los días que se indican con respecto a la cantidad de hierba total:

$$\begin{cases} 75 \cdot 12 = 60 \cdot (x + 12y) \\ 81 \cdot 15 = 72 \cdot (x + 15y) \\ z \cdot 18 = 96 \cdot (x + 18y) \end{cases}$$

El anterior es un sistema lineal y compatible de tres ecuaciones con tres incógnitas, cuya solución es:

- Altura inicial de la hierba: $x = 7{,}5$
- Ritmo de crecimiento de la hierba: $y = 0{,}625$
- Número de bueyes: $z = 100$

Luego, son necesarios 100 bueyes para agotar la hierba de un prado de 96 áreas en 18 días.

UN MATEMÁTICO CON MUCHO INGENIO Y POCA SUERTE

Evariste Galois (1811-1832)

Nacido en Bourg-la-Reine, este matemático francés tuvo una vida marcada por la fatalidad. Sus dos grandes pasiones, la libertad y las matemáticas, le hicieron sufrir tremendas adversidades.

Debido a sus ideas republicanas y a su talante revolucionario, en varias ocasiones acabó dando con sus huesos en la cárcel. No tuvo mejor suerte en el campo de las matemáticas. Durante su encarcelamiento envió a la Academia de Ciencias unos manuscritos cuyo contenido giraba en torno a la teoría de la resolución de ecuaciones algebraicas. La respuesta que obtuvo fue que su estudio no era ni lo suficientemente claro ni lo bastante completo.

Esta reacción de la Academia era comprensible hasta cierto punto, dados la concisión de Galois y el tema matemático que abordaba, extraordinariamente complicado y desconocido para la época. Además, la Academia ya había extraviado previamente dos manuscritos remitidos por Galois. Quizás por esta razón el infortunado escribió, desde la prisión, lo siguiente: «Yo juro que a los hombres preeminentes en el Estado y en la ciencia debo todo menos gratitud.»

Galois trató de ingresar en la Escuela Politécnica, pero fue suspendido en dos ocasiones: la primera justificadamente, debido a las lagunas de su formación autodidacta; la segunda, sin embargo, de forma por completo injusta, ya que el examinador le planteó preguntas triviales a las que Galois respondió lacónicamente.

Cuando salió de prisión, se vio involucrado en un duelo que le costó la vida. La noche anterior había escrito a un amigo una especie de testamento científico que contenía sus resultados más ingeniosos en torno a la teoría de la resolubilidad de las ecuaciones algebraicas. Galois asoció a cada ecuación algebraica un determinado grupo de permutaciones en el que podían leerse las propiedades de la ecuación, especialmente si esta tenía solución con radicales. Un matemático que seguramente habría entendido las ideas de Galois era Niels Henrik Abel, pero había fallecido pocos años antes.

A las grandes virtudes de nuestro desdichado personaje hay que añadir la de convertirse en el precursor de un campo conocido actualmente con el nombre de matemáticas de las estructuras.

Evaluación

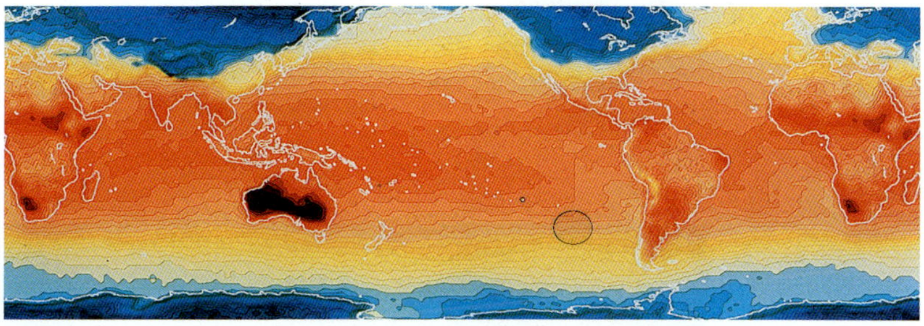

1. Indica si son equivalentes los siguientes sistemas:

$$\begin{cases} 3x + y = 1 \\ 2x - y = 2 \\ x - 3y = 3 \end{cases}$$

$$\begin{cases} 3x + y = 1 \\ 5x = 3 \end{cases}$$

a) Sí.

b) No.

c) Nunca pueden ser equivalentes dos sistemas con distinto número de ecuaciones.

2. ¿Cuántos grados de libertad tiene un sistema de 2 ecuaciones independientes con 3 incógnitas?

a) No puede saberse *a priori.*

b) 2

c) 1

3. Calcula los valores de a, b y c para que la parábola $y = ax^2 + bx + c$ pase por los puntos $A(1, 6)$, $B(-1, 2)$ y $C(-2, 9)$.

a) Con tres puntos no puede calcularse la ecuación de la parábola.

b) $a = 3, b = 2, c = 1$

c) $a = -45/402, b = 1911/2814, c = 3$

4. Discute el siguiente sistema:

$$\begin{cases} 3x + 2y - z = 4 \\ x + y + 3z = 5 \\ 2x + y - 4z = -1 \end{cases}$$

a) Es compatible determinado, y su solución es:

$$x = 1,\ y = 1,\ z = 1$$

b) Es compatible indeterminado con un grado de libertad, y su solución es:

$$\begin{cases} x = -6 + 7\lambda \\ y = 11 - 10\lambda, \quad \text{donde } \lambda \in \mathbb{R} \\ z = \lambda \end{cases}$$

c) Es incompatible.

5. Discute el siguiente sistema en función del parámetro *m:*

$$\begin{cases} mx - (m+1)y = -5 \\ (m+1)x + (m+2)y = 18 \end{cases}$$

a) Si $m \neq \dfrac{-2 \pm \sqrt{2}}{2}$, el sistema es compatible determinado; su solución es:

$$x = \frac{13m + 8}{2m^2 + 4m + 1}$$

$$y = \frac{5 + 23m}{2m^2 + 4m + 1}$$

Si $m = \dfrac{-2 \pm \sqrt{2}}{2}$, el sistema es incompatible.

b) Si $m = -5/23$, o $m = -8/13$, o $m = 0$, el sistema es incompatible.

Si $m \neq -5/23$, $m \neq -8/13$ y $m \neq 0$, el sistema es compatible determinado; su solución es:

$$x = \frac{13m^2 + 8m}{2m^2 + 4m + 1}$$

$$y = \frac{5 + 23m}{2m^2 + 4m + 1}$$

c) El sistema es compatible determinado para cualquier valor de m.

6. Discute el siguiente sistema de ecuaciones lineales para los distintos valores de *n:*

$$\begin{cases} nx + ny - nz = 1 \\ nx + y - nz = 1 \end{cases}$$

a) Si $n = 0$, el sistema es incompatible.

Si $n = 1$, el sistema es compatible indeterminado con dos grados de libertad.

Si $n \neq 0$, y $n \neq 1$, el sistema es compatible indeterminado con un grado de libertad.

b) Si $n = 0$, o $n = 1$, el sistema es incompatible.

Si $n \neq 0$, y $n \neq 1$, es compatible indeterminado.

c) Es un sistema compatible indeterminado para cualquier valor de n.

2 Matrices

El político estadounidense Dwight D. Eisenhower.

El concepto de matriz como tabla ordenada de números es muy antiguo, pero fue en el siglo XIX cuando J. J. Sylvester (1814-1897) utilizó el término matriz y Arthur Cayley (1821-1895) sentó las bases del cálculo matricial.

En la actualidad, se trabaja con matrices cuyos elementos son no solo números, sino también letras, palabras o fórmulas. En la teoría de decisiones, que se aplica en la actividad política y empresarial, se utiliza, por ejemplo, la llamada matriz de Eisenhower:

		URGENCIA	
		Alta	Baja
IMPORTANCIA	Alta	Solucionar	Retrasar
	Baja	Delegar	Archivar

Las hojas de cálculo que suelen emplear los ordenadores personales se apoyan en estructuras matriciales. Podríamos decir que un porcentaje altísimo de la población occidental utiliza las matrices sin ser consciente de ello.

1. Resuelve el siguiente sistema por el método de Gauss:

$$\begin{cases} 3x + 4y - z = -1 \\ -x + 3y - 2z = -9 \\ 2x + y - 3z = -10 \end{cases}$$

2. En un centro de enseñanza hay 30 alumnos de Inglés entre la modalidad de bachillerato de tecnología y la de humanidades y ciencias sociales. De los 20 alumnos que cursan la primera modalidad, el 40 % son mujeres; la segunda modalidad tiene un 50 % de alumnas. Construye una tabla de doble entrada que explique la distribución de los alumnos en la clase de Inglés.

1 Matrices

1.1. Definición

Una lista o tabla de números puede expresarse ordenadamente mediante una matriz. Por ejemplo, la tabla de doble entrada que puedes ver a continuación muestra los alumnos de dos grupos clasificados según sus tallas. La representación de esos mismos datos en forma de matriz es la que figura después de la tabla:

	Menos de 1,60 m	De 1,60 m a 1,70 m	Más de 1,70 m
Grupo A	7	15	8
Grupo B	8	10	12

$$\begin{pmatrix} 7 & 15 & 8 \\ 8 & 10 & 12 \end{pmatrix}$$

Se denomina **matriz** de dimensión $m \times n$ a todo conjunto de elementos dispuestos en m filas y n columnas.

La matriz del ejemplo anterior tiene una dimensión de 2×3.

Observa la siguiente matriz:

$$A = \begin{pmatrix} a_{11} & a_{12} & a_{13} & \dots & a_{1n} \\ a_{21} & a_{22} & a_{23} & \dots & a_{2n} \\ \dots & \dots & \dots & \dots & \dots \\ a_{m1} & a_{m2} & a_{m3} & \dots & a_{mn} \end{pmatrix}$$

Abreviadamente se escribe $A = (a_{ij})_{m \times n}$ o simplemente $A = (a_{ij})$.

Cada uno de los elementos de la matriz A se representa por a_{ij}, donde el primer número del subíndice indica la fila que ocupa, y el segundo, la columna. Por ejemplo, el elemento a_{23} ocupa la segunda fila y la tercera columna.

La naturaleza de los elementos de una matriz puede ser, en principio, cualquiera, pero nos referiremos exclusivamente a las matrices cuyos elementos sean números reales.

Dos matrices de la misma dimensión son **iguales** si lo son todos los elementos que ocupan idéntica posición.

EJEMPLOS

a) *Determinar x, y, z, para que las matrices A y B sean iguales.*

$$A = \begin{pmatrix} 1 & 4 & 0 \\ 3 & -2 & 5 \end{pmatrix} \quad B = \begin{pmatrix} 2y & -4x & 0 \\ 3 & -2 & 2z+1 \end{pmatrix}$$

Se impone la igualdad entre los elementos que ocupan idéntica posición:

$$1 = 2y \Rightarrow y = \frac{1}{2}$$

$$4 = -4x \Rightarrow x = -1$$

$$5 = 2z + 1 \Rightarrow z = 2$$

Por tanto, para que A y B sean iguales, debe ocurrir que:

$$x = -1,\ y = \frac{1}{2},\ z = 2$$

1.2. Tipos de matrices

- **Matriz fila.** Es una matriz de dimensión $1 \times n$; también se denomina **vector fila.** Un ejemplo de matriz fila es el siguiente:

$$A = (1 \quad 4 \quad 8 \quad 9)$$

- **Matriz columna.** Es una matriz de dimensión $m \times 1$; también se denomina **vector columna.** El siguiente es un ejemplo de matriz columna:

$$A = \begin{pmatrix} 3 \\ 6 \\ 9 \end{pmatrix}$$

- **Matriz cuadrada.** Tiene el mismo número de filas que de columnas. Así, una matriz de dimensión $n \times n$, recibe el nombre de matriz cuadrada de **orden *n*.** La siguiente es una matriz cuadrada de orden 3:

$$A = \begin{pmatrix} 3 & 0 & 4 \\ 9 & 2 & 1 \\ -3 & 2 & -5 \end{pmatrix}$$

Se denomina **diagonal principal** de una matriz cuadrada a la formada por los elementos a_{11}, a_{22}, ..., a_{nn}. En el ejemplo anterior, la diagonal principal está formada por los elementos 3, 2 y -5.

- **Matriz triangular.** Es una matriz cuadrada en la que los elementos situados a un mismo lado de la diagonal principal son nulos:
  - Si son nulos los elementos situados por debajo de la diagonal, se denomina **matriz triangular superior.**
  - Si son nulos los elementos situados por encima de la diagonal, recibe el nombre de **matriz triangular inferior.**

Son ejemplos de matriz triangular superior, A, y de matriz triangular inferior, B, respectivamente, los siguientes:

$$A = \begin{pmatrix} 3 & 1 & -3 \\ 0 & 2 & -1 \\ 0 & 0 & 4 \end{pmatrix} \qquad B = \begin{pmatrix} 2 & 0 & 0 \\ 4 & 7 & 0 \\ -1 & -1 & 2 \end{pmatrix}$$

- **Matriz diagonal.** Es una matriz cuadrada en la que los elementos que no están en la diagonal principal valen cero; es decir, $a_{ij} = 0$ si $i \neq j$:

$$A = \begin{pmatrix} 2 & 0 & 0 & 0 \\ 0 & -1 & 0 & 0 \\ 0 & 0 & 3 & 0 \\ 0 & 0 & 0 & 5 \end{pmatrix}$$

- **Matriz escalar.** Es una matriz diagonal en la que los elementos de la diagonal principal son iguales. Por ejemplo:

$$A = \begin{pmatrix} 2 & 0 & 0 \\ 0 & 2 & 0 \\ 0 & 0 & 2 \end{pmatrix}$$

Si los elementos de la diagonal principal de una matriz escalar valen 1, esta se denomina **matriz unidad.**

- **Matriz nula.** Es una matriz cuyos elementos son todos nulos.
- **Matriz opuesta.** Es una matriz cuyos elementos son los opuestos de los elementos de A. Es decir, si $A = (a_{ij})_{m \times n}$, entonces su opuesta es $-A = (-a_{ij})_{m \times n}$. Por ejemplo:

dada la matriz $A = \begin{pmatrix} 2 & 3 \\ 7 & 2 \\ -2 & -2 \end{pmatrix}$ su matriz opuesta es $-A = \begin{pmatrix} -2 & -3 \\ -7 & -2 \\ 2 & 2 \end{pmatrix}$.

Observa

Cuando se trata de matrices cuadradas, a menudo se utilizan indistintamente los términos **orden** y **dimensión.** Así, por ejemplo, se puede decir matriz cuadrada de orden 3 o matriz dimensión 3×3.

OTRAS ACTIVIDADES

I Escribe la matriz unidad de orden 4.

II Determina la matriz nula de dimensión 4×3.

- **Matriz transpuesta.** Dada una matriz $A = (a_{ij})_{m \times n}$, se define su matriz transpuesta como aquella que se obtiene al intercambiar en la matriz A sus filas por sus columnas y se representa por A^t. Como A es una matriz de dimensión $m \times n$, la dimensión de A^t es $n \times m$ y su elemento (i, j) será a_{ji}. Dada, por ejemplo, la matriz:

$$A = \begin{pmatrix} 2 & 1 & 0 \\ -3 & 4 & 6 \end{pmatrix}$$

su matriz transpuesta es:

$$A^t = \begin{pmatrix} 2 & -3 \\ 1 & 4 \\ 0 & 6 \end{pmatrix}$$

- **Matriz simétrica.** Es una matriz cuadrada que coincide con su transpuesta. Es decir, una matriz, A, es simétrica cuando $A = A^t$, o lo que es lo mismo, $a_{ij} = a_{ji}$, $\forall\, i, j$. Así, la matriz transpuesta de:

$$A = \begin{pmatrix} 2 & 3 & 0 \\ 3 & 5 & 6 \\ 0 & 6 & -3 \end{pmatrix}$$

es esta otra matriz:

$$A^t = \begin{pmatrix} 2 & 3 & 0 \\ 3 & 5 & 6 \\ 0 & 6 & -3 \end{pmatrix}$$

Como $A = A^t$, la matriz A es simétrica.

- **Matriz antisimétrica.** Es una matriz cuadrada que coincide con la opuesta de su transpuesta. Es decir, una matriz, A, es antisimétrica si $A = -A^t$, o lo que es lo mismo, $a_{ij} = -a_{ji}$, $\forall\, i, j$.

De este modo, dada la matriz:

$$A = \begin{pmatrix} 0 & 3 & 0 \\ -3 & 0 & 6 \\ 0 & -6 & 0 \end{pmatrix}$$

su matriz transpuesta es:

$$A^t = \begin{pmatrix} 0 & -3 & 0 \\ 3 & 0 & -6 \\ 0 & 6 & 0 \end{pmatrix}$$

Como $A = -A^t$, la matriz A es antisimétrica.

Observa

Únicamente las **matrices cuadradas** pueden ser triangulares, diagonales, escalares, simétricas o antisimétricas.

Los elementos de la diagonal principal de una **matriz antisimétrica** son todos nulos.

ACTIVIDADES

1 Calcula los valores de a, b y c, para que la matriz A sea antisimétrica. Calcula después su opuesta y su transpuesta.

$$A = \begin{pmatrix} 0 & 1 & 4 & -3 \\ -1 & 0 & a & -4 \\ -4 & 1 & 0 & b \\ 3 & c & 2 & 0 \end{pmatrix}$$

Solución: $a = -1,\ b = -2,\ c = 4$

$$-A = \begin{pmatrix} 0 & -1 & -4 & 3 \\ 1 & 0 & 1 & 4 \\ 4 & -1 & 0 & 2 \\ -3 & -4 & -2 & 0 \end{pmatrix} \qquad A^t = \begin{pmatrix} 0 & -1 & -4 & 3 \\ 1 & 0 & 1 & 4 \\ 4 & -1 & 0 & 2 \\ -3 & -4 & -2 & 0 \end{pmatrix}$$

2 Operaciones con matrices

Errores comunes

No es posible sumar matrices de distinta dimensión; únicamente pueden sumarse matrices de la misma dimensión.

2.1. Adición de matrices

Sean $A = (a_{ij})_{m \times n}$ y $B = (b_{ij})_{m \times n}$ dos matrices de igual dimensión. Se define su **matriz suma,** $S = (s_{ij})_{m \times n}$, como aquella matriz cuyos elementos se obtienen sumando los elementos correspondientes de A y de B, y se representa mediante $S = A + B$. Es decir:

$$s_{ij} = a_{ij} + b_{ij},\ \forall\, i, j, \text{ con } 1 \leq i \leq m \text{ y } 1 \leq j \leq n$$

Observa

Dado que en la adición de matrices se opera con números reales, esta operación tiene las mismas propiedades que tenía la adición en el conjunto $\mathbb{R}$.

Observa

Las propiedades de la resta de matrices son las mismas que las de la suma.

Propiedades de la adición de matrices de dimensión $m \times n$

- **Commutativa.** Dadas las matrices A y B, se cumple que:

$$A + B = B + A$$

- **Asociativa.** Dadas las matrices A, B y C, se verifica que:

$$A + (B + C) = (A + B) + C$$

- **Elemento neutro.** Existe la **matriz nula,** O, de dimensión $m \times n$ que verifica lo siguiente:

$$A + O = O + A = A$$

$$O = \begin{pmatrix} 0 & 0 & 0 & \dots & 0 \\ 0 & 0 & 0 & \dots & 0 \\ 0 & 0 & 0 & \dots & 0 \\ \dots & \dots & \dots & \dots & \dots \\ 0 & 0 & 0 & \dots & 0 \end{pmatrix}$$

- **Elemento simétrico.** Dada una matriz, A, siempre existe su matriz opuesta, $-A$, de modo que: $A + (-A) = (-A) + A = O$

Dadas dos matrices, $A = (a_{ij})_{m \times n}$ y $B = (b_{ij})_{m \times n}$, se define su **matriz diferencia,** $D = (d_{ij})_{m \times n}$, como aquella matriz que se obtiene al sumar a la matriz A la matriz opuesta de B, $-B$, y se representa por $D = A - B$. De este modo:

$$D = A - B = A + (-B)$$

Es decir:

$$d_{ij} = a_{ij} + (-b_{ij}) = a_{ij} - b_{ij},\ \forall\, i, j, \text{ con } 1 \leq i \leq m \text{ y } 1 \leq j \leq n$$

EJEMPLOS

a) *Sumar las siguientes matrices:*

$$A = \begin{pmatrix} 2 & 3 \\ 7 & 9 \\ 4 & 2 \end{pmatrix} \qquad B = \begin{pmatrix} -3 & 5 \\ 0 & 5 \\ -7 & 2 \end{pmatrix}$$

$$S = A + B = \begin{pmatrix} 2 + (-3) & 3 + 5 \\ 7 + \ \ 0 & 9 + 5 \\ 4 + (-7) & 2 + 2 \end{pmatrix} = \begin{pmatrix} -1 & 8 \\ 7 & 14 \\ -3 & 4 \end{pmatrix}$$

b) *Dadas las matrices del ejemplo anterior, calcular la matriz diferencia, D.*

$$D = A - B = \begin{pmatrix} 2 - (-3) & 3 - 5 \\ 7 - \ \ 0 & 9 - 5 \\ 4 - (-7) & 2 - 2 \end{pmatrix} = \begin{pmatrix} 5 & -2 \\ 7 & 4 \\ 11 & 0 \end{pmatrix}$$

2.2. Multiplicación de una matriz por un número

Dada la matriz $A = (a_{ij})_{m \times n}$, se define su producto por el número real k como la matriz que se obtiene al multiplicar cada elemento de la matriz A por k, y se representa mediante $k \cdot A$. Es decir:

$$k \cdot A = k \cdot (a_{ij})_{m \times n} = (k \cdot a_{ij})_{m \times n}, \ \forall\, i, j, \text{ con } 1 \le i \le m \text{ y } 1 \le j \le n$$

EJEMPLOS

c) *Dada la matriz A, calcular* $5 \cdot A$ *y* $-3 \cdot A$*:*

$$A = \begin{pmatrix} 3 & 3 & 5 \\ 4 & -1 & 9 \\ 3 & 3 & 0 \end{pmatrix}$$

$$5 \cdot A = \begin{pmatrix} 15 & 15 & 25 \\ 20 & -5 & 45 \\ 15 & 15 & 0 \end{pmatrix} \qquad -3 \cdot A = \begin{pmatrix} -9 & -9 & -15 \\ -12 & 3 & -27 \\ -9 & -9 & 0 \end{pmatrix}$$

Arthur Cayley

(1821-1895). Desde 1863, el matemático inglés Arthur Cayley ocupó una cátedra en Cambridge. Además, publicó numerosos artículos sobre temas de álgebra y geometría, entre los que destacan sus trabajos sobre invariantes algebraicos, teoría de matrices, teoría de grupos y geometría de espacios n-dimensionales. Cayley fue el primer matemático que formalizó el cálculo matricial.

Propiedades de la multiplicación de un número real por una matriz

- **Distributiva respecto de la adición de matrices.** Si A y B son dos matrices de dimensión $m \times n$, y k es un número real, entonces:

$$k \cdot (A + B) = k \cdot A + k \cdot B$$

- **Distributiva respecto de la adición de números reales.** Si A es una matriz de dimensión $m \times n$, y k y h son dos números reales, entonces:

$$(k + h) \cdot A = k \cdot A + h \cdot A$$

- **Asociativa entre números y matrices.** Si A es una matriz de dimensión $m \times n$, y k y h son dos números reales, entonces:

$$(k \cdot h) \cdot A = k \cdot (h \cdot A)$$

- **El 1 es el elemento unidad:**

$$1 \cdot A = A$$

EJEMPLOS

d) *Calcular* $3A + 4B$*, dadas las siguientes matrices:*

$$A = \begin{pmatrix} 3 & 0 \\ 0 & 1 \\ -1 & 0 \end{pmatrix} \qquad B = \begin{pmatrix} 1 & 2 \\ -1 & 2 \\ 3 & -4 \end{pmatrix}$$

$$3A + 4B = 3\begin{pmatrix} 3 & 0 \\ 0 & 1 \\ -1 & 0 \end{pmatrix} + 4\begin{pmatrix} 1 & 2 \\ -1 & 2 \\ 3 & -4 \end{pmatrix} =$$

$$= \begin{pmatrix} 9 & 0 \\ 0 & 3 \\ -3 & 0 \end{pmatrix} + \begin{pmatrix} 4 & 8 \\ -4 & 8 \\ 12 & -16 \end{pmatrix} = \begin{pmatrix} 13 & 8 \\ -4 & 11 \\ 9 & -16 \end{pmatrix}$$

2.3. Multiplicación de matrices

Sean las matrices $A = (a_{ij})_{m \times n}$ y $B = (b_{jk})_{n \times p}$. Se define la **matriz producto,** $C = (c_{ik})_{m \times p}$, como aquella cuyo elemento c_{ik} resulta de sumar los productos, elemento a elemento, de la fila i de la primera matriz por los de la columna k de la segunda matriz, y se representa por $C = A \cdot B$:

$$c_{ik} = a_{i1} \cdot b_{1k} + a_{i2} \cdot b_{2k} + \ldots + a_{ij} \cdot b_{jk} + \ldots + a_{in} \cdot b_{nk}$$

$$\text{fila } i \begin{pmatrix} a_{11} & a_{12} & \cdots & \cdots & \cdots & a_{1n} \\ a_{21} & a_{22} & \cdots & \cdots & \cdots & a_{2n} \\ \cdots & \cdots & \cdots & \cdots & \cdots & \cdots \\ a_{i1} & a_{i2} & \cdots & a_{ij} & \cdots & a_{in} \\ \cdots & \cdots & \cdots & \cdots & \cdots & \cdots \\ a_{m1} & a_{m2} & \cdots & \cdots & \cdots & a_{mn} \end{pmatrix} \cdot \overset{\text{columna } k}{\begin{pmatrix} b_{11} & b_{12} & \cdots & b_{1k} & \cdots & b_{1p} \\ b_{21} & b_{22} & \cdots & b_{2k} & \cdots & b_{2p} \\ \cdots & \cdots & \cdots & \cdots & \cdots & \cdots \\ \cdots & \cdots & \cdots & b_{jk} & \cdots & \cdots \\ \cdots & \cdots & \cdots & \cdots & \cdots & \cdots \\ b_{n1} & b_{n2} & \cdots & b_{nk} & \cdots & b_{np} \end{pmatrix}} =$$

$$= \begin{pmatrix} c_{11} & c_{12} & \cdots & c_{1k} & \cdots & c_{1p} \\ c_{21} & c_{22} & \cdots & c_{2k} & \cdots & c_{2p} \\ \cdots & \cdots & \cdots & \cdots & \cdots & \cdots \\ c_{i1} & c_{i2} & \cdots & c_{ik} & \cdots & c_{ip} \\ \cdots & \cdots & \cdots & \cdots & \cdots & \cdots \\ c_{m1} & c_{m2} & \cdots & c_{mk} & \cdots & c_{mp} \end{pmatrix}$$

Se puede observar que, en general, dos matrices cualesquiera no pueden multiplicarse. Es condición indispensable para poder hacerlo que el número de columnas de la primera coincida con el número de filas de la segunda. Por ello, siempre es posible calcular el producto de dos matrices cuadradas de igual orden.

Para poder multiplicar una matriz fila por una matriz columna, es preciso que coincida el número de elementos de la matriz fila con el número de elementos de la matriz columna.

La **matriz producto** tiene el número de filas de la primera matriz y el número de columnas de la segunda. Es decir, si A es una matriz de dimensión $m \times p$, y B es otra de dimensión $p \times n$, la matriz producto, C, tendrá una dimensión $m \times n$.

EJEMPLOS

e) *Calcular la matriz producto, C, de las siguientes matrices:*

$$A = (5 \quad 0 \quad -2 \quad 1 \quad 0) \qquad B = \begin{pmatrix} 1 \\ -2 \\ 3 \\ -2 \\ 0 \end{pmatrix}$$

$$C = A \cdot B = (5 \quad 0 \quad -2 \quad 1 \quad 0) \cdot \begin{pmatrix} 1 \\ -2 \\ 3 \\ -2 \\ 0 \end{pmatrix} =$$

$$= (5 \cdot 1 + 0 \cdot (-2) + (-2) \cdot 3 + 1 \cdot (-2) + 0 \cdot 0) = (-3)$$

Propiedades de la multiplicación de matrices

- **Asociativa.** Si A, B y C son tres matrices, entonces:

$$A \cdot (B \cdot C) = (A \cdot B) \cdot C$$

- **Distributiva respecto de la adición.** Si A, B y C son tres matrices, entonces:

$$A \cdot (B + C) = A \cdot B + A \cdot C$$

- **Asociativa respecto de la multiplicación por un número real.** Si A y B son dos matrices y k es un número real, entonces:

$$k \cdot (A \cdot B) = (k \cdot A) \cdot B$$

Las propiedades anteriores tienen sentido únicamente si pueden realizarse los productos matriciales que en ellas aparecen.

- **Elemento neutro de la multiplicación.** La multiplicación de matrices cuadradas de orden n posee **elemento neutro,** I_n, que recibe el nombre de **matriz identidad** o **unidad,** y que verifica que $A \cdot I_n = I_n \cdot A = A$, donde A es una matriz cuadrada de orden n. De este modo:

$$I_n = \begin{pmatrix} 1 & 0 & 0 & \dots & 0 \\ 0 & 1 & 0 & \dots & 0 \\ 0 & 0 & 1 & \dots & 0 \\ \dots & \dots & \dots & \dots & \dots \\ 0 & 0 & 0 & \dots & 1 \end{pmatrix}$$

Observa

Con frecuencia, la matriz identidad, I_n, se representa por I.

EJEMPLOS

f) *Dada la matriz A, calcular $A \cdot I$.*

$$A = \begin{pmatrix} 4 & 2 & -1 \\ 2 & 3 & 0 \\ 1 & 2 & 1 \end{pmatrix}$$

$$A \cdot I = \begin{pmatrix} 4 & 2 & -1 \\ 2 & 3 & 0 \\ 1 & 2 & 1 \end{pmatrix} \cdot \begin{pmatrix} 1 & 0 & 0 \\ 0 & 1 & 0 \\ 0 & 0 & 1 \end{pmatrix} = \begin{pmatrix} 4 & 2 & -1 \\ 2 & 3 & 0 \\ 1 & 2 & 1 \end{pmatrix}$$

Entre las numerosas aplicaciones de las matrices se incluye el control del tráfico aéreo.

Las propiedades anteriores se cumplen tanto en la multiplicación de matrices como en la de números; no obstante, hay propiedades de la multiplicación de números que no verifica la multiplicación de matrices:

- La multiplicación de matrices **no es conmutativa,** es decir:

$$A \cdot B \neq B \cdot A$$

Por ejemplo, dadas las siguientes matrices:

$$A = \begin{pmatrix} 2 & 3 \\ 1 & 4 \end{pmatrix} \qquad B = \begin{pmatrix} 1 & -1 \\ 0 & 2 \end{pmatrix}$$

se tiene que:

$$A \cdot B = \begin{pmatrix} 2 & 3 \\ 1 & 4 \end{pmatrix}\begin{pmatrix} 1 & -1 \\ 0 & 2 \end{pmatrix} = \begin{pmatrix} 2+0 & -2+6 \\ 1+0 & -1+8 \end{pmatrix} = \begin{pmatrix} 2 & 4 \\ 1 & 7 \end{pmatrix}$$

$$B \cdot A = \begin{pmatrix} 1 & -1 \\ 0 & 2 \end{pmatrix}\begin{pmatrix} 2 & 3 \\ 1 & 4 \end{pmatrix} = \begin{pmatrix} 2-1 & 3-4 \\ 0+2 & 0+8 \end{pmatrix} = \begin{pmatrix} 1 & -1 \\ 2 & 8 \end{pmatrix}$$

Además, puede existir el producto $A \cdot B$ y no existir el producto $B \cdot A$, y viceversa. Por ejemplo, dadas las matrices:

$$C = \begin{pmatrix} 3 & 2 \\ 7 & 1 \end{pmatrix} \qquad D = \begin{pmatrix} 2 & 3 & -1 \\ 0 & 1 & 2 \end{pmatrix}$$

existe $C \cdot D$; sin embargo, el producto $D \cdot C$ no existe, ya que el número de columnas de D no coincide con el número de filas de C.

Puesto que la multiplicación no es conmutativa, hay que indicar el orden en que se multiplican varias matrices. De este modo, dadas las matrices A y B y el producto $A \cdot B$, se dice que la matriz A está **multiplicando por la izquierda** a la matriz B.

Recuerda

Si a y b son dos números reales tales que $a \cdot b = 0$, entonces $a = 0$ o $b = 0$.

- El hecho de que el producto $A \cdot B = O$ no implica necesariamente que $A = O$ o $B = O$. Así, dadas las siguientes matrices:

$$A = \begin{pmatrix} 1 & 3 \\ -3 & -9 \end{pmatrix} \qquad B = \begin{pmatrix} 3 & 6 \\ -1 & -2 \end{pmatrix}$$

se tiene que:

$$A \cdot B = \begin{pmatrix} 3-3 & 6-6 \\ -9+9 & -18+18 \end{pmatrix} = \begin{pmatrix} 0 & 0 \\ 0 & 0 \end{pmatrix}$$

Por tanto, $A \cdot B = 0$, pero $A \neq 0$ y $B \neq 0$.

Recuerda

Si a, b y c son tres números reales tales que $a \cdot b = a \cdot c$, entonces $b = c$.

- El hecho de que $A \cdot B = A \cdot C$ no implica necesariamente que $B = C$. Por ejemplo, dadas estas matrices:

$$A = \begin{pmatrix} 2 & -3 \\ -4 & 6 \end{pmatrix} \qquad B = \begin{pmatrix} 1 & 2 \\ -1 & 4 \end{pmatrix} \qquad C = \begin{pmatrix} -2 & 5 \\ -3 & 6 \end{pmatrix}$$

se tiene que:

$$A \cdot B = \begin{pmatrix} 5 & -8 \\ -10 & 16 \end{pmatrix} \qquad A \cdot C = \begin{pmatrix} 5 & -8 \\ -10 & 16 \end{pmatrix}$$

Por tanto, $A \cdot B = A \cdot C$ y, sin embargo, $B \neq C$.

ACTIVIDADES

2 Calcula A^2, A^3 y A^4 y obtén una fórmula general para A^n a partir de la siguiente matriz:

$$A = \begin{pmatrix} a & a \\ a & a \end{pmatrix}$$

Solución:

$$A^2 = \begin{pmatrix} 2a^2 & 2a^2 \\ 2a^2 & 2a^2 \end{pmatrix}$$

$$A^3 = \begin{pmatrix} 4a^3 & 4a^3 \\ 4a^3 & 4a^3 \end{pmatrix}$$

$$A^4 = \begin{pmatrix} 8a^4 & 8a^4 \\ 8a^4 & 8a^4 \end{pmatrix}$$

$$A^n = \begin{pmatrix} 2^{n-1}a^n & 2^{n-1}a^n \\ 2^{n-1}a^n & 2^{n-1}a^n \end{pmatrix}$$

3 Dada la matriz fila $(3 \quad 2 \quad -1)$, calcula una matriz columna tal que el producto de ambas sea 2.

Solución: Existen infinitas matrices columna de orden 3×1 que cumplen que $3a_{11} + 2a_{21} - a_{31} = 2$. Por ejemplo:

$$\begin{pmatrix} 0 \\ 1 \\ 0 \end{pmatrix}$$

4 Si $A \cdot X = B$, calcula la dimensión de X en los siguientes casos:

a) A es de dimensión 4×3 y B es de dimensión 4×3.

b) A es de dimensión 2×5 y B es de dimensión 2×3.

c) A es de dimensión 3×2 y B es de dimensión 4×3.

Solución: ***a)*** La dimensión de X es 3×3. ***b)*** La dimensión de X es 5×3. ***c)*** No tiene solución.

5 Verifica la propiedad asociativa de la multiplicación de matrices con A, B y C:

$$A = \begin{pmatrix} 3 & 2 \\ 4 & 5 \end{pmatrix} \qquad B = \begin{pmatrix} 7 & 9 \\ -1 & 2 \end{pmatrix} \qquad C = \begin{pmatrix} 0 & 4 \\ -1 & 2 \end{pmatrix}$$

Solución: Se comprueba que $A \cdot (B \cdot C) = (A \cdot B) \cdot C$.

6 Verifica la propiedad distributiva de la multiplicación de matrices con respecto a la adición, utilizando las siguientes matrices:

$$A = \begin{pmatrix} 4 & -1 \\ 2 & 5 \end{pmatrix} \qquad B = \begin{pmatrix} 2 & 1 \\ 0 & -2 \end{pmatrix} \qquad C = \begin{pmatrix} 1 & -3 \\ 3 & -3 \end{pmatrix}$$

Solución: Se comprueba que $A \cdot (B + C) = A \cdot B + A \cdot C$.

7 Dadas las matrices de la actividad 6, calcula:

a) $A \cdot B$ ***b)*** $B \cdot A$ ***c)*** $A \cdot (B \cdot C)$

Solución: ***a)*** $\begin{pmatrix} 8 & 6 \\ 4 & -8 \end{pmatrix}$ ***b)*** $\begin{pmatrix} 10 & 3 \\ -4 & -10 \end{pmatrix}$ ***c)*** $\begin{pmatrix} 26 & -42 \\ -20 & 12 \end{pmatrix}$

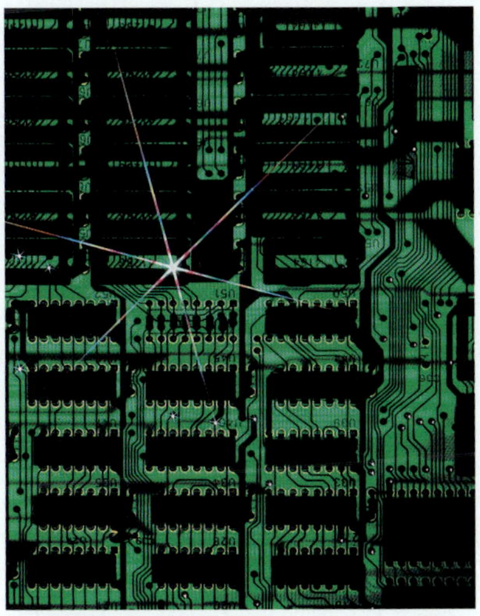

Los datos que utilizan las placas de los ordenadores se disponen en forma matricial.

3 Matriz inversa

La existencia del elemento neutro para la multiplicación de matrices cuadradas de orden n invita a preguntarse si, dada una matriz cuadrada, A, es posible hallar otra matriz, B, tal que $A \cdot B = B \cdot A = I$.

Pues bien, no siempre existe una matriz B que cumpla esa condición; cuando, no obstante, existe, recibe el nombre de **matriz inversa** de A y se designa por A^{-1}:

$$A \cdot A^{-1} = A^{-1} \cdot A = I$$

Se dice entonces que la matriz A es **invertible** o **regular.** Las matrices que no tienen inversa se denominan **no regulares** o **singulares.**

Además, se puede enunciar el siguiente teorema:

Si existe la matriz inversa de una matriz A de orden n, A^{-1}, esta es **única.**

3.1. Cálculo de la matriz inversa por el método de Gauss-Jordan

Vamos a ejemplificar el cálculo de la matriz inversa de una matriz por el método de Gauss-Jordan:

Sean las matrices $A = \begin{pmatrix} 1 & 2 & 1 \\ 2 & 4 & 3 \\ 3 & 5 & 2 \end{pmatrix}$ y $A^{-1} = \begin{pmatrix} a_{11} & a_{12} & a_{13} \\ a_{21} & a_{22} & a_{23} \\ a_{31} & a_{32} & a_{33} \end{pmatrix}$. Si existe la matriz inversa, A^{-1}, deberá cumplirse que $A \cdot A^{-1} = I$, esto es:

$$\begin{pmatrix} 1 & 2 & 1 \\ 2 & 4 & 3 \\ 3 & 5 & 2 \end{pmatrix} \cdot \begin{pmatrix} a_{11} & a_{12} & a_{13} \\ a_{21} & a_{22} & a_{23} \\ a_{31} & a_{32} & a_{33} \end{pmatrix} = \begin{pmatrix} 1 & 0 & 0 \\ 0 & 1 & 0 \\ 0 & 0 & 1 \end{pmatrix}$$

Observa

Si los tres sistemas obtenidos no fuesen compatibles determinados, la matriz no tendría inversa.

Efectuando el producto se obtiene:

$$\begin{cases} a_{11} + 2a_{21} + a_{31} = 1 \\ 2a_{11} + 4a_{21} + 3a_{31} = 0 \\ 3a_{11} + 5a_{21} + 2a_{31} = 0 \end{cases}$$

$$\begin{cases} a_{12} + 2a_{22} + a_{32} = 0 \\ 2a_{12} + 4a_{22} + 3a_{32} = 1 \\ 3a_{12} + 5a_{22} + 2a_{32} = 0 \end{cases}$$

$$\begin{cases} a_{13} + 2a_{23} + a_{33} = 0 \\ 2a_{13} + 4a_{23} + 3a_{33} = 0 \\ 3a_{13} + 5a_{23} + 2a_{33} = 1 \end{cases}$$

Se han obtenido tres sistemas de tres ecuaciones con tres incógnitas. La matriz A tendrá inversa únicamente si los tres sistemas son compatibles determinados. Para resolver los tres sistemas, los escribimos en forma matricial:

$$\left(\begin{array}{ccc|c} 1 & 2 & 1 & 1 \\ 2 & 4 & 3 & 0 \\ 3 & 5 & 2 & 0 \end{array}\right), \left(\begin{array}{ccc|c} 1 & 2 & 1 & 0 \\ 2 & 4 & 3 & 1 \\ 3 & 5 & 2 & 0 \end{array}\right), \left(\begin{array}{ccc|c} 1 & 2 & 1 & 0 \\ 2 & 4 & 3 & 0 \\ 3 & 5 & 2 & 1 \end{array}\right)$$

Se puede observar que las matrices de los coeficientes de los tres sistemas coinciden; luego, para resolverlos, es preciso efectuar en todos ellos las mismas operaciones entre las filas de la matriz.

Para no tener que repetir las operaciones, se escribe una matriz ampliada con tres columnas, una por cada sistema, de la siguiente manera:

$$\left(\begin{array}{ccc|ccc} 1 & 2 & 1 & 1 & 0 & 0 \\ 2 & 4 & 3 & 0 & 1 & 0 \\ 3 & 5 & 2 & 0 & 0 & 1 \end{array}\right)$$

Observa

Si la matriz A puede transformarse en la matriz identidad, entonces A tiene inversa.

Se aplica el método de Gauss-Jordan para intentar transformar, mediante operaciones elementales entre filas, la matriz A en la matriz identidad, I:

- Se resta a la segunda fila la primera multiplicada por 2 y a la tercera la primera por 3:

$$\left(\begin{array}{ccc|ccc} 1 & 2 & 1 & 1 & 0 & 0 \\ 0 & 0 & 1 & -2 & 1 & 0 \\ 0 & -1 & -1 & -3 & 0 & 1 \end{array}\right)$$

- Se cambia de orden la segunda y la tercera fila:

$$\left(\begin{array}{ccc|ccc} 1 & 2 & 1 & 1 & 0 & 0 \\ 0 & -1 & -1 & -3 & 0 & 1 \\ 0 & 0 & 1 & -2 & 1 & 0 \end{array}\right)$$

- Se multiplica por -1 la segunda fila:

$$\left(\begin{array}{ccc|ccc} 1 & 2 & 1 & 1 & 0 & 0 \\ 0 & 1 & 1 & 3 & 0 & -1 \\ 0 & 0 & 1 & -2 & 1 & 0 \end{array}\right)$$

- Se resta a la primera fila la segunda multiplicada por 2:

$$\left(\begin{array}{ccc|ccc} 1 & 0 & -1 & -5 & 0 & 2 \\ 0 & 1 & 1 & 3 & 0 & -1 \\ 0 & 0 & 1 & -2 & 1 & 0 \end{array}\right)$$

- Se suma a la primera fila la tercera y se resta a la segunda fila la tercera:

$$\left(\begin{array}{ccc|ccc} 1 & 0 & 0 & -7 & 1 & 2 \\ 0 & 1 & 0 & 5 & -1 & -1 \\ 0 & 0 & 1 & -2 & 1 & 0 \end{array}\right)$$

Los valores de la bolsa se presentan en forma de matriz.

La expresión anterior equivale a tres sistemas resueltos por el método de Gauss-Jordan; cada una de las columnas de la matriz ampliada corresponde a la solución de uno de los sistemas. Así, la solución del primer sistema es:

$$a_{11} = -7$$
$$a_{21} = 5$$
$$a_{31} = -2$$

La solución del segundo sistema es:

$$a_{12} = 1$$
$$a_{22} = -1$$
$$a_{32} = 1$$

Por último, la solución del tercer sistema es:

$$a_{13} = 2$$
$$a_{23} = -1$$
$$a_{33} = 0$$

La matriz inversa es, pues: $A^{-1} = \begin{pmatrix} -7 & 1 & 2 \\ 5 & -1 & -1 \\ -2 & 1 & 0 \end{pmatrix}$

En ocasiones, al tratar de transformar la matriz A en la matriz identidad, I, se obtiene una matriz escalar. La inversa resulta de dividir entre dicho escalar.

EJEMPLOS

a) *Calcular la inversa de la matriz* $A = \begin{pmatrix} 1 & 0 & 2 \\ 3 & -2 & 1 \\ 2 & -1 & 0 \end{pmatrix}$.

Para calcular la inversa, se escribe lo siguiente:

$$\left(\begin{array}{ccc|ccc} 1 & 0 & 2 & 1 & 0 & 0 \\ 3 & -2 & 1 & 0 & 1 & 0 \\ 2 & -1 & 0 & 0 & 0 & 1 \end{array}\right)$$

Se resta a la segunda fila la primera multiplicada por 3 y a la tercera, la primera multiplicada por 2:

$$\left(\begin{array}{ccc|ccc} 1 & 0 & 2 & 1 & 0 & 0 \\ 0 & -2 & -5 & -3 & 1 & 0 \\ 0 & -1 & -4 & -2 & 0 & 1 \end{array}\right)$$

Se resta luego a la tercera fila multiplicada por 2, la segunda:

$$\left(\begin{array}{ccc|ccc} 1 & 0 & 2 & 1 & 0 & 0 \\ 0 & -2 & -5 & -3 & 1 & 0 \\ 0 & 0 & -3 & -1 & -1 & 2 \end{array}\right)$$

Se suma a la primera multiplicada por 3, la tercera multiplicada por 2:

$$\left(\begin{array}{ccc|ccc} 3 & 0 & 0 & 1 & -2 & 4 \\ 0 & -2 & -5 & -3 & 1 & 0 \\ 0 & 0 & -3 & -1 & -1 & 2 \end{array}\right)$$

Se resta a la segunda fila multiplicada por 3, la tercera multiplicada por 5:

$$\left(\begin{array}{ccc|ccc} 3 & 0 & 0 & 1 & -2 & 4 \\ 0 & -6 & 0 & -4 & 8 & -10 \\ 0 & 0 & -3 & -1 & -1 & 2 \end{array}\right)$$

Se divide la segunda fila entre -2 y se cambian los signos de la tercera:

$$\left(\begin{array}{ccc|ccc} 3 & 0 & 0 & 1 & -2 & 4 \\ 0 & 3 & 0 & 2 & -4 & 5 \\ 0 & 0 & 3 & 1 & 1 & -2 \end{array}\right)$$

Así, la matriz inversa de A es: $A^{-1} = \frac{1}{3}\begin{pmatrix} 1 & -2 & 4 \\ 2 & -4 & 5 \\ 1 & 1 & -2 \end{pmatrix}$

ACTIVIDADES

8 Calcula las matrices inversas de las siguientes matrices (comprueba en todos los casos que el producto de la matriz por su inversa da la matriz identidad):

a) $M = \begin{pmatrix} 2 & 1 \\ -1 & 2 \end{pmatrix}$ ***b)*** $N = \begin{pmatrix} 1 & -2 & 4 \\ 0 & 1 & -2 \\ -2 & 4 & -7 \end{pmatrix}$

Solución: a) $M^{-1} = \frac{1}{5}\begin{pmatrix} 2 & -1 \\ 1 & 2 \end{pmatrix}$ ***b)*** $N^{-1} = \begin{pmatrix} 1 & 2 & 0 \\ 4 & 1 & 2 \\ 2 & 0 & 1 \end{pmatrix}$

OTRAS ACTIVIDADES

III Dadas las matrices A y B, calcula $(A \cdot B)^{-1}$.

$A = \begin{pmatrix} 3 & 0 \\ 1 & 2 \end{pmatrix}$ $B = \begin{pmatrix} 1 & -1 \\ 2 & 3 \end{pmatrix}$

4 Notación matricial de un sistema de ecuaciones lineales

Dado el siguiente sistema de m ecuaciones con n incógnitas:

$$\begin{cases} a_{11}x_1 + a_{12}x_2 + a_{13}x_3 + \ldots + a_{1n}x_n = b_1 \\ a_{21}x_1 + a_{22}x_2 + a_{23}x_3 + \ldots + a_{2n}x_n = b_2 \\ \ldots \\ a_{m1}x_1 + a_{m2}x_2 + a_{m3}x_3 + \ldots + a_{mn}x_n = b_m \end{cases}$$

se le pueden asociar estas matrices:

$$A = \begin{pmatrix} a_{11} & a_{12} & \ldots & a_{1n} \\ a_{21} & a_{22} & \ldots & a_{2n} \\ \ldots & \ldots & \ldots & \ldots \\ a_{m1} & a_{m2} & \ldots & a_{mn} \end{pmatrix} \qquad A^* = \left(\begin{array}{cccc|c} a_{11} & a_{12} & \ldots & a_{1n} & b_1 \\ a_{21} & a_{22} & \ldots & a_{2n} & b_2 \\ \ldots & \ldots & \ldots & \ldots & \ldots \\ a_{m1} & a_{m2} & \ldots & a_{mn} & b_m \end{array}\right)$$

Las matrices A y A^* se denominan **matriz de los coeficientes** y **matriz ampliada** del sistema, respectivamente.

Así, dado este sistema lineal de tres ecuaciones con tres incógnitas:

$$\begin{cases} x + y + z = 0 \\ 2x + y - z = 7 \\ x - y + 2z = -7 \end{cases}$$

su matriz de los coeficientes y su matriz ampliada son, respectivamente:

$$A = \begin{pmatrix} 1 & 1 & 1 \\ 2 & 1 & -1 \\ 1 & -1 & 2 \end{pmatrix} \qquad A^* = \left(\begin{array}{ccc|c} 1 & 1 & 1 & 0 \\ 2 & 1 & -1 & 7 \\ 1 & -1 & 2 & -7 \end{array}\right)$$

Si se resuelve el sistema por el método de Gauss, restando a la segunda ecuación la primera multiplicada por 2, y a la tercera la primera, se obtiene:

$$\begin{cases} x + y + z = 0 \\ -y - 3z = 7 \\ -2y + z = -7 \end{cases} \quad \text{cuya matriz ampliada es: } \left(\begin{array}{ccc|c} 1 & 1 & 1 & 0 \\ 0 & -1 & -3 & 7 \\ 0 & -2 & 1 & -7 \end{array}\right)$$

Restando ahora a la tercera ecuación la segunda multiplicada por 2, se obtiene el sistema:

$$\begin{cases} x + y + z = 0 \\ -y - 3z = 7 \\ 7z = -21 \end{cases} \quad \text{cuya matriz ampliada es: } \left(\begin{array}{ccc|c} 1 & 1 & 1 & 0 \\ 0 & -1 & -3 & 7 \\ 0 & 0 & 7 & -21 \end{array}\right)$$

Al resolver el sistema, se obtiene $z = -3$, $y = 2$, $x = 1$.

La resolución de un sistema de ecuaciones por el método de Gauss puede realizarse operando directamente con las ecuaciones o bien con las filas de la matriz ampliada del sistema para conseguir una matriz escalonada. Las **operaciones elementales entre filas** son las siguientes:

- Cambiar de orden las filas.
- Multiplicar una o más filas por un número real distinto de cero.
- Sumar a una fila otra multiplicada por un número real.

Observa

La **notación matricial** presenta la ventaja de no tener que escribir de forma reiterada las incógnitas.

ACTIVIDADES

9 Resuelve los siguientes sistemas utilizando la notación matricial:

a) $\begin{cases} x + y + z = 2 \\ 2x - y - z = 7 \\ x + 2y + 5z = 4 \end{cases}$ ***b)*** $\begin{cases} x + y + z + t = 0 \\ 2x - y - z + t = -13 \\ 3x + y + z - t = 8 \\ 2y + 3t = -11 \end{cases}$

Solución: ***a)*** $x = 3,\ y = -2,\ z = 1$ ***b)*** $x = -1,\ y = 2,\ z = 4,\ t = -5$

4.1. Solución matricial de un sistema de ecuaciones

Considera el siguiente sistema de ecuaciones:

$$\begin{cases} a_{11}x_1 + a_{12}x_2 + a_{13}x_3 + \ldots + a_{1n}x_n = b_1 \\ a_{21}x_1 + a_{22}x_2 + a_{23}x_3 + \ldots + a_{2n}x_n = b_2 \\ \ldots \\ a_{m1}x_1 + a_{m2}x_2 + a_{m3}x_3 + \ldots + a_{mn}x_n = b_m \end{cases}$$

Se puede escribir $A \cdot X = B$, donde A es la **matriz de los coeficientes;** X, la **matriz de las incógnitas,** y B, la **matriz de los términos independientes:**

$$A = \begin{pmatrix} a_{11} & a_{12} & a_{13} & \ldots & a_{1n} \\ a_{21} & a_{22} & a_{23} & \ldots & a_{2n} \\ \ldots & \ldots & \ldots & \ldots & \ldots \\ a_{m1} & a_{m2} & a_{m3} & \ldots & a_{mn} \end{pmatrix} \qquad X = \begin{pmatrix} x_1 \\ x_2 \\ x_3 \\ \ldots \\ x_n \end{pmatrix} \qquad B = \begin{pmatrix} b_1 \\ b_2 \\ b_3 \\ \ldots \\ b_m \end{pmatrix}$$

Observa que X y B son matrices columna.

Si la matriz de los coeficientes, A, es regular, esto es, si admite inversa, se puede escribir $A^{-1} \cdot A \cdot X = A^{-1} \cdot B$. Es decir:

$$X = A^{-1} \cdot B$$

Por tanto, es posible resolver un sistema de ecuaciones conociendo la matriz inversa de la matriz de los coeficientes y la matriz de los términos independientes: mediante la igualdad anterior se pueden obtener los valores de las incógnitas.

Para aplicar este procedimiento, es preciso conocer la matriz inversa de la matriz de los coeficientes y, como ya se ha visto en el epígrafe precedente, calcular la matriz inversa requiere resolver un sistema. Por consiguiente, este procedimiento no parece ser demasiado ventajoso. Sin embargo, en la UNIDAD 3 se estudiará un nuevo procedimiento para calcular la matriz inversa y ahí sí que será útil aplicar la igualdad $X = A^{-1} \cdot B$.

Consideremos, por ejemplo, el siguiente sistema:

$$\begin{cases} x - 2y + 4z = -4 \\ y - 2z = 3 \\ -2x + 4y - 7z = 6 \end{cases}$$

Su matriz de coeficientes es:

$$A = \begin{pmatrix} 1 & -2 & 4 \\ 0 & 1 & -2 \\ -2 & 4 & -7 \end{pmatrix}$$

En el apartado ***b)*** de la actividad 8 del epígrafe anterior se calculó A^{-1}:

$$A^{-1} = \begin{pmatrix} 1 & 2 & 0 \\ 4 & 1 & 2 \\ 2 & 0 & 1 \end{pmatrix}$$

Aplicando $X = A^{-1} \cdot B$, tenemos:

$$\begin{pmatrix} x \\ y \\ z \end{pmatrix} = \begin{pmatrix} 1 & 2 & 0 \\ 4 & 1 & 2 \\ 2 & 0 & 1 \end{pmatrix} \begin{pmatrix} -4 \\ 3 \\ 6 \end{pmatrix} = \begin{pmatrix} 2 \\ -1 \\ -2 \end{pmatrix}$$

Luego, la solución del sistema es $x = 2$, $y = -1$, $z = -2$.

EJEMPLOS

a) *Resolver el siguiente sistema de ecuaciones por el método matricial:*

$$\begin{cases} x + y + z = -3 \\ 3x + 2y - 3z = 10 \\ 2x + y - 4z = 13 \end{cases}$$

Se calcula la inversa de la matriz de los coeficientes:

$$\left(\begin{array}{ccc|ccc} 1 & 1 & 1 & 1 & 0 & 0 \\ 3 & 2 & -3 & 0 & 1 & 0 \\ 2 & 1 & -4 & 0 & 0 & 1 \end{array}\right)$$

Se resta a la segunda fila la primera multiplicada por 3, y a la tercera, la primera multiplicada por 2:

$$\left(\begin{array}{ccc|ccc} 1 & 1 & 1 & 1 & 0 & 0 \\ 0 & -1 & -6 & -3 & 1 & 0 \\ 0 & -1 & -6 & -2 & 0 & 1 \end{array}\right)$$

Se resta luego a la tercera fila, la segunda:

$$\left(\begin{array}{ccc|ccc} 1 & 1 & 1 & 1 & 0 & 0 \\ 0 & -1 & -6 & -3 & 1 & 0 \\ 0 & 0 & 0 & 1 & -1 & 1 \end{array}\right)$$

Se suma, por último, a la primera fila, la segunda:

$$\left(\begin{array}{ccc|ccc} 1 & 0 & -5 & -2 & 1 & 0 \\ 0 & -1 & -6 & -3 & 1 & 0 \\ 0 & 0 & 0 & 1 & -1 & 1 \end{array}\right)$$

La matriz de los coeficientes no tiene inversa, puesto que no es posible transformarla en la matriz identidad.

Si se resuelve el sistema por el método de Gauss, el sistema resulta compatible indeterminado con un grado de libertad.

Para que un sistema con el mismo número de ecuaciones que de incógnitas sea compatible determinado, la matriz cuadrada de los coeficientes del sistema debe ser regular.

ACTIVIDADES

10 Resuelve los siguientes sistemas, utilizando el método de la matriz inversa:

a) $\begin{cases} x + 2y - z = 2 \\ 2x + y + z = 7 \\ x - y + 3z = 9 \end{cases}$ ***b)*** $\begin{cases} 4x + y - z = 7 \\ 2x + y + z = 3 \\ 3x + y + z = 4 \end{cases}$ ***c)*** $\begin{cases} 3x + 2y - z = 4 \\ 2x + y + 3z = 2 \\ x + y - 4z = 2 \end{cases}$

Solución: ***a)*** $A^{-1} = \begin{pmatrix} -4/3 & 5/3 & -1 \\ 5/3 & -4/3 & 1 \\ 1 & -1 & 1 \end{pmatrix}$ ***b)*** $A^{-1} = \begin{pmatrix} 0 & -1 & 1 \\ 1/2 & 7/2 & -3 \\ -1/2 & -1/2 & 1 \end{pmatrix}$

$x = 0,\ y = 3,\ z = 4$ $x = 1,\ y = 2,\ z = -1$

c) La matriz A^{-1} no existe; por tanto, el sistema no se puede resolver utilizando el método de la matriz inversa. El sistema no es, pues, compatible determinado.

OTRAS ACTIVIDADES

IV Resuelve el sistema del apartado ***b)*** de la actividad 10 por el método de Gauss y comprueba que se obtiene la misma solución.

5 Aplicación de las matrices a la resolución de problemas

5.1. Aplicación del producto de matrices

Escapa a los objetivos del presente curso estudiar las razones históricas que llevaron al desarrollo del concepto de matriz; sin embargo, es fácil comprender las ventajas que presenta esta notación: cualquier tabla de doble entrada puede representarse, en principio, en forma matricial. Así, las matrices tienen aplicaciones en distintos campos: sociología, economía, física, ingeniería...

EJEMPLOS

a) *En la sección de deportes de unos grandes almacenes trabajan tres dependientes, A, B y C, que venden ropa y calzado deportivo. En los meses de octubre y noviembre, el volumen de ventas (en miles de euros) de cada uno de los vendedores fue el siguiente:*

- *A: 12 en total, el 35 % de los cuales fue en calzado.*
- *B: 10 en total, el 40 % de los cuales fue en calzado.*
- *C: 14 en total, el 25 % de los cuales fue en calzado.*

Representar los datos anteriores en forma de matriz.

$$\begin{array}{l} \\ \text{Ropa} \\ \text{Calzado} \end{array} \begin{array}{c} \begin{array}{ccc} \text{A} & \text{B} & \text{C} \end{array} \\ \begin{pmatrix} 7{,}8 & 6 & 10{,}5 \\ 4{,}2 & 4 & 3{,}5 \end{pmatrix} \end{array}$$

b) *Una factoría tiene dos cadenas, I y II, de montaje para elaborar dos productos, A y B. En cada cadena de montaje intervienen tres tipos de operarios distintos que cobran según su especialización.*

- *En la cadena de montaje I, el operario más cualificado, a, cobra 15 € la hora; el operario b, 12,5 €, y el operario c, 11 €.*
- *En la cadena de montaje II, el operario más cualificado, a, cobra 14,5 € la hora; el operario b, 12,5 €, y el operario c, 10,5 €.*

Para elaborar el producto A, se precisan 3 h del operario a, 5 h del operario b y 11 h del operario c. Para elaborar el producto B, por su parte, se precisan 2 h del operario a, 7 h del operario b y 9 h del operario c.

Escribir las matrices que representan, respectivamente, los salarios de los operarios por especialización y cadena y las horas invertidas en la fabricación de cada producto, según especialización.

$$\begin{array}{l} \\ \text{Ope. } a \\ \text{Ope. } b \\ \text{Ope. } c \end{array} \begin{array}{c} \begin{array}{cc} \text{Cad. I} & \text{Cad. II} \end{array} \\ \begin{pmatrix} 15 & 14{,}5 \\ 12{,}5 & 12{,}5 \\ 11 & 10{,}5 \end{pmatrix} \end{array}$$

$$\begin{array}{l} \\ \text{Prod. A} \\ \text{Prod. B} \end{array} \begin{array}{c} \begin{array}{ccc} \text{Ope. } a & \text{Ope. } b & \text{Ope. } c \end{array} \\ \begin{pmatrix} 3 & 5 & 11 \\ 2 & 7 & 9 \end{pmatrix} \end{array}$$

EJEMPLOS

c) *Con los datos del ejemplo **b)** de este epígrafe, utilizar el producto de matrices para calcular el coste de los productos A y B, en función de la cadena que los fabrique.*

Dadas las matrices que representan los salarios de los operarios por especialización y cadena, S, y las horas invertidas en la fabricación de cada producto, H, el coste de fabricación de los productos A y B vendrá dado por los elementos de la matriz producto: $P = H \cdot S$

$$\begin{array}{c} \\ \text{Prod. A} \\ \text{Prod. } B \end{array} \begin{array}{c} \begin{array}{ccc} \text{Ope. } a & \text{Ope. } b & \text{Ope. } c \end{array} \\ \begin{pmatrix} 3 & 5 & 11 \\ 2 & 7 & 9 \end{pmatrix} \end{array} = H$$

$$\begin{array}{c} \\ \text{Ope. } a \\ \text{Ope. } b \\ \text{Ope. } c \end{array} \begin{array}{c} \begin{array}{cc} \text{Cad. I} & \text{Cad. II} \end{array} \\ \begin{pmatrix} 15 & 14{,}5 \\ 12{,}5 & 12{,}5 \\ 11 & 10{,}5 \end{pmatrix} \end{array} = S$$

$$P = H \cdot S = \begin{pmatrix} 228{,}5 & 221{,}5 \\ 216{,}5 & 211 \end{pmatrix}$$

El término p_{11}, 228,5, indica el precio de fabricación, en euros, del producto A en la cadena I; p_{12}, 221,5, indica el del producto A en la cadena II; p_{21}, 216,5, el precio del producto B en la cadena I; y p_{22}, 211, el del producto B en la cadena II.

5.2. Matrices y grafos

Se puede definir un **grafo** como una colección de puntos algunos de los cuales están unidos mediante líneas. Puede utilizarse la palabra **red** como sinónimo de grafo. Sirven para representar las relaciones existentes entre los elementos de un conjunto. Existe una amplia teoría matemática sobre los grafos, que actualmente constituyen una herramienta muy útil en muchos campos de la ciencia: teoría de la información, sistemas de comunicaciones, planificación de la producción, conexiones entre líneas de transportes, programación lineal, redes de comunicación, mecánica elástica, genética, química, lingüística, relaciones de dominio emocional en un colectivo de personas...

El primer estudio de grafos fue realizado por Euler (1707-1783) y respondía a la necesidad de resolver el famoso problema de los **puentes de Königsberg.**

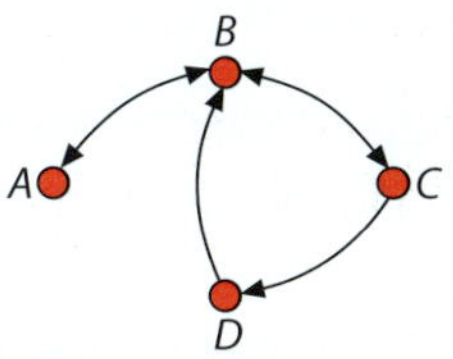

FIGURA 2.1.

Supongamos, por ejemplo, el conjunto de pueblos A, B, C y D; una carretera comarcal enlaza A, B y C, pero a D solo se puede acceder desde C mediante una pista de dirección única que termina en B. Esta situación se puede representar mediante el grafo de la figura 2.1.

Los elementos que se relacionan en el grafo, los pueblos, constituyen los vértices del mismo; las flechas indican cómo se comunican estos y se denominan aristas del grafo. Las aristas que unen C y D, y D y B son aristas orientadas.

Además, si existiera un camino que volviera al pueblo C partiendo de este, el grafo presentaría un **lazo** en el vértice C, es decir, una arista que uniría C consigo mismo. La información que proporciona este grafo se puede expresar mediante una matriz, M. Para ello, disponemos una matriz 4×4 en la que cada elemento a_{ij} indica qué tipo de acceso tiene el pueblo i al j. Si es directo, asignamos a este elemento el valor 1, y si no, el 0, como muestra la matriz del margen.

$$\begin{array}{c} \\ \text{A} \\ B \\ \text{C} \\ D \end{array} \begin{array}{c} \begin{array}{cccc} \text{A} & B & \text{C} & D \end{array} \\ \begin{pmatrix} 0 & 1 & 0 & 0 \\ 1 & 0 & 1 & 0 \\ 0 & 1 & 0 & 1 \\ 0 & 1 & 0 & 0 \end{pmatrix} \end{array} = \text{M}$$

La matriz asociada a un grafo, M, se denomina **matriz de adyacencia.** En nuestro ejemplo, M indica el acceso directo entre los pueblos. Por ejemplo, $a_{34} = 1$, porque el pueblo C tiene acceso directo a D; sin embargo, $a_{43} = 0$ ya que el pueblo D no tiene acceso directo a C.

Si calculamos el cuadrado de la matriz anterior, M^2, obtenemos:

$$M^2 = \begin{pmatrix} 0 & 1 & 0 & 0 \\ 1 & 0 & 1 & 0 \\ 0 & 1 & 0 & 1 \\ 0 & 1 & 0 & 0 \end{pmatrix}\begin{pmatrix} 0 & 1 & 0 & 0 \\ 1 & 0 & 1 & 0 \\ 0 & 1 & 0 & 1 \\ 0 & 1 & 0 & 0 \end{pmatrix} = \begin{pmatrix} 1 & 0 & 1 & 0 \\ 0 & 2 & 0 & 1 \\ 1 & 1 & 1 & 0 \\ 1 & 0 & 1 & 0 \end{pmatrix}$$

Esta nueva matriz indica los accesos entre dos pueblos a través de otro. Por ejemplo, $a_{11} = 1$ indica que se puede acceder al pueblo A desde A a través de B. A B se puede llegar desde B, de dos formas distintas: a través de A y a través de C, que es lo que indica a_{22}. En cambio, no se puede acceder de B a C a través de otro pueblo, pues $a_{23} = 0$.

Si calculamos ahora M^3, obtendremos los accesos entre dos pueblos a través de dos de ellos.

$$M^3 = \begin{pmatrix} 0 & 1 & 0 & 0 \\ 1 & 0 & 1 & 0 \\ 0 & 1 & 0 & 1 \\ 0 & 1 & 0 & 0 \end{pmatrix}\begin{pmatrix} 1 & 0 & 1 & 0 \\ 0 & 2 & 0 & 1 \\ 1 & 1 & 1 & 0 \\ 1 & 0 & 1 & 0 \end{pmatrix} = \begin{pmatrix} 0 & 2 & 0 & 1 \\ 2 & 1 & 2 & 0 \\ 1 & 2 & 1 & 1 \\ 0 & 2 & 0 & 1 \end{pmatrix}$$

Si sumamos despues M, M^2 y M^3, obtendremos el número de accesos que hay entre dos pueblos:

$$M + M^2 + M^3 = \begin{pmatrix} 1 & 3 & 1 & 1 \\ 3 & 3 & 3 & 1 \\ 2 & 4 & 2 & 2 \\ 1 & 3 & 1 & 1 \end{pmatrix}$$

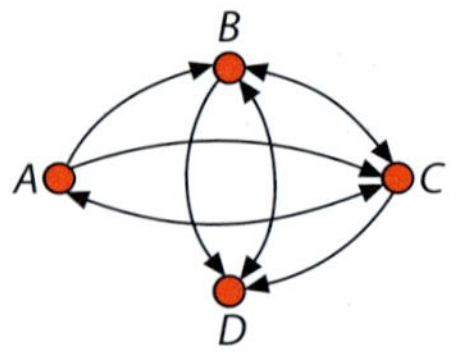

FIGURA 2.2.

Supongamos ahora una situación sencilla para ejemplificar un problema de comunicación. De una pequeña ciudad europea, A, a una capital centroafricana, D, no hay vuelos directos. Por ello, es necesario hacer alguna escala; los dos únicos aeropuertos para realizarla son B y C. El grafo del margen muestra la situación.

La matriz, M, asociada a este grafo es:

$$\begin{array}{c} \\ A \\ B \\ C \\ D \end{array}\begin{array}{c} \begin{array}{cccc} A & B & C & D \end{array} \\ \begin{pmatrix} 0 & 1 & 2 & 0 \\ 0 & 0 & 1 & 2 \\ 1 & 1 & 0 & 1 \\ 0 & 1 & 0 & 0 \end{pmatrix} \end{array} = M$$

Como se observa, el elemento $a_{14} = 0$, puesto que no hay vuelos directos entre A y D.

La matriz M^2 nos proporcionará el número de posibilidades existentes para enlazar dos ciudades:

$$M^2 = \begin{pmatrix} 0 & 1 & 2 & 0 \\ 0 & 0 & 1 & 2 \\ 1 & 1 & 0 & 1 \\ 0 & 1 & 0 & 0 \end{pmatrix}\begin{pmatrix} 0 & 1 & 2 & 0 \\ 0 & 0 & 1 & 2 \\ 1 & 1 & 0 & 1 \\ 0 & 1 & 0 & 0 \end{pmatrix} = \begin{pmatrix} 2 & 2 & 1 & 4 \\ 1 & 3 & 0 & 1 \\ 0 & 2 & 3 & 2 \\ 0 & 0 & 1 & 2 \end{pmatrix}$$

¿De cuántas formas se puede ir de A a D haciendo una sola escala? El elemento b_{14} de la matriz M^2 es 4; por tanto, hay cuatro posibilidades de enlazar A y D haciendo una sola escala.

Si nos preguntamos ahora de cuántas formas se pueden enlazar A y D haciendo una o dos escalas, debemos calcular también el elemento c_{14} de la matriz M^3, que nos lo indica. Para ello, basta con multiplicar la fila 1 de la matriz M y la columna 4 de la matriz M^2:

$$c_{14} = (0\ \ 1\ \ 2\ \ 0)\begin{pmatrix}4\\1\\2\\2\end{pmatrix}$$

Por lo tanto, existen 9 maneras en total de enlazar las ciudades A y D, realizando una o dos escalas.

ACTIVIDADES

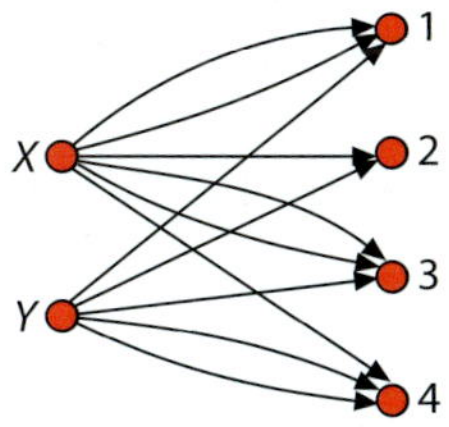

FIGURA 2.3.

11 Una empresa de productos congelados tiene dos factorías, *X* e *Y*, y cuatro almacenes, 1, 2, 3 y 4. Cada factoría suministra semanalmente sus productos a los almacenes, tal como indica el grafo de la figura 2.3.

El reparto semanal que realizan los cuatro almacenes a tres establecimientos, *A, B* y *C*, viene dado por el grafo de la figura 2.4.

a) Escribe las matrices de adyacencia de ambos grafos.

b) Calcula la matriz, *E*, que proporciona el número de entregas semanales que cada factoría realiza a los tres establecimientos.

c) ¿Cuántas entregas semanales efectúa la factoría *X* al establecimiento *B*?

Solución: ***a)*** $M_1 = \begin{matrix} & 1 & 2 & 3 & 4 \\ X & 2 & 1 & 2 & 1 \\ Y & 1 & 1 & 1 & 2 \end{matrix}$, $M_2 = \begin{matrix} & A & B & C \\ 1 & 1 & 0 & 0 \\ 2 & 1 & 0 & 0 \\ 3 & 0 & 1 & 1 \\ 4 & 0 & 1 & 1 \end{matrix}$ ***b)*** $E = \begin{pmatrix} 3 & 3 & 2 \\ 2 & 3 & 1 \end{pmatrix}$

c) La factoría *X* realiza 3 entregas semanales al establecimiento *B*.

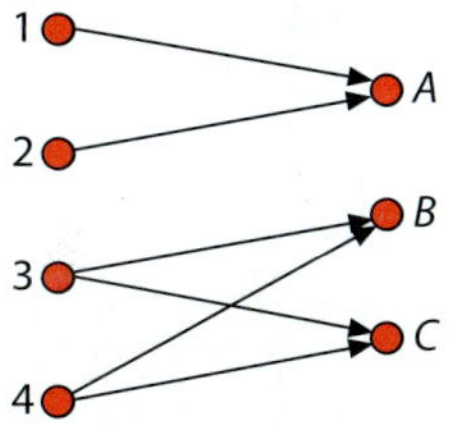

FIGURA 2.4.

12 Una pequeña empresa de proyectos ecológicos desea mejorar el rendimiento de sus empleados *A, B, C, D* y *E*. Para ello, realiza un estudio acerca de la opinión que cada uno de ellos tiene sobre la capacidad de los demás y recoge los resultados en la siguiente matriz:

$$\begin{matrix} & A & B & C & D & E \\ A & 0 & 0 & 1 & 1 & 0 \\ B & 1 & 1 & 1 & 0 & 0 \\ C & 1 & 0 & 0 & 0 & 0 \\ D & 0 & 0 & 1 & 0 & 0 \\ E & 0 & 0 & 1 & 1 & 0 \end{matrix}$$

El 0 en la posición *ij* significa que la persona *i* no cree que la persona *j* esté especialmente capacitada para su trabajo, y el 1 significa que la persona *i* cree muy capacitada a la persona *j*.

a) Representa el grafo asociado a la matriz.

b) La dirección quiere formar un grupo de trabajo de tres personas. ¿Qué empleados deberá escoger? ¿Cuál es el menos valorado por sus compañeros?

Solución: ***a)***

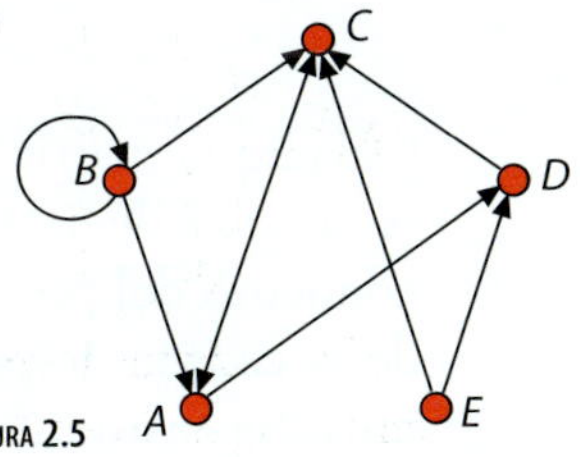

FIGURA 2.5

b) Las personas que el grupo considera más capacitadas son *A, C* y *D* porque son los puntos donde más flechas llegan. Los empleados menos valorados por sus compañeros son *B* y *E*, ya que a *E* no le llegan flechas, y *B* solo se valora a él mismo.

5.3. Cadenas de Markov

Los llamados **procesos de Markov** fueron estudiados por el matemático al cual debemos su nombre, A. A. Markov (1856-1922). Actualmente tienen mucha aplicación en campos tan diversos como la física nuclear, la psicología de la educación, los estudios económicos, los modelos de epidemia...

Muchos de los experimentos realizados en estas ciencias se pueden considerar procesos formados por distintos estados que van cambiando. Al estudiar la evolución de estos procesos, no es posible predecir cuál va a ser exactamente; solo se puede hallar la probabilidad de cada una de las direcciones que puede tomar.

Los procesos en los que a cada paso o cambio de estado se le puede asignar una probabilidad se denominan estocásticos.

Por ejemplo, supongamos que lanzamos una moneda 5 veces y anotamos si sale cara o cruz. Algunas de las cadenas que podemos encontrar, son:

+++CC

+CC+C

CC+C+

...

En cada paso, el proceso toma uno de los dos estados, + o C, y es razonable asignar a cada uno de ellos la probabilidad 1/2. Además, solo hay cuatro posibilidades de cambio:

$$C \rightarrow C,\ C \rightarrow +,\ + \rightarrow + \text{ y } + \rightarrow C.$$

Podemos asignar a este proceso una matriz 2×2, en la que el elemento a_{ij} indique la probabilidad de cambio del estado i al estado j:

$$\begin{array}{c} \\ c \\ x \end{array}\begin{array}{c} \begin{array}{cc} c & x \end{array} \\ \begin{pmatrix} 1/2 & 1/2 \\ 1/2 & 1/2 \end{pmatrix} \end{array}$$

Esta matriz se denomina **matriz de transición.** Los elementos que componen la matriz de transición de un proceso estocástico no pueden ser negativos, y, además, la suma de los elementos de cualquiera de sus filas debe ser igual a 1.

EJEMPLOS

d) *Para volver del trabajo a casa, una persona puede escoger entre tres caminos. Establecer la matriz de transición si se sabe que nunca repite el camino del día anterior y es igual de probable que vaya por cualquiera de los otros dos.*

Llamemos a los caminos A, B y C. La probabilidad de repetir camino, $A \rightarrow A$, $B \rightarrow B$, $C \rightarrow C$, es 0, y la de coger otro de los otros dos caminos es 1/2. Podemos, pues, escribir:

$$\begin{array}{c} \\ A \\ B \\ C \end{array}\begin{array}{c} \begin{array}{ccc} A & B & C \end{array} \\ \begin{pmatrix} 0 & 1/2 & 1/2 \\ 1/2 & 0 & 1/2 \\ 1/2 & 1/2 & 0 \end{pmatrix} \end{array} = M$$

Cuando la matriz de transición, M, asociada a una cadena de Markov es regular, es decir, tiene inversa, se cumple que, sea cual sea el estado de comienzo del proceso, la probabilidad de estar en un determinado estado de la cadena después de un elevado número de pasos se estabiliza y toma un valor constante.

EJEMPLOS

Por ejemplo, la matriz de transición del proceso estocástico descrito en el ejemplo de la persona que puede tomar tres caminos para volver a casa es regular. Al cabo de n días, la probabilidad de que regrese a casa por uno de los tres caminos no depende de cuál tomó el primer día, sea este cual sea, y es aproximadamente la misma. En el límite, cuando $n \to \infty$, la cadena podría estar en un estado (camino) cualquiera de los tres disponibles con probabilidad 1/3.

La matriz de transición que proporciona las probabilidades de tomar cualquiera de los caminos a los dos días es:

$$M^2 = \begin{pmatrix} 1/2 & 1/4 & 1/4 \\ 1/4 & 1/2 & 1/4 \\ 1/4 & 1/4 & 1/2 \end{pmatrix}$$

A los tres días es:

$$M^3 = \begin{pmatrix} 1/4 & 3/8 & 3/8 \\ 3/8 & 1/4 & 3/8 \\ 3/8 & 3/8 & 1/4 \end{pmatrix}$$

A los cuatro días:

$$M^4 = \begin{pmatrix} 3/8 & 5/16 & 5/16 \\ 5/16 & 3/8 & 5/16 \\ 5/16 & 5/16 & 3/8 \end{pmatrix} \cong \begin{pmatrix} 0{,}375 & 0{,}3125 & 0{,}3125 \\ 0{,}3125 & 0{,}375 & 0{,}3125 \\ 0{,}3125 & 0{,}3125 & 0{,}375 \end{pmatrix}$$

A los ocho días:

$$M^8 \cong \begin{pmatrix} 0{,}336 & 0{,}332 & 0{,}332 \\ 0{,}332 & 0{,}336 & 0{,}332 \\ 0{,}332 & 0{,}332 & 0{,}336 \end{pmatrix}$$

A los 16 días:

$$M^{16} \cong \begin{pmatrix} 0{,}3333 & 0{,}3333 & 0{,}3333 \\ 0{,}3333 & 0{,}3333 & 0{,}3333 \\ 0{,}3333 & 0{,}3333 & 0{,}3333 \end{pmatrix}$$

Observa que las probabilidades de que la cadena esté en A, B o C después de dieciséis pasos (dieciséis días), siendo A el estado inicial, vienen dadas por los elementos a_{11}, a_{12} o a_{13} de la matriz M^{16}, y estos valores son los mismos aunque los estados iniciales sean B o C.

En nuestro caso, además, todos los elementos de una fila toman el mismo valor, pero no tiene por qué ser así. Esto sucede porque la matriz de transición es doblemente estocástica, es decir, suman 1 las filas y las columnas.

ACTIVIDADES

13 En una población se distribuyen tres periódicos *A, B* y *C.* Los lectores solo compran un periódico y, además, no acostumbran a cambiar de periódico más de una vez al año.

El 80 % de los lectores compran el mismo periódico año tras año.

De los lectores que dejan de comprar el periódico *A,* el 15 % compra el *B.*

De los lectores que dejan de comprar el periódico *B,* el 10 % compra el *C.*

Y de los lectores que dejan de comprar el periódico *C,* el 8 % compra el *A.*

Utilizando la matriz de transición, calcula qué periódico ha aumentado sus ventas a los dos años y cuáles las han disminuido.

Solución: Los periódicos *A* y *C* han disminuido sus ventas conjuntamente un 11,7 %, que es el porcentaje que el periódico *B* ha aumentado sus ventas.

6 Rango de una matriz

Recuerda

Las operaciones elementales entre filas son:

- Cambiar de orden las filas.
- Multiplicar una o más filas por un número real distinto de cero.
- Sumar a una fila otra multiplicada por un número real.

Hemos comprobado que, al trabajar la notación matricial de un sistema de ecuaciones, las operaciones que se pueden realizar entre las ecuaciones de un sistema, pueden efectuarse también entre las filas de su matriz ampliada.

En ocasiones, cuando se triangula un sistema para resolverlo por el método de Gauss, alguna de las ecuaciones se convierte en la ecuación trivial (recuerda que esto sucedía cuando las ecuaciones eran linealmente dependientes). Del mismo modo, es posible que, al efectuar operaciones entre las filas de una matriz, alguna tenga todos sus elementos nulos. Esto indica que cierta fila de la matriz es linealmente dependiente de las otras.

EJEMPLOS

a) *Triangular el siguiente sistema y su matriz ampliada:*

$$\begin{cases} 3x+2y-z=-1 \\ x+y+z=4 \\ 5x+4y+z=7 \end{cases} \Rightarrow A^{*}=\left(\begin{array}{ccc|c} 3 & 2 & -1 & -1 \\ 1 & 1 & 1 & 4 \\ 5 & 4 & 1 & 7 \end{array}\right)$$

Cambiando de orden la primera y segunda ecuación y restando a la segunda la primera multiplicada por 3 y a la tercera la primera por 5:

$$\begin{cases} x+y+z=4 \\ -y-4z=-13 \\ -y-4z=-13 \end{cases} \Rightarrow \left(\begin{array}{ccc|c} 1 & 1 & 1 & 4 \\ 0 & -1 & -4 & -13 \\ 0 & -1 & -4 & -13 \end{array}\right)$$

Restando luego la segunda y la tercera ecuación, tenemos:

$$\begin{cases} x+y+z=4 \\ -y-4z=-13 \\ 0=0 \end{cases} \Rightarrow \left(\begin{array}{ccc|c} 1 & 1 & 1 & 4 \\ 0 & -1 & -4 & -13 \\ 0 & 0 & 0 & 0 \end{array}\right)$$

En la matriz A^{*} hay una fila que depende linealmente de las otras.

El número de filas linealmente independientes de una matriz *A* se denomina **rango de *A*** y se representa mediante **rango (*A*)**.

Las filas de la matriz transpuesta son las columnas de la matriz inicial y entre ellas también pueden realizarse las operaciones elementales; por tanto, podemos deducir que entre las columnas de una matriz cabe también realizar las mismas operaciones elementales que entre las filas. Por consiguiente, es posible calcular el número de columnas linealmente independientes de una matriz.

El número de filas linealmente independientes de una matriz **coincide** con el número de columnas linealmente independientes.

Este teorema nos permite ampliar la definición de rango de una matriz:

El **rango** de una matriz ***A***, **rango (*A*)**, es igual al número de filas, o de columnas, linealmente independientes.

Una matriz cuadrada de orden *m* tendrá inversa si su rango es *m*, ya que esto implica que todas sus filas son linealmente independientes y, por tanto, la matriz se puede transformar, realizando las operaciones elementales entre filas, en la matriz identidad.

6.1. Cálculo del rango por el método de Gauss

Para calcular el rango de una matriz, debemos triangularla recurriendo a las operaciones elementales entre filas, igual que se hacía con la matriz ampliada del sistema cuando se resolvía un sistema de ecuaciones por el método de Gauss.

En una matriz triangulada, el rango es igual al número de filas no nulas.

EJEMPLOS

b) *Dada la matriz A, calcular su rango.*

$$A = \begin{pmatrix} 1 & 2 & 3 \\ 1 & -2 & 5 \\ -1 & 10 & -9 \end{pmatrix}$$

Restando a la segunda fila la primera y sumando a la tercera la primera:

$$A = \begin{pmatrix} 1 & 2 & 3 \\ 0 & -4 & 2 \\ 0 & 12 & -6 \end{pmatrix}$$

Sumando ahora a la tercera fila la segunda multiplicada por 3:

$$A = \begin{pmatrix} 1 & 2 & 3 \\ 0 & -4 & 2 \\ 0 & 0 & 0 \end{pmatrix}$$

Por tanto, el rango de A es 2.

c) *Dada la matriz A, determinar su rango en función de los valores de c y t.*

$$A = \begin{pmatrix} 1 & 1 & 1 \\ 2 & 2 & c \\ 3 & 3 & t \end{pmatrix}$$

En este caso es preferible estudiar el rango por columnas.

Las dos primeras columnas son dependientes entre sí. Para que la tercera dependa de las dos primeras, que son iguales, debe cumplirse que $c = 2$ y $t = 3$. En caso contrario, la tercera columna será independiente de las dos primeras.

Así, el rango de A es 1 si $c = 2$ y $t = 3$, y 2 en cualquier otro caso.

ACTIVIDADES

14 Dadas las siguientes matrices:

$$A = \begin{pmatrix} 0 & 1 & 2 \\ 0 & 2 & 4 \\ 0 & 4 & 8 \end{pmatrix} \qquad C = \begin{pmatrix} 1 & 2 & -1 \\ 4 & 3 & -2 \\ 6 & 7 & -4 \end{pmatrix}$$

$$B = \begin{pmatrix} 1 & -4 & 2 & -1 \\ 3 & -12 & 6 & -3 \\ 4 & -2 & 0 & 2 \\ 0 & 1 & 3 & 1 \end{pmatrix} \qquad D = \begin{pmatrix} 1 & 0 & 0 & 1 \\ 0 & 1 & 2 & -1 \\ 0 & 0 & 1 & 1 \\ 1 & 1 & 1 & 0 \end{pmatrix}$$

a) Calcula sus rangos.

b) ¿Cuál o cuáles tienen inversa?

Solución: ***a)*** Rango $(A) = 1$, rango $(B) = 3$, rango $(C) = 2$, rango $(D) = 4$

b) La matriz D es la única que tiene inversa.

Matrices *input-output*

Las matrices *input-output* constituyen uno de los instrumentos más importantes para el análisis de la actividad económica y, en particular, para el estudio de la estructura productiva y de las interrelaciones entre distintos sectores de la misma.

La matriz *input-output* fue ideada en 1943 por el economista estadounidense Wassily W. Leontiev, quien consiguió el premio Nobel en 1973.

Para ejemplificar el concepto de matriz *input-output*, supongamos que se analiza la economía de un país estudiando los tres sectores principales: el primario, el secundario y el terciario.

La **matriz de transacciones intersectoriales** es una matriz cuadrada cuyo orden es el número de sectores económicos estudiados y en la que cada elemento, a_{ij}, representa la venta que el sector i realiza al sector j:

$$A = \begin{pmatrix} a_{11} & a_{12} & a_{13} \\ a_{21} & a_{22} & a_{23} \\ a_{31} & a_{32} & a_{33} \end{pmatrix}$$

Así, el elemento a_{23} representa la venta que el sector secundario realiza al sector terciario.

Un sector, aparte de ofrecer sus productos a otros sectores, puede vender sus artículos directamente a los consumidores y, además, realizar ventas al extranjero. La siguiente matriz columna recibe el nombre de **matriz de demanda final:**

$$D = \begin{pmatrix} d_1 \\ d_2 \\ d_3 \end{pmatrix}$$

En ella, el elemento d_1 representa las ventas que el sector primario realiza directamente a los consumidores y sus exportaciones.

La matriz columna, C, que se puede construir sumando todos los elementos de la primera fila de las matrices A y D, recibe el nombre de **matriz de *outputs* totales:**

$$C = \begin{pmatrix} a_{11} + a_{12} + a_{13} + d_1 \\ a_{21} + a_{22} + a_{23} + d_2 \\ a_{31} + a_{32} + a_{33} + d_3 \end{pmatrix} = \begin{pmatrix} c_{11} \\ c_{21} \\ c_{31} \end{pmatrix}$$

El elemento c_{21} es la producción total del sector secundario.

Por último, a partir de las matrices A y C se puede construir la **matriz tecnológica, T,** que representa el porcentaje de transacciones intersectoriales respecto al *output* total de cada sector.

$$T = \begin{pmatrix} a_{11}/c_{11} & a_{12}/c_{21} & a_{13}/c_{31} \\ a_{21}/c_{11} & a_{22}/c_{21} & a_{23}/c_{31} \\ a_{31}/c_{11} & a_{32}/c_{21} & a_{33}/c_{31} \end{pmatrix}$$

Las matrices definidas verifican la ecuación matricial: $C = T \cdot C + D$.

Con la ecuación anterior, conocidas dos de las matrices de la actividad económica, puede calcularse la tercera.

Por ejemplo, en un país se han obtenido los siguientes datos, en millones de euros, para sus tres sectores económicos:

	S.primario	S. secundario	S.terciario	Demanda final	*Output* total
S. primario	1 000	1 100	170	1 300	3 570
S. secundario	400	3 800	500	5 000	9 700
S. terciario	200	800	850	4 000	5 850

La **matriz de transacciones intersectoriales** es:

$$A = \begin{pmatrix} 1\,000 & 1\,100 & 170 \\ 400 & 3\,800 & 500 \\ 200 & 800 & 850 \end{pmatrix}$$

La **matriz de demanda final** es:

$$D = \begin{pmatrix} 1\,300 \\ 5\,000 \\ 4\,000 \end{pmatrix}$$

La **matriz de *outputs* totales** es:

$$C = \begin{pmatrix} 3\,570 \\ 9\,700 \\ 5\,850 \end{pmatrix}$$

La **matriz tecnológica** es:

$$T = \begin{pmatrix} 1\,000/3\,570 & 1\,100/9\,700 & 170/5\,850 \\ 400/3\,570 & 3\,800/9\,700 & 500/5\,850 \\ 200/3\,570 & 800/9\,700 & 850/5\,850 \end{pmatrix}$$

Si los estudios de mercado indican que la demanda de cada sector al cabo de tres años serán 1 500, 5 500 y 4 200 millones de euros, respectivamente, ¿cuál deberá ser la producción (*output*) en cada sector para hacer frente a estas demandas?

Utilizaremos la ecuación matricial:

$$C = T \cdot C + D$$

para hallar la matriz C:

$$C - T \cdot C = D \Rightarrow (I - T) \cdot C = D \Rightarrow C = (I - T)^{-1} \cdot D$$

$$I - T = \begin{pmatrix} 2\,570/3\,570 & -1\,100/9\,700 & -170/5\,850 \\ -400/3\,570 & 5\,900/9\,700 & -500/5\,850 \\ -200/3\,570 & -800/9\,700 & 5\,000/5\,850 \end{pmatrix} \cong$$

$$\cong \begin{pmatrix} 0{,}72 & -0{,}11 & -0{,}03 \\ -0{,}11 & 0{,}61 & -0{,}09 \\ -0{,}06 & -0{,}08 & 0{,}85 \end{pmatrix}$$

La matriz inversa será: $(I - T)^{-1} \cong \begin{pmatrix} 1{,}43 & 0{,}25 & 0{,}02 \\ 0{,}25 & 1{,}71 & 0{,}17 \\ 0{,}08 & 0{,}14 & 1{,}19 \end{pmatrix}$

Con lo que la producción total por sector deberá ser:

$$C = (I - T)^{-1} \cdot D = \begin{pmatrix} 1{,}43 & 0{,}25 & 0{,}02 \\ 0{,}25 & 1{,}71 & 0{,}17 \\ 0{,}08 & 0{,}14 & 1{,}19 \end{pmatrix} \cdot \begin{pmatrix} 1\,300 \\ 5\,000 \\ 4\,000 \end{pmatrix} = \begin{pmatrix} 3\,189 \\ 9\,555 \\ 5\,564 \end{pmatrix}$$

Las matrices y la criptografía

Las matrices son útiles también en la criptografía, es decir, el cifrado y descifrado de mensajes.

Para transmitir un mensaje de forma cifrada se sigue el siguiente procedimiento:

- Se asigna un número a cada letra de forma aleatoria, por ejemplo:

a	b	c	d	e	f	g	h	i	j	k	l	m	n	ñ
14	24	9	11	17	1	15	18	6	7	3	25	21	13	26

o	p	q	r	s	t	u	v	w	x	y	z
23	19	16	10	12	8	4	20	2	22	27	5

Esta asignación la conocen, evidentemente, el emisor y el receptor.

La palabra **MATRIZ** cifrada sería, según esto:

21 14 8 10 6 5

- Para proteger más el mensaje, se define la llamada matriz de cifrado, la cual debe cumplir la condición de ser regular (ha de tener inversa).

Por ejemplo, se decide que la matriz de cifrado tenga orden 2 y sea:

$$A = \begin{pmatrix} 1 & 2 \\ -1 & 3 \end{pmatrix}$$

Su inversa es:

$$A^{-1} = \begin{pmatrix} 3/5 & -2/5 \\ 1/5 & 1/5 \end{pmatrix}$$

Para enviar de forma cifrada la palabra **MATRIZ,** se toma la secuencia 21 14 8 10 6 5 y se multiplica, tomando los números de dos en dos, por la matriz de cifrado:

$$(21 \quad 14) \cdot \begin{pmatrix} 1 & 2 \\ -1 & 3 \end{pmatrix} = (7 \quad 84)$$

$$(8 \quad 10) \cdot \begin{pmatrix} 1 & 2 \\ -1 & 3 \end{pmatrix} = (-2 \quad 46)$$

$$(6 \quad 5) \cdot \begin{pmatrix} 1 & 2 \\ -1 & 3 \end{pmatrix} = (1 \quad 27)$$

Se envía el mensaje 7 84 –2 46 1 27. Para descifrarlo tras su recepción, se multiplica por la inversa de la matriz de cifrado:

$$(7 \quad 84) \cdot \begin{pmatrix} 3/5 & -2/5 \\ 1/5 & 1/5 \end{pmatrix} = (21 \quad 14)$$

$$(-2 \quad 46) \cdot \begin{pmatrix} 3/5 & -2/5 \\ 1/5 & 1/5 \end{pmatrix} = (8 \quad 10)$$

$$(1 \quad 27) \cdot \begin{pmatrix} 3/5 & -2/5 \\ 1/5 & 1/5 \end{pmatrix} = (6 \quad 5)$$

El mensaje descifrado es:

21 14 8 10 6 5

Utilizando la tabla que asigna a cada letra un número, resulta:

MATRIZ

Cálculo de potencias de matrices

Dada una matriz cuadrada, A, sus potencias se definen como:

$$A^0 = I$$
$$A^1 = A$$
$$A^2 = A \cdot A$$
$$A^3 = A \cdot A \cdot A$$
$$\ldots$$
$$A^n = A \cdot A \cdot A \cdot \ldots \cdot A$$

Observa que únicamente tienen sentido las potencias de una matriz cuando esta es cuadrada.

1 *Dada la matriz A, calcular A^3.*

$$A = \begin{pmatrix} 3 & 1 & 0 \\ -1 & 2 & 1 \\ 0 & 1 & -1 \end{pmatrix}$$

$$A^3 = \begin{pmatrix} 3 & 1 & 0 \\ -1 & 2 & 1 \\ 0 & 1 & -1 \end{pmatrix}\begin{pmatrix} 3 & 1 & 0 \\ -1 & 2 & 1 \\ 0 & 1 & -1 \end{pmatrix}\begin{pmatrix} 3 & 1 & 0 \\ -1 & 2 & 1 \\ 0 & 1 & -1 \end{pmatrix} =$$

$$= \begin{pmatrix} 3 & 1 & 0 \\ -1 & 2 & 1 \\ 0 & 1 & -1 \end{pmatrix}\begin{pmatrix} 8 & 5 & 1 \\ -5 & 4 & 1 \\ -1 & 1 & 2 \end{pmatrix} = \begin{pmatrix} 19 & 19 & 4 \\ -19 & 4 & 3 \\ -4 & 3 & -1 \end{pmatrix}$$

Se dice que una matriz es **nihilpotente** cuando $A^n = 0$ para cierto valor de n entero y positivo.

2 *Dada la matriz A, calcular A^{10}.*

$$A = \begin{pmatrix} 0 & 0 & 0 \\ 3 & 0 & 0 \\ 0 & 3 & 0 \end{pmatrix}$$

Primero se calcula A^2:

$$A^2 = \begin{pmatrix} 0 & 0 & 0 \\ 3 & 0 & 0 \\ 0 & 3 & 0 \end{pmatrix}\begin{pmatrix} 0 & 0 & 0 \\ 3 & 0 & 0 \\ 0 & 3 & 0 \end{pmatrix} = \begin{pmatrix} 0 & 0 & 0 \\ 0 & 0 & 0 \\ 9 & 0 & 0 \end{pmatrix}$$

Después hallamos A^3:

$$A^3 = A^2 \cdot A = \begin{pmatrix} 0 & 0 & 0 \\ 0 & 0 & 0 \\ 9 & 0 & 0 \end{pmatrix}\begin{pmatrix} 0 & 0 & 0 \\ 3 & 0 & 0 \\ 0 & 3 & 0 \end{pmatrix} = \begin{pmatrix} 0 & 0 & 0 \\ 0 & 0 & 0 \\ 0 & 0 & 0 \end{pmatrix}$$

La matriz A es nihilpotente, ya que $A^n = 0$ para $n \geq 3$; luego, $A^{10} = 0$.

En algunas ocasiones, el cálculo de las primeras potencias de una matriz nos permite generalizar el cálculo de una potencia n-ésima cualquiera.

3 *Dada la matriz A, calcular A^n.*

$$A = \begin{pmatrix} 1 & 1 & 1 \\ 0 & 1 & 1 \\ 0 & 0 & 1 \end{pmatrix}$$

Calculamos las primeras potencias de A como en el caso anterior, con lo que resulta:

$$A^2 = \begin{pmatrix} 1 & 2 & 3 \\ 0 & 1 & 2 \\ 0 & 0 & 1 \end{pmatrix} \quad A^3 = \begin{pmatrix} 1 & 3 & 6 \\ 0 & 1 & 3 \\ 0 & 0 & 1 \end{pmatrix}$$

$$A^4 = \begin{pmatrix} 1 & 4 & 10 \\ 0 & 1 & 4 \\ 0 & 0 & 1 \end{pmatrix} \quad A^5 = \begin{pmatrix} 1 & 5 & 15 \\ 0 & 1 & 5 \\ 0 & 0 & 1 \end{pmatrix}$$

Generalizando, se puede concluir que:

$$A^n = \begin{pmatrix} 1 & n & n(n+1)/2 \\ 0 & 1 & n \\ 0 & 0 & 1 \end{pmatrix}$$

EJERCICIOS Y PROBLEMAS

1 Sean las matrices:

$$A = \begin{pmatrix} 3 & 1 & -5 \\ 2 & -1 & 1 \end{pmatrix} \qquad B = \begin{pmatrix} 2 \\ 0 \\ 1 \end{pmatrix} \qquad C = \begin{pmatrix} 2 & -1 \\ 0 & 2 \\ 5 & 9 \end{pmatrix}$$

a) ¿Cuál es la dimensión de las matrices A, B y C?

b) ¿Cuál es el valor de a_{13}, b_{12} y c_{32}?

2 Dadas las matrices $A = (a_{ij})_{3 \times 4}$, $B = (b_{ij})_{7 \times 3}$, $C = (c_{ij})_{3 \times 3}$ y $D = (d_{ij})_{1 \times 7}$, determina la dimensión de las siguientes matrices producto:

a) $C \cdot A$

b) $B \cdot A$

c) $D \cdot B$

d) $C \cdot B$

3 Si A y B son dos matrices no cuadradas, ¿es posible que $A \cdot B = B \cdot A$?

4 Dadas las matrices:

$$A = \begin{pmatrix} 1 & 2 \\ 3 & -5 \end{pmatrix} \qquad B = \begin{pmatrix} 0 & 1 \\ 4 & 2 \end{pmatrix}$$

calcula:

a) $A + B$

b) $A - B$

c) $2A - 2B$

d) $A \cdot B$

e) $B \cdot A$

f) $(A \cdot B)^{-1}$

g) $(A \cdot B)^t$

h) $A^t \cdot B^t$

i) $A + I$

j) $B - I$

5 Dadas las matrices:

$$A = (1 \quad -1 \quad 3 \quad 5) \qquad C = \begin{pmatrix} 3 & 2 & 7 & 9 \\ 4 & 0 & 1 & -2 \\ 0 & 3 & 1 & 1 \end{pmatrix}$$

$$B = \begin{pmatrix} 4 \\ 5 \\ 0 \\ -1 \end{pmatrix} \qquad D = \begin{pmatrix} 7 & 2 \\ 1 & -1 \\ 0 & 2 \\ 2 & -2 \end{pmatrix}$$

calcula:

a) $A \cdot B$

b) $B \cdot A$

c) $A \cdot C$

d) $C \cdot A$

e) $C \cdot B$

f) $B \cdot C$

g) $A \cdot D$

h) $C \cdot D$

6 Dada la matriz A, calcula A^t y $(A^t)^t$.

$$A = \begin{pmatrix} 1 & -1 \\ 0 & 4 \\ 1 & -7 \end{pmatrix}$$

7 Dada la matriz A, calcula $3A - A^2 + 2I$.

$$A = \begin{pmatrix} 4 & -1 \\ -1 & 2 \end{pmatrix}$$

8 Dadas las matrices:

$$A = \begin{pmatrix} 2 & 1 & -1 \\ 3 & 0 & 4 \\ 2 & 1 & 3 \end{pmatrix} \qquad B = \begin{pmatrix} 1 & 0 & 0 \\ 2 & -1 & 1 \\ 3 & 2 & 0 \end{pmatrix}$$

calcula:

a) $A + B$

b) $B - A$

c) $A \cdot B$

d) $B \cdot A$

e) A^2

f) B^3

9 Una matriz A es idempotente cuando $A \cdot A = A$. Demuestra que la matriz A es idempotente.

$$A = \begin{pmatrix} 2 & -2 & -4 \\ -1 & 3 & 4 \\ 1 & -2 & -3 \end{pmatrix}$$

10 Dadas las siguientes matrices, resuelve la ecuación matricial $X \cdot A = B + P$.

$$A = \begin{pmatrix} 1 & -1 \\ 2 & 4 \end{pmatrix} \qquad B = \begin{pmatrix} 1 & 3 \\ 2 & 0 \end{pmatrix} \qquad P = \begin{pmatrix} 4 & 4 \\ -6 & -2 \end{pmatrix}$$

11 Dadas las siguientes matrices, resuelve $M \cdot X + N = P$.

$$M = \begin{pmatrix} 2 & 1 \\ -1 & 2 \end{pmatrix} \qquad N = \begin{pmatrix} 2 & 3 \\ 1 & 5 \end{pmatrix} \qquad P = \begin{pmatrix} 9 & 2 \\ 0 & 3 \end{pmatrix}$$

12 Dadas las siguientes matrices, resuelve la ecuación matricial $A \cdot X \cdot B = C$.

$$A = \begin{pmatrix} 1 & 0 \\ 0 & 1 \end{pmatrix} \qquad B = \begin{pmatrix} 3 & 2 \\ -1 & 4 \end{pmatrix} \qquad C = \begin{pmatrix} 1 & -2 \\ 2 & -1 \end{pmatrix}$$

13 Dada la matriz A, determina otra matriz, B, tal que $A + B = A \cdot B$.

$$A = \begin{pmatrix} 1 & 2 \\ -1 & 3 \end{pmatrix}$$

14 Dada la matriz A, calcula otra matriz, B, distinta de la matriz nula y de la matriz unidad, tal que $A \cdot B = B \cdot A$.

$$A = \begin{pmatrix} 1 & 1 \\ 1 & 3 \end{pmatrix}$$

15 Dada la matriz A, calcula una matriz triangular superior, B, tal que $A = B \cdot B^t$. ¿Es única la matriz B?

$$A = \begin{pmatrix} 13 & -2 \\ -2 & 1 \end{pmatrix}$$

16 Una matriz A es ortogonal si $A \cdot A^t = A^t \cdot A = I$. Comprueba que la siguiente matriz, A, es ortogonal y que su inversa también lo es:

$$A = \begin{pmatrix} \frac{\sqrt{2}}{2} & \frac{\sqrt{2}}{2} \\ -\frac{\sqrt{2}}{2} & \frac{\sqrt{2}}{2} \end{pmatrix}$$

17 Calcula las potencias n-ésimas de las siguientes matrices:

$$A = \begin{pmatrix} a & 1 \\ 0 & a \end{pmatrix} \qquad C = \begin{pmatrix} 2 & 2 \\ 2 & 2 \end{pmatrix}$$

$$B = \begin{pmatrix} 1 & 1 & 1 \\ 0 & 1 & 0 \\ 0 & 0 & 1 \end{pmatrix} \qquad D = \begin{pmatrix} 1 & 0 & 1 \\ 0 & 1 & 0 \\ 0 & 1 & 0 \end{pmatrix}$$

Determina, utilizando la fórmula general, A^5, B^{40}, C^4 y D^{25}.

18 Calcula las inversas de las siguientes matrices:

$$A = \begin{pmatrix} 1 & 1 & 0 \\ 0 & 1 & 0 \\ -2 & -2 & 1 \end{pmatrix} \qquad C = \begin{pmatrix} 3 & 2 \\ 1 & -1 \end{pmatrix}$$

$$B = \begin{pmatrix} -1 & 6 & -2 \\ -2 & 12 & -5 \\ -1 & 5 & -2 \end{pmatrix} \qquad D = \begin{pmatrix} 1 & 4 & 5 \\ 3 & -1 & 2 \\ 0 & 1 & 3 \end{pmatrix}$$

19 Calcula la inversa de la siguiente matriz:

$$A = \begin{pmatrix} 1 & 1 & 0 \\ 0 & 1 & 1 \\ 1 & 0 & 1 \end{pmatrix}$$

Utiliza el resultado para resolver este sistema:

$$\begin{cases} x + y = 1 \\ y + z = -2 \\ x + z = 3 \end{cases}$$

20 Resuelve los siguientes sistemas por el método de la matriz inversa:

a) $\begin{cases} x - y - z = 2 \\ -x + 3z = -1 \\ -2x + 5y - 3z = -7 \end{cases}$

b) $\begin{cases} x + 2z = -3 \\ 2x + 3y + z = 3 \\ y + 2z = -6 \end{cases}$

21 En una academia de idiomas se imparte inglés y alemán en cuatro niveles y dos modalidades: grupos normales y grupos reducidos. La matriz *A* expresa el número de personas de cada grupo; la primera columna corresponde a los grupos de inglés; la segunda, a los de alemán, y las filas, a los niveles primero, segundo, tercero y cuarto, respectivamente:

$$A = \begin{pmatrix} 130 & 160 \\ 120 & 80 \\ 210 & 130 \\ 100 & 60 \end{pmatrix}$$

Las columnas de la matriz *B*, por su parte, reflejan el porcentaje de estudiantes —común para ambos idiomas— en cada uno de los niveles; la primera fila indica los alumnos que siguen el curso reducido, y la segunda, los que siguen el curso normal:

$$B = \begin{pmatrix} 0{,}2 & 0{,}25 & 0{,}4 & 0{,}75 \\ 0{,}8 & 0{,}75 & 0{,}6 & 0{,}25 \end{pmatrix}$$

a) Obtén la matriz que proporciona el número de estudiantes por modalidad e idioma.

b) Sabiendo que la academia cobra 30 € por persona en grupos reducidos y 20 € por persona en grupos normales, halla la cantidad ingresada en cada uno de los idiomas.

22 Una fábrica produce tres tipos de artículos, A_1, A_2 y A_3, y distribuye su producción entre cuatro clientes. En el mes de marzo, el primer cliente ha adquirido 9 unidades de A_1, 5 de A_2 y 2 de A_3; el segundo cliente, 3, 8 y 10 unidades, respectivamente; el tercer cliente no compró nada, y el cuarto, 6, 7 y 1 unidades, respectivamente. En abril, el cuarto cliente no hizo pedido alguno, el tercer cliente compró 4 unidades de cada artículo, mientras que los otros dos duplicaron el número de unidades adquiridas en marzo.

a) Construye las matrices 4×3 correspondientes a las ventas de marzo y abril.

b) Si los precios de los artículos, en euros, por unidad son 60, 48 y 54, respectivamente, calcula lo que factura la fábrica a cada cliente por sus pedidos en los meses de marzo y abril.

23 Una empresa fabrica tres tipos de artículos: *A*, *B* y *C*. Los precios de coste de cada unidad son, respectivamente, 3 €, 6 € y 8,6 €. Los correspondientes precios de venta por unidad son 10,8 €, 16,8 € y 24 €. El número de unidades vendidas anualmente es de 2 240, 1 625 y 842, respectivamente. Sabiendo que las matrices de costes e ingresos, *C* e *I*, son diagonales, y que la matriz de ventas, *V*, es una matriz fila:

a) Determina las matrices C, *I* y *V*.

b) Obtén, a partir de las matrices anteriores, la matriz de ingresos anuales correspondiente a los tres artículos, la matriz de gastos anuales y la matriz de beneficios anuales.

24 Según el Institut Valencià d'Estadística, durante el año 95 se celebraron en Alicante 5 809 matrimonios católicos, 1 540 civiles y 8 según una forma de celebración distinta de las dos anteriores. Durante ese mismo año, las cifras en Castellón fueron 2 003, 486 y 3 matrimonios, respectivamente, mientras que en Valencia se registraron 8 866 matrimonios católicos, 2 769 civiles y 37 según otros ritos.

a) Construye una matriz de orden 3×3 que describa el número de matrimonios que tuvieron lugar en Alicante, Castellón y Valencia, según la forma de celebración.

b) Obtén una matriz tal que, al multiplicarla por la anterior, resulte otra con el número total de matrimonios celebrados en Alicante, Castellón y Valencia.

c) Construye una matriz tal que, al multiplicarla por la del apartado ***a)***, resulte otra con el número de matrimonios católicos y con el número de matrimonios civiles celebrados en Alicante, Castellón y Valencia.

25 Calcula los valores de *t* para que el rango de esta matriz:

$$A = \begin{pmatrix} 1 & -2 & 1 \\ 2 & -4 & 2 \\ -2 & 4 & t \end{pmatrix}$$

a) Sea 1. ***b)*** Sea 2. ***c)*** Sea 3.

26 La matriz de los coeficientes de un sistema de cuatro ecuaciones con tres incógnitas tiene rango 3. ¿Qué se puede deducir acerca de las soluciones del sistema?

27 Escribe tres matrices de dimensión 3×4 que tengan de rango 1, 2 y 3, respectivamente. Razona la respuesta.

28 Calcula, por el método de Gauss, el rango de las matrices:

$$A = \begin{pmatrix} 1 & -2 \\ -5 & 10 \end{pmatrix} \qquad D = \begin{pmatrix} 1 & -1 & 1 & 1 \\ 0 & 1 & 5 & -1 \\ 1 & 0 & 4 & 1 \end{pmatrix}$$

$$B = \begin{pmatrix} 2 & 1 & -1 & 0 \\ -1 & -1 & 2 & 2 \\ 0 & 3 & -5 & -4 \end{pmatrix} \qquad E = \begin{pmatrix} 1 & 2 & 3 \\ -1 & 5 & -1 \\ 0 & 7 & 2 \\ 2 & -3 & 0 \end{pmatrix}$$

$$C = \begin{pmatrix} 4 & 5 & -1 & 6 \\ 3 & 2 & 5 & 0 \\ 7 & 7 & 4 & 6 \end{pmatrix} \qquad F = \begin{pmatrix} 1 & 0 & 0 & 0 \\ 0 & 2 & 0 & 0 \\ 0 & 0 & 3 & 0 \\ 0 & 0 & 0 & 4 \end{pmatrix}$$

EL PROBLEMA DE LA CRÍA DE CONEJOS

La sucesión de Fibonacci

Leonardo Bigollo de Pisa, más conocido como Fibonacci, estudió y publicó múltiples problemas aritméticos. Probablemente el más famoso de ellos sea el de la cría de conejos:

> *Al cabo del segundo mes de vida, una pareja de conejos engendra una nueva pareja que, al cabo de un mes de vida, da a luz, a su vez, a una nueva pareja que hace lo mismo, y así sucesivamente. ¿Cuántas parejas de conejos se obtendrán después de un año?*

Este problema dio lugar a la célebre **sucesión de Fibonacci:**

$$1, 1, 2, 3, 5, 8, 13, 21, 34, 55, 89, \ldots$$

Esta es una sucesión recurrente, ya que cada término se obtiene sumando los dos términos que le preceden. Es decir, el término a_n se obtiene de:

$$a_n = a_{n-1} + a_{n-2}$$

La forma de obtener los términos de la sucesión es muy sencilla; sin embargo, resulta mucho más complejo tratar de encontrar una expresión para su término general. Fue el matemático Binet quien tuvo el mérito de establecer dicha fórmula.

Fórmula de Binet

$$a_n = \frac{1}{\sqrt{5}}\left[\left(\frac{1+\sqrt{5}}{2}\right)^n - \left(\frac{1-\sqrt{5}}{2}\right)^n\right]$$

Se puede comprobar la corrección de la fórmula de Binet calculando diversos términos de la sucesión para distintos valores de n.

El cálculo matricial permite obtener una expresión mucho más simple para el término general de la sucesión de Fibonacci:

$$a_n = (1 \;\; 0) \cdot \begin{pmatrix} 0 & 1 \\ 1 & 1 \end{pmatrix}^{n-1} \cdot \begin{pmatrix} 1 \\ 1 \end{pmatrix}$$

También puede demostrarse que la expresión anterior se cumple para diversos valores de n.

La sucesión de Fibonacci tiene múltiples propiedades; por ejemplo:

- a_n y a_{n+1} son primos entre sí.
- $\lim\limits_{n \to \infty} \dfrac{a_{n+1}}{a_n} = \phi$ (número áureo).
- $a_{n+1} \cdot a_{n-1} = a_n^2 + (-1)^n$, para $n \geq 2$.

MATEMÁTICOS ILUSTRES

Fibonacci (1175-1240)

Leonardo de Pisa, cuyo verdadero nombre era **Leonardo Bigollo de Fibonacci,** fue el matemático más sobresaliente de la Edad Media. Pasó gran parte de su juventud en el norte de África, donde aprendió la lengua árabe. Esto le permitió conocer y profundizar en las matemáticas vigentes en el mundo islámico y traducir los textos más emblemáticos del momento.

Su obra *Liber Abaci,* publicada en 1202, ayudó a difundir por el continente europeo el sistema indoarábico de numeración. En 1220 escribió su *Práctica geometricae,* que contiene los inicios de la trigonometría, y en 1225, el *Liber quadratorum,* en el que se tratan ingeniosamente diversos problemas algebraicos.

Evaluación

1. Calcula el producto de las siguientes matrices:

$$A = \begin{pmatrix} 1 \\ 4 \end{pmatrix} \qquad B = (2 \quad 3)$$

a) 14 *b)* $\begin{pmatrix} 2 & 3 \\ 8 & 12 \end{pmatrix}$ *c)* $\begin{pmatrix} 2 \\ 12 \end{pmatrix}$

2. Si $A \cdot B = A \cdot C$, ¿se puede concluir que $B = C$?

a) Sí.

b) No.

c) Solo si B y C tienen la misma dimensión.

3. Calcula la matriz inversa de esta matriz:

$$A = \begin{pmatrix} 1 & 3 & 3 \\ 1 & 4 & 3 \\ 1 & 3 & 4 \end{pmatrix}$$

a) $A^{-1} = \begin{pmatrix} 7 & -3 & -3 \\ -1 & 1 & 0 \\ -1 & 0 & 1 \end{pmatrix}$

b) $A^{-1} = \begin{pmatrix} 7 & -3 & -3 \\ 1 & -1 & 0 \\ -1 & 0 & 1 \end{pmatrix}$

c) $A^{-1} = \begin{pmatrix} -7 & 3 & 3 \\ -1 & 1 & 0 \\ -1 & 0 & 1 \end{pmatrix}$

4. Dadas las matrices A y B, calcula X para que se cumpla $A \cdot X - B = I$.

$$A = \begin{pmatrix} 3 & 1 \\ 2 & 0 \end{pmatrix} \qquad B = \begin{pmatrix} 5 & -1 \\ -2 & -3 \end{pmatrix}$$

a) $X = \begin{pmatrix} -1 & -1 \\ 9 & 2 \end{pmatrix}$

b) $X = \begin{pmatrix} 1 & -1 \\ 9 & 2 \end{pmatrix}$

c) $X = \begin{pmatrix} 1 & 1 \\ 9 & -2 \end{pmatrix}$

5. El rango de la matriz de los coeficientes de un sistema de tres ecuaciones con dos incógnitas es 2:

a) El sistema tiene solución si la matriz de los coeficientes tiene inversa.

b) El sistema es compatible determinado.

c) El sistema es incompatible.

6. Calcula el rango de esta matriz:

$$A = \begin{pmatrix} 1 & 4 & 7 \\ 2 & 5 & 8 \\ 3 & 6 & 9 \end{pmatrix}$$

a) 2 *b)* 1 *c)* 3

3 Determinantes

1. Fíjate en el siguiente sistema:

$$\begin{cases} x + y + z = 2 \\ 2x - y + 3z = -3 \\ x \quad + z = 0 \end{cases}$$

Escribe la matriz, A, de los coeficientes.

2. Calcula el rango de la matriz, A, asociada al sistema del ejercicio anterior.

3. Calcula la matriz inversa de la anterior, A^{-1}.

4. Comprueba que se cumple: $A \cdot A^{-1} = I$

A finales del siglo XVII, y con motivo de la resolución de sistemas de ecuaciones lineales con varias incógnitas, Leibniz ya utilizó un algoritmo equivalente a los determinantes que estudiarás en esta unidad.

Notaciones análogas fueron introducidas también, a mediados del siglo XVIII, por Gabriel Cramer (1704-1752), Vandermonde (1735-1796), Laplace (1749-1827) y Joseph-Louis Lagrange (1736-1813). El nombre de determinante fue acuñado por Gauss en 1801.

Curiosamente, de forma casi simultánea, el matemático y samurai Seki Köwa (1642-1708) utilizó en Japón un determinante para eliminar una cantidad entre dos ecuaciones, basándose en un método chino del siglo III.

Sin saberlo, matemáticos orientales y occidentales avanzaban hacia un algoritmo matemático que ha tenido gran trascendencia en el campo del álgebra clásica, la geometría y el análisis.

1 Determinantes de segundo orden

Dado el este sistema de dos ecuaciones con dos incógnitas:

$$\begin{cases} a_{11}x_1 + a_{12}x_2 = b_1 \\ a_{21}x_1 + a_{22}x_2 = b_2 \end{cases}$$

La matriz de los coeficientes de dicho sistema es la siguiente:

$$A = \begin{pmatrix} a_{11} & a_{12} \\ a_{21} & a_{22} \end{pmatrix}$$

Si se aplica el método de reducción, multiplicando la primera ecuación por a_{22} y restándole la segunda multiplicada por a_{12}, resulta:

$$(a_{11} \cdot a_{22} - a_{21} \cdot a_{12})x_1 = b_1 \cdot a_{22} - b_2 \cdot a_{12}$$

Suponiendo que $a_{11} \cdot a_{22} - a_{21} \cdot a_{12} \neq 0$, se obtiene para la incógnita x_1:

$$x_1 = \frac{b_1 \cdot a_{22} - b_2 \cdot a_{12}}{a_{11} \cdot a_{22} - a_{21} \cdot a_{12}}$$

Multiplicando la primera ecuación por a_{21} y la segunda por a_{11} y restando, se obtiene para x_2:

$$x_2 = \frac{b_2 \cdot a_{11} - b_1 \cdot a_{21}}{a_{11} \cdot a_{22} - a_{21} \cdot a_{12}}$$

Observa

Una **matriz** es una tabla ordenada de números. Un **determinante** es un número que se asocia a la matriz.

El **determinante** de la matriz $A = \begin{pmatrix} a_{11} & a_{12} \\ a_{21} & a_{22} \end{pmatrix}$ se define mediante la expresión:

$$a_{11} \cdot a_{22} - a_{21} \cdot a_{12}$$

Se representa del siguiente modo:

$$|A| = \begin{vmatrix} a_{11} & a_{12} \\ a_{21} & a_{22} \end{vmatrix}$$

Observa

No todas las matrices tienen asociado un determinante; para que una matriz tenga asociado un determinante, esta debe ser cuadrada, es decir, ha de tener el mismo número de filas que de columnas.

Para calcular el determinante de una matriz de dimensión dos, se deben multiplicar sus elementos en cruz, respetando el criterio de signos que figura en el siguiente esquema:

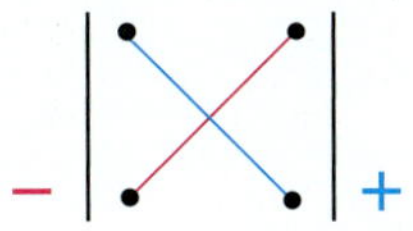

Así, por ejemplo:

$$\begin{vmatrix} 3 & 2 \\ 1 & -1 \end{vmatrix} = 3 \cdot (-1) - 1 \cdot 2 = -3 - 2 = -5$$

Volviendo a las expresiones para las incógnitas x_1 y x_2, estas se pueden escribir:

$$x_1 = \frac{\begin{vmatrix} b_1 & a_{12} \\ b_2 & a_{22} \end{vmatrix}}{\begin{vmatrix} a_{11} & a_{12} \\ a_{21} & a_{22} \end{vmatrix}} \qquad x_2 = \frac{\begin{vmatrix} a_{11} & b_1 \\ a_{21} & b_2 \end{vmatrix}}{\begin{vmatrix} a_{11} & a_{12} \\ a_{21} & a_{22} \end{vmatrix}}$$

Estas expresiones reciben el nombre de **fórmulas de Cramer** para sistemas de dos ecuaciones con dos incógnitas.

Observa

Las fórmulas de Cramer que aparecen en este epígrafe únicamente pueden aplicarse a sistemas de dos ecuaciones con dos incógnitas.

En las expresiones anteriores se puede observar que:

- Los denominadores coinciden y son el determinante de la matriz de los coeficientes.
- El determinante del numerador de la expresión para x_1 se obtiene sustituyendo los coeficientes de dicha incógnita en las dos ecuaciones, a_{11} y a_{21}, por los términos independientes b_1 y b_2.
- El determinante del numerador de la expresión para x_2 se obtiene sustituyendo los coeficientes de dicha incógnita en las dos ecuaciones, a_{12} y a_{22}, por los términos independientes b_1 y b_2.

EJEMPLOS

a) *Resolver el siguiente sistema utilizando las fórmulas de Cramer:*

$$\begin{cases} 5x + 2y = 1 \\ x + y = -1 \end{cases}$$

Las fórmulas de Cramer correspondientes son:

$$x = \frac{\begin{vmatrix} 1 & 2 \\ -1 & 1 \end{vmatrix}}{\begin{vmatrix} 5 & 2 \\ 1 & 1 \end{vmatrix}} = \frac{1-(-2)}{5-2} = \frac{3}{3} = 1$$

$$y = \frac{\begin{vmatrix} 5 & 1 \\ 1 & -1 \end{vmatrix}}{\begin{vmatrix} 5 & 2 \\ 1 & 1 \end{vmatrix}} = \frac{-5-1}{5-2} = \frac{-6}{3} = -2$$

La solución del sistema es, por tanto:

$$x = 1,\ y = -2$$

ACTIVIDADES

1 Calcula los siguientes determinantes:

a) $\begin{vmatrix} 4 & 3 \\ 2 & 1 \end{vmatrix}$ ***c)*** $\begin{vmatrix} -1 & 2 \\ 0 & 4 \end{vmatrix}$

b) $\begin{vmatrix} 3 & 5 \\ 1 & 4 \end{vmatrix}$ ***d)*** $\begin{vmatrix} 2 & 1 \\ 2 & 1 \end{vmatrix}$

Solución: ***a)*** -2 ***b)*** 7 ***c)*** -4 ***d)*** 0

2 Resuelve los siguientes sistemas aplicando las fórmulas de Cramer:

a) $\begin{cases} x - y = 2 \\ 2x + y = 1 \end{cases}$

b) $\begin{cases} x + y = -1 \\ 3x + 4y = -3 \end{cases}$

c) $\begin{cases} 2x - y = 0 \\ x + y = 6 \end{cases}$

d) $\begin{cases} x + y = -5 \\ 2x - 4y = 2 \end{cases}$

Solución: ***a)*** $x = 1,\ y = -1$ ***b)*** $x = -1,\ y = 0$
c) $x = 2,\ y = 4$ ***d)*** $x = -3,\ y = -2$

2 Determinantes de tercer orden

Observa el siguiente sistema de tres ecuaciones con tres incógnitas:

$$\begin{cases} a_{11}x_1 + a_{12}x_2 + a_{13}x_3 = b_1 \\ a_{21}x_1 + a_{22}x_2 + a_{23}x_3 = b_2 \\ a_{31}x_1 + a_{32}x_2 + a_{33}x_3 = b_3 \end{cases}$$

La matriz de sus coeficientes es:

$$A = \begin{pmatrix} a_{11} & a_{12} & a_{13} \\ a_{21} & a_{22} & a_{23} \\ a_{31} & a_{32} & a_{33} \end{pmatrix}$$

Las soluciones de este sistema pueden obtenerse de forma similar a como se ha procedido para la resolución de un sistema de dos ecuaciones con dos incógnitas en el epígrafe anterior. En su expresión aparece el determinante de la matriz A.

Observa

El determinante de una matriz, A, se representa por $|A|$ o det (A).

El **determinante** de $A = \begin{pmatrix} a_{11} & a_{12} & a_{13} \\ a_{21} & a_{22} & a_{23} \\ a_{31} & a_{32} & a_{33} \end{pmatrix}$, se representa por $|A| = \begin{vmatrix} a_{11} & a_{12} & a_{13} \\ a_{21} & a_{22} & a_{23} \\ a_{31} & a_{32} & a_{33} \end{vmatrix}$.

Se define del siguiente modo:

$$\begin{vmatrix} a_{11} & a_{12} & a_{13} \\ a_{21} & a_{22} & a_{23} \\ a_{31} & a_{32} & a_{33} \end{vmatrix} = a_{11}\begin{vmatrix} a_{22} & a_{23} \\ a_{32} & a_{33} \end{vmatrix} - a_{12}\begin{vmatrix} a_{21} & a_{23} \\ a_{31} & a_{33} \end{vmatrix} + a_{13}\begin{vmatrix} a_{21} & a_{22} \\ a_{31} & a_{32} \end{vmatrix} =$$

$$= a_{11}\,a_{22}\,a_{33} - a_{11}\,a_{23}\,a_{32} - a_{12}\,a_{21}\,a_{33} + a_{12}\,a_{23}\,a_{31} + a_{13}\,a_{21}\,a_{32} - a_{13}\,a_{22}\,a_{31}$$

Observa que el determinante es la suma *alternada* de los términos que se obtienen de multiplicar cada uno de los elementos de la primera fila por el determinante de segundo orden que resulta de suprimir su fila y su columna.

Cada uno de los determinantes de orden dos obtenidos se denomina **menor complementario** y se designa mediante la letra α, a la que se añaden los mismos subíndices que los del elemento a partir del cual se obtiene. Así, el determinante anterior se puede escribir:

$$\begin{vmatrix} a_{11} & a_{12} & a_{13} \\ a_{21} & a_{22} & a_{23} \\ a_{31} & a_{32} & a_{33} \end{vmatrix} = a_{11}\,\alpha_{11} - a_{12}\,\alpha_{12} + a_{13}\,\alpha_{13}$$

donde:

$$\alpha_{11} = \begin{vmatrix} a_{22} & a_{23} \\ a_{32} & a_{33} \end{vmatrix} \qquad \alpha_{12} = \begin{vmatrix} a_{21} & a_{23} \\ a_{31} & a_{33} \end{vmatrix} \qquad \alpha_{13} = \begin{vmatrix} a_{21} & a_{22} \\ a_{31} & a_{32} \end{vmatrix}$$

En la definición anterior, el valor del determinante de la matriz A se calcula a partir de los elementos de la primera fila.

En general, el determinante de una matriz es igual a la suma de los productos de los elementos de una fila (o una columna) cualquiera por sus correspondientes menores complementarios; a cada producto del elemento por el menor se le asigna, dependiendo de su ubicación en la fila (o columna), el signo que figura en el siguiente esquema:

$$\begin{vmatrix} + & - & + \\ - & + & - \\ + & - & + \end{vmatrix}$$

Retomemos el sistema del inicio del epígrafe:

$$\begin{cases} a_{11}x_1 + a_{12}x_2 + a_{13}x_3 = b_1 \\ a_{21}x_1 + a_{22}x_2 + a_{23}x_3 = b_2 \\ a_{31}x_1 + a_{32}x_2 + a_{33}x_3 = b_3 \end{cases}$$

Se puede demostrar que si $|A| \neq 0$, donde A es la matriz de los coeficientes, sus soluciones son:

$$x_1 = \frac{\begin{vmatrix} b_1 & a_{12} & a_{13} \\ b_2 & a_{22} & a_{23} \\ b_3 & a_{32} & a_{33} \end{vmatrix}}{\begin{vmatrix} a_{11} & a_{12} & a_{13} \\ a_{21} & a_{22} & a_{23} \\ a_{31} & a_{32} & a_{33} \end{vmatrix}} = \frac{|B_1|}{|A|}$$

$$x_2 = \frac{\begin{vmatrix} a_{11} & b_1 & a_{13} \\ a_{21} & b_2 & a_{23} \\ a_{31} & b_3 & a_{33} \end{vmatrix}}{\begin{vmatrix} a_{11} & a_{12} & a_{13} \\ a_{21} & a_{22} & a_{23} \\ a_{31} & a_{32} & a_{33} \end{vmatrix}} = \frac{|B_2|}{|A|}$$

$$x_3 = \frac{\begin{vmatrix} a_{11} & a_{12} & b_1 \\ a_{21} & a_{22} & b_2 \\ a_{31} & a_{32} & b_3 \end{vmatrix}}{\begin{vmatrix} a_{11} & a_{12} & a_{13} \\ a_{21} & a_{22} & a_{23} \\ a_{31} & a_{32} & a_{33} \end{vmatrix}} = \frac{|B_3|}{|A|}$$

Observa

Para aplicar las fórmulas de Cramer, es necesario que $|A| \neq 0$.

Observa

Estas fórmulas de Cramer que acabamos de presentar únicamente se pueden aplicar a sistemas de tres ecuaciones con tres incógnitas.

Estas expresiones reciben el nombre de **fórmulas de Cramer** para un sistema de tres ecuaciones con tres incógnitas.

Las matrices B_1, B_2 y B_3 se obtienen sustituyendo en la matriz de los coeficientes del sistema, A, la columna correspondiente a los coeficientes de la primera, segunda y tercera incógnitas por la de los términos independientes.

EJEMPLOS

e) *Utilizando las fórmulas de Cramer, resolver:* $\begin{cases} 2x - y + z = 9 \\ x + y + z = 2 \\ x - 2y + 2z = 9 \end{cases}$

Como $|A| = \begin{vmatrix} 2 & -1 & 1 \\ 1 & 1 & 1 \\ 1 & -2 & 2 \end{vmatrix} = 6 \neq 0$, se puede resolver por Cramer:

$$x = \frac{\begin{vmatrix} 9 & -1 & 1 \\ 2 & 1 & 1 \\ 9 & -2 & 2 \end{vmatrix}}{6} = \frac{18}{6} = 3$$

$$y = \frac{\begin{vmatrix} 2 & 9 & 1 \\ 1 & 2 & 1 \\ 1 & 9 & 2 \end{vmatrix}}{6} = \frac{-12}{6} = -2 \qquad z = \frac{\begin{vmatrix} 2 & -1 & 9 \\ 1 & 1 & 2 \\ 1 & -2 & 9 \end{vmatrix}}{6} = \frac{6}{6} = 1$$

OTRAS ACTIVIDADES

1 Resuelve el sistema del ejemplo ***e)*** utilizando el método de Gauss y comprueba que las soluciones coinciden.

EJEMPLOS

f) *Se encarga a una persona transportar jarrones, a condición de pagar por cada jarrón que rompa tanto como recibiría por hacerlos llegar en buen estado. Primero se le dan 2 jarrones pequeños, 4 medianos y 9 grandes; rompe todos los medianos y recibe 280 €. Después recibe 7 jarrones pequeños, 3 medianos y 5 grandes; rompe los grandes y recibe 30 €. Más tarde se le entregan 9 jarrones pequeños, 10 medianos y 11 grandes; rompe otra vez todos los grandes y recibe 40 €. Calcular el importe pagado por el transporte de cada tipo de jarrón.*

Llamamos x, y y z al importe recibido por el transporte de un jarrón pequeño, uno mediano y uno grande, respectivamente. El sistema correspondiente es:

$$\begin{cases} 2x - 4y + 9z = 280 \\ 7x + 3y - 5z = 30 \\ 9x + 10y - 11z = 40 \end{cases}$$

Como $|A| = \begin{vmatrix} 2 & -4 & 9 \\ 7 & 3 & -5 \\ 9 & 10 & -11 \end{vmatrix} = 293 \neq 0$, aplicamos Cramer:

$$|B_1| = \begin{vmatrix} 280 & -4 & 9 \\ 30 & 3 & -5 \\ 40 & 10 & -11 \end{vmatrix} \quad |B_2| = \begin{vmatrix} 2 & 280 & 9 \\ 7 & 30 & -5 \\ 9 & 40 & -11 \end{vmatrix} \quad |B_3| = \begin{vmatrix} 2 & -4 & 280 \\ 7 & 3 & 30 \\ 9 & 10 & 40 \end{vmatrix}$$

Las soluciones son:

$$x = \frac{|B_1|}{|A|} = 20\text{ €} \qquad y = \frac{|B_2|}{|A|} = 30\text{ €} \qquad z = \frac{|B_3|}{|A|} = 40\text{ €}$$

ACTIVIDADES

3 Calcula los siguientes determinantes de tercer orden:

a) $\begin{vmatrix} 2 & 1 & 4 \\ 3 & 2 & -1 \\ 4 & -1 & 0 \end{vmatrix}$ ***b)*** $\begin{vmatrix} -1 & 1 & 1 \\ 2 & -1 & 4 \\ 3 & -1 & 2 \end{vmatrix}$ ***c)*** $\begin{vmatrix} 1 & 1 & 1 \\ 2 & -1 & 3 \\ 3 & 0 & 4 \end{vmatrix}$

Solución: ***a)*** -50 ***b)*** 7 ***c)*** 0

4 Resuelve los siguientes sistemas, aplicando las fórmulas de Cramer:

a) $\begin{cases} 3x + y + z = 2 \\ 2x - y + z = 1 \\ 5x + 2y + 2z = 3 \end{cases}$ ***b)*** $\begin{cases} 2x + y + z = -4 \\ -x + y + z = -1 \\ 7x - 6y + z = -2 \end{cases}$ ***c)*** $\begin{cases} x + y + z = -1 \\ 2x - y - z = 13 \\ x - 2y + z = 8 \end{cases}$

Solución: ***a)*** $x = 1, y = 0, z = -1$ ***b)*** $x = -1, y = -1, z = -1$ ***c)*** $x = 4, y = -3, z = -2$

5 Una empresa cinematográfica dispone de tres cines: C1, C2 y C3. Cierto día proyecta tres películas, P1, P2 y P3, en cada uno de ellos (P1 en sesión de mañana, P2 en sesión de tarde y P3 en sesión de noche). El número de asistentes a cada una de ellas, expresados en centenares, se indica en la siguiente tabla:

	P1	P2	P3
C1	2	2	3
C2	1	2	3
C3	2	2	1

Si los ingresos obtenidos ese día en C1, C2 y C3 fueron de 1 500 €, 1 400 € y 900 €, respectivamente, calcula el precio de la entrada para cada una de las películas.

Solución: $P_1 = 1$ €, $P_2 = 2$ €, $P_3 = 3$ €

3 Determinantes de orden *n*

Gabriel Cramer

(1704-1752). Este matemático suizo ideó una regla para solucionar sistemas que tenían el mismo número de ecuaciones que de incógnitas. Cramer la publicó en 1750 en su estudio sobre curvas algebraicas.

Del mismo modo que se han definido los determinantes de tercer orden en función de los de segundo orden, se pueden definir los de cuarto orden en función de los de tercer orden, los de quinto orden en función de los de cuarto orden, y así sucesivamente. Generalizando los resultados obtenidos hasta el momento:

El **determinante de una matriz de orden *n*** es la suma de los productos de los elementos de una fila (o de una columna) por sus adjuntos correspondientes.

Por ejemplo, desarrollando por la primera fila:

$$\begin{vmatrix} a_{11} & a_{12} & \dots & a_{1n} \\ a_{21} & a_{22} & \dots & a_{2n} \\ \dots & \dots & \dots & \dots \\ a_{n1} & a_{n2} & \dots & a_{nn} \end{vmatrix} = a_{11}A_{11} + a_{12}A_{12} + \dots + a_{1n}A_{1n}$$

Al igual que en el caso de la expresión de los determinantes, es posible generalizar las **fórmulas de Cramer** para la resolución de sistemas de n ecuaciones con n incógnitas.

Consideremos el siguiente sistema:

$$\begin{cases} a_{11}x_1 + a_{12}x_2 + \dots + a_{1n}x_n = b_1 \\ a_{21}x_1 + a_{22}x_2 + \dots + a_{2n}x_n = b_2 \\ \dots \\ a_{n1}x_1 + a_{n2}x_2 + \dots + a_{nn}x_n = b_n \end{cases}$$

El determinante de la matriz de los coeficientes se representa mediante:

$$|A| = \begin{vmatrix} a_{11} & a_{12} & \dots & a_{1n} \\ a_{21} & a_{22} & \dots & a_{2n} \\ \dots & \dots & \dots & \dots \\ a_{n1} & a_{n2} & \dots & a_{nn} \end{vmatrix}$$

Si $|A| \neq 0$, las expresiones correspondientes a las incógnitas $x_1, x_2, \dots, x_n$ son:

$$x_1 = \frac{|B_1|}{|A|},\ x_2 = \frac{|B_2|}{|A|},\ \dots,\ x_n = \frac{|B_n|}{|A|}$$

Donde $|B_i|$ es el determinante que se obtiene al sustituir en $|A|$ la columna i por la de los términos independientes:

$$|B_i| = \begin{vmatrix} a_{11} & a_{12} & \dots & b_1 & \dots & a_{1n} \\ a_{21} & a_{22} & \dots & b_2 & \dots & a_{2n} \\ \dots & \dots & \dots & \dots & \dots & \dots \\ a_{n1} & a_{n2} & \dots & b_n & \dots & a_{nn} \end{vmatrix}$$

Observa

Las fórmulas de Cramer solo son aplicables a sistemas que tengan el mismo número de ecuaciones que de incógnitas. Además, para resolver un sistema por Cramer, es necesario que el determinante de la matriz de los coeficientes, $|A|$, no se anule, es decir, que todas las ecuaciones sean independientes entre sí.

EJEMPLOS

a) *Calcular el siguiente determinante, desarrollándolo por la cuarta fila:*

$$\begin{vmatrix} 3 & 2 & 7 & 9 \\ 4 & 3 & 2 & 7 \\ -1 & 2 & 5 & 4 \\ 2 & 3 & 0 & 0 \end{vmatrix} = -2\begin{vmatrix} 2 & 7 & 9 \\ 3 & 2 & 7 \\ 2 & 5 & 4 \end{vmatrix} + 3\begin{vmatrix} 3 & 7 & 9 \\ 4 & 2 & 7 \\ -1 & 5 & 4 \end{vmatrix} =$$

$$= -2 \cdot 59 + 3 \cdot (-44) = -250$$

Procedimiento

Es conveniente desarrollar un determinante por la fila o columna que tenga más ceros para simplificar los cálculos.

4 Propiedades de los determinantes

Un determinante cualquiera de orden n cumple las siguientes propiedades:

1. El determinante de una matriz es igual que el de su traspuesta. Por ejemplo:

$$|A| = \begin{vmatrix} 2 & 9 \\ 1 & 6 \end{vmatrix} = 2\cdot 6 - 1\cdot 9 = 3 \qquad |A^t| = \begin{vmatrix} 2 & 1 \\ 9 & 6 \end{vmatrix} = 2\cdot 6 - 9\cdot 1 = 3$$

2. Al permutar dos filas o dos columnas, el determinante cambia de signo. Por ejemplo:

$$\begin{vmatrix} 3 & 2 & 1 \\ 4 & 9 & 7 \\ 2 & 2 & 0 \end{vmatrix} = 0 + 28 + 8 - 18 - 42 - 0 = -24$$

$$\begin{vmatrix} 3 & 1 & 2 \\ 4 & 7 & 9 \\ 2 & 0 & 2 \end{vmatrix} = 42 + 18 + 0 - 28 - 0 - 8 = 24$$

3. Si un determinante tiene dos filas o dos columnas iguales, su valor es cero.
Por ejemplo:

$$\begin{vmatrix} 1 & 2 & 1 \\ 1 & 4 & 3 \\ 1 & 2 & 1 \end{vmatrix} = 4 + 6 + 2 - 4 - 6 - 2 = 0$$

También es cero si una fila o una columna es múltiplo de otra. Por ejemplo:

$$\begin{vmatrix} 2 & 6 \\ 1 & 3 \end{vmatrix} = 2\cdot 3 - 1\cdot 6 = 0$$

4. Si se multiplican todos los elementos de una fila o de una columna por un número, k, el determinante queda multiplicado por el mismo número. Por ejemplo:

$$\begin{vmatrix} 2 & 9 \\ 1 & 15 \end{vmatrix} = 2\cdot 15 - 1\cdot 9 = 21 \qquad \begin{vmatrix} 2 & 3 \\ 1 & 5 \end{vmatrix} = 2\cdot 5 - 1\cdot 3 = 7$$

Como $21 = 3\cdot 7$, entonces $\begin{vmatrix} 2 & 9 \\ 1 & 15 \end{vmatrix} = 3\begin{vmatrix} 2 & 3 \\ 1 & 5 \end{vmatrix}$

5. Si una fila o una columna es una suma, el determinante puede descomponerse en una suma de determinantes.
Por ejemplo:

$$\begin{vmatrix} 2 & 4 \\ 7 & 9 \end{vmatrix} = 18 - 28 = -10$$

$$\begin{vmatrix} 2 & 4 \\ 7 & 9 \end{vmatrix} = \begin{vmatrix} 2 & 2+2 \\ 7 & 7+2 \end{vmatrix} = \begin{vmatrix} 2 & 2 \\ 7 & 7 \end{vmatrix} + \begin{vmatrix} 2 & 2 \\ 7 & 2 \end{vmatrix} = 0 + (2\cdot 2 - 7\cdot 2) = -10$$

6. De las dos últimas propiedades podemos deducir que si a una fila o a una columna se le suma otra multiplicada por un determinado valor, el determinante no varía.

Podemos generalizar que si una fila (o columna) en un determinante de orden n es combinación lineal de otras, el determinante es cero.

5 Aplicación de las propiedades de los determinantes

Siempre es posible calcular un determinante de orden n desarrollándolo por los elementos de una fila o una columna. Si el determinante es de orden superior a 3, resulta útil aplicar sus propiedades para simplificar los cálculos. Operando con sus filas (o columnas), se puede conseguir:

- Anular todos los elementos de una fila (o una columna) a excepción de uno; entonces, el determinante será igual a ese elemento no nulo por su adjunto. Por ejemplo, para calcular el determinante del margen, restando a la segunda fila la primera multiplicada por 3; a la tercera, la primera multiplicada por 7, y a la cuarta, la primera multiplicada por 2, se obtiene:

$$\begin{vmatrix} 1 & 2 & 3 & -1 \\ 3 & 5 & 0 & 6 \\ 7 & -1 & 3 & 8 \\ 2 & 3 & 5 & -1 \end{vmatrix} = \begin{vmatrix} 1 & 2 & 3 & -1 \\ 0 & -1 & -9 & 9 \\ 0 & -15 & -18 & 15 \\ 0 & -1 & -1 & 1 \end{vmatrix} = 1 \begin{vmatrix} -1 & -9 & 9 \\ -15 & -18 & 15 \\ -1 & -1 & 1 \end{vmatrix} =$$

$$= -1 \begin{vmatrix} -18 & 15 \\ -1 & 1 \end{vmatrix} + 9 \begin{vmatrix} -15 & 15 \\ -1 & 1 \end{vmatrix} + 9 \begin{vmatrix} -15 & -18 \\ -1 & -1 \end{vmatrix} = 3 + 0 - 27 = -24$$

- Triangular la matriz de la que se busca el determinante; en este caso, llamado método de Gauss, el determinante es igual al producto de los elementos de la diagonal principal. Por ejemplo, tomando el mismo determinante del apartado anterior y operando entre las filas, se obtiene el determinante de una matriz triangulada:

$$\begin{vmatrix} 1 & 2 & 3 & -1 \\ 3 & 5 & 0 & 6 \\ 7 & -1 & 3 & 8 \\ 2 & 3 & 5 & -1 \end{vmatrix} = \begin{vmatrix} 1 & 2 & 3 & -1 \\ 0 & -1 & -9 & 9 \\ 0 & 0 & -3 & 0 \\ 0 & 0 & 0 & -8 \end{vmatrix} = 1 \cdot (-1) \cdot (-3) \cdot (-8) = -24$$

Cuando toda una fila (o una columna) resulta con elementos cero al aplicar el método de Gauss a un determinante, alguna de las filas (o columnas) es combinación lineal de las otras y, en este caso, el determinante es cero. Luego, se puede concluir que, si el determinante de la matriz de los coeficientes es cero, las filas (o las columnas) son linealmente dependientes entre sí, mientras que, si es distinto de cero, las filas (o las columnas) son independientes.

En algunas ocasiones, cuando el cálculo de los determinantes resulte difícil, será conveniente aplicar las propiedades para simplificar.

Recuerda

Para calcular un determinante de orden tres, se puede aplicar la regla de Sarrus o la de añadir dos filas.

No es posible utilizar estos procedimientos para calcular determinantes de orden superior a tres. Por ejemplo, para calcular el siguiente determinante, debemos utilizar otros procedimientos:

$$\begin{vmatrix} 1 & 2 & 3 & -1 \\ 3 & 5 & 0 & 6 \\ 7 & -1 & 3 & 8 \\ 2 & 3 & 5 & -1 \end{vmatrix}$$

EJEMPLOS

a) *Calcular el siguiente determinante, desarrollándolo por la primera fila:*

$$\begin{vmatrix} 3 & 2 & 1 & 4 \\ 2 & 1 & -1 & 3 \\ 2 & 6 & 7 & 9 \\ 6 & 4 & 2 & 8 \end{vmatrix} = 3 \begin{vmatrix} 1 & -1 & 3 \\ 6 & 7 & 9 \\ 4 & 2 & 8 \end{vmatrix} - 2 \begin{vmatrix} 2 & -1 & 3 \\ 2 & 7 & 9 \\ 6 & 2 & 8 \end{vmatrix} +$$

$$+ 1 \begin{vmatrix} 2 & 1 & 3 \\ 2 & 6 & 9 \\ 6 & 4 & 8 \end{vmatrix} - 4 \begin{vmatrix} 2 & 1 & -1 \\ 2 & 6 & 7 \\ 6 & 4 & 2 \end{vmatrix} = 6 + 152 - 22 - 136 = 0$$

Se podría decir directamente, sin necesidad de desarrollarlo, que este determinante se anula, ya que la cuarta fila es múltiplo de la primera.

6 Cálculo de la matriz inversa aplicando los determinantes

Recuerda

El cálculo de la inversa de una matriz por el método de Gauss-Jordan es bastante laborioso.

Consideremos una matriz cuadrada, A, de orden n:

$$A = \begin{pmatrix} a_{11} & a_{12} & \dots & a_{1n} \\ a_{21} & a_{22} & \dots & a_{2n} \\ \dots & \dots & \dots & \dots \\ a_{n1} & a_{n2} & \dots & a_{nn} \end{pmatrix}$$

En la UNIDAD 2 se proporciona una definición de matriz inversa, A^{-1}, según la cual:

$$A \cdot A^{-1} = A^{-1} \cdot A = I$$

Se define la **matriz adjunta** de la matriz A como la matriz (A_{ij}) cuyos elementos son los adjuntos de los elementos a_{ij} de la matriz A, y se representa por adj (A):

$$\text{adj}(A) = \begin{pmatrix} A_{11} & A_{12} & \dots & A_{1n} \\ A_{21} & A_{22} & \dots & A_{2n} \\ \dots & \dots & \dots & \dots \\ A_{n1} & A_{n2} & \dots & A_{nn} \end{pmatrix}$$

EJEMPLOS

a) *Calcular la matriz adjunta de la matriz:*

$$A = \begin{pmatrix} 2 & 1 & 0 \\ 1 & 1 & -1 \\ 1 & 0 & 3 \end{pmatrix}$$

Los adjuntos son:

$A_{11} = 3$ $\quad A_{12} = -4$ $\quad A_{13} = -1$

$A_{21} = -3$ $\quad A_{22} = 6$ $\quad A_{23} = 1$

$A_{31} = -1$ $\quad A_{32} = 2$ $\quad A_{33} = 1$

Por lo tanto, la matriz adjunta de A, adj (A), se puede escribir:

$$\text{adj}(A) = \begin{pmatrix} 3 & -4 & -1 \\ -3 & 6 & 1 \\ -1 & 2 & 1 \end{pmatrix}$$

Recuerda

Una **matriz escalar** es aquella cuyos elementos son todos nulos, a excepción de los de su diagonal principal, que son iguales entre sí.

El producto de una matriz A por la traspuesta de su adjunta proporciona una matriz escalar tal que todos los elementos de la diagonal tienen el valor del determinante de A, $|A|$.

EJEMPLOS

b) *Comprobar, con la matriz del ejemplo* ***a)*** *de este epígrafe, que el producto de la matriz A por la traspuesta de su matriz adjunta da una matriz escalar cuya diagonal está formada por elementos que son iguales al determinante de A.*

En primer lugar, se calcula el valor del determinante de la matriz A:

$$|A| = 2 \cdot 3 - 1 \cdot 4 + 0 = 2$$

Luego, se multiplica y se obtiene: $A \cdot [\text{adj}(A)]^t = 2I$

Es importante reflexionar sobre el hecho de que las dos definiciones de rango son equivalentes, ya que el determinante de las filas linealmente independientes es distinto de cero; por lo tanto, el número de filas linealmente independientes coincide con el orden del mayor menor no nulo.

Dado un menor de una matriz, se pueden formar otros menores de un orden superior con una fila y una columna más, añadiendo los elementos de otra fila y otra columna cualesquiera. Este procedimiento recibe el nombre de **orlar el menor.**

Veamos ahora el proceso que hay que seguir para calcular el rango de una matriz a partir del siguiente ejemplo:

$$\begin{pmatrix} 1 & 2 & -1 & 0 & 1 \\ 4 & 3 & 2 & -1 & 4 \\ 3 & 1 & 3 & -1 & 3 \\ -2 & -4 & 2 & 0 & -2 \end{pmatrix}$$

- Se selecciona un menor de orden dos distinto de cero, por ejemplo el indicado, por ser fácil de calcular.
- Se toman a continuación las tres primeras filas, se consideran todos los menores que se pueden formar orlando el menor de orden dos; para ello, se utilizan las tres primeras columnas una a una:

$$\begin{vmatrix} 1 & 0 & 1 \\ 4 & -1 & 4 \\ 3 & -1 & 3 \end{vmatrix} = 0 \qquad \begin{vmatrix} 2 & 0 & 1 \\ 3 & -1 & 4 \\ 1 & -1 & 3 \end{vmatrix} = 0 \qquad \begin{vmatrix} -1 & 0 & 1 \\ 2 & -1 & 4 \\ 3 & -1 & 3 \end{vmatrix} = 0$$

Hasta aquí cabe concluir que, utilizando la tercera fila, las columnas primera, segunda y tercera son combinaciones lineales de la cuarta y de la quinta, y dado que el rango por filas es igual al rango por columnas, la tercera fila es combinación lineal de las dos primeras.

- Se toman ahora las filas primera, segunda y cuarta y se orla el menor inicial:

$$\begin{vmatrix} 1 & 0 & 1 \\ 4 & -1 & 4 \\ -2 & 0 & -2 \end{vmatrix} = 0 \qquad \begin{vmatrix} 2 & 0 & 1 \\ 3 & -1 & 4 \\ -4 & 0 & -2 \end{vmatrix} = 0 \qquad \begin{vmatrix} -1 & 0 & 1 \\ 2 & -1 & 4 \\ 2 & 0 & -2 \end{vmatrix} = 0$$

De igual modo, podemos concluir que la cuarta fila es combinación lineal de las dos primeras; luego, el rango de la matriz inicial es dos.

En el ejemplo anterior son independientes, por columnas, las dos últimas y, por filas, las dos primeras.

Observa

En el ejemplo de esta página hubiera sido mucho más laborioso iniciar el ejercicio calculando los menores de orden cuatro con la esperanza de que el rango fuera cuatro. Únicamente ha habido que calcular seis menores de orden tres de los 40 posibles.

En general, sea cual sea la matriz, es preferible iniciar el proceso por un menor no nulo de orden dos e ir orlándolo progresivamente; si no existiera un menor no nulo de orden dos, el rango de la matriz sería 1, pues, salvo en el caso de la matriz nula, siempre se puede encontrar un menor de orden uno no nulo.

EJEMPLOS

a) *Calcular el rango de la siguiente matriz:*

$$\begin{pmatrix} 1 & 2 & -1 & 0 & 4 \\ 1 & 1 & 1 & 1 & -1 \\ 2 & 3 & 0 & 1 & 3 \\ 2 & 3 & 1 & 1 & 3 \end{pmatrix}$$

Tomamos un menor de orden dos distinto de cero, por ejemplo el señalado en la matriz. Orlamos sucesivamente dicho menor con elementos de la tercera fila y de las tres últimas columnas:

$$\begin{vmatrix} 1 & 2 & -1 \\ 1 & 1 & 1 \\ 2 & 3 & 0 \end{vmatrix} = 0 \qquad \begin{vmatrix} 1 & 2 & 0 \\ 1 & 1 & 1 \\ 2 & 3 & 1 \end{vmatrix} = 0 \qquad \begin{vmatrix} 1 & 2 & 4 \\ 1 & 1 & -1 \\ 2 & 3 & 3 \end{vmatrix} = 0$$

EJEMPLOS

Orlamos ahora el menor de orden dos con elementos de la cuarta fila y de las tres últimas columnas:

$$\begin{vmatrix} 1 & 2 & -1 \\ 1 & 1 & 1 \\ 2 & 3 & 1 \end{vmatrix} = -1 \neq 0$$

Hemos encontrado un menor de orden tres distinto de cero.

Orlamos de nuevo este menor de todas las formas posibles:

$$\begin{vmatrix} 1 & 2 & -1 & 0 \\ 1 & 1 & 1 & 1 \\ 2 & 3 & 0 & 1 \\ 2 & 3 & 1 & 1 \end{vmatrix} = 0 \qquad \begin{vmatrix} 1 & 2 & -1 & 4 \\ 1 & 1 & 1 & -1 \\ 2 & 3 & 0 & 3 \\ 2 & 3 & 1 & 3 \end{vmatrix} = 0$$

Todos los posibles menores de orden cuatro son cero y existe un menor de orden tres distinto de cero; luego, el rango de la matriz es tres.

Observa

Dada una matriz cuadrada, A, de dimensión n, si $|A| = 0$, entonces rango $(A) < n$, y si $|A| \neq 0$, rango $(A) = n$.

Dada una matriz de dimensiones $m \times n$, donde $m > n$ (o $m < n$), si no es posible hallar un menor de orden n (o m) igual a cero, entonces el rango de la matriz será n (o m).

ACTIVIDADES

6 Di cuáles de las siguientes matrices son singulares y cuáles regulares. Calcula la inversa de estas últimas y comprueba que el producto de la matriz por su inversa da la matriz identidad. ¿Cuál es el rango de las matrices?

$$A = \begin{pmatrix} 1 & 2 & 3 \\ 1 & 3 & 3 \\ 2 & 4 & 3 \end{pmatrix} \qquad B = \begin{pmatrix} 2 & 1 & -1 \\ 1 & 3 & 2 \\ -1 & 2 & 1 \end{pmatrix} \qquad C = \begin{pmatrix} 2 & 1 & 4 \\ 4 & 2 & 1 \\ 2 & 1 & -3 \end{pmatrix}$$

Solución: A y B son matrices regulares, ya que sus determinantes son distintos de cero. C es una matriz singular.

$$A^{-1} = -\frac{1}{3}\begin{pmatrix} -3 & 6 & -3 \\ 3 & -3 & 0 \\ -2 & 0 & 1 \end{pmatrix} \qquad B^{-1} = \frac{1}{10}\begin{pmatrix} 1 & 3 & -5 \\ 3 & -1 & 5 \\ -5 & 5 & -5 \end{pmatrix}$$

rango (A) = rango $(B) = 3$; rango $(C) = 2$

7 Calcula el rango de las siguientes matrices:

a) $\begin{pmatrix} 1 & 2 & 3 & 4 \\ 3 & 6 & 9 & 12 \\ 4 & 8 & 12 & 16 \end{pmatrix}$

b) $\begin{pmatrix} 1 & 2 & -1 & 0 & 1 \\ 4 & 3 & -1 & 2 & 1 \\ 5 & 5 & -1 & 2 & 1 \\ 3 & 1 & 0 & 2 & 1 \end{pmatrix}$

c) $\begin{pmatrix} 1 & 2 & 3 \\ 4 & 5 & 6 \\ 7 & 8 & 9 \end{pmatrix}$

d) $\begin{pmatrix} 1 & 0 & 7 & 0 & 5 & 1 \\ 2 & 0 & 2 & 0 & 5 & 0 \\ 3 & 0 & -1 & 0 & 0 & 0 \\ 4 & 0 & 0 & 0 & 0 & 0 \end{pmatrix}$

e) $\begin{pmatrix} 3 & 1 & 2 & -1 \\ 0 & 1 & 0 & 2 \\ 2 & 0 & 2 & -3 \\ 5 & 2 & 4 & -4 \end{pmatrix}$

f) $\begin{pmatrix} 1 & 3 & -1 & 3 & 4 \\ 7 & 2 & 12 & 21 & 9 \\ -1 & 6 & -8 & -3 & 5 \end{pmatrix}$

Solución: ***a)*** El rango es 1. ***b)*** El rango es 4. ***c)*** El rango es 2. ***d)*** El rango es 4. ***e)*** El rango es 4. ***f)*** El rango es 2.

8 Teorema de Rouché-Fröbenius

En la UNIDAD 1 se discutieron las soluciones de sistemas de ecuaciones utilizando el método de Gauss y en la UNIDAD 2 se recurrió a la notación matricial con este mismo propósito. La discusión de sistemas por el método de Gauss puede complicarse si aparecen parámetros que se han de ir arrastrando al operar entre las ecuaciones.

Pues bien, el teorema de Rouché-Fröbenius aprovecha el concepto de rango de una matriz para discutir sistemas de un modo más práctico. Consideremos un sistema de m ecuaciones con n incógnitas:

$$\begin{cases} a_{11}x_1 + a_{12}x_2 + a_{13}x_3 + \ldots + a_{1n}x_n = b_1 \\ a_{21}x_1 + a_{22}x_2 + a_{23}x_3 + \ldots + a_{2n}x_n = b_2 \\ \ldots \\ a_{m1}x_1 + a_{m2}x_2 + a_{m3}x_3 + \ldots + a_{mn}x_n = b_m \end{cases}$$

Si el sistema tiene solución, la matriz de los coeficientes y la matriz ampliada deben tener el mismo rango, ya que, en ese caso, la columna de los términos independientes no es más que una combinación lineal de las columnas de los coeficientes. Por tanto, al orlar un menor distinto de cero con elementos de la columna de términos independientes, el valor del menor será cero, ya que una columna de este determinante será combinación lineal de las otras.

Si los términos independientes no son combinación lineal de los coeficientes, el sistema es incompatible. En este caso, el rango de la matriz de los coeficientes no coincide con el de la matriz ampliada.

El **teorema de Rouché-Fröbenius,** cuya demostración se encuentra en la sección de *Estrategias*, afirma que:

La condición necesaria y suficiente para que un sistema de ecuaciones lineales **tenga solución** es que la matriz de los coeficientes y la matriz ampliada tengan el **mismo rango.**

El teorema de Rouché-Fröbenius permite afirmar que, si el rango de la matriz de los coeficientes (A) y el de la matriz ampliada (A*) coinciden, el sistema es **compatible.** Por el contrario, si los rangos no coinciden, el sistema resulta **incompatible.**

$$\text{rango } (A) = \text{rango } (A^*) \Leftrightarrow \text{sistema compatible}$$

$$\text{rango } (A) \neq \text{rango } (A^*) \Leftrightarrow \text{sistema incompatible}$$

EJEMPLOS

a) *Discutir el siguiente sistema:* $\begin{cases} 2x + y = 5 \\ x + 3y = -1 \\ 8x + 9y = 2 \end{cases}$

Las matrices asociadas al sistema son:

$$A = \begin{pmatrix} 2 & 1 \\ 1 & 3 \\ 8 & 9 \end{pmatrix} \qquad A^* = \begin{pmatrix} 2 & 1 & 5 \\ 1 & 3 & -1 \\ 8 & 9 & 2 \end{pmatrix}$$

- rango (A) = 2, ya que existe un menor de orden 2 no nulo.
- rango (A*) = 3, ya que $|A^*| = 95 \neq 0$.

Como rango (A) ≠ rango (A*), el sistema es incompatible.

Eugène Rouché

(1832-1910). Matemático francés. Estudió las series de funciones, la teoría de la probabilidad, integrales, álgebra y geometría descriptiva, entre otros campos de las matemáticas. Enunció el famoso teorema que lleva su nombre y que es de importancia capital para la discusión de sistemas de ecuaciones lineales.

Georg Ferdinand Fröbenius

(1849-1917). Matemático alemán. Fue profesor en la Universidad de Berlín. Los numerosos teoremas que llevan su nombre, como el que enunció conjuntamente con Eugène Rouché, enriquecieron el álgebra clásica y sentaron las bases del álgebra moderna.

Cabe preguntarse ahora si un sistema cuyos rangos coinciden y que, por tanto, es compatible será determinado o indeterminado.

Sabemos que un sistema es compatible determinado cuando el número de ecuaciones linealmente independientes coincide con el número de incógnitas. Así, si el rango de la matriz de los coeficientes, r, coincide con el número de incógnitas, n, el sistema es **compatible determinado.**

Por el contrario, cuando el rango de la matriz de los coeficientes es menor que el número de incógnitas, el sistema es **compatible indeterminado** con $n-r$ grados de libertad. Para resolver este tipo de sistemas, se puede proceder seleccionando las r ecuaciones linealmente independientes que proporcionan el mayor menor distinto de cero. Del mismo modo, se toman como principales las r incógnitas que corresponden a las columnas del mayor menor distinto de cero, mientras que las otras $n-r$ se pasan al segundo miembro y se les asigna los parámetros $\lambda_1, \lambda_2, \ldots, \lambda_{n-r}$. A continuación, se resuelve el sistema formado por las r ecuaciones independientes con las r incógnitas principales. De esta forma, las soluciones del sistema están en función de $n-r$ parámetros, como cabe esperar de un sistema con $n-r$ grados de libertad. En resumen:

$$\text{rango } (A) = \text{rango } (A^*) = n \Leftrightarrow \text{sistema compatible determinado}$$

$$\text{rango } (A) = \text{rango } (A^*) < n \Leftrightarrow \text{sistema compatible indeterminado}$$

EJEMPLOS

b) *Discutir el siguiente sistema:*

$$\begin{cases} x + y - z = 2 \\ -x + 3y + 2z = 5 \\ x + 5y = 9 \end{cases}$$

Las matrices asociadas al sistema son:

$$A = \begin{pmatrix} 1 & 1 & -1 \\ -1 & 3 & 2 \\ 1 & 5 & 0 \end{pmatrix}$$

$$A^* = \left(\begin{array}{ccc|c} 1 & 1 & -1 & 2 \\ -1 & 3 & 2 & 5 \\ 1 & 5 & 0 & 9 \end{array}\right)$$

Calculamos el determinante de A:

$$\begin{vmatrix} 1 & 1 & -1 \\ -1 & 3 & 2 \\ 1 & 5 & 0 \end{vmatrix} = 2 + 5 + 3 - 10 = 0$$

Como $|A| = 0$ y existe un menor no nulo de orden dos, rango $(A) = 2$. Además, rango $(A^*) = 2$.

Dado que el rango de las dos matrices es el mismo, el sistema es compatible, y puesto que el rango es 2 y el número de incógnitas es 3, el sistema es indeterminado con un grado de libertad.

Tomamos las dos primeras ecuaciones por ser linealmente independientes, pasamos al otro miembro los términos correspondientes a la incógnita z y le asignamos a esta el valor λ:

$$\begin{cases} x + y = 2 + \lambda \\ -x + 3y = 5 - 2\lambda \end{cases}$$

Observa

El mayor menor no nulo se obtiene sin utilizar la columna correspondiente a los coeficientes de la incógnita *z;* es por esta razón por la que se toma *z* como parámetro, asignándole el valor λ.

Por otro lado, como tampoco se utiliza la última fila, se suprime la ecuación correspondiente, por ser linealmente dependiente del resto y no añadir información.

OTRAS ACTIVIDADES

IV Sustituye en el sistema inicial del ejemplo ***b)*** los resultados obtenidos y comprueba que son soluciones de dicho sistema.

Del mismo modo que los arqueólogos traducen el lenguaje de los jeroglíficos al lenguaje ordinario para entenderlos, los matemáticos traducen los problemas al lenguaje algebraico para resolverlos.

EJEMPLOS

Por último, resolvemos el sistema aplicando las fórmulas de Cramer:

$$x = \frac{\begin{vmatrix} 2+\lambda & 1 \\ 5-2\lambda & 3 \end{vmatrix}}{\begin{vmatrix} 1 & 1 \\ -1 & 3 \end{vmatrix}} = \frac{1+5\lambda}{4} \qquad y = \frac{\begin{vmatrix} 1 & 2+\lambda \\ -1 & 5-2\lambda \end{vmatrix}}{\begin{vmatrix} 1 & 1 \\ -1 & 3 \end{vmatrix}} = \frac{7-\lambda}{4}$$

El sistema es, pues, compatible indeterminado con un grado de libertad. Sus soluciones son:

$$x = \frac{1+5\lambda}{4},\ y = \frac{7-\lambda}{4},\ z = \lambda \text{ donde } \lambda \in \mathbb{R}$$

c) *Discutir el siguiente sistema:*

$$\begin{cases} 3x + 2y - z = 5 \\ x - y + 2z = -2 \\ 2x + 3y - 3z = 7 \\ x + y + z = 6 \end{cases}$$

Como rango (A) = 3 y rango (A*) = 3, el sistema es compatible determinado, ya que hay tres variables. Al calcular el rango de las matrices, se observa que la tercera ecuación depende linealmente de las dos primeras. Así, cabe concluir el sistema:

$$\begin{cases} 3x + 2y - z = 5 \\ x - y + 2z = -2 \\ x + y + z = 6 \end{cases}$$

Se resuelve aplicando las fórmulas de Cramer:

$$x = \frac{\begin{vmatrix} 5 & 2 & -1 \\ -2 & -1 & 2 \\ 6 & 1 & 1 \end{vmatrix}}{\begin{vmatrix} 3 & 2 & -1 \\ 1 & -1 & 2 \\ 1 & 1 & 1 \end{vmatrix}} = \frac{9}{-9} = 1$$

$$y = \frac{\begin{vmatrix} 3 & 5 & -1 \\ 1 & -2 & 2 \\ 1 & 6 & 1 \end{vmatrix}}{\begin{vmatrix} 3 & 2 & -1 \\ 1 & -1 & 2 \\ 1 & 1 & 1 \end{vmatrix}} = \frac{-45}{-9} = 5$$

$$z = \frac{\begin{vmatrix} 3 & 2 & 5 \\ 1 & -1 & -2 \\ 1 & 1 & 6 \end{vmatrix}}{\begin{vmatrix} 3 & 2 & -1 \\ 1 & -1 & 2 \\ 1 & 1 & 1 \end{vmatrix}} = \frac{-18}{-9} = 2$$

Luego, el sistema es compatible determinado; su solución es:

$$x = -1,\ y = 5,\ z = 2.$$

Utilizando el teorema de Rouché-Fröbenius, se puede discutir la compatibilidad o incompatibilidad de un sistema de ecuaciones. Si el sistema es incompatible, el problema ha concluido; si es compatible, puede ocurrir que sea determinado o indeterminado. En el primer caso puede resolverse, ya sea por el método de Gauss, utilizando la notación matricial, recurriendo a la regla de Cramer o incluso calculando la matriz inversa de la matriz de los coeficientes y aplicando la ecuación matricial: $X = A^{-1} \cdot B$

Si el sistema es indeterminado, se puede resolver por el método de Gauss, utilizando la notación matricial o bien pasando al segundo miembro tantas incógnitas como grados de libertad haya y aplicando la regla de Cramer, como hicimos en el ejemplo ***a)***. La ecuación matricial $X = A^{-1} \cdot B$ no puede aplicarse, ya que al ser indeterminado, la matriz de los coeficientes, A, no tiene inversa.

En resumen, un sistema de ecuaciones puede ser:

- **Incompatible:**

$$\text{rango } (A) \neq \text{rango } (A^*)$$

- **Compatible:**

$$\text{rango } (A) = \text{rango } (A^*) = r$$

  - **Determinado:**

$$r = n$$

  - **Indeterminado** con $n - r$ grados de libertad:

$$r < n$$

En el sistema compatible, r es el rango de las matrices A y A*, y n, el número de incógnitas del sistema.

Las fórmulas de Cramer únicamente son aplicables a sistemas en los que el rango de A y el de A* coinciden. Para resolver un sistema con la regla de Cramer, es preciso calcular $n + 1$ determinantes (donde n es el número de ecuaciones y el de incógnitas), mientras que para calcular un determinante de orden superior a tres, lo más conveniente suele ser triangularlo por el método de Gauss. Así, en general, es preferible solucionar los sistemas por el método de Gauss que por las fórmulas de Cramer.

La importancia de los determinantes en la resolución de sistemas reside en que permiten discutir la compatibilidad o incompatibilidad del sistema aplicando únicamente el teorema de Rouché-Fröbenius.

OTRAS ACTIVIDADES

V Resuelve los sistemas de los ejemplos ***a)***, ***b)*** y ***c)***, utilizando el método de Gauss y comprueba que se obtienen los mismos resultados.

ACTIVIDADES

8 Aplica el teorema de Rouché-Fröbenius para discutir los siguientes sistemas y, en el caso de que sean compatibles, resuélvelos:

a) $\begin{cases} x + y + z = 4 \\ 2x - y + z = -5 \\ 3x + 2y + 5z = 3 \\ 3x - 2z = 7 \end{cases}$

b) $\begin{cases} 2x + y + z = 5 \\ 2x + y - z = 5 \\ 3x + 2y + z = 11 \\ x + y + 2z = 10 \end{cases}$

c) $\begin{cases} 2x - y + z + 2t = -5 \\ x + y + z + t = 4 \\ 3x + y + z - t = 6 \\ 6x + y + 3z + 2t = 5 \end{cases}$

Solución: ***a)*** El sistema es compatible determinado: $x = 1, y = 5, z = -2$. ***b)*** El sistema es incompatible. ***c)*** El sistema es compatible indeterminado con un grado de libertad: $x = \lambda + 1, y = \lambda + 5, z = -3\lambda - 2, t = \lambda$.

EJERCICIOS Y PROBLEMAS

1 Si A es una matriz cuadrada de orden n y $|A| = k$, ¿cuál es el valor de $|A^t|$?

2 Sabiendo que se cumple:

$$\begin{vmatrix} a & b & c \\ d & e & f \\ g & h & i \end{vmatrix} = 10$$

aplica las propiedades de los determinantes para calcular:

$$\begin{vmatrix} a & b & c \\ 2d & 2e & 2f \\ 3g & 3h & 3i \end{vmatrix}$$

3 Sabiendo que se cumple:

$$\begin{vmatrix} a & b & c \\ d & e & f \\ g & h & i \end{vmatrix} = k$$

utiliza las propiedades de los determinantes para calcular:

a) $\begin{vmatrix} b & c & a \\ e & f & d \\ h & i & g \end{vmatrix}$

b) $\begin{vmatrix} b & a & c \\ e & d & f \\ h & g & i \end{vmatrix}$

c) $\begin{vmatrix} -e & -f & -d \\ -b & -c & -a \\ -h & -i & -g \end{vmatrix}$

4 Calcula el valor del determinante:

$$\begin{vmatrix} a & b & c \\ d & e & f \\ g & h & i \end{vmatrix}$$

sabiendo que se cumple:

$$\begin{vmatrix} -d & -e & -f \\ -a & -b & -c \\ -g & -h & -i \end{vmatrix} = 100$$

5 Si todos los elementos de una matriz cuadrada de orden n se multiplican por (-2), ¿cómo se modifica el valor del determinante?

6 Calcula los siguientes determinantes de orden tres:

a) $\begin{vmatrix} 1 & 2 & -1 \\ 4 & 3 & 5 \\ 1 & 4 & -3 \end{vmatrix}$

b) $\begin{vmatrix} 2 & 1 & 0 \\ 4 & 3 & -1 \\ -1 & -1 & 1 \end{vmatrix}$

c) $\begin{vmatrix} 3 & -2 & 1 \\ -4 & 3 & -2 \\ 5 & -4 & 3 \end{vmatrix}$

d) $\begin{vmatrix} 1 & 1 & 1 \\ 1 & 0 & 1 \\ 1 & 1 & 1 \end{vmatrix}$

e) $\begin{vmatrix} 2\sqrt{3} & 2 & 4\sqrt{3} \\ -1 & -\sqrt{3} & 0 \\ 0 & 1 & -2 \end{vmatrix}$

f) $\begin{vmatrix} 2 & 1 & 2 \\ a & 5 & -2 \\ 2 & 0 & a \end{vmatrix}$

7 Calcula los siguientes determinantes de orden cuatro:

a) $\begin{vmatrix} 1 & 2 & -1 & 2 \\ 4 & 5 & 0 & 2 \\ 3 & 3 & -1 & 1 \\ 4 & 1 & 0 & 5 \end{vmatrix}$

b) $\begin{vmatrix} 1 & 1 & 1 & 1 \\ 1 & a & 1 & 1 \\ 1 & 1 & a & 1 \\ 1 & 1 & 1 & a \end{vmatrix}$

8 Comprueba que $|A \cdot B| = |A| \cdot |B|$ para las matrices:

$$A = \begin{pmatrix} 1 & 3 & 0 \\ 2 & 1 & -1 \\ 4 & 5 & 2 \end{pmatrix} \qquad B = \begin{pmatrix} 2 & 1 & 1 \\ 0 & 1 & -1 \\ 2 & -1 & 1 \end{pmatrix}$$

9 Dadas dos matrices inversas, A y B, si $|A| = 5$, ¿cuánto vale $|B|$? Razona tu respuesta.

10 Determina para qué valores de m se anulan los siguientes determinantes:

a) $\begin{vmatrix} m & m & m \\ m & 0 & m \\ m & m & m \end{vmatrix}$

b) $\begin{vmatrix} 1 & 1 & m \\ m & 0 & -1 \\ -6 & -1 & 0 \end{vmatrix}$

c) $\begin{vmatrix} 1 & 2 & -1 \\ 4 & m+1 & 5 \\ 1 & m+2 & -3 \end{vmatrix}$

d) $\begin{vmatrix} 1 & 0 & 3 & 0 \\ m & 1 & 1 & 1 \\ 1 & m & 1 & 1 \\ 0 & 1 & 2 & -1 \end{vmatrix}$

11 Resuelve las siguientes ecuaciones:

a) $\begin{vmatrix} x & 1 & -1 \\ 0 & 2 & x \\ 4 & 0 & -x \end{vmatrix} = 2$

b) $\begin{vmatrix} 1 & 0 & 3 & 0 \\ 2x & 2 & 2 & 2 \\ 1 & x & 1 & 1 \\ 0 & 1 & 2 & -1 \end{vmatrix} = 216$

12 Calcula el rango de las siguientes matrices:

a) $\begin{pmatrix} 1 & 1 & 1 \\ 2 & 1 & 3 \\ 1 & 0 & 2 \end{pmatrix}$

b) $\begin{pmatrix} 1 & a & 2a \\ 2 & a & 3a \\ 3 & a & 4a \end{pmatrix}$

c) $\begin{pmatrix} 2 & 4 & 4 & 6 \\ 1 & -2 & 3 & 1 \\ 3 & 2 & 5 & 7 \\ 1 & 6 & 1 & 5 \end{pmatrix}$

d) $\begin{pmatrix} 1 & a & 2a \\ 2 & a & 3a \\ 3 & 2a & 4a \end{pmatrix}$

e) $\begin{pmatrix} 1 & 0 & 0 \\ 0 & 3 & 2 \\ 0 & 2 & -3 \end{pmatrix}$

f) $\begin{pmatrix} 1 & 1 & 1 & 2 \\ 3 & -1 & 2 & 0 \\ 0 & 0 & 0 & 0 \\ 4 & -1 & 0 & 0 \\ 2 & 0 & 0 & 0 \end{pmatrix}$

13 ¿Qué valor deben tener *a, b, c* y *d* para que el rango de la siguiente matriz sea tres?

$$\begin{pmatrix} a & 0 & 0 & 0 \\ 0 & b & 0 & 0 \\ 0 & 0 & c & 0 \\ 0 & 0 & 0 & d \end{pmatrix}$$

14 Calcula la matriz adjunta de las siguientes matrices:

a) $\begin{pmatrix} 1 & 2 \\ 3 & -1 \end{pmatrix}$

b) $\begin{pmatrix} 1 & 1 & 0 \\ -2 & 5 & -1 \\ 4 & 3 & 3 \end{pmatrix}$

c) $\begin{pmatrix} 2 & -2 & 2 \\ -2 & 2 & 0 \\ 0 & 0 & 2 \end{pmatrix}$

15 Calcula las inversas de las siguientes matrices:

a) $\begin{pmatrix} 1 & 0 & 2 \\ 2 & 3 & 1 \\ 0 & 1 & 2 \end{pmatrix}$

b) $\begin{pmatrix} 3 & 1 \\ 8 & 3 \end{pmatrix}$

c) $\begin{pmatrix} -1 & -2 & -1 \\ 6 & 12 & 5 \\ -2 & -5 & -2 \end{pmatrix}$

16 Discute y resuelve, si es posible, los siguientes sistemas:

a) $\begin{cases} x + y + z = 0 \\ 3x - 3y - z = 0 \\ 9x - 3y + z = 0 \end{cases}$

b) $\begin{cases} x + y + z = 0 \\ 2x - y + z = -3 \\ 3x - 3y + 2z = -9 \end{cases}$

c) $\begin{cases} 2x - y + z = -3 \\ x - y + z = -4 \\ 3x - 2y + 2z = 5 \end{cases}$

d) $\begin{cases} x + 2y + z = 0 \\ 2x + 2y - 3z = 0 \\ -x - 4y = 0 \end{cases}$

e) $\begin{cases} x + y + z + t = 1 \\ 2x - y - z - 2t = 1 \\ 3x - y + z - t = -3 \\ x - y - z - t = 1 \end{cases}$

f) $\begin{cases} x + y + z + t = 1 \\ 2x - y - z - 2t = 1 \\ 3x - y + z - t = -3 \\ 5x - 2y - 3t = 4 \end{cases}$

g) $\begin{cases} x + y + z = 2 \\ 2x + y + z = 3 \\ 2x + y - z = -1 \end{cases}$

h) $\begin{cases} x + y + z = 0 \\ x - y - z = 0 \\ 3x + y - z = 4 \end{cases}$

i) $\begin{cases} x + y + z = 0 \\ 2x + y - z = 4 \\ 4x + 3y + z = 4 \end{cases}$

j) $\begin{cases} x + y + z = 0 \\ 2x + y - z = 4 \\ 4x + 3y + z = -4 \end{cases}$

k) $\begin{cases} x - 2y + 3z = 0 \\ -2x + 3y + z = 0 \\ x - 3y + 10z = 0 \end{cases}$

l) $\begin{cases} x + y + z + t = -1 \\ 2x - 2y + z - t = 1 \\ 3x - y + 2z = 0 \\ 4x + 3z + t = -1 \end{cases}$

17 Estudia el siguiente sistema de ecuaciones lineales para los distintos valores del parámetro *a* y resuélvelo en los casos en los que sea posible:

$$\begin{cases} 3x - ay + 3z = 4 \\ ax + y - z = 2 \\ x - y + z = 1 \\ ax + 4y - z = 5 \end{cases}$$

18 Averigua los valores de *m* para que el siguiente sistema tenga soluciones distintas de la trivial:

$$\begin{cases} 2x + my = 0 \\ m^2x - 4y = 0 \end{cases}$$

19 Resuelve el siguiente sistema para los valores de *m* que lo hagan posible:

$$\begin{cases} x + 2y = 8 \\ 2x - y = 1 \\ 4x + 3y = m \end{cases}$$

20 Discute y resuelve, cuando sea posible, el siguiente sistema de ecuaciones lineales:

$$\begin{cases} x + y + z = m \\ x + y + z = n \\ x + y + z = p \end{cases}$$

21 Un depósito se llena mediante dos grifos, A y B, y se vacía a través de un tercer grifo, C. Cuando se abren A y B, el depósito tarda 5 h en llenarse; cuando se abren los tres grifos, tarda 10 h, y cuando se abren A y C, 15 h. Calcula en cuánto se llenará:

a) Si se abre únicamente el grifo B.

b) Si se abre únicamente el grifo B.

c) Si se abren los grifos A y C.

22 Halla un número de tres cifras, sabiendo que estas suman 9; que si al número dado se le resta el que resulta de invertir el orden de sus cifras, la diferencia es 198; y que, por último, la cifra de las decenas es la media aritmética entre las otras dos.

23 Un grupo de 20 personas, entre hombres, mujeres y niños, se reúne para ir de excursión. El número de hombres y mujeres juntos resulta ser el triple que el de niños. Además, si se hubiera sumado al grupo una mujer más, habría el mismo número de hombres que de mujeres. Averigua cuántos hombres, mujeres y niños van a ir a la excursión.

24 Si Amparo invierte el 40 % de sus ahorros en acciones de un tipo determinado, A, y el resto en acciones de otro tipo, B, el interés medio resultante es del 5 %, mientras que si realiza la inversión al revés, el interés medio resultante es del 6 %.

a) ¿Qué interés proporcionan las acciones del tipo A? ¿Y las del tipo B?

b) ¿Cuál sería el interés medio si invirtiera la misma cantidad en los dos tipos de acciones?

25 Dos cajas grandes, tres medianas y una pequeña ocupan un volumen de 1 m^3, tres cajas grandes y una pequeña ocupan 800 dm^3. ¿Cuánto ocuparán dos grandes, doce medianas y dos pequeñas?

FORMAS DE CONTAR

Números chinos

Al igual que la escritura es de una gran complejidad, las culturas chinas antiguas utilizaban un sistema de numeración muy complicado. La tabla que aparece bajo estas líneas muestra la representación de los números que utilizaban los chinos:

- Los ***hengs*** representan unidades, centenas, decenas de millar…
- Los ***tsungs*** representan decenas, millares, centenas de millar…

	1	2	3	4	5	6	7	8	9
Hengs	𝍠	𝍡	𝍢	𝍣	𝍤	𝍥	𝍦	𝍧	𝍨
Tsungs	𝍩	𝍪	𝍫	𝍬	𝍭	𝍮	𝍯	𝍰	𝍱
	10	20	30	40	50	60	70	80	90

Escultura china de un caballero (siglo III d. C.)

ECUACIONES CON JUNQUILLOS

El método del damero

Hacia el siglo III de nuestra era, los matemáticos chinos ya disponían de un procedimiento para resolver sistemas de *n* ecuaciones con *n* incógnitas. En este sistema se basó, catorce siglos después, **Seki Köwa** para introducir el algoritmo de los determinantes.

Detalles de la Gran Muralla china.

En el método chino, llamado *método del damero*, el sistema se representaba mediante *junquillos*. Cada ecuación ocupa una columna vertical, y los coeficientes de la misma incógnita se sitúan en la misma fila horizontal. Cuando aparecían números negativos, sustituían los junquillos rojos por junquillos negros. Por ejemplo:

Sistema

$$\begin{cases} 4x + 2y - z = 8 \\ 3x + y - 4z = 5 \\ 4x - 2y + 5z = 0 \end{cases}$$

Posición en el damero

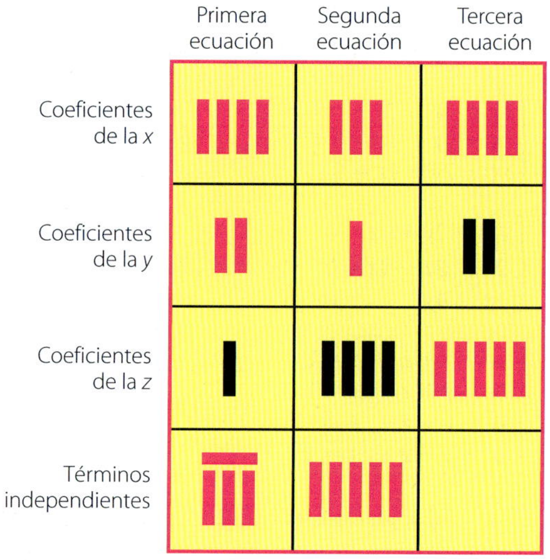

Los matemáticos chinos solucionaban las ecuaciones manipulando los junquillos.

Evaluación

1. Observa la siguiente matriz:

$$\begin{pmatrix} 1 & 1 & 1 \\ 2 & 2 & 2 \\ 3 & m & 3 \end{pmatrix}$$

El valor de m para que su rango sea 2 debe ser:

a) $m = 3$

b) $m \neq 3$

c) El rango de la matriz anterior nunca será 2, ya que tiene dos columnas iguales.

2. Determina la inversa de la matriz A:

$$A = \begin{pmatrix} 1 & 2 & 3 \\ 0 & 2 & 1 \\ 0 & 0 & -3 \end{pmatrix}$$

a) La matriz A no tiene inversa.

b) $A^{-1} = \dfrac{1}{6}\begin{pmatrix} -6 & 6 & -4 \\ 0 & -3 & -1 \\ 0 & 0 & 2 \end{pmatrix}$

c) $A^{-1} = \begin{pmatrix} 1 & -1 & 2/3 \\ 0 & 1/2 & 1/6 \\ 0 & 0 & -1/3 \end{pmatrix}$

3. Calcula el valor del siguiente determinante:

$$\begin{vmatrix} 1 & 2 & 4 & 2 \\ -1 & 1 & 1 & 3 \\ 2 & 1 & 0 & 4 \\ 3 & 2 & -2 & 5 \end{vmatrix}$$

a) 128 **b)** 0 **c)** 59

4. Halla el rango de esta matriz en función de λ:

$$A = \begin{pmatrix} \lambda+1 & -1 & \lambda+1 \\ 0 & -1 & 0 \\ 1 & -2 & \lambda \end{pmatrix}$$

a) Si $\lambda = \pm 1$, rango $(A) = 2$; si $\lambda \neq \pm 1$, rango $(A) = 3$.

b) Si $\lambda = \pm 1$, rango $(A) = 3$; si $\lambda \neq \pm 1$, rango $(A) = 2$.

c) Si $\lambda = \pm 1$, rango $(A) = 1$; si $\lambda \neq \pm 1$, rango $(A) = 2$.

5. Discute y resuelve, si es posible, el siguiente sistema de ecuaciones:

$$\begin{cases} 2x - y + z = 1 \\ x + 2y - z = 0 \\ 5x + z = 2 \\ 3x + y = 1 \end{cases}$$

a) El sistema es compatible indeterminado; sus soluciones son:

$$x = \frac{1-\lambda}{3},\ y = \lambda,\ z = \frac{5\lambda+1}{3},\ \text{donde } \lambda \in \mathbb{R}$$

b) El sistema es incompatible.

c) El sistema es compatible determinado; su solución es:

$$x = 1,\ y = 1,\ z = 0$$

6. Discute el siguiente sistema en función del valor del parámetro m:

$$\begin{cases} mx + (m-1)y = 1 \\ 2mx + (m+1)y = m-1 \end{cases}$$

a) Si $m \neq 0$ y $m \neq 3$, el sistema es compatible determinado.

Si $m = 0$, entonces el sistema es compatible indeterminado.

Si $m = 3$, el sistema es incompatible.

b) Si $m \neq 0$ y $m \neq 3$, el sistema es compatible determinado.

Si $m = 0$, entonces el sistema es compatible determinado.

Si $m = 3$, el sistema es incompatible.

c) Si $m \neq 0$ y $m \neq 3$, el sistema es compatible determinado.

Si $m = 0$, entonces el sistema es compatible indeterminado.

Si $m = 3$, entonces el sistema es compatible indeterminado.

4 Programación lineal

1. Dibuja la recta del plano:

$$3x - 2y + 5 = 0$$

2. Indica qué representa en el plano la solución del siguiente sistema:

$$\begin{cases} 3x + 2y = 1 \\ x - y = 2 \end{cases}$$

3. Resuelve estas inecuaciones:

a) $3x + 1 \leq 17$

b) $x^3 - 5x^2 + 6x \geq 0$

c) $\dfrac{x^2 - 25}{x - 6} > 0$

Aunque la presencia de las matemáticas en la historia de la humanidad se remonta al inicio de los tiempos, quizás sea ahora cuando su incidencia en la vida de las personas es más directa, si bien, en ocasiones, no somos del todo conscientes de ello.

La programación lineal es uno de los campos de las matemáticas en los que esta influencia se hace más evidente. Durante esta unidad comprobarás que una de las aplicaciones de la programación lineal consiste, por ejemplo, en maximizar la producción con un coste mínimo. Diversos estudios sostienen que, si los países subdesarrollados utilizaran métodos de programación lineal para gestionar sus recursos, aumentarían su PIB y, por tanto, la calidad de vida de sus habitantes, en un 15 %.

1 Inecuaciones lineales con dos incógnitas

Recuerda

Una inecuación es una desigualdad algebraica.

Observa

Si se escoge el punto (0, 0), la determinación de la región del plano solución de la inecuación es inmediata.

Existen los siguientes tipos de inecuaciones lineales con dos incógnitas:

$ax + by + c > 0 \qquad ax + by + c < 0 \qquad ax + by + c \geq 0 \qquad ax + by + c \leq 0$

Para resolverlas gráficamente, se procede representando $ax + by + c = 0$.

La representación gráfica de esta ecuación es una recta que divide el plano en dos regiones: una de ellas es solución de la inecuación $ax + by + c > 0$, mientras que la otra lo es de la inecuación $ax + by + c < 0$. Para determinar cuál de las regiones del plano es solución de cada una de las inecuaciones, basta con sustituir un punto de una de las regiones en la expresión $ax + by + c$, y observar si el resultado es positivo o negativo.

EJEMPLOS

a) *Resolver gráficamente la inecuación* $3x + 2y - 1 > 0$.

Se representa la recta $3x + 2y - 1 = 0$. Para ello, la expresamos de forma explícita: $y = -\dfrac{3x}{2} + \dfrac{1}{2}$

Uno de los dos semiplanos en los que queda dividido el plano una vez dibujada la recta será solución de la inecuación y el otro no. Ahora hay que establecer cuál es el semiplano solución. Con este fin, se toma un punto, por ejemplo el (0, 0), y se sustituye en la inecuación $0 + 0 - 1 > 0$.

Como la desigualdad no se cumple, el semiplano solución es el que no contiene al punto (0, 0). Tampoco está incluida en él la recta $3x + 2y - 1 = 0$, por ser estricta la desigualdad (figura 4.1).

Si se hubiese tomado un punto que cumpliese la desigualdad, el semiplano solución sería aquel al que perteneciese el punto.

Si la inecuación fuese $3x + 2y - 1 \geq 0$, los puntos de la recta también serían solución de la inecuación.

Dada la inecuación $ax + by + c > 0$, la región del plano solución, si $c > 0$, es la que contiene el punto (0, 0). En caso contrario, la región del plano solución es la que no contiene dicho punto.

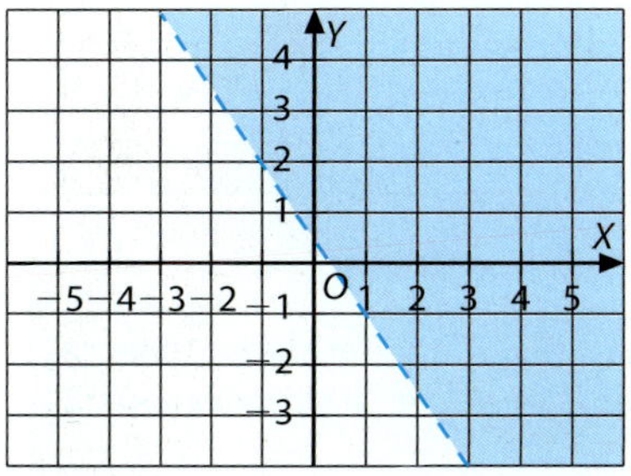

FIGURA 4.1.

Observa

Cada uno de los puntos del semiplano solución es una solución *particular* de la inecuación.

ACTIVIDADES

1 Representa gráficamente los semiplanos solución de las siguientes inecuaciones:

a) $x + 3y < 7$ ***b)*** $2x - y \geq 3$

Solución: ***a)*** Figura 4.2. ***b)*** Figura 4.3.

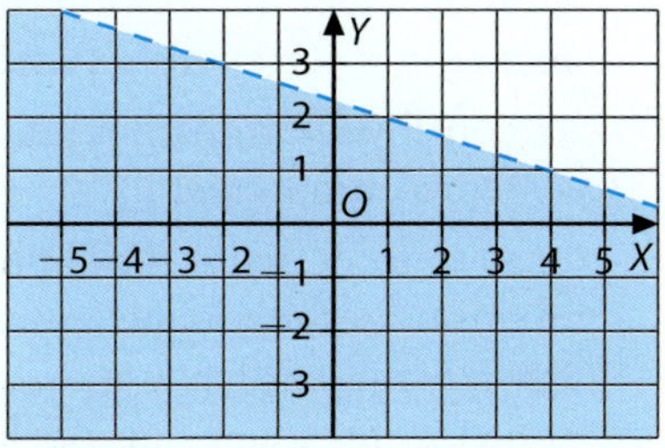

FIGURA 4.2.

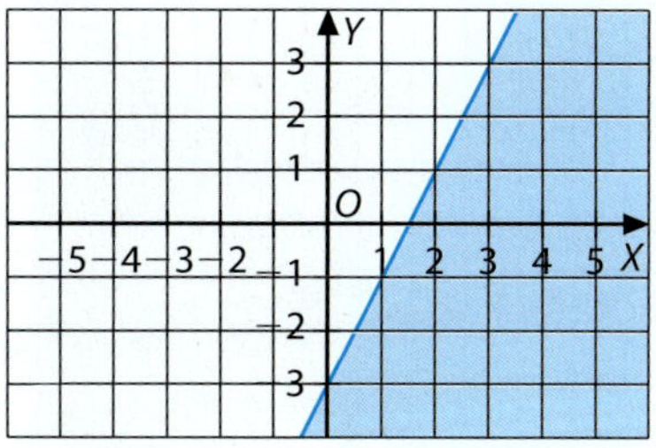

FIGURA 4.3.

2 Indica de qué inecuación es solución el semiplano de la figura 4.4:

Solución: $3x - 2y < 6$

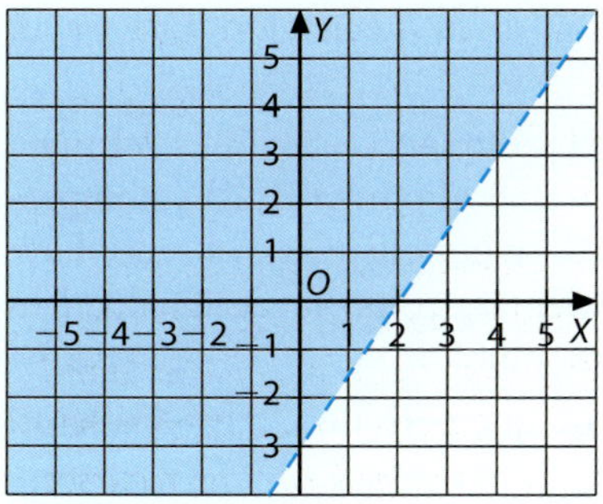

FIGURA 4.4.

2 Sistemas de inecuaciones lineales con dos incógnitas

La solución de una inecuación lineal con dos incógnitas está formada, como se ha visto, por el conjunto de todos los puntos pertenecientes a un semiplano. Desde un punto de vista gráfico, la solución de un **sistema de inecuaciones lineales con dos incógnitas** se corresponde con el conjunto de puntos pertenecientes a la región de intersección de los semiplanos solución de cada una de las inecuaciones consideradas por separado. Así, la solución gráfica del siguiente sistema es la que muestra la figura 4.5:

$$\begin{cases} 2x + 3y - 4 > 0 \\ x + y - 7 < 0 \\ 2x + 5 \geq 0 \end{cases}$$

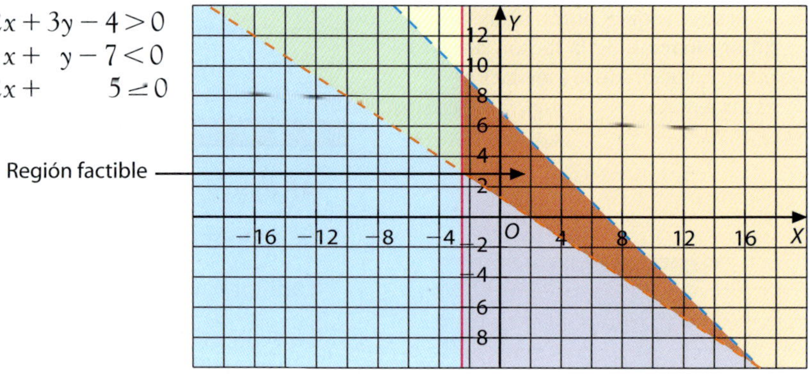

FIGURA 4.5

Un conjunto se denomina convexo si, al unir dos cualesquiera de sus puntos, el segmento resultante está contenido en él.

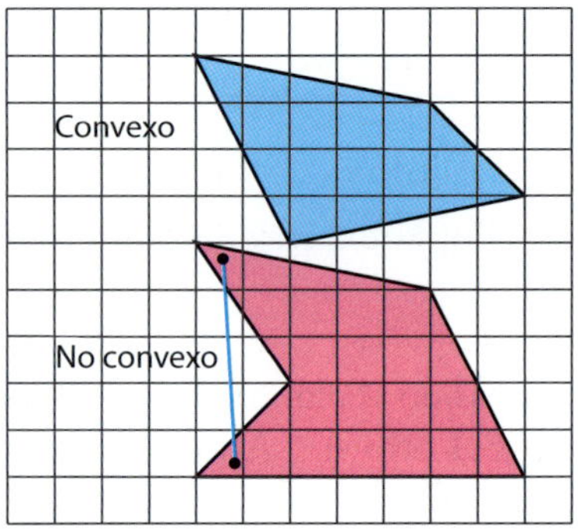

FIGURA 4.6.

Se denomina **región factible** al conjunto de puntos (*x*, *y*) que satisfacen todas las inecuaciones que forman el sistema y que, por tanto, constituye su solución **general.**

La solución de un sistema de inecuaciones es un conjunto convexo (véase la sección *Estrategias*), que puede ser acotado o no. La pertenencia o no de las diversas fronteras de este conjunto al conjunto solución depende del tipo de desigualdad (estricta o no estricta) que formen las inecuaciones del sistema. Los puntos intersección de las rectas frontera se denominan **vértices.**

EJEMPLOS

a) *Calcular el conjunto solución, o región factible, del siguiente sistema:*

$$\begin{cases} x - y \geq 0 \\ 3x + y < 0 \end{cases}$$

Para representar la solución de la inecuación $x + y \geq 0$, se dibuja la recta $y = x$. El punto (0, 0) verifica la ecuación $x - y = 0$; por lo tanto, el punto (0, 0) pertenece a la recta $y = x$, con lo que es preciso tomar otro punto del plano para determinar el semiplano solución, por ejemplo, el punto (1, 2). Dicho punto no verifica la desigualdad $x - y \geq 0$; luego, el semiplano solución es aquel que no lo contiene. Como la desigualdad no es estricta, la recta $y = x$ pertenece a la solución.

A continuación, para representar la solución de la inecuación $3x + y < 0$, se representa la recta $y = -3x$.

Si se toma el punto (0, 0) para determinar el semiplano solución, se obtiene el mismo resultado que anteriormente. Al tomar el punto (1, 2) y comprobar que no verifica la inecuación $3x + y < 0$, se concluye que el semiplano solución es aquel que no lo contiene. Además, como la desigualdad es estricta, la recta $y = -3x$ no pertenece a la solución.

La solución del sistema es la región del plano que pertenece a los dos semiplanos (figura 4.7).

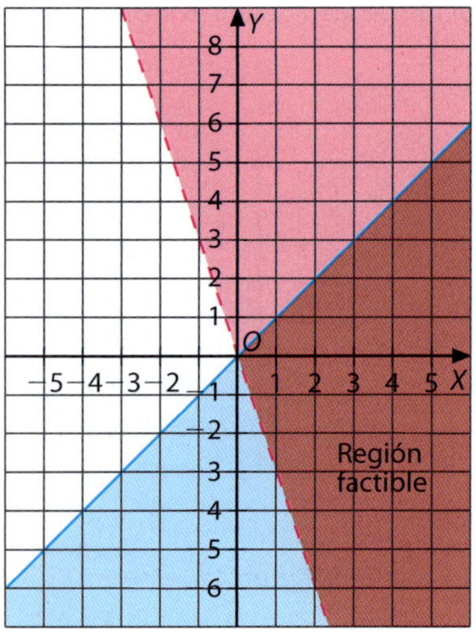

FIGURA 4.7

EJEMPLOS

b) *Resolver gráficamente el sistema de inecuaciones:*

$$\begin{cases} x + 2y \geq 14 \\ x + 4y < 8 \\ 3x - y < -12 \end{cases}$$

Antes que nada, representamos el semiplano solución de cada inecuación. En el caso de la inecuación $x + 2y \geq 14$, se dibuja, en primer lugar, la recta $y = -x/2 + 7$. Dado que el punto (0, 0) no verifica la inecuación $x + 2y \geq 14$, el semiplano solución es aquel que no contiene el origen. Por otro lado, la frontera está incluida en la solución, al no ser estricta la desigualdad.

Para representar ahora el semiplano solución de la inecuación $x + 4y < 8$, se traza la recta $y = -x/4 + 2$. El punto (0, 0) verifica la inecuación $x + 4y < 8$; luego, el semiplano solución es aquel que lo contiene. Al ser estricta la desigualdad, la recta frontera no estará incluida.

Por último, se representa el semiplano solución de la inecuación $3x - y < -12$ dibujando la recta $y = 3x + 12$. Vemos que el punto (0, 0) no verifica la inecuación $3x - y < -12$, lo que nos permite deducir que el semiplano solución es aquel que no contiene el origen.

La región del plano que pertenece a los tres semiplanos constituye la solución del sistema. Sin embargo, en este caso, el sistema no tiene solución, al no haber ningún punto que pertenezca a los tres semiplanos a la vez (figura 4.8).

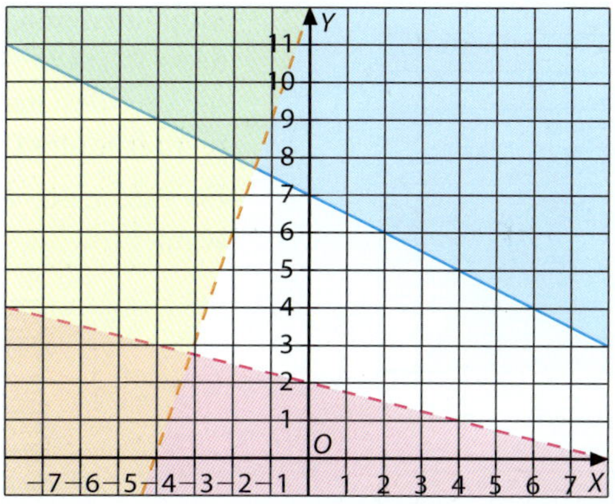

FIGURA 4.8

c) *Resolver gráficamente el sistema de inecuaciones:*

$$\begin{cases} y \leq 3 \\ x \geq 1 \\ x + y \geq 4 \end{cases}$$

Como en el ejemplo anterior, hay que dibujar los semiplanos solución de las tres inecuaciones para determinar la región factible.

Los semiplanos solución de $y \leq 3$ y $x \leq 1$ se determinan fácilmente representando la recta horizontal $y = 3$ y la vertical $x = 1$.

Para representar el semiplano solución de $x + y \geq 4$, se traza primero la recta $y = -x + 4$. El punto (0, 0) no verifica la inecuación $x + y \geq 4$; luego, el semiplano solución es aquel que no contiene el origen. La recta frontera está incluida en el semiplano solución.

La solución del sistema es la intersección de los tres semiplanos (figura 4.9).

En este caso, la solución es el punto (1, 3). Observa que si alguna de las desigualdades fuera estricta (< o >), el sistema no tendría solución.

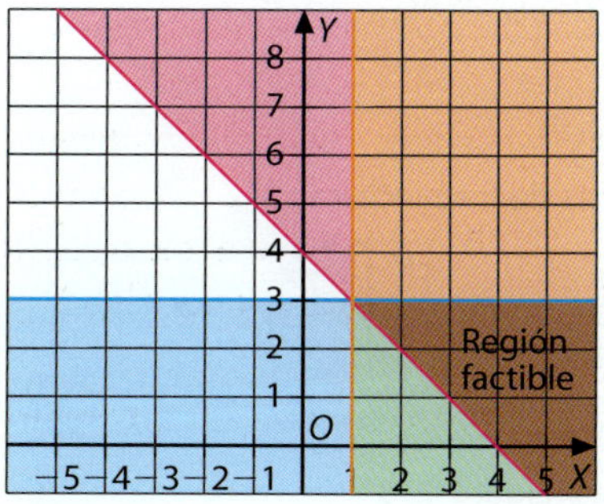

FIGURA 4.9

EJEMPLOS

d) *Resolver gráficamente el siguiente sistema de inecuaciones:*

$$\begin{cases} y \geq x+2 \\ y-2 \leq x \\ y < -3x+6 \\ y \geq -4x-2 \end{cases}$$

Hay que determinar los semiplanos solución de cada una de las inecuaciones por separado.

El semiplano solución de la inecuación $y \leq x + 2$ se halla representando la recta $y = x + 2$. Como el punto (0, 0) no verifica la inecuación $y \geq x + 2$, el semiplano solución es el que no contiene el origen. Al no ser la desigualdad estricta, cabe concluir que contiene la recta frontera.

Para hallar el semiplano solución de la inecuación $y - 2 \leq x$, trazamos la recta $y = x + 2$. El punto (0, 0) verifica la inecuación $y - 2 \leq x$, con lo que el semiplano solución es el que contiene el origen. También contiene la recta frontera, por no ser estricta la desigualdad.

A continuación, establecemos el semiplano solución de la inecuación $y < -3x + 6$ a partir de la recta $y = -3x + 6$. Como el punto (0, 0) verifica la desigualdad $y < -3x + 6$, el semiplano solución es el que lo contiene. Sin embargo, la recta frontera no pertenece al semiplano solución, por ser una desigualdad estricta.

Por último, el semiplano solución de la inecuación $y \geq -4x - 2$, se determina mediante la recta $y = -4x - 2$. El punto (0, 0) verifica la desigualdad $y \geq -4x - 2$; luego, el semiplano solución es el que lo contiene. Al no ser una desigualdad estricta, el semiplano solución también contiene la recta frontera (figura 4.10).

En este caso, el conjunto solución está formado por los puntos de un segmento.

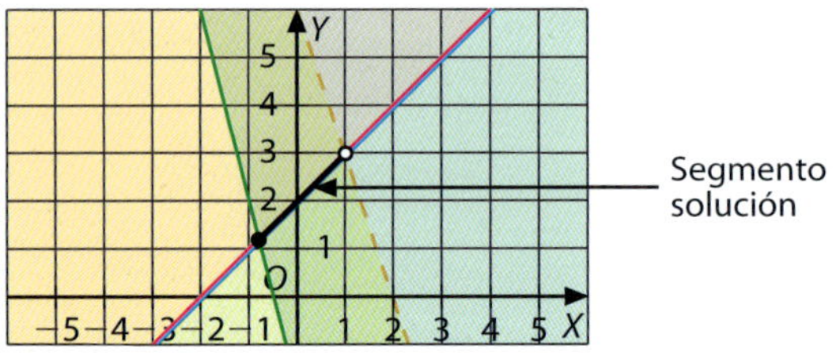

FIGURA 4.10.

Los ejemplos anteriores permiten observar claramente que el conjunto solución, o región factible, de un sistema de inecuaciones lineales con dos incógnitas puede ser un conjunto convexo intersección de semiplanos, una semirrecta, un segmento, un punto o el conjunto vacío.

Observa

La región factible se designa por R. F.

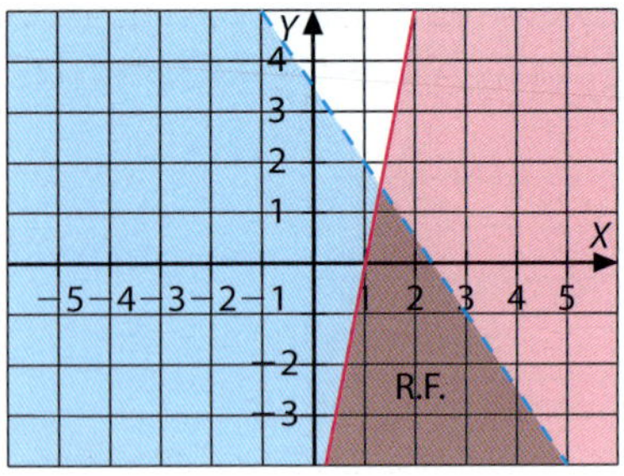

FIGURA 4.11.

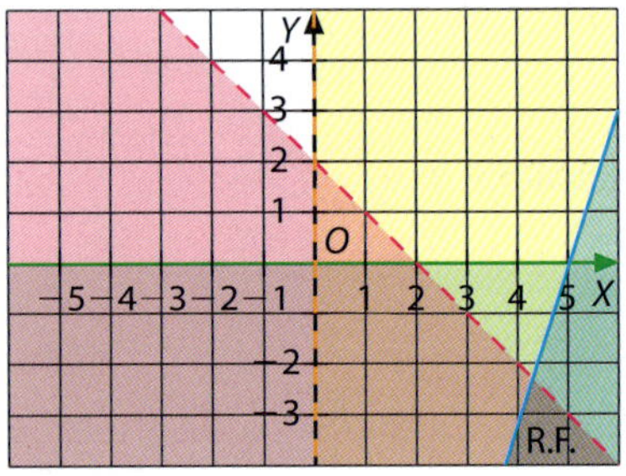

FIGURA 4.12.

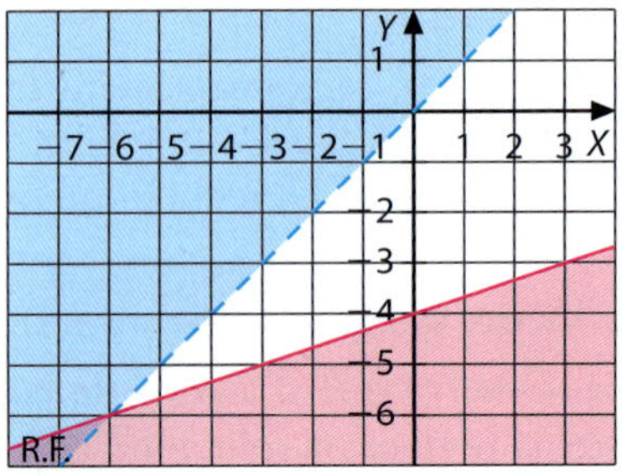

FIGURA 4.13.

ACTIVIDADES

3 Resuelve gráficamente los siguientes sistemas de inecuaciones:

a) $\begin{cases} 3x+2y<7 \\ 5x-y \geq 5 \end{cases}$ ***b)*** $\begin{cases} x+y<2 \\ 3x-y \geq 15 \\ x>0 \\ y \leq 0 \end{cases}$ ***c)*** $\begin{cases} x<y \\ x-3y \geq 12 \end{cases}$

Solución: ***a)*** Figura 4.11 ***b)*** Figura 4.12 ***c)*** Figura 4.13

3 Programación lineal

En diversos campos de la actividad humana, como la industria, la economía, el transporte, la planificación urbana, la gestión de recursos y el comercio, entre otros, es preciso maximizar o minimizar determinadas funciones lineales que están sujetas a restricciones que pueden expresarse en forma de inecuaciones: son las denominadas **funciones objetivo.**

La programación lineal es el conjunto de técnicas que permiten establecer los valores ideales que deben tomar las variables que intervienen en un problema para conseguir que una función lineal determinada, la **función objetivo,** presente un valor extremo (máximo o mínimo).

Un ejemplo de problema típico de programación lineal sería el siguiente:

En una urbanización se van a construir chalets y viviendas adosadas. El coste de cada tipo de edificación es de 180 000 € y 120 000 €, respectivamente, y la empresa constructora dispone de un máximo de 10,8 millones de euros. Por otro lado, el ayuntamiento exige que el número total de viviendas no sea superior a 80. Si el beneficio obtenido es de 24 000 € por la venta de un chalet y de 18 000 € por la de un adosado, ¿cuántas viviendas de cada tipo deben construirse para obtener el máximo beneficio?

La función objetivo que, según este planteamiento, se desea que sea máxima es el beneficio que obtendrá la empresa constructora:

$$f(x, y) = 24\,000x + 18\,000y$$

donde x es el número de chalets construidos, e y, el de viviendas adosadas.

Dado que tanto el número de edificaciones que puede construir la empresa como el dinero de que dispone para ello están limitados, las restricciones del problema serán:

$$\begin{cases} 180\,000x + 120\,000y \leq 10\,800\,000 \\ x + y \leq 80 \end{cases}$$

Veamos a continuación otro problema típico de programación lineal:

Un veterinario ha recomendado que un animal enfermo, cada día y durante un mes, tome para su recuperación al menos 4 unidades de hidratos de carbono, 23 de proteínas y 6 de grasa.

En el mercado se comercializan dos marcas de pienso, A y B, con la siguiente composición:

	Hidratos de carbono	Proteínas	Grasas	Precio
A	4	6	1	0,6 €
B	1	10	6	1 €

¿Cómo deben combinarse ambos productos para obtener la dieta deseada al mínimo precio?

En este caso, la función objetivo, que ha de ser mínima, es el coste del pienso:

$$f(x, y) = 0{,}6x + y$$

donde x son las unidades del producto A, e y, las del B. Por su parte, las restricciones son:

- Hidratos de carbono: $4x + y \geq 4$
- Proteínas: $6x + 10y \geq 23$
- Grasas: $x + 6y \geq 6$

Retomaremos más adelante estos dos problemas para ver la forma más apropiada de solucionarlos.

Dado que las restricciones en los problemas de programación lineal vienen dadas en forma de inecuaciones, es importante comprender que la **región factible** será un conjunto convexo; en él se podrá hallar, si existe, la solución del problema; fuera de esta región, el problema no presentará ninguna solución.

En este contexto, cabe enunciar el siguiente teorema[1]:

> Si una función lineal posee un máximo o un mínimo en un conjunto convexo, esta toma el valor extremo en un vértice o lado de dicho conjunto.

Por tanto, se puede asegurar que, en un problema de programación lineal, los extremos de la función objetivo se encuentran en un vértice o en un lado de la región factible.

Vamos a abordar a continuación los dos procedimientos que existen para resolver los problemas de programación lineal: el método gráfico y el analítico.

3.1. Método gráfico

La resolución de un problema de programación lineal por el método gráfico consiste en representar la región factible, una vez hallada la función objetivo $f(x, y)$ y expresar las restricciones mediante inecuaciones. Seguidamente, se dibujan las rectas de la forma $f(x, y) = k$, todas ellas paralelas a la función objetivo y denominadas **rectas de nivel.** Estas rectas indican los puntos del plano en los que la función objetivo toma el mismo valor (k).

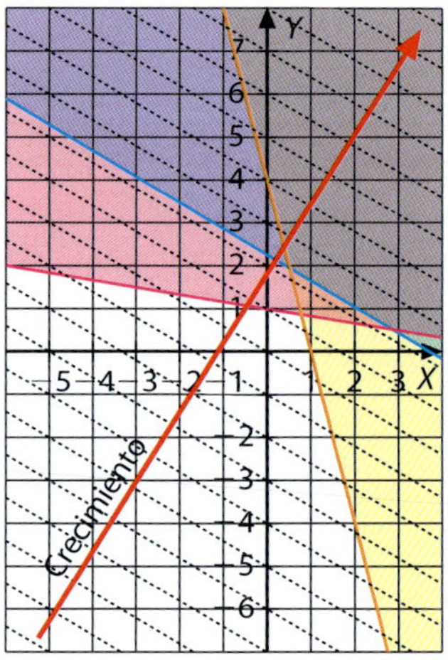

FIGURA 4.14.

Según el teorema antes enunciado, la función objetivo alcanza su máximo (o mínimo) en un vértice o en un lado de la región factible, por lo que solo es necesario dibujar, si existen, las rectas de nivel que contengan los vértices o los lados, y aquella que tenga un mayor (o menor) valor de k será la que constituya el extremo máximo (o mínimo) buscado.

Llegados a este punto, es muy importante comprender que, dependiendo de la región factible y de la función objetivo, un problema de programación lineal puede carecer de solución.

EJEMPLOS

a) *Determinar los valores máximo y mínimo de* $f(x, y) = y + x$ *en el recinto:*

$$\begin{cases} x \geq 0 \\ 0 \leq y \leq 2 \\ 2x + y \leq 4 \end{cases}$$

Para determinar la región factible, se representan las restricciones definidas por las inecuaciones dadas en el enunciado. Las restricciones $x \geq 0$ y $0 \leq y \leq 2$ se pueden dibujar directamente a partir de $x = 0$, $y = 0$ e $y = 2$. La restricción $2x + y \leq 4$, por su parte, se representa dibujando la recta $y = -2x + 4$. El punto $(0, 0)$ verifica la desigualdad $2x + y \leq 4$, lo cual permite asegurar que el semiplano solución de la inecuación es el que lo contiene, incluyendo la recta frontera. Por tanto, la región factible es la intersección de los semiplanos obtenidos (figura 4.15).

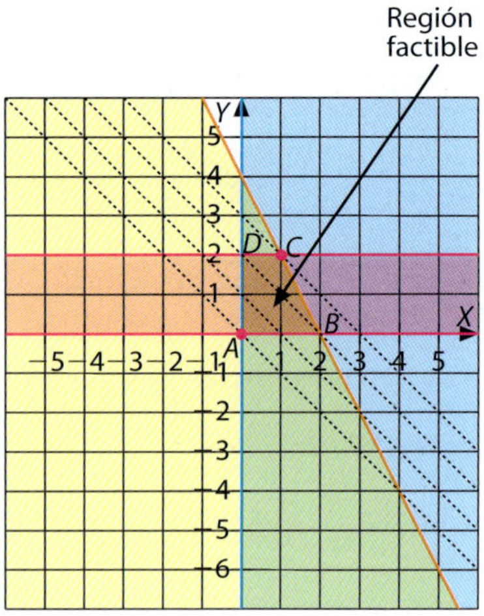

FIGURA 4.15

[1]**teorema:** proposición que se demuestra a partir de axiomas o de otros teoremas ya demostrados.

EJEMPLOS

La región factible obtenida es convexa y acotada con cuatro vértices, A, B, C y D. El máximo de la función se encontrará en uno de los vértices.

A continuación, se dibujan las rectas de la forma $x + y = k$. La recta de nivel que pasa por el punto C es la que tiene un valor mayor de k. Por tanto, C es el punto del recinto donde $f(x, y)$ toma el valor máximo.

A la hora de hallar las coordenadas del punto C, hay que tener en cuenta que dicho punto es la intersección de las rectas $y = 2$ e $y = -2x + 4$, por lo que ha de resolverse el siguiente sistema:

$$\begin{cases} y = 2 \\ y = -2x + 4 \end{cases}$$

Se obtiene $x = 1$ e $y = 2$; luego, las coordenadas de C son (1, 2). Así, el máximo de la función objetivo en el recinto será $f(x, y) = x + y = 1 + 2 = 3$.

La recta de nivel que pasa por A(0, 0) es la que tiene un valor de k menor. Por tanto, A es el punto del recinto donde la función alcanza el mínimo, que vale $f(0, 0) = 0 + 0 = 0$.

b) *Determinar el valor máximo y mínimo de $f(x, y) = y + x$ en el recinto:*

$$\begin{cases} y \leq -2x + 4 \\ x < 9 \\ 6y \leq 2x - 18 \end{cases}$$

En primer lugar dibujamos la región factible:

La restricción $x < 9$ se puede dibujar directamente representando la recta $x = 9$. Para dibujar la restricción $y \leq -2x + 4$, representamos la recta $y = -2x + 4$. El punto (0, 0) verifica la desigualdad $y \leq -2x + 4$, por lo que el semiplano solución será el que lo contenga, con la frontera incluida.

Para hallar, acto seguido, la restricción $6y \leq 2x - 18$, se representa la recta $y = x/3 - 3$. Como el punto (0, 0) no verifica la desigualdad $6y \leq 2x - 18$, el semiplano solución será el que no lo contenga, con la frontera incluida. Con estos datos, se procede a dibujar la región factible.

Para observar el comportamiento de la función objetivo, se trazan la recta $x + y = 0$ y sus paralelas por A y B, vértices de la región factible, que no está acotada (figura 4.16).

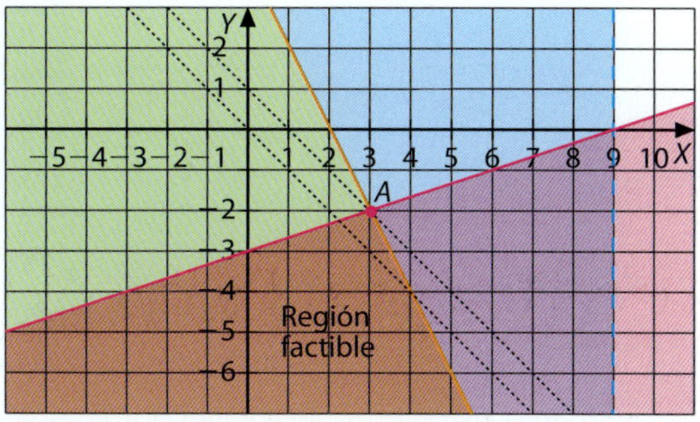

FIGURA 4.16

Es fácil observar que la función $f(x, y)$ no alcanza ningún valor mínimo en la región factible; en cambio, sí presenta un valor máximo en el punto A. Las coordenadas de A se pueden hallar resolviendo el sistema formado por las ecuaciones de las rectas cuya intersección es A:

$$\begin{cases} y = -2x + 4 \\ y = x/3 - 3 \end{cases} \Rightarrow \quad x = 3,\ y = -2$$

La función $f(x, y)$ alcanza el máximo en el punto A(3, −2), y su valor es:

$$f(3, -2) = 3 + (-2) = 1$$

Observa

Al resolver un problema de programación lineal, es importante tener en cuenta cuál es la región factible y la pendiente de la función objetivo que se pretende maximizar o minimizar. Para visualizar el comportamiento de la función objetivo será suficiente con representar la recta $f(x, y) = 0$.

EJEMPLOS

c) *Determinar los valores máximo y mínimo de la función $f(x, y) = y + x$ en el siguiente recinto:*

$$\begin{cases} y - x < -6 \\ 4x + y \leq 4 \end{cases}$$

Igual que en ejemplo anterior, el primer paso es determinar la región factible. Para representar la restricción $y - x < -6$, dibujamos la recta $y = x - 6$. El punto (0, 0) no verifica la desigualdad $y - x < -6$, de modo que el semiplano solución será el que no contenga al origen de coordenadas sin incluir la recta frontera, por tratarse de una desigualdad estricta.

La restricción $4x + y \leq 4$ se representa a partir de la recta $y = 4x + 4$. Al verificar el punto (0, 0) la desigualdad $4x + y \leq 4$, el semiplano solución será el que contenga el origen. Además, incluirá también la recta frontera, por no ser estricta la desigualdad.

La figura 4.17 muestra la representación gráfica de la región factible, de la recta de nivel que pasa por el origen de coordenadas, $y + x = 0$ y de su paralela que pasa por el punto A, único vértice de la región factible.

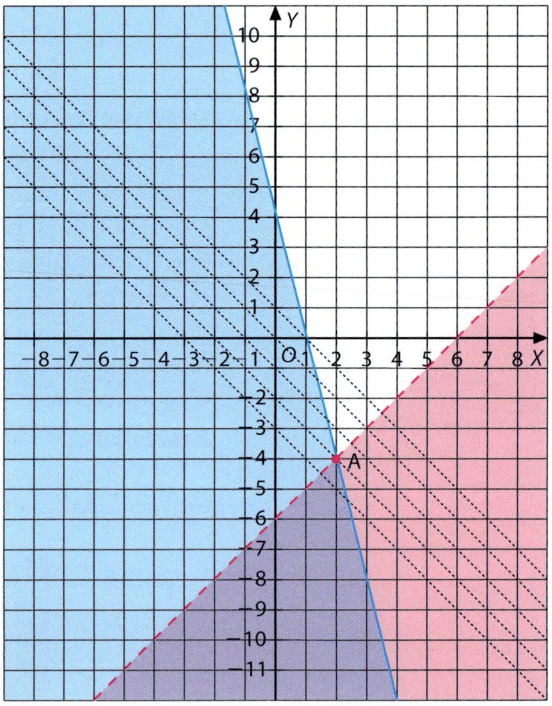

FIGURA 4.17.

Es fácil observar que la región factible no está acotada y que la función no presentará ningún mínimo; sí tendrá, en cambio un máximo en el punto A.

Las coordenadas de A se pueden calcular teniendo en cuenta que este punto, al ser un vértice de la región factible es la intersección de las rectas:

$$\begin{cases} y = x - 6 \\ y = -4x + 4 \end{cases}$$

Resolviendo el sistema formado por las ecuaciones anteriores se obtiene como solución $x = 2$ e $y = -4$, con lo que las coordenadas del punto buscado son A(2, −4). Para calcular el máximo de la función objetivo, sustituimos el punto A en la función $f(x, y) = y + x$, y así obtenemos lo siguiente:

$$f(2, -4) = 2 + (-4) = -2$$

E J E M P L O S

d) *Determinar los valores máximo y mínimo de la función $f(x, y) = y + x$ en el recinto:*

$$\begin{cases} x + y \leq 2 \\ -6x + y < 26 \\ 2x - 5y < 10 \end{cases}$$

Como en todos los ejemplos anteriores, hay que representar primero la región factible.

La restricción $x + y \leq 2$, se determina trazando la recta $y = -x + 2$. El punto (0, 0) verifica la desigualdad $x + y \leq 2$; ello indica que el semiplano solución es el que lo contiene. También contiene a la recta frontera, por no ser una desigualdad estricta.

Para representar, a continuación, la restricción $-6x + y < 26$, se dibuja la recta $y = 6x + 26$. El punto (0, 0) verifica la desigualdad $-6x + y < 26$; luego, el semiplano solución es el que contiene al origen; no contiene, en cambio, la recta frontera.

Queda por representar la restricción $2x - 5y < 10$. Dibujamos, así, la recta $y = 2x/5 - 2$. Al verificar el punto (0, 0) la desigualdad $2x - 5y < 10$, el semiplano solución es el que contiene el origen. Dicho semiplano tampoco incluye en este caso la recta frontera.

Con todos estos datos, estamos en disposición de dibujar la región factible y las rectas de nivel (figura 4.18).

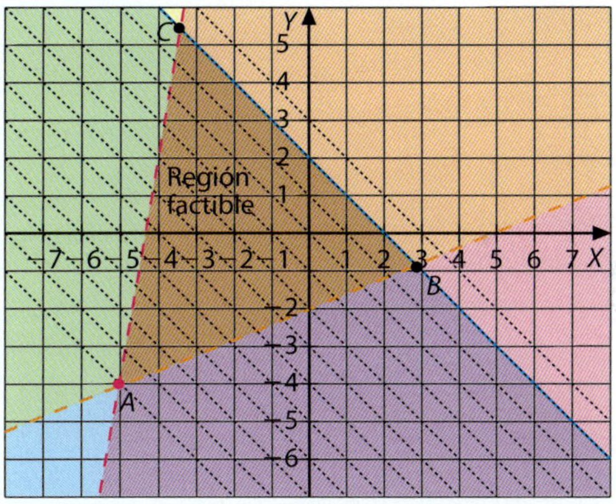

FIGURA 4.18.

La región factible es convexa y acotada. La recta $x + y = 0$ es paralela al lado BC de la región; por tanto, la función $f(x, y) = x + y$ presenta infinitos valores máximos correspondientes a todos los puntos del segmento BC, así como un valor mínimo en el punto A, que es la intersección de las rectas del sistema:

$$\begin{cases} y = 2x/5 - 2 \\ y = 6x + 26 \end{cases}$$

Así, para calcular las coordenadas de A, hay que resolver el sistema formado por las dos ecuaciones anteriores; su solución es:

$$\begin{cases} x = -5 \\ y = -4 \end{cases}$$

Las coordenadas del punto donde la función se hace mínima son, por consiguiente, $A(-5, -4)$.

Por tanto, el mínimo de la función objetivo es:

$$f(-5, -4) = -5 - 4 = -9$$

Observa

La función objetivo alcanza su valor máximo en los infinitos puntos del segmento *BC*. Uno de estos puntos es el vértice *C* (-24/7, 38/7). El máximo de la función objetivo es:

$$f(-24/7, 38/7) = \frac{-24}{7} + \frac{38}{7} = 2$$

EJEMPLOS

e) *Minimiza la función* $f(x, y) = 3x + 4y$, *que está sujeta estas restricciones:*

$$\begin{cases} 2x + 3y \geq 36 \\ x + y \geq 14 \\ 4x + y \geq 16 \\ x \geq 0 \\ y \geq 0 \end{cases}$$

La representación de la región factible exige, de nuevo, la determinación de las restricciones dadas. La primera de ellas, $2x + 3y \geq 36$, se representa a partir de la recta $y = -2x/3 + 12$. El punto (0, 0) no verifica la desigualdad $2x + 3y \geq 36$; luego, el semiplano solución es el que no lo contiene. La recta frontera sí está incluida.

La recta $y = -x + 14$ nos permitirá representar la restricción $x + y \geq 14$. Comprobamos que el punto (0, 0) no verifica la desigualdad $x + y \geq 14$. De este modo, el semiplano solución es el que no contiene el punto (0, 0), y sí la recta frontera.

Para representar la restricción $4x + y \geq 16$, se dibuja la recta $y = -4x + 16$. El punto (0, 0) no verifica la desigualdad $4x + y \geq 16$; luego, el semiplano solución es el que no lo contiene. Sí está incluida, sin embargo, la recta frontera.

Para finalizar, se dibujan las restricciones $x \geq 0$, $y \geq 0$ (figura 4.19).

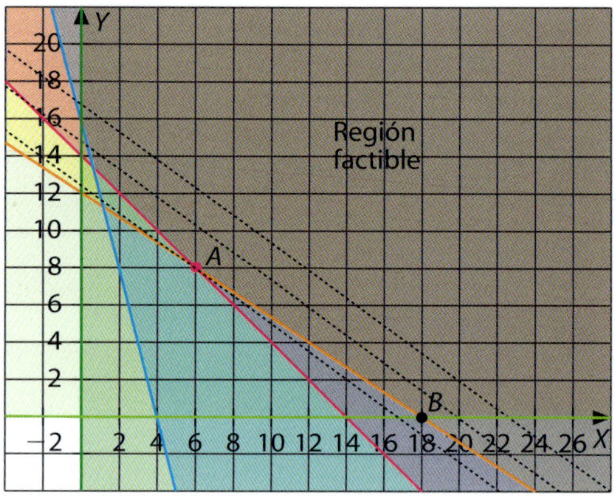

FIGURA 4.19.

Al dibujar la región factible y la recta $3x + 4y = 0$ es difícil determinar geométricamente cuál de los vértices minimiza la función, A o B:

- Vértice A:

$$\begin{cases} 2x + 3y = 36 \\ x + y = 14 \end{cases} \Rightarrow \begin{cases} x = 6 \\ y = 8 \end{cases} \Rightarrow A(6, 8)$$

- Vértice B:

$$\begin{cases} 2x + 3y = 36 \\ y = 0 \end{cases} \Rightarrow \begin{cases} x = 18 \\ y = 0 \end{cases} \Rightarrow B(18, 0)$$

El valor de la función objetivo en el punto A es:

$$f(6, 8) = 3 \cdot 6 + 4 \cdot 8 = 50$$

En el punto B, por su parte, el valor de la función objetivo es:

$$f(18, 0) = 3 \cdot 18 + 4 \cdot 0 = 54$$

Por tanto, se obtiene un mínimo de la función objetivo en el punto A(6, 8) y su valor es 50.

Observa

La función $f(x) = 3x + 4y$ no presenta máximos en esta región factible.

Las coordenadas de los vértices «candidatos» a mínimos se determinan resolviendo los sistemas formados por las ecuaciones de las rectas cuyas intersecciones dan lugar a dichos vértices.

En ocasiones, como en el ejemplo *e)* de la página anterior, gráficamente no se observa con claridad en qué punto se alcanza el extremo. En estas ocasiones, se deberán determinar las coordenadas de todos los vértices y, a continuación, se deberá calcular el valor de la función objetivo en cada uno de estos puntos.

Es fácil observar que la solución de un problema de programación lineal depende de la función objetivo y de la región factible; así, los problemas de programación lineal planteados en regiones factibles acotadas siempre tienen solución, que puede ser única o múltiple, es decir, correspondiente a un vértice o a los infinitos puntos de uno de los lados de la región factible, respectivamente. Por su parte, los problemas de programación lineal planteados en regiones factibles no acotadas pueden o bien carecer de solución o tener una única (un vértice) o infinitas soluciones (los infinitos puntos de uno de los lados de la región factible). En cualquier caso, cuando la función objetivo en una región factible no acotada presenta un máximo, no presenta ningún mínimo y viceversa.

La optimización del espacio en los cargueros reviste gran importancia. Para llevar a cabo una mayor organización del espacio, se utilizan métodos de programación lineal.

ACTIVIDADES

4 Maximiza la función objetivo dada por $f(x, y) = 2x + y$, sujeta a las siguientes restricciones:

$$\begin{cases} x - y \leq 2 \\ x + y \leq 6 \\ -x + y \leq 3 \\ x \geq 0 \\ y \geq 0 \end{cases}$$

Solución: El valor máximo de la función $f(x, y)$ es 10,5.

5 Minimiza la función $f(x, y) = 4x + 12y$, sujeta a estas restricciones:

$$\begin{cases} y \geq 0 \\ 3y - 2x \leq 5 \\ y + x \leq 5 \\ 3y + x \geq 2 \end{cases}$$

Solución: Existen infinitos puntos en los que la función $f(x, y)$ toma el valor mínimo; dicho valor es 8.

6 Maximiza la función $f(x, y) = 3x + 5y$, cuyas restricciones son las que se ofrecen a continuación:

$$\begin{cases} x + 3y \leq 6 \\ 5x + 3y \leq 15 \\ x \geq 0 \\ y \geq 0 \end{cases}$$

Solución: El máximo de la función $f(x, y)$ es 13.

3.2. Método analítico

Si la región factible en un problema de programación lineal está acotada, podemos asegurar, aplicando el teorema enunciado al comienzo de este epígrafe, que los extremos de la función objetivo estarán en alguno de los vértices o lados. La resolución del problema consiste en calcular, resolviendo los correspondientes sistemas de ecuaciones, los vértices de la región factible, que serán los puntos de intersección de las rectas frontera.

Una vez determinados los vértices, si la función objetivo presenta un máximo (o un mínimo) en uno de ellos, este constituirá la solución del problema. Por otro lado, cuando la función objetivo presente un máximo (o un mínimo) en dos vértices, la solución del problema será el lado que los contiene. Con este método es difícil garantizar que el punto de intersección de dos rectas frontera de semiplanos pertenezca a la región factible.

Si la región factible no está acotada, no es posible garantizar la existencia de un máximo (o un mínimo) de la región objetivo. Por tanto, en estos casos es preferible recurrir al método gráfico.

EJEMPLOS

f) *Maximizar la función* $f(x, y) = y + 2x - 2$ *en el siguiente recinto:*

$$\begin{cases} y \geq x - 1 \\ y \leq -x + 3 \\ 3y \geq x + 6 \end{cases}$$

Para resolver este ejercicio sin dibujar la región factible debemos hallar los puntos de intersección de las rectas:

$$\begin{cases} y = x - 1 \\ y = -x + 3 \end{cases} \Rightarrow \quad P(2, 1)$$

$$\begin{cases} y = x - 1 \\ 3y = x + 6 \end{cases} \Rightarrow \quad Q(9/2, 7/2)$$

$$\begin{cases} y = -x + 3 \\ 3y = x + 6 \end{cases} \Rightarrow \quad R(3/4, 9/4)$$

Al comparar el valor que toma la función $f(x, y)$ en estos tres puntos, comprobamos que es en el punto Q donde aquella toma el máximo valor:

$f(2, 1) = 3$ $\quad f(9/2, 7/2) = 10{,}5$ $\quad f(3/4, 9/4) = 1{,}75$

Para saber si P, Q y R pertenecen a la región factible, es preciso comprobar si satisfacen las tres ecuaciones. Puede observarse que ni P ni Q cumplen todas ellas. Por tanto, la función no alcanza el máximo en ellos.

Sin embargo, R sí satisface las tres ecuaciones; por tanto, la función alcanza su máximo en R, y vale 1,75.

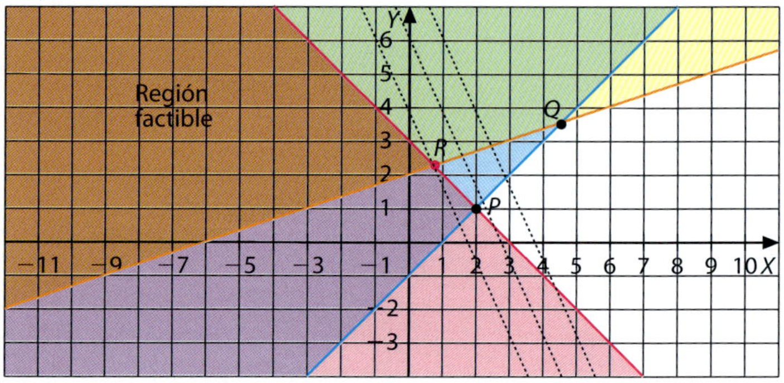

FIGURA 4.20.

Observa

Siempre hay que comprobar si los puntos de intersección de las rectas pertenecen a la región factible.

Observa

Es muy útil ayudarse de la representación gráfica para resolver problemas de programación lineal.

3.3. Aplicaciones prácticas de la programación lineal

Los problemas de programación lineal resultan más comprensibles cuando se aplican a situaciones relacionadas con la vida real. En los dos ejemplos de este epígrafe vamos a ver algunos casos. El ejemplo ***a)*** plantea la necesidad de hacer máxima la función que determina los beneficios de unos almacenes (función objetivo); es fácil comprender que este planteamiento está a la base de muchas actividades comerciales. El ***b),*** gira en torno a un problema relacionado con el transporte: se trata de minimizar los costes a la hora de distribuir un producto desde unos centros de producción a los centros de consumo. Un problema análogo, aunque de mayor dificultad, se planteó en la Unión Soviética al construir el metro de Moscú.

En ocasiones, los problemas de programación lineal tienen enunciados muy prolijos que pueden crear confusión. Por esta razón, es de gran utilidad organizar los datos en forma de tabla para poder trabajar mejor en la resolución del problema.

En líneas generales, el método de resolución de un problema de programación lineal tiene los siguientes pasos:

- Se halla la función objetivo.
- Se expresan, mediante inecuaciones, las restricciones del problema.
- Se determina la región factible.
- Se calcula el punto, o puntos, de la región factible donde la función objetivo alcanza el extremo deseado (máximo o mínimo).

EJEMPLOS

g) *Coincidiendo con el comienzo de curso, unos almacenes van a lanzar una serie de ofertas de material escolar. Reservan para ello 600 cuadernos, 500 carpetas y 400 bolígrafos, que empaquetan de dos formas distintas: el primer lote incluye 2 cuadernos, 1 carpeta y 2 bolígrafos; y el segundo, 3 cuadernos, 1 carpeta y 1 bolígrafo. El precio de cada paquete es de 3,9 € y 4,2 €, respectivamente. ¿Cuántos paquetes de cada tipo han de hacer para obtener los máximos beneficios?*

En primer lugar, hay que establecer la función objetivo. Si llamamos x al número de paquetes del primer tipo e y al número de paquetes del segundo, podemos construir la siguiente tabla:

	Cuadernos	Carpetas	Bolígrafos
Tipo I	$2x$	x	$2x$
Tipo II	$3y$	y	y
Total	600	500	400

La función que queremos maximizar, $f(x, y)$, será, pues:

$$f(x, y) = 3{,}9x + 4{,}2y$$

Teniendo en cuenta que el número de paquetes no puede ser negativo, las variables x e y están ligadas por el siguiente sistema de inecuaciones:

$$\begin{cases} 2x + 3y \leq 600 \\ x + y \leq 500 \\ 2x + y \leq 400 \\ x \geqslant 0 \\ y \geqslant 0 \end{cases}$$

A continuación, se determina la región factible.

EJEMPLOS

Para representar la restricción $2x + 3y \leq 600$, se dibuja la recta de ecuación $y = -2x/3 + 200$.

El punto (0, 0) no verifica la desigualdad $2x + 3y \leq 600$; por tanto, el semiplano solución será el que no contiene al punto. Además, al ser una desigualdad no estricta, la recta frontera es solución.

Se representa ahora la restricción $x + y \leq 500$. Con este fin, se traza la recta $y = -x + 500$. Como el punto (0, 0) verifica la inecuación $x + y \leq 500$, el semiplano solución es el que lo contiene. Incluye, igualmente la recta frontera.

La última restricción, $2x + y \leq 400$, se obtiene representando la recta $y = -2x + 400$. El origen verifica la desigualdad $2x + y \leq 400$, de modo que el semiplano solución es el que lo contiene. También está incluido en él la recta frontera.

La figura 4.21 representa esta situación, además de las restricciones $x \geq 0$ e $y \geq 0$.

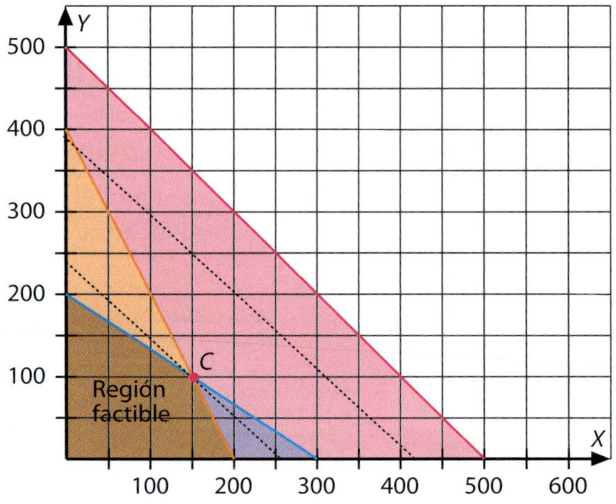

FIGURA 4.21.

Al dibujar el conjunto de restricciones y la recta nula $3{,}9x + 4{,}2y = 0$, se observa que la región factible es convexa y acotada y tiene cuatro vértices, y que el máximo de la función objetivo se encuentra en el vértice C.

Las coordenadas del punto C se pueden calcular resolviendo el sistema de ecuaciones formado por las ecuaciones de las rectas cuya intersección es C:

$$\begin{cases} y = -2x/3 + 200 \\ y = -2x + 400 \end{cases}$$

La solución del sistema es:

$$\begin{cases} x = 150 \\ y = 100 \end{cases}$$

Por tanto, en el punto C(150, 100) se obtiene el máximo beneficio en las ventas:

$$f(150, 100) = 3{,}9 \cdot 150 + 4{,}2 \cdot 100 = 1005 \text{ €}$$

Por consiguiente, los almacenes obtendrán el máximo beneficio, 1 005 €, en las condiciones dadas si ponen a la venta 150 paquetes del tipo I y 100 paquetes del tipo II.

Observa

La recta $f(x, y) = 0$ en ocasiones se denomina **recta nula.**

EJEMPLOS

	C_1	C_2	C_3
A_1	2	3	4
A_2	6	2	4

h) *Un granjero tiene dos almacenes de patatas, A_1 y A_2, en los que guarda 20 y 12 toneladas de patatas, respectivamente. Tres clientes, C_1, C_2 y C_3, le encargan, por ese orden, 8, 10 y 14 toneladas de patatas. Las distancias entre los almacenes y los clientes (en kilómetros) se dan en la tabla del margen.*

Suponiendo que el coste del transporte es una cantidad fija por kilómetro y tonelada, ¿cómo tendrán que distribuirse las patatas para minimizar el coste?

Designemos mediante x e y el número de toneladas que el almacén A_1 destina al cliente C_1 y el que el mismo almacén destina al cliente C_2, respectivamente. El cliente C_3, por su parte, recibirá de este almacén $20 - (x + y)$ toneladas. Con estos datos, y teniendo en cuenta las toneladas encargadas por cada cliente, podemos construir la tabla siguiente:

	C_1	C_2	C_3
A_1	x	y	$20 - (x + y)$
A_2	$8 - x$	$10 - y$	$14 - [20 - (x + y)]$

Dado que el coste del transporte es una cantidad fija por kilómetro y tonelada, su cuantía será proporcional a la distancia que haya que recorrer para distribuir las patatas. Así, la función objetivo es:

$$f(x, y) = 2x + 3y + 4 \cdot [20 - (x + y)] + 6 \cdot (8 - x) + 2 \cdot (10 - y) + \\ + 4 \cdot [14 - [20 - (x + y)] = -4x + y + 124$$

Las restricciones del problema son las siguientes:

- $x \geq 0$
- $y \geq 0$
- $20 - (x + y) \geq 0$
- $8 - x \geq 0$
- $10 - y \geq 0$
- $14 - [20 - (x + y)] \geq 0$

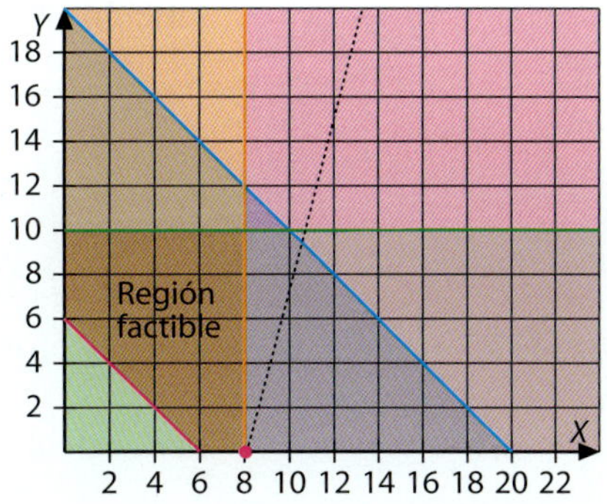

FIGURA 4.22.

Al dibujar el conjunto de restricciones y la recta nula $-4x + y = 0$, se observa que la región factible es convexa, está acotada y tiene cinco vértices, y que el mínimo de la función objetivo se halla en el vértice (8, 0).

Por tanto, la distribución de patatas deberá realizarse como se indica en la siguiente tabla:

	C_1	C_2	C_3
A_1	8	0	12
A_2	0	10	2

EJEMPLOS

i) *Un ganadero tiene que alimentar a sus animales con una composición mínima de 12 unidades de una sustancia A y 21 de una sustancia B. En el mercado solo encuentra dos tipos de pienso: uno envasado en paquetes que incluyen 2 unidades de A y 7 de B, cuyo precio es de 9 €, y otro en paquetes con 6 unidades de A y 3 de B, que vale 15 €. ¿Cuántos paquetes de cada tipo debe comprar para que el coste sea mínimo?*

Llamemos x al número de paquetes del pienso I e y al número de paquetes del pienso II. La función objetivo es:

$$f(x, y) = 9x + 15y$$

Así, cabe construir la siguiente tabla:

	A	B
Pienso I	$2x$	$7x$
Pienso II	$6y$	$3y$
Total	12	21

El conjunto de restricciones vendrá dado por las cantidades mínimas de sustancia A y B:

- Cantidad de A: $2x + 6y \geq 12$
- Cantidad de B: $7x + 3y \geq 21$

La región factible se denomina, en ocasiones, conjunto admisible.

Antes que nada, representamos la restricción $2x + 6y \geq 12$; para ello, se determina la recta $y = -x/3 + 2$. El origen no verifica la desigualdad $2x + 6y \geq 12$ por lo que no pertenece al semiplano solución, mientras que la recta frontera sí lo hace.

Para representar el conjunto solución de la desigualdad $7x + 3y \geq 21$, dibujamos la recta $y = -7x/3 + 7$. El punto (0, 0) no verifica la desigualdad $7x + 3y \geq 21$, por lo que no pertenece al semiplano solución, y sí, en cambio, la recta frontera.

Al dibujar la región factible y la recta nula, se observa que el mínimo de la función objetivo está en el punto A.

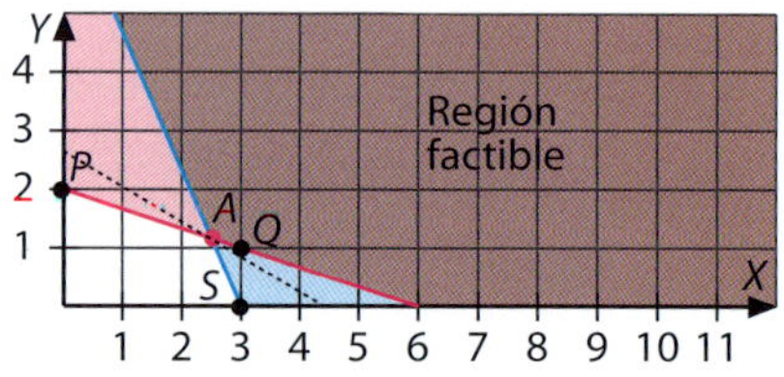

FIGURA 4.23.

Para calcular las coordenadas de A, se resuelve el siguiente sistema:

$$\begin{cases} y = -x/3 + 2 \\ y = -7x/3 + 7 \end{cases}$$

Se obtiene $x = 5/2$ e $y = 7/6$, la solución que no tiene sentido, puesto que no es posible adquirir 5/2 de paquete.

Dado que este vértice no constituye un resultado razonable, hay que seguir buscando hasta llegar a soluciones enteras que se hallen dentro de la región factible (figura 4.24).

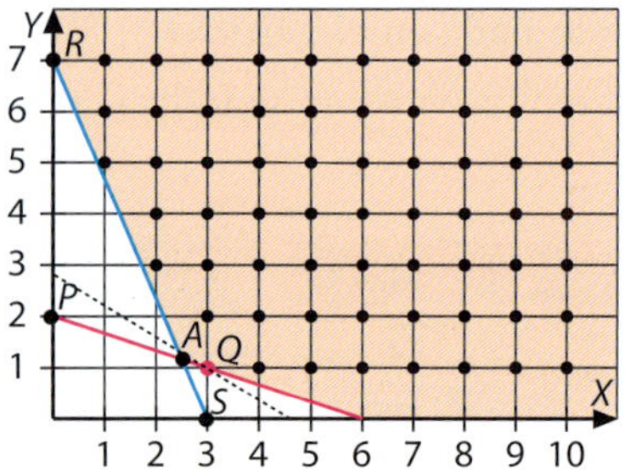

FIGURA 4.24.

De este modo, el punto (3, 1) pertenece a la región factible (está en su frontera) y es una solución entera. Podemos concluir, pues, que se deben comprar 3 paquetes del pienso I y 1 del pienso II. El precio será:

$$f(3, 1) = 9 \cdot 3 + 15 \cdot 1 = 42 \text{ €}$$

EJEMPLOS

j) *En una urbanización se van a construir chalets y viviendas adosadas. El coste de cada tipo de edificación es de 180 000 € y 120 000 €, respectivamente, y la empresa constructora dispone para ello de un máximo de 10,8 millones de euros. Por otro lado, el ayuntamiento exige que el número total de viviendas no sea superior a 80. Si el beneficio obtenido es de 24 000 € por la venta de un chalet y de 18 000 € por la de un adosado, ¿cuántas viviendas de cada tipo deben construirse para obtener el máximo beneficio?*

Podemos construir la siguiente tabla, donde x es el número de chalets, e y, el número de viviendas adosadas:

	Chalets	Adosados	Total
N.° de viviendas	x	y	80
Coste	$180\,000x$	$120\,000y$	$10{,}8 \cdot 10^6$

En este ejemplo, la función objetivo es: $f(x, y) = 24\,000x + 18\,000y$

Las restricciones, por su parte, son: $\begin{cases} x + y \leq 80 \\ 18x + 12y \leq 1\,080 \end{cases}$

Por otro lado, el número de casas no puede ser negativo, así: $\begin{cases} x \geq 0 \\ y \geq 0 \end{cases}$

Se representa a continuación la región factible. Para determinar la restricción $18x + 12y \leq 1080$ dibujamos la recta $y = -\dfrac{3x}{2} + 90$. El origen verifica la desigualdad $18x + 12y \leq 1\,080$, lo cual indica que el semiplano solución es el que lo contiene, que también incluye a la recta frontera.

Con objeto de representar la restricción $x + y < 80$, trazamos ahora la recta $y = -x + 80$. El origen verifica la desigualdad $x + y \leq 80$; luego, el semiplano solución es el que contiene al (0, 0), así como a la recta frontera.

Ya podemos representar la región factible y la recta $24\,000x + 18\,000y = 0$:

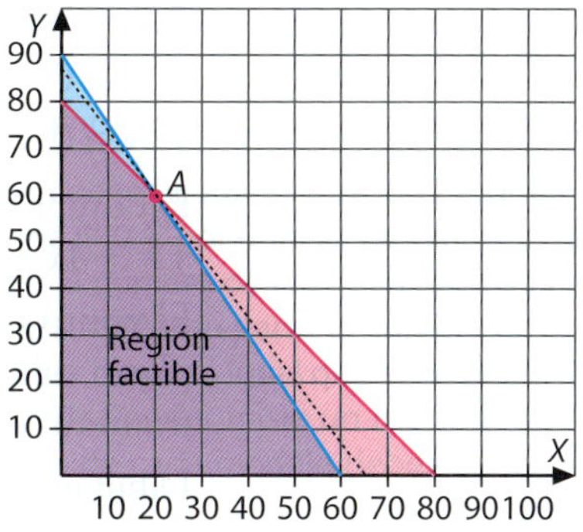

FIGURA 4.25.

Como puede comprobarse, la región factible es convexa y no está acotada. El mínimo de la función objetivo se alcanza en el punto A, cuyas coordenadas se pueden determinar resolviendo este sistema:

$$\begin{cases} y = -\dfrac{3x}{2} + 90 \\ y = -x + 80 \end{cases}$$

Las coordenadas del punto A son $x = 20$ e $y = 60$. El punto A(20, 60) proporciona el máximo de la función beneficio. Por consiguiente, deberán construirse 20 chalets y 60 viviendas adosadas. El beneficio será:

$$f(20, 60) = 24\,000 \cdot 20 + 18\,000 \cdot 60 = 1{,}56 \text{ millones de euros}$$

Programación lineal para más de dos variables

En la vida real, las variables que intervienen en la función objetivo que se desea optimizar, pueden, evidentemente, ser más de dos. Si son tres, cada una de las inecuaciones restricción del problema representa un semiespacio. La región factible no es, en este caso, una región plana convexa, sino una superficie poliédrica convexa que puede no estar acotada. Para resolver este tipo de problemas, es necesario obtener los vértices de la superficie factible y evaluar en ellos la función objetivo. A medida que crece el número de variables, el problema se complica de tal manera que es imposible resolverlo por los procedimientos estudiados hasta ahora.

En 1947, Dantzig ideó el método **símplex,** cuyos pasos son los siguientes:

- Se selecciona un vértice cualquiera.
- Se escoge una arista que pase por el vértice, de manera que la función objetivo crezca a lo largo de ella.
- Se busca el vértice siguiente.
- Se repiten los dos últimos pasos hasta hallar un vértice en el que la función objetivo no crezca en ninguna de las aristas que parten de él; este corresponde a la solución óptima.

En 1984, Karmarkar elaboró un método que resulta más rápido que el simplex para determinados problemas y que recibe el nombre de **algoritmo de Karmarkar.** Este se desarrolla en el interior de la región factible en lugar de en su frontera y se considera mejor que el método simplex si intervienen más de 20 000 variables.

Definición de un recinto

En ocasiones es necesario definir, mediante inecuaciones, un recinto dado gráficamente.

Así, por ejemplo, ¿qué sistema de inecuaciones define el recinto de la figura 4.27?

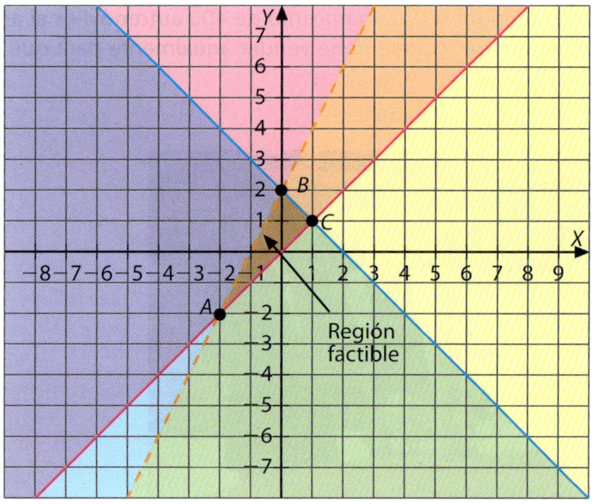

FIGURA 4.27.

En primer lugar, escribimos la ecuación de la recta que pasa por $A(-2,-2)$ y $B(0,2)$:

$$y = 2x + 2$$

Cualquier punto del recinto, por ejemplo $O(0, 0)$, verifica la inecuación $y < x + 2$, que será estricta por no estar incluida la frontera.

Se escribe ahora la ecuación de la recta que pasa por los puntos $B(0, 2)$ y $C(1, 1)$:

$$y = -x + 2$$

Dado un punto del recinto, por ejemplo $O(0, 0)$, la inecuación que se verifica es $y \leq -x + 2$; en este caso, la desigualdad no es estricta, al estar incluida la recta frontera.

Por último, la recta que pasa por $C(1, 1)$ y $A(-2, -2)$ es:

$$y = x$$

Finalmente, dado un punto del recinto, por ejemplo el $(0, 1)$, la inecuación que se verifica es $y \geq x$ (desigualdad no estricta). De este modo, se ha construido un sistema de inecuaciones que determina el recinto de la figura 4.27. El sistema es:

$$\begin{cases} y < x + 2 \\ y \leq -x + 2 \\ y \geq x \end{cases}$$

La región factible es convexa

Si observas las regiones factibles que se han obtenido durante el desarrollo de esta unidad, comprobarás que todas son convexas.

De este modo, cabe preguntarse si hay alguna razón por la que el conjunto solución de un sistema de inecuaciones lineales con dos incógnitas tenga que ser convexo.

Supongamos que la región solución de las inecuaciones [1], [2], [3] y [4] fuera cóncava y cerrada, tal como muestra la figura 4.28.

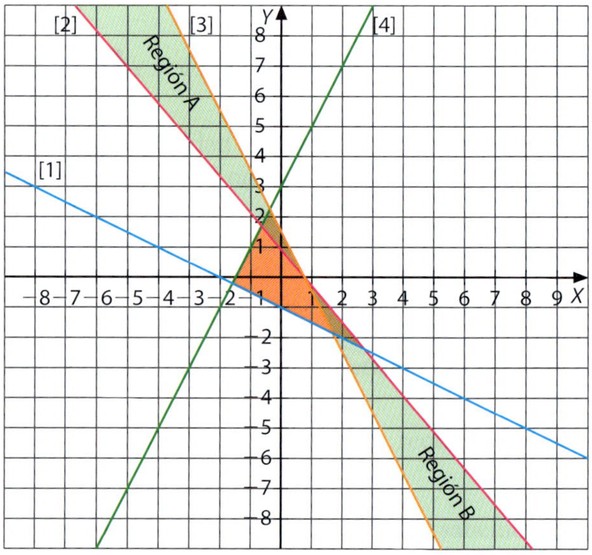

FIGURA 4.28.

Ahora bien, observa que no es posible obtener la región sombreada, que es cóncava, puesto que las regiones A y B no pueden determinarse al mismo tiempo como intersección de dos inecuaciones.

Fijémonos ahora en las rectas [2] y [3]. Pues es en su intersección donde está el ángulo cóncavo, y estudiemos las cuatro posibles soluciones de sus inecuaciones.

a) El punto (0, 0) pertenece al conjunto solución de ambas inecuaciones (figura 4.29).

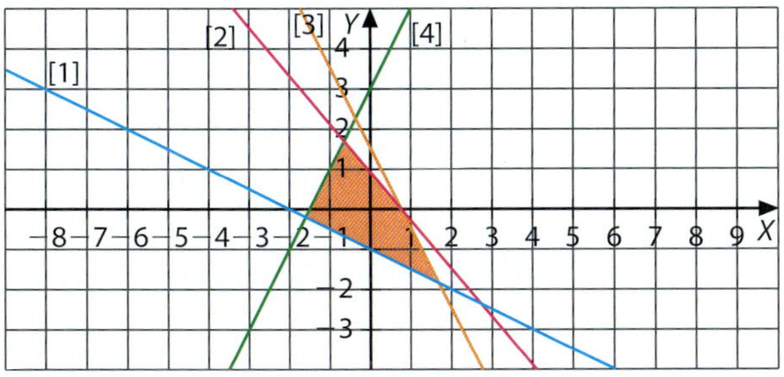

FIGURA 4.29.

b) El punto (0, 0) pertenece al conjunto solución de la inecuación [2], pero no al de la inecuación [3] (figura 2.30).

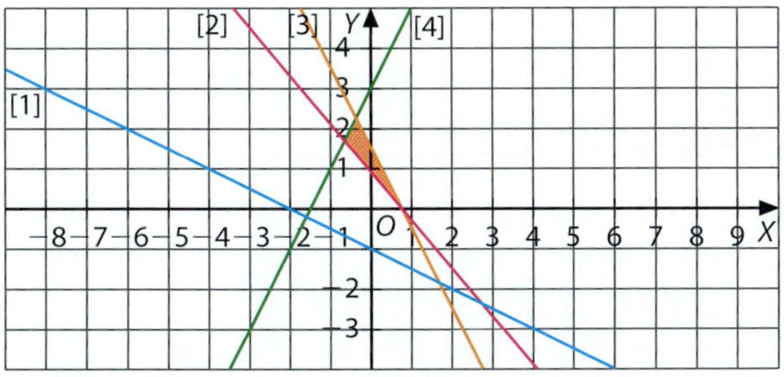

FIGURA 4.30.

c) El punto (0, 0) no pertenece al conjunto solución de la inecuación [2], pero sí al de la inecuación [3] (figura 4.31).

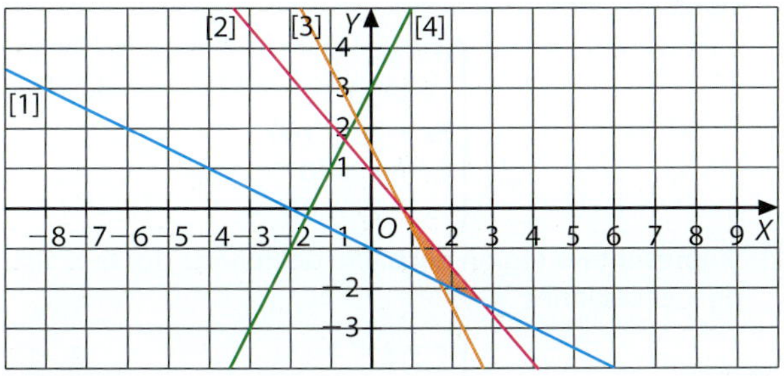

FIGURA 4.31.

d) El punto (0, 0) no pertenece al conjunto solución de las inecuaciones [2] y [3] (figura 4.32).

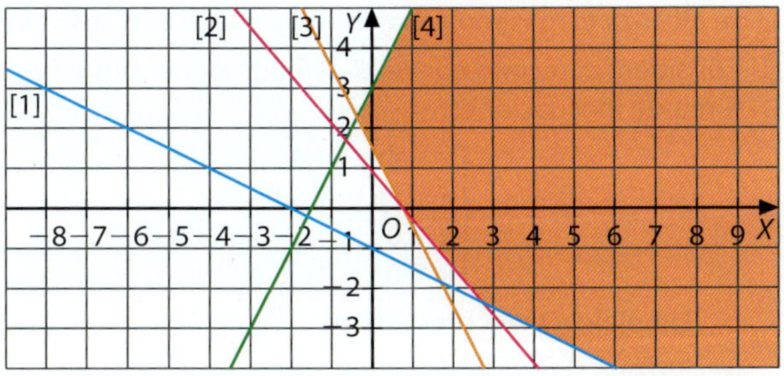

FIGURA 4.32.

Por consiguiente, la intersección de dos o más semiplanos es una región convexa.

Problemas de programación lineal sin solución

En el desarrollo de la unidad se ha afirmado que existen problemas de programación lineal planteados en regiones convexas abiertas que no tienen solución. Vamos a proporcionar, a continuación, un ejemplo concreto.

Fíjate en la región representada en la figura 4.33:

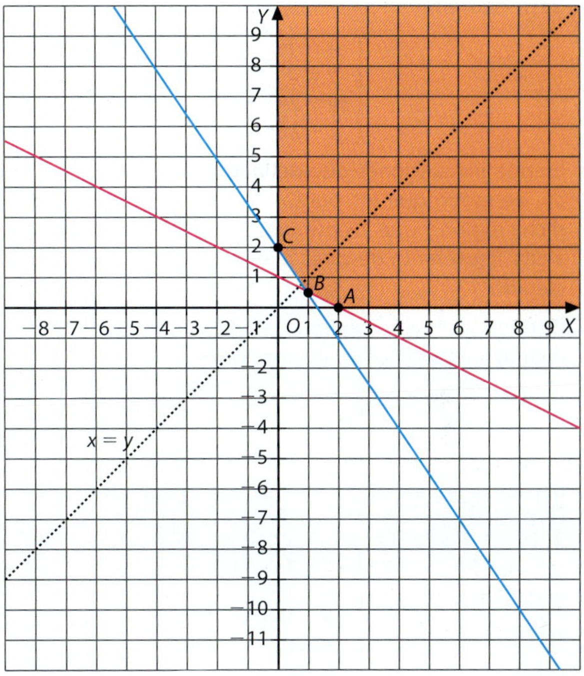

FIGURA 4.33.

Supongamos que se desea averiguar el máximo de la siguiente función:

$$x - y = k$$

Se ha de calcular primero su valor en cada uno de los vértices de la región factible:

$$A(0,2) \Rightarrow f(0,2) = -2$$

$$B(1,1/2) \Rightarrow f(1,1/2) = 1/2$$

$$C(2,0) \Rightarrow f(2,0) = 2$$

Observa que el valor que toma la función en el punto (4, 0), que pertenece a la región factible, es:

$$f(4,0) = 4$$

Por otro lado, sabemos que, para cualquier punto que se calcule a la derecha de la recta de nivel, siempre es posible hallar un valor mayor; luego, no existe máximo de esta función en esta región.

Si queremos minimizar la función, nos encontramos con una situación análoga a la anterior.. Si calculamos el valor de la función en el punto (0,4), que pertenece a la región factible $f(x,y) = -4$, y seguimos desplazando la recta de nivel hacia la izquierda, la función toma valores cada vez menores, con lo cual, podemos deducir que no existe ningún valor mínimo.

Este es un problema, por lo tanto, de programación lineal planteado en una región convexa abierta, que no tiene solución. No existen máximo ni mínimo en la región factible.

EJERCICIOS Y PROBLEMAS

1 Dibuja el conjunto de puntos del plano que satisface las siguientes desigualdades:

$$\begin{cases} 6 \leq y \leq 30 \\ 5x + 2y \leq 100 \\ 6x + y \geq 30 \\ x + 2y \geq 20 \end{cases}$$

2 Optimiza la función $f(x, y) = 3x - 2y$, sujeta a las siguientes restricciones:

$$\begin{cases} x \geq 1 \\ y \geq 2 \\ 3y \leq 24 - 2x \\ y + 2x \leq 12 \end{cases}$$

3 Escribe inecuaciones que definan una región plana cerrada, de modo que los puntos (1, 0) y (0, 1) pertenezcan a dicha región y que los puntos (0, 0) y (2, 2) no pertenezcan a ella. Representa después gráficamente la región que has elegido.

4 Determina el valor máximo de la función $f(x, y) = y + x$ en el recinto limitado por las inecuaciones:

$$\begin{cases} x \geq 0 \\ 0 \leq y \leq 2 \\ 2x + y \leq 4 \end{cases}$$

5 Maximiza la función $f(x, y) = 2x + y$, sujeta a las siguientes restricciones:

$$\begin{cases} x - y \leq 2 \\ x + y \leq 6 \\ -x + y \leq 3 \\ x \geq 0 \\ y \geq 0 \end{cases}$$

6 Maximiza la función $f(x, y) = 0{,}75x + y$ que se halla sujeta a estas restricciones:

$$\begin{cases} x + 3y \leq 15 \\ 5x + y \leq 20 \\ 3x + 4y \leq 24 \\ x \geq 0 \\ y \geq 0 \end{cases}$$

7 Minimiza y maximiza la función $f(x, y) = 5x + 4y$ en el siguiente recinto:

$$\begin{cases} 12x + 5y \leq 120 \\ 6x + 8y \leq 180 \\ 5x + 10y \leq 100 \\ x \geq 0 \\ y \geq 0 \end{cases}$$

8 Maximiza la función $f(x, y) = 3x + 2y$, sujeta a las restricciones siguientes:

$$\begin{cases} -7x + 5y \leq 10 \\ -7x + 3y \geq -15 \\ 2x - 3y \geq -10 \\ x \geq 0 \\ y \geq 0 \end{cases}$$

9 Representa el conjunto de puntos que satisfacen simultáneamente estas inecuaciones:

$$\begin{cases} x \leq 2 \\ x \geq -2 \\ y \leq 1 \end{cases}$$

10 Maximiza la función $f(x, y) = 6x + 2y$ en el primer cuadrante, teniendo en cuenta las siguientes restricciones, y analiza la posibilidad de resolución del problema:

$$\begin{cases} y + 2x \leq 1 \\ 2y \geq 1 + x \\ x \geq 1/4 \end{cases}$$

11 Observa el recinto del plano de la figura 4.34 en el que están incluidos los tres lados y los tres vértices:

a) Halla las inecuaciones que definen el recinto.

b) Maximiza la función $f(x, y) = 3x - 6y$ en dicho recinto.

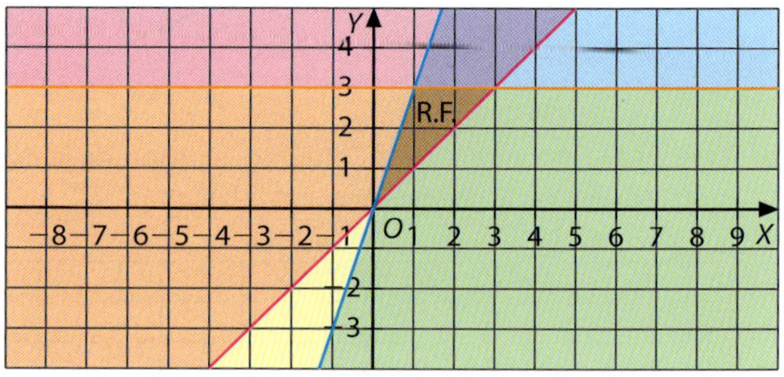

FIGURA 4.34.

12 Maximiza la función $f(x, y) = 2x + 3y$, sujeta a las restricciones que se presentan a continuación, y representa después el conjunto de las soluciones factibles.

$$\begin{cases} x \geq 4 \\ y \leq 6 \\ y \leq x \\ x + y \leq 14 \\ y \geq 0 \end{cases}$$

13 Dibuja el conjunto de puntos del plano que satisfacen las siguientes desigualdades:

$$\begin{cases} 6 \leq x \\ y \leq 30 \\ 5x + 2y \leq 100 \\ 6x + y \geq 30 \\ x + 2y \geq 20 \end{cases}$$

14 Representa la región del plano delimitada por este sistema de inecuaciones:

$$\begin{cases} x + y \geq 5 \\ x + y \leq 12 \\ x \geq 0 \\ y \geq 0 \end{cases}$$

Razona si es posible maximizar o minimizar la función $f(x, y) = 2x - 5y + 4$ en dicha región. Indica en qué puntos se alcanza el máximo y el mínimo y cuáles son sus valores.

15 Considera el recinto convexo definido por el siguiente sistema de inecuaciones:

$$\begin{cases} x - 4y \geq -4 \\ x + 2y - 4 \leq 0 \\ x \geq 0 \\ y \geq 0 \end{cases}$$

a) Dibújalo y halla sus vértices.

b) Razona si es posible maximizar en él $f(x, y) = x + 2y$.

c) En caso afirmativo, calcula el valor óptimo correspondiente y los puntos donde se alcanza.

16 Considera el siguiente sistema de desigualdades lineales:

$$\begin{cases} x + 4y \leq 16 \\ x + 2y \leq 10 \\ 2x + y \leq 14 \\ x \geq 0 \\ y \geq 0 \end{cases}$$

a) Resuélvelo gráficamente.

b) Maximiza $f(x, y) = 3x + 5y$, sujeta a esas restricciones.

c) Discute razonadamente si el resultado del apartado ***b)*** sería el mismo al añadir la condición $x \leq 5$.

17 Dibuja el recinto definido halla sus vértices:

$$\begin{cases} x \geq 0 \\ 0 \leq y \leq 5 \\ x - y \leq 10 \\ x + y \geq 10 \end{cases}$$

18 Minimiza $f(x, y) = 3x + y + 2$, sujeta a estas restricciones:

$$\begin{cases} x + 2y \geq 6 \\ x \leq y \\ 1 \leq 2x \\ y \leq 4 \end{cases}$$

19 Para abonar una huerta, se necesitan por lo menos 8 kg de nitrógeno y 12 kg de fósforo. Se dispone de un producto, *M*, cuyo precio es de 0,18 €/kg y que contiene un 10 % de nitrógeno y un 30 % de fósforo. Existe en el mercado otro producto, *N*, que contiene un 20 % de nitrógeno y un 20 % de fósforo, y cuyo precio es de 0,24 €/kg. ¿Con qué cantidades de *M* y *N* se abona la parcela con el menor gasto posible?

20 En la producción de dos tipos de carpetas (de garras y de anillas) se utilizan dos máquinas, *L* y *M*. Para elaborar una carpeta de garras, la máquina *L* necesita 2 min, y la *M*, 4 min, y para producir una de anillas, la máquina *L* necesita 8 min, y la *M*, 4 min. El beneficio neto que se obtiene por una carpeta de garras es de 0,17 €, y por una de anillas, de 0,27 €. ¿Cuántas carpetas de cada tipo debe producir en 1 h cada máquina para maximizar beneficios?

21 Un laboratorio utiliza las sustancias *A* y *B* para preparar dos vacunas. La primera se prepara con 2 unidades de *A* y 1 de *B*, y su precio es de 18 €, la segunda se elabora con 2 unidades de *A* y 3 de *B* y cuesta 24 €. Si el laboratorio tiene 400 unidades de *A* y 300 de *B*, ¿cuántas vacunas de cada tipo deberán preparar para obtener el máximo beneficio?

22 Un industrial fabrica dos productos, *A* y *B*. Cada kilo de *A* requiere 4 h de trabajo y 60 € en gastos de material y arroja unos beneficios de 45 €. Cada kilo de *B*, por su parte, supone 7 h de trabajo y material por un valor de 48 €; las ganancias obtenidas por dicha cantidad de productos son de 30 €. Cada semana, el industrial cuenta con 200 h de trabajo. Por otro lado, está obligado por contrato a producir un mínimo de 15 kg de *A* y 10 kg de *B*, y no puede gastar más de 1 923 € en material. El industrial quiere saber cuántos kilos de cada producto debe fabricar por semana para obtener el mayor beneficio posible.

a) Formula este problema de optimización en términos de programación lineal.

b) Representa gráficamente el conjunto de soluciones posibles y halla la solución óptima.

23 Una compañía petrolífera necesita 9 t, 12 t y 24 t de crudo de calidad alta, media y baja, respectivamente. La compañía tiene dos refinerías. La refinería *A* produce diariamente 1 t, 3 t y 4 t de petróleo de calidades alta, media y baja, respectivamente. La refinería *B* produce 2 t de cada una de las tres calidades. El gasto diario de cada una de las refinerías es de 12 000 €. ¿Cuántos días debe trabajar cada refinería para que el gasto sea mínimo?

24 Escribe las inecuaciones que definen una región plana cerrada tal que los puntos (1, 0) y (0, 1) pertenezcan a dicha región y los puntos (0, 0) y (2, 2) no pertenezcan a ella. Haz una representación gráfica de la región elejida.

25 Un país dispone de dos minas de carbón, *A* y *B*, y tres centros de consumo, las ciudades C_1, C_2 y C_3. Las minas producen 26 t y 30 t de carbón, respectivamente. Las necesidades de los tres centros son de 20 t, 22 t y 14 t de carbón, también respectivamente. Indica cómo ha de efectuarse el transporte para que el gasto sea mínimo si los costes del transporte por tonelada desde las minas a las ciudades son, en euros, los que se indican en el siguiente cuadro:

	C_1	C_2	C_3
A	10	30	10
B	20	10	10

26 Una empresa dedicada a la fabricación de motocicletas de 500 cc y 250 cc dispone de una sección de montaje y otra de pintura. Las horas de mano de obra necesarias para la producción de cada motocicleta son:

	Montaje	Pintura
500 cc	8 h	6 h
250 cc	8 h	3 h

La sección de montaje tiene 25 trabajadores, y la de pintura, 18, todos los cuales trabajan un máximo de 8 h al día.

Calcula la producción que maximice las ganancias si el beneficio obtenido es de 200 €, y 140 € por cada motocicleta de 500 cc y de 250 cc, respectivamente.

ORÍGENES BÉLICOS

El origen de la optimización lineal

El origen y desarrollo de la optimización lineal está unido al progreso de los procesos de producción industriales que se produjeron a principios del siglo anterior tanto en el mundo capitalista como en el socialista.

Así, en la Unión Soviética, en la segunda década del siglo XX, se intentaba reconstruir la industria y las comunicaciones. Se planteó entonces la necesidad de desarrollar planes racionales de transporte.

En 1939 apareció en la Universidad de Leningrado un escrito de 67 páginas de un joven matemático de 27 años, Kantorovich. En él figuraba, por primera vez, un problema de programación lineal resuelto por procedimientos matemáticos. El trabajo de Kantorovich constituye la partida de nacimiento de la programación lineal. Pero la Unión Soviética entró en la Segunda Guerra Mundial, y Kantorovich fue reclamado para investigar en campos relacionados con la guerra.

Durante la contienda, también los científicos estadounidenses fueron requeridos a concentrar sus esfuerzos en la mejora de la infraestructura bélica.

Después de la Segunda Guerra Mundial, en plena guerra fría, la USAF (en especial, los científicos que investigaban para ella) se concentró en el problema de la planificación de los recursos económicos, de la movilización en caso de guerra y durante el transcurso de la misma. Para la realización de estos proyectos, recurrió a Dantzig, un matemático que ya había trabajado para las fuerzas aéreas. Dantzig ideó el método símplex, del que ya se ha hablado en la sección *Estrategias*.

En el verano de 1948, en el transcurso de un seminario organizado por la RAND Corporation, fundación creada por la USAF, Dantzig expuso su método y se acuñó el término de «programación lineal». Esto constituyó el reconocimiento oficial de la programación lineal como nueva disciplina matemática.

Resulta paradójico que la programación lineal, que en la actualidad se utiliza para mejorar la vida de los seres humanos, tenga su origen en uno de los conflictos bélicos más sangrientos de la historia de la humanidad, pero la especie humana no se caracteriza precisamente por la coherencia de sus actos. Si todos los esfuerzos que hombres y mujeres somos capaces de realizar estuvieran dirigidos hacia la consecución de fines positivos, nos conduciría a una situación global extraordinariamente mejor.

MATEMÁTICOS ILUSTRES

Leonid Kantovorich (1912-1986)

Economista, ingeniero y matemático ruso, obtuvo el Premio Nobel de Economía en 1975, compartido con T. Koopmans, por sus contribuciones a la teoría de la óptima localización de recursos.

Nacido en Leningrado, estudió en la Universidad de su ciudad natal. Fue profesor en el Instituto de Ingeniería de Leningrado. Posteriormente fue director del Instituto de Matemáticas de la Academia de Ciencias de la Unión Soviética (1948-1960) y del Instituto de Control de la Economía Nacional (1971-1976). Miembro de la prestigiosa Academia de Ciencias de la Unión Soviética desde 1964, en 1965 recibió el Premio Lenin.

En 1939 presentó el método matemático de la programación lineal, aplicable para maximizar la eficacia de variables económicas tales como la productividad, las materias primas y el trabajo. Sus teorías fueron utilizadas para mejorar la planificación económica y la distribución de recursos en la Unión Soviética. Más tarde, y de forma independiente, teorías similares fueron desarrolladas por Koopmans y otros economistas.

Evaluación

1. Representa el conjunto convexo definido por las siguientes desigualdades:

$$\begin{cases} -x + y \leq 2 \\ x + y \leq 4 \\ -x + 2y \geq -1 \end{cases}$$

a)

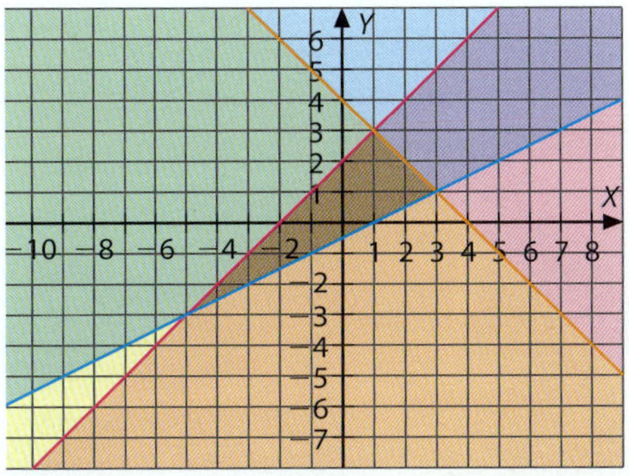

FIGURA 4.35.

b)

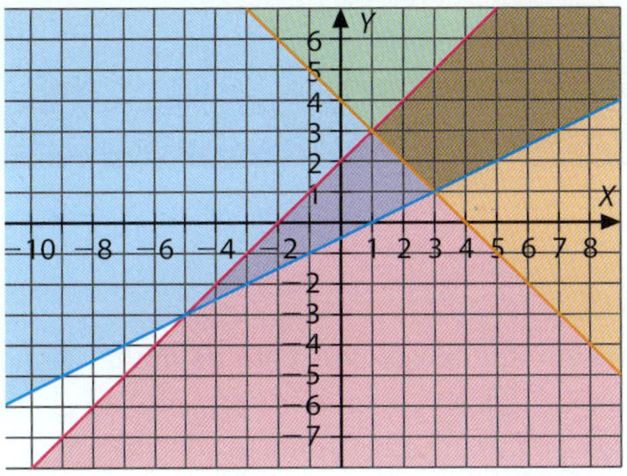

FIGURA 4.36.

c)

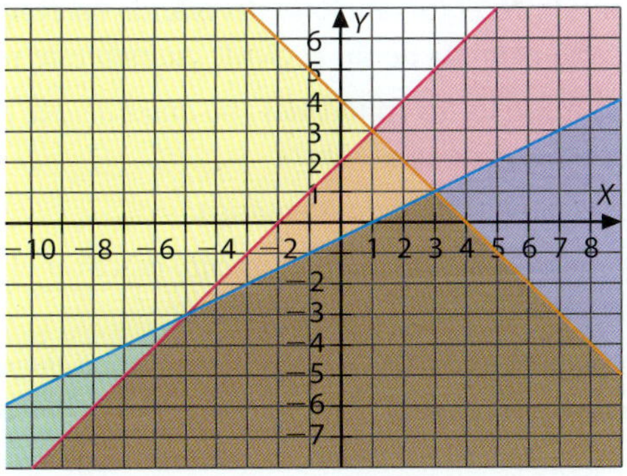

FIGURA 4.37.

2. Calcula los vértices del conjunto convexo definido en la actividad anterior:

a) (2, 3), (−5, −3), (3, 2)

b) (2, 3), (−5, −3), (3, 1)

c) (1, 3), (−5, −3), (3, 1)

3. Calcula los valores máximo y mínimo que alcanza la función $f(x, y) = 3x + 2y$ en el conjunto convexo anterior.

a) $f(x, y)$ no tiene máximo, y su valor mínimo es $f(x, y) = 9$.

b) El valor máximo es $f(x, y) = 11$, y el valor mínimo, $f(x, y) = -21$.

c) La función no tiene mínimo, y el valor máximo es $f(x, y) = 11$.

4. Considera la función $g(x, y) = ax + by$, donde a y b son números reales. Determina razonadamente el valor de a y b de manera que existan infinitos puntos de la región convexa anterior en los que $g(x, y)$ alcance el valor máximo.

a) Existen infinitas soluciones, por ejemplo, $a = 1$ y $b = -1$.

b) Existen infinitas soluciones, por ejemplo, $a = 1$ y $b = 1$.

c) Existen infinitas soluciones, por ejemplo $a = -5$ y $b = -3$.

5. Una pastelería produce pasteles de chocolate y de vainilla. Un pastel de chocolate necesita 20 min de cocción y 2 huevos, mientras que uno de vainilla se hace con un huevo y precisa 40 min de cocción. Un pastel de chocolate se vende a 1,2 €, y uno de vainilla, a 0,9 €. La pastelería dispone únicamente de 30 huevos, y el horno, con capacidad para un solo pastel, puede funcionar un máximo de 8 h.

¿Cuántos pasteles de chocolate y de vainilla deberá producir el establecimiento para maximizar sus ingresos?

a) 12 pasteles de chocolate y 6 de vainilla.

b) 24 pasteles de chocolate y ninguno de vainilla.

c) 10 pasteles de chocolate y 10 de vainilla.

5 Límite y continuidad

1. Calcula los siguientes límites de funciones polinómicas:

a) $\lim_{x \to 2} (-4x^3 + 8x^2 - x + 1)$

b) $\lim_{x \to +\infty} (-4x^3 + 8x^2 - x + 1)$

c) $\lim_{x \to -\infty} (-4x^3 + 8x^2 - x + 1)$

2. Calcula los siguientes límites de funciones racionales:

a) $\lim_{x \to 3} \frac{1}{x-3}$

b) $\lim_{x \to 3} \frac{x^2 - x + 3}{-x^3 + 2x - 1}$

3. Calcula estos límites de funciones con radicales:

a) $\lim_{x \to -\infty} \sqrt{x^4 - x^2 + 6}$

b) $\lim_{x \to +\infty} \frac{\sqrt{2x^2 - x}}{\sqrt{3x^2 + 5}}$

c) $\lim_{x \to +\infty} \left(\sqrt{x^2 - 1} - \sqrt{x^2 + 1}\right)$

4. Calcula los siguientes límites:

a) $\lim_{x \to +\infty} 2^{1/x}$

b) $\lim_{x \to +\infty} \left(\frac{2x + 2}{2x - 2}\right)^{4x+5}$

Para llegar a la definición actual del concepto de límite, se ha tenido que recorrer un largo camino. Dicho concepto se presentó en el curso anterior, aunque explicado de manera casi tan intuitiva como lo concibieron los pioneros del cálculo infinitesimal, Leibnitz y Newton.

Prueba de lo frágil que resultaba el fundamento del cálculo en el siglo XVII es la forma en que Newton concebía el límite de un cociente cuando este tendía a 0/0:

«[…] hay que entender la razón de las cantidades, no antes de que desaparezcan ni después, sino la razón con la que desaparecen.»

Realmente, esta definición tiene poco de matemática.

Tampoco Leibnitz estuvo muy acertado cuando intentó descifrar el problema de los límites:

«Será suficiente si, cuando hablamos de […] cantidades infinitamente pequeñas (esto es, lo mínimo que podemos conocer), entendemos cantidades que son […] indefinidamente pequeñas.»

Como se puede ver, se trata de una definición realmente «indefinida».

En esta unidad estudiarás una definición de límite más actual.

1 Números reales

Valor absoluto

Se define el **valor absoluto** de un número a, $|a|$, como el mayor de los dos números $-a$ y a:

$$|a| = \begin{cases} a & \text{si } a \geq 0 \\ -a & \text{si } a < 0 \end{cases}$$

Propiedades:

1. $|a| = |-a|$
2. $|a| \geq 0, \forall a \in \mathbb{R}$
3. $a \leq |a|$ y $-a \leq |a|, \forall a \in \mathbb{R}$
4. $|a + b| \leq |a| + |b|$
5. $|a \cdot b| = |a| \cdot |b|$
6. $|a| - |b| \leq |a - b| \leq \leq |a| + |b|$

El conjunto de los **números reales** está formado por los **números racionales** y los **irracionales** y se puede representar en una recta en la que se determinan un origen y una unidad, de modo que a cada número real le corresponde un único punto de la recta, y a cada punto de la recta se le asigna un único número real.

Los números irracionales complementan el conjunto de los números racionales, puesto que ocupan los huecos que dejan estos en la recta numérica.

La noción de orden en el conjunto de los números reales permite definir en la recta real los siguientes **conjuntos numéricos:**

- **Intervalo abierto** de extremos a y b. No contiene ninguno de los extremos (figura 5.1).
- **Intervalo cerrado** de extremos a y b. Contiene ambos extremos del intervalo (figura 5.2).
- **Intervalo semiabierto o semicerrado** de extremos a y b. Solo contiene uno de los extremos.

$$(a, b) = \{x \in \mathbb{R} \mid a < x < b\}$$

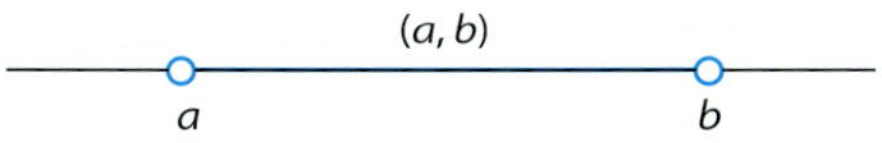

FIGURA 5.1.

$$[a, b] = \{x \in \mathbb{R} \mid a \leq x \leq b\}$$

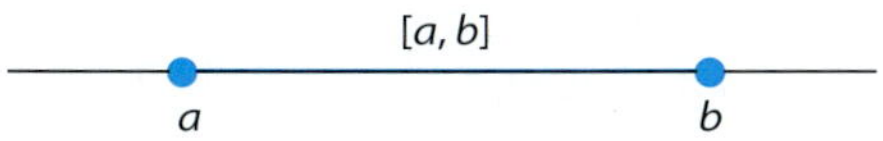

FIGURA 5.2.

$$(a, b] = \{x \in \mathbb{R} \mid a < x \leq b\} \qquad [a, b) = \{x \in \mathbb{R} \mid a \leq x < b\}$$

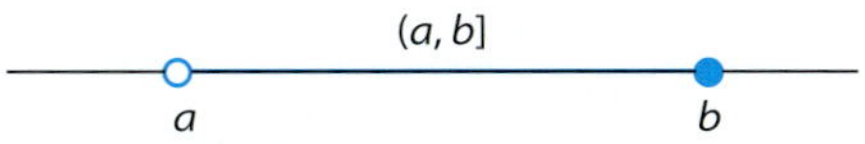

FIGURA 5.3.

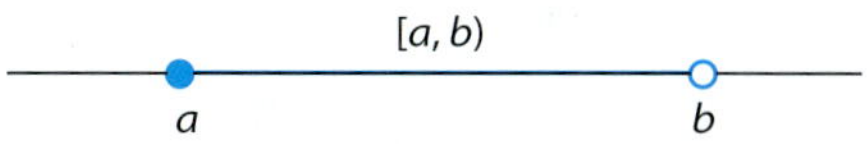

FIGURA 5.4.

- **Intervalos infinitos.** Son los conjuntos numéricos $(-\infty, a)$, $(-\infty, a]$, $(a, +\infty)$ y $[a, +\infty)$, que se representan mediante semirrectas en la recta real.

$$(a, +\infty) = \{x \in \mathbb{R} \mid x > a\} \qquad (-\infty, a) = \{x \in \mathbb{R} \mid x < a\}$$

$$[a, +\infty) = \{x \in \mathbb{R} \mid x \geq a\} \qquad (-\infty, a] = \{x \in \mathbb{R} \mid x \leq a\}$$

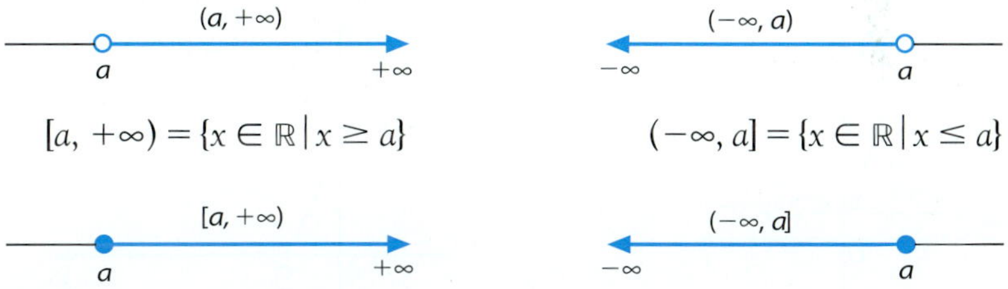

FIGURA 5.5.

- **Entorno abierto** de centro a y radio $r > 0$: $E(a, r) = \{x \in \mathbb{R} \mid a - r < x < a + r\}$

  Esta definición desempeña un papel muy importante en análisis. Utilizando el concepto de valor absoluto de un número, se puede reescribir como:

$$E(a, r) = \{x \in \mathbb{R} \mid |x - a| < r\}$$

Geométricamente $|x - a|$ es la distancia entre los puntos x y a, por lo que el entorno abierto de centro a y radio r es el conjunto de puntos x cuya distancia al punto a es menor que r.

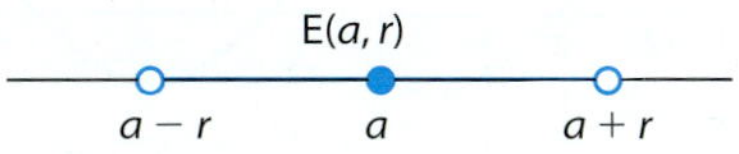

FIGURA 5.6.

Para todo punto, x, de un intervalo abierto, (a, b), existe un entorno de x totalmente contenido en (a, b): $E(x, r) \subset (a, b)$. Esta particularidad no se cumple en todos los puntos de un intervalo cerrado, $[a, b]$, puesto que no se cumple en $x = a$ ni en $x = b$.

Observa

Por la definición de valor absoluto, la desigualdad $|x| < r$ es equivalente a la desigualdad $-r < x < r$.

Por ello, $a - r < x < a + r$ es igual que $-r < x - a < r$.

Luego:

$E(a, r) = \{x \in \mathbb{R} \mid |x - a| < r\}$

Entorno reducido de *a*

Se denomina entorno reducido de a al entorno de a, excluído el propio punto a. Se representa $E^*(a, r)$:

$$E^*(a, r) = \{x \in \mathbb{R} \mid 0 < |x - a| < r\}$$

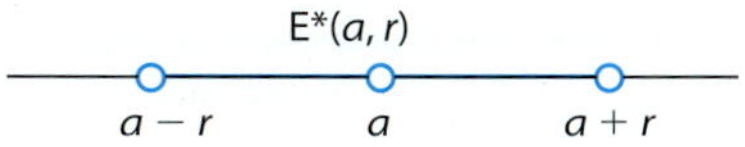

FIGURA 5.7.

2 Función real de variable real

2.1. Definición

Observa

La denominación *función real de variable real* se aplica a aquellas funciones cuyo recorrido es un subconjunto de $\mathbb{R}$ (función real) y cuyo dominio es un subconjunto de $\mathbb{R}$ (de variable real).

Toda aplicación de un subconjunto A de los números reales $\mathbb{R}$ en el conjunto $\mathbb{R}$ se denomina **función real de variable real.**

$$f: A \rightarrow \mathbb{R}$$
$$x \rightarrow y = f(x)$$

El subconjunto A constituye el **dominio** de la función, es decir, el conjunto de valores reales que tienen imagen por f.

El conjunto de imágenes por f es un subconjunto de $\mathbb{R}$ que se denomina **recorrido o imagen** de la función.

En un sistema de ejes de coordenadas en el plano, el conjunto de todos los puntos $(x, f(x))$, con $x \in A$, constituye la gráfica de la función f.

A continuación, se muestran las gráficas de algunas funciones elementales y se indican sus dominios y sus recorridos:

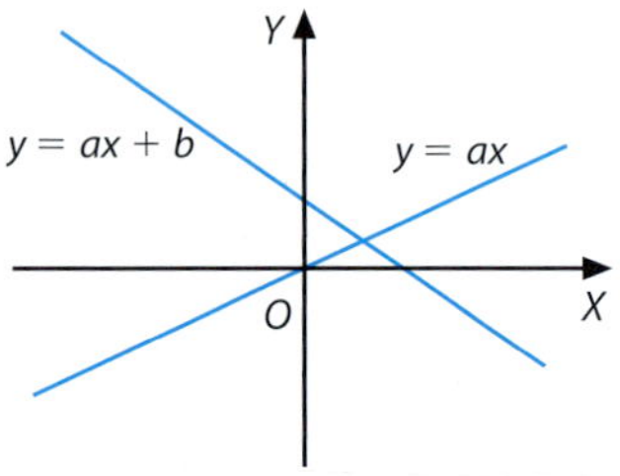

$f(x) = p_1(x) = ax + b$, con $a \neq 0$, es una función polinómica de primer grado.
Dom $f(x) = \mathbb{R}$, Rec $f(x) = \mathbb{R}$

FIGURA 5.8.a.

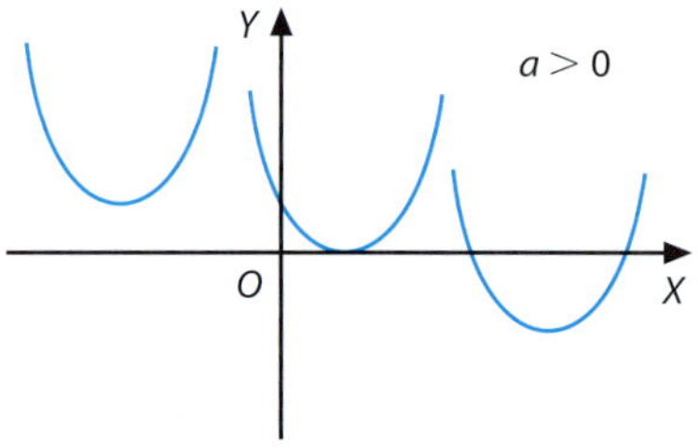

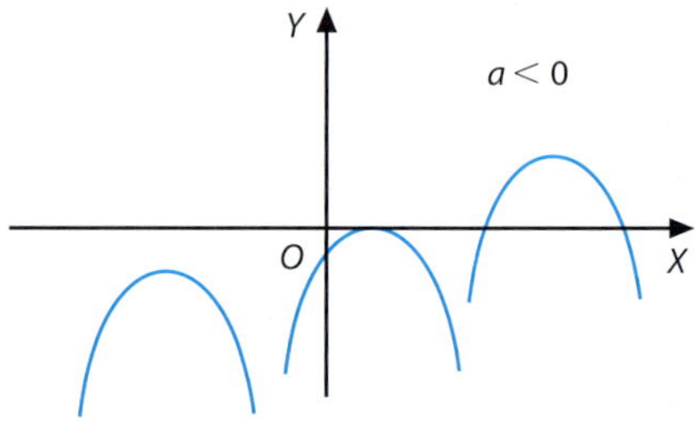

$f(x) = p_2(x) = ax^2 + bx + c$, con $a \neq 0$, es una función polinómica de segundo grado. Dom $f(x) = \mathbb{R}$

Si $a > 0 \Rightarrow$ Rec $f(x) = \left[f\left(-\frac{b}{2a}\right), +\infty\right)$

FIGURA 5.8.b.

Si $a < 0 \Rightarrow$ Rec $f(x) = \left(-\infty, f\left(-\frac{b}{2a}\right)\right]$

FIGURA 5.8.c.

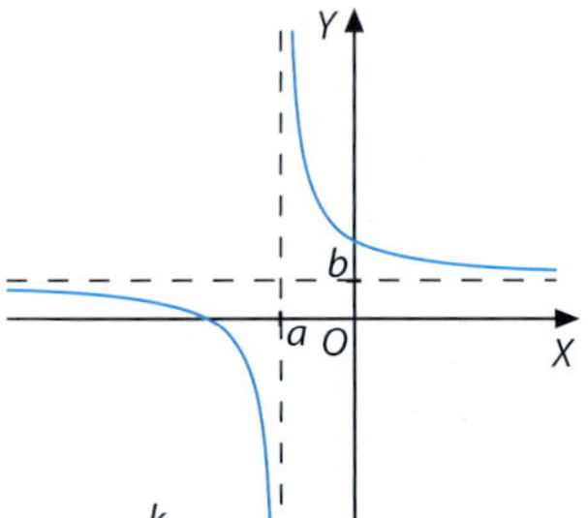

$f(x) = \dfrac{k}{x-a} + b$, es una función racional.
Dom $f(x) = \mathbb{R} - \{a\}$, Rec $f(x) = \mathbb{R} - \{b\}$

FIGURA 5.8.d.

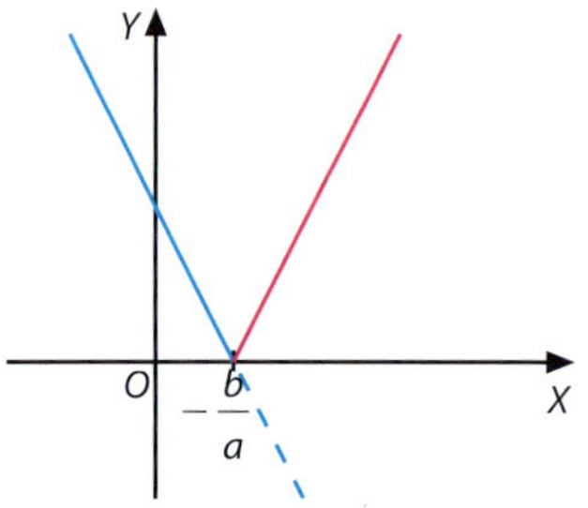

$f(x) = |ax + b|$, con $a \neq 0$, es la función valor absoluto de un polinomio de primer grado.
Dom $f(x) = \mathbb{R}$, Rec $f(x) = [0, +\infty)$

FIGURA 5.8.e.

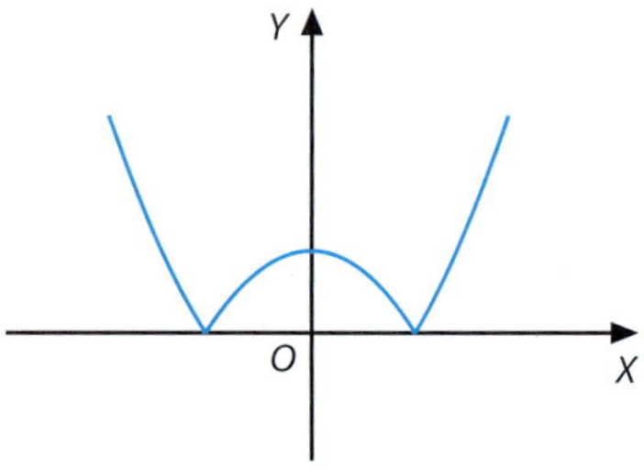

$f(x) = |ax^2 + b|$, con $a \neq 0$, es la función valor absoluto de un polinomio de segundo grado.
Dom $f(x) = \mathbb{R}$, Rec $f(x) = [0, +\infty)$

FIGURA 5.8.f.

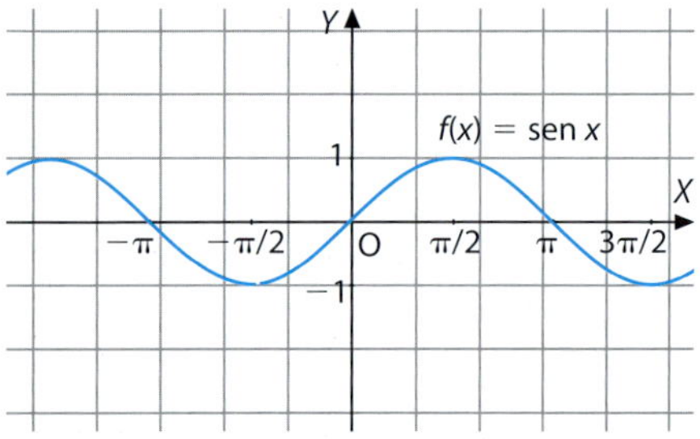

$f(x) =$ sen x, es una función trigonométrica.
Dom $f(x) = \mathbb{R}$, Rec $f(x) = [-1, 1]$

FIGURA 5.8.g.

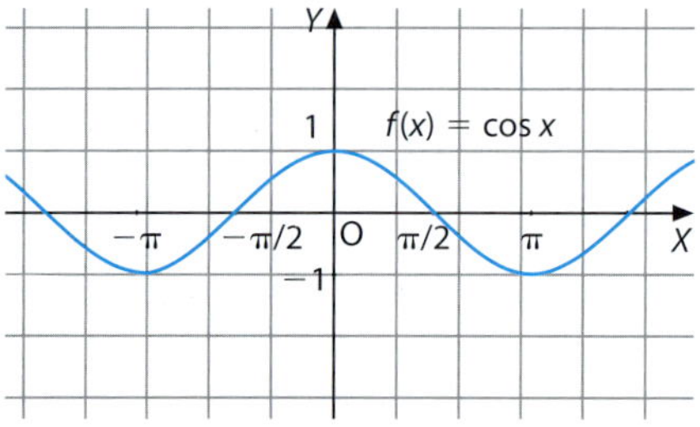

$f(x) = \cos x$, es una función trigonométrica.
Dom $f(x) = \mathbb{R}$, Rec $f(x) = [-1, 1]$

FIGURA 5.8.h.

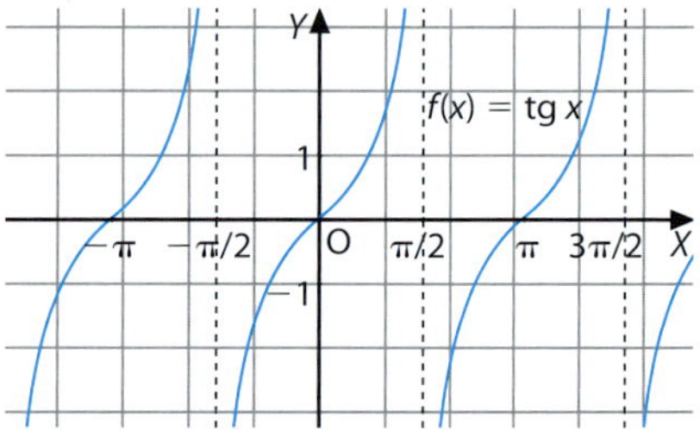

$f(x) =$ tg x, es una función trigonométrica.
Dom $f(x) = \mathbb{R} - \left\{\frac{\pi}{2} + k\pi\right\}$, $\forall k \in \mathbb{Z}$, Rec $f(x) = \mathbb{R}$

FIGURA 5.8.i.

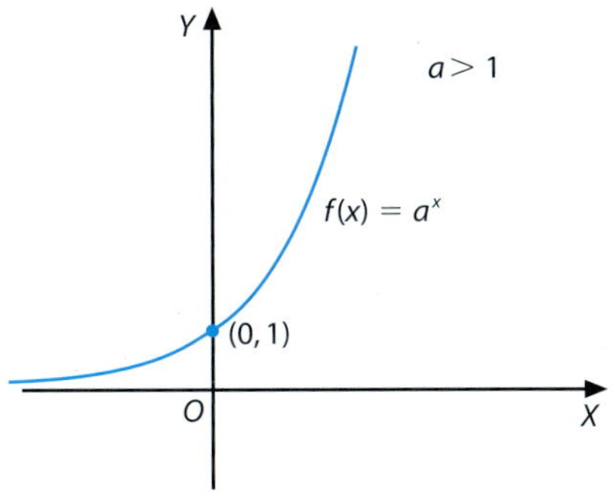

FIGURA 5.8.j.

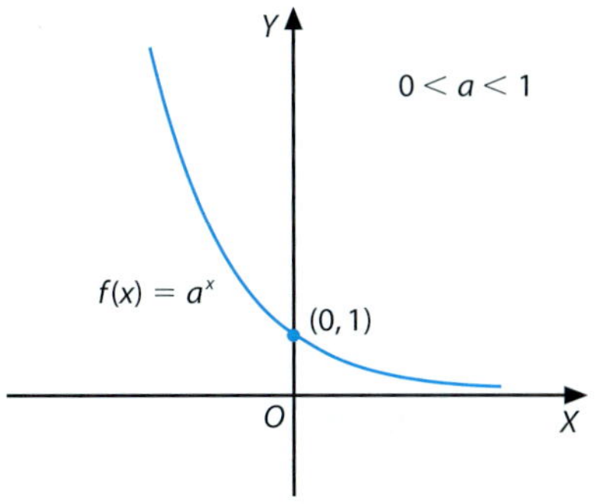

$f(x) = a^x$, con $a > 0$, es una función exponencial.

Dom $f(x) = \mathbb{R}$, Rec $f(x) = (0, +\infty)$

FIGURA 5.8.k.

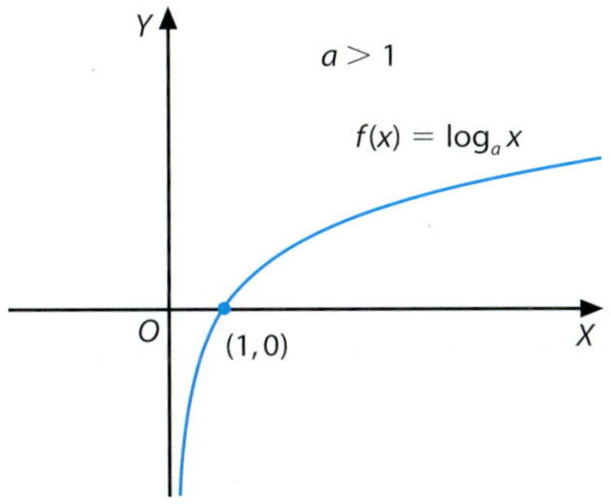

FIGURA 5.8.l.

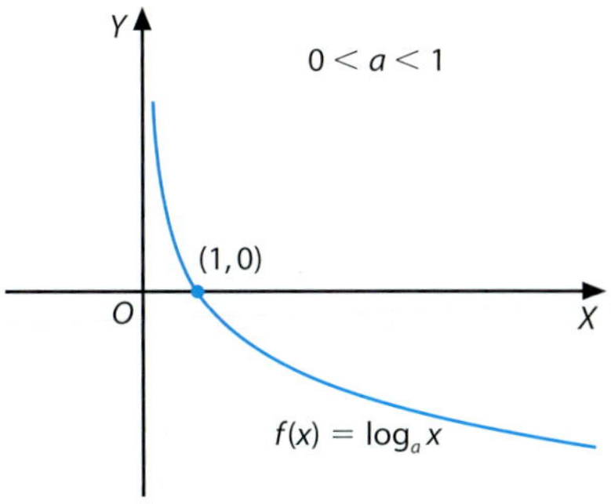

$f(x) = \log_a x$, con $a > 0$, es una función logarítmica.

Dom $f(x) = (0, +\infty)$, Rec $f(x) = \mathbb{R}$

FIGURA 5.8.m.

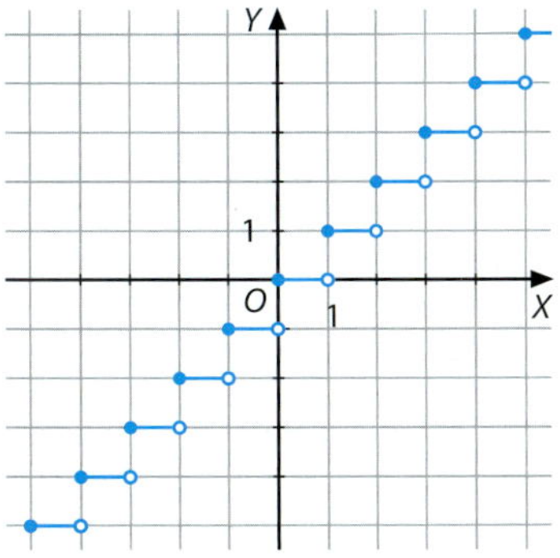

$f(x) = E(x)$ o $f(x) = [x]$, es la función parte entera.

Dom $f(x) = \mathbb{R}$, Rec $f(x) = \mathbb{Z}$

FIGURA 5.8.n.

Recuerda

Para resolver las actividades, conviene tener en cuenta las técnicas de cálculo de límites estudiadas el curso anterior.

Además, es necesario reflexionar sobre el hecho de que, dadas dos funciones, $f(x)$ y $g(x)$, el dominio de $(f^g)(x) = (f(x))^{g(x)}$ es:

Dom $(f^g)(x) =$ Dom $f(x) \cap$ Dom $g(x) - \{x \in \mathbb{R} \mid f(x) \leq 0$ y $f(x) = g(x) = 0\}$

ACTIVIDADES

1 Calcula los dominios de las siguientes funciones:

a) $f(x) = \dfrac{2x^2 + 1}{5x^2 + 1}$

b) $f(x) = \ln(5 - x^2)$

c) $f(x) = \dfrac{2x - 1}{2x^3 + 3x^2 + x}$

d) $f(x) = \dfrac{\sqrt{3 - x}}{x^2 - 1}$

e) $f(x) = \dfrac{x}{2\sqrt{x} - 1}$

f) $f(x) = \sqrt[3]{3x^2 + x - 1}$

g) $f(x) = \sqrt{\dfrac{1 - x^2}{x}}$

h) $f(x) = \dfrac{x}{\ln(x - 1)}$

i) $f(x) = \dfrac{1}{\sqrt{1 - x}}$

j) $f(x) = \begin{cases} \dfrac{1}{x} & \text{si } x < 1 \\ \dfrac{-2}{x - 2} & \text{si } 1 \leq x < 2 \\ x^2 + 2 & \text{si } x \geq 2 \end{cases}$

k) $f(x) = \dfrac{x}{\ln x}$

l) $f(x) = (1 + x)^{1/x}$

m) $f(x) = \left(1 + \dfrac{1}{x}\right)^x$

n) $f(x) = \begin{cases} \dfrac{2x + 1}{x + 2} & \text{si } x < 0 \\ \sqrt{2 - x^2} & \text{si } x \geq 0 \end{cases}$

Solución: ***a)*** Dom $f(x) = \mathbb{R}$ ***b)*** Dom $f(x) = (-\sqrt{5}, \sqrt{5})$ ***c)*** Dom $f(x) = \mathbb{R} - \{-1, -1/2, 0\}$ ***d)*** Dom $f(x) = (-\infty, -1) \cup (-1, 1) \cup (1, 3]$ ***e)*** Dom $f(x) = [0, 1/4) \cup (1/4, +\infty)$ ***f)*** Dom $f(x) = \mathbb{R}$ ***g)*** Dom $f(x) = (-\infty, -1] \cup (0, 1]$ ***h)*** Dom $f(x) = (1, 2) \cup (2, +\infty)$ ***i)*** Dom $f(x) = (-\infty, 1)$ ***j)*** Dom $f(x) = \mathbb{R} - \{0\}$ ***k)*** Dom $f(x) = (0, 1) \cup (1, +\infty)$ ***l)*** Dom $f(x) = (-1, 0) \cup (0, +\infty)$ ***m)*** Dom $f(x) = (-\infty, -1) \cup (0, +\infty)$ ***n)*** Dom $f(x) = (-\infty, -2) \cup (-2, 0) \cup [\sqrt{2}, +\infty)$

2.2. Caracterización de funciones

Las funciones poseen diversas características que debemos tener en cuenta para su estudio y posterior representación:

■ Acotación

Una función, f, está **acotada** si existe un número real, k, tal que se cumple lo siguiente:

$$|f(x)| \leq k, \forall x \in \text{Dom } f(x)$$

Así, por ejemplo, las funciones $f(x) = \text{sen } x$ y $f(x) = e^{-x^2}$ son funciones acotadas:

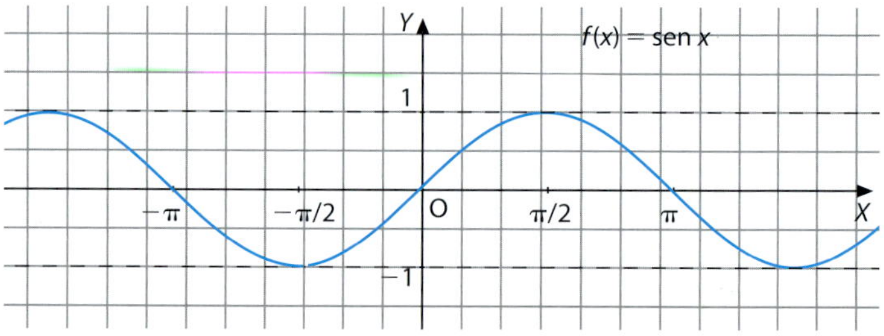

FIGURA 5.9.a.

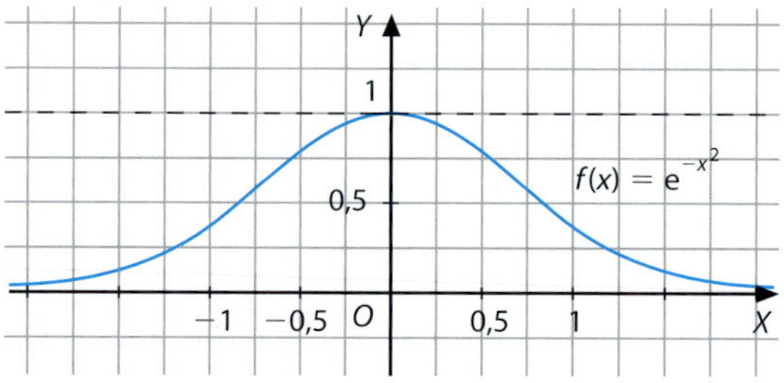

FIGURA 5.9.b.

La función $f(x) = 2^x$ está **acotada inferiormente,** y la función $f(x) = x^2 - x^4$ está **acotada superiormente** (figura 5.10).

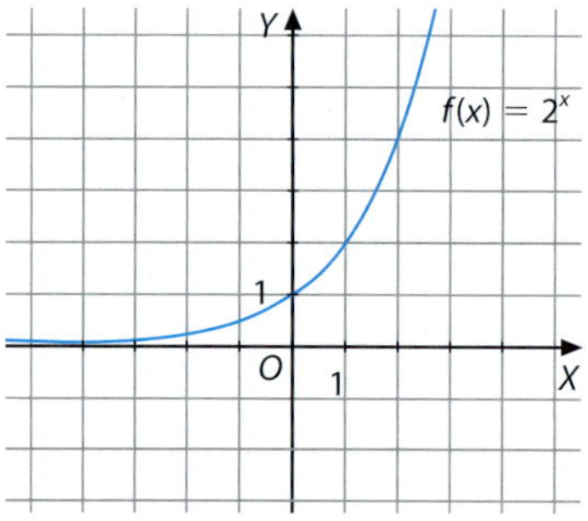

FIGURA 5.10.a.

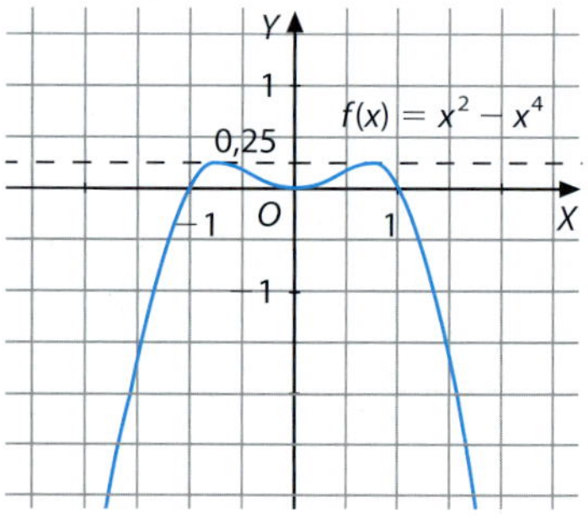

FIGURA 5.10.b.

Cuando una función está acotada, la menor de sus cotas superiores se denomina **extremo superior** o **supremo.** Si dicho extremo pertenece al recorrido de la función, es su **máximo absoluto.** Por ejemplo, en las funciones que hemos estudiado antes, el valor 1 es el máximo de las funciones $f(x) = \text{sen } x$ y $f(x) = e^{-x^2}$.

Del mismo modo, el **extremo inferior** o **ínfimo** de una función es la mayor de sus cotas inferiores. Cuando dicho extremo pertenece al recorrido de la función, este es su **mínimo absoluto.** Por ejemplo, el valor -1 es el extremo inferior y el mínimo de la función $f(x) = \text{sen } x$. La función $f(x) = e^{-x^2}$ no tiene mínimo, aunque sí extremo inferior, 0.

OTRAS ACTIVIDADES

I Indica el extremo inferior de la función $f(x) = 2^x$. ¿Es su mínimo?

II Indica el extremo superior de la función $f(x) = x^2 - x^4$. ¿Es su máximo?

Simetría

- Una función, f, es **par** si se cumple que $f(-x) = f(x)$, $\forall\ x \in \text{Dom } f$. En este caso, si un punto (x, y) pertenece a su gráfica, también pertenece el punto $(-x, y)$, por lo que la curva de la función es simétrica respecto del eje de ordenadas.

  Por ejemplo, la función $f(x) = e^{-x^2}$ es par, puesto que:

  $$f(-x) = e^{-(-x)^2} = e^{-x^2} = f(x)$$

  Su representación gráfica es simétrica respecto del eje de ordenadas, como se observa en la figura 5.9.b.

- Una función, f, es **impar** si se cumple que $f(-x) = -f(x)$, $\forall\ x \in \text{Dom } f$. En este caso, si un punto (x, y) pertenece a su gráfica, también pertenece el punto $(-x, -y)$, por lo que la curva de la función es simétrica respecto del origen de coordenadas.

  Por ejemplo, la función $f(x) = \text{sen } x$ es una función impar, puesto que cumple lo siguiente:

  $$f(-x) = \text{sen }(-x) = -\text{sen } x = -f(x)$$

  Su representación gráfica es simétrica respecto del origen de coordenadas, como se observa en la figura 5.9.a.

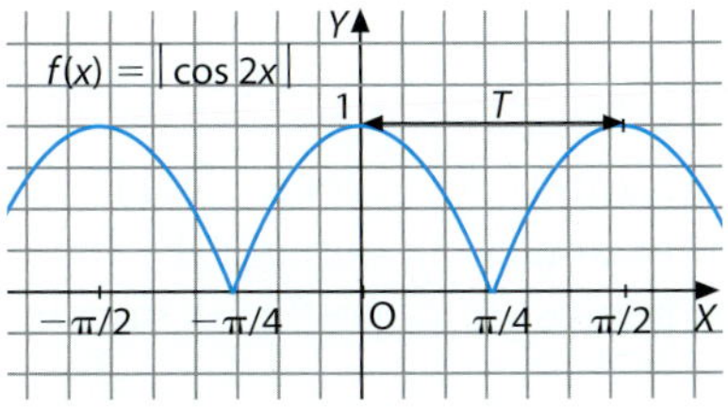

FIGURA 5.11.

Periodicidad

Una función, f, es **periódica de período T** si se cumple lo siguiente:

- $f(x + T) = f(x)$, $\forall\ x \in \text{Dom } f$.
- T es el mínimo de los valores que cumple tal igualdad.

Gráficamente, son funciones que se repiten cada cierto intervalo de amplitud T. Las funciones trigonométricas son periódicas, al igual que su valor absoluto. Por ejemplo, como se observa en la figura 5.11, el período de la función $f(x) = |\cos 2x|$ es $\pi/2$, puesto que:

$$f\left(x + \frac{\pi}{2}\right) = |\cos(2x + \pi)| = |-\cos 2x| = |\cos 2x| = f(x)$$

Monotonía

Se entiende por **monotonía** de una función a su variación con respecto a la variable independiente. Esto engloba los conceptos de crecimiento y decrecimiento. De este modo:

- Una función f es **creciente** en un intervalo (a, b) de su dominio si, para cualquier par de puntos, x_1 y x_2, del intervalo, con $x_2 > x_1$, se cumple que $f(x_2) \geq f(x_1)$. En caso de que se cumpla $f(x_2) > f(x_1)$, la función es **estrictamente creciente** en el intervalo (a, b) (figura 5.12).
- Una función f es **decreciente** en un intervalo (a, b) de su dominio si, para cualquier par de puntos, x_1 y x_2, del intervalo, con $x_2 > x_1$, se cumple que $f(x_2) \leq f(x_1)$. En caso de que se cumpla $f(x_2) < f(x_1)$, la función es **estrictamente decreciente** en el intervalo (a, b) (figura 5.13).

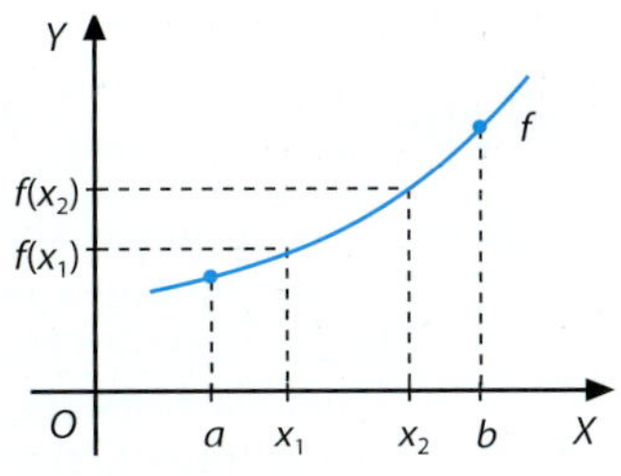

FIGURA 5.12.

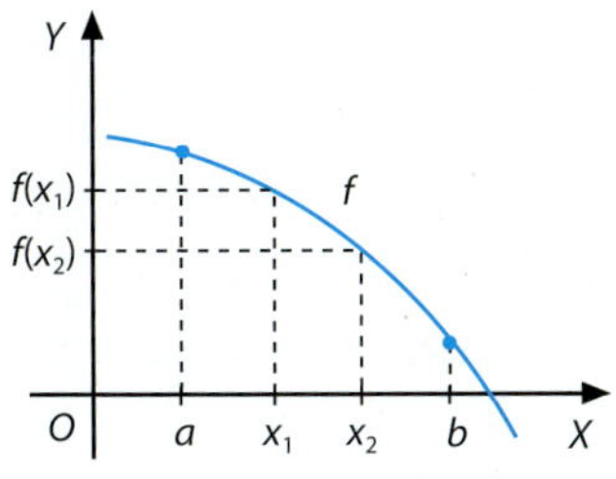

FIGURA 5.13.

Recuerda

La **tasa de variación media** de una función f, en un intervalo $\Delta x = x_2 - x_1$, es el cociente incremental de la variación de f respecto de x:

$$\text{TVM } [x_1, x_2] = \frac{\Delta f}{\Delta x} = \frac{f(x_2) - f(x_1)}{x_2 - x_1}$$

Observa

Si f es **estrictamente creciente** en un intervalo (a, b), su tasa de variación media siempre será positiva para dos puntos cualesquiera de (a, b).

Por el contrario, si es **estrictamente decreciente** en un intervalo (a, b), su tasa de variación media siempre será negativa.

Una función, f, es creciente en $x = a$ si es posible determinar un entorno E(a, r), en el cual la función sea estrictamente creciente. De manera análoga, una función es decreciente en $x = a$ si es posible determinar un entorno, E(a, r), en el cual la función sea estrictamente decreciente.

Una función f tiene un **máximo relativo** o **local** en $x = a$ si es posible determinar un entorno de a, E(a, r), en el que $f(a) \geq f(x)$, $\forall\, x \in E(a, r)$. Es decir, en a, la función pasa de ser estrictamente creciente a estrictamente decreciente. Del mismo modo, una función, f, tiene un **mínimo relativo** o **local** en $x = a$ si existe E(a, r), en el que $f(a) \leq f(x)$, $\forall\, x \in E(a, r)$. En a, la función pasa de ser estrictamente decreciente a ser estrictamente creciente.

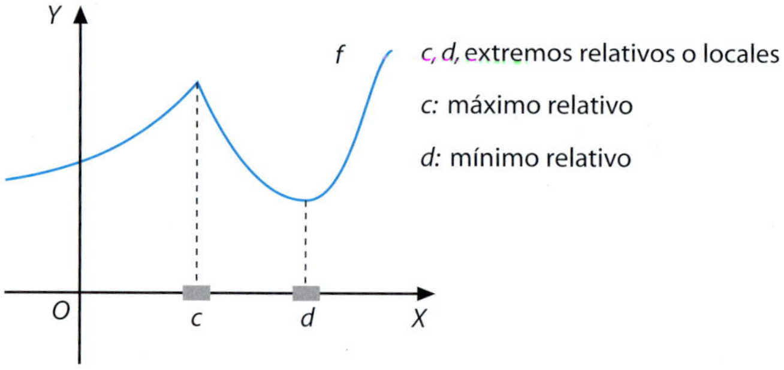

FIGURA 5.14.

Es importante tener en cuenta que, en un intervalo cerrado, [a, b], una función puede alcanzar en sus extremos un máximo o un mínimo absolutos, pero nunca relativos, puesto que en estos puntos no es posible definir un entorno contenido en [a, b].

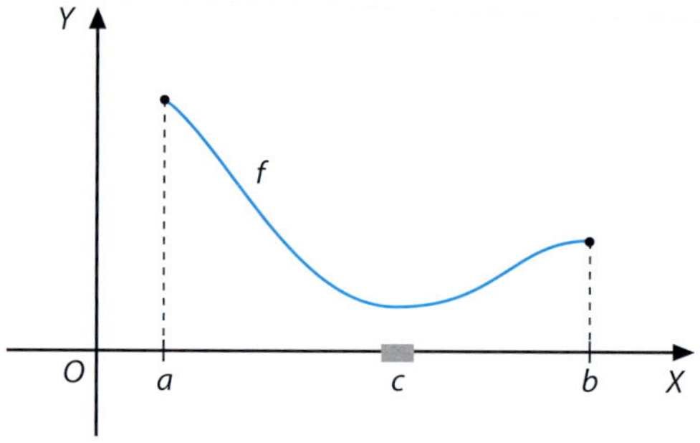

FIGURA 5.15.

Por ejemplo, la función f de la figura 5.15, definida en [a, b], alcanza su máximo absoluto en a, y su mínimo absoluto, y también relativo, en c.

ACTIVIDADES

2 Estudia la simetría de las siguientes funciones:

a) $f(x) = \dfrac{x^2}{x^2 - 1}$ ***d)*** $f(x) = \dfrac{e^x + e^{-x}}{2}$

b) $f(x) = x \cdot \cos x$ ***e)*** $f(x) = \dfrac{x}{x + 1}$

c) $f(x) = \dfrac{2}{x} - x$ ***f)*** $f(x) = \dfrac{2^x}{x^2 + 1}$

Solución: ***a)*** Función par: simétrica respecto del eje de ordenadas. ***b)*** Función impar: simétrica respecto del origen de coordenadas. ***c)*** Función impar: simétrica repecto del origen de coordenadas. ***d)*** Función par: simétrica respecto del eje de ordenadas. ***e)*** No presenta simetría. ***f)*** No presenta simetría.

La forma de la torre Eiffel se aproxima a curvas logarítmicas invertidas dispuestas simétricamente.

ACTIVIDADES

3 Indica el dominio, el recorrido, la simetría, la periodicidad, la acotación, la monotonía y los extremos relativos de cada una de las funciones representadas:

a)

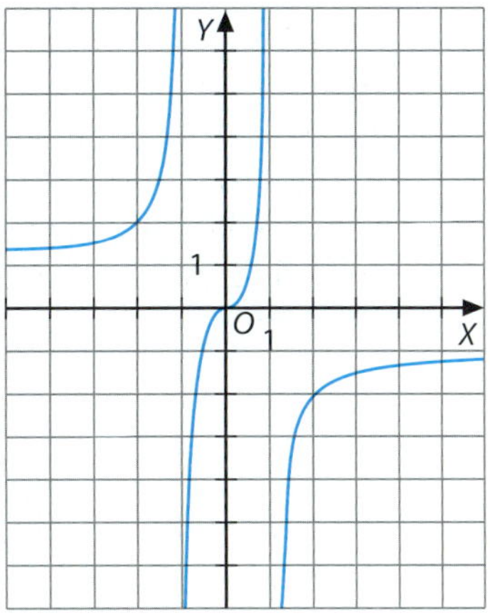

FIGURA 5.16.

b)

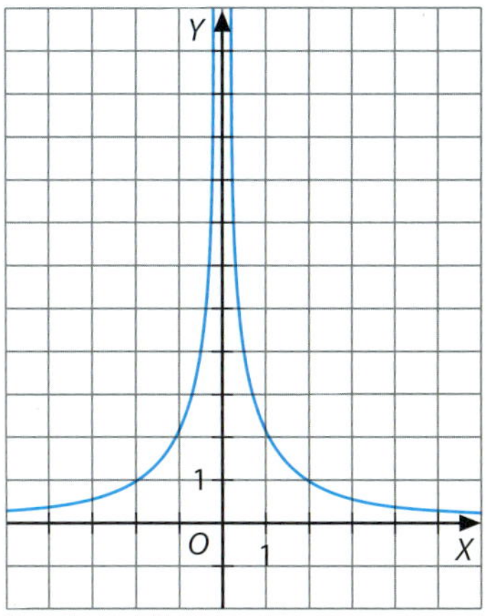

FIGURA 5.17.

c)

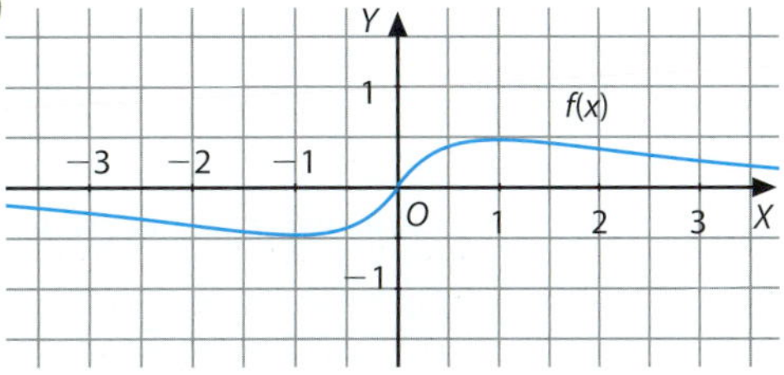

FIGURA 5.18.

d)

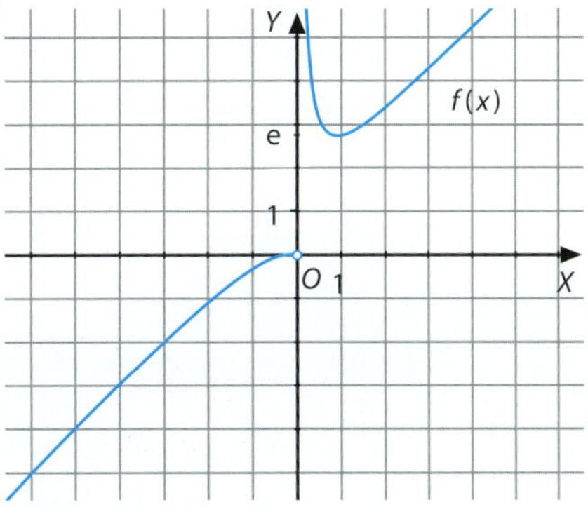

FIGURA 5.19.

Solución: ***a)*** Dom $f(x) = \mathbb{R} - \{-1, 1\}$, Rec $f(x) = \mathbb{R}$. Simétrica respecto del origen de coordenadas: función impar. No periódica. No acotada. Creciente en su dominio. No presenta extremos relativos. ***b)*** Dom $f(x) = \mathbb{R} - \{0\}$, Rec $f(x) = (0, +\infty)$. Simétrica respecto del eje de ordenadas: función par. No periódica. Acotada inferiormente. Creciente en $(-\infty, 0)$ y decreciente en $(0, +\infty)$. No presenta extremos relativos. ***c)*** Dom $f(x) = \mathbb{R}$, Rec $f(x) = \left[-\frac{1}{2}, \frac{1}{2}\right]$. Simétrica respecto del origen: función impar. No periódica. Acotada. Decreciente en $(-\infty, -1) \cup (1, +\infty)$. Creciente en $(-1, 1)$. Máximo relativo en $x = 1$; mínimo relativo en $x = -1$. ***d)*** Dom $f(x) = \mathbb{R} - \{0\}$, Rec $f(x) = (-\infty, 0) \cup [e, +\infty)$. No presenta simetría. No acotada. Creciente en $(-\infty, 0) \cup (1, +\infty)$. Decreciente en $(0, 1)$. Mínimo relativo en $x = 1$.

2.3. Composición de funciones

Dadas dos funciones, f y g, se denomina **función compuesta de f y g** a la que se obtiene aplicando g a la imagen por f de x, $f(x)$, y se escribe $g \circ f$:

$$x \xrightarrow{f} f(x) \xrightarrow{g} g(f(x)) = (g \circ f)(x)$$

El dominio de $g \circ f$ es Dom $(g \circ f) = [\text{Dom } f] \cap [f^{-1}(\text{Dom } g)]$, donde $f^{-1}(\text{Dom } g)$ es el subconjunto de todos los números reales cuya imagen por f pertenece al dominio de g.

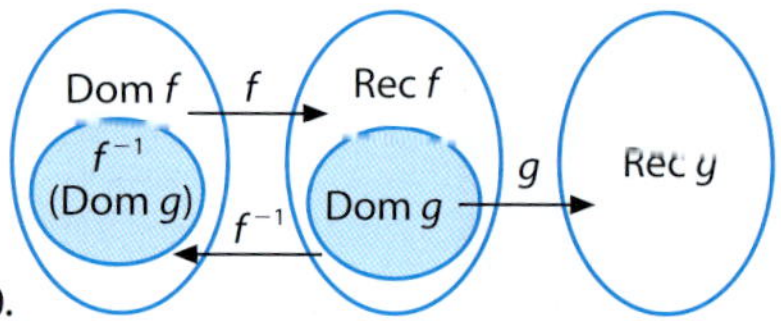

FIGURA 5.20.

EJEMPLOS

a) *Dadas las siguientes funciones:*

$$f(x) = \sqrt{x-1} \qquad\qquad g(x) = \ln x$$

hallar $g \circ f$ *y* $f \circ g$.

Sus dominios respectivos son:

$$\text{Dom } f = [1, +\infty)$$
$$\text{Dom } g = (0, +\infty)$$

La función f *compuesta con* g, o *composición de* f *y* g, es:

$$(g \circ f)(x) = g(f(x)) = g\left(\sqrt{x-1}\right) = \ln \sqrt{x-1}$$

Como se observa, debe cumplirse $f(x) > 0$ para que exista su imagen por g. Como se cumple $\sqrt{x-1} \geq 0$, debemos imponer que:

$$\sqrt{x-1} \neq 0 \Rightarrow x > 1$$

Por lo tanto:

$$\text{Dom } g \circ f = (1, +\infty)$$

La función g *compuesta con* f, o *composición de* g *y* f, es:

$$(f \circ g)(x) = f(g(x)) = f(\ln x) = \sqrt{\ln x - 1}$$

En este caso, ha de cumplirse $g(x) \geq 1$ para que exista su imagen por f:

$$\ln x \geq 1 \Rightarrow x \geq e$$

Por tanto:

$$\text{Dom } f \circ g = [e, +\infty)$$

Observa

La composición de funciones no es conmutativa.

ACTIVIDADES

4 Dadas las siguientes funciones:

$$f(x) = \frac{2-x}{x-1} \quad \text{y} \quad g(x) = \sqrt{x-2}$$

calcula la función composición de $f(x)$ y $g(x)$ y su dominio.

Solución: $(g \circ f)(x) = \sqrt{\dfrac{4-3x}{x-1}}$, Dom $(g \circ f)(x) = \left(1, \dfrac{4}{3}\right]$

[... Función identidad

La composición de funciones posee elemento neutro, que es la **función identidad** $I(x) = x$, que verifica:

$$f \circ I = I \circ f = f$$

Función inversa respecto de la composición

Dada una función, $f(x)$, se llama **función inversa de f** y se escribe $f^{-1}(x)$ a aquella función tal que:

$$(f \circ f^{-1})(x) = (f^{-1} \circ f)(x) = x$$

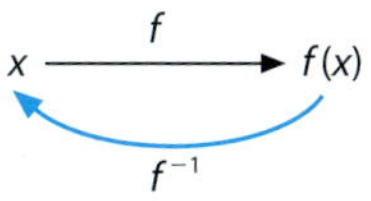

FIGURA 5.21.

La función inversa de f es aquella que *invierte* $(x, f(x))$, es decir, aquella que a la imagen de x por f, $f(x)$, le hace corresponder de nuevo x.

Por tanto, para que una función tenga inversa respecto de la composición, es imprescindible que sea inyectiva, ya que, si no es así, una misma imagen $f(x)$ puede tener más de un original, por lo que la correspondencia inversa no sería una función: a un valor $f(x)$ le correspondería más de un valor $f^{-1}(f(x))$.

Recuerda que una función es inyectiva si, y solo si, no hay dos elementos del dominio con la misma imagen. Gráficamente, para determinar si una función es inyectiva se traza una recta paralela al eje de abscisas; si la recta trazada corta a la gráfica en un solo punto de esta, la función es inyectiva.

La composición de una función f y su inversa, f^{-1}, es conmutativa.

En general, para calcular la función inversa, $f^{-1}(x)$, de una función inyectiva $f(x)$, se sigue el siguiente procedimiento:

1. Se hace $f(x) = y$.

2. Se intercambia x por y.

3. Se despeja la expresión obtenida en función de x.

Por ejemplo, para calcular la función inversa de:

$$f(x) = \frac{x+1}{3-2x}$$

se procede del siguiente modo:

1. $y = \dfrac{x+1}{3-2x}$

2. $x = \dfrac{y+1}{3-2y}$

3. $x(3-2y) = y+1 \Rightarrow 3x - 2xy = y + 1 \Rightarrow -2xy - y = 1 - 3x \Rightarrow$

$\Rightarrow y(-2x-1) = 1 - 3x \Rightarrow \; y = \dfrac{1-3x}{-2x-1}$

es decir:

$$f^{-1}(x) = \frac{3x-1}{2x+1}$$

Recuerda

Las representaciones gráficas de una función, f, y de su inversa, f^{-1}, son simétricas respecto de la bisectriz del primer cuadrante.

La función exponencial y la función logarítmica son inversas una con respecto a la otra. Obsérvese su representación gráfica en la figura 5.22.

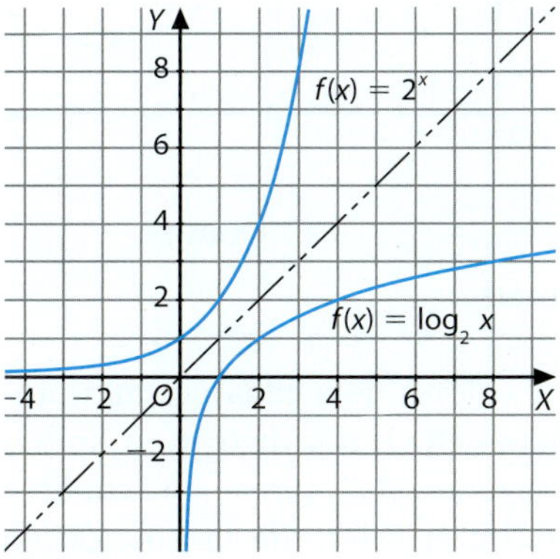

FIGURA 5.22.

ACTIVIDADES

5 Calcula, si es posible, la función inversa respecto de la composición de las siguientes funciones:

a) $f(x) = \dfrac{1-5x}{6}$ ***c)*** $f(x) = \dfrac{1-x}{x}$

b) $f(x) = \dfrac{3-7x}{1-2x}$ ***d)*** $f(x) = \sqrt[3]{x-2}$

Solución:* *a) $f^{-1}(x) = \dfrac{1-6x}{5}$ ***b)*** $f^{-1}(x) = \dfrac{3-x}{7-2x}$ ***c)*** $f^{-1}(x) = \dfrac{1}{1+x}$

d) $f^{-1}(x) = x^3 + 2$

3 Límite de una función en un punto

3.1. Definición de límite

Un número real, L, es el **límite** de una función, f, en el punto a si al tomar valores de x suficientemente próximos a a, sus imágenes, $f(x)$, están tan próximas a L como se desee. Se designa por:

$$\lim_{x \to a} f(x) = L$$

Intuitivamente significa que si $|x - a| \to 0$, entonces $|f(x) - L| \to 0$.

Esta idea intuitiva de límite se puede formalizar utilizando la definición de entorno introducida al principio de la unidad.

Se dice que $\lim_{x \to a} f(x) = L$ si, para cualquier entorno de L de radio ε, por pequeño que este sea, se puede determinar un entorno de a de radio δ, tal que, si x pertenece al entorno de a, entonces $f(x)$ pertenece al entorno de L. Utilizando el valor absoluto en la definición de entorno, y teniendo en cuenta que x tiende a a, la definición anterior se puede escribir del siguiente modo:

El límite de una función f cuando x tiende a a es L si, para todo número real $\varepsilon > 0$, existe otro número real $\delta > 0$, tal que, si $0 < |x - a| < \delta$, entonces $|f(x) - L| < \varepsilon$.

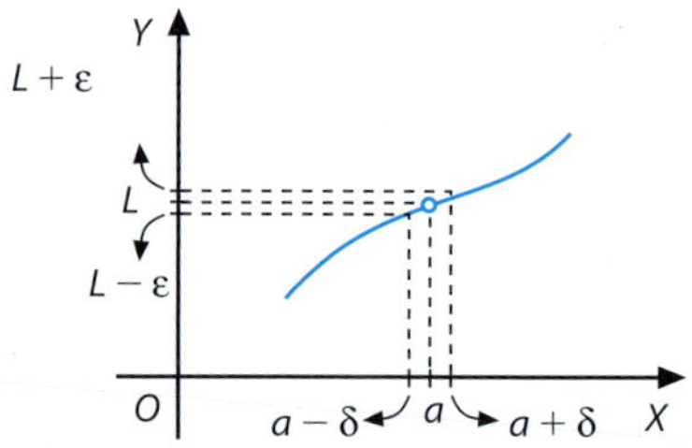

FIGURA 5.23. $\forall \varepsilon > 0, \exists \delta > 0 \mid \text{si } 0 < |x - a| < \delta \Rightarrow |f(x) - L| < \varepsilon$

Observa que no es necesario que x tome el valor a; es decir, a puede no pertenecer al dominio de f. También es posible que $f(a)$ no coincida con L.

Las figuras 5.24 ilustran aquellos casos en los que una función tiene límite L cuando x tiende a a.

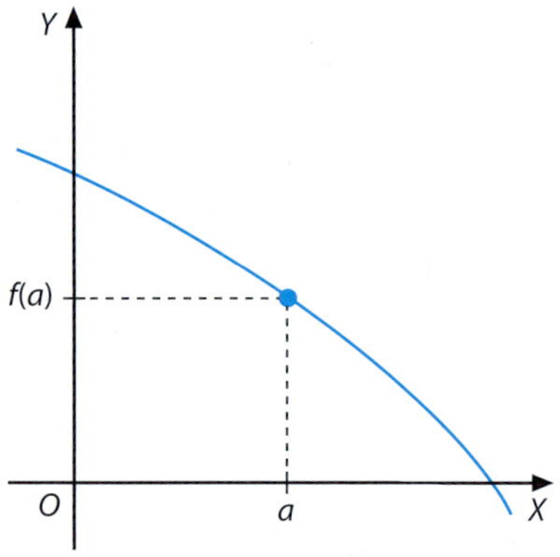

$a \in \text{Dom} f$

FIGURA 5.24.a.

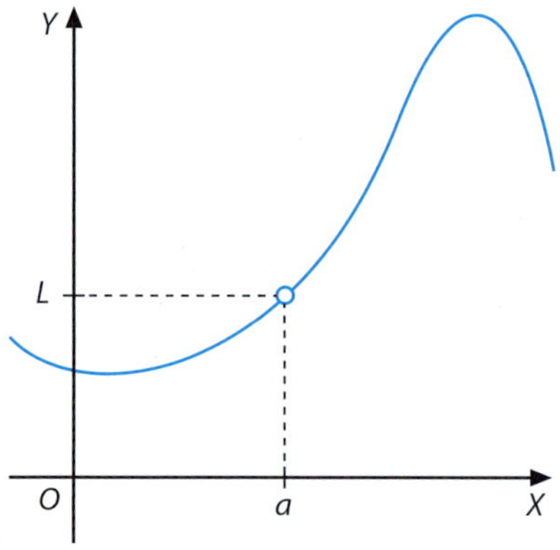

$a \notin \text{Dom} f$

FIGURA 5.24.b.

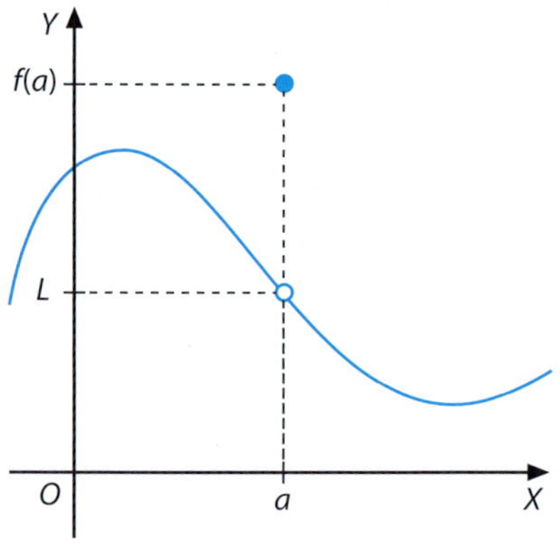

$a \in \text{Dom} f$

FIGURA 5.24.c.

No obstante, puede suceder que, al tomar valores de x cada vez más próximos a a, el comportamiento de las imágenes, $f(x)$, sea distinto a ambos lados de a e incluso que los valores de las imágenes, $f(x)$, no se aproximen a ningún número. En este último caso, no existe el límite de la función en dicho punto.

3.2. Límites laterales en un punto

- Un número real, L, es el límite lateral por la izquierda de una función, $f(x)$, en un punto, a, si, al tomar valores de x suficientemente próximos a a, con $x < a$, los valores de las imágenes, $f(x)$, están tan próximos a L como se desee. Se designa por $\lim_{x \to a^-} f(x) = L$.
- De forma análoga, un número real, L, es el límite lateral por la derecha de una función, $f(x)$, en un punto, a, si al tomar valores de x suficientemente próximos a a, con $x > a$, los valores de las imágenes, $f(x)$, están tan próximos a L como se desee. Se designa por $\lim_{x \to a^+} f(x) = L$.

Cuando los límites laterales en un punto existen y son iguales, la función tiene límite en ese punto, y viceversa; esto es:

$$\lim_{x \to a^-} f(x) = \lim_{x \to a^+} f(x) = L \Leftrightarrow \lim_{x \to a} f(x) = L$$

Esta condición es necesaria y suficiente para que una función tenga límite en un punto.

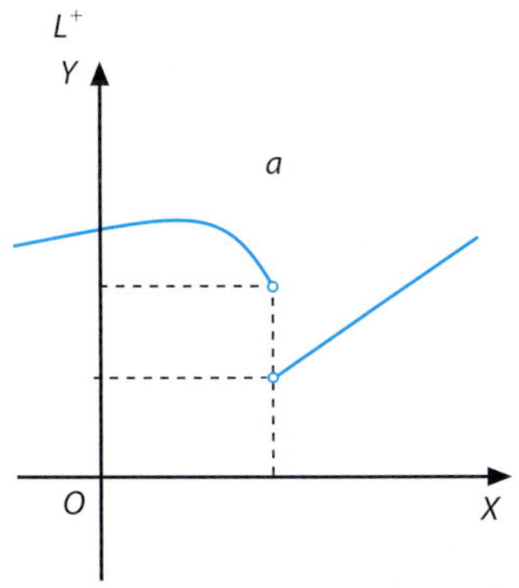

FIGURA 5.25.

En la gráfica de la figura 5.25, los límites laterales de la función en el punto a no son iguales; por lo tanto, la función no tiene límite en dicho punto:

$$\left.\begin{array}{l} \lim_{x \to a^-} f(x) = L^- \\ \lim_{x \to a^+} f(x) = L^+ \end{array}\right\} \Rightarrow \nexists \lim_{x \to a} f(x)$$

Es decir:

$$\lim_{x \to a^-} f(x) \neq \lim_{x \to a^+} f(x) \Rightarrow \nexists \lim_{x \to a} f(x)$$

3.3. Límite infinito en un punto. Asíntotas verticales

Utilizando el concepto de límite lateral se pueden enunciar, de forma intuitiva, las siguientes definiciones:

- Se dice que f tiende a $+\infty$ cuando x tiende a a por la izquierda si, fijado un número real positivo, K, tan grande como queramos, siempre es posible encontrar un número real, δ, tal que, si x pertenece al intervalo «situado» a la izquierda de a, $(a - \delta, a)$, entonces $f(x) > K$. Se designa por $\lim_{x \to a^-} f(x) = +\infty$ (figura 5.26).
- Se dice que f tiende a $-\infty$ cuando x tiende a a por la izquierda si, fijado un número real negativo, K, cuyo valor absoluto sea tan grande como queramos, siempre es posible encontrar un número real, δ, tal que, si x pertenece al intervalo «situado» a la izquierda de a, $(a - \delta, a)$, entonces $f(x) < K$. Se designa por $\lim_{x \to a^-} f(x) = -\infty$ (figura 5.27).

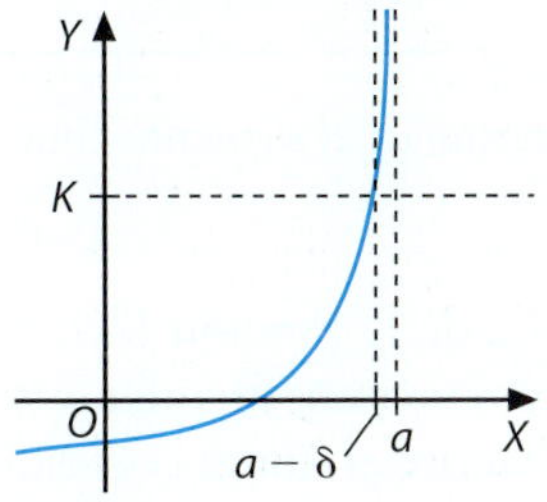

FIGURA 5.26.

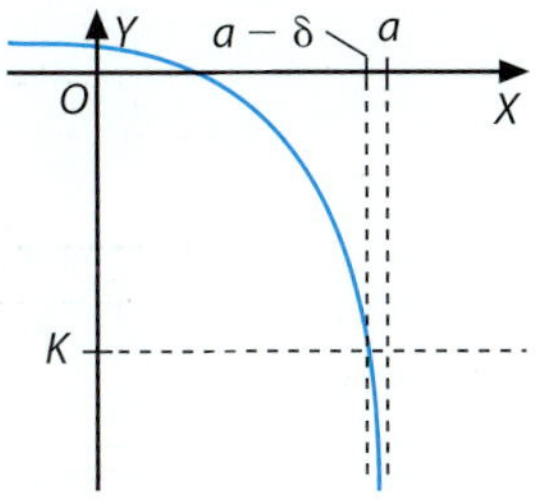

FIGURA 5.27.

Análogamente, se pueden definir los límites laterales infinitos por la izquierda de un punto a.

OTRAS ACTIVIDADES

III Define los límites laterales infinitos por la derecha de un punto, *a*.

Cuando $\lim_{x \to a^-} f(x) = \lim_{x \to a^+} f(x) = +\infty$, se escribe:

$$\lim_{x \to a} f(x) = +\infty$$

Cuando $\lim_{x \to a^-} f(x) = \lim_{x \to a^+} f(x) = -\infty$, se escribe:

$$\lim_{x \to a} f(x) = -\infty$$

Cuando, al calcular $\lim_{x \to a^-} f(x)$ y $\lim_{x \to a^+} f(x)$, se obtienen límites infinitos, pero con distinto signo, se escribe:

$$\lim_{x \to a} f(x) = \infty$$

En cualquiera de estas situaciones, $x = a$ es una **asíntota vertical** de la función. Se dice que la función **diverge** cuando x toma valores próximos a a.

Cuando, al calcular los límites laterales en un punto a, se obtiene que uno es finito y el otro es infinito, la función no tiene límite en a. En este caso, presenta una asíntota vertical en dicho punto.

Observa

Aunque se escribe $\lim_{x \to a} f(x) = \infty$, no debes interpretar que hay un límite infinito. Estos dos símbolos, lim e ∞, en esta expresión, significan que la función no tiene límite, aunque se diga *límite infinito*.

Límite de una función en un punto significa convergencia de la función en ese punto; que el límite tienda a infinito quiere indicar que la función diverge en ese punto.

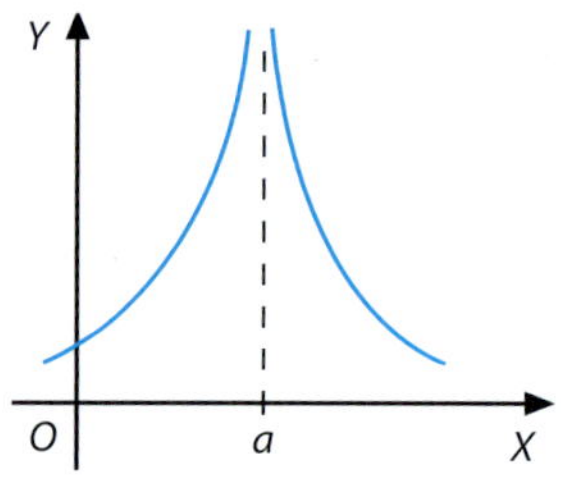

$$\left.\begin{array}{l} \lim_{x \to a^-} f(x) = +\infty \\ \lim_{x \to a^+} f(x) = +\infty \end{array}\right\} \Rightarrow \lim_{x \to a} f(x) = +\infty$$

$x = a$ es una asíntota vertical.

FIGURA 5.28.a.

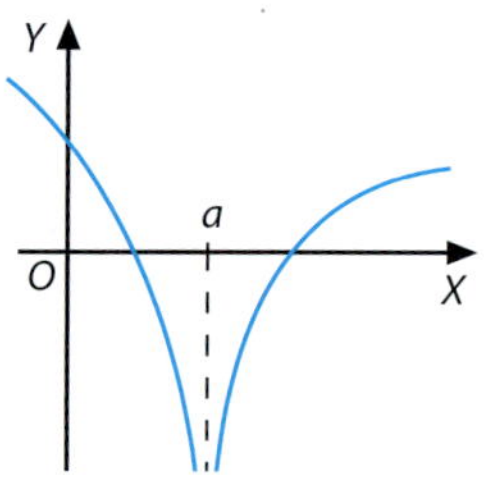

$$\left.\begin{array}{l} \lim_{x \to a^-} f(x) = -\infty \\ \lim_{x \to a^+} f(x) = -\infty \end{array}\right\} \Rightarrow \lim_{x \to a} f(x) = -\infty$$

$x = a$ es una asíntota vertical.

FIGURA 5.28.b.

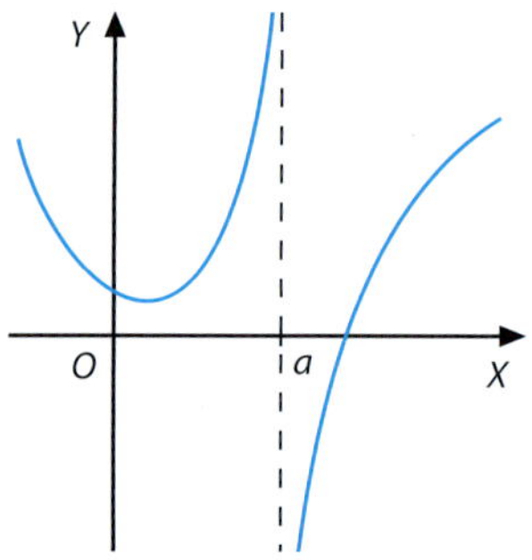

$$\left.\begin{array}{l} \lim_{x \to a^-} f(x) = +\infty \\ \lim_{x \to a^+} f(x) = -\infty \end{array}\right\} \Rightarrow \lim_{x \to a} f(x) = \infty$$

$x = a$ es una asíntota vertical.

FIGURA 5.28.c.

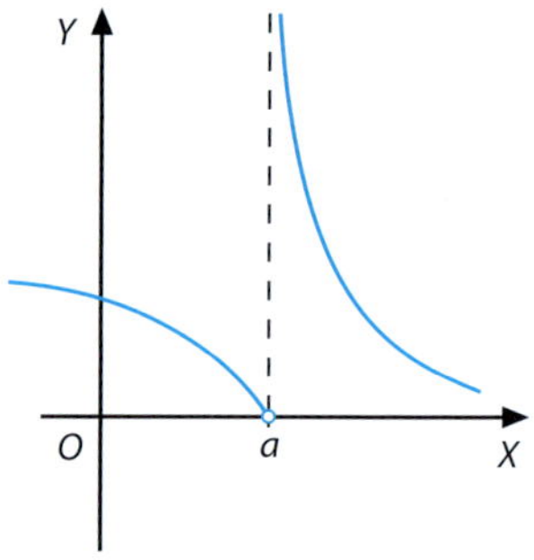

$$\left.\begin{array}{l} \lim_{x \to a^-} f(x) = 0 \\ \lim_{x \to a^+} f(x) = +\infty \end{array}\right\} \Rightarrow \nexists \lim_{x \to a} f(x)$$

$x = a$ es una asíntota vertical.

FIGURA 5.28.d.

EJEMPLOS

a) *Determinar el siguiente límite:*

$$\lim_{x \to 1} (x^2 - 2)$$

El límite de la función $f(x) = x^2 - 2$ en $x = 1$, es -1, puesto que, cuando nos aproximamos al valor $x = 1$, las imágenes se aproximan a $f(1) = -1$. En este caso, el límite coincide con el valor de la imagen. Desde un punto de vista intuitivo, sabemos que la representación gráfica de la función $(x^2 - 2)$ es una parábola y que esta se puede dibujar sin levantar el lápiz del papel.

EJEMPLOS

b) *Calcular el límite en $x = 2$ de la siguiente función:*

$$f(x) = \begin{cases} x-2 & \text{si } x<2 \\ 4-x^2 & \text{si } x>2 \end{cases}$$

La función no está definida en $x = 2$, pero podemos calcular sus límites laterales:

- $\lim_{x\to 2^-} f(x) = \lim_{x\to 2^-} (x-2) = 0$
- $\lim_{x\to 2^+} f(x) = \lim_{x\to 2^+} (4-x^2) = 0$

Puesto que los límites laterales son finitos y coinciden, $\lim_{x\to 2} f(x) = 0$.

c) *Calcular:*

$$\lim_{x\to 2} \frac{-3x}{x-2}$$

La función no está definida en $x = 2$. Al realizar el cálculo, obtenemos:

$$\lim_{x\to 2} \frac{-3x}{x-2} = \frac{-6}{0}$$

Este resultado indica que el límite del cociente es infinito. Para estudiar su signo, hay que tener en cuenta que el signo del denominador, que tiende a cero cuando x se aproxima a 2, es distinto según la aproximación a 2 se realice por la izquierda o por la derecha. En efecto, si x toma valores próximos a 2, pero menores que 2 se obtiene:

$$\lim_{x\to 2^-} \frac{-3x}{x-2} = \frac{-6}{0^-} = +\infty$$

Análogamente, al calcular el límite lateral por la derecha, se obtiene:

$$\lim_{x\to 2^+} \frac{-3x}{x-2} = \frac{-6}{0^+} = -\infty$$

De este modo:

$$\lim_{x\to 2} \frac{-3x}{x-2} = \infty$$

Por tanto, $f(x) = \dfrac{-3x}{x-2}$ tiene una asíntota vertical en $x = 2$.

d) *Determinar si la función $f(x) = \dfrac{|x-1|}{x-1}$ tiene una asíntota vertical en $x = 1$.*

Aunque resulta evidente que $x = 1$ no pertenece al dominio de f, lo primero que hay que hacer es desdoblar la función:

$$f(x) = \begin{cases} \dfrac{-x+1}{x-1} & \text{si } x<1 \\[2ex] \dfrac{x-1}{x-1} & \text{si } x>1 \end{cases}$$

Los límites laterales de f en $x = 1$, son distintos:

- $\lim_{x\to 1^-} f(x) = -1$
- $\lim_{x\to 1^+} f(x) = 1$

Luego en $x = 1$ no hay asíntota vertical.

Recuerda

$$|x-1| = \begin{cases} -x+1 & \text{si } x<1 \\ x-1 & \text{si } x\geq 1 \end{cases}$$

EJEMPLOS

e) *Calcular los límites de la función* $f(x) = \sqrt{\dfrac{x+1}{x}}$ *en* $x = -1$ *y* $x = 0$.

En primer lugar, es preciso determinar el dominio de la función:

$$\text{Dom } f(x) = \{x \in \mathbb{R} \mid \frac{x+1}{x} \geq 0\}$$

Elaborando una tabla de signos, se obtiene:

	$-\infty$ a -1	-1 a 0	0 a ∞
$x+1$	$-$	$+$	$+$
x	$-$	$-$	$+$
$\dfrac{x+1}{x}$	$+$	$-$	$+$

$$\text{Dom } f(x) = (-\infty, -1] \cup (0, +\infty)$$

Esto significa que no existe $\lim\limits_{x \to -1^+} f(x)$ ni $\lim\limits_{x \to 0^-} f(x)$:

$$\lim_{x \to -1^-} f(x) = \sqrt{\frac{-1+1}{-1}} = 0$$

$$\lim_{x \to 0^+} f(x) = \sqrt{\frac{0+1}{0^+}} = +\infty$$

La función $f(x)$ tiene una asíntota vertical en $x = 0$ (figura 5.29).

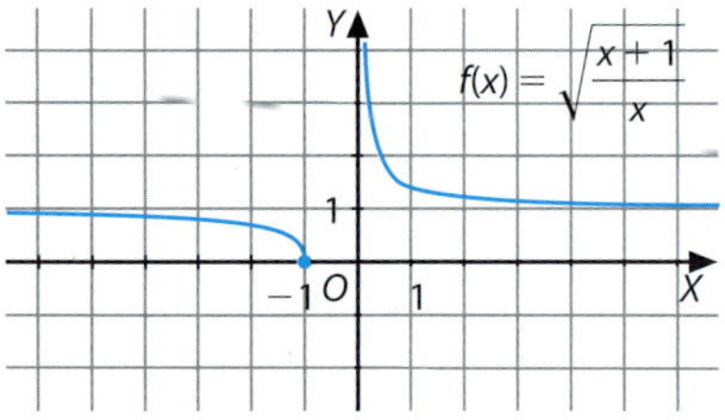

FIGURA 5.29.

ACTIVIDADES

6 Determina, si existe, el límite en $x = 2$ de la función:

$$f(x) = \begin{cases} 3 - x & \text{si } x < 2 \\ (x-1)^2 & \text{si } x \geq 2 \end{cases}$$

Solución: $\lim\limits_{x \to 2} f(x) = 1$

7 Calcular, si existe, el límite en $x = 0$ de la función:

$$f(x) = \begin{cases} \dfrac{1}{x} - x & \text{si } x < 0 \\ 1 & \text{si } x > 0 \end{cases}$$

Solución: $\lim\limits_{x \to 0^-} f(x) = -\infty$, $\lim\limits_{x \to 0^+} f(x) = 1 \Rightarrow \nexists \lim\limits_{x \to 0} f(x)$

8 Escribe la ecuación de la asíntota vertical de la función anterior.

Solución: $x = 0$

9 Dada la función $f(x) = \dfrac{3-x}{(x-1)^2}$, calcula $\lim\limits_{x \to 0} f(x)$ y $\lim\limits_{x \to 1} f(x)$.

Solución: $\lim\limits_{x \to 0} f(x) = 3$, $\lim\limits_{x \to 1} f(x) = +\infty$

10 Estudia el límite en $x = -3$, $x = -2$ y $x = 3$ de la función:

$$f(x) = \begin{cases} 3x - 1 & \text{si } x \leq -2 \\ \dfrac{x+1}{x-3} & \text{si } x > -2 \end{cases}$$

Solución: $\lim\limits_{x \to -3} f(x) = \lim\limits_{x \to -3} (3x - 1) = -10$

$$\left.\begin{aligned} \lim_{x \to -2^-} f(x) &= \lim_{x \to -2^-} (3x-1) = -7 \\ \lim_{x \to -2^+} f(x) &= \lim_{x \to -2^+} \frac{x+1}{x-3} = \frac{1}{5} \end{aligned}\right\} \Rightarrow \nexists \lim_{x \to -2} f(x)$$

$$\left.\begin{aligned} \lim_{x \to 3^-} f(x) &= \lim_{x \to 3^-} \frac{x+1}{x-3} = \frac{4}{0^-} = -\infty \\ \lim_{x \to 3^+} f(x) &= \lim_{x \to 3^+} \frac{x+1}{x-3} = \frac{4}{0^+} = +\infty \end{aligned}\right\} \Rightarrow \lim_{x \to 3} f(x) = \infty$$

11 Determina los límites laterales de la función $f(x) = \dfrac{|x+1|}{x+1}$ en $x = -1$.

Solución: $\lim\limits_{x \to -1^-} f(x) = \lim\limits_{x \to -1^-} (-1) = -1$, $\lim\limits_{x \to -1^+} f(x) = \lim\limits_{x \to -1^+} 1 = 1 \Rightarrow \nexists \lim\limits_{x \to -1} f(x)$

OTRAS ACTIVIDADES

IV Calcula $\lim\limits_{x \to 0} \dfrac{1}{1 + |x|}$.

V Calcula los límites de la función:

$f(x) = \sqrt{\dfrac{x}{x-1}}$ en $x = 0$ y $x = 1$

VI Calcula las asíntotas verticales, si las hay, de las siguientes funciones:

a) $f(x) = \dfrac{1}{x^2 - 1}$ ***d)*** $f(x) = \dfrac{x+1}{x^2-1}$

b) $f(x) = \text{tg } x$ ***e)*** $f(x) = \ln x$

c) $f(x) = \dfrac{x}{x^2+1}$ ***f)*** $f(x) = \dfrac{1}{\ln x}$

4 Límites de una función en el infinito

Al igual que ocurre en un punto, los límites en el infinito pueden o no existir.

Se dice que el límite de una función, *f*, cuando *x* tiende a $+\infty$ es *L* si, para cualquier entorno de *L* de radio ε, por pequeño que sea, se puede determinar un número real, *H*, a partir del cual las imágenes de *x*, *f*(*x*), pertenecen a dicho entorno de *L*. Es decir:

$$\lim_{x \to +\infty} f(x) = L \Leftrightarrow \forall\, \varepsilon > 0, \exists\, H \in \mathbb{R} \mid \text{si } x > H \Rightarrow |f(x) - L| < \varepsilon$$

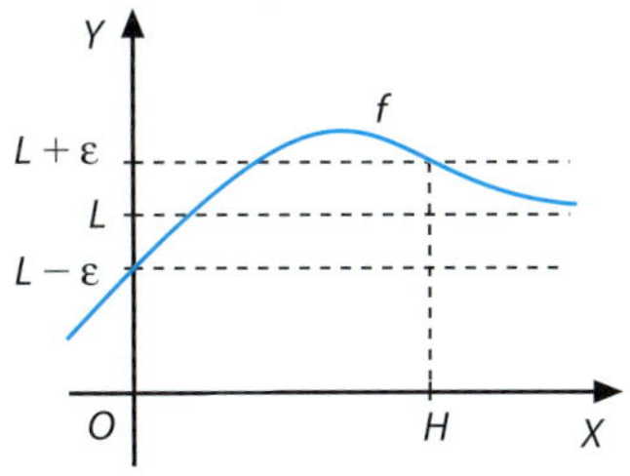

FIGURA 5.30.

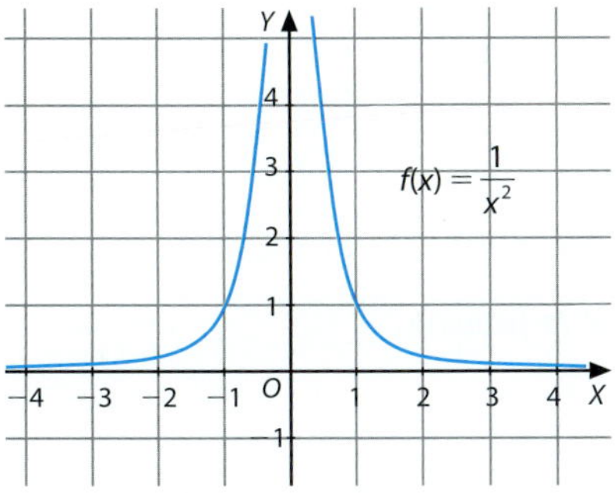

FIGURA 5.31.

Por ejemplo, la función $f(x) = \dfrac{1}{x^2}$ tiene por límite 0 cuando x tiende a $+\infty$. A medida que x aumenta, $f(x)$ se acerca cada vez mas a 0. (figura 5.31).

Del mismo modo, se puede definir el límite de f cuando x tiende a $-\infty$:

$$\lim_{x \to -\infty} f(x) = L \Leftrightarrow \forall\, \varepsilon > 0, \exists\, H \in \mathbb{R} \mid \text{si } x < H \Rightarrow |f(x) - L| < \varepsilon$$

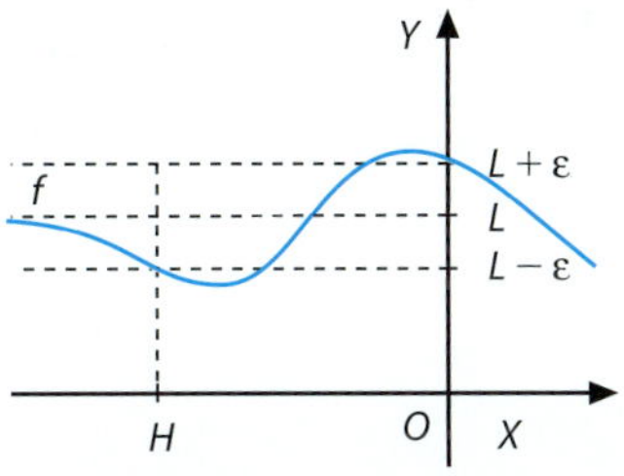

FIGURA 5.32.

Si $\lim\limits_{x \to +\infty} f(x) = \lim\limits_{x \to -\infty} f(x) = L$, entonces $\lim\limits_{x \to \infty} f(x) = L$.

Desde un punto de vista geométrico, esto significa que la gráfica de la función tiene puntos tan próximos a la recta $y = L$ como queramos para valores suficientemente grandes, en valor absoluto, de la variable x. La recta $y = L$ es una **asíntota horizontal** de la función.

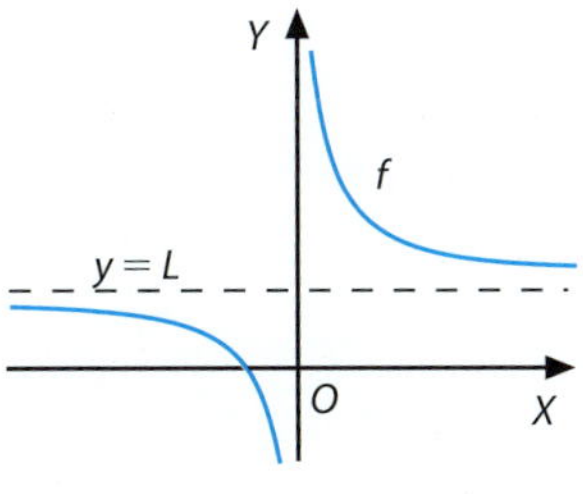

FIGURA 5.33.

Una función puede tener asíntotas horizontales distintas cuando $x \to +\infty$ (por la derecha) y cuando $x \to -\infty$ (por la izquierda), o tener solo una de ellas:

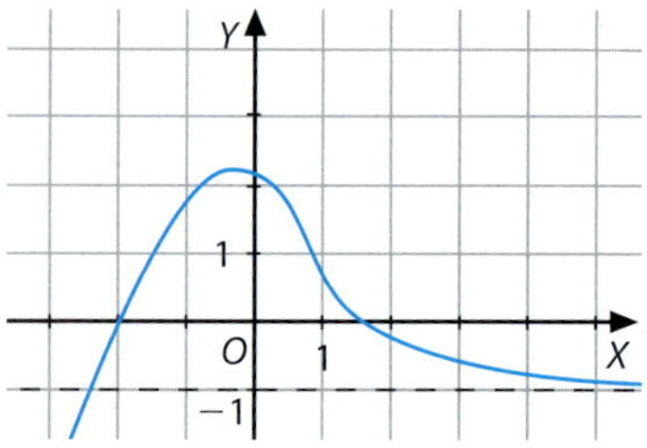

FIGURA 5.34.a.

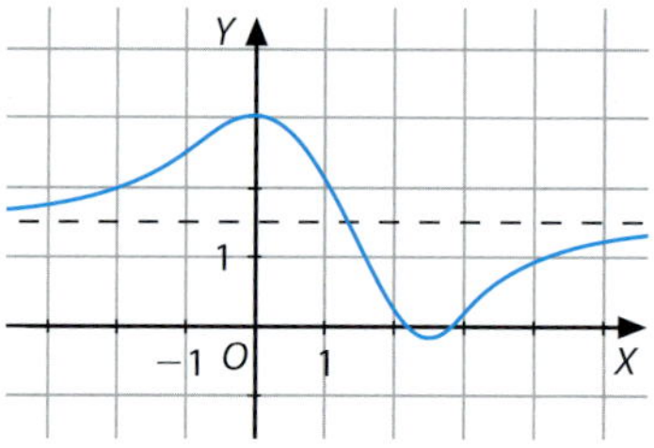

FIGURA 5.34.b.

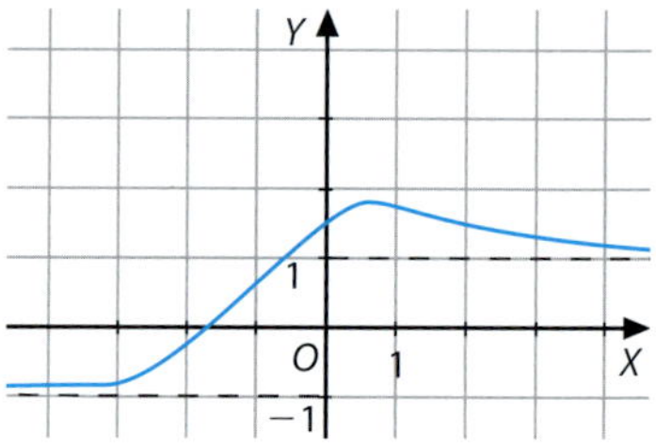

FIGURA 5.34.c.

EJEMPLOS

a) *Determinar la asíntota horizontal de la función:*

$$f(x) = \frac{3x-1}{x}$$

Calculamos los límites cuando x tiende a $-\infty$ y a $+\infty$:

$$\lim_{x \to -\infty} \frac{3x-1}{x} = \lim_{x \to -\infty} \frac{3x}{x} = 3$$

$$\lim_{x \to +\infty} \frac{3x-1}{x} = \lim_{x \to +\infty} \frac{3x}{x} = 3$$

Por tanto, $y = 3$ es una asíntota horizontal.

b) *Determinar las asíntotas horizontales de la función:*

$$f(x) = \frac{x}{1+|x|}$$

Se desdobla la función en dos trozos y se calculan sus límites para $x \to -\infty$ y $x \to +\infty$:

$$f(x) = \begin{cases} \dfrac{x}{1-x} & \text{si } x < 0 \\ \dfrac{x}{1+x} & \text{si } x \geq 0 \end{cases}$$

$$\lim_{x \to -\infty} \frac{x}{1+|x|} = \lim_{x \to -\infty} \frac{x}{1-x} = -1$$

$$\lim_{x \to +\infty} \frac{x}{1+|x|} = \lim_{x \to +\infty} \frac{x}{1+x} = 1$$

La recta $y = -1$ es una asíntota horizontal por la izquierda, mientras que la recta $y = 1$ es una asíntota horizontal por la derecha, como se observa en la figura 5.35.

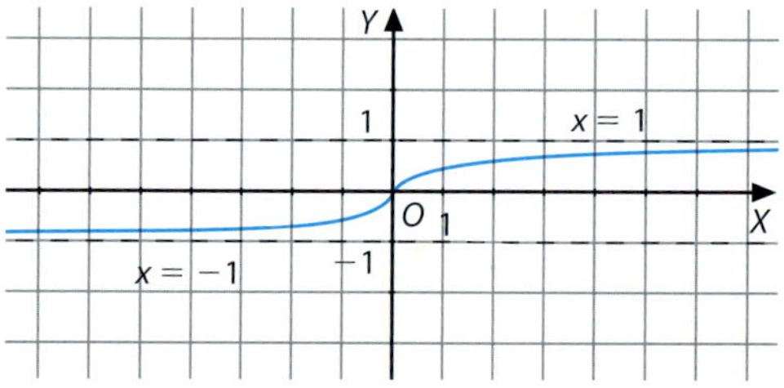

FIGURA 5.35.

EJEMPLOS

c) *Determinar las asíntotas horizontales de la función:*

$$f(x) = 2^{1/x^2}$$

Como $\lim_{x \to -\infty} \frac{1}{x^2} = \lim_{x \to +\infty} \frac{1}{x^2} = 0$, se tiene que:

$$\lim_{x \to \infty} 2^{1/x^2} = 2^0 = 1$$

por lo que $y = 1$ es la asíntota horizontal de la función.

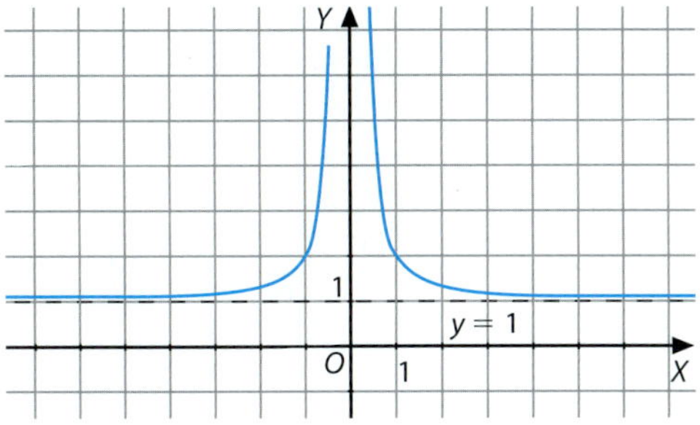

FIGURA 5.36.

Se dice que el límite de una función f cuando x tiende a $+\infty$ es $+\infty$ si, para todo número real, K, se puede determinar un número real, H, a partir del cual las imágenes de x, $f(x)$, sean mayores que K. Esto es:

$$\lim_{x \to +\infty} f(x) = +\infty \Leftrightarrow \forall K \in \mathbb{R}, \exists H \in \mathbb{R} \mid \text{si } x > H \Rightarrow f(x) > K$$

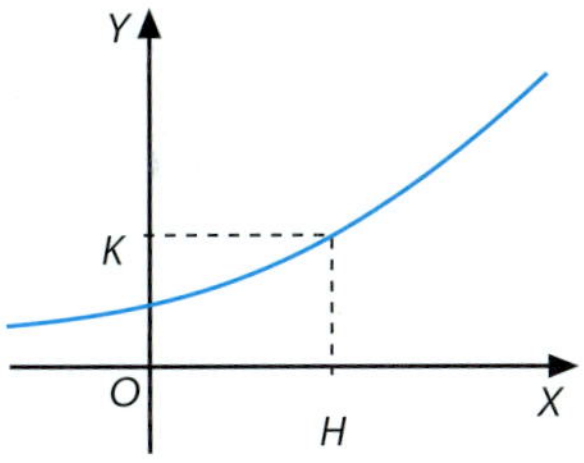

FIGURA 5.37.

Tal como se indica en las figuras 5.38, se pueden definir los otros límites infinitos en el infinito.

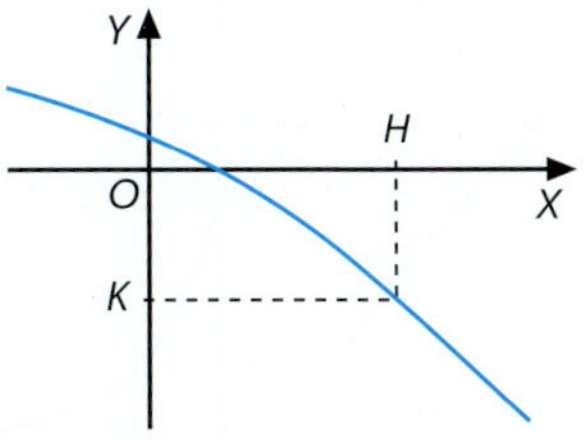

$\lim_{x \to +\infty} f(x) = -\infty \Leftrightarrow$
$\Leftrightarrow \forall K \in \mathbb{R}, \exists H \in \mathbb{R} \mid$
si $x > H \Rightarrow f(x) < K$

FIGURA 5.38.a.

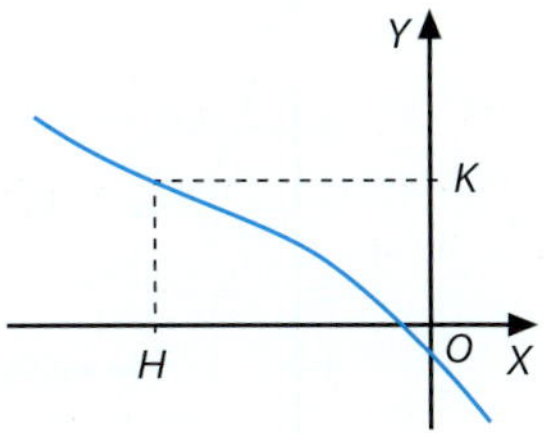

$\lim_{x \to -\infty} f(x) = +\infty \Leftrightarrow$
$\Leftrightarrow \forall K \in \mathbb{R}, \exists H \in \mathbb{R} \mid$
si $x < H \Rightarrow f(x) > K$

FIGURA 5.38.b.

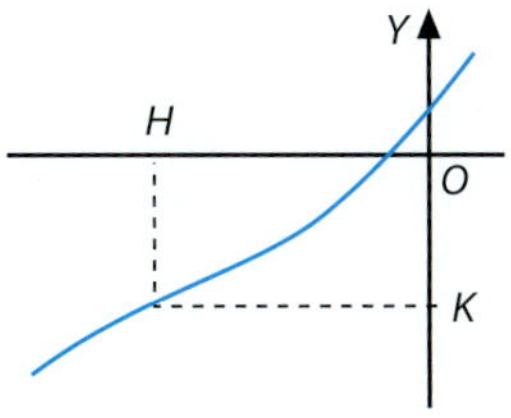

$\lim_{x \to -\infty} f(x) = -\infty \Leftrightarrow$
$\Leftrightarrow \forall K \in \mathbb{R}, \exists H \in \mathbb{R} \mid$
si $x < H \Rightarrow f(x) < K$

FIGURA 5.38.c.

En estos casos, se dice que la función **diverge en el infinito.**

ACTIVIDADES

12 Indica las asíntotas horizontales de cada una de las funciones representadas en la figura 5.34.

Solución: Por la derecha ***a)*** $y = -1$ ***b)*** $y = 1{,}5$ ***c)*** Por la izquierda: $y = -1$, por la derecha $y = 1$.

13 Calcula, si las hay, las ecuaciones de las asíntotas horizontales de las siguientes funciones:

a) $f(x) = \dfrac{1-2x^2}{x^2-1}$ ***c)*** $f(x) = \dfrac{x^2+1}{x^3}$ ***e)*** $f(x) = \sqrt{\dfrac{x+1}{x}}$

b) $f(x) = \dfrac{3x-1}{2x+1}$ ***d)*** $f(x) = \dfrac{1}{1-|x|}$ ***f)*** $f(x) = \dfrac{\sqrt{4x^2+1}}{2x+2}$

Solución: ***a)*** $y = -2$ ***b)*** $y = \dfrac{3}{2}$ ***c)*** $y = 0$ ***d)*** $y = 0$ ***e)*** $y = 1$

f) Por la derecha $y = 1$, por la izquierda, $y = -1$.

14 Construye gráficas que cumplan las siguientes condiciones:

a) $\text{Dom } f(x) = \mathbb{R}$, $\text{Rec } f(x) = [-1, +\infty)$,

$\lim\limits_{x \to -\infty} f(x) = 3$, $\lim\limits_{x \to +\infty} f(x) = +\infty$, $f(3) = 3$, $\lim\limits_{x \to 3} f(x) = 2$, $f^{-1}(0) = \{0, 2\}$

b) $\text{Dom } f(x) = \mathbb{R} - \{0, 2\}$, $\text{Rec } f(x) = (-\infty, 0) \cup \{1\} \cup (3, +\infty)$,

$\lim\limits_{x \to 0} f(x) = \infty$, $\lim\limits_{x \to 2^-} f(x) = 3$, $\lim\limits_{x \to 2^+} f(x) = 1$,

$\lim\limits_{x \to -\infty} f(x) = 0$, $\lim\limits_{x \to +\infty} f(x) = 1$

(Ten en cuenta que: $f(x) < 0$ si $x < 0$, $f(x) > 0$ si $x > 0$)

c) $\text{Dom } f(x) = \mathbb{R}$, $\text{Rec } f(x) = \mathbb{R}$,

$\lim\limits_{x \to 0^-} f(x) = -\infty$, $\lim\limits_{x \to 0^+} f(x) = 3$, $\lim\limits_{x \to -\infty} f(x) = +\infty$, $\lim\limits_{x \to +\infty} f(x) = 0$

Solución: ***a)*** Figura 5.39.a. ***b)*** Figura 5.39.b. ***c)*** Figura 5.39.c.

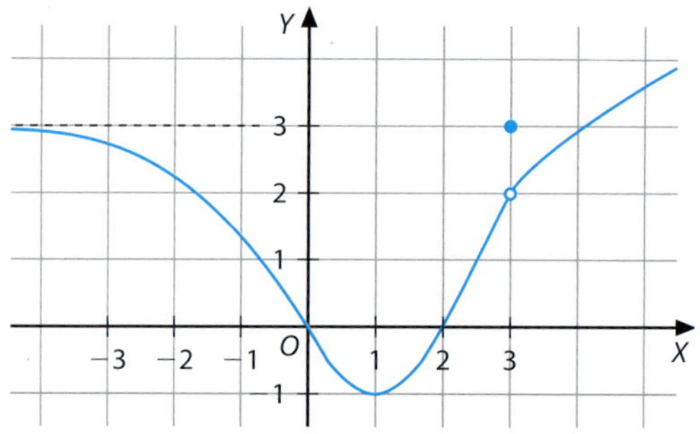

FIGURA 5.39.a.

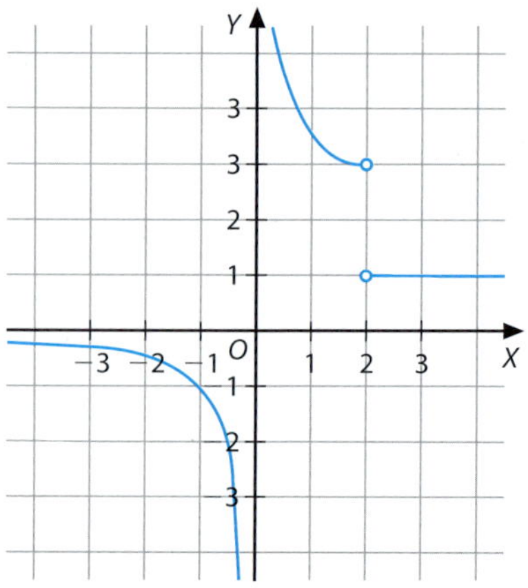

FIGURA 5.39.b.

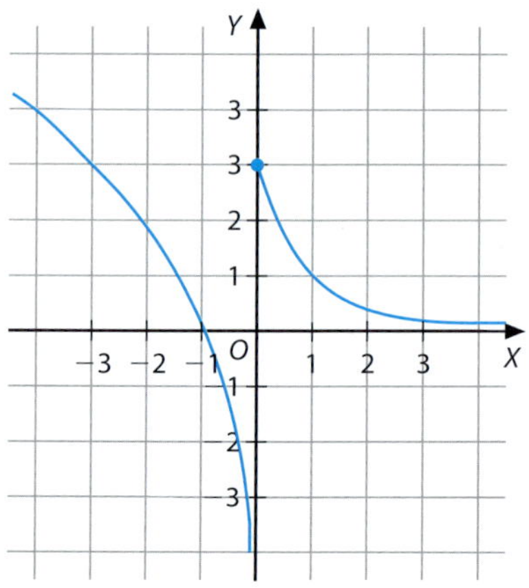

FIGURA 5.39.c.

5 Cálculo de límites

Estas son las principales reglas de cálculo con límites:

Suma

$+$	$\lim_{x\to\infty} f(x) = L$	$\lim_{x\to\infty} f(x) = +\infty$	$\lim_{x\to\infty} f(x) = -\infty$
$\lim_{x\to\infty} g(x) = L'$	$L + L'$	$+\infty$	$-\infty$
$\lim_{x\to\infty} g(x) = +\infty$	$+\infty$	$+\infty$	?
$\lim_{x\to\infty} g(x) = -\infty$	$-\infty$	?	$-\infty$

Los símbolos **?** de la tabla representan los casos de indeterminación.

Producto

$\times$	$\lim_{x\to\infty} f(x) = L$	$\lim_{x\to\infty} f(x) = 0$	$\lim_{x\to\infty} f(x) = +\infty$	$\lim_{x\to\infty} f(x) = -\infty$
$\lim_{x\to\infty} g(x) = L'$	$L \cdot L'$	0	$+\infty$ (si $L' > 0$) $-\infty$ (si $L' < 0$)	$-\infty$ (si $L' > 0$) $+\infty$ (si $L' < 0$)
$\lim_{x\to\infty} g(x) = 0$	0	0	?	?
$\lim_{x\to\infty} g(x) = +\infty$	$+\infty$ (si $L > 0$) $-\infty$ (si $L < 0$)	?	$+\infty$	$-\infty$
$\lim_{x\to\infty} g(x) = -\infty$	$-\infty$ (si $L > 0$) $+\infty$ (si $L < 0$)	?	$-\infty$	$+\infty$

Límites que no existen

$\lim_{x\to\infty} \operatorname{sen} x$ $\quad \lim_{x\to\infty} \cos x$ $\quad \lim_{x\to\infty} \operatorname{tg} x$

$\lim_{x\to 0} \operatorname{sen} \frac{1}{x}$ $\quad \lim_{x\to 0} \cos \frac{1}{x}$ $\quad \lim_{x\to 0} \operatorname{tg} \frac{1}{x}$

Límites que conviene conocer

$\lim_{x\to\infty} \frac{\ln x}{x} = 0$ $\quad \lim_{x\to\infty} \frac{x}{a^x} = 0$ si $a > 1$

$\lim_{x\to 0} \frac{\operatorname{sen} x}{x} = 1$ $\quad \lim_{x\to 0} \frac{\operatorname{tg} x}{x} = 1$

Cociente

$\div$	$\lim_{x\to\infty} f(x) = L$	$\lim_{x\to\infty} f(x) = 0$	$\lim_{x\to\infty} f(x) = +\infty$	$\lim_{x\to\infty} f(x) = -\infty$
$\lim_{x\to\infty} g(x) = L'$	$\frac{L}{L'}$	0	$+\infty$ (si $L' > 0$) $-\infty$ (si $L' < 0$)	$-\infty$ (si $L' > 0$) $+\infty$ (si $L' < 0$)
$\lim_{x\to\infty} g(x) = 0$	? ∞	?	? ∞	? ∞
$\lim_{x\to\infty} g(x) = +\infty$	0	0	?	?
$\lim_{x\to\infty} g(x) = -\infty$	0	0	?	?

Los símbolos **?** ∞ indican que debe mirarse el signo del ∞.

Potencias

$f(x)^{g(x)}$	$\lim f(x) = L$	$\lim f(x) = 0$	$\lim f(x) = +\infty$
$\lim g(x) = L'$	$L^{L'}$	$0^{L'} = 0$	$+\infty^{L'}$: $+\infty$ si $L' > 0$; 0 si $L' < 0$
$\lim g(x) = 0$	$L^0 = 1$	?	?
$\lim g(x) = +\infty$	$L^{+\infty}$: $+\infty$ si $L > 1$; 0 si $L < 1$	$0^{+\infty} = 0$	$+\infty$
$\lim g(x) = -\infty$	$L^{-\infty}$: 0 si $L > 1$; $+\infty$ si $L < 1$	$0^{-\infty} = +\infty$	0

EJEMPLOS

a) *Resolver la siguiente indeterminación:*

$$\lim_{x \to \frac{1}{2}} \frac{4x^2 - 1}{4x^3 - 4x^2 + x}$$

Se produce una indeterminación del tipo $\frac{0}{0}$ porque $x = \frac{1}{2}$ es una raíz de ambos polinomios; para resolverla se descomponen los polinomios y se simplifica:

$$\lim_{x \to \frac{1}{2}} \frac{4x^2 - 1}{4x^3 - 4x^2 + x} = \lim_{x \to \frac{1}{2}} \frac{4\left(x - \frac{1}{2}\right)\left(x + \frac{1}{2}\right)}{4x\left(x - \frac{1}{2}\right)^2} = \lim_{x \to \frac{1}{2}} \frac{4\left(x + \frac{1}{2}\right)}{4x\left(x - \frac{1}{2}\right)} =$$

$$= \lim_{x \to \frac{1}{2}} \frac{2x + 1}{x(2x - 1)} = \frac{2}{0}$$

Estudiamos los límites laterales, y obtenemos, cuando x tiende a $\frac{1}{2}$ por la izquierda:

$$\lim_{x \to \left(\frac{1}{2}\right)^-} \frac{2x + 1}{x(2x - 1)} = \frac{2}{0^-} = -\infty$$

y cuando x tiende a $\frac{1}{2}$ por la derecha:

$$\lim_{x \to \left(\frac{1}{2}\right)^+} \frac{2x + 1}{x(2x - 1)} = \frac{2}{0^+} = +\infty$$

Por tanto:

$$\lim_{x \to \frac{1}{2}} \frac{4x^2 - 1}{4x^3 - 4x^2 + x} = \infty$$

b) *Resolver el siguiente límite:*

$$\lim_{x \to \infty} \frac{e^x}{x^2 + 2}$$

En este caso, debemos tener presente que la función exponencial crece más deprisa que cualquier función polinómica. Por tanto:

$$\lim_{x \to \infty} \frac{e^x}{x^2 + 2} = +\infty$$

c) *Resolver el siguiente límite:*

$$\lim_{x \to +\infty} \frac{\ln x}{3x - 1}$$

Se produce una indeterminación del tipo $\frac{\infty}{\infty}$.

Ten en cuenta ahora que cualquier función polinómica crece más rápidamente que la función logaritmo. Por tanto:

$$\lim_{x \to +\infty} \frac{\ln x}{3x - 1} = 0$$

EJEMPLOS

d) *Resolver el siguiente límite:*

$$\lim_{x \to +\infty} \left(\sqrt{x^2 - 3x} - \sqrt{x^2 + 2} \right)$$

Se trata de una indeterminación del tipo $\infty - \infty$. Multiplicamos y dividimos por la expresión conjugada:

$$\lim_{x \to +\infty} \left(\sqrt{x^2 - 3x} - \sqrt{x^2 + 2} \right) =$$

$$= \lim_{x \to +\infty} \frac{\left(\sqrt{x^2 - 3x} - \sqrt{x^2 + 2} \right)\left(\sqrt{x^2 - 3x} + \sqrt{x^2 + 2} \right)}{\sqrt{x^2 - 3x} + \sqrt{x^2 + 2}} =$$

$$= \lim_{x \to +\infty} \frac{(x^2 - 3x) - (x^2 + 2)}{\sqrt{x^2 - 3x} + \sqrt{x^2 + 2}} = \lim_{x \to +\infty} \frac{-3x - 2}{\sqrt{x^2 - 3x} + \sqrt{x^2 + 2}} =$$

$$= \lim_{x \to +\infty} \frac{-3x}{2x} = -\frac{3}{2}$$

e) *Calcular el siguiente límite:*

$$\lim_{x \to 2} \left(\frac{x+1}{x^2 - 4} - \frac{x-1}{x-2} \right)$$

Resulta una indeterminación del tipo $\infty - \infty$. En este caso, basta con operar para resolverla:

$$\lim_{x \to 2} \left(\frac{x+1}{x^2 - 4} - \frac{x-1}{x-2} \right) = \lim_{x \to 2} \frac{x + 1 - (x-1)(x+2)}{x^2 - 4 =}$$

$$= \lim_{x \to 2} \frac{-x^2 + 3}{x^2 - 4} = \frac{-1}{0}$$

Estudiando los límites laterales, obtenemos, cuando x tiende a 2 por la izquierda:

$$\lim_{x \to 2^-} \frac{-x^2 + 3}{x^2 - 4} = \frac{-1}{0^-} = +\infty$$

$$\lim_{x \to 2^+} \frac{-x^2 + 3}{x^2 - 4} = \frac{-1}{0^+} = -\infty$$

Por tanto:

$$\lim_{x \to 2} \left(\frac{x+1}{x^2 - 4} - \frac{x-1}{x-2} \right) = \infty$$

f) *Resolver el siguiente límite:*

$$\lim_{x \to 3} \left[(x-3) \cdot \left(2 + \frac{1}{x-3} \right) \right]$$

Aquí también basta con operar para resolver esta indeterminación, del tipo $0 \cdot \infty$:

$$\lim_{x \to 3} \left[(x-3) \cdot \left(2 + \frac{1}{x-3} \right) \right] = \lim_{x \to 3} [2(x-3) + 1] = \lim_{x \to 3} (2x - 5) = 1$$

g) *Resolver el siguente límite:*

$$\lim_{x\to+\infty}\left(\frac{2x+1}{2x}\right)^{x-3}$$

Para resolver esta indeterminación del tipo 1^{∞}, hay que tener en cuenta lo siguiente:

$$\lim_{x\to+\infty}\left(1+\frac{1}{x}\right)^{x}=\mathrm{e}$$

y en general podemos escribir:

$$\lim_{f(x)\to+\infty}\left(1+\frac{1}{f(x)}\right)^{f(x)}=\mathrm{e}$$

Para poder aplicarlo, operamos de la siguiente manera:

$$\lim_{x\to+\infty}\left(\frac{2x+1}{2x}\right)^{x-3}=\lim_{x\to+\infty}\left(1+\frac{2x+1}{2x}-1\right)^{x-3}=\lim_{x\to+\infty}\left(1+\frac{1}{2x}\right)^{x-3}=$$

$$=\lim_{x\to+\infty}\left(1+\frac{1}{2x}\right)^{2x\cdot\frac{x-3}{2x}}=\lim_{x\to+\infty}\left[\left(1+\frac{1}{2x}\right)^{2x}\right]^{\frac{x-3}{2x}}=$$

$$=\left[\lim_{x\to+\infty}\left(1+\frac{1}{2x}\right)^{2x}\right]^{\lim_{x\to+\infty}\frac{x-3}{2x}}=\mathrm{e}^{\lim_{x\to+\infty}\frac{x-3}{2x}}=\mathrm{e}^{1/2}$$

h) *Resolver el siguiente límite:*

$$\lim_{x\to+\infty}\left(1-\frac{x+3}{3-x^2}\right)^{-x}$$

Esta indeterminación es del tipo $1^{-\infty}$ y se resuelve aplicando el mismo procedimiento que en el ejemplo anterior:

$$\lim_{x\to+\infty}\left(1-\frac{x+3}{3-x^2}\right)^{-x}=\lim_{x\to+\infty}\left(1+\frac{x+3}{x^2-3}\right)^{-x}=$$

$$=\lim_{x\to+\infty}\left(1+\frac{1}{\frac{x^2-3}{x+3}}\right)^{\frac{x^2-3}{x+3}\cdot(-x)\cdot\frac{x+3}{x^2-3}}=$$

$$=\lim_{x\to+\infty}\left[\left(1+\frac{1}{\frac{x^2-3}{x+3}}\right)^{\frac{x^2-3}{x+3}}\right]^{\frac{-x^2-3}{x-3}}=$$

$$=\left[\lim_{x\to+\infty}\left(1+\frac{1}{\frac{x^2-3}{x+3}}\right)^{\frac{x^2-3}{x+3}}\right]^{\lim_{x\to+\infty}\frac{-x^2-3}{x^2-3}}=\mathrm{e}^{\lim_{x\to+\infty}\frac{-x^2-3}{x^2-3}}=\mathrm{e}^{-1}=\frac{1}{\mathrm{e}}$$

EJEMPLOS

i) *Resolver* $\lim_{x\to 2}\left(\frac{x+2}{2x}\right)^{\frac{1}{x+2}}$

Esta indeterminación es del tipo 1^∞ y se resuelve del mismo modo que en los dos ejemplos anteriores:

$$\lim_{x\to 2}\left(\frac{x+2}{2x}\right)^{\frac{1}{x+2}}=\lim_{x\to 2}\left(1+\frac{x+2}{2x}-1\right)^{\frac{1}{x+2}}=\lim_{x\to 2}\left(1+\frac{-x+2}{2x}\right)^{\frac{1}{x+2}}=$$

$$=\lim_{x\to +2}\left(1+\frac{1}{\frac{-2x}{x-2}}\right)^{\frac{1}{x+2}}=\lim_{x\to +2}\left(1+\frac{1}{\frac{-2x}{x-2}}\right)^{\frac{-2x}{x-2}\cdot\frac{1}{-2x}}=$$

$$=\lim_{x\to +2}\left[\left(1+\frac{1}{\frac{-2x}{x-2}}\right)^{\frac{-2x}{x-2}}\right]^{\frac{1}{-2x}}=\left[\lim_{x\to +2}\left(1+\frac{1}{\frac{-2x}{x-2}}\right)^{\frac{-2x}{x-2}}\right]^{\lim_{x\to 2}\frac{1}{-2x}}=$$

$$=e^{\lim_{x\to 2}\frac{1}{-2x}}=e^{-1/4}=\frac{1}{e^{1/4}}=\frac{1}{\sqrt[4]{e}}$$

Hay indeterminaciones que no es posible resolver con los métodos explicados. En este caso, es útil aproximar con la calculadora. Por ejemplo:

$$\lim_{x\to 1}\left(\frac{\ln x}{x-1}\right)=\left(\frac{0}{0}\right)=1$$

$$\lim_{x\to 3^+}(x^2-9)^{x-3}=(0^0)=1$$

$$\lim_{x\to -1^-}\left(\frac{2}{x^2-1}\right)^{x+1}=(+\infty)^0=1$$

ACTIVIDADES

15 Resuelve los siguientes límites:

a) $\lim_{x\to 1}\frac{3x^2-4x+1}{x^3-x^2-3x+3}$

b) $\lim_{x\to +\infty}\sqrt{x^2-2x}-(x-2)$

c) $\lim_{x\to -\infty}\left(\frac{3x^2+1}{5x^2-2}\right)^x$

d) $\lim_{x\to +\infty}\sqrt{x^2+5x}-x$

e) $\lim_{x\to +\infty}\left(\frac{x+1}{x-2}\right)^{\sqrt{x^2+5x}}$

f) $\lim_{x\to 0}\frac{x}{\sqrt{1-x}-1}$

g) $\lim_{x\to 2}\frac{\sqrt{x+2}-2}{x-2}$

h) $\lim_{x\to 1}\frac{x^3-1}{x-1}$

i) $\lim_{x\to +\infty}\left(\frac{3x-2}{3x+1}\right)^{-6x}$

j) $\lim_{x\to +\infty}\left(\frac{2x^2-1}{2x^2+2x-1}\right)^{x+1}$

k) $\lim_{x\to 2}\left(\frac{x^2-x-2}{2x^2-3x-2}\right)^{\frac{1}{(x-2)^2}}$

l) $\lim_{x\to 0}(2x+1)^{1/x}$

m) $\lim_{x\to -1}\left(\frac{x+1}{x-1}-\frac{x+1}{x^2-x}\right)$

n) $\lim_{x\to 3}\frac{2x-6}{\sqrt{2x}-\sqrt{6}}$

ñ) $\lim_{x\to 1/2}e^{\frac{1}{2x-1}}$

o) $\lim_{x\to +\infty}\frac{e^{3x}+3x}{2^x}$

Solución: ***a)*** -1 ***b)*** 1 ***c)*** $+\infty$ ***d)*** 5/2 ***e)*** e^3 ***f)*** -2 ***g)*** 1/4 ***h)*** 3 ***i)*** e^6 ***j)*** 1/e ***k)*** 0 ***l)*** e^2 ***m)*** 2 ***n)*** $2\sqrt{6}$ ***ñ)*** $\lim_{x\to 1/2^-}e^{\frac{1}{2x-1}}=0$, $\lim_{x\to 1/2^+}e^{\frac{1}{2x-1}}=+\infty$, $\nexists\ \lim_{x\to 1/2}e^{\frac{1}{2x-1}}$ ***o)*** $+\infty$

6 Continuidad de una función en un punto

6.1. Función continua en un punto

Sea f una función real de variable real; se dice que f es **continua** en $x = a$ si:

- La función está definida en a, es decir, existe $f(a)$.
- La función tiene límite en a:

$$\lim_{x \to a} f(x) = L$$

- La imagen de a por f y el límite en a coinciden:

$$\lim_{x \to a} f(x) = f(a)$$

Si alguna de las condiciones anteriores no se cumple, la función es **discontinua** en $x = a$. Por ejemplo, las funciones de la figura 5.40 son discontinuas en $x = a$.

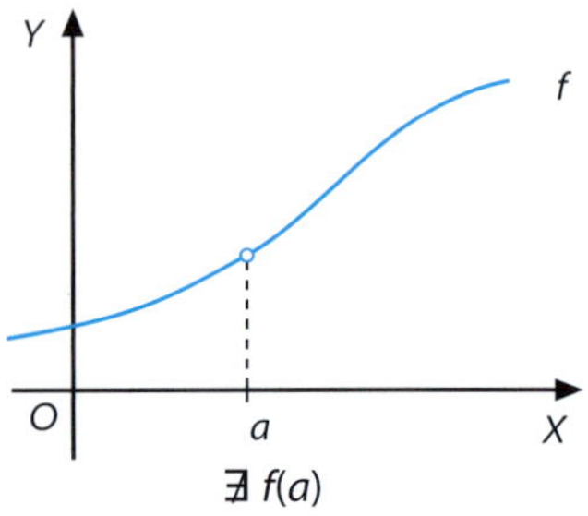

FIGURA 5.40.a.

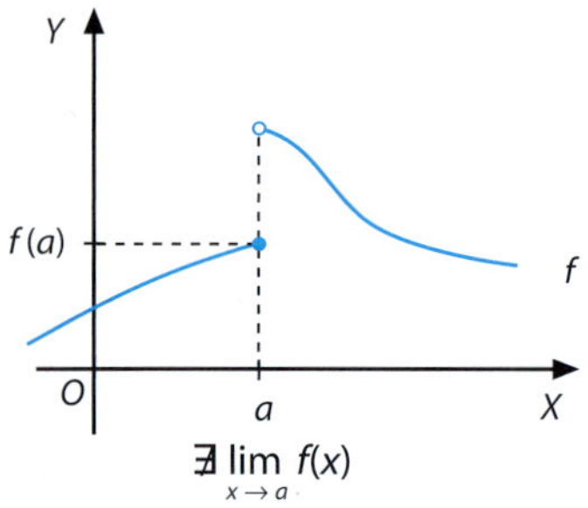

FIGURA 5.40.b.

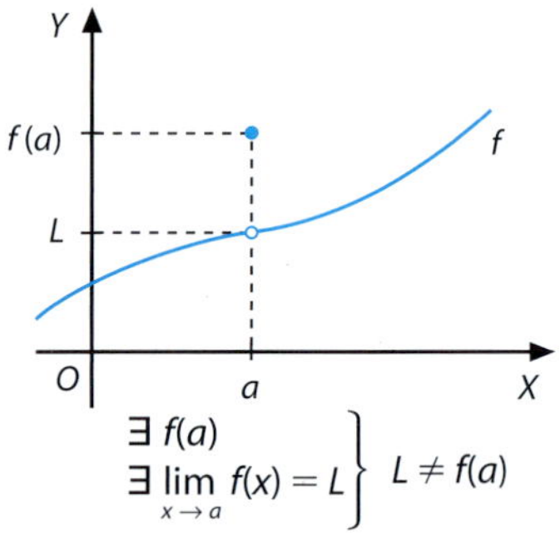

FIGURA 5.40.c.

A partir del concepto de límite, es posible redefinir la continuidad en un punto del siguiente modo: una función, f, es continua en a si, para cualquier entorno de $f(a)$, tan pequeño como se quiera, se puede encontrar un entorno de a cuyos puntos tengan sus imágenes contenidas en el entorno de $f(a)$.

Como se observa en la figura 5.41, si $x \in (a - \delta,\ a + \delta)$, entonces $f(x) \in (f(a) - \varepsilon, f(a) + \varepsilon)$.

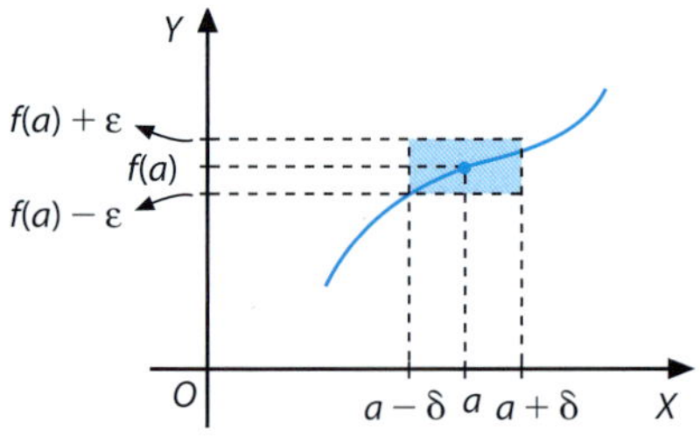

FIGURA 5.41.

La situación que muestra la figura se puede describir así:

> Sea f una función real de variable real; se dice que f es continua en $x = a$ si:
>
> - Existe $f(a)$.
> - Para todo número real, $\varepsilon > 0$, se puede determinar un número real, $\delta > 0$, tal que, si $|x - a| < \delta$, entonces $|f(x) - f(a)| < \varepsilon$.

Una función es continua en un intervalo abierto si lo es en todos sus puntos.

Observa

Para estudiar la continuidad en $x = a$, es necesario que f esté definida en a y en un entorno de a. Este detalle es importante a la hora de analizar la continuidad de una función en un intervalo.

EJEMPLOS

a) *Verificar que las funciones $f(x) = x$ y $f(x) = k$ son continuas en $\mathbb{R}$.*

La función está definida para todo valor real a, y basta con tomar $\delta = \varepsilon$ para que, si $|x - a| < \delta$, entonces $|f(x) - f(a)| < \varepsilon$.

$f(x) = k$, $k \in \mathbb{R}$, cumple que $|f(x) - f(a)| = 0 < \varepsilon$ para cualquier entorno de a, por lo que la función constante es continua en $\mathbb{R}$.

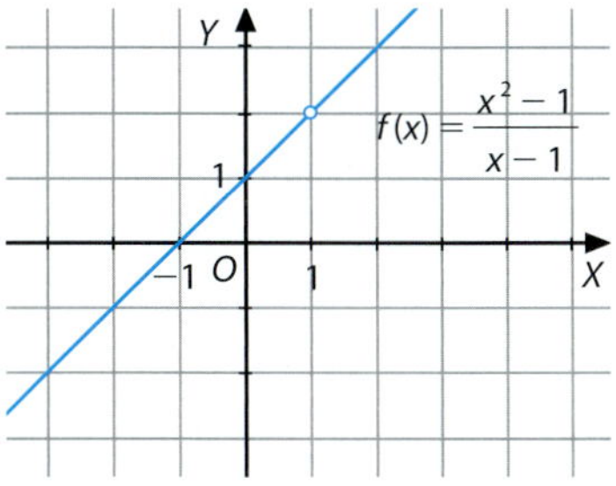

FIGURA 5.42.

b) *Dada la función $f(x) = \dfrac{x^2 - 1}{x - 1}$, estudiar qué valor debe asignarse a $f(1)$ para que la función sea continua.*

No existe $f(1)$, ya que $x = 1$ no es del dominio de f: Dom $f = \mathbb{R} - \{1\}$. Pero:

$$\lim_{x \to 1} \frac{x^2 - 1}{x - 1} = \left(\frac{0}{0}\right) = \lim_{x \to 1} \frac{(x+1)(x-1)}{x - 1} = \lim_{x \to 1} (x + 1) = 2$$

Si se define $f(1) = 2$, la función es continua en $x = 1$ (figura 5.42).

c) *Dada la función $f(x) = 2^{1/x}$, estudiar qué valor debe asignarse a $f(0)$ para que la función sea continua en $x = 0$.*

No existe $f(0)$, puesto que $x = 0$ no es del dominio de f.

Pero tampoco existe el límite cuando x tiende a cero, porque:

$$\left.\begin{array}{l} \lim\limits_{x \to 0^-} 2^{1/x} = 2^{1/0^-} = 2^{-\infty} = 0 \\ \lim\limits_{x \to 0^+} 2^{1/x} = 2^{1/0^+} = 2^{+\infty} = +\infty \end{array}\right\} \Rightarrow \nexists \lim_{x \to 0} 2^{1/x}$$

La función presenta una asíntota vertical en $x = 0$.

Por tanto, es imposible evitar la discontinuidad.

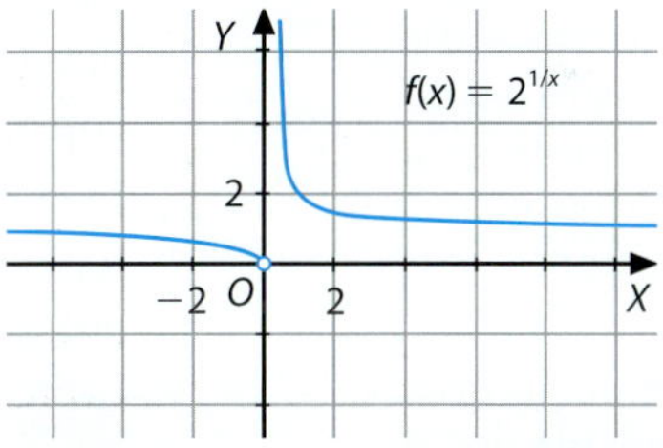

FIGURA 5.43.

ACTIVIDADES

16 Estudia la continuidad de las siguientes funciones en los puntos que se indican:

a) $f(x) = E(x)$, en $x = \dfrac{2}{3}$ y en $x = 1$

b) $f(x) = \dfrac{2 - x}{x^2 - 2x}$, en $x = 0$ y en $x = 2$

c) $f(x) = 4 - \ln x$, en $x = 0$ y en $x = 4$

Solución: ***a)*** En $x = 2/3$ es continua; en $x = 1$ no es continua, porque los límites laterales son distintos. ***b)*** En $x = 0$ y en $x = 2$ no existe imagen, por lo que f no es continua. ***c)*** En $x = 0$ no es continua, puesto que no es del dominio; en $x = 4$ es continua.

17 Indica en qué casos es posible salvar la discontinuidad en las funciones de la actividad anterior.

Solución: En ***b)*** se puede salvar la discontinuidad en el punto $x = 2$ imponiendo $f(2) = \lim\limits_{x \to 2} f(x) = -1/2$.

6.2. Propiedades derivadas de la continuidad de una función en un punto

Operaciones con funciones continuas

Si f y g son funciones continuas en a, entonces:

1. $f + g$ es continua en a.

2. $f \cdot g$ es continua en a.

3. Si, además, $g(a) \neq 0$, $\frac{f}{g}$ es continua en a.

Estas propiedades se derivan de forma inmediata de las operaciones con límites. Como ejemplo, demostramos a continuación la primera de las propiedades:

Si f y g son continuas en a, entonces:

$$\lim_{x \to a} f(x) = f(a)$$

$$\lim_{x \to a} g(x) = g(a)$$

Puesto que el límite de una suma es igual a la suma de los límites tenemos lo siguiente:

$$\lim_{x \to a} (f+g)(x) = \lim_{x \to a} f(x) + \lim_{x \to a} g(x) = f(a) + g(a) = (f+g)(a)$$

Es decir, $f + g$ es continua en a.

Estas propiedades tienen dos consecuencias importantes:

- Como la función identidad y la función constante son continuas en $\mathbb{R}$, su suma y su producto también lo son; en particular, x^n y $a_n x^n$ son continuas. De aquí se concluye que las funciones polinómicas son continuas en $\mathbb{R}$, puesto que son sumas de monomios constituidos por productos de una constante y una potencia de x.
- De la tercera propiedad, y de la consecuencia anterior, se deduce que toda función racional es continua en su dominio, es decir, en todos los puntos que no anulen el denominador. Más aún, cualquier función que se pueda expresar como cociente de funciones continuas, es continua en su dominio, puesto que es la suma, el producto o el cociente de funciones continuas. Son por ejemplo, continuas en su dominio las funciones:

$$f(x) = \frac{3x^3 - 2x^2 + x - 2}{x^4 - 1}$$

$$g(x) = \frac{xe^x + 1}{3x}$$

$$h(x) = \frac{5x^2 + e^x}{7x + 2}$$

Esta propiedad nos permite deducir la continuidad de un gran número de funciones que se pueden expresar como composición de otras continuas.

Por ejemplo, la siguiente función:

$$f(x) = \ln(1 - x^2)$$

es continua en su dominio, esto es, en $(-1, 1)$, puesto que se puede expresar como la composición de una función polinómica, $h(x)$, y una función logarítmica, $g(x)$:

$$x \xrightarrow{h} 1 - x^2 \xrightarrow{g} \ln(1 - x^2)$$

Agustin-Louis, barón de Cauchy

(1789-1857). Coetáneo de Carl Friedrich Gauss, fue su más importante rival. Gauss jamás hizo ninguna referencia a Cauchy en sus escritos. Sus talantes eran absolutamente diferentes: mientras que el primero era un más que discutible profesor, a Cauchy le gustaba enseñar y publicaba rápidamente sus hallazgos.

La gran extensión de su obra escrita solo es superada por la de Euler. Sin embargo, al contrario que este, que se atrevía a escribir sobre cualquier rama de la matemática utilizando conceptos y definiciones no siempre rigurosos, Cauchy imprimía una estricta elegancia matemática y una gran precisión a sus teoremas. Su concepto de límite es más preciso que el propuesto por D'Alembert y fundamenta de manera definitiva la teoría de las funciones de variable real. La definición de función continua que propuso es análoga a la que se utiliza hoy día.

Así mismo, destacan sus contribuciones en el terreno de la mecánica, la astronomía y la óptica.

d) *Estudiar la continuidad de la función:*

$$f(x) = \begin{cases} \dfrac{1}{e^x - 1} & \text{si } x < 0 \\ 3x - 1 & \text{si } 0 \leq x < 2 \\ x^2 + 1 & \text{si } x \geq 2 \end{cases}$$

En $x < 0$, f es continua, puesto que su expresión es un cociente de funciones continuas para todo valor real, excepto el cero, en que el denominador se anula.

En $0 < x < 2$, f es continua, puesto que su expresión es una función polinómica, continua para todo valor real. Lo mismo sucede para $x > 2$.

El dominio de esta función es $\mathbb{R}$. Pero, debido a que es una función a trozos, hay que determinar si existe el límite en los extremos de los intervalos de definición, es decir, en $x = 0$ y $x = 2$:

$$\left.\begin{array}{l} \lim\limits_{x \to 0^-} f(x) = \lim\limits_{x \to 0^-} \dfrac{1}{e^x - 1} = \left(\dfrac{1}{0^-}\right) = -\infty \\ \lim\limits_{x \to 0^+} f(x) = \lim\limits_{x \to 0^+} (3x - 1) = -1 \end{array}\right\} \Rightarrow \nexists \lim_{x \to 0} f(x)$$

$$\left.\begin{array}{l} \lim\limits_{x \to 2^-} f(x) = \lim\limits_{x \to 2^-} (3x - 1) = 5 \\ \lim\limits_{x \to 2^+} f(x) = \lim\limits_{x \to 2^+} (x^2 + 1) = 5 \end{array}\right\} \Rightarrow \lim_{x \to 2} f(x) = 5 \text{ y } f(2) = 5$$

Por lo que f es continua en $\mathbb{R} - \{0\}$. En $x = 0$ presenta una asíntota vertical.

e) *Averiguar el valor del parámetro a para que la siguiente función sea continua en su dominio:*

$$f(x) = \begin{cases} \dfrac{\ln x}{x - 1} & \text{si } x \neq 1 \\ a & \text{si } x \neq 1 \end{cases}$$

$\text{Dom } f(x) = \{x \in \mathbb{R} \mid x > 0\} = (0, +\infty)$

Como $\ln x$ es continua en $(0, +\infty)$ y $x - 1$ es continua en $\mathbb{R}$, tenemos que $\dfrac{\ln x}{x - 1}$ es continua en $(0, +\infty) - \{x \mid x - 1 = 0\}$. Es decir, $\dfrac{\ln x}{x - 1}$ es continua en $(0, 1) \cup (1, +\infty)$.

Para que $f(x)$ sea continua en $x = 1$, basta con hacer:

$$f(1) = \lim_{x \to 1} \frac{\ln x}{x - 1} = a$$

Como $\lim\limits_{x \to 1} \dfrac{\ln x}{x - 1} = \dfrac{0}{0}$, para resolver esta indeterminación, realizamos una aproximación con la calculadora y obtenemos:

$$\lim_{x \to 1} \frac{\ln x}{x - 1} = 1$$

Por tanto, si $a = 1$, la función es continua en $(0, +\infty)$.

Observa

Cuando decimos que una función tiene **límite en un punto**, nos referimos siempre a **límite finito.** Recuerda que la expresión **límite infinito en *a*** indica un determinado comportamiento de una función no convergente en *a*, es decir, **sin límite en *a*.**

6.3. Tipos de discontinuidades

La clasificación general de las discontinuidades atiende, básicamente, a la existencia o no de límite. En este curso profundizaremos un poco más en dicha clasificación.

Discontinuidad evitable

Una función f tiene una discontinuidad evitable en $x = a$ si existe $\lim\limits_{x \to a} f(x) = L$, aunque $f(a)$ no exista o $f(a) \neq L$.

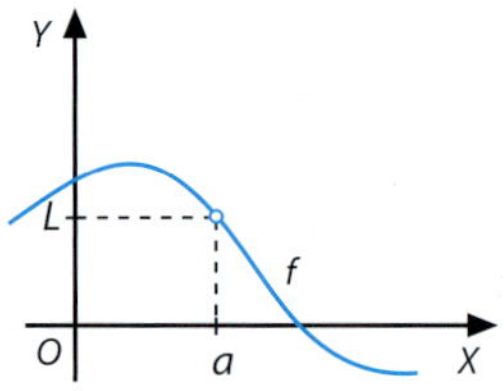

$\nexists\, f(a)$

Discontinuidad evitable

FIGURA 5.44.a.

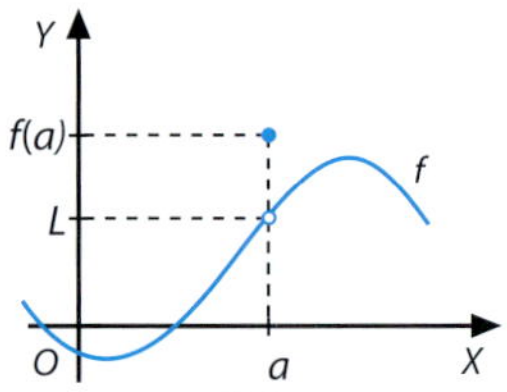

$f(a) \neq L$

Discontinuidad evitable

FIGURA 5.44.b.

Discontinuidad inevitable

Una función f tiene una discontinuidad inevitable en $x = a$ si no existe $\lim\limits_{x \to a} f(x)$. En este caso, pueden presentarse dos situaciones:

- No existe $\lim\limits_{x \to a} f(x)$ porque los dos límites laterales son finitos pero desiguales. Esta discontinuidad inevitable se llama discontinuidad de **salto** (figura 5.45).
- No existe $\lim\limits_{x \to a} f(x)$ porque uno o los dos límites laterales son infinitos o no existen. Estas discontinuidades reciben el nombre genérico de **esenciales.** En el caso de que determinen una asíntota vertical se suelen llamar **asintóticas** (figuras 5.46 a, b y c).

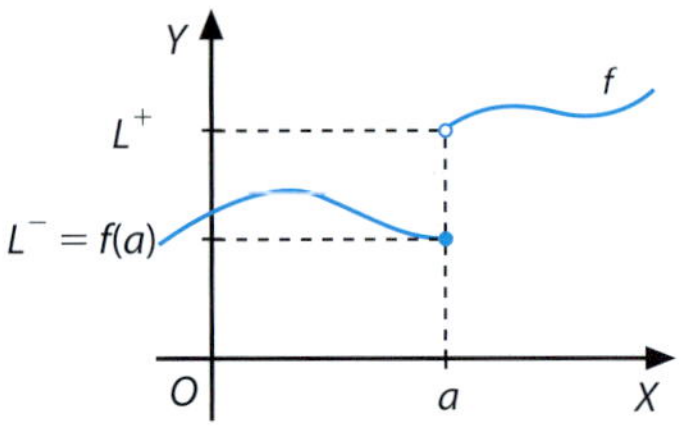

$$\left.\begin{array}{l}\lim\limits_{x \to a^+} f(x) = L^+ \\ \lim\limits_{x \to a^-} f(x) = L^- = f(a)\end{array}\right\} L^+ \neq L^- \Rightarrow \nexists \lim\limits_{x \to a} f(x)$$

Discontinuidad de salto.

FIGURA 5.45.

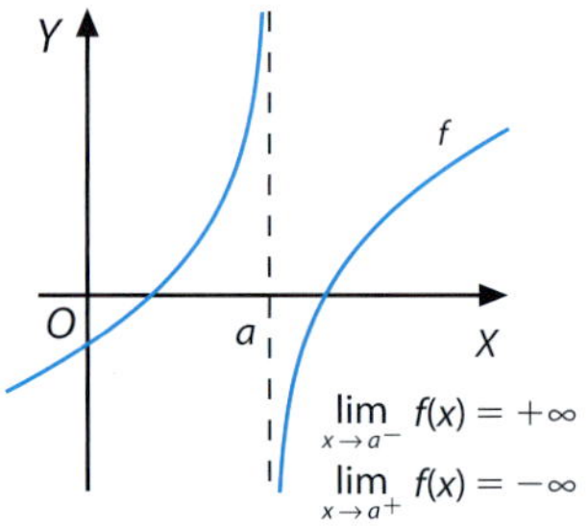

Discontinuidad asintótica

FIGURA 5.46.a.

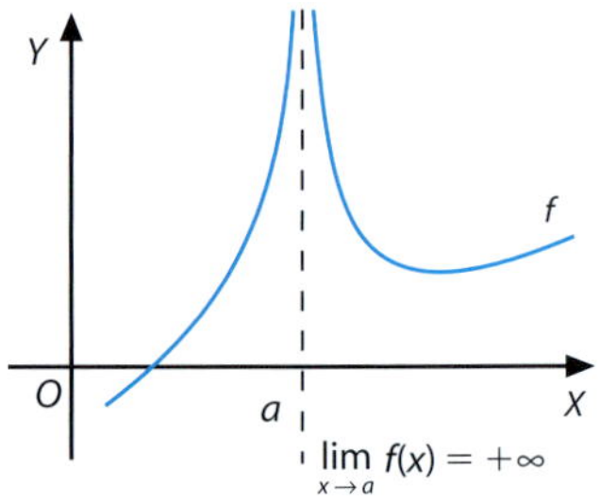

Discontinuidad asintótica

FIGURA 5.46.b.

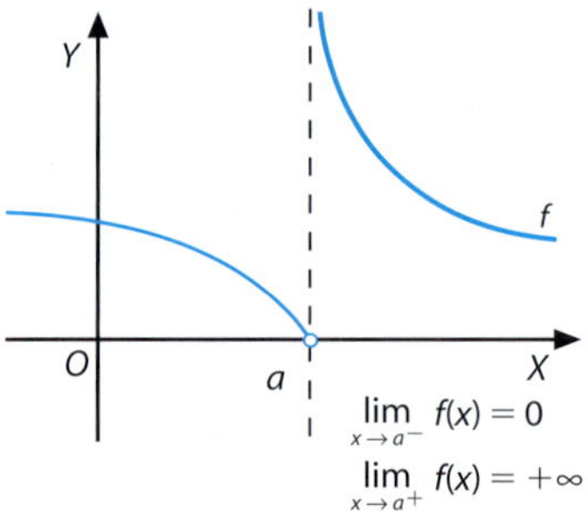

Discontinuidad asintótica

FIGURA 5.46.c.

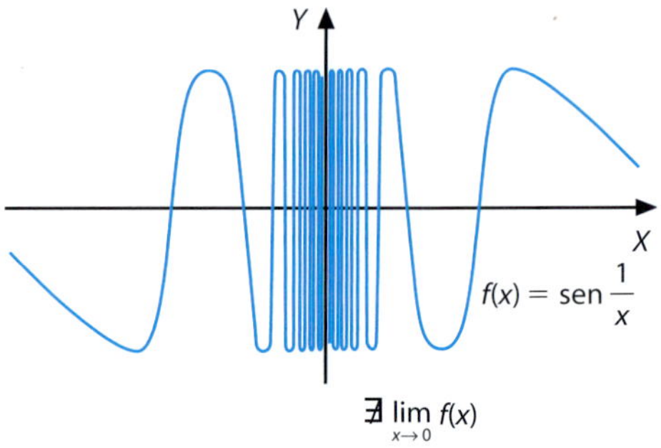

Discontinuidad no asintótica

FIGURA 5.46.d.

Observa

Si existe el límite de una función f en un punto a, y es diferente de cero, $L \neq 0$, entonces existe un entorno reducido de a en el que la función tiene el mismo signo que L.

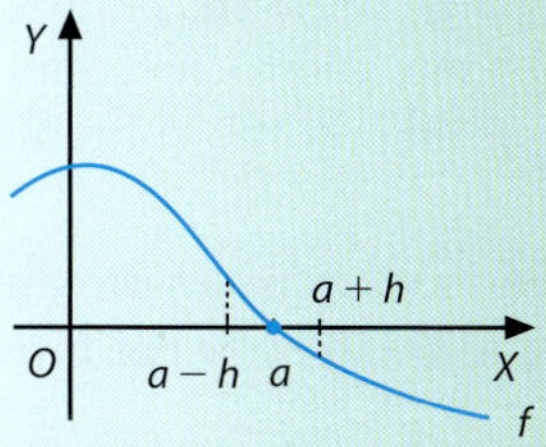

FIGURA 5.47.

Si existe el límite de una función f en un punto a, f está acotada en un entorno reducido de a.

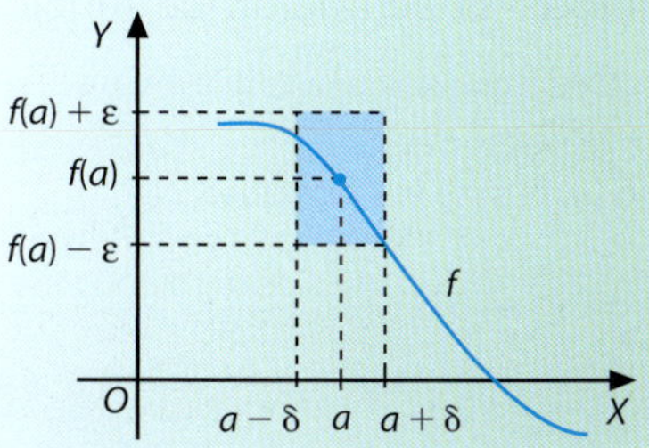

f continua en $a \Leftrightarrow |x-a|<\delta \Rightarrow$
$\Rightarrow |f(x)-f(a)|<\varepsilon$

FIGURA 5.48.

EJEMPLOS

f) *Clasificar las discontinuidades de la siguiente función:*

$$f(x)=\frac{x+1}{2x^2+x-1}$$

Puesto que $f(x)$ es racional, es continua en su dominio.

$$\text{Dom } f=\{x\in\mathbb{R}\mid 2x^2+x-1\neq 0\}$$

El denominador se anula en $x=-1$ y $x=1/2$, por lo que:

$$\text{Dom } f=\mathbb{R}-\{-1,\ 1/2\}$$

Para conocer el tipo de discontinuidad que presenta f en los puntos que no son del dominio, debe averiguarse si existe el límite de f en ellos:

$$\lim_{x\to -1}\frac{x+1}{2x^2+x-1}=\left(\frac{0}{0}\right)=\lim_{x\to -1}\frac{x+1}{(x+1)(2x-1)}=\lim_{x\to -1}\frac{1}{2x-1}=\frac{-1}{3}$$

Por tanto, en $x=-1$ la discontinuidad es evitable.

$$\lim_{x\to 1/2}\frac{x+1}{2x^2+x-1}=\lim_{x\to 1/2}\frac{x+1}{(x+1)(2x-1)}=\lim_{x\to 1/2}\frac{1}{2x-1}=\frac{1}{0}=\infty$$

Es decir, en $x=1/2$ la discontinuidad es asintótica.

ACTIVIDADES

18 Estudia la continuidad de las siguientes funciones:

a) $f(x)=\dfrac{3x^2-x}{x^3-1}$

b) $f(x)=\begin{cases}2^x & \text{si } x<0\\ x^2+1 & \text{si } x\geq 0\end{cases}$

c) $f(x)=\dfrac{\sqrt{2}-\sqrt{2-x}}{x}$

d) $f(x)=\ln(x^2-1)$

Solución: ***a)*** Continua en $\mathbb{R}-\{1\}$. ***b)*** Continua en $\mathbb{R}$. ***c)*** Continua en $(-\infty,0)\cup(0,2)$. ***d)*** Continua en $\mathbb{R}-[-1,1]$.

19 Estudia para qué valores del parámetro a son continuas en $\mathbb{R}$ las siguientes funciones:

a) $f(x)=\begin{cases}ax^3-3x^2+ax+2 & \text{si } x<-1\\ x^2-ax^2+1 & \text{si } x\geq -1\end{cases}$

b) $f(x)=\begin{cases}\dfrac{(x+1)^2-1}{x} & \text{si } x\neq 0\\ a & \text{si } x=0\end{cases}$

Solución: ***a)*** $a=-3$ ***b)*** $a=2$

20 Clasifica las discontinuidades de la función $f(x)=\dfrac{x^2+|x|}{x^2-x}$.

Solución: En $x=0$, discontinuidad de salto; en $x=1$, discontinuidad asintótica.

21 Clasifica las discontinuidades de las funciones de la actividad 18. Cuando la discontinuidad sea evitable, calcula el valor que debe asignarse a la función para salvar la discontinuidad.

Solución: ***a)*** En $x=1$, discontinuidad asintótica. ***b)*** No hay discontinuidades.

c) En $x=0$, discontinuidad evitable: si $f(0)=\dfrac{1}{2\sqrt{2}}$, f es continua en $(-\infty,2)$.

d) En $x=1$ y $x=-1$, discontinuidades esenciales. Asíntotas verticales en $x=1$ y $x=-1$.

Observa

Puede ocurrir que la función no esté definida en algún entorno del punto. En el ejemplo de la figura 5.49, la función no es continua en el intervalo (a, b).

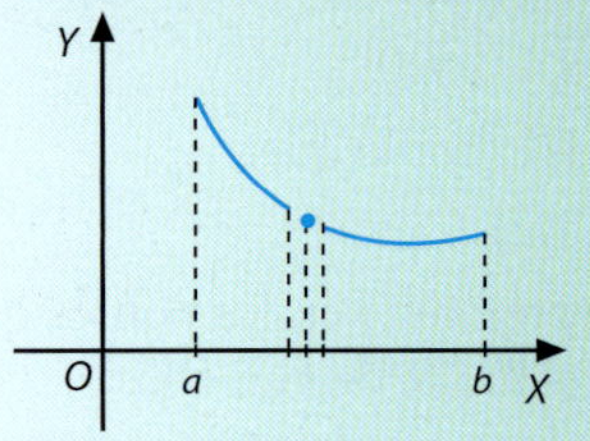

FIGURA 5.49.

7 Continuidad de una función en un intervalo

7.1. Función continua en un intervalo

Como se ha indicado en el epígrafe anterior, una función, f, es continua en un intervalo abierto, (a, b), cuando es continua en todos sus puntos. Esta afirmación no plantea, en principio, ningún problema, puesto que, para todo punto de un intervalo abierto, es posible encontrar un entorno contenido en el intervalo.

Para definir la continuidad en un intervalo cerrado, es necesario ampliar la definición de continuidad para los puntos que son extremos del intervalo cerrado.

Por ejemplo, consideremos la función $f(x) = \sqrt{-x^2 + 1}$, definida en $[-1, 1]$. Su representación gráfica es la que se indica en la figura 5.50. Como se observa, es posible dibujarla sin levantar el lápiz del papel en el intervalo $[-1, 1]$. Por tanto, intuitivamente, es continua en este intervalo. Pero ¿cómo justificar la continuidad en los puntos -1 y 1? Para ello, es necesario utilizar el concepto de límite lateral a fin de establecer la definición de función continua en un intervalo cerrado.

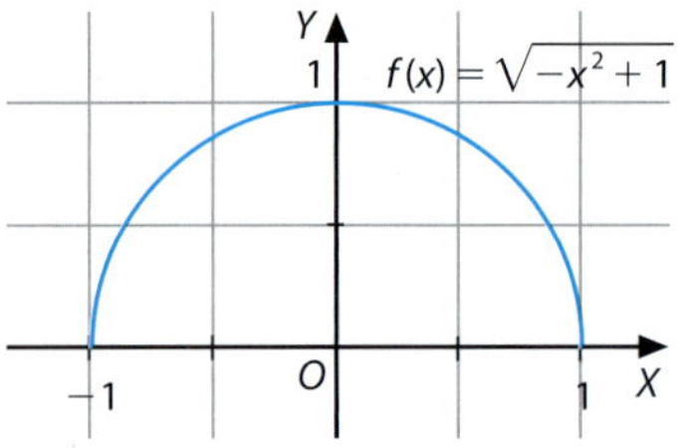

FIGURA 5.50.

Una función f es continua en un intervalo cerrado $[a, b]$ si se verifica que:

- f es continua en (a, b).
- $\lim_{x \to a^+} f(x) = f(a)$ y $\lim_{x \to b^-} f(x) = f(b)$

EJEMPLOS

a) *Estudiar la continuidad de la función* $f(x) = \dfrac{1-x}{1+x}$ *en el intervalo* $[-2, 0]$.

En $x = -1 \in [-2, 0]$, la función no es continua, por lo que $f(x)$ no es continua en $[-2, 0]$ (figura 5.51).

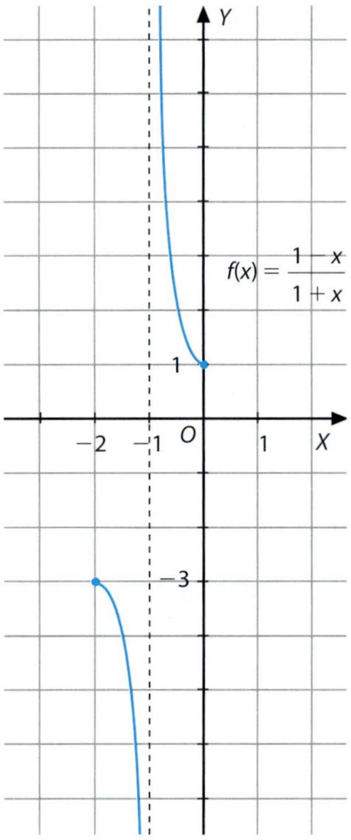

FIGURA 5.51.

b) *Estudiar la continuidad de la siguiente función en el intervalo* $[-1, 0]$:

$$f(x) = \begin{cases} -x & \text{si } x < 0 \\ 1 & \text{si } x \geq 0 \end{cases}$$

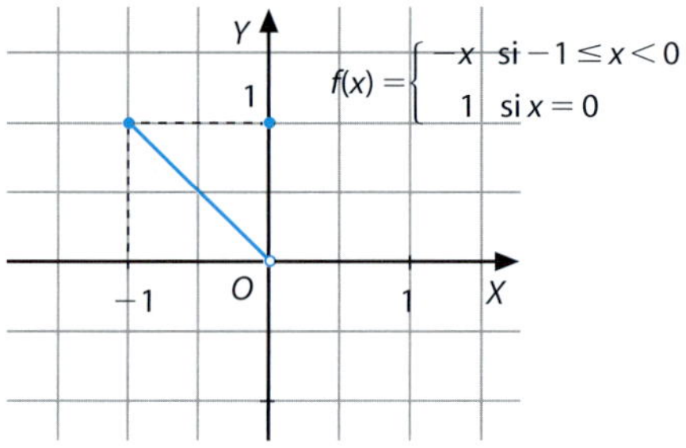

FIGURA 5.52.

$f(x)$ es continua en $(-1, 0)$, sin embargo:

$$\lim_{x \to -1^+} f(x) = 1 = f(-1)$$

$$\lim_{x \to 0^-} f(x) = 0 \neq f(0) = 1$$

Por tanto, $f(x)$ no es continua en $[-1, 0]$.

7.2. Propiedades de una función continua en un intervalo

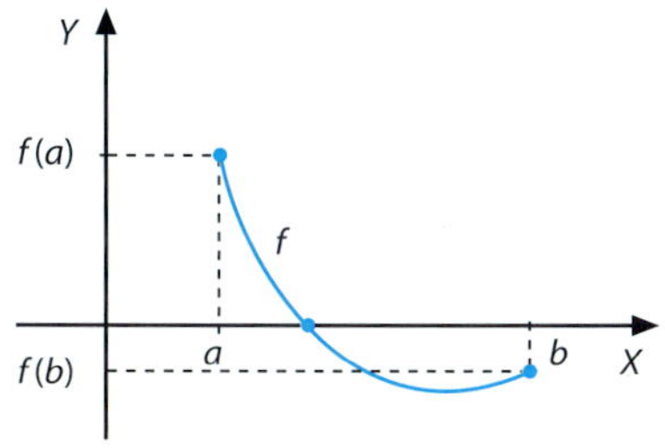

FIGURA 5.53.a.

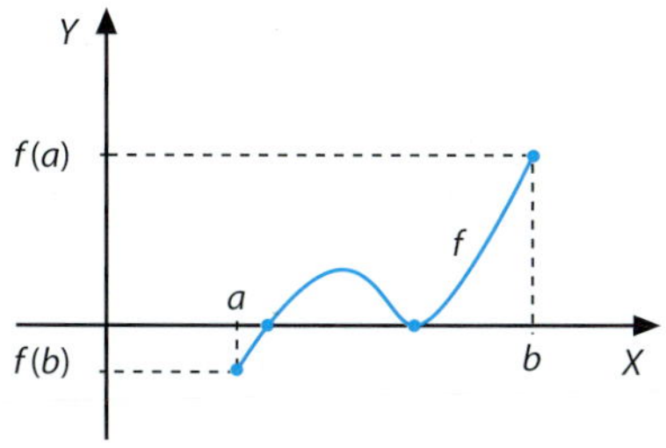

FIGURA 5.53.b.

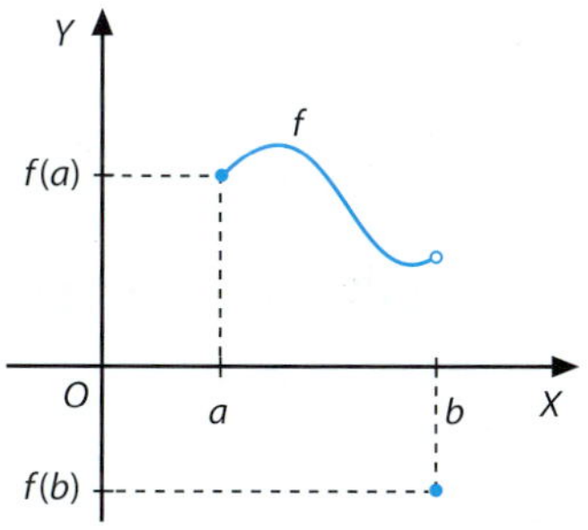

Como f no es continua en $[a, b]$, aunque $f(a) \cdot f(b) < 0$, no se cumple el teorema de Bolzano.

FIGURA 5.54.

Teorema de Bolzano

Si f es una función continua en el intervalo cerrado $[a, b]$, y $f(a) \cdot f(b) < 0$, existe al menos un punto $x \in (a, b)$, tal que $f(x) = 0$.

Para comprender este teorema se puede traducir su enunciado al lenguaje gráfico. Si la gráfica de una función continua en un intervalo cerrado es tal que el signo de las imágenes de los extremos es diferente, la curva, ha de cortar forzosamente el eje de abscisas en al menos un punto (figuras 5.53).

El teorema de Bolzano nos ofrece la posibilidad de calcular, por aproximación, las soluciones de una ecuación $f(x) = 0$. Para ello basta con encontrar dos valores para los que f tenga distinto signo: si f es continua en el intervalo cerrado que determinan estos dos valores, existirá al menos una solución.

E J E M P L O S

c) *Verificar si la siguiente función cumple las hipótesis del teorema de Bolzano en el intervalo* $[-1, 1]$:

$$f(x) = \begin{cases} -1 & \text{si } x < 0 \\ \dfrac{x^2}{2} - 1 & \text{si } x \geq 0 \end{cases}$$

En primer lugar, hay que verificar si la función es continua en $[-1, 1]$. Para ello, basta con estudiar qué sucede en $x = 0$, puesto que la función constante y la polinómica son continuas.

$$f(0) = -1, \qquad \lim_{x \to 0^-} f(x) = -1, \qquad \lim_{x \to 0^+} f(x) = \lim_{x \to 0^+} \left(\frac{x^2}{2} - 1\right) = -1$$

Es decir, $\lim_{x \to 0} f(x) = -1 = f(0)$, por lo que la función es continua en $x = 0$, y, por tanto, en el intervalo considerado, $[-1, 1]$.

En segundo lugar, el producto de las imágenes por f de los puntos extremos debe ser negativo. Puesto que $f(-1) = -1$ y $f(1) = -1/2$ no se cumple la segunda hipótesis y, por tanto, no se puede asegurar que exista ningún punto interior del intervalo cuya imagen sea nula.

d) *Averiguar, con una cifra decimal exacta, la solución de la ecuación* $x^3 - 2x + 1 = 0$, *comprendida en el intervalo* $[-2, -1]$.

La función $f(x) = x^3 - 2x + 1$ es continua en $\mathbb{R}$, por tanto, lo es también en $[-2, -1]$; $f(-2) = -3$ y $f(-1) = 2$, por lo que $f(-2) \cdot f(-1) < 0$. Así pues, $f(x) = 0$ en $(-2, -1)$.

Se calcula el signo de la imagen por f de los siguientes puntos:

$f(-1{,}1) > 0$	$f(-1{,}4) > 0$	$f(-1{,}7) < 0$
$f(-1{,}2) > 0$	$f(-1{,}5) > 0$	$f(-1{,}8) < 0$
$f(-1{,}3) > 0$	$f(-1{,}6) > 0$	$f(-1{,}9) < 0$

Se observa que, en el intervalo $[-1{,}7, -1{,}6]$, la función cambia de signo; de este modo, la solución está en dicho intervalo. Para determinarla con una cifra decimal exacta, se averigua en qué subintervalo de $[-1{,}7, -1{,}6]$ se encuentra, por lo que se repite el proceso. Comprueba que el cambio de signo se produce en el subintervalo $[-1{,}62, -1{,}61]$; así, la solución con la exactitud pedida es $x = -1{,}6$.

Asíntotas oblicuas

Cuando se obtiene ∞ al calcular los límites de una función en el infinito, es posible que la función tenga asíntotas oblicuas.

Una recta de la forma $y = mx + n$, con $m \neq 0$, puede ser asíntota oblicua de una función que diverje en el infinito si, para valores muy grandes de x en valor absoluto, la distancia entre la recta y la curva tiende a cero.

La recta $y = mx + n$ es una **asíntota oblicua** de la función f cuando x tiende a $+\infty$, si $\lim\limits_{x \to +\infty} (f(x) - y) = 0$.

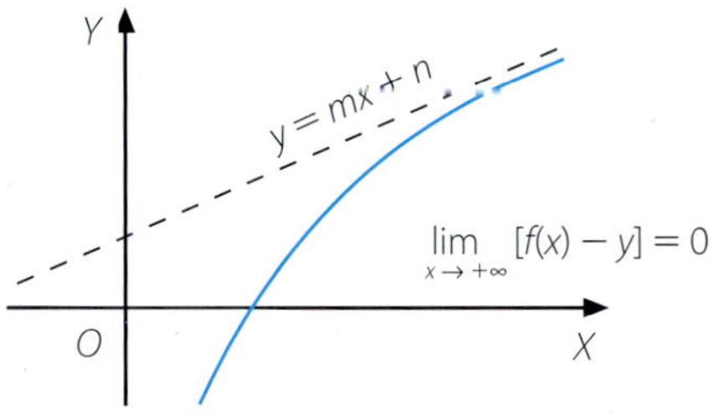

FIGURA 5.55.

La recta $y = mx + n$ es una asíntota de la función f cuando x tiende a $-\infty$, si $\lim\limits_{x \to -\infty} (f(x) - y) = 0$.

Una función puede tener asíntotas distintas para $x \to +\infty$ y para $x \to -\infty$, e incluso tener solo una de las dos.

Cálculo de asíntotas oblicuas

Consideremos la siguiente expresión:

$$\lim_{x \to +\infty} (f(x) - y) = 0 \Rightarrow \lim_{x \to +\infty} (f(x) - mx - n) = 0$$

De la igualdad anterior se deduce que:

$$\lim_{x \to +\infty} (f(x) - mx) = n \Rightarrow \lim_{x \to +\infty} \left[x \cdot \left(\frac{f(x)}{x} - m\right)\right] = n$$

El límite de un producto es igual al producto de los límites de los factores. Puesto que uno de ellos tiende a ∞, y dado que el límite del producto es finito, el límite del otro factor debe ser forzosamente cero, pues, de lo contrario, el límite del producto no existiría, es decir, sería infinito:

$$\lim_{x \to +\infty} x \cdot \left[\left(\frac{f(x)}{x} - m\right)\right] = 0 \Rightarrow \lim_{x \to +\infty} \frac{f(x)}{x} = m$$

Así pues, la ecuación de las posibles asíntotas no verticales de una función se debe calcular, independientemente, cuando x tiende a $+\infty$ y x tiende a $-\infty$:

$$m = \lim \frac{f(x)}{x} \quad \text{y} \quad n = \lim (f(x) - mx)$$

Pueden producirse las siguientes situaciones:

- m y n son números reales: la función tiene asíntota oblicua. Atención: si $m = 0$, la asíntota es horizontal, lo que ya habremos comprobado si hemos tenido la precaución de calcular el límite de la función en el infinito.
- m es un número real y $n = \pm\infty$ o no existe: la función no tiene asíntota oblicua.
- $m = \pm\infty$ o no existe: la función no tiene asíntota oblicua.

En general, cuando hay que calcular las posibles asíntotas de una función, es interesante recordar que:

- Las funciones polinómicas de grado mayor o igual que 2 no tienen asíntotas.
- Si una función tiene asíntota oblicua por uno de sus lados, no tiene asíntota horizontal en ese lado, y viceversa.
- Una función racional, $f(x) = \dfrac{p(x)}{q(x)}$, tiene asíntota oblicua si grad $p(x)$ − grad $q(x) = 1$. De ser así, tiene la misma asíntota a ambos lados.
- La gráfica de una función no puede cortar nunca una asíntota vertical, pero sí una asíntota oblicua u horizontal.

Por último, es importante estudiar la posición de la gráfica de la función respecto de sus asíntotas. En la unidad dedicada a la construcción de gráficas de funciones nos ocuparemos de ello.

1 *Calcular las asíntotas de la función* $f(x) = \dfrac{x^3}{(1+x)^2}$.

En primer lugar, vemos que Dom $f(x) = \mathbb{R} - \{-1\}$

- Asíntotas verticales: Puesto que es una función racional, tiene una asíntota vertical en $x = -1$:

$$\lim_{x \to -1} \frac{x^3}{(1+x)^2} = \frac{-1}{0^+} = -\infty$$

- Asíntotas horizontales:

$$\lim_{x \to +\infty} \frac{x^3}{(1+x)^2} = +\infty \quad \text{y} \quad \lim_{x \to -\infty} \frac{x^3}{(1+x)^2} = -\infty$$

La función no tiene asíntotas horizontales. Esto se puede deducir sin necesidad de efectuar cálculos, porque $f(x)$ es racional y el grado del numerador es mayor que el del denominador en una unidad.

- Asíntotas oblicuas:
  - Para $x \to +\infty$: $m = \lim\limits_{x \to +\infty} \dfrac{x^3}{(1+x)^2} = 1$

  $$n = \lim_{x \to +\infty} \left[\frac{x^3}{(1+x)^2} - x\right] = \lim_{x \to +\infty} \frac{x^3 - x - 2x^2 - x^3}{(1+x)^2} = -2$$

  Es decir, $y = x - 2$ es una asíntota oblicua de $f(x)$ por la derecha.
  - Para $x \to -\infty$, se obtiene la misma asíntota oblicua.

Conclusión: $f(x) = \dfrac{x^3}{(1+x)^2}$ tiene una asíntota vertical en $x = -1$ y una asíntota oblicua $y = x - 2$.

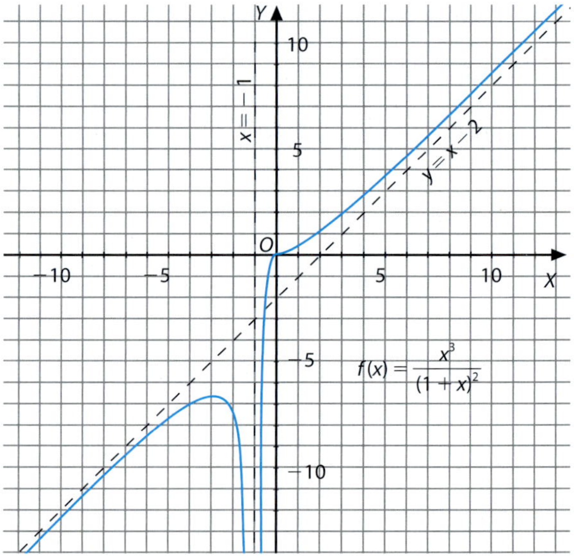

FIGURA 5.56.

Aplicación del teorema de Bolzano

Bernard Bolzano

(1781-1848). Este matemático y filósofo austríaco de origen italiano, desarrolló, en el campo del cálculo, ideas muy parecidas a las de Agustín-louis Cauchy, de quin era contemporáneo, pero sus problemas con la Iglesia, causados por sus propuestas teológicas, hicieron que su obra pasara inadvertida.

Fue profesor de Teología en Praga, y su racionalismo le impulsó a ofrecer una concepción analítica de la filosofía que le enfrentó a las teorías de Kant y los idealistas, por lo que hubo de abandonar su cátedra.

Destacan sus trabajos sobre funciones reales, en particular su demostración puramente analítica del teorema del valor intermedio para funciones continuas, así como sus estudios sobre las paradojas del infinito.

En el campo del análisis, se le puede considerar el precursor de Cantor, y se aproximó mucho más que sus contemporáneos Gauss y Cauchy a lo que podemos llamar matemática moderna.

2 *Sea la función:*

$$f(x) = x^4 - 3x^3 + 2x^2 - 1$$

Demuestra que, para algún valor de $c \in [2, 3]$, se cumple lo siguiente:

$$f(c) = \sqrt{2}$$

Construimos la función:

$$h(x) = f(x) - \sqrt{2}$$

Sabemos que $h(x)$ es una función continua en $[2, 3]$, por ser polinómica.

$$h(2) = 16 - 24 + 8 - 1 - \sqrt{2} = -1 - \sqrt{2} < 0$$

$$h(3) = 81 - 81 + 18 - 1 - \sqrt{2} = 17 - \sqrt{2} > 0$$

Por tanto, la función h cumple las hipótesis del teorema de Bolzano; luego existe, al menos, un $c \in (2, 3)$ tal que $h(c) = 0$, esto es, $f(c) - \sqrt{2} = 0$, es decir, $f(c) = \sqrt{2}$.

3 *¿Tiene la ecuación $x \cdot e^x = 2$ una raíz en el intervalo $[0, 1]$? Enunciar el teorema utilizado en el razonamiento. Describir un procedimiento para aproximar la raíz de esa función y encontrar un intervalo de longitud 0,5 en el que se encuentre dicha raíz.*

Si se construye la función $f(x) = x \cdot e^x - 2$, el problema consiste en determinar si es posible encontrar un cero de la función en el intervalo $(0, 1)$, puesto que ni $x = 0$ ni $x = 1$ son ceros de la misma.

Para ello, aplicamos el teorema de Bolzano: la función es continua en $[0, 1]$, por ser continua en $\mathbb{R}$ y $f(0) = -2$ y $f(1) = e - 2 > 0$; por lo tanto, existe al menos un valor $c \in (0, 1)$, tal que $f(c) = 0$.

Para hallar un intervalo de longitud 0,5 en el que se encuentre la raíz, calculamos $f(1/2) = \dfrac{\sqrt{e}}{2} - 2 < 0$.

Por lo tanto, la función cambia de signo en el intervalo $(1/2, 1)$, es decir, la solución de la ecuación $x \cdot e^x = 2$ pertenece al intervalo $(1/2, 1)$.

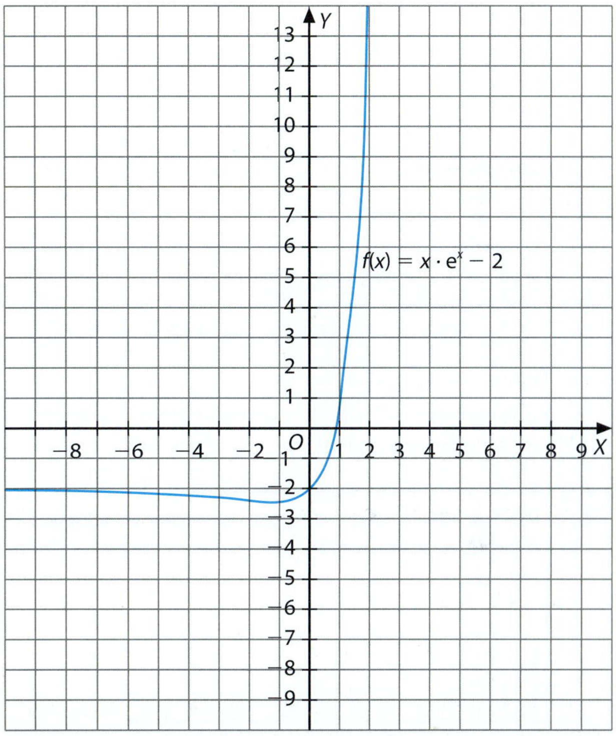

FIGURA 5.57.

<table>
<tr><th colspan="4">CONTINUIDAD DE UNA FUNCIÓN EN UN PUNTO</th></tr>
<tr><td>f continua en a
$\exists \lim_{x \to a} f(x) = f(a)$</td><td colspan="3">f discontinua en a
$\nexists f(a)$; $\nexists \lim_{x \to a} f(x)$ o $\exists \lim_{x \to a} f(x) \neq f(a)$</td></tr>
<tr><td rowspan="2"></td><td>Discontinuidad evitable
$\exists \lim_{x \to a} f(x) \neq f(a)$</td><td colspan="2">Discontinuidad inevitable
$\nexists \lim_{x \to a} f(x)$</td></tr>
<tr><td></td><td>Discontinuidad de salto
Los límites laterales son finitos, pero desiguales.</td><td>Discontinuidad esencial
Uno o los dos límites laterales son inifinitos o no existen.
En el caso de que determinen una asíntota vertical, se suelen llamar asintóticas.</td></tr>
</table>

EJERCICIOS Y PROBLEMAS

1 Calcula el dominio de las siguientes funciones:

a) $f(x)=\dfrac{1-x+x^2}{x^2-4x}$

b) $f(x)=\dfrac{\ln x}{x^2-1}$

c) $f(x)=\sqrt{x^2+x+1}$

d) $f(x)=\sqrt{\dfrac{1-x}{x-2}}$

e) $f(x)=\dfrac{2\sqrt{x+1}}{\sqrt{x^2-2x}}$

f) $f(x)=\dfrac{x}{\ln x}$

g) $f(x)=\dfrac{e^x}{e^x-1}$

h) $f(x)=\ln(x^2+1)$

i) $f(x)=e^{\operatorname{tg} x}$

j) $f(x)=\ln\left(\dfrac{x+1}{4-x}\right)$

k) $f(x)=\dfrac{\sqrt{-3x^2-2x+1}}{6x-1}$

l) $f(x)=\dfrac{\ln(4x^2-x)}{x-1}$

m) $f(x)=\dfrac{1}{2-e^{1/x}}$

n) $f(x)=\dfrac{x}{1+|x|}$

2 Estudia la simetría de las siguientes funciones:

a) $f(x)=\dfrac{x^2-1}{2x+3}$

b) $f(x)=2x+\operatorname{sen} x$

c) $f(x)=2x\operatorname{sen} x$

d) $f(x)=\dfrac{1-\cos x}{x}$

3 Dadas las siguientes funciones:

$$f(x)=\begin{cases}0 & \text{si } x<-1\\ |x| & \text{si } -1\le x\le 1\\ 1 & \text{si } x>1\end{cases}\qquad g(x)=\begin{cases}x^2+2x & \text{si } x\le 0\\ 1/x & \text{si } 0<x<1\\ \ln x & \text{si } x\ge 1\end{cases}$$

a) Represéntalas gráficamente.

b) Estudia el crecimiento, la continuidad y halla los puntos de corte con los ejes.

4 A partir de las gráficas siguientes, indica el dominio, el recorrido, la acotación, los extremos absolutos, la simetría, la periodicidad, la monotonía y los extremos relativos de las funciones representadas.

a)

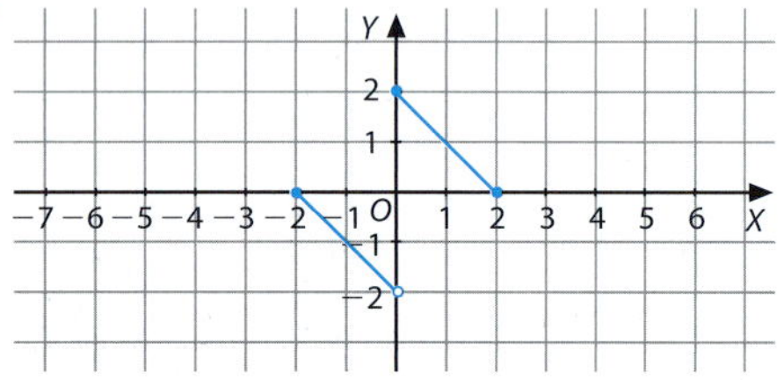

FIGURA 5.58.

b)

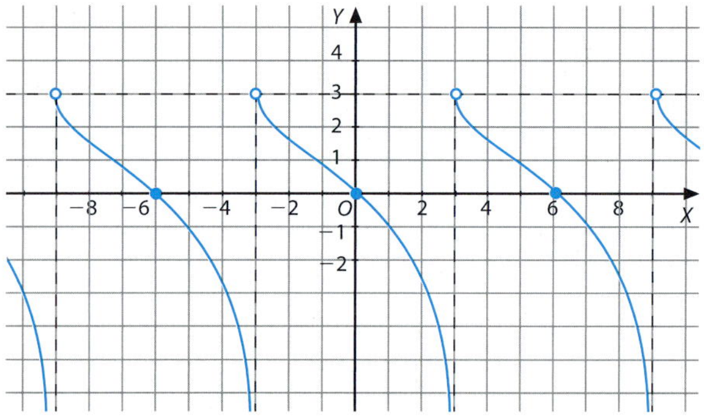

FIGURA 5.59.

5 Dadas las siguientes funciones, averigua $g\circ f$ y $f\circ g$.

a) $f(x)=\dfrac{1}{x+3}$ $\quad g(x)=x^2-1$

b) $f(x)=\dfrac{2\sqrt{x}}{x+1}$ $\quad g(x)=\dfrac{1}{x^2}$

6 Averigua la función inversa de las siguientes funciones:

a) $f(x)=\dfrac{3x-2}{2+5x}$

b) $f(x)=\ln\sqrt{x-1}$

7 Un municipio ofrece dos posibilidades para facturar el agua consumida. En la primera, se facturan 40 m^3 a 0,5 €/m^3, en concepto de alquiler de contador. En la segunda modalidad se paga una cantidad fija de 11 € y el metro cúbico consumido se factura a 0,35 €. Determina a qué tipo de facturación le interesa acogerse al usuario, en función del consumo.

8 Calcula los siguientes límites:

a) $\lim\limits_{x\to 0}\dfrac{2x^2}{x^2+5}$

b) $\lim\limits_{x\to 2}\dfrac{x^3-8}{x-2}$

c) $\lim\limits_{x\to 2}\dfrac{3x-1}{(x-2)^2}$

d) $\lim\limits_{x\to 2}\dfrac{-x^2-x+6}{(x-2)^2x}$

9 Calcula los siguientes límites:

a) $\lim\limits_{x\to 2}\left(\dfrac{x+2}{x-2}-\dfrac{6x+4}{x^2-4}\right)$

b) $\lim\limits_{x\to 1}\left(\dfrac{x+3}{x-1}\cdot\dfrac{x^2+x-2}{x^2-3}\right)$

c) $\lim\limits_{x\to 2}\left(\dfrac{x+3}{x-1}\right)^{\frac{1}{x-2}}$

d) $\lim\limits_{x\to 0}\left(\dfrac{3x+1}{x+2}\right)^{\frac{1}{x^2}}$

10 Calcula los siguientes límites:

a) $\lim\limits_{x\to 0}\dfrac{x}{1-\sqrt{x+1}}$

b) $\lim\limits_{x\to -1^-}\dfrac{3x+3}{\sqrt{5x^2+x}}$

c) $\lim\limits_{x\to +\infty}\sqrt{4-x^2}$

d) $\lim\limits_{x\to +\infty}\dfrac{2x^3-x^2+x-2}{x^4-x^2}$

e) $\lim\limits_{x\to -\infty}\dfrac{\sqrt{2x^2+4x}}{x}$

f) $\lim\limits_{x\to +\infty}\dfrac{\sqrt{2x^2+3}}{5x-1}$

g) $\lim\limits_{x\to +\infty}\dfrac{\sqrt{x}+5}{x-3}$

h) $\lim\limits_{x\to +\infty}\dfrac{x+2x}{\sqrt{x^3-x}}$

11 Calcula los siguientes límites:

a) $\lim\limits_{x\to +\infty}\left(\dfrac{2x^2+1}{x^2+x}\right)^{\sqrt{x^2+1}-x}$

b) $\lim\limits_{x\to -\infty}\left(\dfrac{2x^2+1}{x^2+x}\right)^{\sqrt{x^2+1}-x}$

c) $\lim\limits_{x\to +\infty}\left(\sqrt{x^2+2x-1}-x\right)$

d) $\lim\limits_{x\to 2}\left(\dfrac{4x-5}{x+1}\right)^{\frac{1}{(x-2)^2}}$

e) $\lim\limits_{x\to +\infty}\left(2-\dfrac{x^2+1}{x^2-2}\right)^{x+1}$

f) $\lim\limits_{x\to +\infty}\left(\dfrac{3x+2}{3x-2}\right)^{4x^2+5}$

12 Calcula el valor de a para que se verifiquen las igualdades:

a) $\lim\limits_{x\to -\infty}\dfrac{3ax^3-2ax^2+ax-1}{x^2-6x^3}=1$

b) $\lim\limits_{x\to +\infty}\left(\sqrt{2x^2+ax}-\sqrt{2x^2+1}\right)=1$

13 Construye gráficas de funciones que cumplan los siguientes requisitos:

a) Dom $f = \mathbb{R} - \{-2\}$ Rec $f = (-\infty, 4)$

$\lim\limits_{x \to -2^-} f(x) = 4$ $\lim\limits_{x \to -2^+} f(x) = -\infty$

Asíntota horizontal por la izquierda: $y = 2$

Asíntota horizontal por la derecha: $y = 0$

Máximo relativo en $x = 0$

b) Dom $f = \mathbb{R}$ $f^{-1}(0) = \{-3, 1\}$ $f(-2) = -2$

$\lim\limits_{x \to +\infty} \dfrac{f(x)}{x} = 1$ $\lim\limits_{x \to +\infty} [f(x) - x] = 0$ $\lim\limits_{x \to -\infty} f(x) = 3$

Mínimo relativo en $x = -1$

14 Las pérdidas o ganancias, *y*, de una empresa en función de los años de vida de la misma vienen dadas por la expresión:

$$y = \frac{2x - 4}{x + 2}$$

a) Halla el año en que la empresa deja de tener pérdidas.

b) ¿Están limitados sus beneficios? ¿Cuál es su límite?

15 Estudia la continuidad y clasifica las discontinuidades de:

a) $f(x) = \dfrac{x + 1}{2x^2 + x - 1}$

b) $f(x) = \dfrac{1}{x - 2} + \dfrac{1}{x + 3}$

c) $f(x) = \dfrac{1}{1 + e^x}$

d) $f(x) = \dfrac{1}{1 - e^x}$

e) $f(x) = \dfrac{x^2 + 1}{x^2(x + 1)}$

f) $f(x) = \dfrac{1}{\ln x}$

16 Averigua, en cada caso, el valor que debe tomar la función en el punto que se indica para que sea continua en él:

a) $f(x) = \dfrac{x^2 + 2x - 3}{x^2 - 4x + 3}$ en $x = 1$

b) $f(x) = \dfrac{2 - \sqrt{4 - x}}{3x}$ en $x = 0$

c) $f(x) = \dfrac{2 - 2\sqrt{x + 2}}{x + 1}$ en $x = -1$

17 Estudia la continuidad de las siguientes funciones y clasifica sus discontinuidades, a partir de su representación:

a) $f(x) = \begin{cases} 3^x & \text{si } x \leq 2 \\ \dfrac{2}{4 - x^2} & \text{si } x > 2 \end{cases}$

b) $f(x) = \begin{cases} \dfrac{x^2 - x - 2}{x^2 - 2x} & \text{si } x < 0 \\ \dfrac{e^x}{e^x - 1} & \text{si } x > 0 \end{cases}$

c) $f(x) = \begin{cases} \dfrac{e^x}{x} & \text{si } x > 0 \\ \ln(x^2 + 1) & \text{si } x \leqslant 0 \end{cases}$

18 Estudia la continuidad y clasifica las discontinuidades de:

$$f(x) = \begin{cases} 2x + 1 & \text{si } x \leq -2 \\ |x - 1| & \text{si } -2 \leq x < 2 \\ \dfrac{1 - x}{x} - 3 & \text{si } x \geq 2 \end{cases}$$

19 ¿Cuáles de estas funciones son continuas en un entorno de cero?

$f(x) = 2e^{-x}$ $g(x) = \begin{cases} -x & \text{si } x \leq 0 \\ \ln x & \text{si } x > 0 \end{cases}$

20 Estudia para qué valores del parámetro *a* son continuas las funciones siguientes en los puntos que se indican:

a) $f(x) = \begin{cases} ax^3 + x^2 - ax + a & \text{si } x < 0 \\ \dfrac{x + 2}{x - a} & \text{si } x \geq 0 \end{cases}$ en $x = 0$

b) $f(x) = \begin{cases} ax^3 + 6x^2 - 2 & \text{si } x \leq 1 \\ \dfrac{3ax^2 + 5}{ax - 1} & \text{si } x > 1 \end{cases}$ en $x = 1$

c) $f(x) = \begin{cases} \dfrac{e^{ax}}{x + 2} & \text{si } x \leq 0 \\ x^2 + 2ax + a & \text{si } x > 0 \end{cases}$ en $x = 0$

21 Calcula *a*, sabiendo que la función $f(x) = \dfrac{-2x^2 + ax + 1}{2x^2 + 5x + 2}$ tiene una discontinuidad evitable en $x = -1/2$. A continuación, estudia si presenta alguna otra discontinuidad y clasifícala.

22 Estudia la continuidad de las siguientes funciones en el intervalo que se indica:

a) $f(x) = \begin{cases} \dfrac{1}{x} & \text{si } x \leq 1 \\ 2 - x^2 & \text{si } x > 1 \end{cases}$ en (0, 1) y [0, 1]

b) $f(x) = \begin{cases} \dfrac{x^2 - 3x + 2}{x - 1} & \text{si } x < 2 \\ \ln(x - 1) & \text{si } x \geq 2 \end{cases}$ en [0, 3]

c) $f(x) = \begin{cases} x^2 & \text{si } 0 < x < 1 \\ 0 & \text{si } 1 \leq x < 2 \\ x - 1 & \text{si } 2 \leq x < 3 \end{cases}$ en (0, 3)

23 Demuestra que la función $f(x) = x^3 - x^2 - 2x$ tiene un cero en el intervalo [1, 3].

24 Dada una función *f* cuyo dominio es $\mathbb{R}$, si $f(0) < 0$ y $f(3) > 0$, ¿existirá un cero de la función en el intervalo (0, 3)? Razónalo.

25 Sea *f* una función definida en [*a*, *b*], continua en $x = a$ y en $x = b$, y tal que $f(a) \cdot f(b) < 0$. ¿Se puede aplicar a esta función el teorema de Bolzano?

26 Tiene la ecuación $x - \cos x = 0$ una raíz en el intervalo [0, 1]? Enuncia el teorema en el que se apoya tu respuesta. Determina un intervalo de longitud 0,25 en el que dicha ecuación tenga una raíz.

PARADOJAS

Aquiles y la tortuga

Aquiles venda la herida de Patroclo

Zenón de Elea fue un filósofo griego posterior a Pitágoras. Hasta nosotros han llegado algunos problemas matemáticos que aquel sabio de la Antigüedad propuso en forma de paradojas. Una de ellas es la **paradoja de Aquiles y la tortuga.**

Aquiles, el de los pies ligeros, y una tortuga compiten en una carrera. El animal parte con una cierta ventaja inicial respecto de Aquiles. Zenón *demuestra* que por muy veloz que vaya Aquiles nunca alcanzará a la lenta tortuga. ¿Cómo se puede explicar?

Zenón razona del siguiente modo: Aquiles es n veces más rápido que la tortuga; si le concede a esta una ventaja de un kilómetro, cuando Aquiles lo haya recorrido, la tortuga habrá avanzado $1/n$ km; cuando Aquiles cubra este $1/n$ km, la tortuga habrá avanzado $1/n^2$ km, y así sucesivamente. Como podemos dividir indefinidamente el espacio por n, resulta que la tortuga siempre se encontrará por delante del héroe griego, y este jamás la alcanzará.

Sin embargo, esta deducción de Zenón está en clara contradicción con el sentido común.

La sucesión de los *infinitos espacios* que recorre Aquiles es la siguiente:

$$1, \frac{1}{n}, \frac{1}{n^2}, \frac{1}{n^3}, \ldots$$

Esta sucesión es una progresión geométrica de razón $1/n < 1$ cuyo límite es cero. Si se suman sus infinitos términos, aplicando la fórmula correspondiente, se obtiene un número finito:

$$S = \frac{a_1}{1-r} = \frac{1}{1-\frac{1}{n}} = \frac{n}{n-1}$$

Así, Aquiles alcanzará a la tortuga cuando haya recorrido $\frac{n}{n-1}$ km.

Los griegos no estaban familiarizados, a excepción posiblemente de Arquímedes, con el concepto de *lo infinitamente pequeño,* que actualmente utilizamos con tanta facilidad al deducir la fórmula que permite calcular la suma de los infinitos términos de la progresión geométrica anterior.

LA RUEDA DE ARISTÓTELES

¿Todas las circunferencias son de igual longitud?

La paradoja conocida como **la rueda de Aristóteles** guarda una relación directa con el concepto de infinito. Imaginemos dos ruedas de diferente radio, concéntricas y soldadas entre sí. Ambas ruedas tienen, evidentemente, longitudes distintas. Supongamos que apoyamos el conjunto en un punto P de una recta y que, girando ambas a la vez, recorren una distancia igual a la longitud de la rueda exterior. Observa que también el punto P' recorre la misma distancia. ¿Cómo es posible que en una vuelta completa de cada rueda ambas se desplacen la misma distancia?

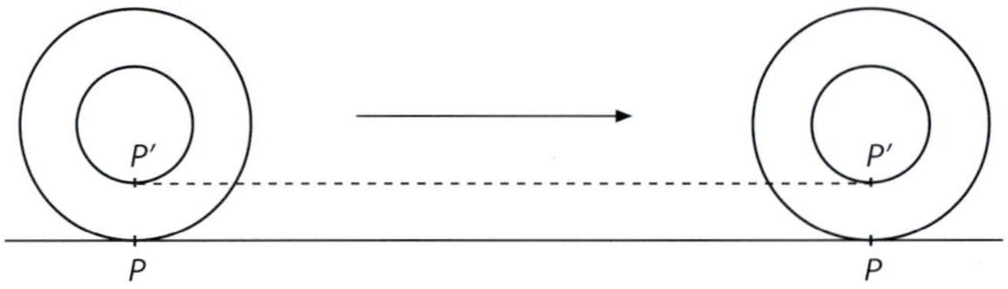

Figura 5.60.

Georg Cantor (1845-1918) demostró que dos segmentos de distinta longitud tienen el mismo número *infinito* de puntos, puesto que es posible establecer una relación, punto a punto, entre los infinitos puntos de ambos segmentos.

Evaluación

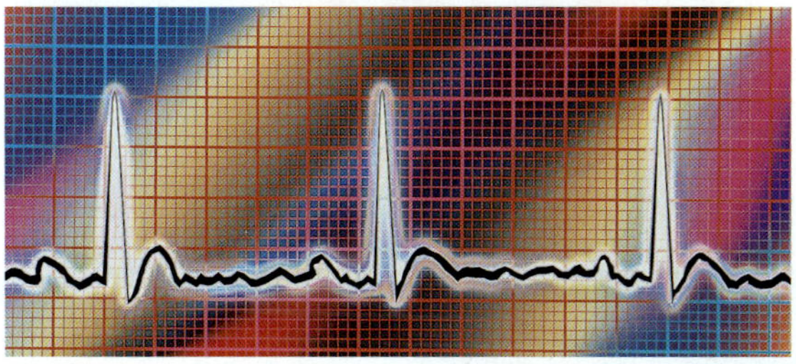

1. Calcula el dominio de la función:

$$f(x) = \begin{cases} \dfrac{x+1}{x+2} & \text{si } x < 0 \\ \dfrac{\sqrt{x^2+3}}{x+4} & \text{si } x > 0 \end{cases}$$

a) $\mathbb{R} - \{-2, 0\}$

b) $\mathbb{R} - \{-2, 0, -4\}$

c) $[-3, 0) \cup (0, +\infty)$

2. El resultado de $\lim\limits_{x \to 1} \dfrac{2x^2 - x - 1}{-3x^2 + 3x}$ es:

a) -1 b) 1 c) $\dfrac{-2}{3}$

3. El resultado de $\lim\limits_{x \to 0} \left(\dfrac{x^2 + x}{2x - x^2}\right)^{1/x^2}$ es:

a) e

b) 0

c) $+\infty$

4. El resultado de $\lim\limits_{x \to +\infty} \left(\dfrac{1}{x} \cdot \dfrac{1}{x - \sqrt{x^2 - 2}}\right)$ es:

a) 0

b) 1

c) $+\infty$

5. El resultado de $\lim\limits_{x \to +\infty} \left(\dfrac{x^2 + 4x}{2x + x^2}\right)^{3x+2}$ es:

a) e^6

b) $+\infty$

c) 0

6. Calcula las asíntotas de la siguiente función:

$$f(x) = \frac{3x^2 + 4x}{x^2 - 3}$$

a) Asíntota horizontal: $y = 3$
Asíntota vertical: $x = \sqrt{3}$

b) $\nexists$ Asíntotas horizontales.
Asíntotas verticales: $x = \pm\sqrt{3}$

c) Asíntota horizontal: $y = 3$
Asíntotas verticales: $x = \pm\sqrt{3}$

7. La función $f(x) = \dfrac{1}{1 + |x|}$:

a) Presenta discontinuidades asintóticas en $x = 1$ y $x = -1$.

b) Presenta una discontinuidad evitable en $x = 0$.

c) Es continua en $\mathbb{R}$.

8. Dada la función $f(x) = \dfrac{2x^2 + x - 1}{3 - 3x^2}$, ¿qué valor debe asignarse a $f(-1)$ para que f sea continua en $x = -1$?

a) $\dfrac{-1}{2}$

b) $\dfrac{-3}{2}$

c) La discontinuidad en $x = -1$ no es evitable.

9. Sea la función con un parámetro real a:

$$f(x) = \begin{cases} e^{2x} & \text{si } x < 0 \\ x^2 + a & \text{si } 0 \le x \le 3 \\ \dfrac{x+5}{x-3} & \text{si } x > 3 \end{cases}$$

Determina el valor del parámetro a para que $f(x)$ sea continua en $x = 0$.

a) $a = 1$

b) La función no es continua en $x = 0$ para ningún valor de a.

c) $a = 0$

10. $f(x) = \begin{cases} \dfrac{3}{2x - 2} & \text{si } x \neq 1 \\ 0 & \text{si } x = 1 \end{cases}$

a) Es continua en $[1, 2]$.

b) Es continua en $(1, 2)$.

c) Está acotada en $[-1, 0]$.

11. Aproxima la solución de la ecuación $x^2e^x = 1$, con dos cifras decimales exactas.

a) $x = 0,7$ b) $x = 0,71$ c) $x = 0,70$

6 Derivadas

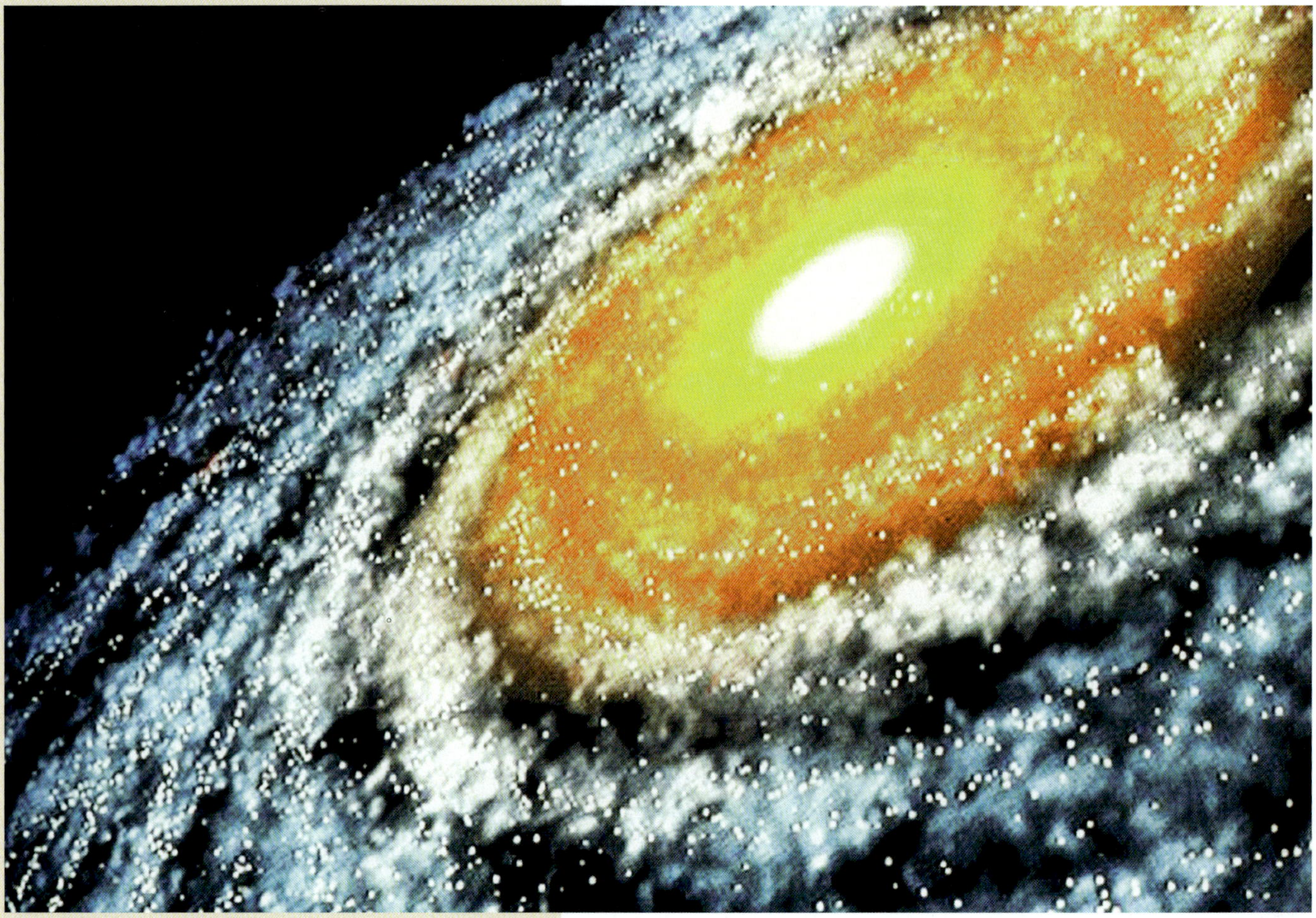

1. A partir de la función $f(x) = 3x + 2$, calcula el siguiente límite:

$$\lim_{x \to a} \frac{f(x) - f(a)}{x - a}$$

2. Determina el valor de a para que la función:

$$f(x) = \begin{cases} -5x^2 + 2 & \text{si } x \leq 1 \\ 3x + a & \text{si } x > 1 \end{cases}$$

sea continua en $x = 1$.
¿Qué característica presenta f en el punto de abscisa $x = 1$?

3. Calcula: $\lim_{h \to 0} \frac{f(0 + h) - f(0)}{h}$

si $f(x) = 6x^2 + 3$

La teoría del Big Bang sobre el origen del universo no deja claro si este continuará expandiéndose indefinidamente o si, por el contrario, este proceso se detendrá en un determinado momento y el universo se contraerá hasta verse reducido a un punto.

Para determinar cuál puede ser el final del cosmos, los astrónomos intentan calcular el valor de la velocidad con la que se expande.

A finales de 1998, dos grupos de astrónomos, uno de la Universidad de Berkeley y otro del Lawrence Berkeley National Laboratory, llegaron a la conclusión de que el universo seguirá expandiéndose indefinidamente.

Muchos de los cálculos que se efectúan para realizar estas investigaciones precisan del concepto de derivada, que es objeto de estudio en esta unidad.

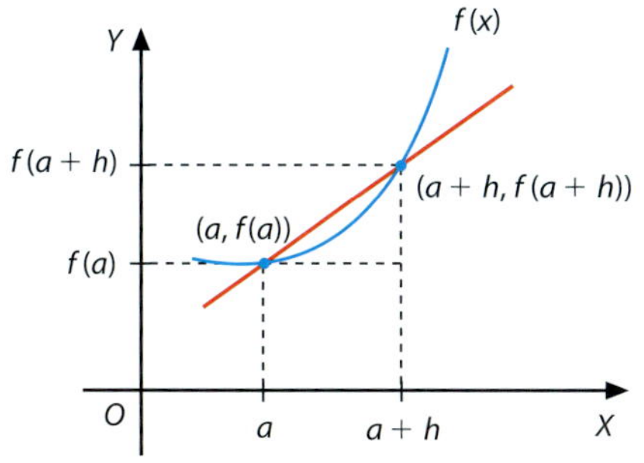

Observa: $h \neq 0$, y puede ser $h > 0$ y $h < 0$

FIGURA 6.1.

1 Derivada de una función en un punto. Interpretación geométrica

En el primer curso de Bachillerato se define la **tasa de variación media** de una función en un intervalo $[a, a + h]$ como el cociente entre el incremento que experimenta la función en ese intervalo, $f(a + h) - f(a)$ y la amplitud del intervalo, h.

$$\text{T.V.M. } [a, a + h] = \frac{f(a + h) - f(a)}{h}$$

Gráficamente, el valor de este cociente es la pendiente de la recta secante que corta a la gráfica de $f(x)$ en los puntos $(a, f(a))$ y $(a + h, f(a + h))$ (figura 6.1).

EJEMPLOS

a) *Hallar la tasa de variación media de la función $f(x) = x^2 - x$ en los intervalos $[1, 3]$, $[3, 5]$ y $[5, 7]$.*

$$\text{T.V.M. } [1, 3] = \frac{f(3) - f(1)}{2} = \frac{6}{2} = 3$$

$$\text{T.V.M. } [3, 5] = \frac{f(5) - f(3)}{2} = \frac{20 - 6}{2} = 7$$

$$\text{T.V.M. } [5, 7] = \frac{f(7) - f(5)}{2} = \frac{42 - 20}{2} = 11$$

b) *Hallar la tasa de variación media de la función anterior para cualquier intervalo de amplitud h.*

$$\text{T.V.M. } [x, x + h] = \frac{f(x + h) - f(x)}{h} = \frac{[(x + h)^2 - (x + h)] - [x^2 - x]}{h} =$$

$$= \frac{x^2 + 2xh + h^2 - x - h - x^2 + x}{h} = \frac{2xh + h^2 - h}{h} = 2x - 1 + h$$

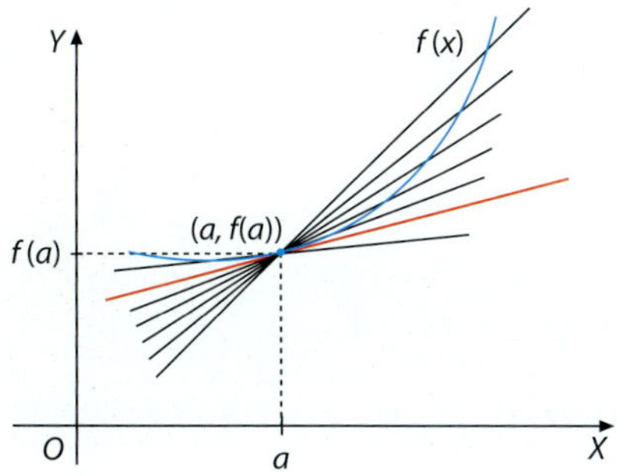

FIGURA 6.2.

Considerando intervalos de amplitud cada vez menor, el límite **gráfico** de las sucesivas **secantes** cuando h se aproxima a cero, es la recta que aparece, de color rojo, en la figura 6.2.

La pendiente de esta recta, obtenida mediante el proceso descrito a partir de sucesivas secantes, es el límite de la tasa de variación media cuando h tiende a cero. Este límite se denomina **tasa de variación instantánea** de la función $f(x)$ en el punto a.

$$\text{T.V.I. } (a) = \lim_{h \to 0} \frac{f(a + h) - f(a)}{h}$$

Se dice que la función f es **derivable en** $x = a$ si existe el límite:

$$\lim_{h \to 0} \frac{f(a + h) - f(a)}{h}$$

Este límite se denomina **derivada** de f en $x = a$, y se denota por $f'(a)$.

$$f'(a) = \lim_{h \to 0} \frac{f(a + h) - f(a)}{h}$$

En ocasiones se utiliza otra expresión equivalente para definir la derivada de f en a: tomando $x = a + h$, se tiene que $a = x - h$, por lo que si $h \to 0$, entonces $x \to a$:

$$f'(a) = \lim_{x \to a} \frac{f(x) - f(a)}{x - a}$$

Observa

$f'(a)$ es la tasa de variación instantánea, si existe, de la función f en $x = a$. El condicional, **si existe,** indica lo que llamaremos **derivada finita.**

Observa

Con esta definición de recta tangente como límite de rectas secantes se evitan las confusiones que se derivan de cualquier otra posible definición. Por ejemplo, es común admitir que la recta tangente a una función en un punto es una recta que corta en un solo punto a la función.

Las siguientes figuras ilustran tan desafortunada definición: en la figura 6.3.a, la recta no sería tangente a la gráfica, y lo es; y en la 6.3.b, se podría trazar más de una tangente en los puntos en que hay un cambio brusco de dirección, y, sin embargo, no existe recta tangente en $x = a$.

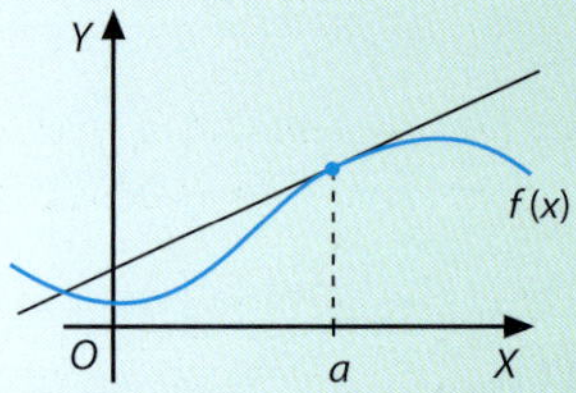

FIGURA 6.3.a.

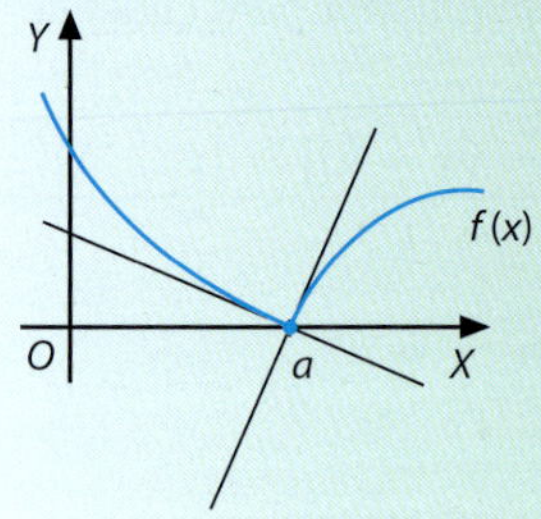

FIGURA 6.3.b.

Se define la **tangente a la gráfica de la función *f* en el punto de abscisa *a*** como la recta que pasa por $(a, f(a))$ y tiene pendiente $f'(a)$. Su ecuación es:

$$y - f(a) = f'(a) \cdot (x - a)$$

Como consecuencia de la definición de tangente a una curva en un punto, se puede deducir que, si una función, f, es derivable en $x = a$, entonces existe una tangente a la curva de f en el punto $(a, f(a))$.

EJEMPLOS

c) *Averiguar en qué punto la tangente a la curva de la función $f(x) = \dfrac{1}{x}$ tiene pendiente -4, y escribir su ecuación.*

Calculamos $f'(a)$:

$$f'(a) = \lim_{h \to 0} \frac{f(a+h) - f(a)}{h} = \lim_{h \to 0} \frac{\dfrac{1}{a+h} - \dfrac{1}{a}}{h} = \left(\frac{0}{0}\right) =$$

$$= \lim_{h \to 0} \frac{[a - (a+h)]}{h[a(a+h)]} = \lim_{h \to 0} \frac{-h}{h[a(a+h)]} = \lim_{h \to 0} \frac{-1}{a(a+h)} = \frac{-1}{a^2}$$

Si $f'(a) = -4 = \dfrac{-1}{a^2} \Rightarrow a = \pm\dfrac{1}{2}$.

Por tanto, los puntos de la gráfica en los que la tangente tiene pendiente -4 son: $\left(\frac{1}{2}, 2\right)$ y $\left(-\frac{1}{2}, -2\right)$.

La ecuación de la recta tangente en el punto de abscisa $a = \dfrac{1}{2}$ será:

$$y - 2 = -4\left(x - \frac{1}{2}\right) \Rightarrow y = -4x + 4$$

La ecuación de la recta tangente en el punto de abscisa $a = \dfrac{-1}{2}$ será:

$$y + 2 = -4\left(x + \frac{1}{2}\right) \Rightarrow y = -4x - 4$$

ACTIVIDADES

1 Dada la función $f(x) = (1 - x)^2$, calcula su derivada en el punto de abscisa 1. ¿Qué puedes decir acerca de la recta tangente a la gráfica de f en dicho punto?

Solución: $f'(1) = 0$. La recta tangente es horizontal.

2 Averigua el valor de la pendiente de la recta tangente a la curva de la función $f(x) = x^2 - 1$ en el punto de abscisa $x = 2$.

Solución: $m = 4$

3 Calcula la pendiente de la tangente a $f(x) = \sqrt{x}$ en el punto de abscisa $x = 4$. A continuación, escribe la ecuación de dicha recta.

Solución: $m = f'(4) = \dfrac{1}{4}$. La recta tangente es $y = \dfrac{x}{4} + 1$.

4 Averigua en qué punto de la gráfica de $f(x) = x^2 - 2x$, la pendiente de la recta tangente es 4.

Solución: En el punto (3, 3).

OTRAS ACTIVIDADES

I Un móvil tiene una trayectoria cuya ecuación es de la forma $s(t) = t^2 - 5t$, donde la posición, s, se mide en metros y el tiempo, t, en segundos.

Comprueba que su velocidad en el instante $t = 3$ es 1 m/s.

2 Continuidad y derivabilidad

A partir de la definición de derivada de una función en un punto se pueden definir las derivadas laterales utilizando el concepto de límite lateral.

Así, si existe $\lim_{h \to 0^-} \frac{f(a+h) - f(a)}{h}$, se dice que f es derivable por la izquierda en $x = a$.
Dicho límite se escribe $f'_-(a)$.
Si existe $\lim_{h \to 0^+} \frac{f(a+h) - f(a)}{h}$, se dice que f es derivable por la derecha en $x = a$.
Dicho límite se escribe $f'_+(a)$.

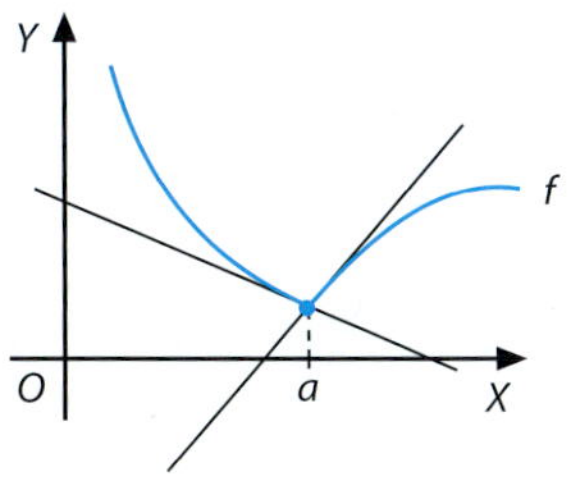

FIGURA 6.4.

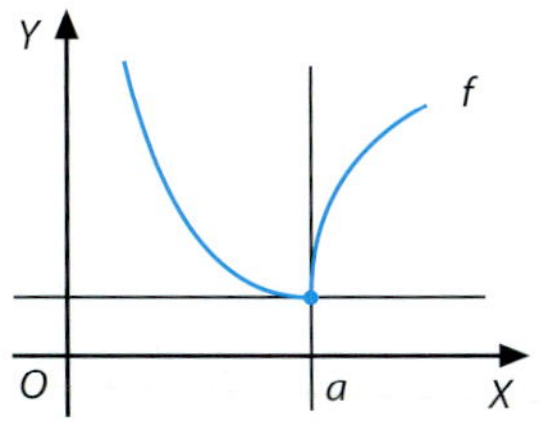

FIGURA 6.5.

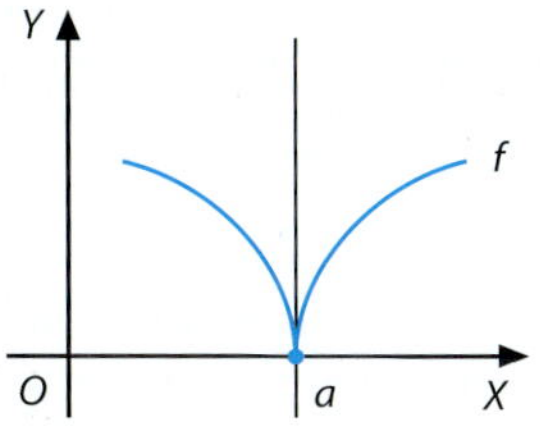

FIGURA 6.6.

De su definición se deduce que si una función es derivable en $x = a$, entonces sus derivadas laterales en $x = a$ existen y son iguales. Y viceversa, una función continua en $x = a$ es derivable en a si existen sus derivadas laterales en $x = a$ y ambas coinciden.

Dada una función continua en $x = a$, si las derivadas laterales en $x = a$ existen, pero no son iguales, la gráfica de la función presenta en $x = a$ un **punto anguloso** (figura 6.4).

También puede suceder que una de las derivadas laterales en $x = a$ exista y la otra sea infinita. En este caso, el punto de abscisa $x = a$ también es un **punto anguloso** (figura 6.5).

Si las dos derivadas laterales en $x = a$ son infinitas y de distinto signo, siendo f continua en a, entonces el punto se denomina de **retroceso** (figura 6.6).

EJEMPLOS

a) *Calcular, si existe, la derivada de la función* $f(x) = \sqrt[3]{x^2}$ *en el punto de abscisa,* $x = 0$.

Como se observa, $f(x)$ está definida en todos los valores reales, y $f(0) = 0$. Calculamos $f'(0)$:

$$f'(0) = \lim_{h \to 0} \frac{f(0+h) - f(0)}{h} = \lim_{h \to 0} \frac{h^{2/3} - 0}{h} = \lim_{h \to 0} \frac{1}{h^{1/3}} = \left(\frac{1}{0}\right)$$

Por tanto, la función no es derivable en $x = 0$. Es más, si calculamos el límite del cociente incremental para valores de h próximos a cero, pero de distinto signo, obtenemos:

$$f'_-(0) = -\infty$$

$$f'_+(0) = +\infty$$

es decir, las derivadas laterales son infinitas y de distinto signo, por lo que la función presenta en $x = 0$ un punto que denominamos «de retroceso» (figura 6.7).

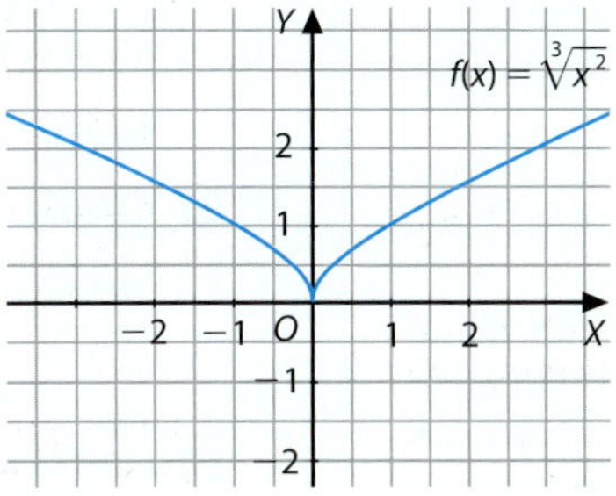

FIGURA 6.7.

EJEMPLOS

b) *Calcular, si existe, la derivada de* $f(x) = \begin{cases} x+4 & \text{si } x \geq 0 \\ (x+2)^2 & \text{si } x < 0 \end{cases}$ *en* $x = 0$.

Puesto que en $x = 0$ se produce un cambio de expresión, deberemos averiguar si la función es continua en $x = 0$, porque en caso contrario, no podría trazarse una recta tangente en dicho punto por lo que no existiría $f'(0)$.

Como $f(0) = 4$, y además:

$$\left.\begin{array}{l} \lim\limits_{x \to 0^-} f(x) = \lim\limits_{x \to 0^-} (x+2)^2 = 4 \\ \lim\limits_{x \to 0^+} f(x) = \lim\limits_{x \to 0^+} (x+4) = 4 \end{array}\right\} \Rightarrow \lim_{x \to 0} f(x) = 4$$

se cumple que el límite en $x = 0$ existe y coincide con $f(0)$, por lo que la función es continua en $x = 0$.

Para determinar si existe $f'(0)$, calculamos las derivadas laterales en $x = 0$:

$$f'_-(0) = \lim_{h \to 0^-} \frac{f(0+h) - f(0)}{h} = \lim_{h \to 0^-} \frac{(h+2)^2 - 4}{h} =$$

$$= \lim_{h \to 0^-} \frac{h^2 + 4h + 4 - 4}{h} = \lim_{h \to 0^-} \frac{h(h+4)}{h} = \lim_{h \to 0^-} (h+4) = 4$$

$$f'_+(0) = \lim_{h \to 0^+} \frac{f(0+h) - f(0)}{h} = \lim_{h \to 0^+} \frac{h+4-4}{h} = \lim_{h \to 0^+} \frac{h}{h} = \lim_{h \to 0^+} 1 = 1$$

Como se observa, las derivadas laterales existen, pero no son iguales, por lo que no existe la derivada en $x = 0$. La función presenta en el punto $(0, 4)$ un punto anguloso (figura 6.8).

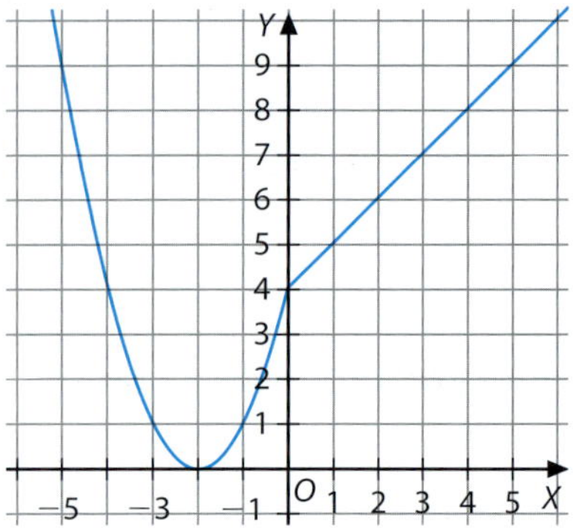

FIGURA 6.8.

Como se ha visto, que una función sea continua en $x = a$ es una condición necesaria pero no suficiente, para que la función sea derivable en $x = a$.

Una función puede ser continua en $x = a$ y no ser derivable en dicho punto. Sin embargo, si una función f es derivable en $x = a$, necesariamente debe ser continua en $x = a$.

Teorema: Si una función f es derivable en $x = a$, entonces es continua en $x = a$.

Demostración

Si f es derivable en $x = a$, entonces es continua en $x = a$.

$$\lim_{h \to 0} [f(a+h) - f(a)] =$$

$$= \lim_{h \to 0} \frac{f(a+h) - f(a)}{h} \cdot h =$$

$$= \lim_{h \to 0} \frac{f(a+h) - f(a)}{h} \cdot \lim_{h \to 0} h$$

Si existe $f'(a)$, entonces

$$\lim_{h \to 0} [f(a+h) - f(a)] = f'(a) \cdot 0 = 0$$

Es decir, $\lim\limits_{h \to 0} [f(a+h) - f(a)] = 0$,

que equivale a $\lim\limits_{h \to 0} f(a+h) = f(a)$.

Como podemos sustituir $a + h$ por x, entonces:

$$\lim_{h \to 0} f(a+h) = \lim_{x \to a} f(x) = f(a)$$

Así pues, f es continua en $x = a$.

ACTIVIDADES

5 Calcula, si existe, la derivada de la función f en el punto de abscisa $x = 1$:

$$f(x) = \begin{cases} 1/x & \text{si } x > 1 \\ 2 - x & \text{si } x \leq 1 \end{cases}$$

Solución: $f'(x) = -1$

6 Determina si en el punto de abscisa $x = 2$ existe la derivada de la función:

$$f(x) = \begin{cases} -x^2 + 4x - 1 & \text{si } x < 2 \\ 2x - 3 & \text{si } x \geq 2 \end{cases}$$

Solución: No es continua en $x = 2$, por tanto, no existe f' en ese punto.

7 Calcula si la función $f(x) = |x^2 - 1|$ es derivable en $x = -1$ y $x = 1$.

Solución: No es derivable en dichos puntos, puesto que las derivadas laterales en ellos son diferentes:

$f'_-(-1) = -2, \quad f'_+(-1) = 2 \quad f'_-(1) = -2, \quad f'_+(1) = 2$

8 Calcula la derivada de la función $f(x) = \sqrt[3]{x}$ en el punto de abscisa $x = 0$.

Solución: $f(x)$ no es derivable en $x = 0$.

OTRAS ACTIVIDADES

II Estudia la derivabilidad de la función $f(x) = |x|$ en $x = 0$. Observarás que es continua en $x = 0$ y, sin embargo, no es derivable en $x = 0$. ¿Por qué?

3 Función derivada

3.1. Definiciones

Una función f es derivable en el intervalo (a, b) si y solo si existe $f'(x)$, $\forall\, x \in (a, b)$.

Se define la **función derivada de f** como la función que asocia a cada $x \in \text{Dom } f$ el valor de su derivada $f'(x)$, si este existe. La función derivada de f se denota por f'.

$$f': x \rightarrow f'(x)$$

El dominio de la función f' es un subconjunto del dominio de f:

$$\text{Dom } f' \subset \text{Dom } f$$

Observa

La función derivada de f, f', no debe confundirse con el valor que dicha función puede tomar en $x = a$, es decir con $f'(a)$. La derivada de f es una función, y la derivada de f en a, si existe, es un número real.

EJEMPLOS

a) *Dada la función* $f(x) = \dfrac{1}{x^2}$, *determinar su función derivada. A continuación, determinar la ecuación de la recta tangente en el punto de abscisa* $x = 1$.

Para cualquier $a \in \mathbb{R} - \{0\}$, $f'(a) = \lim\limits_{h \to 0} \dfrac{\dfrac{1}{(a+h)^2} - \dfrac{1}{a^2}}{h} =$

$$= \lim_{h \to 0} \frac{a^2 - (a+h)^2}{ha^2(a+h)^2} = \lim_{h \to 0} \frac{-(2a+h)}{a^2(a+h)^2} = \frac{-2a}{a^4} = \frac{-2}{a^3}$$

Es decir, $f'(x) = \dfrac{-2}{x^3}$.

Como $f'(1) = -2$, la ecuación de la recta tangente a la gráfica de la función en el punto de abscisa $x = 1$, es la siguiente:

$$y - f(1) = -2(x - 1)$$

Es decir, la ecuación en forma esplícita es:

$$y = -2x + 3$$

Como se observa, el dominio de la función f' coincide con el de f.

Observa

La función $f(x) = |x^2 - 1|$ está definida para todo $x \in \mathbb{R}$. Sin embargo, presenta, como sabes, dos puntos angulosos para $x = -1$ y $x = 1$, por lo tanto $\text{Dom } f' = \mathbb{R} - \{-1, 1\}$ (figura 6.9).

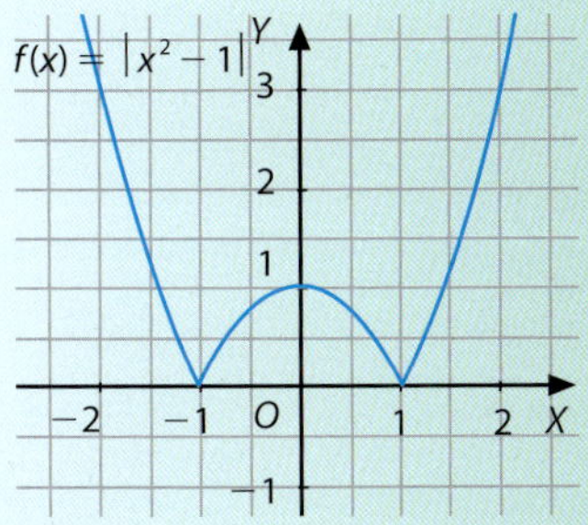

FIGURA 6.9.

3.2. Derivadas sucesivas

Del mismo modo que se obtiene la derivada de una función, f, también es posible obtener la derivada de f', $(f')' = f''$, que llamamos derivada segunda. Su dominio es el conjunto de valores reales, x, en los que f' es derivable. Cuando existe $f''(a)$, se dice que la función f es dos veces derivable en $x = a$.

Este proceso se puede continuar. La derivada de la función f'' es la derivada tercera de f, $(f'')' = f'''$. Y así sucesivamente.

Como se puede observar, la notación para las derivadas de f de orden superior, es algo engorrosa: se debe adoptar una notación más práctica. Por lo general, la derivada n-ésima de f se designa por $f^{n)}$.

Aceleración

Si la función $s(t)$ proporciona la posición de un móvil en cada instante, t, de tiempo, su derivada segunda, $s''(t)$, es la tasa de variación instantánea de su velocidad en un cierto instante, t, es decir, su aceleración en dicho instante.

ACTIVIDADES

9 Dada la función $f(x) = 3x^2 - x$, calcula $f'(1)$, $f''(-2)$ y $f'''(2)$.

Solución: $f'(1) = 5$, $f''(-2) = 6$, $f'''(2) = 0$.

10 Halla las derivadas sucesivas de la función $f(x) = x^3 - 2$.

Solución: $f'(x) = 3x^2$, $f''(x) = 6x$, $f'''(x) = 6$, $f^{4)}(x) = 0$, $f^{5)}(x) = 0$, $f^{n)}(x) = 0$

4 Reglas de derivación

Reflexiona

Como recordarás del curso anterior existen muchas funciones que se pueden derivar conociendo la derivada de funciones elementales y el método para derivar operaciones entre ellas.

4.1. Derivadas de funciones elementales

Función constante

$$\text{Si } f(x) = k \Rightarrow f'(x) = 0$$

Función identidad

$$\text{Si } f(x) = x \Rightarrow f'(x) = 1$$

Función potencial

$$\text{Si } f(x) = x^n \Rightarrow f'(x) = nx^{n-1}$$

Función logarítmica

$$\text{Si } f(x) = \log_a x \Rightarrow f'(x) = \frac{1}{x} \cdot \frac{1}{\ln a}$$

$$\text{Si } f(x) = \ln x \Rightarrow f'(x) = \frac{1}{x}$$

Función exponencial

$$\text{Si } f(x) = a^x, a \in \mathbb{R}^+ \Rightarrow f'(x) = a^x \cdot \ln a$$

$$\text{Si } f(x) = e^x \Rightarrow f'(x) = e^x$$

Funciones trigonométricas

$$\text{Si } f(x) = \text{sen } x \Rightarrow f'(x) = \cos x$$

$$\text{Si } f(x) = \cos x \Rightarrow f'(x) = -\text{sen } x$$

4.2. Derivadas de las operaciones con funciones

Sean $f(x)$ y $g(x)$ dos funciones derivables y k, un número real:

Suma de funciones

$$(f(x) + g(x))' = f'(x) + g'(x)$$

Producto de un número real, *k*, por una función

$$(k \cdot f(x))' = k \cdot f'(x)$$

Producto de funciones

$$(f(x) \cdot g(x))' = f'(x) \cdot g(x) + f(x) \cdot g'(x)$$

Cociente de funciones

$$\frac{f(x)}{g(x)} = \frac{f'(x) \cdot g(x) - f(x) \cdot g'(x)}{(g(x))^2}$$

EJEMPLOS

a) *Calcular la derivada de la función* $f(x) = (x - 2\sqrt{x}) \cdot (x^2 - 1)$.

$$f'(x) = (x - 2\sqrt{x})' \cdot (x^2 - 1) + (x - 2\sqrt{x}) \cdot (x^2 - 1)' =$$

$$= \left(1 - \frac{1}{\sqrt{x}}\right) \cdot (x^2 - 1) + (x - 2\sqrt{x}) \cdot 2x = 3x^2 - 5x\sqrt{x} + \frac{1}{\sqrt{x}} - 1$$

b) *¿En qué punto de* $f(x) = x - \sqrt{x}$, *la tangente es paralela a* $y = \dfrac{3x+1}{4}$?

La pendiente de la recta es 3/4, por lo que debemos averiguar en qué punto $(a, f(a))$ de la gráfica se cumple $f'(a) = 3/4$. Derivamos f:

$$f'(x) = 1 - \frac{1}{2\sqrt{x}}$$

A continuación buscamos a: $\dfrac{3}{4} = 1 - \dfrac{1}{2\sqrt{a}} \Rightarrow a = 4$

Por tanto, el punto buscado es (4, 2) (figura 6.10).

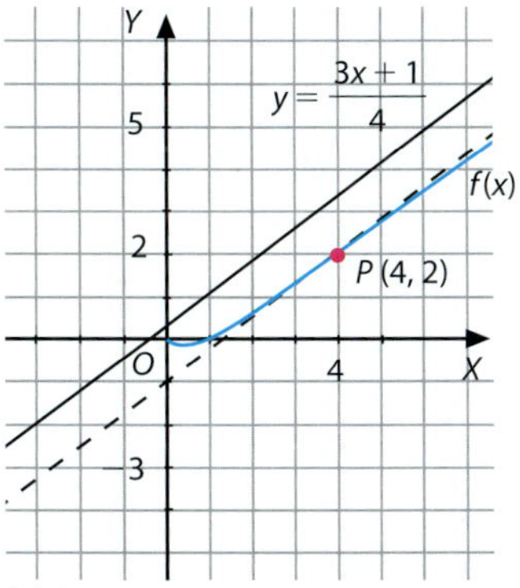

FIGURA 6.10.

ACTIVIDADES

11 Calcula la derivada de cada una de las siguientes funciones:

a) $f(x) = x^3 - \dfrac{2x}{3} - \dfrac{1}{x}$ ***c)*** $f(x) = -2\ln x$

b) $f(x) = \dfrac{2}{x^2} + 3\text{sen}\, x$ ***d)*** $f(x) = 3 - x\sqrt{x} + 3^x$

Solución: ***a)*** $f'(x) = 3x^2 - \dfrac{2}{3} + \dfrac{1}{x^2}$ ***b)*** $f'(x) = \dfrac{-4}{x^3} + 3\cos x$ ***c)*** $f'(x) = -\dfrac{2}{x}$

d) $f'(x) = \dfrac{-3\sqrt{x}}{2} + 3^x \cdot \ln 3$

12 Calcula la derivada de cada una de las siguientes funciones:

a) $f(x) = (x^2 - 2x) \cdot \left(\sqrt{3x} - \dfrac{1}{x}\right)$ ***b)*** $f(x) = (2x - 4^x) \cdot \log_2 x$

Solución: ***a)*** $f'(x) = \dfrac{5x\sqrt{3x}}{2} - 3\sqrt{3x} - 1$

b) $f'(x) = (2 - 4^x \ln 4) \cdot \log_2 x + (2x - 4^x) \cdot \dfrac{1}{x} \cdot \log_2 e$

13 Averigua para qué valores de x la recta tangente a la gráfica de la función $f(x) = x^3 - 6x^2 - 15x$ es paralela a la recta $y = 3$.

Solución: $x = -1$ y $x = 5$

14 Calcula la derivada de cada una de las siguientes funciones:

a) $f(x) = \dfrac{3x - 2x^2}{x - 1}$ ***c)*** $f(x) = \dfrac{e^x}{x}$

b) $f(x) = \dfrac{(1 - x^3) \cdot (x - 1)}{x + 1}$ ***d)*** $f(x) = \dfrac{x}{\ln x}$

Solución: ***a)*** $f'(x) = \dfrac{-2x^2 + 4x - 3}{(x - 1)^2}$ ***b)*** $f'(x) = \dfrac{-3x^4 - 2x^3 + 3x^2 + 2}{(x + 1)^2}$

c) $f'(x) = \dfrac{e^x(1 - x)}{x^2}$ ***d)*** $f'(x) = \dfrac{\ln x - 1}{\ln^2 x}$

15 Halla las ecuaciones de las rectas, de pendiente 1/2, tangentes a $f(x) = \dfrac{x - 3}{x - 1}$.

Solución: $y = \dfrac{x}{2} - \dfrac{3}{2}$, $y = \dfrac{x}{2} + \dfrac{5}{2}$

4.3. Derivada de la composición de funciones. Regla de la cadena

Regla de la cadena

Si g es derivable en $x = a$ y f es derivable en $g(a)$, entonces $f \circ g$ es derivable en $x = a$ y se cumple lo siguiente:

$$(f \circ g)'(a) = f'(g(a)) \cdot g'(a)$$

EJEMPLOS

c) *Calcular la función derivada de* $f(x) = (3x + 2)^4$.

Se observa, que f es una función compuesta: $x \Rightarrow (3x + 2) \Rightarrow (3x + 2)^4$

Por tanto, la función derivada será:

$$f'(x) = 4(3x + 2)^3 \cdot (3x + 2)' = 4(3x + 2)^3 \cdot 3 = 12(3x + 2)^3$$

d) *Calcular la función derivada de* $f(x) = \ln (x^2 - 1)$.

Se observa que f es una función compuesta: $x \Rightarrow x^2 - 1 \Rightarrow \ln (x^2 - 1)$

Por tanto, la función derivada será:

$$f'(x) = \frac{1}{x^2 - 1} \cdot (x^2 - 1)' = \frac{2x}{x^2 - 1}$$

e) *Calcular la función derivada de* $f(x) = \text{sen } (x^2 - 1)$.

$f(x)$ es una función compuesta: $x \Rightarrow x^2 - 1 \Rightarrow \text{sen } (x^2 - 1)$

Por tanto, la función derivada será:

$$f'(x) = [\cos (x^2 - 1)] \cdot (x^2 - 1)' = 2x \cdot \cos (x^2 - 1)$$

4.4. Resumen de la derivada de las principales funciones compuestas

$f(x)$	$f'(x)$	$f(x)$	$f'(x)$	$f(x)$	$f'(x)$
$[g(x)]^n$	$g'(x) \cdot n \cdot [g(x)]^{n-1}$	$\text{sen}\, g(x)$	$g'(x) \cdot \cos g(x))$	$\text{arc sen}\, g(x)$	$g'(x) \cdot \frac{1}{\sqrt{1 - (g(x))^2}}$
$\ln g(x)$	$g'(x) \cdot \frac{1}{g(x)}$	$\cos g(x)$	$-g'(x) \cdot \text{sen}\, g(x)$	$\text{arc cos}\, g(x)$	$g'(x) \cdot \frac{-1}{\sqrt{1 - (g(x))^2}}$
$\log_a g(x)$	$g'(x) \cdot \frac{1}{g(x)} \cdot \frac{1}{\ln a}$	$\text{tg}\, g(x)$	$g'(x) \cdot \frac{1}{\cos^2 g(x)} =$ $= g'(x) \cdot [1 + \text{tg}^2\, g(x)] =$ $= g'(x) \cdot \sec^2 g(x)$	$\text{arc tg}\, g(x)$	$g'(x) \cdot \frac{1}{1 + (g(x))^2}$
$a^{g(x)}$	$g'(x) \cdot a^{g(x)} \cdot \ln a$			$\text{arc cotg}\, g(x)$	$g'(x) \cdot \frac{-1}{1 + (g(x))^2}$

ACTIVIDADES

16 Calcula la derivada de las siguientes funciones:

a) $f(x) = e^{2x}$

b) $f(x) = x \cdot 2^x$

c) $f(x) = \ln (x + e^{-x})$

d) $f(x) = \dfrac{e^x + e^x}{2e^x}$

e) $f(x) = \sqrt{2^x + 1}$

f) $f(x) = \dfrac{3xe^x}{\sqrt{e^x}}$

Solución: **a)** $f'(x) = 2e^{2x}$ **b)** $f'(x) = 2x \cdot (1 + x \ln 2)$ **c)** $f'(x) = \dfrac{1 + e^x}{x + e^x}$

d) $f'(x) = -e^{-2x}$ **e)** $f'(x) = \dfrac{2^{x-1} \cdot \ln 2}{\sqrt{2^x + 1}}$ **f)** $f'(x) = 3\sqrt{e^x} \cdot \left(1 + \dfrac{x}{2}\right)$

5 Monotonía y derivada de una función

5.1. Introducción

En primer lugar, vamos a deducir la relación entre la monotonía de una función derivable f y su función derivada, f'. El objetivo es preparar algunos resultados previos para estar en condiciones de abordar el significado de la derivada y, conocida la derivada de una función, poder establecer algunas características de la función f.

Monotonía de una función

Una función f es **estrictamente creciente** en un intervalo (a, b) de su dominio, si para cualquier par de puntos x_1 y x_2 del intervalo, con $x_2 > x_1$, se cumple que $f(x_2) > f(x_1)$ (figura 6.11).

Una función f es **estrictamente decreciente** en un intervalo (a, b) de su dominio, si para cualquier par de puntos x_1 y x_2 del intervalo, con $x_2 > x_1$, se cumple que $f(x_2) < f(x_1)$ (figura 6.12).

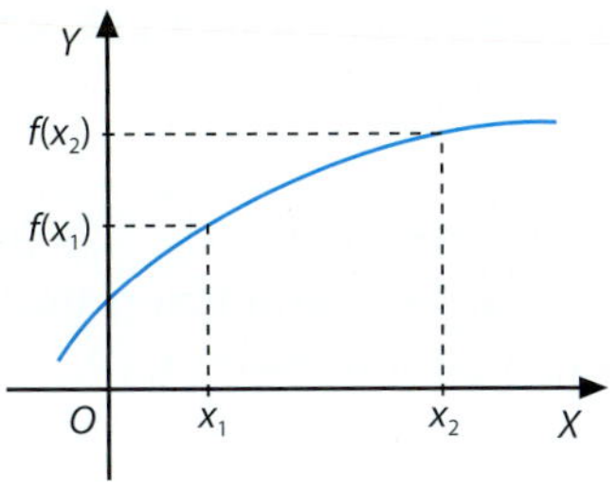

FIGURA 6.11.

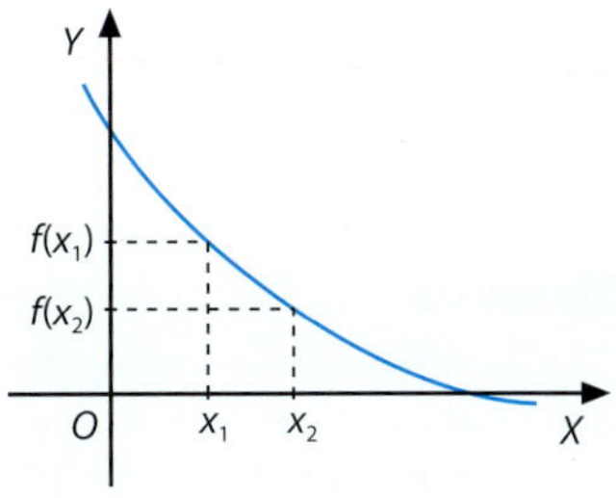

FIGURA 6.12.

> **Recuerda**
>
> Un entorno abierto de centro a y radio $r > 0$ es:
> $E(a, r) = \{x \in \mathbb{R} \mid a - r < x < a +$

Extremos relativos o locales de una función

Una función f tiene un **máximo relativo o local** en un punto x_0, si:

$$\exists E(x_0, r) \text{ tal que } f(x_0) \geq f(x), \forall x \in E(x_0, r).$$

En caso de que f sea continua en x_0, la función pasa de ser estrictamente creciente a ser estrictamente decreciente. Si, por el contrario, ocurre que:

$$f(x_0) \leq f(x), \forall x \in E(x_0, r)$$

la función tiene un **mínimo relativo o local** en x_0 (figura 6.13).

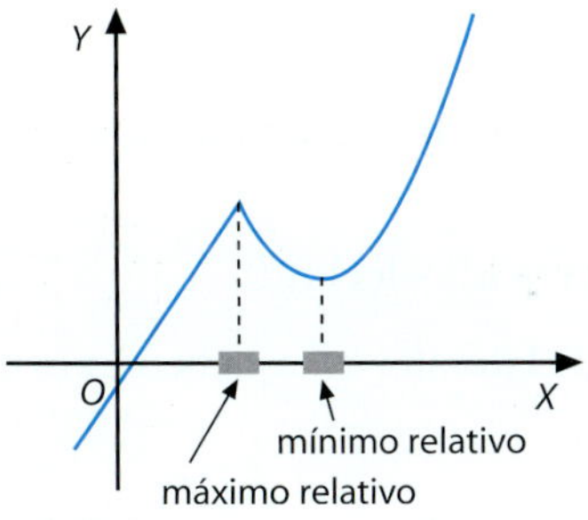

FIGURA 6.13.

Extremos absolutos de una función

Una función f tiene un **máximo absoluto** en un punto x_0 si:

$$f(x_0) \geq f(x), \forall x \in \text{Dom} f$$

La función tiene un **mínimo absoluto** en x_0, si sucede que:

$$f(x_0) \leq f(x), \forall x \in \text{Dom} f$$

Cuando se determinan los extremos de una función continua f en un intervalo cerrado $[a, b]$, hay que tener presente que un extremo relativo puede ser absoluto, pero un extremo absoluto no es relativo cuando está en $x = a$, o $x = b$. Observa la figura 6.14.

En $x = c$, hay un máximo absoluto y relativo de f en $[a, b]$.

En $x = a$, hay un mínimo absoluto de f en $[a, b]$.

En $x = d$, hay un mínimo relativo de f en $[a, b]$.

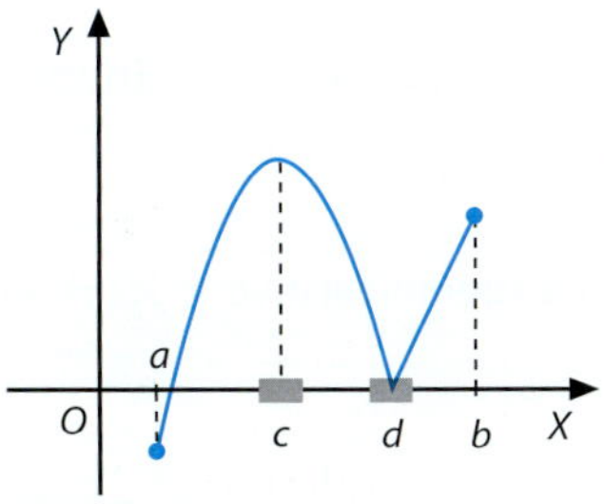

FIGURA 6.14.

5.2. Crecimiento o decrecimiento de una función en un intervalo. Extremos locales

Observa

Existe una estrecha relación entre la **monotonía** de una función y su **derivada.** Los resultados enunciados plantean condiciones necesarias, aunque no suficientes, para establecer la monotonía de una función.

Vamos a obtener un resultado que relaciona la monotonía de una función derivable f en un intervalo con el signo de su función derivada en ese intervalo.

Como se puede deducir de la definición de función estrictamente creciente en un intervalo (a, b), la tasa de variación en dicho intervalo es positiva. Si la función es derivable en (a, b), entonces para cada valor de $x \in (a, b)$, existe:

$$f'(x) = \lim_{h \to 0} \frac{f(x+h) - f(x)}{h}$$

El límite de este cociente será positivo o cero, pero nunca negativo, por lo que se puede enunciar:

Si f es derivable en (a, b), y f es estrictamente creciente en (a, b), entonces $f'(x) \geq 0$, $\forall x \in (a, b)$.

De modo análogo se puede deducir que:

Si f es derivable en (a, b), y f es estrictamente decreciente en (a, b), entonces $f'(x) \leq 0$, $\forall x \in (a, b)$.

Observa

La recíproca de este teorema no es cierta: la condición de que en un punto exista derivada nula no garantiza que se trate de un extremo de f. Por ejemplo, la derivada de la función $f(x) = x^3$ en $x = 0$ es nula, y, sin embargo, la función es estrictamente creciente en $\mathbb{R}$, por lo que, en $x = 0$, no tiene ni máximo ni mínimo.

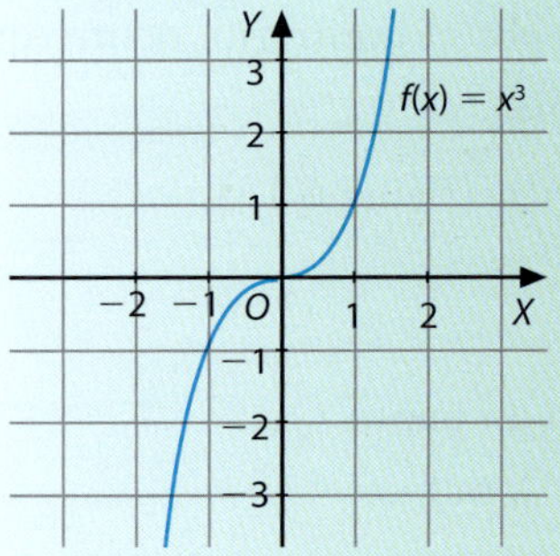

FIGURA 6.15.

Estos resultados, de aparente sencillez, nos conducen a un teorema que proporciona la condición necesaria para que exista un extremo de una función en un intervalo (a, b).

Teorema:
Sea f una función definida en (a, b). Si x es un extremo de f en (a, b), y f es derivable en x, entonces $f'(x) = 0$.

Demostración:

Supongamos que $x \in (a, b)$ es un máximo. Entonces, para cualquier h tal que $x + h \in (a, b)$, se cumple que:

$$f(x) \geq f(x+h), \text{ por lo que } f(x+h) - f(x) \leq 0$$

Puesto que f es derivable en x, las derivadas laterales en x deben existir y ser iguales:

$$f'_-(x) = \lim_{h\to 0^-} \frac{f(x+h) - f(x)}{h} \geq 0, \text{ puesto que } h < 0$$

$$f'_+(x) = \lim_{h\to 0^+} \frac{f(x+h) - f(x)}{h} \leq 0, \text{ puesto que } h > 0$$

Si $f'_-(x) = f'_+(x)$, entonces $f'(x) = 0$

De forma análoga se realiza la demostración si $x \in (a, b)$ es un mínimo.

Este teorema tiene un importante corolario[1]:

Si f es una función definida en (a, b) y tiene un extremo relativo o local en $x \in (a, b)$, y f es derivable en x, entonces $f'(x) = 0$.

Observa que la demostración es idéntica a la anterior; solo hace falta considerar el entorno de x en que se cumple que este es un extremo.

[1] **corolario:** proposición que no necesita probarse, pues se deduce de una demostración previa.

Los valores reales en que se anula la derivada de una función se denominan **puntos singulares.**

Si $f'(x) = 0$ en $x_1, x_2, \ldots, x_n$, entonces $x_1, x_2, \ldots, x_n$ son **puntos singulares** de f.

Estos puntos deben tomarse en consideración cuando se buscan los extremos de una función, pero también hay otros que deben tenerse en cuenta.

Por ejemplo, pueden presentarse extremos de una función en un punto en el que no es derivable. Sin ir más lejos, $f(x) = |x|$ tiene un mínimo relativo (y también absoluto) en $x = 0$, aunque no es derivable en dicho punto (figura 4.16).

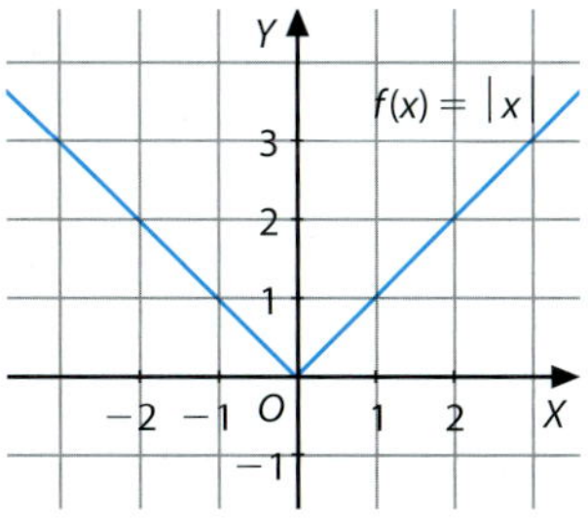

FIGURA 6.16.

Los valores reales en los que $f'(x) = 0$ o $\nexists\, f'(x)$ se denominan **puntos críticos.** Para que un punto sea extremo relativo o local de una función debe ser un punto crítico de la función.

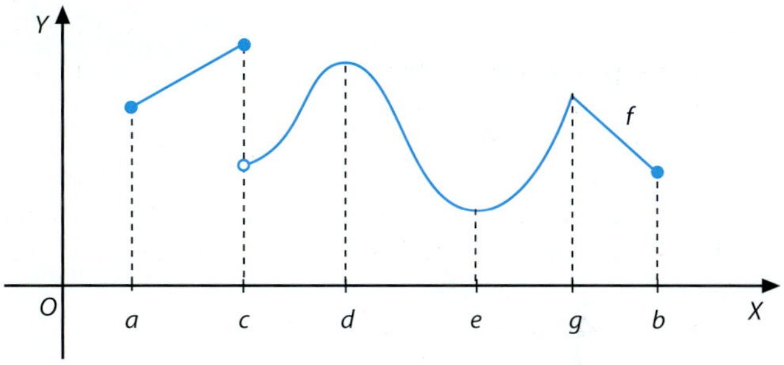

FIGURA 6.17.

En la función f los valores de las abscisas c, d, e y g son puntos críticos de la misma en el intervalo $[a, b]$.

En $x = c$, hay un máximo absoluto y relativo de f en $[a, b]$.

En $x = d$ y $x = g$, hay máximos relativos de f en $[a, b]$.

En $x = e$, hay un mínimo absoluto y relativo de f en $[a, b]$.

ACTIVIDADES

17 Clasifica los puntos que se indican en la siguiente gráfica:

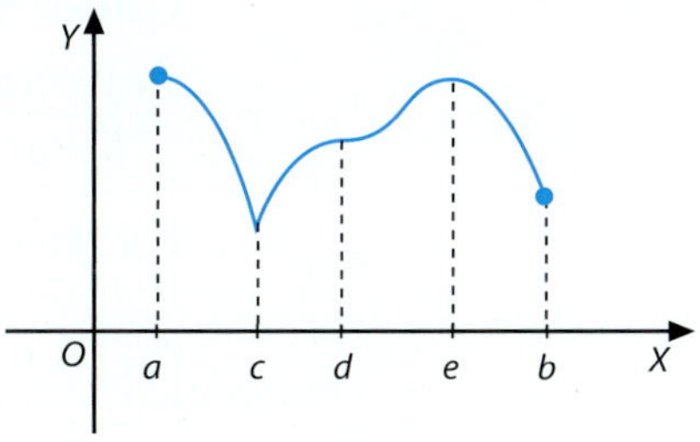

FIGURA 6.18

Solución: En $x = c$, $x = d$, $x = e$, hay puntos críticos. En $x = c$ hay un mínimo relativo y absoluto. En $x = e$ hay un máximo relativo. En $x = d$ no hay extremo. En $x = a$ hay un máximo absoluto.

6 Tasa de variación y monotonía

6.1. Teorema del valor medio de Lagrange

Antes de relacionar la tasa de variación de una función en un intervalo con su monotonía, vamos a realizar la siguiente reflexión:

Si la velocidad media que desarrolla un turismo para ir de una ciudad a otra es de 80 km/h, en algún punto del trayecto que recorre debe ir, exactamente, a 80 km/h.

Observa la gráfica de la figura 6.19, que muestra una función derivable en el intervalo (a, b), es decir, una curva en la que se puede trazar la recta tangente en todo punto $c \in (a, b)$.

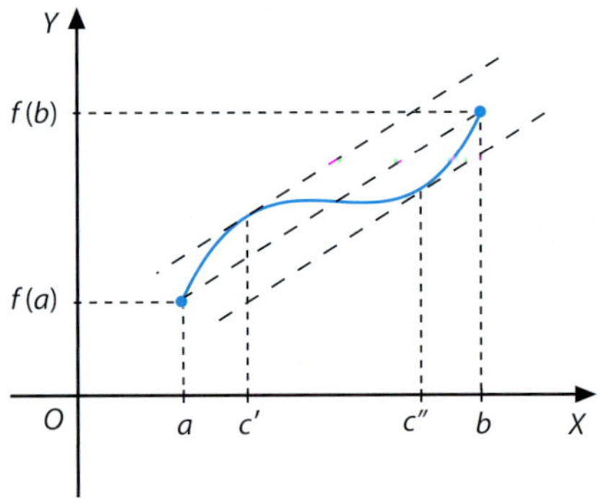

FIGURA 6.19.

Como ves, existe al menos un punto en el que la recta tangente es paralela a la secante que une los puntos extremos $(a, f(a))$ y $(b, f(b))$. Si realizamos la traducción al lenguaje del ejemplo y hablamos de velocidades, en algún momento la velocidad instantánea debe ser igual a la velocidad media, que es, en este ejemplo, la tasa de variación media.

Existe un teorema, denominado del valor medio o de Lagrange, que relaciona la tasa de variación media de una función en un intervalo con la derivada de una función en un punto de dicho intervalo.

Teorema del valor medio de Lagrange

Si f es una función continua en $[a, b]$ y derivable en (a, b), entonces existe, al menos, un número $c \in (a, b)$, tal que:

$$f'(c) = \frac{f(b) - f(a)}{b - a}$$

El valor de la tasa de variación media de la función en $[a, b]$, $\frac{f(b) - f(a)}{b - a}$, es el de la pendiente de la cuerda que une los puntos extremos de la función en el intervalo $[a, b]$.

El valor de $f'(c)$ es el de la pendiente de la recta tangente a la curva en el punto de abscisa c. Es decir, si se cumplen las hipótesis del teorema, existe por lo menos un punto de la curva en el que la pendiente de la recta tangente coincide con la tasa de variación media.

EJEMPLOS

a) *Calcular en qué puntos de la gráfica de la función $f(x) = 2x^3$, la pendiente de recta tangente coincide con la tasa de variación media en el intervalo $[-2, 1]$.*

Calculamos la tasa de variación media en el intervalo $[-2, 1]$:

$$\frac{f(b) - f(a)}{b - a} = \frac{f(1) - f(-2)}{1 - (-2)} = \frac{2 + 16}{3} = 6$$

Por tanto, debemos encontrar c tal que:

$f'(c) = 6$

$f'(x) = 6x^2 \Rightarrow 6c^2 = 6 \Rightarrow c = \pm 1.$

Los puntos son $(-1, -2)$ y $(1, 2)$.

La tangente en $x = 1$ es la secante dada.

6.2. Derivada y monotonía de una función

El teorema del valor medio tiene importantes consecuencias:

- Si una función, f, está definida en un intervalo (a, b) y $f'(x) = 0$ para todo x del intervalo, entonces $f(x)$ es constante en dicho intervalo.
- Si f y g están definidas en el intervalo (a, b) y $f'(x) = g'(x)$ para todo x del intervalo, entonces ambas funciones difieren en una constante: $f - g = k$
- Si $f'(x) > 0$, $\forall x \in (a, b)$, entonces f es estrictamente **creciente** en dicho intervalo. Análogamente, si $f'(x) < 0$, $\forall x \in (a, b)$, entonces f es estrictamente **decreciente** en dicho intervalo. Consulta la demostración al margen.

Demostración

Si $f'(x) > 0$ en (a, b), en dicho intervalo es continua.

Además, para dos números cualesquiera, $x_1 < x_2$, del intervalo se cumplen las hipótesis del teorema del valor medio: f es continua en $[x_1, x_2]$ y f es derivable en (x_1, x_2).

Por tanto, existe un número $x \in (x_1, x_2)$, tal que:

$$f'(x) = \frac{f(x_2) - f(x_1)}{x_2 - x_1}$$

Puesto que $f'(x) > 0$, debe ser:

$$\frac{f(x_2) - f(x_1)}{x_2 - x_1} > 0$$

Como $x_1 < x_2$, el denominador es positivo, $x_2 - x_1 > 0$, y esto implica que $f(x_2) - f(x_1) > 0$, con lo que se demuestra que la función es estrictamente creciente en (a, b).

De forma análoga, se demuestra que si $f'(x) < 0$ $\forall x \in (a, b)$, entonces f es estrictamente decreciente en dicho intervalo.

6.3. Extremos locales

Sea $f'(x_0) = 0$. Si $f''(x_0) > 0$, entonces f **tiene un mínimo relativo o local** en x_0. Si $f''(x_0) < 0$, entonces f tiene un **máximo relativo o local** en x_0.

Demostración:

Por definición: $f''(x_0) = \lim_{h \to 0} \dfrac{f'(x_0 + h) - f'(x_0)}{h}$

Se ha supuesto $f'(x_0) = 0$, por lo que: $f''(x_0) = \lim_{h \to 0} \dfrac{f'(x_0 + h)}{h}$

Si $f''(x_0) > 0$, debe ser el cociente $\dfrac{f'(x_0 + h)}{h} > 0$ para valores de h suficientemente pequeños.

Por lo tanto, a la izquierda de x_0, en que $h < 0$ deberá ser $f'(x_0 + h) < 0$, y de acuerdo con el teorema anterior, f es decreciente a la izquierda de x_0. A la derecha de x_0, en que $h > 0$, deberá ser $f'(x_0 + h) > 0$, por el teorema anterior, f es creciente a la derecha de x_0.

Necesariamente, pues f tiene un mínimo relativo o local en x_0.

El razonamiento es análogo si $f''(x_0) < 0$.

¿Pero qué sucede cuando $f'(x_0) = 0$ y $f''(x_0) = 0$? Por ejemplo, la función $f(x) = x^4$ (figura 6.20) tiene en $x = 0$ un mínimo relativo y, sin embargo, el criterio de la derivada segunda no nos permite clasificar si es un extremo relativo o no. En la sección *Estrategias* se presenta un criterio más general para determinar los extremos relativos de una función.

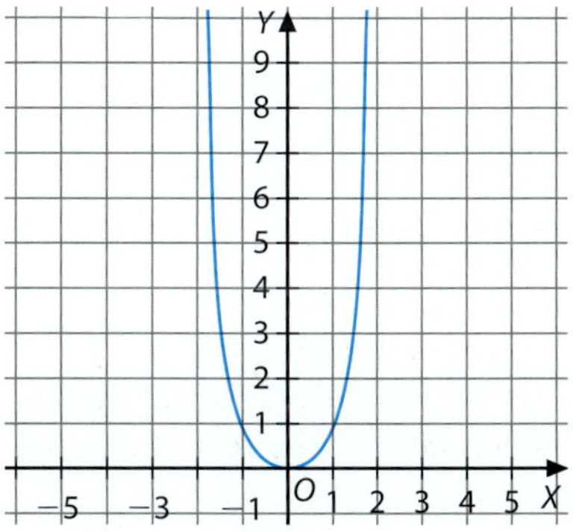

FIGURA 6.20.

EJEMPLOS

b) *Hallar los intervalos de monotonía de* $f(x) = x^4 - x^3$ *y sus extremos relativos.*

$f(x)$ es una función polinómica, continua y derivable en $\mathbb{R}$.

Determinamos los intervalos de signo constante de $f'(x) = 4x^3 - 3x^2$.

$f'(x)$ no tiene discontinuidades y $f'(x) = 0$ si $4x^3 - 3x^2 = 0 \Rightarrow x = 0$ y $x = 3/4$ (posibles extremos relativos).

Intervalos de signo constante de $f'(x)$: $(-\infty, 0)$, $(0, 3/4)$ y $(3/4, +\infty)$

Para calcular el signo de f' en estos intervalos, basta estudiar el signo de f' para un valor cualquiera de x perteneciente a cada intervalo. Por ejemplo:

- $f'(-1) = 4(-1)^3 - 3(-1)^2 = -7 < 0$, es decir:

$f'(x) < 0$ en $(-\infty, 0)$ $\Rightarrow$ f es estrictamente decreciente en $(-\infty, 0)$

- $f'(1/2) = 4(1/2)^3 - 3(1/2)^2 = -1/4 < 0$, es decir:

$f'(x) < 0$ en $(0, 3/4)$ $\Rightarrow$ f es estrictamente decreciente en $(0, 3/4)$

- $f'(1) = 4 \cdot 1^3 - 3 \cdot 1^2 = 1 > 0$, es decir:

$f'(x) > 0$ en $(3/4, +\infty)$ $\Rightarrow$ f es estrictamente creciente en $(3/4, +\infty)$

$f'(x) = 4x^3 - 3x^2 = x^2 \cdot (4x - 3)$

	$-\infty$ — 0	0 — 3/4	3/4 — $+\infty$
x^2	+	+	+
$4x - 3$	−	−	+
f'	−	−	+
		$x = 3/4$ mínimo local	

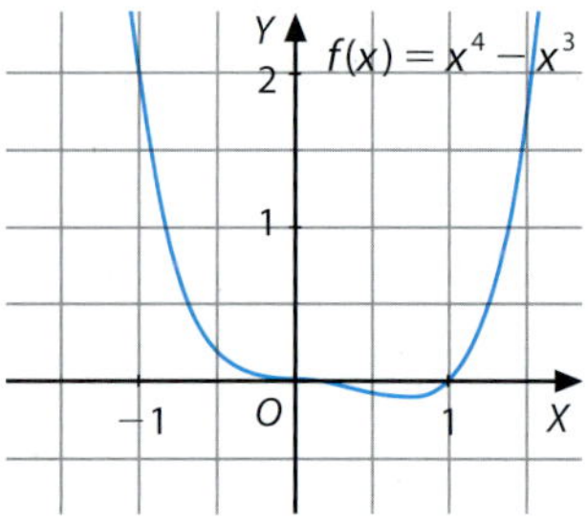

FIGURA 6.21.

$$f'(x) = \frac{x^2 - 2x - 3}{(x-1)^2} = \frac{(x+1)\cdot(x-3)}{(x-1)^2}$$

	$-\infty$ — −1	−1 — 1	1 — 3	3 — $+\infty$
$x + 1$	−	+	+	+
$x - 3$	−	−	−	+
$(x-1)^2$	+	+	+	+
f'	+	−	−	+
f	↗	↘	↘	↗
	$x = -1$ máximo relativo		$x = 3$ mínimo relativo	

E J E M P L O S

También se puede realizar un cuadro de signos como el del margen.

Para determinar los extremos relativos de f, observamos que $f'(3/4) = 0$ y, además, se produce un cambio en la monotonía: f pasa de ser decreciente a creciente. Por tanto, $f(x)$ tiene un mínimo relativo en $x = 3/4$.

Observa también que, $f'(0) = 0$, pero la monotonía de la función no cambia: no es un extremo relativo.

También es posible aplicar el criterio de la derivada segunda:

$$f''(x) = 12x^2 - 6x \quad \Rightarrow \quad \begin{array}{l} f''(0) = 0 \\ f''(3/4) = 9/4 > 0 \end{array}$$

Es decir, en $x = 3/4$ la función tiene un mínimo relativo, mientras que en $x = 0$ el criterio de la derivada segunda no permite decidir el tipo de extremo (ver sección *Estrategias*).

c) *Determinar los intervalos de monotonía de la función* $f(x) = \dfrac{x^2 + 3}{x - 1}$ *y sus extremos relativos.*

$f(x)$ es una función polinómica, continua y derivable en $\mathbb{R} - \{1\}$.

Para determinar sus intervalos de crecimiento y de decrecimiento debemos averiguar los intervalos de signo constante de su función derivada, $f'(x)$. Procedemos del siguiente modo:

$$f'(x) = \frac{x^2 - 2x - 3}{(x-1)^2}$$

$f'(x)$ es discontinua en $x = 1$.

$f'(x) = 0$ si $x^2 - 2x - 3 = 0 \Rightarrow x = -1$ y $x = 3$ (posibles extremos relativos)

Intervalos de signo constante de $f'(x)$:

$$(-\infty, -1), (-1, 1), (1, 3) \text{ y } (3, +\infty)$$

Teniendo en cuenta que el denominador de f' es siempre positivo, estudiamos el signo de su numerador:

- $f'(-2) = (-2)^2 - 2(-2) - 3 = 5 > 0$, es decir:

$f'(x) > 0$ en $(-\infty, -1) \Rightarrow f$ es estrictamente creciente en $(-\infty, -1)$.

- $f'(0) = -3 < 0$, es decir:

$f'(x) < 0$ en $(-1, 1) \Rightarrow f$ es estrictamente creciente en $(-1, 1)$.

- $f'(2) = 2^2 - 2 \cdot 2 - 3 = -3 < 0$, es decir:

$f'(x) < 0$ en $(1, 3) \Rightarrow f$ es estrictamente decreciente en $(1, 3)$.

- $f'(4) = 4^2 - 2 \cdot 4 - 3 = 5 > 0$, es decir:

$f'(x) > 0$ en $(3, +\infty) \Rightarrow f$ es estrictamente creciente en $(3, +\infty)$.

También se puede realizar un cuadro de signos como el del margen.

Para determinar los extremos relativos de esta función, observamos que $f'(-1) = 0$ y se produce un cambio en la monotonía de f: pasa de ser creciente a decreciente. Por tanto, $f(x)$ tiene un máximo relativo en $x = -1$.

En $x = 3$, $f'(3) = 0$ y se produce un cambio en la monotonía de f: pasa de ser decreciente a creciente. Por tanto, $f(x)$ tiene un mínimo relativo en $x = 3$.

Atención: en $x = 1$ no hay extremo relativo, lo que ocurre es que la función no está definida.

Del mismo modo que en el caso anterior se puede aplicar el criterio de la derivada segunda para clasificar el tipo de extremos, pero, como puedes observar, no es práctico, en general, para el caso de funciones racionales, ya que es muy laborioso.

6.4. Determinación de extremos absolutos de una función en un intervalo cerrado

Observa

Una función continua en un intervalo cerrado $[a, b]$ no puede tener máximos o mínimos relativos en los puntos extremos del intervalo.

Para determinar los extremos absolutos de una función f en un intervalo cerrado $[a, b]$, es preciso considerar:

- Los puntos críticos de f en (a, b), es decir, los puntos en que la derivada f' se anula o no existe.
- Los puntos a y b.

Se halla la imagen de los valores obtenidos; la mayor de todas ellas corresponde al máximo absoluto, y la menor, al mínimo absoluto de f en $[a, b]$.

EJEMPLOS

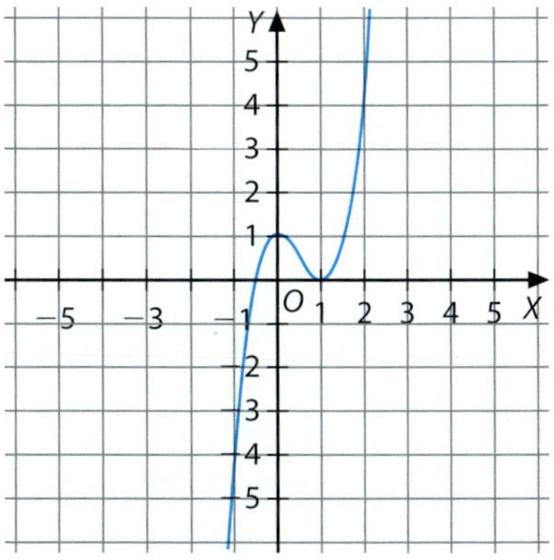

FIGURA 6.22.

e) *Hallar los extremos absolutos de la función* $f(x) = 2x^3 - 3x^2 + 1$ *en el intervalo* $[-1, 1]$.

La función f es polinómica, por tanto, continua en $[-1, 1]$. En este intervalo deberá tener un valor máximo y otro mínimo.

En primer lugar, hallamos los puntos críticos de f. Para ello, calculamos f', que es también polinómica y por tanto existe para cualquier número real; y calculamos para qué valores se anula:

$$f'(x) = 6x^2 - 3x \Rightarrow f'(x) = 0 \text{ si } x = 0 \text{ y } x = 1/2$$

A continuación, calculamos las imágenes de los extremos del intervalo, -1 y 1, y las imágenes de 0 y $1/2$:

$f(-1) = -4$ $\quad$ $f(0) = 1$ $\quad$ $f(1/2) = 1/2$ $\quad$ $f(1) = 0$

A la vista de los resultados, se deduce que en $[-1, 1]$, la función f tiene un mínimo absoluto en $x = -1$ y un máximo absoluto en $x = 0$.

Observa que en $x = 0$ el máximo absoluto es, además, un máximo relativo.

f) *Hallar los extremos absolutos de* $f(x) = |x^2 - 4|$ *en* $[0, 3]$.

$x^2 - 4 = (x + 2) \cdot (x - 2)$

	$-\infty$ a -2	-2 a 2	2 a $+\infty$
$x + 2$	−	+	+
$x - 2$	−	−	+
$x^2 - 4$	+	−	+

Puesto que hay que averiguar la función derivada, es preciso desdoblar esta función en el intervalo considerado. Para ello se debe estudiar su signo (observa el cuadro de signos al margen).

A la vista del cuadro de signos, en el intervalo $[0, 3]$ la función es:

$$f(x) = \begin{cases} -x^2 + 4 & \text{si } 0 \leq x < 2 \\ x^2 - 4 & \text{si } 2 \leq x \leq 3 \end{cases}$$

La función es continua en $[0, 3]$, por tanto alcanzará en este intervalo un valor máximo y un valor mínimo.

Para calcular los puntos en que la derivada se anula o no existe buscamos la función derivada en $(0, 3)$:

$$f'(x) = \begin{cases} -2x & \text{si } 0 < x < 2 \\ 2x & \text{si } 2 < x < 3 \end{cases}$$

Obviamente, en $x = 2$ la función no es derivable, puesto que $f'_-(2) = -4$, y $f'_+(2) = 4$

Además, la derivada no se anula en $(0, 3)$.

Por tanto, hay un punto crítico en este intervalo, que es $x = 2$.

Ahora calculamos la imagen de este punto y de los extremos del intervalo $x = 0$ y $x = 3$:

$$f(0) = 4, \ f(2) = 0, f(3) = 5$$

Es decir, f presenta el mínimo absoluto en $x = 2$ y el máximo absoluto se alcanza en $x = 3$.

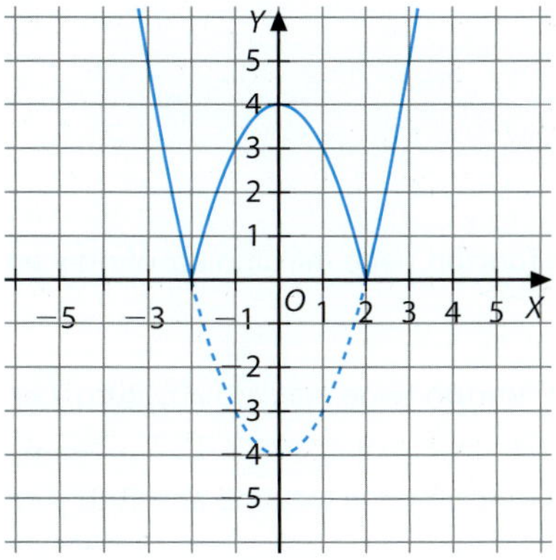

FIGURA 6.23.

18 Determina los intervalos de crecimiento y decrecimiento de cada una de las siguientes funciones y calcula sus correspondientes extremos relativos:

a) $f(x) = 2x^3 - 3x^2 - 12x + 4$

b) $f(x) = \dfrac{x^3}{x^2 + 1}$

c) $f(x) = x^3 + 3x^2 + 1$

d) $f(x) = \dfrac{e^x}{x}$

e) $f(x) = x \cdot e^x$

f) $f(x) = \dfrac{x^2 + 1}{x^2 - 1}$

g) $f(x) = \dfrac{x}{\ln x}$

h) $f(x) = 3x - \sqrt[3]{x}$

Solución: ***a)*** f es continua en $\mathbb{R}$. En $(-\infty, -1) \cup (2, +\infty)$ es estrictamente creciente, en $(-1, 2)$, estrictamente decreciente. Por tanto, en $x = -1$ tiene un máximo local y en $x = 2$ un mínimo local.

b) f es continua en $\mathbb{R}$. Es estrictamente creciente en su dominio. No presenta extremos relativos.

c) Su dominio es $\mathbb{R}$. Es estrictamente creciente en $(-\infty, -2) \cup (0, +\infty)$ y estrictamente decreciente en $(-2, 0)$. En $x = 0$ tiene un mínimo local y en $x = -2$, un máximo local.

d) f es continua en $\mathbb{R} - \{0\}$. Es estrictamente creciente en $(1, +\infty)$ y estrictamente decreciente en $(-\infty, 0) \cup (0, 1)$. En $x = 1$ presenta un mínimo relativo.

e) f es continua en $\mathbb{R}$. Es estrictamente decreciente en $(-\infty, -1)$ y estrictamente creciente $(-1, +\infty)$. En el punto de abscisa $x = -1$ tiene un mínimo local.

f) f es continua en $\mathbb{R} - \{-1, 1\}$. En $(-\infty, -1) \cup (-1, 0)$ es estrictamente creciente. En $(0, 1) \cup (1, +\infty)$ es estrictamente decreciente. En $x = 0$ tiene un máximo relativo.

g) f es continua en $(0, 1) \cup (1, +\infty)$. Es estrictamente decreciente en $(0, 1) \cup (1, e)$. Es estrictamente creciente en $(e, +\infty)$. En $x = e$, presenta un mínimo local.

h) f es continua en $\mathbb{R}$. Es estrictamente creciente en los intervalos $(-\infty, -1/27) \cup (1/27, +\infty)$. Es estrictamente decreciente en $(-1/27, 1/27)$. En $x = -1/27$ presenta un máximo local y en $x = 1/27$ un mínimo local.

19 Determina los extremos absolutos de las siguientes funciones en los intervalos que se indican:

a) $f(x) = |x^2 - 1|$ en $[0, 2]$

b) $f(x) = x^2 - x$ en $[0, 2]$

c) $f(x) = x^2 \cdot e^x$ en $[-1, 1]$

Solución: ***a)*** En el punto de abscisa $x = 2$ la función tiene máximo absoluto y en $x = \dfrac{1}{2}$, mínimo absoluto.

b) En el punto de abscisa $x = 2$ la función tiene máximo absoluto y en $x = 1$, mínimo absoluto.

c) En el punto de abscisa $x = 1$ la función tiene máximo absoluto y en $x = 0$, mínimo absoluto.

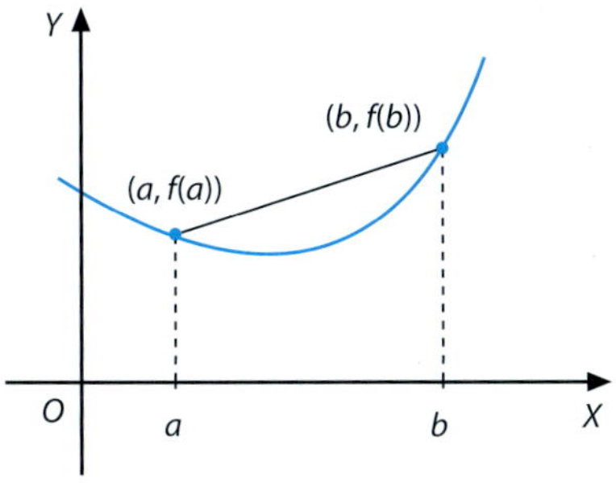

FIGURA 6.24.

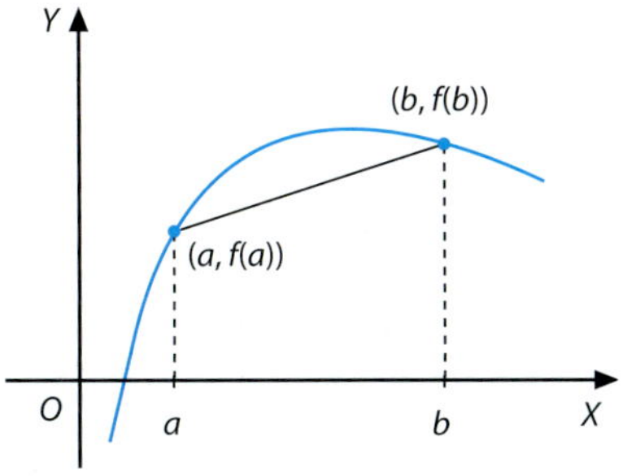

FIGURA 6.25.

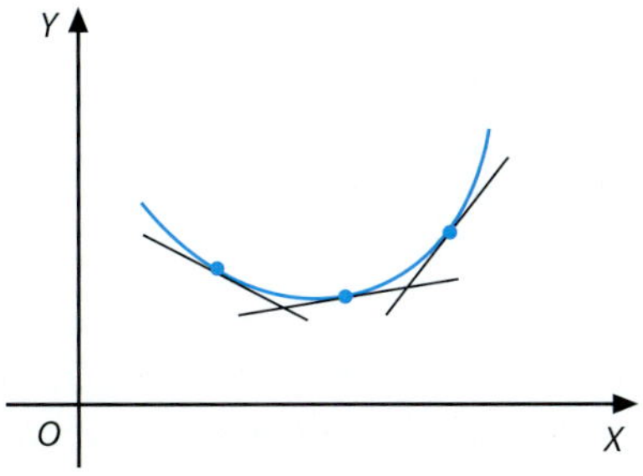

FIGURA 6.26.a.

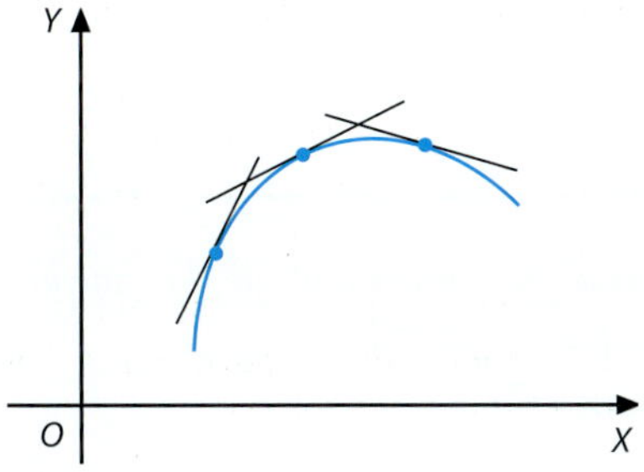

FIGURA 6.26.b.

7 Curvatura de una función

7.1. Concavidad y convexidad

Una función f es **cóncava** en un intervalo si, para cualquier par de puntos del intervalo, el segmento que los une queda por encima de la gráfica de f en ese intervalo.

Si observamos la figura 6.23, para cualquier valor $x \in (a, b)$ se cumple que:

$$\frac{f(b)-f(a)}{b-a} > \frac{f(x)-f(a)}{x-a}$$

Esta característica geométrica define el intervalo en que f es cóncava.

Del mismo modo, una función, f, es **convexa** en un intervalo si para cualquier par de puntos del intervalo el segmento que los une queda por debajo de la gráfica de f en ese intervalo.

Si observamos la figura 6.24, para cualquier valor $x \in (a, b)$ se cumple que:

$$\frac{f(b)-f(a)}{b-a} < \frac{f(x)-f(a)}{x-a}$$

Si observas ahora las figuras 6.25.a y 6.25.b, se hace patente que, si una función es cóncava en un determinado intervalo, y es derivable en él, queda por encima de las rectas tangentes que se pueden trazar en cualquiera de sus puntos. Cuando una función es convexa y derivable en un intervalo, queda por debajo de cada una de sus rectas tangentes en dicho intervalo.

Además, observa que en el intervalo en que la función es cóncava la pendiente de las rectas tangentes aumenta: si a y b son las abscisas de dos puntos cualesquiera del intervalo, y $a < b$, entonces $f'(a) < f'(b)$. Si la función es convexa, entonces $f'(a) > f'(b)$.

Este razonamiento nos conduce al siguiente teorema:

Teorema:

Si f' es estrictamente creciente, entonces f es **cóncava.**

Si f' es estrictamente decreciente, entonces f es **convexa.**

Si una función es dos veces derivable en $x = a$, se puede establecer la siguiente condición suficiente para determinar la curvatura en a:

Sea $f''(a) > 0$. Puesto que $f''(a) = (f'(a))'$, entonces f' es estrictamente creciente en a. Si f' es estrictamente creciente en a, entonces f es **cóncava** en a.

Si, por el contrario $f''(a) < 0$, f' es estrictamente decreciente en a, y, entonces, f es **convexa** en a.

Esta condición nos proporciona un método para determinar la curvatura de una función dos veces derivable en un intervalo:

- Si $f'' > 0$ para todos los puntos del intervalo, entonces f es **cóncava** en ese intervalo.
- Si $f'' < 0$ para todos los puntos del intervalo, entonces f es **convexa** en ese intervalo.

Podemos aplicar este criterio para los puntos en los que se anula la derivada.

Sea $f'(x_0) = 0$. Si $f''(x_0) > 0$, entonces f tiene un mínimo relativo o local en x_0.

Si $f''(x_0) < 0$, entonces f tiene un máximo relativo o local en x_0.

Una función que posea un mínimo relativo en un determinado entorno es cóncava en ese entorno. Y si posee un máximo relativo, entonces en su entorno es convexa.

7.2. Puntos de inflexión

En ocasiones, hay puntos de la gráfica de la función en que la recta tangente atraviesa la curva: a un lado del punto la tangente queda, por ejemplo, por debajo de la gráfica, y, por el otro, queda por encima. Esto significa que a un lado la función es cóncava, y al otro lado convexa.

> Se dice que $(a, f(a))$ es un **punto de inflexión** de f si en él se produce un cambio en la curvatura de la función. La recta tangente a f en $x = a$, si existe, atraviesa la gráfica en dicho punto.

Observa

Un **punto de inflexión** debe pertenecer a la gráfica, es decir, $a \in$ Dom f. Y solo es necesario que cambie en a el signo de f''.

Puede suceder que en $x = a$ no exista f' y, por tanto, tampoco f''.

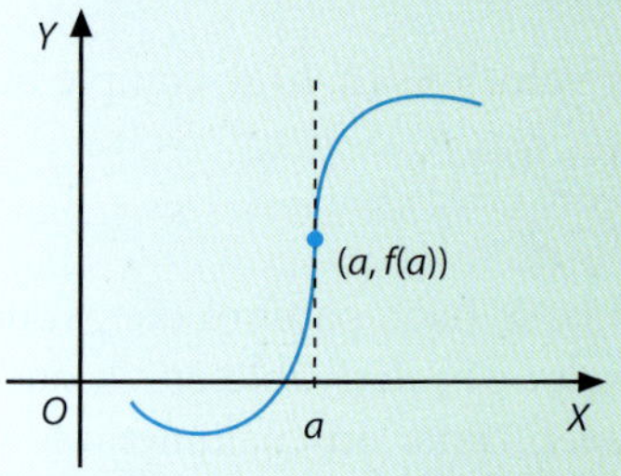

FIGURA 6.27.

También puede ocurrir que f' exista en $x = a$, pero no exista f''.

Sea $(a, f(a))$ un punto de inflexión de f. Si $f''(a)$ existe, y f'' es una función continua en a, debe ser $f''(a) = 0$, puesto que en cualquier entorno de a, f'' toma valores de diferente signo.

Esta es una condición necesaria, pero no suficiente. Puede suceder que $f''(a) = 0$ y la función no posea en $x = a$ un punto de inflexión. Por ejemplo, la función $f(x) = x^4$, tiene en $x = 0$ derivada segunda nula y, sin embargo, el punto $(0, 0)$ no es de inflexión.

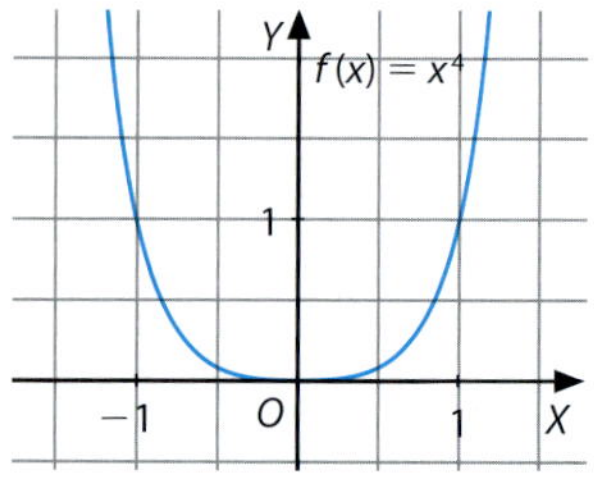

FIGURA 6.28.

¿Qué debería suceder para que si $f''(a) = 0$, exista en a un punto de inflexión? Es sencillo pensar que, puesto que la curvatura de la función cambia, el signo de f'' debe ser diferente a ambos lados de a, por lo que f' debe ser creciente o decreciente, es decir, en cualquier caso la derivada de f' no puede ser nula.

> Si $f''(a) = 0$ y $f'''(a) \neq 0$, entonces $(a, f(a))$ es un **punto de inflexión** de f.

EJEMPLOS

a) *Determinar los intervalos de concavidad y convexidad de la función $f(x) = (x^2 + 1) \cdot e^x$, y hallar, si los tiene, sus puntos de inflexión.*

Esta función es continua en todo el conjunto $\mathbb{R}$.

Su derivada es: $f'(x) = (x^2 + 2x + 1) \cdot e^x$

Su derivada segunda es: $f''(x) = (x^2 + 4x + 3) \cdot e^x$

La derivada segunda de la función se anula en $x = -3$ y $x = -1$. Estos dos valores determinan intervalos con el mismo tipo de curvatura.

Si estudiamos el signo de f'':

En $(-\infty, -3)$, $f''(-4) = 3 \cdot e^{-4} > 0$, por lo que f es cóncava.

En $(-3, -1)$, $f''(-2) = -e^{-2} < 0$, por lo que f es convexa.

En $(-1, +\infty)$, $f''(0) = 3 > 0$, por lo que f es cóncava.

Como se observa, al determinar los intervalos de concavidad y convexidad quedan caracterizados los puntos de inflexión: en $x = -3$ y en $x = -1$ la función f tiene puntos de inflexión, puesto que la curvatura cambia. Observa la gráfica de la figura 6.29.

Comprueba que: $f'''(-3) < 0$ y $f'''(1) > 0$

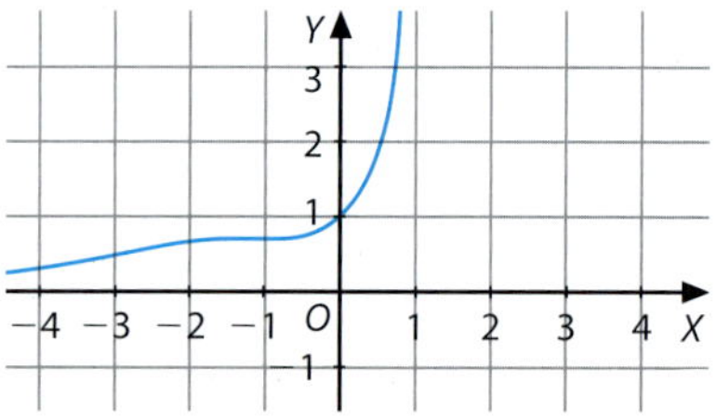

FIGURA 6.29.

EJEMPLOS

b) *Determinar los intervalos de concavidad y convexidad de la función* $f(x) = \sqrt[3]{x}$, *y hallar, si los tiene, sus puntos de inflexión.*

Esta función es continua en todo el conjunto $\mathbb{R}$.

Su derivada es: $f'(x) = \dfrac{1}{3\sqrt[3]{x^2}}$, por tanto, f' no está definida en $x = 0$.

Su derivada segunda, $f''(x) = \dfrac{-2}{9x\sqrt[3]{x^2}}$, no existe en $x = 0$.

f'' no se anula en su dominio. Por tanto, para determinar los intervalos en los que el signo de la función no varía, debemos tener en cuenta el valor real en el que no está definida.

En $(-\infty, 0)$, $f'' > 0$, por lo que f es cóncava.

En $(0, +\infty)$, $f'' < 0$, por lo que f es convexa.

Por tanto, en el punto (0, 0) la función tiene un punto de inflexión.

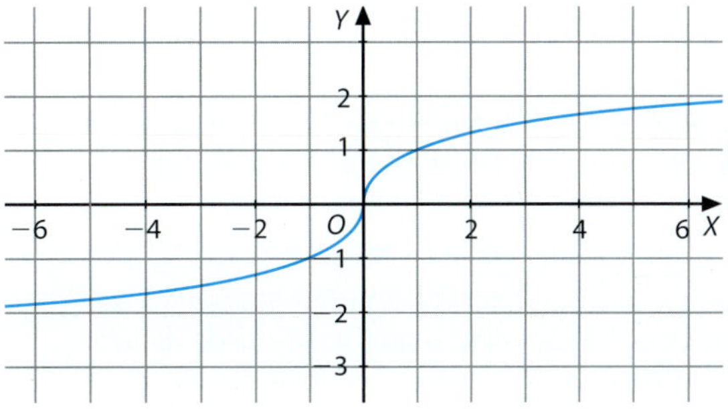

FIGURA 6.30.

ACTIVIDADES

20 Determina los intervalos de concavidad y convexidad de las siguientes funciones, indicando, si existen, los puntos de inflexión:

a) $f(x) = x^3 + 3x^2 + 1$

b) $f(x) = x^4 - x^3$

c) $f(x) = \dfrac{x}{e^x}$

d) $f(x) = x \cdot e^x$

e) $f(x) = \dfrac{x}{x^2 + 1}$

f) $f(x) = \dfrac{x^2 - 2x + 1}{x}$

g) $f(x) = \dfrac{\ln x}{x}$

h) $f(x) = x - \sqrt[3]{x^2}$

Solución: ***a)*** f es convexa en $(-\infty, -1)$ y cóncava en $(-1, +\infty)$. En $x = -1$ tiene un punto de inflexión.

b) f es cóncava en $(-\infty, 0) \cup (1/2, +\infty)$ y convexa en $(0, 1/2)$. En $x = 0$ y $x = 1/2$ tiene puntos de inflexión.

c) f es convexa en $(-\infty, -2)$ y cóncava en $(2, +\infty)$. En $x = 2$ tiene un punto de inflexión.

d) f es convexa en $(-\infty, -2)$ y cóncava en $(-2, +\infty)$. En $x = -2$ tiene un punto de inflexión.

e) f es convexa en $(-\infty, -\sqrt{3}) \cup (0, \sqrt{3})$ y cóncava en $(-\sqrt{3}, 0) \cup (\sqrt{3}, +\infty)$. En $x = -\sqrt{3}$ y $x = \sqrt{3}$ tiene puntos de inflexión.

f) f es convexa en $(-\infty, 0)$ y cóncava en $(0, +\infty)$. No existe punto de inflexión.

g) f es convexa en $(0, e^{3/2})$ y cóncava en $(e^{3/2}, +\infty)$. En $x = e^{3/2}$ tiene un punto de inflexión.

h) f es siempre cóncava. En $x = 0$ hay un punto anguloso que no es de inflexión.

Aplicación de la derivada a las ciencias sociales

1 *La población de una ciudad viene dada, aproximadamente y en miles de habitantes, según la función:*

$$C(t) = 12 + \frac{40t}{9+t^2}$$

siendo t el tiempo transcurrido en años a partir del momento en que la población era de 12 000 habitantes.

a) *Hallar el ritmo de crecimiento de la población al cabo de 2 años.*

b) *Calcular a partir de qué momento la población tiene un crecimiento negativo.*

a) Este es un problema que se puede resolver utilizando el concepto de derivada de una función. En efecto, si calculamos $C'(2)$, obtenemos la variación de la población en el segundo año, es decir, su ritmo de crecimiento en ese momento:

$$C'(t) = \frac{40(9+t^2) - 40t \cdot 2t}{(9+t^2)^2} = \frac{360 - 40t^2}{(9+t^2)^2} \Rightarrow C'(2) = \frac{200}{169} = 1{,}18$$

Es decir, el ritmo de crecimiento a los dos años es de 1 180 habitantes por año.

b) Para calcular a partir de qué año es negativo el crecimiento de la población, hemos de hallar el máximo de la función, puesto que a partir de ese momento la población decrecerá.

$$C'(t) = 0 \text{ si } 360 - 40t^2 = 0 \;\Rightarrow\; t = \pm 3$$

Obviamente la solución -3 no es válida. Por tanto, a los tres años, la población alcanza un máximo. Esto se puede deducir sin necesidad de calcular la derivada segunda, porque en el apartado anterior hemos calculado el ritmo de crecimiento de la población a los 2 años, y era positivo. A partir del tercer año, la población disminuirá. Por ejemplo:

$$C'(4) = \frac{-280}{625} = -0{,}448$$

Es decir, en este momento, la ciudad pierde población a un ritmo de 448 habitantes por año.

Continuidad y derivabilidad

2 *Determinar en $x = 1$ si es derivable:* $f(x) = \begin{cases} x-1 & \text{si } x<1 \\ \ln x & \text{si } x \geq 1 \end{cases}$

Primero debemos comprobar que f es continua en $x = 1$:

$$f(1) = \ln 1 = 0$$

$$\left.\begin{array}{l} \lim\limits_{x\to 1^-} f(x) = \lim\limits_{x\to 1^-} (x-1) = 0 \\ \lim\limits_{x\to 1^+} f(x) = \lim\limits_{x\to 1^+} \ln x = 0 \end{array}\right\} \Rightarrow \lim_{x\to 1} f(x) = 0$$

Como $\lim\limits_{x\to 1} f(x) = f(1) = 0$, la función es continua en $x = 1$

Si es derivable en $x = 1$, sus derivadas laterales en 1 deben ser finitas y coincidir.

$$f'_-(1) = \lim_{h\to 0^-} \frac{(1+h)-1-(1-1)}{h} = \lim_{h\to 0^-} \frac{h}{h} = 1$$

$$f'_+(1) = \lim_{h\to 0^+} \frac{\ln(1+h) - \ln 1}{h} = \lim_{h\to 0^+} \frac{\ln(1+h)}{h} = $$

$$= \lim_{h\to 0^+} \ln(1+h)^{1/h}$$

Como la función logaritmo es continua en su dominio, recordando cómo se resuelven los límites cuya indeterminación es 1^∞, tenemos:

$$f'_+(1) = \ln \lim_{h\to 0^+} (1+h)^{1/h} = \ln e = 1$$

Por tanto, las derivadas laterales en $x = 1$ coinciden, por lo que $f'(1) = 1$.

En este caso, para calcular las derivadas laterales en $x = 1$, en que las funciones $x - 1$ y $\ln x$ son derivables y su derivada tiene límite en $x = 1$, se puede proceder del siguiente modo:

$$f'(x) = \begin{cases} x & \text{si } x<1 \\ 1/x & \text{si } x>1 \end{cases}$$

Entonces:

$$f'_-(1) = \lim_{x\to 1^-} f'(x) = \lim_{x\to 1^-} 1 = 1$$

$$f'_+(1) = \lim_{x\to 1^+} f'(x) = \lim_{x\to 1^+} 1/x = 1$$

Es decir, $f'_-(1) = f'_+(1) = 1$, por lo que $f'(1) = 1$.

3 *Calcular el valor del parámetro a para que en $x = 2$, sea derivable la función:*

$$f(x) = \begin{cases} 4-x & \text{si } x<2 \\ -x^2+ax & \text{si } x\geq 2 \end{cases}$$

En primer lugar, $f(x)$ debe ser continua en $x = 2$.

$$f(2) = -4 + 2a$$

$$\lim_{x\to 2^-} f(x) = \lim_{x\to 2^-} (4-x) = 2$$

$$\lim_{x\to 2^+} f(x) = \lim_{x\to 2^+} (-x^2+ax) = -4+2a$$

Para que la función sea continua en $x = 2$, $f(2) = \lim\limits_{x\to 2} f(x)$, por lo que: $-4 + 2a = 2 \;\Rightarrow a = 3$

Puesto que la continuidad en $x = 2$ no es una condición suficiente para que exista $f'(2)$, calculamos las derivadas laterales en $x = 2$:

$$f'_-(2) = \lim_{h\to 0^-} \frac{f(2+h)-f(2)}{h} = \lim_{h\to 0^-} \frac{4-(2+h)-2}{h} = \lim_{h\to 0^-} \frac{-h}{h} = -1$$

$$f'_+(2) = \lim_{h\to 0^+} \frac{f(2+h)-f(2)}{h} = \lim_{h\to 0^+} \frac{-(2+h)^2+3(2+h)-2}{h} =$$

$$= \lim_{h\to 0^+} \frac{-4-4h-h^2+6+3h-2}{h} = \lim_{h\to 0^+} \frac{-h^2-h}{h} =$$

$$= \lim_{h\to 0^+} (-h-1) = -1$$

Por lo tanto, si $a = 3$, la derivada en $x = 2$ existe y vale: $f'(2) = -1$

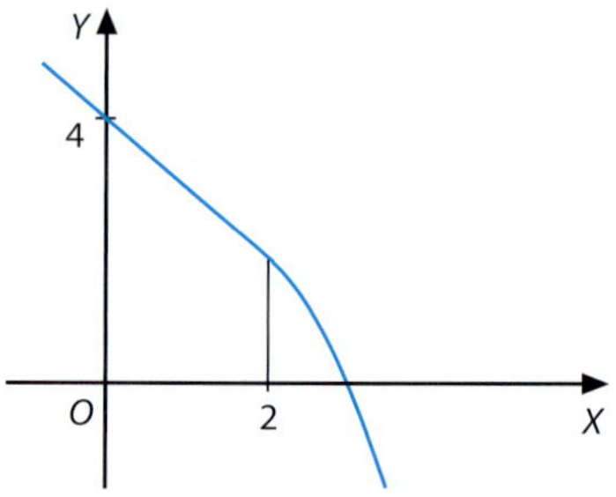

FIGURA 6.31.

Observa que para calcular las derivadas laterales en $x = 2$, también se puede proceder como en el ejercicio anterior. Recuerda que si calculas en primer lugar la función derivada y después calculas las derivadas laterales en $x = a$, debes asegurarte de que los límites laterales de f' en $x = a$ existan.

Máximos y mínimos relativos y puntos de inflexión

Sea f una función n veces derivable en $x = a$ con:

$$f'(a) = f''(a) = \ldots = f^{n-1)}(a) = 0 \text{ y } f^{n)}(a) \neq 0$$

Entonces:

a) Si $n > 1$ es impar, f tiene un punto de inflexión en $x = a$, y si n es par f no tiene un punto de inflexión en $x = a$.

b) Si n es par y $f^{n)}(a) > 0$, f tiene un mínimo relativo o local en $x = a$. Si n es par y $f^{n)}(a) < 0$, f tiene un máximo relativo o local en $x = a$.

Este teorema permite clasificar los puntos críticos de una función derivable.

4 *Dada la función $f(x) = (x + 1)^5$, averiguar qué tipo de punto es $(-1, 0)$.*

$$f'(x) = 5(x + 1)^4 \Rightarrow f'(1) = 0$$

$$f''(x) = 20(x + 1)^3 \Rightarrow f''(-1) = 0$$

$$f'''(x) = 60(x + 1)^2 \Rightarrow f'''(-1) = 0$$

$$f^{4)}(x) = 120(x + 1) \Rightarrow f^{4)}(-1) = 0$$

$$f^{5)}(x) = 120 \Rightarrow f^{5)}(-1) \neq 0$$

En $x = -1$, la función tiene un punto de inflexión.

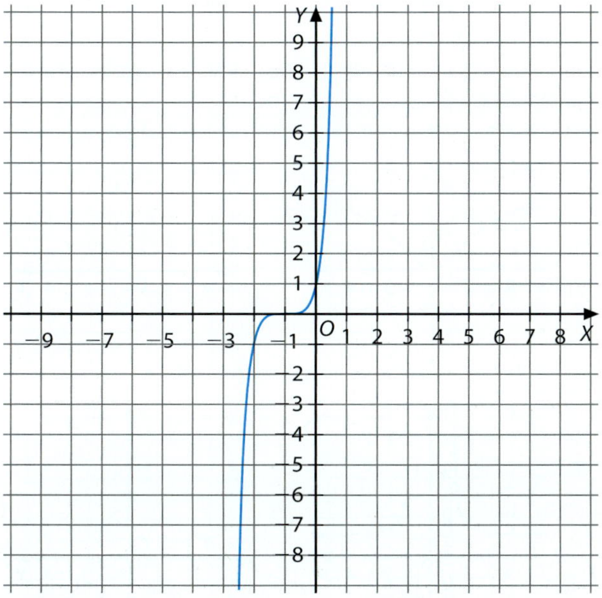

FIGURA 6.32.

5 *Hallar los coeficientes a, b y c para que la función $f(x) = ax^3 + bx^2 + cx + 1$, tenga en el punto $(-1, 2)$ una inflexión con tangente horizontal.*

Este es un típico ejercicio sobre cómo averiguar la expresión analítica de una función a partir de algunas condiciones sobre sus extremos.

El enunciado nos ofrece tres condiciones que la función debe cumplir:

El punto $(-1, 2)$ pertenece a la gráfica de f: $f(-1) = 2$

La pendiente de la tangente en $x = -1$ es nula: $f'(-1) = 0$

Si en $x = -1$ hay un punto de inflexión, necesariamente: $f''(-1) = 0$

Como $f'(x) = 3ax^2 + 2bx + c$ y $f''(x) = 6ax + 2b$, las tres ecuaciones que se obtienen son:

$$-a + b - c = 1$$

$$3a + 2b + c = 0$$

$$-6a + 2b = 0$$

Si resolvemos el sistema, la función es:

$$f(x) = -x^3 - 3x^2 - 3x + 1$$

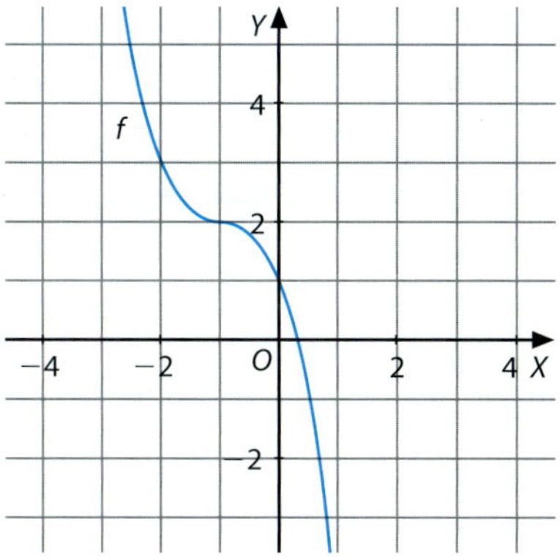

FIGURA 6.33.

Estudio de la gráfica de f'

6 *A partir de la siguiente gráfica de la función f', obtener toda la información posible sobre f*

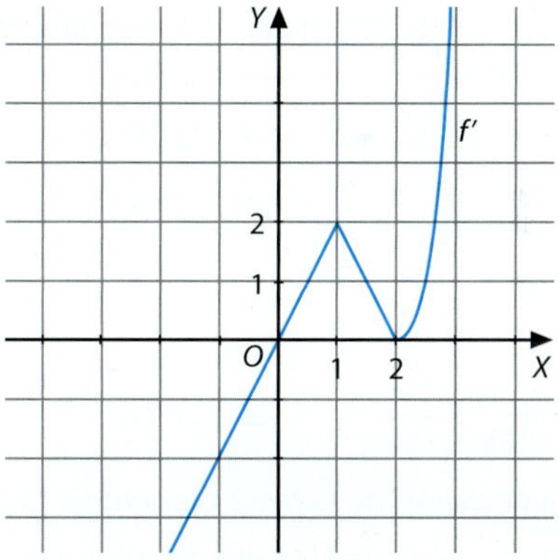

FIGURA 6.34.

El signo y la monotonía de la función f' representada en la gráfica nos ofrece la información sobre f y f'' que se resume en la siguiente tabla:

En primer lugar, puesto que f' existe $\forall\, x \in \mathbb{R}$, f es continua en $\mathbb{R}$.

	$(-\infty, 0)$	0	(0, 1)	1	(1, 2)	2	$(2, +\infty)$
f	↘	mín.	↗	p. infl.	↗	p. infl.	↗
f'	− ↗	0	+ ↗	2	+ ↘	0	+ ↗
f''	+	+	+	∄	−	∄	+ ↗

La función es estrictamente decreciente en el intervalo $(-\infty, 0)$ y estrictamente creciente en $(0, +\infty)$. En $x = 0$ la función presenta un mínimo relativo, y en $x = 1$ y $x = 2$, sendos puntos de inflexión. Es cóncava en $(-\infty, 1)$ y $(2, +\infty)$, y convexa en $(1, 2)$.

EJERCICIOS Y PROBLEMAS

1 Aplica la definición de derivada de una función en un punto y calcúlala para las siguientes funciones en los puntos que se indica:

a) $f(x) = -1 + x$ en $x = -1$

b) $f(x) = x^2 - 2x - 3$ en $x = 2$

c) $f(x) = (1 - x)^2 + 1$ en $x = 1$

d) $f(x) = \dfrac{-1}{x+1}$ en $x = 2$

e) $f(x) = \sqrt{x-1}$ en $x = 1$

2 Calcula la función derivada de las siguientes funciones:

a) $f(x) = (x^2 + 3x)^3$

b) $f(x) = (2x^2 - 3x + 1)^3$

c) $f(x) = \dfrac{1}{x^2+4}$

d) $f(x) = (\text{sen}\, x + 1)^2$

e) $f(x) = x^2 \cdot \text{sen}\, x$

f) $f(x) = \dfrac{3x+1}{x^2-2}$

g) $f(x) = x^2 \cdot e^{-x}$

h) $f(x) = 3x\sqrt{x^2-1}$

i) $f(x) = 2^x \ln(x+1)$

j) $f(x) = \dfrac{x\, e^x}{\ln x}$

k) $f(x) = x^2 \cdot 2^x \cdot e^{2x}$

l) $f(x) = \dfrac{\text{sen}\, x + \cos x}{\text{tg}\, x}$

3 Calcula la función derivada de las siguientes funciones:

a) $f(x) = (\text{sen}\,(\cos x))$

b) $f(x) = (\text{sen}\,(\text{sen}^2 x))$

c) $f(x) = \text{arc sen}\,(\cos x)$

d) $f(x) = \ln(\text{sen}\, x^2)$

e) $f(x) = \ln\left(1 - \sqrt{x}\right)$

f) $f(x) = \dfrac{\text{sen}\, x}{\sqrt{\text{tg}^2 x + 1}}$

4 Halla la derivada del orden que se indica en estas funciones:

a) $f(x) = \cos 2x \Rightarrow f^{4)}(x)$

b) $f(x) = 2^{1/x} \Rightarrow f'''(x)$

c) $f(x) = \dfrac{1}{x^2+1} \Rightarrow f^{4)}(x)$

d) $f(x) = \dfrac{e^{-3x} + e^{3x}}{e^x} \Rightarrow f'''(x)$

e) $f(x) = \ln\sqrt{\dfrac{1+x}{1-x}} \Rightarrow f''(x)$

5 Calcula la ecuación de la recta tangente a la gráfica de la función $f(x) = \dfrac{1}{2\sqrt{x}}$, en el punto de abscisa $x = 1$.

6 Averigua la ecuación de la tangente a la curva de la función $f(x) = \ln(2 - x)$, en $x = 1$.

7 Calcula la pendiente de la recta tangente a la gráfica de $f(x) = \ln(3x - 2)$ en $x = 2$.

8 Escribe la ecuación de la recta tangente a la gráfica de la función $f(x) = e^x$ en el punto en que esta corta al eje de ordenadas.

9 Sabiendo que la recta de ecuación $y = 9x - 2$ es la tangente a la gráfica de la función $f(x) = ax^3 + bx + 30$ en el punto $(2, 16)$, calcula a y b.

10 Averigua los puntos de la gráfica de $f(x) = 3x^3 - 2x^2 + x$, en los que la recta tangente es paralela a la recta de ecuación $2x - 3y + 5 = 0$.

11 Calcula las abscisas de los puntos de la gráfica de $f(x) = 2x^3 + x^2 + x - 2$, en los que la tangente es paralela a la secante que corta la curva en $x = 0$ y $x = 1$.

12 Halla el valor de a y b para que la recta tangente a la gráfica de $f(x) = ax^4 + bx^2 + 1$ en el punto $(1/2, 0)$, sea paralela al eje de abscisas.

13 Dada la parábola de ecuación $y = x^2 - 2x + 5$, halla la ecuación de la recta tangente que es paralela a la recta que une los puntos de dicha parábola de abscisas $x = 1$ y $x = 3$.

14 Dada la función $f(x) = x^3$, averigua si la recta tangente a la gráfica de esta función en el punto de abscisa 3 pasa por el punto $(1, 5)$.

15 Relaciona las gráficas de las dos columnas, de manera que a cada función le asignes su derivada.

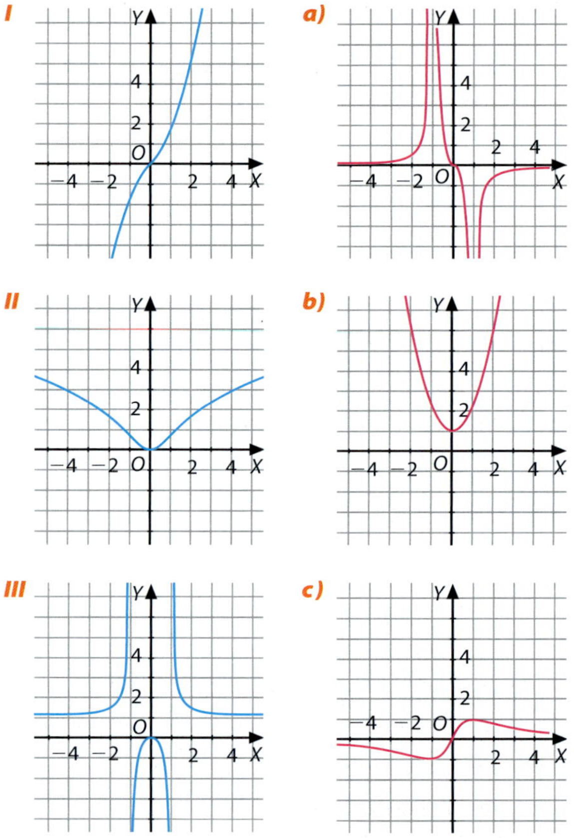

FIGURA 6.35.

16 Indica en qué puntos no es derivable esta función:

$$f(x) = |2x^2 + x - 1|$$

17 Estudia la derivabilidad en $x = 0$ de la siguiente función:

$$f(x) = \sqrt{|x|}$$

18 Estudia la derivabilidad de la siguiente función:

$$f(x) = \begin{cases} e^x & \text{si } x \le 0 \\ 1 - x^2 & \text{si } 0 < x \le 1 \\ x & \text{si } x > 1 \end{cases}$$

19 Dada la función:

$$f(x)=\begin{cases}\dfrac{1}{x}+\dfrac{5}{2} & \text{si } x<-2\\ -x & \text{si } -2\le x<1\\ x^2-3 & \text{si } x\ge 1\end{cases}$$

a) Represéntala gráficamente.

b) Estudia su continuidad y derivabilidad.

c) Estudia el crecimiento y decrecimiento e investiga si hay asíntotas.

20 Determina los intervalos de crecimiento y decrecimiento y los extremos relativos, si existen, de las funciones:

a) $f(x)=2x^3-3x^2-12x+6$

b) $f(x)=\dfrac{1-x}{1+x^2}$

c) $f(x)=\dfrac{x^2-x-8}{x+3}$

d) $f(x)=\dfrac{x^3}{x^2-1}$

e) $f(x)=\dfrac{(x-1)^2}{x^3}$

f) $f(x)=\sqrt[3]{x+1}$

21 Determina los intervalos de crecimiento y decrecimiento y los extremos relativos, si existen, de las funciones:

a) $f(x)=\dfrac{1-\ln x}{x}$

b) $f(x)=x\cdot\ln x^2$

c) $f(x)=\dfrac{x^2-x-8}{x+3}$

d) $f(x)=\dfrac{x^2+x+1}{e^x}$

e) $f(x)=x^3\cdot e^x$

f) $f(x)=\ln(x^2+1)$

22 Determina los intervalos de concavidad y convexidad de las funciones del ejercicio 20.

23 Determina los intervalos de concavidad y convexidad de las funciones del ejercicio 21, así como sus puntos de inflexión si los tuvieran.

24 Calcula los extremos absolutos de las siguientes funciones en los intervalos indicados:

a) $f(x)=(x-2)^3-3x+2$ en $[0, 4]$

b) $f(x)=\begin{cases}x^2-x & \text{si } 0\le x<2\\ 4-x & \text{si } 2\le x\le 3\end{cases}$ en $[0, 3]$

25 Demuestra que en algún punto del intervalo (2, 5) la gráfica de $f(x)=\dfrac{x+1}{x-1}$ tiene tangente de pendiente $-1/2$.

26 Dada la función $f(x)=2x^3+3x^2-12x+4$, se pide:

a) La pendiente de la recta tangente a la gráfica de la función f en el punto de abscisa $x=2$.

b) Escribir los intervalos donde la función sea creciente y donde sea decreciente.

c) Determinar los valores de x en los que f alcance un máximo relativo y un mínimo relativo, respectivamente. ¿Cuánto vale la función en esos puntos?

27 Considera la función $f(x)=ax^3+bx^2+cx+d$, siendo a, b, c y d parámetros reales:

a) Determina los valores de los parámetros para que $f(x)$ tenga un máximo en (0, 4) y un mínimo en (2, 0).

b) Para $a=b=c=d=1$, razona si $f(x)$ tiene puntos de inflexión y, en caso afirmativo, calcúlalos.

28 Determina e identifica los valores óptimos de la función $f(x)=3x^2\cdot e^{-4x}$.

29 Calcula los coeficientes de $f(x)=ax^2+be^{2x}+c$, si f tiene un punto de inflexión en $x=0$ con tangente $y=x-1$.

30 Se ha comprobado que la relación entre los beneficios, B, obtenidos por la venta de un producto y el tiempo t, en años, que este está en el mercado es:

$$B(t)=\frac{100t}{t^2+400}$$

a) Determina los intervalos de crecimiento y de decrecimiento de $B(t)$. ¿Qué información nos dan sobre la evolución de las ganancias a lo largo del tiempo?

b) ¿Cuánto tiempo debe estar el producto en el mercado para que el beneficio sea máximo?

31 Un artículo ha estado 8 años en el mercado. Su precio, $P(t)$, en miles de euros, está relacionado con el tiempo, t, en años, que lleva este en el mercado, por la función:

$$P(t)=\begin{cases}4t^2+4 & \text{si } 0\le t\le 2\\ -\dfrac{5}{2}t+25 & \text{si } 2<t\le 8\end{cases}$$

a) Estudia el crecimiento y decrecimiento de la función.

b) ¿Cuál fue el precio máximo que alcanzó en el mercado?

c) ¿Cuál fue la tasa de variación media del precio durante los últimos 6 años?

32 Una estación meteorológica ha observado que la temperatura a lo largo de un día se puede ajustar por esta función:

$$t=\frac{1}{100}\left(-\frac{1}{3}h^3+\frac{23}{2}h^2-90h+100\right)$$

(El tiempo se mide en horas de, 1 a 24, y la temperatura en grados centígrados.)

a) ¿Cuándo se alcanza la temperatura mínima y máxima?

b) ¿En qué momentos la temperatura está bajando y en qué momentos está subiendo?

33 A partir de la representación de f representa f'.

a)

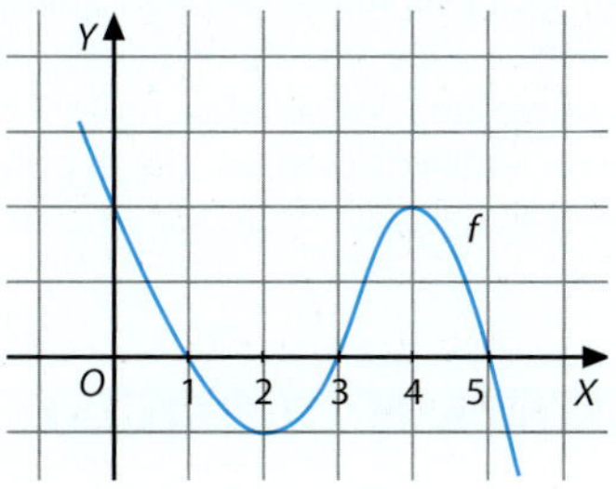

Figura 6.36.

b)

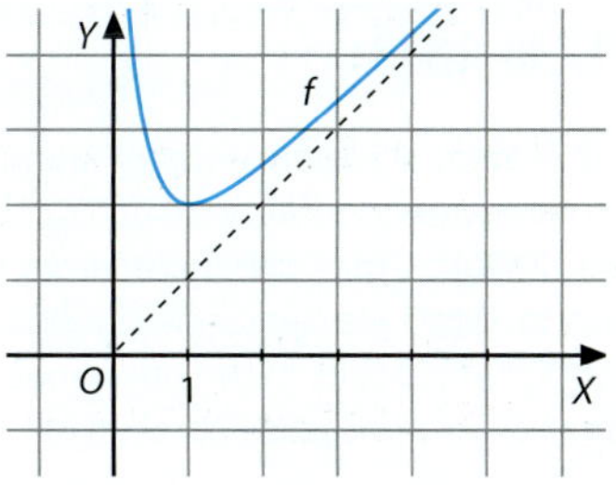

Figura 6.37.

UN UNIVERSO INQUIETO

Big Bang-Big Crunch

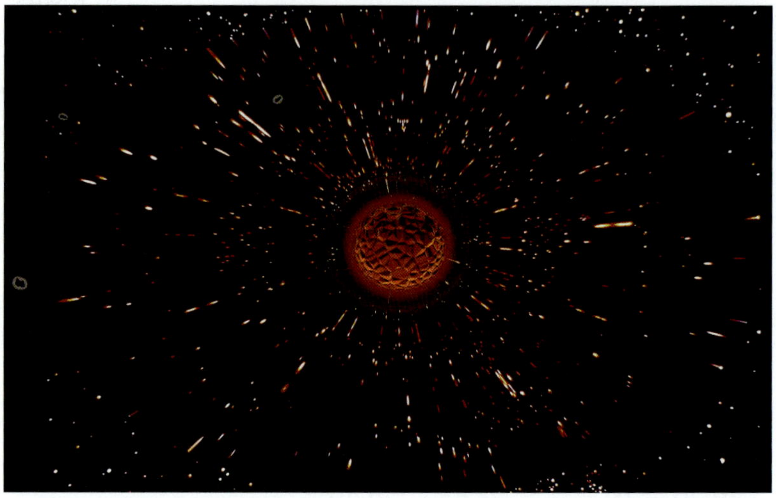

Son muchos los astrónomos que han llegado a la conclusión de que el universo se expandirá indefinidamente. Hasta llegar a esta última hipótesis, el fin del mundo presentaba dos posibles alternativas. Una consistía en suponer que la expansión, cuyo origen se remonta a la gran explosión inicial (big bang), estaba frenándose y que, por tanto, llegaría un momento en que se detendría; se iniciaría entonces una gran contracción (big crunch) que, con el paso del tiempo, devolvería al universo al estado en que se encontraba antes de la gran explosión. Esta hipótesis implica la posibilidad de que el universo vuelva a explotar, a expandirse y a contraerse de forma indefinida, con lo cual podríamos estar viviendo en uno de los múltiples universos que han existido y existirán.

La segunda hipótesis defiende que el universo se expande indefinidamente. En este caso estaríamos viviendo en el primer y único universo que jamás haya existido. Esta hipótesis es la que han defendido los astrónomos de Berkeley.

FIN DE UNA ESTRELLA

Las supernovas

La supernova es la fase final de la vida de algunas estrellas cuando *mueren* en una gran explosión. Los astrónomos han estudiado supernovas del tipo I*a*. Estas estrellas pueden suministrar mucha información. Para calcular la expansión del universo, los astrónomos miden el brillo de las supernovas y el corrimiento hacia el rojo de su espectro, que es la magnitud que indica si la supernova se acerca o se aleja de la Tierra. La comparación entre las dos magnitudes permite a los astrónomos saber si la expansión del universo está todavía realizándose, o si está frenándose o está parada. Si el brillo es menor del que cabría esperar por el corrimiento hacia el rojo, entonces la supernova está más lejos de lo que se espera y, por tanto, el universo experimenta una expansión.

La investigación anterior no está exenta de críticas. Algunos científicos piensan que el polvo interestelar puede enmascarar el brillo de las supernovas.

RECESIÓN DE LAS GALAXIAS

¿Qué es el corrimiento hacia el rojo?

Todos hemos estado alguna vez en el andén de una estación de ferrocarril y oído el pitido de un tren. En esas ocasiones hemos podido constatar que el sonido cambia de tono según el tren se acerque o se aleje. Un fenómeno parecido se da con la luz; sin embargo, en este caso, para detectar el cambio sería preciso que el tren fuera a velocidades extraordinariamente grandes. Si esto fuera posible, cuando el tren se acercara lo veríamos azulado, y cuando se alejara, rojizo. Este mismo fenómeno ocurre con la luz que llega de las estrellas y recibe el nombre de corrimiento hacia el rojo.

Basándose en este fenómeno, el astrónomo Hubble detectó que todas las galaxias se alejan entre sí. Este fenómeno, llamado recesión de las galaxias, propició el planteamiento de la teoría del Big Bang.

MATEMÁTICOS ILUSTRES

Joseph-Louis Lagrange (1736-1813)

Nació en Turín. Fue el menor de once hermanos y el único que sobrevivió. Posteriormente, vivió en Francia. Lagrange es considerado, junto con Euler, uno de los matemáticos más prestigiosos del siglo XVIII. Entre sus trabajos más importantes, figuran aportaciones a la ciencia de la mecánica celeste, a la resolución de ecuaciones, a la teoría de funciones y al cálculo de variaciones. Introdujo las notaciones sobre derivadas $f'(x)$, $f''(x)$, etc. Una de sus principales obras es *Mecánica Analítica,* que es un tratado de matemática pura.

Evaluación

1. Sabiendo que $y = 5x + 1$ es la ecuación de la tangente a la curva $f(x) = ax^3 - 2x^2 + b$ en el punto de abscisa $x = 1$, se puede deducir que:

a) $a = 3, b = 5$

b) $a = 5, b = 3$

c) $a = 1, b = 0$

2. Indica qué derivadas son correctas:

I) $f(x) = \ln \sqrt{\text{sen}\, x}$ $\quad f'(x) = \dfrac{1}{2 \cdot \text{tg}\, x}$

II) $f(x) = (1 + x^2)e^{-x}$ $\quad f'(x) = -(x-1)^2 e^{-x}$

III) $f(x) = \dfrac{\sqrt{x} + x}{\sqrt{x}}$ $\quad f'(x) = \dfrac{1}{2\sqrt{x}}$

a) I, II, III

b) I, II

c) II, III

3. Dada la función:

$$f(x) = \begin{cases} 3x^2 + 2x + 2 & \text{si } x \leq 0 \\ e^x + 1 & \text{si } x > 0 \end{cases}$$

a) $f'(0) = 1$

b) $f'(0) = 2$

c) En $x = 0$ hay un punto anguloso.

4. La ecuación de la recta tangente a la gráfica de la función $f(x) = e^{3x}$ en el punto de abscisa $x = 0$, es:

a) $y = 3x$

b) $y = 3x - 3$

c) $y = 3x + 1$

5. Calcula los puntos en los que la gráfica de:

$$f(x) = \frac{1-x}{1+x}$$

tiene la tangente paralela a $y = \dfrac{5-x}{2}$:

a) $(1, 0)$ y $(-3, -2)$

b) No existe tangente a f paralela a la recta dada.

c) $(0, 1)$

6. Considera la función $f(x) = x^3 + px^2 + qx + 1$, donde p y q son números reales. Calcula qué valores deben tomar p y q para que $f(x)$ tenga un mínimo local en el punto $(1, 1)$.

a) $p = 2$ y $q = -1$

b) $p = -2$ y $q = 1$

c) $p = 4$ y $q = -5$

7. La gráfica adjunta corresponde a f':

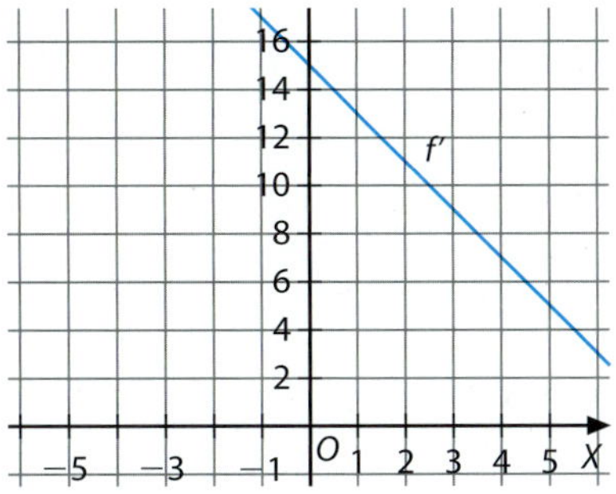

FIGURA 6.38

Indica qué función entre estas corresponde a f:

a) $f(x) = 2x - 20$

b) $f(x) = -(x - 10)^2 - 5$

c) $f(x) = (x - 10)^2 + 5$

8. Dada la función $f(x) = \dfrac{x}{x^2 + 1}$, di cuál de las siguientes afirmaciones es cierta:

a) f es estrictamente creciente en $\mathbb{R}$.

b) f es estrictamente decreciente en $\mathbb{R}$.

c) f es estrictamente creciente en $(-1, 1)$ y estrictamente decreciente en $(-\infty, -1) \cup (1, +\infty)$.

9. El número, y, en miles de socios, de un club de fútbol, a lo largo de los últimos 12 años, viene dado por la función:

$$f(t) = \begin{cases} t^2 - 4t + 5 & \text{si } 0 \leq t < 5 \\ 10 & \text{si } 5 < t \leq 7 \\ -t + 17 & \text{si } 7 < t \leq 12 \end{cases}$$

¿En qué intervalos de tiempo ha crecido o disminuido el número de socios?

a) Para $0 < t < 7$ ha crecido y para $7 < t < 12$, ha disminuido.

b) Para $0 < t < 2$ y $7 < t < 12$, ha disminuido y para $2 < t < 7$ ha aumentado.

c) Para $0 < t < 2$ y $7 < t < 12$ ha disminuido y para $2 < t < 5$, ha aumentado.

10. Dada la función $f(x) = (-x^2 - 1) \cdot e^x$:

a) f presenta puntos de inflexión en $x = -3$ y $x = -1$.

b) En $(-\infty, 1)$, f es convexa y en $(1, +\infty)$, cóncava.

c) f es cóncava en $(-3, -1)$.

7 Aplicaciones de la derivada

1. Calcula la segunda derivada de estas funciones:

a) $f(x) = x \cdot \ln(x^2 - 1)$

b) $f(x) = \dfrac{e^x}{x+1}$

2. Estudia el dominio y la continuidad de la siguiente función:

$$f(x) = \frac{x-1}{x^2+x-2}$$

3. Calcula los siguientes límites:

a) $\lim\limits_{x \to +\infty} \left(\dfrac{2x^3+1}{x^2+x} - 2x \right)$

b) $\lim\limits_{x \to -\infty} \dfrac{\sqrt{x^2-1}}{x}$

En esta unidad se estudia la optimización de funciones, es decir, para qué valores de la variable presenta una función un máximo o un mínimo.

La optimización de funciones tiene múltiples aplicaciones directas en la vida cotidiana. Por ejemplo, cuando una empresa de conservas decide comercializar sus productos en envases cilíndricos de un litro de capacidad, elige, de entre todos los cilindros de dicha capacidad, el de menor superficie, ya que esto influye en el abaratamiento de los costos de producción.

También la naturaleza optimiza. Así, cualquier superficie sometida a una determinada tensión hacia dentro tiende a contraerse hasta ocupar el área mínima. Esta es la razón de que las gotas de agua, o de cualquier otro líquido, presenten formas esféricas.

1 Optimización

Recuerda

Si una función no presenta asíntotas en un intervalo cerrado, $[a, b]$, sus **extremos absolutos** en dicho intervalo se encuentran entre:

- Los puntos extremos del intervalo: a y b.
- Los extremos relativos del intervalo.

Los **extremos relativos** de la función se hallan entre sus puntos críticos, que son:

- Los puntos $x \in (a, b)$ en los que la derivada es cero.
- Los puntos $x \in (a, b)$ en los que la función no es derivable.

En muchas situaciones es necesario encontrar los valores que determinan que una función sea máxima o mínima. Este tipo de problemas se denomina de máximos y mínimos. Generalmente se trata de encontrar los extremos de una función en un intervalo que viene determinado por el enunciado. Suele ser una función que depende de algunas variables, y el problema radica en encontrar la relación entre ellas, para poder expresar lo que se quiere optimizar respecto de una sola variable. A partir de aquí, se aplican los procedimientos estudiados en la unidad anterior para encontrar los extremos de una función.

Hay que tener presente que lo que se busca es un extremo en un intervalo, por lo que este debe ser, en principio, absoluto. Normalmente coincide con extremos relativos de la función en el intervalo considerado, pero, en ocasiones, esto no es así.

EJEMPLOS

a) *Hallar las dimensiones del rectángulo de mayor área inscrito en una circunferencia de radio R (figura 7.1).*

El área del rectángulo inscrito es $A = b \cdot h$.

Como se deduce de la figura, $h^2 + b^2 = (2R)^2$, por lo que $h = \sqrt{4R^2 - b^2}$, y si sustituimos la variable h en la ecuación del área, obtenemos una función que proporciona el área del rectángulo inscrito a partir de su base:

$$A(b) = b \cdot \sqrt{4R^2 - b^2} = \sqrt{4R^2b^2 - b^4}$$

Esta función es siempre positiva. El valor de la base, b, se encuentra en el intervalo $(0, 2R)$. Como $A(0) = A(2R) = 0$, el valor máximo que alcanza la función debe coincidir con un máximo relativo.

Para calcular los extremos relativos de $A(b)$, hallamos su función derivada y la igualamos a cero:

$$A'(b) = \frac{8R^2b - 4b^3}{2\sqrt{4R^2b^2 - b^4}} = \frac{4R^2 - 2b^2}{\sqrt{4R^2 - b^2}}$$

$$A'(b) = 0 \Leftrightarrow b = R\sqrt{2}$$

Para este único valor de b que anula la derivada de la función área, el extremo solo puede ser un máximo, por lo que calculamos el valor de h para $b = R\sqrt{2}$:

$$h = \sqrt{4R^2 - b^2} = \sqrt{4R^2 - (R\sqrt{2})^2} = R\sqrt{2}$$

Por tanto, el rectángulo de mayor área inscrito en una circunferencia de radio R es un cuadrado cuyo lado mide $R\sqrt{2}$.

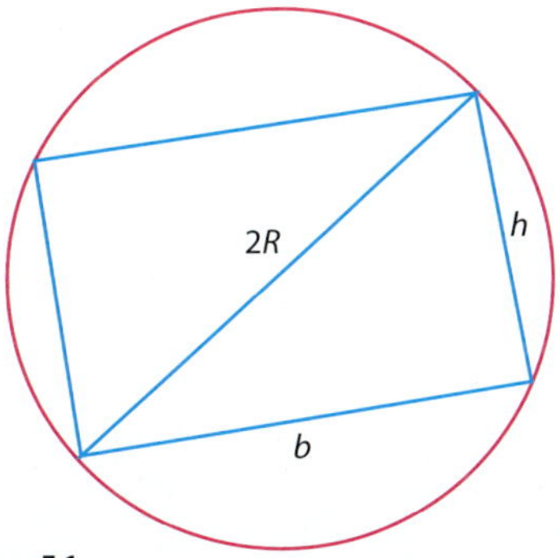

FIGURA 7.1.

b) *Un fabricante está diseñando una caja sin tapa con forma de ortoedro de base cuadrada cuyo volumen ha de ser de 4 m³. Calcular las dimensiones que debe tener la caja para que, en su construcción, se utilice la menor cantidad posible de material.*

Como x es el lado de la base, e y, la altura, el volumen de la caja viene dado por la expresión:

$$V = x^2y$$

Como el volumen debe ser 4 m³, tenemos que $4 = x^2y$.

La superficie de la caja (sin tapa) viene dada por:

$$S = 4xy + x^2$$

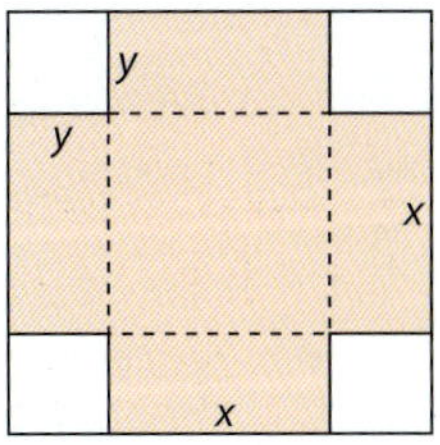

FIGURA 7.2.

Como queremos optimizar S, debemos expresarla en función de una de las variables, por ejemplo x; por tanto, sustituimos la variable y por $y = 4/x^2$:

$$S(x) = \frac{16}{x} + x^2$$

El dominio de esta función está formado por los valores de x positivos (las dimensiones de una caja no pueden tomar valores negativos).

Calculamos ahora $S'(x)$:

$$S'(x) = \frac{-16}{x^2} + 2x$$

Como $S'(x) = 0$ si $x = 2$, y $S''(x) = \frac{32}{x^3} + 2$ y $S''(2) = 6 > 0$, la función $S(x)$ alcanza su valor mínimo en $x = 2$.

Sustituyendo $x = 2$ en $4 = x^2y$, y despejando y, resulta que $y = 1$.

Por tanto, las dimensiones de la caja deben ser 2 m × 2 m × 1 m.

c) *Un heladero ha comprobado que vende una media de 200 helados diarios a 0,3 € la unidad. Por cada céntimo de euro que aumenta el precio, vende 2 helados menos al día. Si el coste por unidad es de 0,24 €, calcular el precio al que debería vender los helados para obtener el mayor beneficio posible.*

Por cada x céntimos de euro que aumente el precio de un helado, la venta disminuirá en $2x$ unidades. Es decir, un helado cuesta $0{,}3 + \frac{x}{100}$ €, y el heladero vende $200 - 2x$ helados. Por tanto, el ingreso que obtendrá al final del día es:

$$\left(0{,}3 + \frac{x}{100}\right) \cdot (200 - 2x)$$

Además, el coste de los $200 - 2x$ helados es:

$$0{,}24 \cdot (200 - 2x)$$

El beneficio del heladero al final de la jornada será la diferencia entre el ingreso y el coste:

$$B(x) = \left[\left(0{,}3 + \frac{x}{100}\right) - 0{,}24\right] \cdot (200 - 2x) = -\frac{x^2}{50} + 1{,}88x + 12$$

Esta función es polinómica de segundo grado, y el coeficiente del término de grado dos es negativo, por lo que su extremo relativo es un máximo absoluto. Hay que calcular para qué valor de x es máxima la función beneficio; para ello, hallamos el vértice de la parábola o, lo que es igual, el cero de su derivada:

$$B'(x) = -\frac{x}{25} + 1{,}88 \Rightarrow B'(x) = 0 \Leftrightarrow x = 1{,}88 \cdot 25 = 47$$

El aumento del precio del helado, x, que produce el máximo beneficio es 47 cent, o lo que es lo mismo, 0,47 €.

Es decir, si el heladero aumenta el precio de cada helado en 0,47 €, obtendrá un beneficio diario máximo de:

$$B(47) = -\frac{47^2}{50} + 1{,}88 \cdot 47 + 12 = 56{,}18 \text{ €}$$

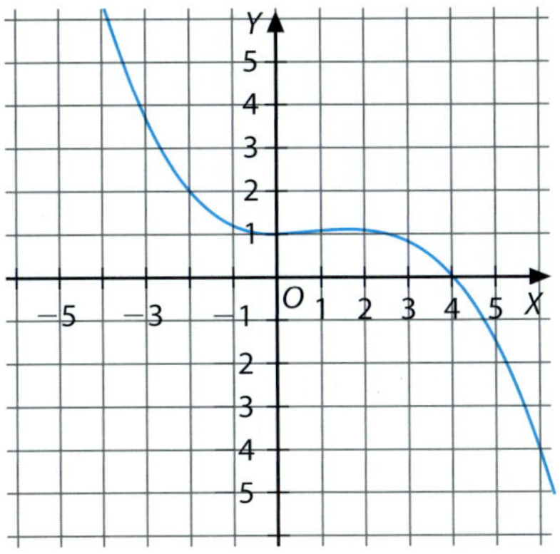

FIGURA 7.3.

EJEMPLOS

d) *El perfil de un tramo de carretera correspondiente a los últimos 2 km de una etapa de montaña de una vuelta ciclista coincide con la gráfica de esta función:*

$$y = \frac{5}{100}(-x^3 + 3x^2 - x + 20), \text{ entre los valores } x = 0 \text{ y } x = 2.$$

La figura 7.3 muestra la forma de este perfil. Calcular en qué punto de este tramo tiene la carretera mayor pendiente y hallar el valor de esta.

Debemos calcular en qué punto es máxima la pendiente; luego, hay que averiguar, en primer lugar, la expresión que proporciona la pendiente de la curva.

Si $0 < x < 2$, la pendiente viene dada por la derivada de la función $f(x)$, es decir, $m(x) = f'(x)$:

$$m(x) = \frac{5}{100}(-3x^2 + 6x - 1)$$

Esta función es polinómica, del tipo $ax^2 + bx + c = 0$, y puesto que $a < 0$, tiene un máximo en:

$$x = \frac{-b}{2a} = 1$$

Por tanto, el punto de máxima pendiente se produce a 1 km de la meta (recuerda que el perfil corresponde a los últimos 2 km de la etapa), y el valor de dicha pendiente es $m(1) = \frac{5}{100} \cdot 2 = 0{,}1$, es decir, el tramo tiene una pendiente del 10 %.

ACTIVIDADES

1 Encuentra dos números cuya suma sea 100 y cuyo producto sea máximo.

Solución: $x = y = 50$

2 Se quiere construir un rectángulo con un alambre de longitud, l. ¿Qué dimensiones ha de tener el rectángulo para que su área sea máxima?

Solución: $b = h = l/4$

3 Entre todos los triángulos isósceles cuyo perímetro es 36 cm, calcula el que tiene área máxima.

Solución: El triángulo equilátero de lado 12 cm.

4 Halla las dimensiones (el radio de la base, r, y la altura, h) que debe tener una lata cilíndrica de 333 cm^3 de capacidad para que la cantidad de chapa empleada en su construcción sea mínima.

Solución: $r = 3{,}76$ cm y $h = 7{,}51$ cm

5 Halla un número positivo tal que sumado con su inverso dé una suma mínima.

Solución: $x = 1$

6 Cierta entidad financiera lanza al mercado un plan de inversión cuya rentabilidad, $R(x)$, en euros, está en función de la cantidad, en euros, que se invierta, x. Dicha rentabilidad se calcula por medio de la siguiente expresión:

$$R(x) = \frac{-1}{6\,000}x^2 + \frac{1}{2}x + 15$$

a) ¿Qué cantidad de dinero le conviene invertir a un cliente en dicho plan?

b) ¿Qué rentabilidad obtendría?

Solución: ***a)*** 1500 € ***b)*** 390 €

Recuerda

Están definidas en $\mathbb{R}$ las funciones polinómicas, las exponenciales, $f(x) = e^x$ y $f(x) = a^x$, con $a > 0$; las funciones trigonométricas, $f(x) = \text{sen } x$, $f(x) = \cos x$, $f(x) = \text{arc tg } x$; y también la función $f(x) = \sqrt[n]{x}$, con n impar.

Las funciones racionales, $f(x) = p(x)/q(x)$, están definidas en todos los puntos en que el denominador, $q(x)$, no se anula.

Las funciones cociente de funciones no polinómicas, $f(x) = g(x)/h(x)$, están definidas para todos los valores de x en los que $g(x)$ y $h(x)$ están definidas a la vez, excepto en aquellos para los que se anula $h(x)$.

Las funciones logarítmicas, $f(x) = \ln x$ y $f(x) = \log_a x$, están definidas para $x > 0$.

La función $f(x) = \text{tg } x$ no está definida en los puntos en los que $x = \dfrac{\pi}{2} + k\pi, k \in \mathbb{Z}$.

Las funciones irracionales, $f(x) - \sqrt[n]{x}$, con n par, están definidas para $x \geq 0$.

2 Representación gráfica de funciones

Esbozar la gráfica de una función, $f(x)$, consiste en dibujar la forma aproximada de la curva $y = f(x)$, poniendo de manifiesto sus principales características, sin necesidad de reproducir todos los puntos (x, y) que la satisfacen.

En principio, no es sencillo indicar cuáles son las principales características que se deben determinar, pero sí es posible ofrecer un esquema orientativo de los pasos que se pueden seguir para representar cualquier función.

Se propone la siguiente sucesión de etapas:

- Se extrae toda la información posible de la expresión analítica de $f(x)$: dominio, simetría, periodicidad, continuidad, puntos de intersección con los ejes, signo, asíntotas…
- Se calcula $f'(x)$, y se obtienen los intervalos de crecimiento y decrecimiento de la función, así como los extremos relativos, si es posible.
- Se calcula $f''(x)$, se obtienen los intervalos de concavidad y convexidad y los puntos de inflexión, y se determinan los máximos y mínimos, si es necesario.

Es preciso tener en cuenta que:

- No siempre se han de cubrir todas las etapas para construir la curva.
- En la primera etapa es esencial la utilización del cálculo de límites para el estudio de las discontinuidades y la determinación de asíntotas.
- En las siguientes etapas se aplican los contenidos sobre derivadas y sus propiedades estudiadas en la unidad anterior.
- Es aconsejable recoger los datos en una tabla en la que se interpreten los resultados, de manera que se puedan contrastar y verificar si se produce alguna contradicción. También es útil obtener determinados puntos de la curva.

2.1. Características que se deducen de la expresión explícita de una función

Dada la expresión analítica de una función, $y = f(x)$, se pueden hallar el dominio, las discontinuidades, los ceros, el signo, las simetrías y la periodicidad.

Dominio de la función

El dominio de una función $f(x)$ es $\text{Dom } f(x) = \{x \in \mathbb{R} \mid \exists\ y = f(x)\}$. La siguiente tabla muestra el dominio de las funciones más importantes:

FUNCIONES	DOMINIO
Polinómicas: $f(x) = p(x)$	$\mathbb{R}$
Exponenciales: $f(x) = e^x$; $f(x) = a^x$, con $a > 0$	$\mathbb{R}$
Logarítmicas: $f(x) = \ln x$; $f(x) = \log_a x$	$x > 0$
Racionales: $f(x) = p(x)/q(x)$, donde $p(x)$ y $q(x)$ son polinómicas.	Los valores de x en los que el denominador no se anula.
Cociente de funciones no polinómicas: $f(x) = g(x)/h(x)$	Los valores de x en los que g y h están definidas a la vez, excepto aquellos para los que h se anula.
Irracionales: $f(x) = \sqrt[n]{x}$, con n impar.	$\mathbb{R}$
Trigonométricas: $f(x) = \text{sen } x$; $f(x) = \cos x$; $f(x) = \text{arc tg } x$	$\mathbb{R}$
Trigonométricas: $f(x) = \text{tg } x$	$\mathbb{R}$, excepto $x = \dfrac{\pi}{2} + k\pi$, con $k \in \mathbb{Z}$
Irracionales: $f(x) = \sqrt[n]{x}$, con n par.	$x \geq 0$

EJEMPLOS

a) *Calcular el dominio de la función* $f(x) = \sqrt{x^3 - x}$.

$$\text{Dom } f(x) = \{x \in \mathbb{R} \mid x^3 - x \geq 0\}$$

Para determinar los intervalos, se descompone $x^3 - x$ en factores:

$$x^3 - x = x(x^2 - 1) = x(x + 1)(x - 1)$$

Se elabora luego un cuadro de signos:

	$-\infty$ a -1	-1 a 0	0 a 1	1 a $+\infty$
x	−	−	+	+
$x + 1$	−	+	+	+
$x - 1$	−	−	−	+
$(x^3 - x)$	−	+	−	+

Por tanto, $\text{Dom } f(x) = [-1, 0] \cup [1, +\infty)$.

b) *Calcular el dominio de la función* $f(x) = \dfrac{x}{\ln x}$.

$$\text{Dom } f(x) = \{x \in \mathbb{R} \mid x > 0 \text{ y } \ln x \neq 0\} = (0, 1) \cup (1, +\infty)$$

Discontinuidades de la función

Recuerda

Una función $f(x)$ presenta una **asíntota vertical** en $x = a$ si:

$$\lim_{x \to a} f(x) = \infty$$

o si alguno de los límites laterales en $x = a$ es infinito.

Es conveniente establecer el comportamiento de la función a ambos lados de una discontinuidad, así como determinar sus asíntotas verticales, si las tuviese. En las figuras 7.4 puedes ver algunos ejemplos de discontinuidades.

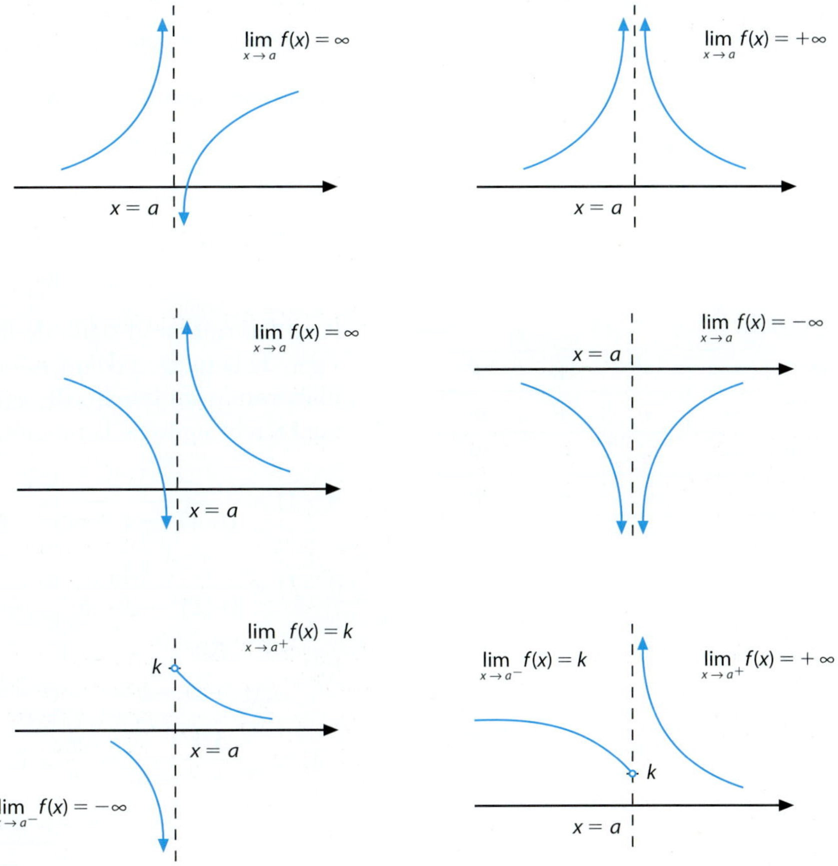

FIGURA 7.4.

EJEMPLOS

c) *Estudiar la continuidad de la función* $f(x) = \dfrac{x}{\ln x}$.

$$\text{Dom}\, f(x) = \{x \in \mathbb{R} \mid x > 0, \ln x \neq 0\} = (0, 1) \cup (1, +\infty)$$

Así, $f(x) = \dfrac{x}{\ln x}$ es continua en $(0, 1) \cup (1, +\infty)$.

Veamos qué tipo de comportamiento presenta la función cuando $x \to 0^+$ y cuando $x \to 1$.

Como $\lim\limits_{x \to 0^+} \dfrac{x}{\ln x} = 0$, la función no presenta asíntota lateral en $x = 0$.

Como $\lim\limits_{x \to 1} \dfrac{x}{\ln x} = \dfrac{1}{0} = \infty$, podemos asegurar que f tiene una asíntota vertical en $x = 1$.

A continuación, estudiamos los límites laterales para determinar el comportamiento de la función a ambos lados de la asíntota:

- Por la izquierda, $\lim\limits_{x \to 1^-} \dfrac{x}{\ln x} = \dfrac{1}{\ln 1^-} = \dfrac{1}{0^-} = -\infty$
- Por la derecha, $\lim\limits_{x \to 1^+} \dfrac{x}{\ln x} = \dfrac{1}{\ln 1^+} = \dfrac{1}{0^+} = +\infty$

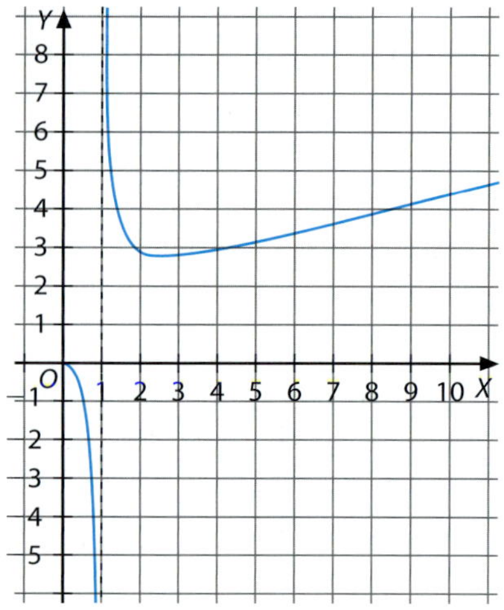

FIGURA 7.5.

Signo de la función

Para conocer el signo de una función, es preciso averiguar sus ceros y junto con los puntos de discontinuidad, determinar los intervalos de signo constante.

EJEMPLOS

d) *Estudiar el signo de la función* $f(x) = \dfrac{x+1}{x^2 + x - 6}$.

En primer lugar hay que determinar el dominio:

$$\text{Dom}\, f(x) = \{x \in \mathbb{R} \mid x^2 + x - 6 \neq 0\} = \mathbb{R} - \{-3, 2\}$$

Por tanto, presenta puntos de discontinuidad en $x = -3$ y $x = 2$.

Además, $f(x) = 0$ si $x = -1$, por lo que los intervalos de signo constante son:

$$(-\infty, -3), (-3, -1), (-1, 2) \text{ y } (2, +\infty)$$

Para determinar el signo de $f(x)$ en cada intervalo, basta con averiguar el signo de la imagen de un valor cualquiera que pertenezca a cada intervalo. Elaborando un cuadro de signos como el del margen, podemos estudiar también el signo de la función.

	$-\infty$ … -3	-3 … -1	-1 … 2	2 … $+\infty$
$x+1$	−	−	+	+
$x+3$	−	+	+	+
$x-2$	−	−	−	+
	−	+	−	+

$$f(-4) = \frac{-4+1}{(-4)^2 - 4 - 6} = \frac{-3}{6} < 0, \text{ por lo que } f(x) < 0 \text{ en } (-\infty, -3).$$

$$f(-2) = \frac{-2+1}{(-2)^2 - 2 - 6} = \frac{-1}{-4} > 0, \text{ por lo que } f(x) > 0 \text{ en } (-3, -1).$$

$$f(0) = \frac{0+1}{0^2 + 0 - 6} = \frac{1}{-6} < 0, \text{ por lo que } f(x) < 0 \text{ en } (-1, 2).$$

$$f(3) = \frac{3+1}{3^2 + 3 - 6} = \frac{4}{6} > 0, \text{ por lo que } f(x) > 0 \text{ en } (2, +\infty).$$

	$-\infty$ … -3	-3 … -1	-1 … 2	2 … $+\infty$
f	−	+	−	+

Simetría y periodicidad

Si $f(x) = f(-x)$, entonces la función es par y simétrica con respecto al eje de ordenadas.

Si $f(x) = -f(-x)$, entonces la función es impar y simétrica con respecto al origen de coordenadas.

Una función es periódica, de período T, si se cumple que $f(x) = f(x + T)$.

En caso de que la función posea simetría, basta estudiarla para los valores positivos de x, y en caso de que sea periódica, en uno de sus períodos.

EJEMPLOS

e) *Dada la función* $f(x) = \text{sen}\, x - x$, *determinar si posee algún tipo de simetría o si es periódica.*

Como $f(-x) = \text{sen}\,(-x) - (-x) = -\text{sen}\, x + x = -(\text{sen}\, x - x) = -f(x)$, es una función impar, es decir, simétrica con respecto al origen de coordenadas.

No es periódica, puesto que, aunque la función seno sí lo sea, la función identidad no lo es.

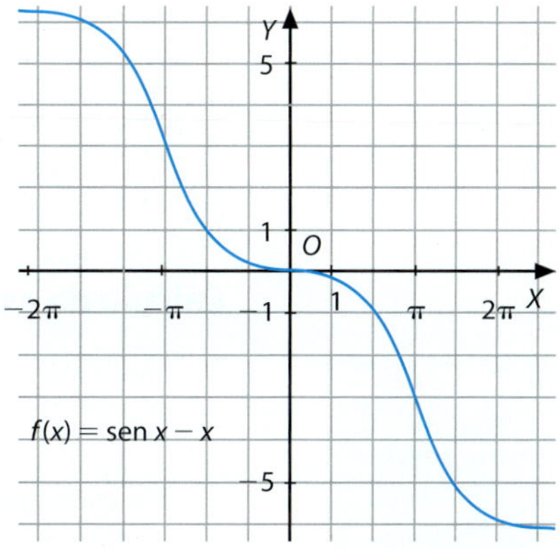

FIGURA 7.6.

f) *Dada la función* $f(x) = \cos 2x$, *determinar si posee algún tipo de simetría o si es periódica.*

Como $f(-x) = \cos(-2x) = \cos 2x = f(x)$, entonces, $f(x)$ es una función par, es decir, simétrica con respecto al eje de ordenadas.

Como $f(x + \pi) = \cos(2x + 2\pi) = \cos 2x = f(x)$, entonces, es una función periódica, de período π.

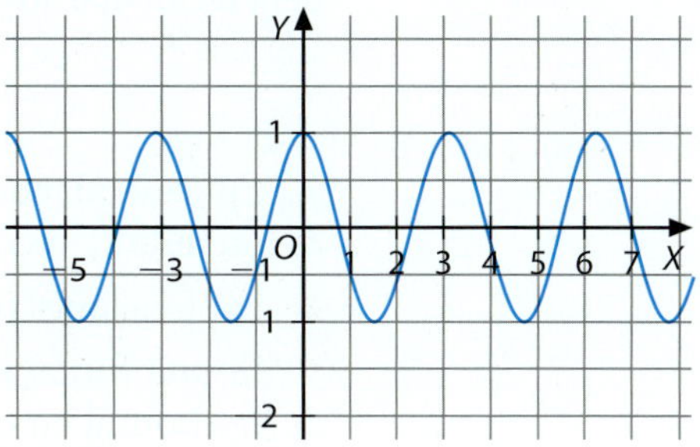

FIGURA 7.7.

Además, a partir de la expresión analítica de $f(x)$, se puede estudiar el comportamiento de la función en los extremos del dominio: en particular, es conveniente calcular el límite de la función cuando x tiende a $+\infty$ y a $-\infty$, y determinar luego si tiene asíntotas horizontales u oblicuas.

2.2. Asíntotas. Comportamiento de la función en el infinito

Recuerda

La recta $y = n$ es una asíntota horizontal de la función $f(x)$ si $\lim\limits_{x \to \infty} f(x) = n$

Si al calcular los límites de una función en el infinito se obtiene ∞, es posible que la función tenga asíntotas oblicuas.

La recta $y = mx + n$ es una **asíntota oblicua** de la función $f(x)$ si se cumple:

$$\lim_{x \to +\infty} (f(x) - y) = 0 \text{ o } \lim_{x \to -\infty} (f(x) - y) = 0$$

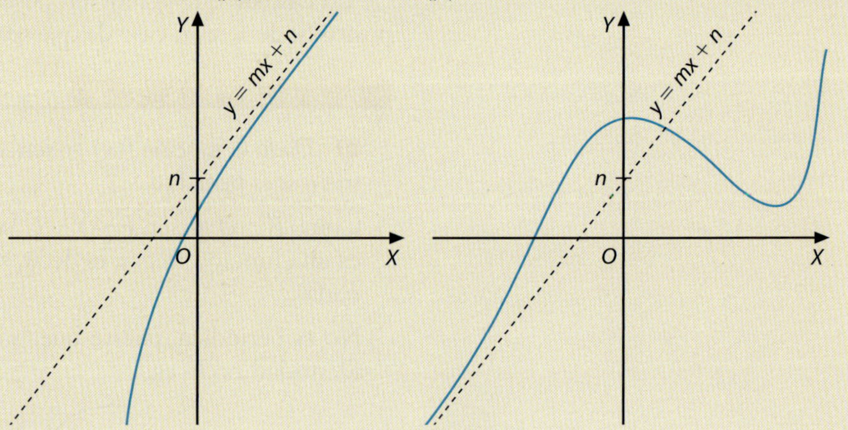

FIGURA 7.8.a. FIGURA 7.8.b.

Una función puede tener asíntotas distintas para $x \to +\infty$ y $x \to -\infty$, e incluso tener solo una.

Cálculo de asíntotas oblicuas

Dada una función, $f(x)$, con asíntota oblicua, $y = mx + n$:

$$\lim_{x \to \infty} (f(x) - y) = 0 \Rightarrow \lim_{x \to \infty} (f(x) - mx - n) = 0$$

De esta igualdad se deduce lo siguiente:

$$\lim_{x \to \infty} (f(x) - mx) = n \Rightarrow \lim_{x \to \infty} \left[x \cdot \left(\frac{f(x)}{x} - m \right) \right] = n$$

El límite de un producto es un producto de límites y, puesto que uno de los factores tiende a ∞ y el límite del producto es finito, el límite del otro factor debe ser forzosamente cero. Es decir:

$$\lim_{x \to \infty} \left(\frac{f(x)}{x} - m \right) = 0 \Rightarrow \lim_{x \to \infty} \frac{f(x)}{x} = m$$

Observa

Si $m = 0$, la asíntota puede ser horizontal, pero ya la conoceremos si hemos tenido la precaución de determinar el comportamiento de la función en el infinito.

Puedes consultar la sección *Estrategias* de la UNIDAD 5 para obtener más información sobre asíntotas.

Así, para hallar las ecuaciones de las asíntotas oblicuas de una función, se deben calcular los límites cuando $x \to +\infty$ y cuando $x \to -\infty$:

$$m = \lim_{x \to \infty} \frac{f(x)}{x} \text{ y } n = \lim_{x \to \infty} (f(x) - mx)$$

En general, cuando hay que calcular las posibles asíntotas de una función, es interesante recordar que:

- Las funciones polinómicas de grado mayor o igual que 2 no tienen asíntotas.
- Si una función tiene asíntota oblicua por uno de sus lados, no la tiene horizontal en ese lado, y viceversa.
- Una función racional, $f(x) = \dfrac{p(x)}{q(x)}$, tiene asíntota oblicua si se cumple que grad p − grad q = 1. En este caso tiene la misma asíntota a ambos lados.
- La gráfica de una función puede cortar a su asíntota oblicua u horizontal.

Por último es importante estudiar la posición de la gráfica de la función respecto de las asíntotas.

EJEMPLOS

g) *Calcular las asíntotas de la siguiente función:*

$$f(x) = \frac{x^3}{(1+x)^2}$$

El dominio de $f(x)$ es Dom $f(x) = \mathbb{R} - \{-1\}$.

Calculamos $\lim_{x \to -1} f(x)$:

$$\lim_{x \to -1} \frac{x^3}{(1+x)^2} = \frac{-1}{0^+} = -\infty$$

La recta de ecuación $x = -1$ es una asíntota vertical de la función f. Además, la función tiende a $-\infty$ a ambos lados de $x = -1$.

Así mismo, se puede deducir, sin necesidad de efectuar los cálculos, que la función presenta una asíntota oblicua, puesto que es racional y el grado del numerador es una unidad mayor que el del denominador.

- Para $x \to +\infty$, tenemos que:

$$m = \lim_{x \to +\infty} \frac{x^3}{x \cdot (1+x)^2} = 1$$

$$n = \lim_{x \to -\infty} \left[\frac{x^3}{(1+x)^2} - x \right] = \lim_{x \to +\infty} \frac{x^3 - x - 2x^2 - x^3}{(1+x)^2} = -2$$

  Es decir, por la derecha, $y = x - 2$ es una asíntota oblicua de $f(x)$.

- Para $x \to -\infty$, se obtiene la misma asíntota oblicua, puesto que $f(x)$ es racional.

  Por tanto, la recta $y = x - 2$ es una asíntota oblicua de la función.

Con objeto de averiguar si la función está por encima o por debajo de la asíntota, calculamos cuál es el límite de su diferencia, tanto si $x \to +\infty$ como si $x \to -\infty$:

$$\lim_{x \to +\infty} \left[\frac{x^3}{(1+x)^2} - (x-2) \right] = 0^+ \quad \text{(por encima de la asíntota)}$$

$$\lim_{x \to -\infty} \left[\frac{x^3}{(1+x)^2} - (x-2) \right] = 0^- \quad \text{(por debajo de la asíntota)}$$

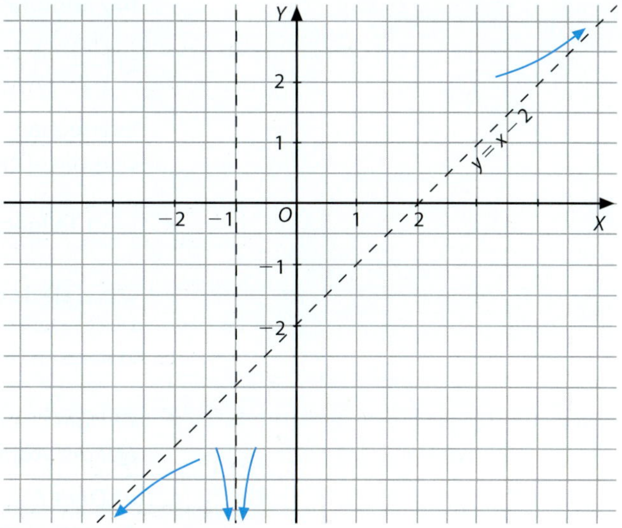

FIGURA 7.9.

EJEMPLOS

h) *Calcular las asíntotas de la función* $f(x) = \dfrac{x}{e^x}$.

Dom $f(x) = \mathbb{R}$

$f(x)$ es continua en $\mathbb{R}$.

Vamos a estudiar el comportamiento de la función en el infinito:

$$\lim_{x \to -\infty} \frac{x}{e^x} = \frac{-\infty}{e^{-\infty}} = (-\infty) \cdot e^{+\infty} = -\infty \cdot (+\infty) = -\infty$$

Por tanto, no hay asíntota horizontal por la izquierda.

$$\lim_{x \to +\infty} \frac{x}{e^x} = \frac{-\infty}{e^{+\infty}} = \left(\frac{+\infty}{+\infty}\right)$$

Puesto que e^x es una función exponencial:

$$\lim_{x \to +\infty} \frac{x}{e^x} = 0$$

Es decir, la función tiene una asíntota horizontal por la derecha, el eje de abscisas, $y = 0$.

Puesto que, para valores positivos, $f(x)$ es positiva, se aproximará a la asíntota por arriba.

La función no tiene asíntotas verticales ni oblicuas.

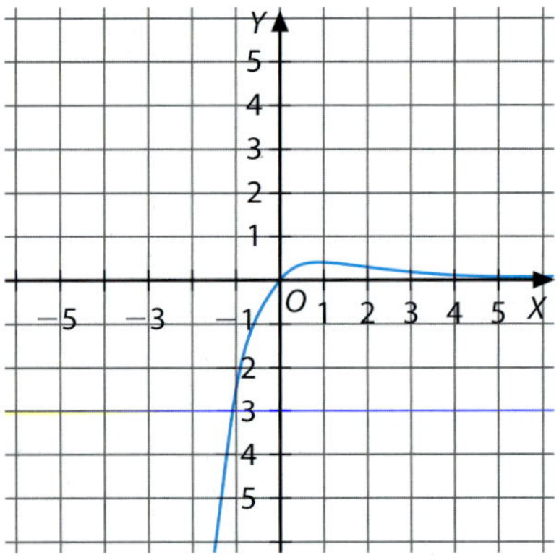

FIGURA 7.10.

ACTIVIDADES

7 Calcula el dominio, los puntos de intersección con los ejes, las asíntotas y el signo de las siguientes funciones:

a) $f(x) = \dfrac{x+1}{2x^2 - x - 1}$ ***c)*** $f(x) = \dfrac{x^3 + x^2}{2x^2 + x}$ ***e)*** $f(x) = \dfrac{e^x}{x}$

b) $f(x) = \sqrt{\dfrac{x+3}{x-2}}$ ***d)*** $f(x) = \dfrac{x}{\ln x}$

Solución: ***a)*** Dom $f = \mathbb{R} - \left\{1, \dfrac{-1}{2}\right\}$. El punto de intersección con el eje de abscisas es $(-1, 0)$, y con el de ordenadas, $(0, -1)$. En $x = \dfrac{-1}{2}$ y en $x = 1$ hay asíntotas verticales. Asíntota horizontal: $y = 0$. $f < 0$ en $(-\infty, -1) \cup \left(\dfrac{-1}{2}, 1\right)$. $f > 0$ en $\left(-1, \dfrac{-1}{2}\right) \cup (1, +\infty)$. ***b)*** Dom $f = (-\infty, -3] \cup (2, +\infty)$.

Intersección con el eje de abscisas en $(-3, 0)$. No hay punto de intersección con el eje de ordenadas. Asíntota vertical: $x = 2$. Asíntota horizontal: $y = 1$. La función es positiva en su dominio. ***c)*** Dom $f = \mathbb{R} - \left\{0, \dfrac{-1}{2}\right\}$.

Con el eje de ordenadas no tiene punto de intersección y con el de abscisas lo tiene en $(-1, 0)$. Asíntota vertical: $x = \dfrac{-1}{2}$. Asíntota oblicua: $y = \dfrac{x}{2} + \dfrac{1}{4}$.

d) Dom $f = (0, 1) \cup (1, +\infty)$. No tiene puntos de intersección con los ejes. Asíntota vertical: $x = 1$. $f < 0$ en $(0, 1)$. $f > 0$ en $(1, +\infty)$.

e) Dom $f = \mathbb{R} - \{0\}$. No tiene puntos de intersección con los ejes. Asíntota vertical: $x = 0$. Asíntota horizontal por la izquierda: $y = 0$. $f < 0$ en $(-\infty, 0)$. $f > 0$ en $(0, +\infty)$.

Recuerda

Sea f una función derivable:

- Si $f'(x) > 0\ \forall x \in (a, b)$, entonces f es estrictamente creciente en dicho intervalo.
- Si $f'(x) < 0\ \forall x \in (a, b)$, entonces f es estrictamente decreciente en dicho intervalo.

Si f es una función definida en (a, b), tiene un extremo relativo o local en $c \in (a, b)$ y es derivable en c, entonces $f'(c) = 0$. Pero esto no significa que siempre que $f'(x) = 0$ exista en x un extremo local de la función. Observa la figura 7.11.a:

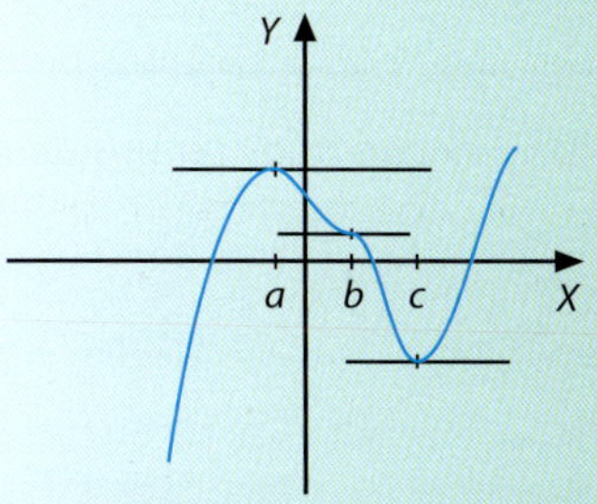

FIGURA 7.11.a.

En $x = a$ y $x = c$, f tiene extremos locales. En $x = b$, f no tiene extremo local.

Pero también pueden presentarse extremos de una función en un punto en el que no es derivable: basta con que en dicho punto la función exista, y cambie de monotonía.

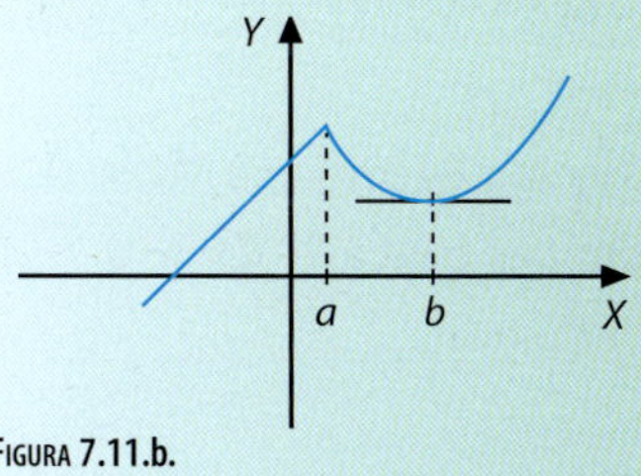

FIGURA 7.11.b.

$\nexists f'(a), f'(b) = 0$

En $x = a$, f tiene un máximo local.

En $x = b$, f tiene un mínimo local.

Los valores reales en los que la derivada se anula o no existe se denominan **puntos críticos.**

Por tanto, para que un punto sea extremo local de una función, debe ser un punto crítico de la función y ha de producirse en él un cambio en la monotonía de la misma.

2.3. Estudio de la derivada primera: crecimiento y decrecimiento, máximos y mínimos relativos

La derivada primera de una función proporciona los intervalos de monotonía y los posibles extremos de dicha función; para calcularlos, es útil proceder del siguiente modo:

- **Puntos críticos de la función**

  Son aquellos puntos en los que $f'(x) = 0$ y aquellos en los que la derivada no existe. Un punto en el que la función no es derivable puede ser un extremo o un punto de inflexión de la función.

- **Signo de f'**

  A partir de los puntos críticos de f se puede realizar un esquema de la monotonía de la función y adjudicar los máximos y mínimos relativos, que deben encontrarse entre los puntos críticos. En general, no es preciso aplicar el criterio de la derivada segunda para la determinación de extremos, puesto que se puede deducir a partir de los intervalos de monotonía.

EJEMPLOS

i) *Estudiar los intervalos de crecimiento y determinar los máximos y mínimos de la función* $f(x) = \dfrac{x^3}{(1+x)^2}$.

$$\text{Dom } f = \mathbb{R} - \{-1\}$$

Calculamos su derivada:

$$f'(x) = \frac{x^3 + 3x^2}{(1+x)^3}$$

Los puntos críticos de f son:

$f'(x) = 0$ si $x^3 + 3x^2 = 0 \Rightarrow x = 0$ y $x = -3$

Además, no existe f' en $x = -1$.

Intervalos de signo constante de f':

$$(-\infty, -3), (-3, -1), (-1, 0) \text{ y } (0, +\infty)$$

$f'(-4) > 0$, por lo que f es estrictamente creciente $\forall x < -3$.

$f'(-2) < 0$, por lo que f es estrictamente decreciente si $-3 < x < -1$.

$f'\left(\dfrac{-1}{2}\right) > 0$, por lo que f es estrictamente creciente si $-1 < x < 0$.

$f'(1) > 0$, por lo que f es estrictamente creciente $\forall x > 0$.

	$-\infty$ a -3	-3 a -1	-1 a 0	0 a $+\infty$
f'	+	−	+	+
f	↗	↘	↗	↗

Se deduce que en $x = -3$ hay un máximo local, y que en $x = 0$ no hay extremo, puesto que no hay cambio en el signo de la primera derivada de la función.

Recuerda

Sea f una función dos veces derivable en a:

- Si $f''(a) > 0$, entonces f es cóncava en a.
- Si $f''(a) < 0$, entonces f es convexa en a.
- Si $f''(a) = 0$, y el signo de f'' a ambos lados de a es distinto, entonces f tiene un punto de inflexión en $x = a$.

Sin embargo, puede suceder que una función tenga una inflexión en un punto en el que la función no es derivable: solo es preciso que la curvatura sea diferente a ambos lados de dicho punto.

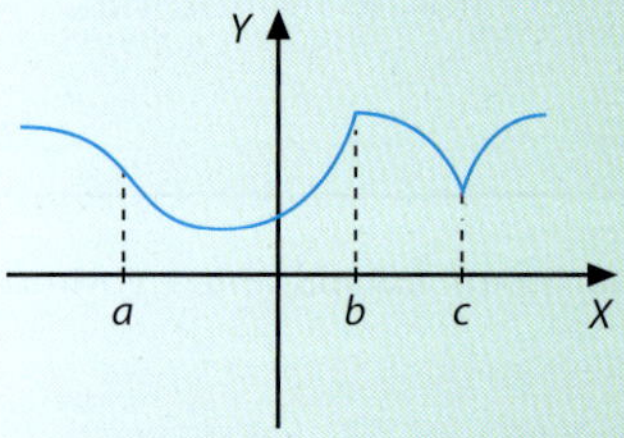

FIGURA 7.12.

$f''(a) = 0$. Punto de inflexión en $x = a$.

$\exists\!/\ f''(b)$. Punto de inflexión en $x = b$.

$\exists\!/\ f''(c)$. En $x = c$ no hay punto de inflexión.

2.4. Estudio de la derivada segunda: concavidad, convexidad y puntos de inflexión

La derivada segunda de una función proporciona su curvatura y los posibles puntos de inflexión de dicha función; para calcularlos, es útil proceder del siguiente modo:

- Se averiguan los puntos en los que $f''(x) = 0$, o $\nexists\, f''(x)$.
- Se determina el signo de f'' a partir de los puntos hallados en el apartado anterior y se realiza un esquema de los intervalos de curvatura constante. A partir de aquí se pueden deducir los puntos de inflexión sin necesidad de aplicar los teoremas sobre derivadas de orden superior.

Por otro lado, la derivada segunda permite clasificar los puntos en los que $f'(x) = 0$, sin necesidad de estudiar los intervalos de monotonía de la función.

Sea $f'(a) = 0$. Si $f''(a) > 0$, entonces f tiene un **mínimo local** en $x = a$. Si $f''(a) < 0$, entonces f tiene un **máximo local** en $x = a$.

EJEMPLOS

j) *Determinar los intervalos de concavidad y convexidad y los puntos de inflexión de la función* $f(x) = \dfrac{e^x - e^{-x}}{2}$.

$$\text{Dom}\, f = \mathbb{R}$$

Se calcula la derivada segunda de f:

$$f'(x) = \frac{e^x + e^{-x}}{2}$$

$$f''(x) = \frac{e^x - e^{-x}}{2}$$

Ahora se determinan los puntos en que f'' se anula o no existe:

$f''(x) = 0$ si $e^x - e^{-x} = 0$, es decir, si $x = 0$.

Por otra parte, f'' está definida para todos los números reales.

Así, los intervalos de signo constante de f'' son:

$$(-\infty, 0) \text{ y } (0, +\infty)$$

$f''(-1) = -1{,}18 < 0$, por lo que $f'' < 0$, es decir, f es convexa $\forall x < 0$.

$f''(1) = 1{,}18 > 0$, por lo que $f'' > 0$, es decir, f es cóncava $\forall x > 0$.

En $x = 0$, la función presenta un punto de inflexión.

	$-\infty$ … 0	0 … $+\infty$
f''	−	+
f	∩	∪

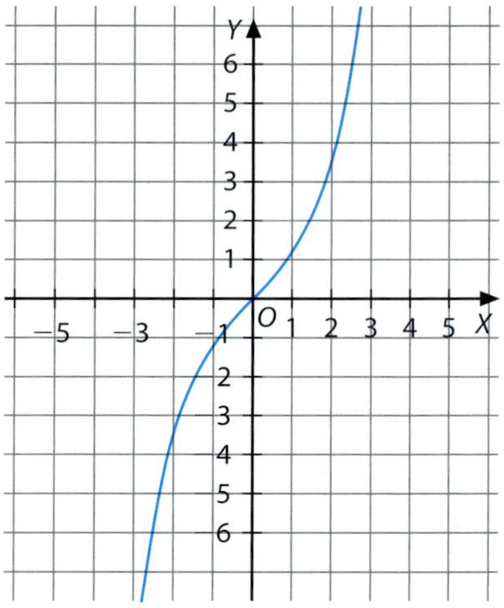

FIGURA 7.13.

EJEMPLOS

k) *Determinar los puntos de inflexión de la función* $f(x) = \dfrac{e^x}{x}$.

$$\text{Dom } f = \mathbb{R} - \{0\}$$

Se calcula la derivada segunda de f:

$$f'(x) = \frac{e^x(x-1)}{x^2}$$

$$f''(x) = \frac{[e^x(x-1) + e^x]x^2 - 2xe^x(x-1)}{x^4} = \frac{x^2e^x - 2xe^x + 2e^x}{x^3} =$$

$$= \frac{e^x(x^2 - 2x + 2)}{x^3}$$

Se determinan los puntos en que f'' se anula o no existe:

$f'' \neq 0 \ \forall\, x \in \mathbb{R}$ porque $e^x > 0$ y $x^2 - 2x + 2 > 0$.

Además, no existe f'' en $x = 0$.

Por tanto, los intervalos de signo constante de f'' son $(-\infty, 0)$ y $(0, +\infty)$.

$f''(-1) = \dfrac{e^{-1} \cdot 1}{-1} < 0$; así, $f'' < 0$ si $x < 0$, es decir, f es convexa en $(-\infty, 0)$.

$f''(1) = \dfrac{e \cdot 1}{1} > 0$; así, $f'' > 0$ si $x > 0$, es decir, f es cóncava en $(0, +\infty)$.

La función no tiene punto de inflexión.

	$-\infty$	0	$+\infty$
f''	$-$		$+$
f	∩		∪

ACTIVIDADES

8 Estudia la monotonía y los extremos relativos de las siguientes funciones:

a) $f(x) = \dfrac{x+1}{2x^2 - x - 1}$ ***c)*** $f(x) = \dfrac{x^3 + x^2}{2x^2 + x}$ ***e)*** $f(x) = x \cdot \ln x$

b) $f(x) = \sqrt{\dfrac{x+3}{x-2}}$ ***d)*** $f(x) = \dfrac{x}{e^x}$

Solución: ***a)*** f es decreciente en $(-\infty, -2) \cup (0, 1) \cup (1, +\infty)$ y es creciente en $\left(-2, -\dfrac{1}{2}\right) \cup \left(-\dfrac{1}{2}, 0\right)$. En $x = -2$ hay un mínimo relativo, y en $x = 0$, un máximo relativo. ***b)*** La función es decreciente en su dominio, que es $\mathbb{R} - (-3, 2]$. ***c)*** f es estrictamente creciente. No tiene extremos relativos. ***d)*** f es creciente en $(-\infty, 1)$ y decreciente en $(1, +\infty)$. En $x = 1$ hay un máximo relativo. ***e)*** f es decreciente en $(0, 1/e)$ y creciente en $(1/e, +\infty)$. En $x = 1/e$ tiene un mínimo relativo.

9 Estudia los intervalos de curvatura y los puntos de inflexión de las siguientes funciones:

a) $f(x) = \dfrac{x}{\ln x}$ ***b)*** $f(x) = x \cdot e^x$ ***c)*** $f(x) = \ln(x^2 + 1)$

Solución: ***a)*** f es convexa en $(0,1)$ y $(e^2, +\infty)$ y cóncava en $(1, e^2)$. En $x = e^2$ tiene un punto de inflexión. ***b)*** f es convexa en $(-\infty, -2)$ y cóncava en $(-2, +\infty)$. En $x = -2$ tiene un punto de inflexión. ***c)*** f es convexa en $(-\infty, -1)$ y $(1, +\infty)$. Es cóncava en $(-1, 1)$. En $x = -1$ y $x = 1$ tiene puntos de inflexión.

2.5. Representación gráfica de una función

Para finalizar este epígrafe, vamos a representar una función que se ha trabajado en alguno de los apartados:

$$f(x) = \frac{x^3}{(1+x)^2}$$

■ **Información a partir de f**

- $\text{Dom}\, f = \mathbb{R} - \{-1\}$
- f es discontinua en $x = -1$, ya que $\lim_{x \to -1} f(x) = -\infty$. Por tanto, la función tiene una asíntota vertical en $x = -1$.
- $f(x) = 0$ si $x = 0$
- Intervalos de signo constante de f: $(-\infty, -1)$, $(-1, 0)$ y $(0, +\infty)$.

	$-\infty$ a -1	-1 a 0	0 a $+\infty$
f	$-$	$-$	$+$

- f no es simétrica ni periódica.
- Como f es una función racional y el grado del numerador es mayor en una unidad que el del denominador, f tiene una asíntota oblicua.

  Tanto si $x \to +\infty$ como si $x \to -\infty$, tenemos que:

$$m = \lim_{x \to \infty} \frac{f(x)}{x} = 1 \text{ y } n = \lim_{x \to \infty} [f(x) - mx] = -2$$

  Por tanto, la asíntota oblicua es $y = x - 2$.

■ **Información a partir de f'**

- $f'(x) = \dfrac{x^3 + 3x^2}{(1+x)^3}$
- $f'(x) = 0$ si $x = 0$ y $x = -3$
- $\nexists\, f'(x)$ en $x = -1$
- Intervalos de signo constante de f': $(-\infty, -3)$, $(-3, -1)$, $(-1, 0)$ y $(0, +\infty)$

	$-\infty$ a -3	-3 a -1	-1 a 0	0 a $+\infty$
f'	$+$	$-$	$+$	$+$

- En $x = -3$ hay un máximo relativo.
- En $x = 0$ no hay extremo local.

■ **Información a partir de f''**

- $f''(x) = \dfrac{(3x^2 + 6x)(1+x)^3 - (x^3 + 3x^2) \cdot 3(1+x)^2}{(1+x)^6} = \dfrac{6x}{(1+x)^4}$
- $f''(x) = 0$ si $x = 0$
- $\nexists\, f''(x)$ en $x = -1$
- Intervalos de signo constante de f'': $(-\infty, -1)$, $(-1, 0)$ y $(0, +\infty)$

	$-\infty$ a -1	-1 a 0	0 a $+\infty$
f''	$-$	$-$	$+$

- f tiene un punto de inflexión en $x = 0$.

Ahora estamos en condiciones de realizar el siguiente cuadro:

	$-\infty$ a -3	-3 a -1	-1 a 0	0 a $+\infty$
f (signo)	$-$	$-$	$-$	$+$
f (monotonía)	↗	↘	↗	↗
f (curvatura)	∩	∩	∩	∪

$M\left(-3, -\frac{27}{4}\right)$ — $x = -1$ asíntota vertical — $(0, 0)$ punto de inflexión

La función tiene una asíntota oblicua: $y = x - 2$.

Con todo lo anterior, podemos realizar la gráfica siguiendo estos pasos:

- Se delimita en qué zonas existe función y trazamos las asíntotas.

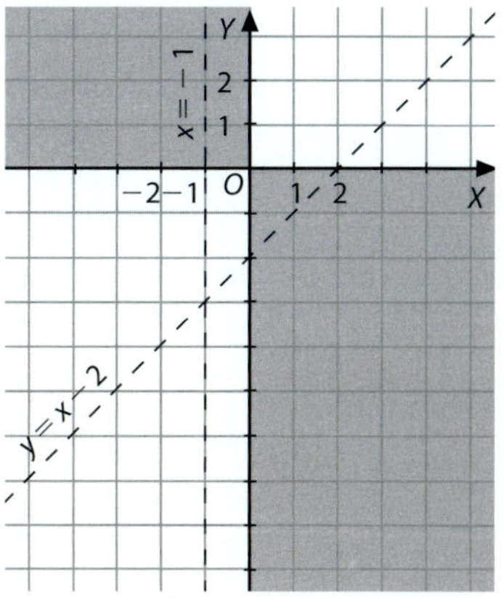

FIGURA 7.14.a.

- Se aproximan las ramas infinitas a las asíntotas, averiguando, para el caso de la asíntota oblicua, si quedan por encima o por debajo de la función.

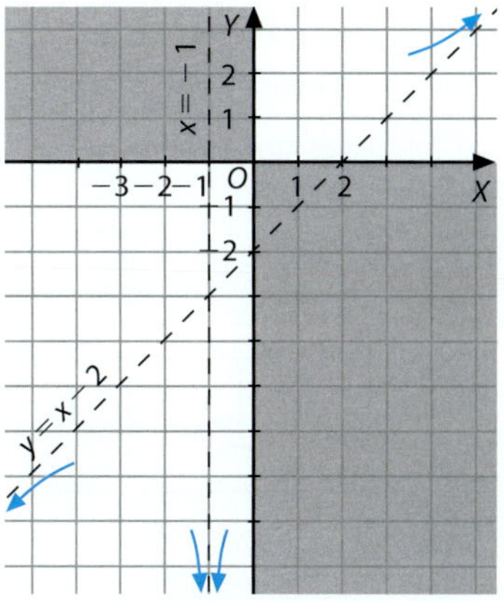

FIGURA 7.14.b.

- Se marcan los extremos y los puntos de inflexión. Es conveniente saber la pendiente de la tangente en el punto de inflexión, pues ayuda en la representación gráfica.

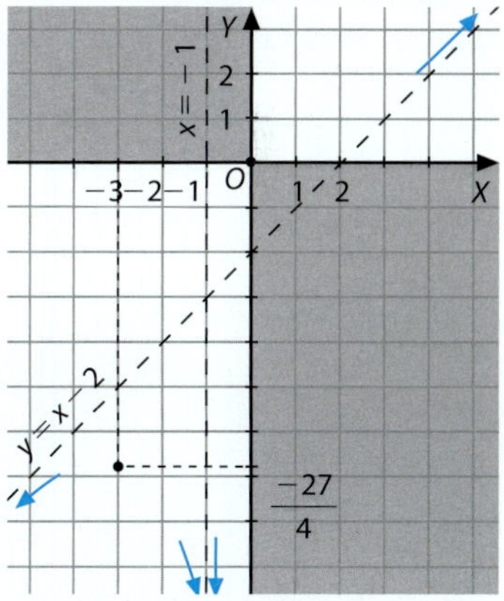

FIGURA 7.14.c.

- Se unen los puntos y las ramas infinitas, teniendo en cuenta los intervalos de monotonía y la curvatura.

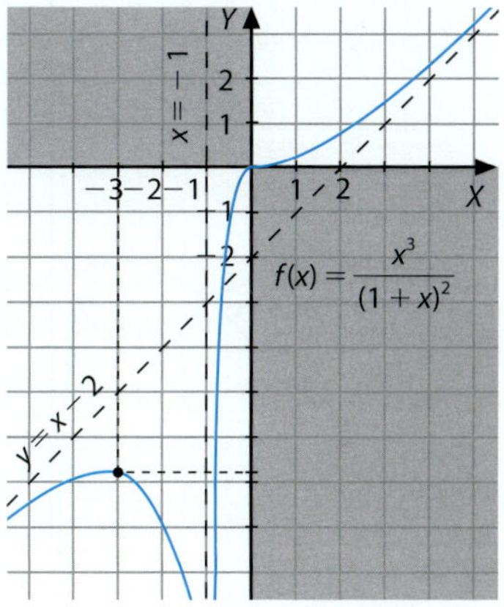

FIGURA 7.14.d.

Determinación de funciones

En este apartado se exponen algunos ejercicios en los que se averigua la forma explícita de una función o su gráfica, a partir del enunciado de algunas de sus características o de las características de sus derivadas sucesivas.

1 *A partir del cuadro, esbozar la gráfica de la función $f(x)$:*

	$-\infty$ … -2	-2 … 0	0 … 1	1 … $3/2$	$3/2$ … 2	2 … $+\infty$
f	−	−	+	−	−	+
f'	+	−	−	−	+	+
f''	−	−	+	+	+	+

Además, se sabe que:

- *$x = 0$ es una asíntota vertical de la función.*
- *$y = x - 3$ es una asíntota oblicua.*

Con los datos que proporciona el cuadro se puede realizar el siguiente resumen:

	$-\infty$ … -2	-2 … 0	0 … 1	1 … $3/2$	$3/2$ … 2	2 … $-\infty$
f	−	−	+	−	−	+
	↗	↘	↘	↘	↗	↗
	∩	∩	∪	∪	∪	∪

$M(-2, f(-2))$ $\qquad$ $m\left(\frac{3}{2}, f\left(\frac{3}{2}\right)\right)$

Ahora, teniendo también en cuenta los datos que nos proporciona sobre las asíntotas, podemos representar la función:

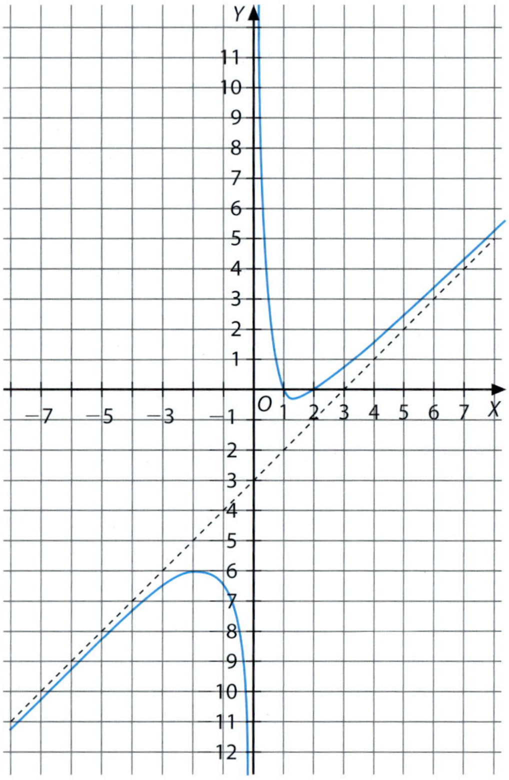

FIGURA 7.15.

Construcción de gráficas de funciones racionales

2 *Realizar la gráfica de la función $f(x) = \dfrac{|x|}{x+1}$.*

Es conveniente desdoblar la función en dos partes:

$$f(x) = \begin{cases} \dfrac{-x}{x+1} & \text{si } x < 0 \\ \dfrac{x}{x+1} & \text{si } x \geq 0 \end{cases}$$

- Información que proporciona f:
  - $\text{Dom } f = \mathbb{R} - \{-1\}$
  - f es discontinua en $x = -1 \Rightarrow$

$$\Rightarrow \lim_{x \to -1} f(x) = \lim_{x-1} \frac{-x}{x+1} = \frac{1}{0} \Rightarrow \begin{cases} \lim\limits_{x=-1^-} \dfrac{-x}{x+1} = -\infty \\ \lim\limits_{x=-1^+} \dfrac{-x}{x+1} = +\infty \end{cases}$$

  Por tanto, $x = -1$ es una asíntota vertical.

  - $f(x) = 0$ si $x = 0$
  - Intervalos de signo constante: $(-\infty, -1), (-1, 0)$ y $(0, +\infty)$

	$-\infty$ … -1	-1 … 0	0 … $+\infty$
f	−	+	+

  - f no es simétrica ni periódica.
  - Solo presenta un punto de intersección con los ejes, $(0, 0)$.
  - Puesto que es una función racional y el grado del numerador y del denominador son iguales, tiene asíntota horizontal:

$$\lim_{x \to +\infty} f(x) = \lim_{x \to +\infty} \frac{x}{x+1} = 1$$

  $y = 1$ es una asíntota horizontal por la derecha.

$$\lim_{x \to -\infty} f(x) = \lim_{x \to -\infty} \frac{-x}{x+1} = -1$$

  $y = -1$ es una asíntota horizontal por la izquierda.

- Información que proporciona f':

$$f'(x) = \begin{cases} \dfrac{-1}{(x+1)^2} & \text{si } x < 0 \\ \dfrac{1}{(x+1)^2} & \text{si } x > 0 \end{cases}$$

  - $\nexists\, f'(-1)$ y hay que determinar si existe $f'(0)$.

$$\left.\begin{array}{l} f'_-(0) = \lim\limits_{x \to 0^-} \dfrac{-1}{(x+1)^2} = -1 \\ f'_+(0) = \lim\limits_{x \to 0^+} \dfrac{1}{(x+1)^2} = 1 \end{array}\right\} \nexists\, f'(0);\ f \text{ tiene un punto anguloso en } x = 0$$

  - Por otro lado, f' no se anula para ningún valor real.
  - Intervalos de signo constante de f': $(-\infty, -1), (-1, 0), (0, +\infty)$

	$-\infty$ … -1	-1 … 0	0 … $+\infty$
f'	−	−	+

Como se puede deducir, en $x = 0$ hay un mínimo relativo.

■ Información que proporciona f'':

$$f''(x) = \begin{cases} \dfrac{2}{(x+1)^3} & \text{si } x < 0 \\ \dfrac{-2}{(x+1)^3} & \text{si } x > 0 \end{cases}$$

- $f''(x) \neq 0 \ \forall x \in \text{Dom } f$, $\nexists f''(-1)$ y $\nexists f''(0)$
- Intervalos de signo constante de f'': $(-\infty, -1)$, $(-1, 0)$ y $(0, +\infty)$

	$(-\infty, -1)$	$(-1, 0)$	$(0, +\infty)$
f''	−	+	−

- Como se puede deducir, en $x = 0$ hay un punto de inflexión, además de ser el mínimo local de la función.

Con estos datos podemos elaborar el siguiente cuadro:

	$(-\infty, -1)$	$(-1, 0)$	$(0, +\infty)$
f'	−	+	+
f	↘	↘	↗
	∩	∪	∩

$m\,(0, 0)$
punto de inflexión

$y = 1$ es una asíntota horizontal por la derecha.

$y = -1$ es una asíntota horizontal por la izquierda.

$x = -1$ es una asíntota vertical.

$(0, 0)$ es un punto anguloso, mínimo relativo y punto de inflexión.

La representación gráfica buscada es:

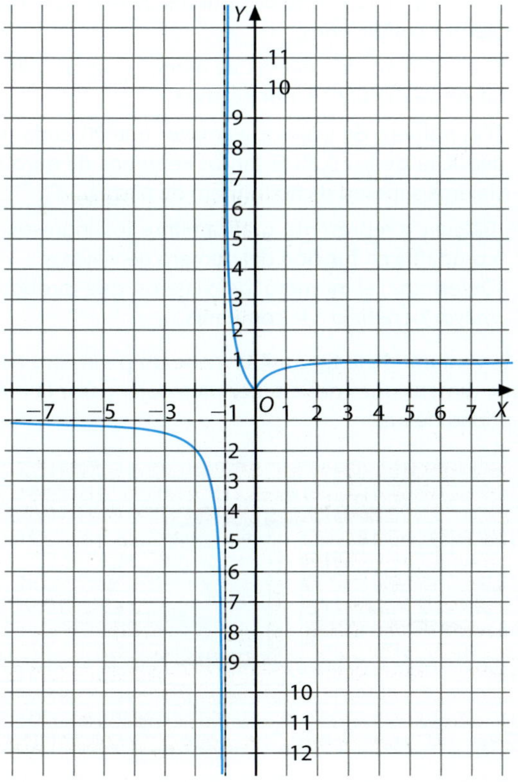

Figura 7.16.

Optimización de funciones

3 *Un producto ha estado 8 años en el mercado. Su precio, P(t), en euros, estaba relacionado con el tiempo, t, en años, que llevaba comercializándose dicho artículo mediante esta función:*

$$P(t) = \begin{cases} 24t^2 + 24 & \text{si } 0 \le t \le 2 \\ -15t + 150 & \text{si } 2 < t \le 8 \end{cases}$$

a) *Estudiar el crecimiento y el decrecimiento de la función P(t).*

b) *¿Cuál fue el precio máximo que alcanzó el artículo en el mercado?*

a) La función es continua en $t = 2$. Para estudiar sus intervalos de crecimiento, se calcula la función derivada, $P'(t)$:

$$P'(t) = \begin{cases} 48t & \text{si } 0 < t < 2 \\ -15 & \text{si } 2 < t < 8 \end{cases}$$

En $t = 2$ la función no es derivable, puesto que las derivadas laterales no coinciden:

$$\lim_{t \to 2^-} P'(t) = 96 \quad \text{y} \quad \lim_{t \to 2^+} P'(t) = -15$$

En $t = 2$, la función $P(t)$ presenta un punto anguloso.

Se estudia ahora el signo de $P'(t)$ para determinar los intervalos de crecimiento y decrecimiento de $P(t)$:

■ $P'(t)$ no se anula en $(0, 8)$.

■ $P'(t)$ no existe en $t = 2$.

Intervalos de signo constante de P': $(0, 2)$ y $(2, 8)$

Si $0 < t < 2$, entonces $P' > 0$, por lo que P es creciente en $(0, 2)$.

Si $2 < t < 8$, entonces $P' < 0$, por lo que P es decreciente en $(2, 8)$.

En $t = 2$, la función $P(t)$ tiene un máximo.

b) Para $t = 2$, se alcanza el precio máximo, que es de 120 €.

4 *Un comerciante vende 2 000 artículos al mes a 6 € cada uno. Por cada lote de 250 unidades que vende por encima de las 2 000, rebaja el precio de cada artículo 0,15 €.*

a) *Demostrar que la relación entre el precio de cada artículo, p, y el número total de artículos vendidos al mes, x, está dada por* $p(x) = 7{,}2 - \dfrac{3x}{5\,000}$*, donde* $x > 2\,000$.

b) *Calcular el número de artículos que determina el máximo de ingresos al mes.*

a) Por cada múltiplo de 250 artículos, a partir de 2 000, el comerciante vende a un precio unitario menor en 0,15 €. Si vende x unidades, $x > 2\,000$, tenemos que el precio unitario es:

$$p = 6 - 0{,}15\left(\frac{x - 2\,000}{250}\right) = 7{,}2 - \frac{3x}{5\,000}$$

b) El ingreso, I, es el producto del precio unitario por el número de artículos vendidos es:

$$I(x) = p \cdot x = 7{,}2x - \frac{3x^2}{5\,000}$$

El máximo de esta función polinómica se encuentra en:

$$x = \frac{-7{,}2}{-6/5\,000} = 6\,000$$

Es decir, el máximo ingreso se alcanza vendiendo 6 000 artículos a 3,6 € cada uno.

EJERCICIOS Y PROBLEMAS

1 De entre todos los rectángulos de perímetro 36, halla el que tiene área máxima.

2 De entre todos los triángulos rectángulos de área 1, averigua las dimensiones del que tiene hipotenusa mínima.

3 Un terreno rectangular se va a cercar y a dividir en tres rectángulos iguales mediante dos vallas divisorias paralelas a los lados más pequeños del rectángulo. Si se dispone únicamente de 8 000 m de valla, ¿qué dimensiones del terreno hacen que el área cercada sea máxima?

4 En un jardín se diseñan dos parterres: uno circular y otro cuadrado. Para construirlos, se dispone de una cuerda de 100 m. Averigua el perímetro de cada uno de ellos, si se desea que la suma de las áreas sea máxima.

5 Un prisma recto tiene base rectangular. La longitud de dos de los lados de este rectángulo es el doble que la de los otros dos. Determina las dimensiones que ha de tener este prisma para que su área total sea de 12 m^2, y su volumen, máximo.

6 Halla dos números tales que el doble del primero más el triple del segundo sea 24 y que su producto sea máximo.

7 El precio de cada bloque de cierto material es proporcional al cuadrado de su peso. Un bloque de 20 kg cuesta 3 €.

a) Si el bloque se rompe en dos trozos, uno de 5 kg y otro de 15 kg, ¿cuál es, ahora, el precio de cada uno de ellos?

b) Demuestra que el bloque siempre se depreciará si se rompe en dos trozos cualesquiera.

c) Calcula para qué partición produce la máxima pérdida de valor.

8 Se construye un campo de atletismo en forma de rectángulo cuyo lado mayor vale x, con un semicírculo de radio r en ambos extremos. ¿Qué valores de x y de r harán que el campo tenga la mayor área posible si está rodeado por una pista de 400 m?

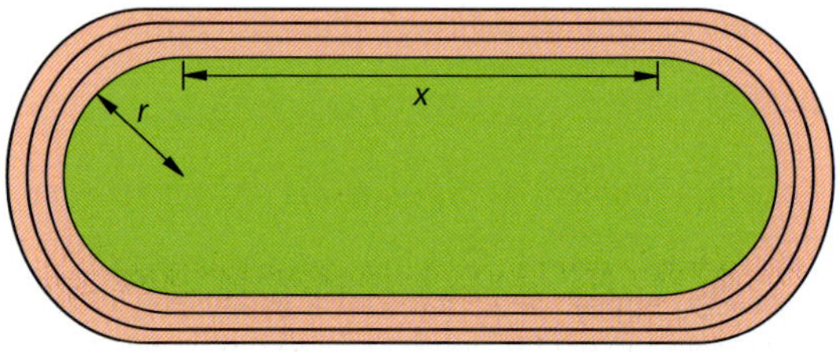

FIGURA 7.17.

9 Un segmento de longitud a está dividido en dos partes que van a servir de base a sendos rectángulos. La altura de uno de los rectángulos es el doble que su base, y la del otro, el triple que su base. Determina el punto de división del segmento, de modo que la suma de las áreas de los rectángulos sea mínima.

10 Se quiere construir una piscina de tal forma que la planta esté formada por un rectángulo y por un semicírculo cuyo diámetro sea uno de los lados del rectángulo. De entre todas las piscinas de esta forma con una superficie de 50 m^2, ¿cuál es la de perímetro mínimo? ¿Hay alguna de perímetro máximo?

11 El consumo de un automóvil depende de su velocidad, en km/h, de acuerdo con la siguiente función:

$$f(v) = \frac{3e^{0,001v}}{v} \text{ L/km}$$

¿Cuál es la velocidad que resulta más «económica»? ¿Cuántos litros por kilómetro consume el automóvil a esta velocidad?

12 Los beneficios anuales de una compañía de venta a domicilio dependen del número de vendedores según esta expresión:

$$B(x) = -54x^2 + 3\,780x + 11\,250$$

donde $B(x)$ es el beneficio, en euros, para x vendedores.

a) ¿Cuántos vendedores ha de tener la empresa para que sus beneficios sean máximos?

b) ¿A cuánto ascienden dichos beneficios?

13 El coste anual, en miles de euros, que supone para una productora cinematográfica la contratación de actores secundarios para sus películas se rige por esta función:

$$f(x) = \frac{12x^2 + 360x + 4\,800}{x} \text{ con } x > 0$$

donde x es el número de actores secundarios contratados.

a) ¿Cuántos actores secundarios tiene que contratar la productora para que el coste anual sea mínimo? Justifica tu respuesta.

b) ¿A cuánto asciende este coste mínimo? Justifica tu respuesta.

14 Una compañía ofrece sus servicios para hacerse cargo del transporte público entre dos puntos de una ciudad en las siguientes condiciones:

- Si el número de viajeros es menor o igual que 20, el billete valdrá 0,25 € por persona.
- Si el número de viajeros es mayor que 20, cada uno se deducirá de los 0,25 € tantos céntimos de euro como viajeros superen dicho número de plazas.

a) Calcula y representa gráficamente los ingresos de la compañía en función del número de viajeros.

b) Determina el número de viajeros que proporciona mayor beneficio a la compañía.

15 Si la ventana de la figura 7.17 tiene un perímetro de 4 m, ¿qué dimensiones debe tener para dejar pasar la máxima cantidad de luz?

FIGURA 7.18

16 Una fábrica de vídeos decide introducir en el mercado un nuevo modelo. El departamento de marketing de la empresa estima que la relacion entre la demanda de x unidades del producto, y el precio de venta de cada unidad, p, en cientos de euros, viene dada por esta expresión:

$$p = 100 - x/2$$

El coste de producción responde a la fórmula:

$$C(x) = 1\,250 + 10x$$

Determina:

a) La demanda en función del precio de cada unidad.

b) El coste en función del precio.

c) Los ingresos que recibe el fabricante por la venta de los aparatos, $I(p)$, en función del precio.

d) El beneficio, $B(p)$, del fabricante por la venta de los aparatos en función del precio.

e) El precio para el cual el beneficio es máximo, el beneficio máximo y el número de unidades vendidas correspondiente.

17 En una oficina de correos solo se admiten paquetes que tengan forma de ortoedro de base cuadrada. Si la suma de sus tres dimensiones debe ser 72 cm, ¿qué dimensiones tiene la caja con mayor volumen?

18 Una empresa que fabrica un determinado producto ha observado que la venta de x miles de unidades diarias de dicho artículo origina unos ingresos, I, en miles de euros, dados por la siguiente función:

$$I(x) = -\frac{11}{9}x^2 + \frac{235}{18}x - \frac{56}{9} \qquad 2 \leq x \leq 5$$

Así mismo, el coste de fabricación, C, de x miles de unidades diarias del producto, en miles de euros, está determinado por esta otra función:

$$C(x) = \frac{9}{2}x + 6 \qquad 2 \leq x \leq 5$$

Calcula cuántos miles de unidades del artículo en cuestión se deben fabricar para obtener un beneficio máximo.

19 Sea la función $f(x) = 2 - \frac{8}{x+2}$, donde $x \geq 0$.

a) Calcula los intervalos de crecimiento y decrecimiento y las asíntotas.

b) Si x representa los miles de euros (anuales) que se invierten en publicidad para la venta de un producto, y $f(x)$, los millones de unidades (anuales) vendidas como consecuencia de esa inversión:

- ¿Cuánto debe gastarse en publicidad para vender un millón de unidades?
- ¿Cuál es la previsión de ventas más optimista?

20 En una determinada fábrica, el coste de producción, C, expresado en euros, de x unidades de cierto artículo se ajusta de forma aproximada a la siguiente función:

$$C(x) = 0{,}006x^3 + 96 \text{ donde } x \geq 0$$

a) Realiza un esquema sencillo de la gráfica de la función.

b) Encuentra la función que proporciona el coste mínimo por unidad fabricada y calcula dicho coste.

21 Determina las ecuaciones de las asíntotas verticales y oblicuas de esta función:

$$f(x) = \frac{x^3 - 5x^2}{2x^2 - 18}$$

22 Calcula los intervalos de monotonía, los máximos y los mínimos y las posibles asíntotas de esta función:

$$f(x) = \frac{(x-1)(x+2)\,x}{x^2 - 1}$$

23 Dibuja, indicando las asíntotas, el crecimiento y los extremos, la gráfica de la función $f(x) = \frac{x^2 - 2x + 2}{x - 1}$.

24 Dada la función $f(x) = \frac{x^2 - x}{8x^2 + 1}$:

a) Determina el dominio de definición, su comportamiento en los extremos del dominio, las asíntotas, los puntos de intersección con los ejes, los intervalos de crecimiento y decrecimiento y los máximos y mínimos locales.

b) Realiza un esbozo aproximado de su gráfica.

25 Representa gráficamente las siguientes funciones, calculando sus extremos relativos y sus puntos de inflexión.

a) $f(x) = \frac{x-1}{x+4}$

b) $f(x) = \frac{x^2}{x^2 - 9}$

c) $f(x) = x^3 - 3x + 2$

d) $f(x) = x^4 - 3x^2$

e) $f(x) = \frac{2}{x^2 + 1}$

f) $f(x) = \frac{1}{x^2 - 5x + 4}$

g) $f(x) = |x^2 - 3x - 4|$

h) $f(x) = \frac{x^2 + 4x + 4}{x + 1}$

26 De las funciones del ejercicio anterior, indica cuáles tienen asíntotas y, en caso de tenerlas, calcula su ecuación.

27 Representa gráficamente las siguientes funciones:

a) $f(x) = \frac{x+1}{2x^2 - x - 1}$

b) $f(x) = \frac{x^3 + x^2}{2x^2 + x}$

c) $f(x) = \frac{x}{\ln x}$

d) $f(x) = \frac{e^x}{x}$

e) $f(x) = \frac{e^x - e^{-x}}{2}$

f) $f(x) = \ln(x^2 + 1)$

28 Representa la gráfica de la función $f(x) = \frac{x}{4 - x^2}$, estudiando sus máximos y mínimos, sus puntos de inflexión y su concavidad y convexidad.

29 Estudia la concavidad y la convexidad de $f(x) = \frac{1 - x}{e^x}$ y determina sus puntos de inflexión.

30 Dada la función $f(x) = \begin{cases} \frac{4}{x-2} & \text{si } x < 0 \\ 2^{2-x} & \text{si } x \geq 0 \end{cases}$:

a) Estudia su continuidad y analiza su comportamiento en los posibles puntos de discontinuidad.

b) Calcula su función derivada.

c) Representa $f(x)$ gráficamente.

L'ÉCOLE POLYTECHNIQUE

Un lugar de sabios

Escena de la Revolución francesa, en un dibujo de la época.

La Escuela Politécnica nació en plena Revolución francesa. Gaspard Monge, uno de los seis matemáticos más importantes en la Francia del siglo XVIII, fue su principal impulsor. El objetivo primordial de esta institución consistía en formar un cuerpo de eficaces ingenieros.

Por la Escuela Politécnica han desfilado algunos de los más prestigiosos profesores de matemáticas de finales del siglo XVIII y principios del XIX: Monge, que impulsó de forma decisiva la geometría analítica; Lagrange, que preparó un curso de análisis, la *Théorie des fonctions analytiques*, y contribuyó notablemente al desarrollo del cálculo integral; Laplace, con su teoría sobre probabilidades y su *Mècanique céleste*, y un largo etcétera, como Carnot, Poncelet, Cauchy y Poisson.

Esta institución patrocinó la edición de una revista científica, *Journal de l'École Polytechnique,* en la que se publicaron numerosos trabajos de estos grandes matemáticos. Con toda justicia puede considerarse la Escuela Politécnica la cuna de la geometría moderna y de la aritmetización del cálculo; su actividad, en fin, marca la edad de oro de las matemáticas del siglo XIX.

Durante este siglo, otros centros matemáticos de importancia capital recogieron el testigo de la Escuela Politécnica: las universidades de Gotinga, Berlín, Cambridge, Oxford y Harvard, así como el Trinity College, de Dublín.

APLICACIONES DEL ANÁLISIS DE FUNCIONES

Un problema de optimización

Es difícil encontrar algún campo relacionado con la actividad humana en el que no exista una aplicación del análisis matemático para comprender los fenómenos que se estudian.

Es el caso, por ejemplo, de las aplicaciones del análisis de funciones en la investigación de las llamadas ciencias sociales, como la economía, la sociología y la psicología, que se han desarrollado principalmente durante el siglo XX, aunque en algún caso su origen se remonte al siglo XVIII.

En 1970, Paul Anthony Samuelson (1915) recibió el premio Nobel de Economía por su notable contribución a la aplicación de modelos matemáticos en el estudio de los fenómenos económicos.

Veamos un sencillo ejemplo de esta aplicación. Supongamos que un empresario de una tienda de ropa adquiere un determinado modelo de traje que le cuesta, de fábrica, 84 € la unidad. Sabe que puede vender al mes 20 trajes a un precio de 156 €, y que por cada 5 trajes que venda por encima de esa previsión puede ofrecer un descuento de 7,2 € por unidad.

Esta situación queda reflejada en la siguiente gráfica, en la que se representa el precio de venta de un traje, en euros, en función del número de trajes vendidos.

Esta relación funcional se puede expresar mediante la siguiente ecuación, en la que x es el número de trajes vendidos, e y, su precio:

$$\frac{y-156}{x-20}=\frac{-7{,}2}{5}$$

Es decir:

$$y=156-\left(\frac{x-20}{5}\right)\cdot 7{,}2=-1{,}44x+184{,}8$$

El beneficio, $B(x)$, que se obtiene de esta operación será el precio de cada traje por el número de trajes vendidos, menos el precio que se pagó por ellos en fábrica. Es decir:

$$B(x)=(-1{,}44x+184{,}8)x-84x=-1{,}44x^2+100{,}8x$$

Esta es una función de segundo grado que presenta su valor máximo en $x=\dfrac{100{,}8}{2{,}88}=35$, lo cual quiere decir que el beneficio es óptimo si se venden 35 trajes al mes al siguiente precio:

$$y=-1{,}44\cdot 35+184{,}8=134{,}4\ €$$

Así, el beneficio que se obtiene en un mes será:

$$B(35)=-1{,}44\cdot 35^2+100{,}8\cdot 35=1\,764\ €$$

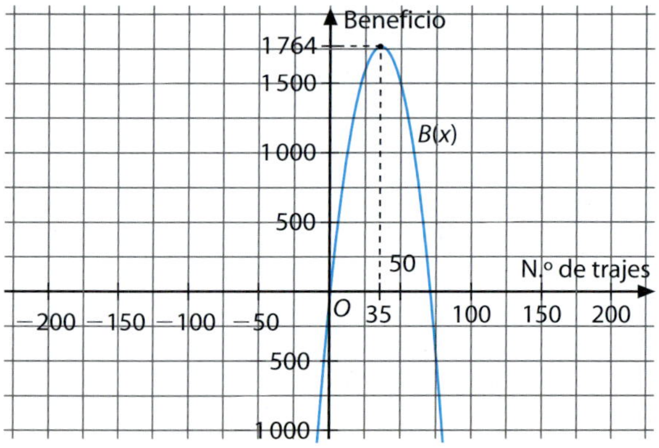

FIGURA 7.19

Evaluación

1. De entre todos los rectángulos de 1 m de diagonal, calcula las dimensiones (base y altura) del que tiene el área máxima.

a) $b = \frac{1}{\sqrt{3}}$ m y $a = \sqrt{\frac{2}{3}}$ m

b) $b = \frac{\sqrt{2}}{2}$ m y $a = \frac{\sqrt{2}}{2}$ m

c) $b = \frac{1}{2}$ m y $a = \frac{1}{2}$ m

2. Después de la ingestión de una bebida alcohólica, la concentración de alcohol en sangre, en gramos por litro, sigue la función:

$$f(t) = t \cdot e^{1-t}$$

donde t es el tiempo, en horas, transcurrido desde la ingestión. Calcula en qué instante será máxima la concentración de alcohol y halla su valor.

a) En $t = 1$ h y $f(1) = 1$ g/L

b) En $t = 2$ h y $f(2) = 2{,}73$ g/L

c) En $t = 0{,}5$ h y $f(0{,}5) = 1{,}65$ g/L

3. La función $f(x) = \frac{1}{15}(-x^2 + 100x - 1\,600)$ representa el beneficio, en miles de euros, que obtiene una empresa por la fabricación de x unidades de cierto producto. ¿Cuál es el mayor beneficio posible?

a) 50 000 € ***b)*** 75 000 € ***c)*** 60 000 €

4. Las asíntotas de la función $f(x) = \frac{2x^3 - 2}{x^2 - 1}$ responden a estas ecuaciones:

a) Asíntota vertical: $x = -1$
Asíntota oblicua: $y = 2x$

b) Asíntotas verticales: $x = 1$ y $x = -1$

c) Asíntotas verticales: $x = 1$ y $x = -1$
Asíntota oblicua: $y = 2x$

5. La función $f(x) = \frac{e^x}{x^2 + 1}$:

a) Es siempre positiva y en $x = 1$ tiene un mínimo relativo.

b) Es siempre positiva y creciente.

c) En $x = 1$ tiene un punto de inflexión con tangente horizontal.

6. La función $f(x) = \frac{2x^2 - 2}{3x - 3}$:

a) Tiene una asíntota vertical en $x = 1$ y una asíntota oblicua $y = \frac{2x}{3} + \frac{2}{3}$.

b) No tiene asíntotas verticales.

c) Tiene una asíntota oblicua $y = \frac{2x}{3} + \frac{2}{3}$.

7. La función $f(x) = \frac{x^2 + x + 1}{e^x}$:

a) Es estrictamente creciente en (0, 1) y estrictamente decreciente en $(-\infty, 0) \cup (1, +\infty)$.

b) Es siempre positiva y estrictamente decreciente en $\mathbb{R}$.

c) Tiene dos puntos de inflexión.

8. Este cuadro resumen pertenece a una función, *f*:

	$(-\infty, -2)$	$(-2, -1)$	$(-1, 0)$	$(0, 1)$	$(1, 2)$	$(2, +\infty)$
f	+	+	+	−	−	+
f'	+	+	−	−	+	+
f''	+	−	−	+	−	+

Se conocen, a demás, estos datos:

- Asíntota horizontal por la izquierda: $y = 0$
- $f(0) = f(2) = 0$
- $f'(-1) = f'(2) = 0$
- $f''(-2) = f''(0) = f''(2) = 0$

Según esto, la representación de la función es:

a)

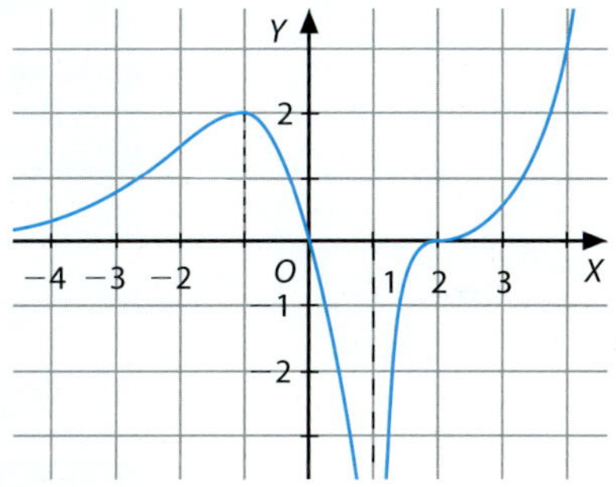

FIGURA 7.20.

b)

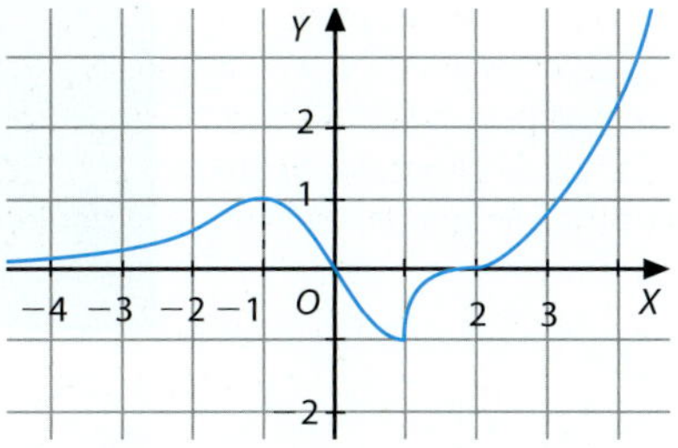

FIGURA 7.21.

c)

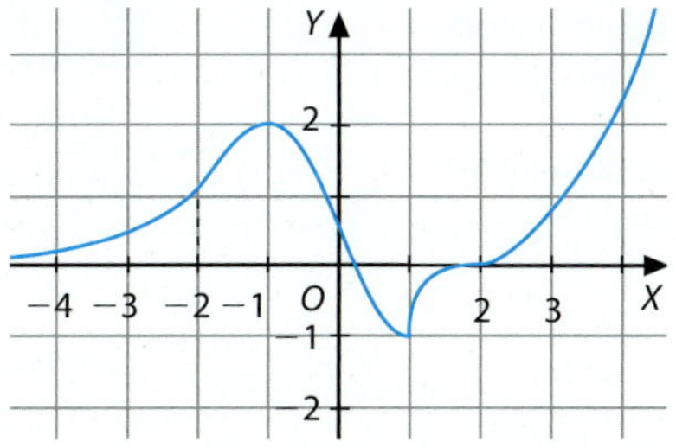

FIGURA 7.22.

8 Integrales

La utilización de técnicas de integración es históricamente anterior al concepto de derivada. Podemos situar los orígenes del cálculo infinitesimal en Arquímedes, uno de los más grandes matemáticos y científicos de todos los tiempos. En el siglo III a. C., este científico griego determinó el área limitada por un arco de parábola mediante un procedimiento parecido al que se utiliza en el cálculo integral.

En el siglo XVII, Isaac Barrow (1630-1677) puso en conexión los conceptos de derivada e integral, al darse cuenta de que la derivada de la función que proporciona el área bajo una curva es la función misma que representa dicha curva.

Esta unidad gira en torno a este descubrimiento, conocido como regla de Barrow o, también, **teorema fundamental del cálculo.**

1. Calcula la función que cumple que $f(0) = 1$ y $f'(x) = e^x \cdot \cos x$.

2. Deriva las siguientes funciones:

a) $f(x) = x \cdot \ln x^2$

b) $f(x) = \sqrt{e^x}$

3. Averigua la función $F(x)$, tal que $F'(x) = f(x)$ y donde:

$$f(x) = \frac{1}{2\sqrt{x}}$$

1 Área definida bajo una curva

En la presente unidad se define el área de una región del plano. El problema es que solo sabemos calcular el área de algunas figuras planas: las que están delimitadas por segmentos de recta y arcos de circunferencia. Si se nos presenta una región como la que muestra la figura 8.1.a, solo podemos establecer una aproximación de su área mediante un sistema de cuadrícula, intentando acotarla entre dos valores (figuras 8.1.b y 8.1.c):

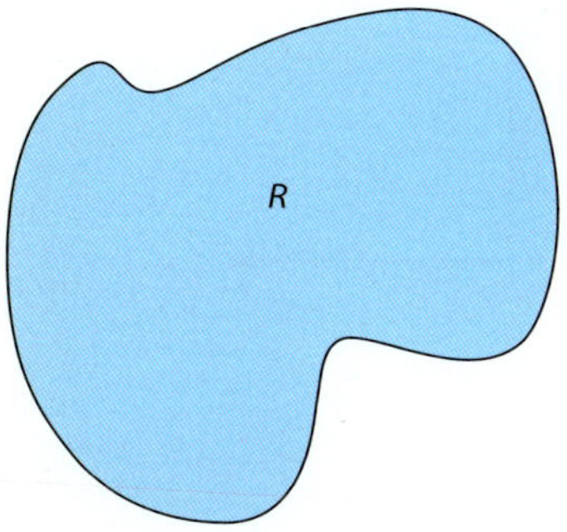

FIGURA 8.1.a.

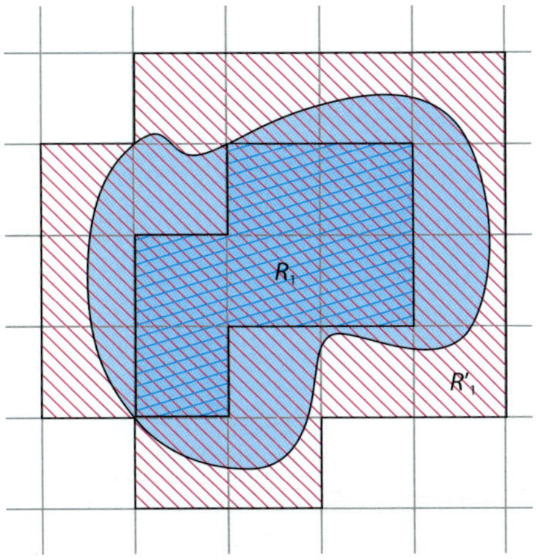

$R'_1 > R > R_1$

FIGURA 8.1.b.

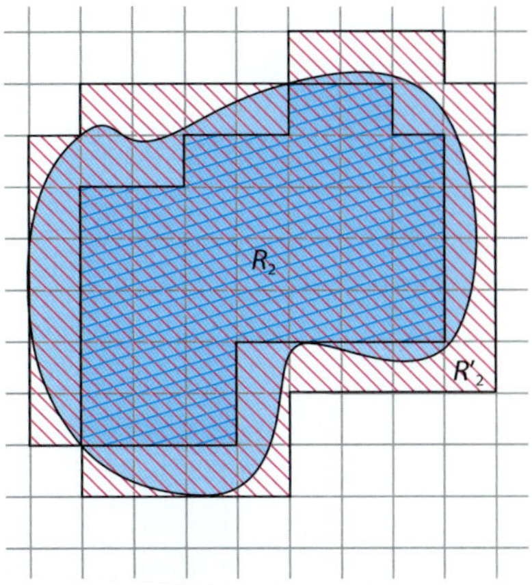

$R'_1 > R'_2 > R > R_2 > R_1$

FIGURA 8.1.c.

Observa la figura 8.1.b. El área de la región R está delimitada por los valores de las áreas de las regiones R_1 y R_1'. Si trazamos una cuadrícula más pequeña (figura 8.1.c) el área de la región R está delimitada por los valores de las áreas de las regiones R_2 y R_2', donde $R_2 > R_1$ y $R_2' < R_1'$.

Si seguimos disminuyendo la cuadrícula, obtendremos dos sucesiones de valores entre los que está comprendida el área de la región R:

$$R_1' > R_2' > \dots > R_n' > R > R_n > \dots > R_2 > R_1$$

Si el límite de las dos sucesiones es el mismo cuando el lado de la cuadrícula tiende a cero, la región R tiene por área el valor de este límite.

Vamos a utilizar un procedimiento similar para definir el área de la región R del plano limitada por la gráfica de la función f continua y positiva en el intervalo $[a, b]$, el eje de abscisas y las rectas de ecuación $x = a$ y $x = b$ (figura 8.2).

Trapecio mixtilíneo

La figura determinada por la curva $y = f(x)$, el eje OX y las rectas $x = a$ y $x = b$ se denomina **trapecio mixtilíneo.**

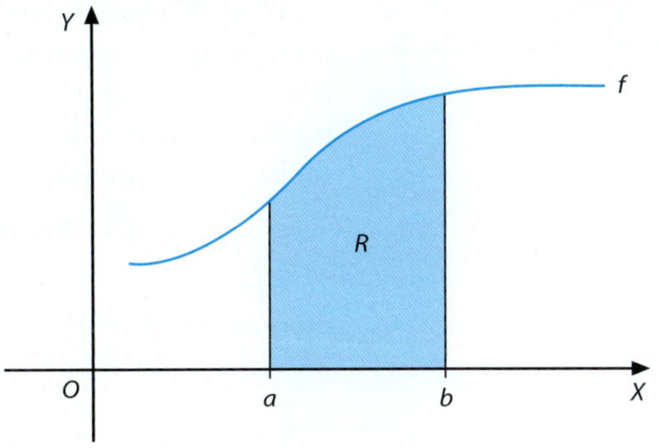

FIGURA 8.2.

Partición de un intervalo

Una **partición,** P, de un intervalo $[a, b]$, es una colección finita de puntos de $[a, b]$:

$$P = \{x_0, x_1, x_2, \dots, x_n\}$$

donde:

$$a = x_0 < x_1 < x_2 < \dots < x_n = b$$

Una partición de $n + 1$ puntos divide un intervalo en n subintervalos.

Una partición, P_2, es más **fina** que otra partición, P_1, si $P_1 \subset P_2$.

Dividimos el intervalo $[a, b]$ en n subintervalos, que no tienen por qué ser iguales, mediante los puntos $a = x_0, x_1, x_2, \dots, x_n = b$, que constituyen una partición, P.

Teorema de Weierstrass

Si una función es continua en el intervalo $[a, b]$, entonces alcanza en $[a, b]$ su máximo y su mínimo absolutos.

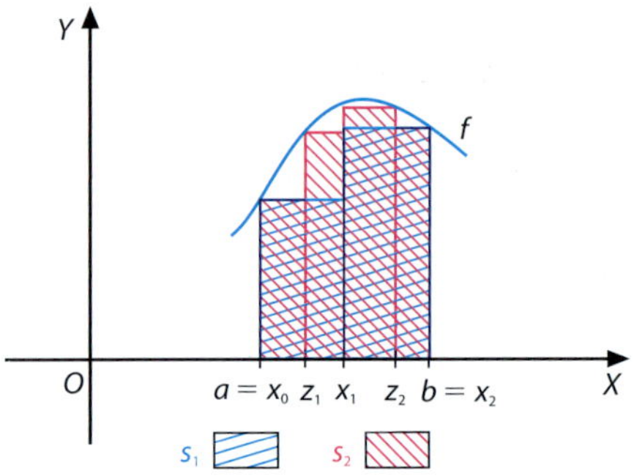

$P_1 = \{x_0, x_1, x_2\}$

$P_2 = \{x_0, z_1, x_1, z_2, x_2\}$ $\Rightarrow$ $s_1 \leq s_2$

FIGURA 8.4.a.

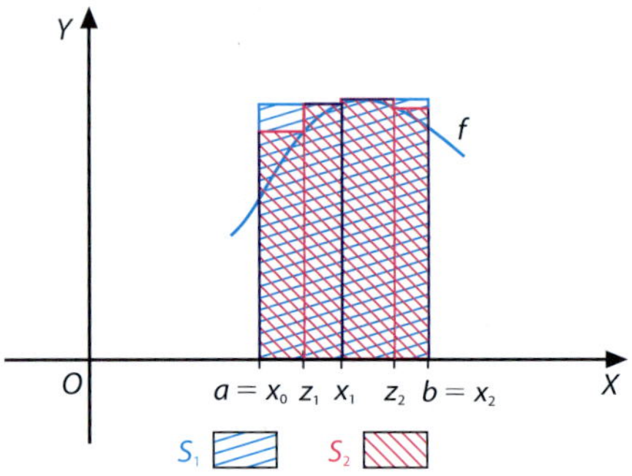

$P_1 = \{x_0, x_1, x_2\}$

$P_2 = \{x_0, z_1, x_1, z_2, x_2\}$ $\Rightarrow$ $S_1 \geq S_2$

FIGURA 8.4.b.

Notación

Tradicionalmente, s_i se suele denotar como $L(f, P_i)$ que quiere decir: suma inferior de f asociada a la partición P_i. Del mismo modo S_i se denota por $U(f, P_i)$.

En cada subintervalo, $[x_{i-1}, x_i]$, f es continua, por lo que está acotada. Denominemos m_i y M_i el mínimo y el máximo, respectivamente, de f en el intervalo $[x_{i-1}, x_i]$.

Dada la región determinada por el subintervalo $[x_0, x_1]$, el valor del producto $m_1 \cdot (x_1 - x_0)$ es el área del rectángulo contenido, y $M_1 \cdot (x_1 - x_0)$ es el área del rectángulo que la contiene (figura 8.3).

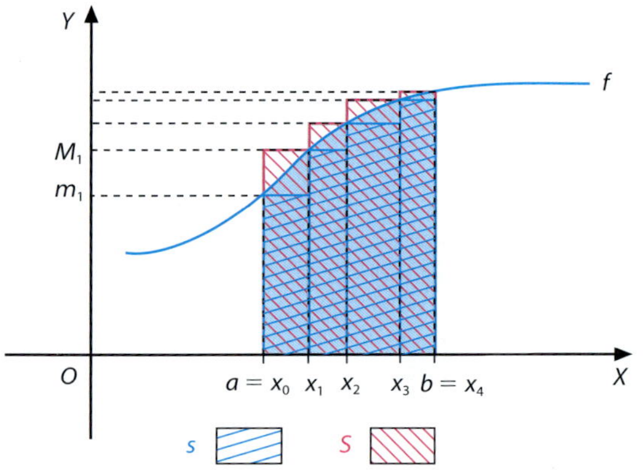

FIGURA 8.3.

La suma de las áreas de los rectángulos contenidos en R, que se denomina **suma inferior** de f asociada a la partición P, es:

$$s = m_1 \cdot (x_1 - x_0) + m_2 \cdot (x_2 - x_1) + \ldots + m_n \cdot (x_n - x_{n-1}) =$$
$$= \sum_i [m_i \cdot (x_i - x_{i-1})]$$

La suma de las áreas de los rectángulos que contienen a R, que se denomina **suma superior** de f asociada a la partición P, es:

$$S = M_1 \cdot (x_1 - x_0) + M_2 \cdot (x_2 - x_1) + \ldots + M_n \cdot (x_n - x_{n-1}) =$$
$$= \sum_i [M_i \cdot (x_i - x_{i-1})]$$

Si llamamos A al área de la región R, entonces $s \leq A \leq S$.

Consideremos ahora otra función continua y positiva en el intervalo $[a, b]$. Sean P_1 y P_2 dos particiones del intervalo $[a, b]$, de manera que P_2 sea más fina que P_1, esto es, que contenga los puntos de P_1 y alguno más. Es lógico suponer que la suma inferior asociada a P_2 será mayor o, por lo menos igual, que la asociada a P_1, $s_2 \geq s_1$, y que la suma superior será menor, o a lo sumo igual, $S_2 \leq S_1$. Observa las figuras 8.4.a y 8.4.b.

Según esto, se cumplirá que $s_1 \leq s_2 \leq A \leq S_2 \leq S_1$.

Considerando particiones cada vez más finas del intervalo, obtenemos una sucesión de sumas inferiores que es creciente y acotada superiormente por cualquiera de las sumas superiores, en particular por A, y una sucesión de sumas superiores que es decreciente y acotada inferiormente por cualquiera de las sumas inferiores, en particular por A:

$$s_1 \leq s_2 \leq s_3 \leq s_4 \leq \ldots s_n \leq A \leq S_n \ldots \leq S_4 \leq S_3 \leq S_2 \leq S_1$$

Así pues, ambas sucesiones tienen límite, y, en nuestro caso, para una función continua, el límite es común:

$$\lim_{n \to \infty} s_n = \lim_{n \to \infty} S_n$$

Definimos el límite anterior como el valor del área, A, de la región R del plano limitada por la gráfica de la función f continua y positiva en el intervalo $[a, b]$, el eje de abscisas y las rectas $x = a$ y $x = b$:

$$\lim_{n \to \infty} s_n = \lim_{n \to \infty} s_n = A$$

EJEMPLO

a) *Sea $f(x) = x$. Demostrar que el área delimitada por su gráfica, el eje de abscisas y las rectas $x = 0$ y $x = 1$, es $\frac{1}{2}$.*

Vamos a tomar particiones que dividan el intervalo [0, 1] en n subintervalos iguales.

Sea P_n una de dichas particiones. Cada subintervalo tendrá una amplitud de $\frac{1}{n}$.

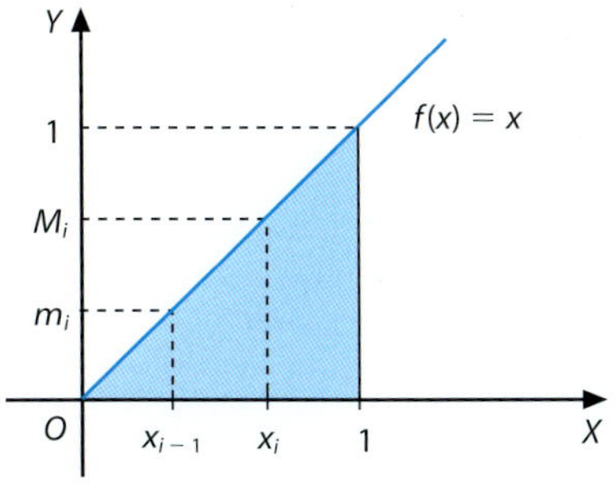

FIGURA 8.5.

Denominemos m_i y M_i al mínimo y al máximo, respectivamente, de f en el intervalo $[x_{i-1}, x_i]$. Su valor será:

$$m_i = x_{i-1} \qquad\qquad M_i = x_i$$

Véase la figura 8.5, al margen.

Como los subintervalos son de amplitud $\frac{1}{n}$, tenemos que:

$$x_0 = 0,\ x_1 = \frac{1}{n},\ x_2 = \frac{2}{n},\ x_3 = \frac{3}{n},\ ...,\ x_n = 1$$

Con estas consideraciones, podemos escribir:

$$s_n = m_1 \cdot (x_1 - x_0) + m_2 \cdot (x_2 - x_1) + ... + m_n \cdot (x_n - x_{n-1}) =$$

$$= 0 \cdot \frac{1}{n} + \frac{1}{n} \cdot \frac{1}{n} + \frac{2}{n} \cdot \frac{1}{n} + ... + \frac{n-1}{n} \cdot \frac{1}{n} =$$

$$= \frac{1}{n^2}[1 + 2 + ... + (n-1)]$$

$$S_n = M_1 \cdot (x_1 - x_0) + M_2 \cdot (x_2 - x_1) + ... + M_n \cdot (x_n - x_{n-1}) =$$

$$= \frac{1}{n} \cdot \frac{1}{n} + \frac{2}{n} \cdot \frac{1}{n} + \frac{3}{n} \cdot \frac{1}{n} + ... + \frac{n}{n} \cdot \frac{1}{n} = \frac{1}{n^2} \cdot (1 + 2 + ... + n)$$

Recuerda

La suma de los n primeros términos de una progresión aritmética es:

$$S_n = \frac{a_1 + a_n}{2} \cdot n$$

donde a_1 y a_n son, respectivamente, el primer y el último término de la sucesión.

Dado que:

$$1 + 2 + ... + (n-1) = \frac{1 + n - 1}{2} \cdot (n-1) = \frac{n(n-1)}{2}$$

$$\text{y } 1 + 2 + ... + n = \frac{1+n}{2} \cdot n$$

tenemos que:

$$s_n = \frac{1}{n^2}[1 + 2 + ... + (n-1)] = \frac{1}{n^2} \cdot \frac{n(n-1)}{2} = \frac{1}{2} \cdot \frac{n-1}{n} = \frac{1}{2}\left(1 - \frac{1}{n}\right)$$

$$S_n = \frac{1}{n^2}(1 + 2 + ... + n) = \frac{1}{n^2} \cdot \frac{(1+n)n}{2} = \frac{1}{2} \cdot \frac{1+n}{n} = \frac{1}{2}\left(\frac{1}{n} + 1\right)$$

Entonces, $\lim\limits_{n \to \infty} s_n = \frac{1}{2}$ y $\lim\limits_{n \to \infty} S_n = \frac{1}{2}$.

Puesto que ambos límites son iguales, el área buscada coincide con su valor, es decir, $A = \frac{1}{2}$.

2 Integral definida de una función continua

Notación

Respecto a la notación de la integral definida, es necesario señalar que se la debemos a Leibniz.

El símbolo integral, $\int$, deriva de la letra S, inicial de la palabra suma. Leibniz consideraba la integral definida como una suma de áreas de rectángulos «infinitamente estrechos»: su base era dx, considerada como la amplitud de un subintervalo cuando los puntos de una partición estaban «infinitamente próximos», y su altura era el valor de la función en «ese punto».

De ahora en adelante se empleará indistintamente $\int_a^b f(x)\,dx$ o $\int_a^b f$.

Sea f una función continua y positiva en el intervalo $[a, b]$. Se llama **integral definida** de la función f en el intervalo $[a, b]$ como el área, A, de la región R del plano limitada por la gráfica de f, el eje de abscisas y las rectas $x = a$ y $x = b$. Se designa de esta forma:

$$\int_a^b f(x)\,dx = A$$

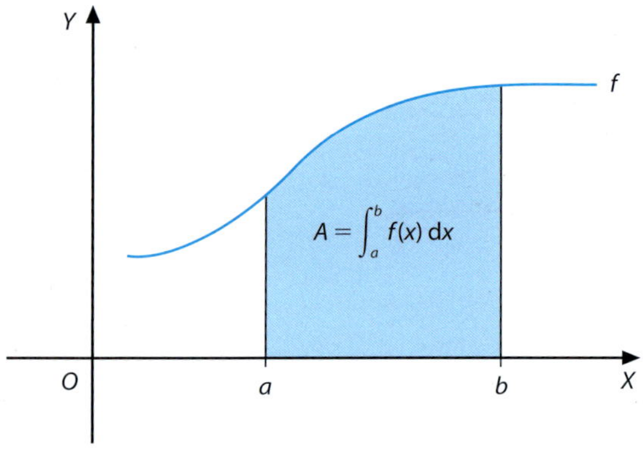

FIGURA 8.6.

Los números a y b se denominan **límites de integración** y la función f se llama **integrando.**

Como se ha visto en el epígrafe anterior, se define el área del trapecio mixtilíneo que delimita la curva de una función f y el eje OX entre las rectas $x = a$ y $x = b$, como:

$$A = \lim_{n \to \infty} s_n = \lim_{n \to \infty} S_n$$

donde s_n y S_n son las sumas inferior y superior de f, respectivamente, para una determinada partición, P_n. Diremos que toda función que cumpla este requisito, sea o no continua, es **integrable.**

Así, por lo que se demuestra en el ejemplo ***a)*** del epígrafe anterior, la integral definida de la función $f(x) = x$ en el intervalo $[0, 1]$ es $\int_0^1 x\,dx = \frac{1}{2}$.

Si $f < 0$ en el intervalo considerado, entonces la integral definida en dicho intervalo debe ser negativa, puesto que el límite de las sumas inferiores y superiores será negativo.

Así por ejemplo, la integral definida de la función $f(x) = -x$ en el intervalo $[0, 1]$ será: $\int_0^1 (-x)\,dx = -\frac{1}{2}$

Ahora bien, el área del trapecio mixtilíneo en este caso es $\frac{1}{2}$ (figura 8.7).

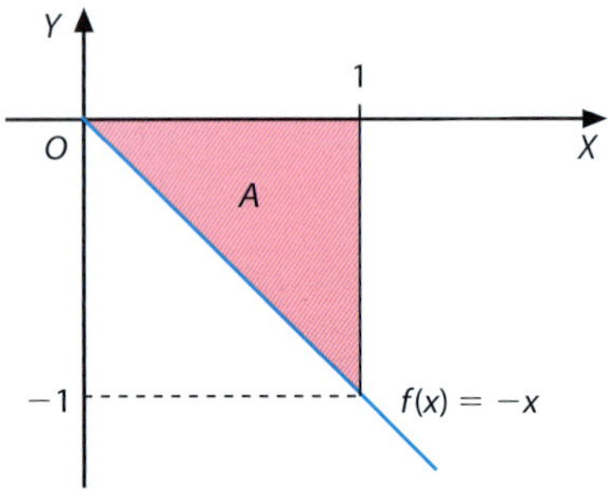

$\int_0^1 (-x)\,dx = -\frac{1}{2}$, $A = \frac{1}{2}u^2$

FIGURA 8.7.

Si f toma valores positivos y negativos en el intervalo $[a, b]$, la integral definida en dicho intervalo podrá ser positiva, negativa o nula, según sea el límite común de las sumas superiores e inferiores (figura 8.8).

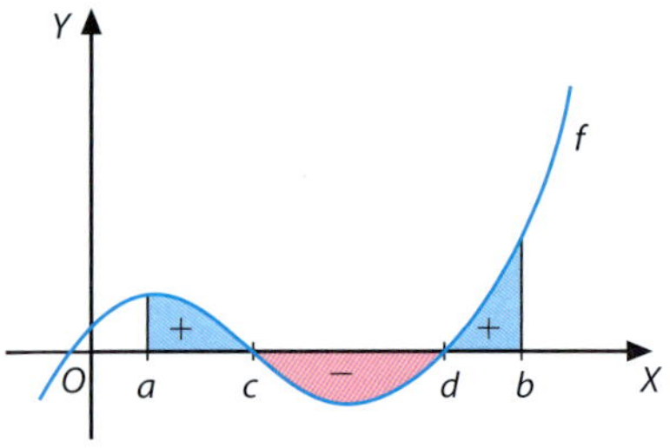

$\int_a^c f > 0$, $\int_c^d f < 0$, $\int_d^b f > 0$

FIGURA 8.8.

Bernhard Riemann

(1826-1866). Matemático alemán. Una de las figuras más destacadas de la matemática del siglo XIX. En muchos aspectos fue el sucesor de Gauss. En geometría es el precursor de las teorías que más tarde usaría Einstein para describir el universo. Presentó sus ideas geométricas básicas durante su lección inaugural en la Universidad de Gotinga, ante el propio Gauss. Realizó importantes trabajos en análisis, y su nombre figura en la llamada integral de Riemann, en las ecuaciones de Cauchy-Riemann o en las superficies de Riemann. Así mismo, estableció la conexión entre el análisis y los números primos.

Propiedades

Las siguientes propiedades se deducen a partir de la definición de integral definida:

1. Si los límites de integración de una integral definida son iguales, la integral definida es nula:

$$\int_a^a f = 0$$

Basta pensar que el área de un recinto que se reduce a una línea, es cero.

2. Si f es una función continua en $[a, b]$ y si $c \in (a, b)$, entonces:

$$\int_a^b f = \int_a^c f + \int_c^b f$$

Esta propiedad se verificaría, también, aunque $c \notin (a, b)$.

3. Si se intercambian los límites de integración, la integral definida cambia de signo:

$$\int_a^b f = -\int_b^a f$$

Esta propiedad deriva directamente de las propiedades 1 y 2, pues:

$$0 = \int_a^a f = \int_a^b f + \int_b^a f \Rightarrow \int_a^b f = -\int_b^a f$$

4. La integral definida de una suma (o diferencia) de funciones continuas en $[a, b]$, es la suma (o diferencia) de las integrales definidas de las funciones en dicho intervalo:

$$\int_a^b (f + g) = \int_a^b f + \int_a^b g$$

5. Para todo $k \in \mathbb{R}$, se cumple que:

$$\int_a^b k \cdot f = k \cdot \int_a^b f$$

6. Si f y g son continuas en $[a, b]$ y si $f \geq g$, $\forall\, x \in [a, b]$, entonces:

$$\int_a^b f \geq \int_a^b g$$

Observa, en la figura 8.9, que el área que determina f es mayor que la que determina g.

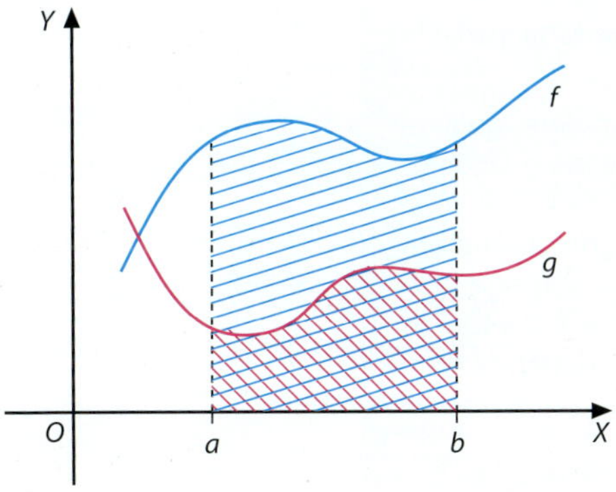

FIGURA 8.9.

3 Teorema fundamental del cálculo integral. Regla de Barrow

Una vez determinada la integral definida de una función f continua en un intervalo $[a, b]$, el siguiente paso es averiguar un método para calcularla, al cual llegaremos utilizando los siguientes teoremas:

3.1. Teorema del valor medio

Si f es una función continua en el intervalo $[a, b]$, existe un punto $c \in [a, b]$, tal que:

$$\int_a^b f(x)\,dx = f(c) \cdot (b - a)$$

La interpretación geométrica de este teorema es la siguiente: el área del trapecio mixtilíneo considerado es igual que el área de un rectángulo de la misma anchura cuya altura sea la imagen de un punto que pertenezca al intervalo $[a, b]$. Compara las figuras 8.10.a y 8.10.b.

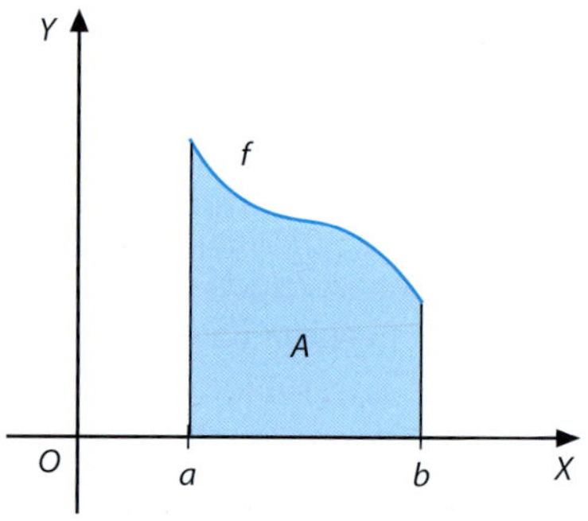

$A = \int_a^b f(x)\,dx$

FIGURA 8.10.a.

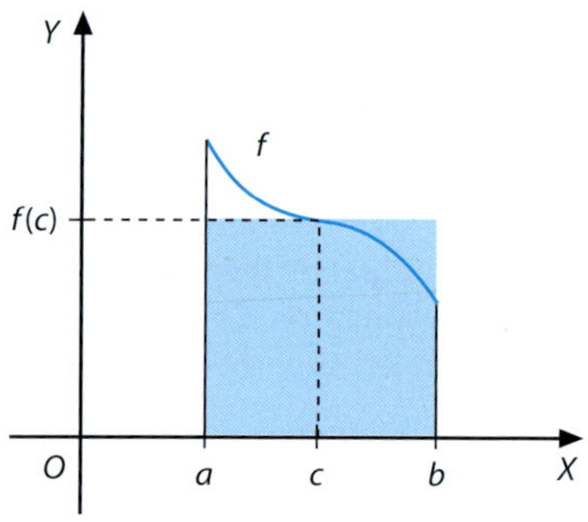

$A = f(c) \cdot (b - a)$

FIGURA 8.10.b.

3.2. Teorema fundamental del cálculo integral

Sea f una función continua y positiva en el intervalo $[a, b]$. Consideremos un punto cualquiera $x \in [a, b]$. El área del trapecio mixtilíneo que determina la gráfica de f en el intervalo $[a, x]$, es una función que depende de x, y sabemos que es la integral definida de la función entre a y x:

$$S(x) = \int_a^x f(t)\,dt$$

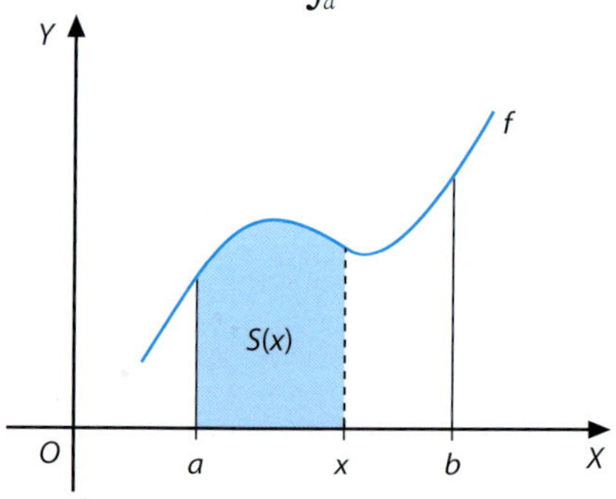

FIGURA 8.12.

Observa

Si una función f continua toma valores positivos y negativos en el intervalo $[a, b]$, su integral definida será positiva, negativa o nula, puesto que el valor intermedio de la función podrá ser positivo, negativo o nulo. Es intuitivo deducir que:

$$\int_0^{2\pi} \operatorname{sen} x\,dx = 0$$

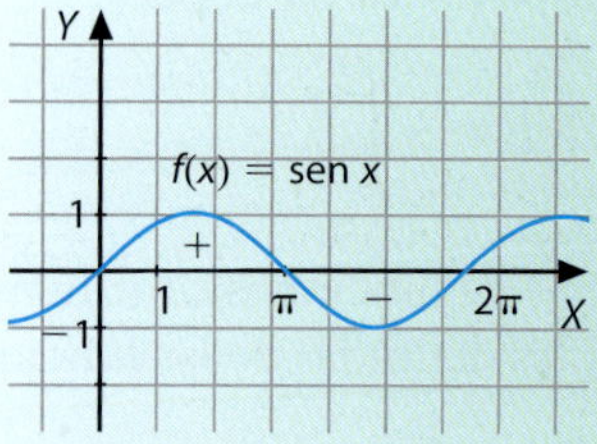

FIGURA 8.11.

Observa

No debemos escribir:

$$S(x) = \int_a^x f(x)\,dx$$

puesto que se denotarían igual la variable respecto de la que integramos y el límite de integración. Si te es más cómodo puedes escribir simplemente:

$$S(x) = \int_a^x f$$

y considerar muda la variable de integración.

Observa también que el límite inferior de integración es fijo: a cada valor de $x \in [a, b]$, la función S le asigna un número que es el área del trapecio mixtilíneo entre a y x. Por eso S es una función que depende de x; y se cumple que:

$$S(a) = \int_a^a f(t)\,dt = 0$$

Para otro valor del intervalo, $x + h$, el área del trapecio mixtilíneo en el intervalo $[a, x + h]$, es:

$$S(x + h) = \int_a^{x+h} f(t)\, dt$$

El área del trapecio mixtilíneo determinado por la función f en el intervalo $[x, x + h]$ será, según se observa en la figura 8.13:

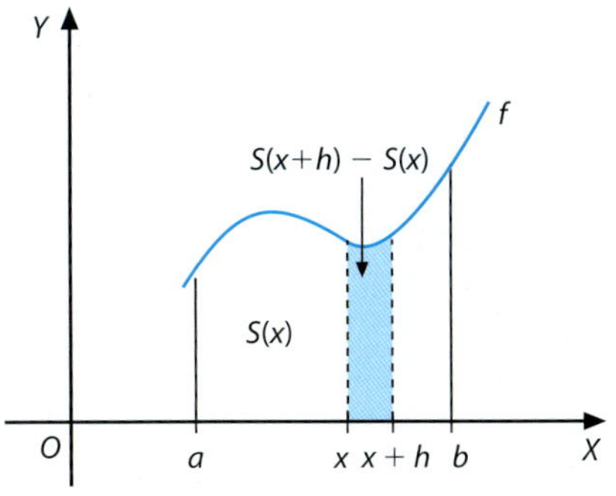

FIGURA 8.13.

$$S(x + h) - S(x) = \int_a^{x+h} f(t)\, dt - \int_a^{x} f(t)\, dt$$

y, por las propiedades de la integral definida podemos escribir:

$$\int_a^{x+h} f(t)\, dt - \int_a^{x} f(t)\, dt = \int_a^{x+h} f(t)\, dt + \int_x^{a} f(t)\, dt = \int_x^{x+h} f(t)\, dt$$

es decir: $S(x + h) - S(x) = \int_x^{x+h} f(t)\, dt$

Si aplicamos el teorema del valor medio, puesto que f es continua, existe un valor $c \in [x, x + h]$, tal que:

$$\int_x^{x+h} f(t)\, dt = f(c) \cdot (x + h - x)$$

Es decir: $S(x + h) - S(x) = f(c) \cdot h$

Por tanto:

$$f(c) = \frac{S(x + h) - S(x)}{h}$$

Si hacemos que la amplitud del trapecio tienda a cero, $h \to 0$, entonces $c \to x$, y puesto que la función f es continua, se tiene:

$$\lim_{h \to 0} f(c) = \lim_{h \to 0} \frac{S(x + h) - S(x)}{h} \Rightarrow f(x) = S'(x)$$

Es decir, la derivada de la función área coincide con la función que delimita el área.

Este resultado constituye la esencia del **teorema fundamental del cálculo integral:**

Si f es una función continua en $[a, b]$, y G es la función definida en $[a, b]$ como:

$$G(x) = \int_a^{x} f(t)\, dt$$

entonces G es derivable en (a, b) y $G'(x) = f(x)$ para todo $x \in (a, b)$.

3.3. Primitiva de una función

Antes de enunciar la regla que nos permitirá calcular integrales definidas, es preciso encontrar un procedimiento que permita calcular la función $S(t)$ conocida su función derivada, $f(x) = S'(x)$. Este proceso es contrario a derivar.

En general, dada una función continua, por ejemplo $f(x) = 3x^2 - 2x + 5$, siempre es posible encontrar otra función, $F(x)$, cuya derivada, $F'(x)$, sea $f(x)$. Si tomamos $F(x) = x^3 - x^2 + 5x - 2$, entonces, $F'(x) = 3x^2 - 2x + 5 = f(x)$.

Esta igualdad equivale a decir que **la derivada** de la función $F(x)$ es la función $f(x)$, y también que **una primitiva** de la función $f(x)$ es la función $F(x)$.

$F(x)$ es una **primitiva** de la función $f(x)$ si, y solo si, $F'(x) = f(x)$.

A partir de la definición de primitiva de una función, podemos reescribir el resultado al que hemos llegado en el epígrafe anterior:

La función que proporciona el área que delimita la función f entre a y x, $S(x) = \int_a^x f(t)\,dt$, es una primitiva de la función f.

Observa

También es una primitiva de la función $f(x)$ la función $F(x) = x^3 - x^2 + 5x + 3$ y, de hecho, cualquier función de la forma $F(x) + C$, siendo C un número real cualquiera. Comprueba que $(F(x) + C)' = f(x)$.

3.4. Regla de Barrow

Si f es continua en $[a, b]$ y F es una primitiva de f, es decir, $F' = f$, para todo $x \in [a, b]$, entonces:

$$\int_a^b f(x)\,dx = F(b) - F(a)$$

En efecto, sea F una primitiva cualquiera de f; por el teorema fundamental del cálculo integral, sabemos que $\int_a^x f(t)\,dt$ es una primitiva de $f(x)$. Por tanto, podemos escribir: $\int_a^x f(t)\,dt = F(x) + C$

Para $x = a$, $\int_a^a f(t)\,dt = 0$, por tanto, $\int_a^a f(t)\,dt = F(a) + C = 0$, de donde $C = -F(a)$. Es decir: $\int_a^x f(t)\,dt = F(x) - F(a)$

Sustituyendo x por b, tenemos que: $\int_a^b f(t)\,dt = F(b) - F(a)$

Así pues, para calcular una integral definida de la función f basta con calcular una primitiva cualquiera de dicha función y restar sus valores en el extremo superior y en el extremo inferior, respectivamente.

Recuerda

La variable de integración es muda. Es lo mismo escribir:

$$\int_a^b f(x)\,dx$$

que:

$$\int_a^b f(t)\,dt$$

Observa

Es indiferente qué primitiva tomemos para aplicar la regla de Barrow, puesto que la constante desaparece al restar.

EJEMPLOS

a) *Calcular, mediante la regla de Barrow, el área limitada por la gráfica de la función $f(x) = x$, el eje de abscisas y las rectas $x = 0$ y $x = 1$.*

Como $f(x) \geq 0$ en $[0, 1]$, el área coincide con el valor de $\int_0^1 x\,dx$.

Una primitiva de f es $F(x) = x^2/2$. Aplicando la regla de Barrow:

$$A = \int_0^1 x\,dx = \left[\frac{x^2}{2}\right]_0^1 = \frac{1^2}{2} - \frac{0^2}{2} = \frac{1}{2}$$

resultado obtenido en el primer epígrafe de esta unidad.

OTRAS ACTIVIDADES

I Calcula la siguiente integral definida:

$$\int_{-1}^2 (x^2 + x + 1)\,dx$$

4 Integral indefinida

Observa

$f(x)$ y $F(x)$ deben ser funciones definidas en el mismo dominio, puesto que $F'(x) = f(x)$.

Si $F(x)$ es una primitiva de la función $f(x)$, también lo es cualquier función de la forma $F(x) + C$, siendo C una constante, puesto que:

$$(F(x) + C)' = F'(x) = f(x)$$

El conjunto de todas las primitivas posibles de una función $f(x)$ se denomina **integral indefinida de $f(x)$.** Se escribe como:

$$\int f(x)\,dx$$

y se lee como integral de $f(x)$ diferencial de x.

Si $F(x)$ es una primitiva de $f(x)$, entonces $\int f(x)\,dx = F(x) + C$.

La constante, C, se denomina **constante de integración.**

El **diferencial de x, dx,** indica la variable respecto de la cual se integra. La función que se desea integrar se denomina **integrando.**

Propiedades de las integrales

Notación

En ocasiones, y para facilitar la notación, se escribirá f en lugar de $f(x)$ y g en lugar de $g(x)$.

Están estrechamente relacionadas con las propiedades de las derivadas.

- La integral de una suma es la suma de las integrales. Para dos funciones, f y g:

$$\int (f(x) + g(x))\,dx = \int f(x)\,dx + \int g(x)\,dx$$

- La integral del producto de una función por una constante es igual al producto de la constante por la integral de la función:

$$\int k \cdot f(x)\,dx = k \cdot \int f(x)\,dx$$

Observa

La combinación de las dos primeras propiedades permite escribir:

$$\int (k \cdot f(x) + h \cdot g(x))\,dx =$$

$$= k \cdot \int f(x)\,dx + h \cdot \int g(x)\,dx$$

Esta expresión permite descomponer muchas integrales en otras más sencillas. Así, por ejemplo:

$$\int (\cos x - 2e^x)\,dx =$$

$$= \int \cos x\,dx - 2\int e^x\,dx =$$

$$= \operatorname{sen} x - 2e^x + C$$

puesto que:

$$(\operatorname{sen} x - 2e^x + C)' = \cos x - 2e^x$$

EJEMPLO

a) *Hallar una primitiva de la función* $f(x) = \dfrac{1}{\sqrt{x}}$ *cuyo valor en* $x = 4$ *sea* 4.

Como $\left(\sqrt{x}\right)' = \dfrac{1}{2\sqrt{x}}$, las primitivas de $f(x)$ son $F(x) = 2\sqrt{x} + C$.

Como $F(4) = 4$ tenemos que $2\sqrt{4} + C = 4$, con lo que $C = 0$. Por tanto:

$$F(x) = 2\sqrt{x}$$

b) *Determinar una función* $f(x)$ *sabiendo que* $f''(x) = 2$ *y la ecuación de su tangente en el punto de abscisa* -1 *es* $y = -x + 2$.

Una primitiva de $f''(x)$ es $f'(x) = 2x + C$. Como $f'(-1) = -1$, entonces:

$-1 = 2 \cdot (-1) + C$, por lo que $C = 1$, es decir: $f'(x) = 2x + 1$

Una primitiva de $f'(x)$ es $f(x) = x^2 + x + C'$.

Como en $x = -1$, la recta $y = -x + 2$ es tangente a la curva de f, tenemos que:

$f(-1) = -(-1) + 2 = 3$, por lo que $3 = (-1)^2 + (-1) + C'$, es decir, $C' = 3$.

La función buscada es $f(x) = x^2 + x + 3$

5 Integrales inmediatas

Observa la tabla de integrales inmediatas, en la que se ofrecen reglas útiles. Por ejemplo, en lugar de escribir:

$$\int n \cdot x^{n-1}\, dx = x^n + C$$

utilizando la derivada de una función potencial, se escribe:

$$\int x^n\, dx = \frac{x^{n+1}}{n+1} + C,\ n \neq -1$$

Recuerda

El proceso para calcular integrales consiste en averiguar qué función tiene como derivada el integrando. Está claro que este es un método lento, por lo que conviene utilizar las **integrales inmediatas.**

INTEGRALES INMEDIATAS	
$\int k\, dx = kx + C$	$\int \cos x\, dx = \operatorname{sen} x + C$
$\int x^n\, dx = \frac{x^{n+1}}{n+1} + C$, si $n \neq -1$	$\int \frac{dx}{\cos^2 x} = \int (1 + \operatorname{tg}^2 x)\, dx = \operatorname{tg} x + C$
$\int \frac{1}{x}\, dx = \ln \lvert x \rvert + C$	$\int \frac{dx}{\operatorname{sen}^2 x} = \int (1 + \operatorname{cotg}^2 x)\, dx = -\operatorname{cotg} x + C$
$\int e^x\, dx = e^x + C$	$\int \frac{1}{1+x^2}\, dx = \operatorname{arc\,tg} x + C$
$\int a^x\, dx = \frac{a^x}{\ln a} + C$, si $a > 0$ y $a \neq 1$	$\int \frac{1}{\sqrt{1-x^2}}\, dx = \operatorname{arc\,sen} x + C$
$\int \operatorname{sen} x\, dx = -\cos x + C$	$\int \frac{-1}{\sqrt{1-x^2}}\, dx = \operatorname{arc\,cos} x + C$

OTRAS ACTIVIDADES

II Comprueba que las integrales de las funciones que se ofrecen en la tabla son correctas derivando los resultados para obtener la función que se integra.

EJEMPLOS

a) *Calcular las siguientes integrales:*

- $\int \left(\frac{3}{x} + 7\right) dx = 3\int \frac{1}{x}\, dx + 7\int dx = 3 \ln \lvert x \rvert + 7x + C$

puesto que $(3 \ln \lvert x \rvert + 7x + C)' = \frac{3}{x} + 7$.

- $\int \frac{x^2 + 2x}{x^2}\, dx = \int \left(1 + \frac{2}{x}\right) dx = \int dx + 2\int \frac{1}{x}\, dx = x + 2 \ln \lvert x \rvert + C$

puesto que $(x + 2 \ln \lvert x \rvert + C)' = 1 + \frac{2}{x}$.

- $\int (3x^4 - 2x^3 \sqrt{x})\, dx = 3\int x^4\, dx - 2\int x^{7/2}\, dx = \frac{3x^5}{5} - \frac{2x^{9/2}}{9/2} + C =$

$= \frac{3x^5}{5} - \frac{4x^4\sqrt{x}}{9} + C.$

Observa

Si una función y su primitiva deben estar definidas para los mismos valores reales, es decir, deben tener el mismo dominio, es necesario que el dominio de la primitiva de $1/x$ sea $\mathbb{R} - \{0\}$. Por tanto, escribimos:

$$\int \frac{1}{x}\, dx = \ln \lvert x \rvert + C$$

EJEMPLOS

b) *Calcular las siguientes integrales:*

- $$\int \frac{5x+\sqrt{3x}}{x^2}\,dx = \int \frac{5x}{x^2}\,dx + \int \frac{\sqrt{3}\cdot\sqrt{x}}{x^2}\,dx = 5\int \frac{1}{x}\,dx + \sqrt{3}\int x^{-3/2}\,dx =$$
$$= 5\ln|x| + \frac{\sqrt{3}\,x^{-1/2}}{-1/2} + C = 5\ln|x| - \frac{2\sqrt{3}}{\sqrt{x}} + C$$

- $$\int\left(2^x - \frac{1-x^2}{1-x^4} + \frac{1}{\operatorname{sen}^2 x - 1}\right)dx = \int\left(2^x - \frac{1}{1+x^2} - \frac{1}{\cos^2 x}\right)dx =$$
$$= \int 2^x\,dx - \int \frac{1}{1+x^2}\,dx - \int \frac{1}{\cos^2 x}\,dx = \frac{2^x}{\ln 2} - \operatorname{arc\,tg} x - \operatorname{tg} x + C$$

ACTIVIDADES

1 Calcula las siguientes integrales, por descomposición si es necesario:

a) $\int x^{10}\,dx$

b) $\int \frac{1}{x^2}\,dx$

c) $\int \frac{1}{\sqrt{x^3}}\,dx$

d) $\int \frac{3}{\sqrt{x^5}}\,dx$

e) $\int \sqrt{2x^3}\,dx$

f) $\int 4\sqrt{3x}\,dx$

g) $\int \frac{5}{\sqrt{5x^3}}\,dx$

h) $\int \left(2x - \frac{3}{x^4}\right)dx$

i) $\int (3x^3 - 2x^2 + 4x - 7)\,dx$

j) $\int \left(3x + 4x\sqrt{x} + \frac{1}{\sqrt{x}}\right)dx$

k) $\int (e^x + 3^x - \operatorname{sen} x + 4)\,dx$

l) $\int \frac{x^3 - 2\sqrt[3]{x} + 2x\sqrt{x} - 1}{5x}\,dx$

m) $\int \frac{4^x + 6^x}{2^{x-1}}\,dx$

n) $\int \frac{x^2+2}{(x+1)^2 - 2x}\,dx$

ñ) $\int \operatorname{cotg}^2 x\,dx$

o) $\int \sqrt{x\sqrt{x^2\sqrt{x^3}}}\,dx$

Solución: ***a)*** $\frac{x^{11}}{11} + C$ ***b)*** $-\frac{1}{x} + C$ ***c)*** $\frac{-2}{\sqrt{x}} + C$ ***d)*** $\frac{-2}{x\sqrt{x}} + C$

e) $\frac{2x^2\sqrt{2x}}{5} + C$ ***f)*** $\frac{8x^5\sqrt{3x}}{3} + C$ ***g)*** $\frac{-10}{\sqrt{5x}} + C$ ***h)*** $x^2 + \frac{1}{x^3} + C$

i) $\frac{3x^4}{4} - \frac{2x^3}{3} + 2x^2 - 7x + C$ ***j)*** $\frac{3x^2}{2} + \frac{8}{5}x^2\sqrt{x} + \sqrt{x} + C$

k) $e^x + \frac{3^x}{\ln 3} + \cos x + 4x + C$ ***l)*** $\frac{x^3}{15} - \frac{6\sqrt[3]{x}}{5} + \frac{4x\sqrt{x}}{15} - \frac{\ln|x|}{5} + C$

m) $2\left(\frac{2^x}{\ln 2} + \frac{3^x}{\ln 3}\right) + C$ ***n)*** $x + \operatorname{arc\,tg} x + C$ ***ñ)*** $-\operatorname{cotg} x - x + C$

o) $\frac{8}{19}\cdot x^2\sqrt[8]{x^3} + C$

6 Integrales cuasi inmediatas

Recuerda

G es una primitiva de *g* si $G' = g$.

La tabla de integrales inmediatas del epígrafe anterior se puede ampliar si en el proceso de derivación tenemos en cuenta la regla de la cadena:

$$(G(f(x)))' = G'(f(x)) \cdot f'(x)\,dx = g(f(x)) \cdot f'(x)\,dx$$

Por lo tanto:

$$\int f'(x) \cdot g(f(x))\,dx = G(f(x)) + C$$

Así por ejemplo, como $(\text{sen } 3x)' = 3 \cos 3x$, tenemos que:

$$\int \cos 3x\,dx = \frac{1}{3}\int 3\cos 3x\,dx = \frac{1}{3}\text{sen } 3x + C$$

Del mismo modo, $((3x+2)^3)' = 9(3x+2)^2$, y por lo tanto:

$$\int (3x+2)^2\,dx = \frac{1}{9}\int 9(3x+2)^2\,dx = \frac{1}{9}(3x+2)^3 + C$$

O también, $(\ln(3x^2+1))' = \dfrac{6x}{3x^2+1}$, por lo que:

$$\int \frac{x}{3x^2+1}\,dx = \frac{1}{6}\int \frac{6x}{3x^2+1}\,dx = \frac{1}{6}\ln(3x^2+1) + C$$

Para generalizar la tabla de integrales inmediatas, basta sustituir x por $f(x)$ y dx por $f'(x)$ dx:

INTEGRALES DE FUNCIONES COMPUESTAS	
$\int f' \cdot f^n\,dx = \dfrac{f^{n+1}}{n+1} + C$, si $n \neq -1$	$\int f' \cdot \cos f\,dx = \text{sen } f + C$
$\int \dfrac{f'}{f}\,dx = \ln\lvert f \rvert + C$	$\int \dfrac{f'}{\cos^2 f}\,dx = \int f' \cdot (1 + \text{tg}^2 f)\,dx = \text{tg } f + C$
$\int f' \cdot e^f\,dx = e^f + C$	$\int \dfrac{f'}{\text{sen}^2 f}\,dx = \int f' \cdot (1 + \text{cotg}^2 f)\,dx = -\text{cotg } f + C$
$\int f' \cdot a^f\,dx = \dfrac{a^f}{\ln a} + C$, si $a > 0$ y $a \neq 1$	$\int \dfrac{f'}{1+f^2}\,dx = \text{arc tg } f + C$
$\int f' \cdot \text{sen } f\,dx = -\cos f + C$	$\int \dfrac{f'}{\sqrt{1-f^2}}\,dx = \text{arc sen } f + C$

EJEMPLOS

a) *Calcular* $\int \text{sen}^3 x \cos x\,dx$.

Si consideramos $f(x) = \text{sen } x$, tenemos una integral de tipo potencial, puesto que $f'(x) = \cos x$. Por tanto:

$$\int \text{sen}^3 x \cos x\,dx = \int \cos x\,(\text{sen } x)^3\,dx = \frac{(\text{sen } x)^4}{4} + C = \frac{\text{sen}^4 x}{4} + C$$

EJEMPLOS

b) *Calcular* $\int \text{tg } x \, dx$.

Como $\text{tg } x = \dfrac{\text{sen } x}{\cos x}$ y $(\cos x)' = -\text{sen } x$, es una integral de tipo logarítmico:

$$\int \text{tg } x \, dx = \int \frac{\text{sen } x}{\cos x} dx = -\int \frac{-\text{sen } x}{\cos x} dx = -\ln|\cos x| + C$$

c) *Calcular* $\int \dfrac{dx}{3 + x^2}$.

Para resolver esta integral, dividimos el numerador y el denominador por 3, con el objetivo de conseguir una integral del tipo arco tangente:

$$\int \frac{dx}{3 + x^2} = \frac{1}{3} \int \frac{dx}{1 + \left(\dfrac{x}{\sqrt{3}}\right)^2}$$

Ahora, solo falta conseguir que aparezca la derivada de $\dfrac{x}{\sqrt{3}}$ en el numerador. Hacemos:

$$\frac{1}{3} \int \frac{dx}{1 + (x/\sqrt{3})^2} = \frac{1}{3} \sqrt{3} \int \frac{1/\sqrt{3}}{1 + (x/\sqrt{3})^2} dx = \frac{\sqrt{3}}{3} \text{arc tg} \left(\frac{x}{\sqrt{3}}\right) + C$$

ACTIVIDADES

2 Calcula las siguientes integrales:

a) $\int x(3x^2 - 5)^5 \, dx$

b) $\int e^{2x+1} \, dx$

c) $\int \dfrac{3x + 1}{x^2 + 4} dx$

d) $\int \dfrac{e^{2x}}{\sqrt{e^{2x} + 3}} dx$

e) $\int \dfrac{3x^2 - 4x + 1}{2x^3 - 4x^2 + 2x + 5} dx$

f) $\int \dfrac{\ln x}{x} dx$

g) $\int \dfrac{\cos x}{1 + \text{sen } x} dx$

h) $\int \text{sen } 3x \cos 3x \, dx$

i) $\int \dfrac{2x}{\cos^2 5x^2} dx$

j) $\int \dfrac{dx}{\sqrt{9 - x^2}}$

k) $\int \dfrac{x}{\sqrt{5 - x^2}} dx$

l) $\int \dfrac{dx}{\sqrt{x}(1 - \sqrt{x})}$

Solución: ***a)*** $\dfrac{(3x^2 - 5)^6}{36} + C$ ***b)*** $\dfrac{e^{2x+1}}{2} + C$ ***c)*** $\dfrac{3}{2} \ln(x^2 + 4) + \dfrac{1}{2} \text{arc tg} \left(\dfrac{x}{2}\right) + C$

d) $\sqrt{e^{2x} + 3} + C$ ***e)*** $\dfrac{1}{2} \ln|2x^3 - 4x^2 + 2x + 5| + C$ ***f)*** $\dfrac{(\ln|x|)^2}{2} + C$

g) $\ln|1 + \text{sen } x| + C$ ***h)*** $\dfrac{\text{sen}^2 3x}{6} + C$ ***i)*** $\dfrac{1}{5} \text{tg } 5x^2 + C$

j) $\text{arc sen} \left(\dfrac{x}{3}\right) + C$ ***k)*** $-\sqrt{5 - x^2} + C$ ***l)*** $-2 \ln|1 - \sqrt{x}| + C$

7 Integración por cambio de variable

En ocasiones, es útil simplificar el cálculo de la integral realizando un cambio de variable. Es el mismo procedimiento que ya se ha utilizado en muchas de las actividades anteriores cuando se busca convertir la integral en una inmediata. Por ejemplo, en el apartado ***l)*** de la actividad 2 del epígrafe anterior, se puede sugerir el siguiente cambio:

$$t = 1 - \sqrt{x} \Rightarrow dt = -\frac{dx}{2\sqrt{x}}$$

Con este cambio, la integral se puede escribir:

$$\int \frac{dx}{\sqrt{x}\,(1-\sqrt{x})} = \int \frac{-2\sqrt{x}\,dt}{t\sqrt{x}} = -2\int \frac{dt}{t} = -2 \ln|t| + C$$

Deshaciendo el cambio:

$$\int \frac{dx}{\sqrt{x}\,(1-\sqrt{x})} = -2 \ln |1 - \sqrt{x}| + C$$

Es decir, se trata de identificar una función del integrando con una nueva variable, t, y expresar todo el integrando en función de t:

Si f y g' son continuas: $\int f(g(x)) \cdot g'(x)\,dx = \int f(t)\,dt$, con $t = g(x)$

Y viceversa, se puede sustituir x por $g(t)$, con lo que: $\int f(x)\,dx = \int f(g(t))\,g'(t)\,dt$

Siempre se trata de obtener una función más sencilla. Se integra en función de t y después se deshace el cambio.

EJEMPLOS

a) *Calcular* $\int \frac{dx}{e^x + e^{-x}}$.

Se hace el cambio $t = e^x$.

Entonces $dt = e^x\,dx = t\,dx$.

Se sustituye:

$$\int \frac{dx}{e^x + e^{-x}} = \int \frac{\frac{dt}{t}}{t + \frac{1}{t}} = \int \frac{dt}{t^2+1} = \text{arc tg } t + C = \text{arc tg } (e^x) + C$$

b) *Calcular* $\int (x+2)^{10}\,x\,dx$.

Se hace el cambio $x + 2 = t$.

Entonces $dx = dt$.

$$\int (x+2)^{10}\,x\,dx = \int t^{10}(t-2)\,dt = \int t^{11}\,dt - 2\int t^{10}\,dt = \frac{t^{12}}{12} - \frac{2t^{11}}{11} + C =$$

$$= \frac{(x+2)^{12}}{12} - \frac{2(x+2)^{11}}{11} + C$$

EJEMPLOS

c) *Calcular* $\displaystyle\int_0^4 \frac{dx}{x+\sqrt{x}}$.

Calculamos la integral indefinida mediante un cambio de variable:

$$\int \frac{dx}{x+\sqrt{x}} = \begin{Bmatrix} t=\sqrt{x} \\ dx = 2t\,dt \end{Bmatrix} = \int \frac{2t}{t^2+t}\,dt = 2\int \frac{dt}{t+1} =$$

$$= 2\ln(t+1) + C = 2\ln(\sqrt{x}+1) + C$$

Aplicamos la regla de Barrow a la primitiva más sencilla y obtenemos:

$$\int_0^4 \frac{dx}{x+\sqrt{x}} = \Big[2\ln(\sqrt{x}+1)\Big]_0^4 = 2\ln 3 - 2\ln 1 = 2\ln 3 = \ln 9$$

También se puede calcular esta integral sin deshacer el cambio, sustituyendo los límites de integración en función de la nueva variable. En este caso, si $x = 0$, entonces $t = 0$, y si $x = 4$, entonces $t = 2$. Por tanto:

$$\int_0^4 \frac{dx}{x+\sqrt{x}} = 2\int_0^2 \frac{dt}{t+1} = 2\Big[\ln(t+1)\Big]_0^2 = 2(\ln 3 - \ln 1) = 2\ln 3 = \ln 9$$

ACTIVIDADES

3 Resuelve las siguientes integrales ensayando, si es preciso, un cambio de variable:

a) $\displaystyle\int \frac{5x}{\sqrt{1-2x^2}}\,dx$ **b)** $\displaystyle\int \frac{dx}{1+3x^2}$ **c)** $\displaystyle\int \frac{3x}{\sqrt{1-9x^4}}\,dx$

Solución: **a)** $-\dfrac{5}{2}\sqrt{1-2x^2}+C$ **b)** $\dfrac{1}{\sqrt{3}}\,\text{arc tg}\,(\sqrt{3}x)+C$ **c)** $\dfrac{1}{2}\,\text{arc sen}\,3x^2+C$

4 Resuelve las siguientes integrales, realizando el cambio de variable que se indica:

a) $\displaystyle\int \frac{x^3}{\sqrt{x^2+1}}\,dx$ $t^2 = x^2+1$ **c)** $\displaystyle\int x\sqrt{1+x}\,dx$ $t^2 = 1+x$

b) $\displaystyle\int x^3(x^2+1)^6\,dx$ $t = x^2+1$ **d)** $\displaystyle\int \frac{2e^x}{e^x+2e^{-x}}\,dx$ $t = e^x$

Solución: **a)** $\dfrac{\left(\sqrt{x^2+1}\right)^3}{3} - \sqrt{x^2+1}+C$ **b)** $\dfrac{1}{2}\left[\dfrac{(x^2+1)^8}{8} - \dfrac{(x^2+1)^7}{7}\right]+C$

c) $\dfrac{2}{5}\left(\sqrt{1+x}\right)^5 - \dfrac{2}{3}\left(\sqrt{1+x}\right)^3+C$ **d)** $\ln(e^{2x}+2)+C$

5 Aplicando la regla de Barrow, calcula las siguientes integrales definidas:

a) $\displaystyle\int_{-1}^{2} (x^2-x-2)\,dx$ **e)** $\displaystyle\int_{e}^{e^2} \frac{\ln x}{x}\,dx$

b) $\displaystyle\int_{1}^{e} \frac{1}{x}\,dx$ **f)** $\displaystyle\int_{1}^{2} \frac{\sqrt{2x}}{x}\,dx$

c) $\displaystyle\int_{0}^{\pi} \text{sen}\,2x\,dx$ **g)** $\displaystyle\int_{-\frac{\pi}{2}}^{\frac{\pi}{2}} \text{sen}^2 x\cos x\,dx$

d) $\displaystyle\int_{-1}^{1} (e^{2x}+x)\,dx$ **h)** $\displaystyle\int_{0}^{1} \frac{dx}{\sqrt{4-x^2}}$

Solución: **a)** $\dfrac{-9}{2}$ **b)** 1 **c)** 0 **d)** $\dfrac{1}{2}(e^2-e^{-2})$ **e)** $\dfrac{3}{4}$ **f)** $4-2\sqrt{2}$ **g)** $\dfrac{2}{3}$ **h)** $\dfrac{\pi}{6}$

8 Aplicación de la integral definida al cálculo de áreas de figuras planas

8.1. Área delimitada por la curva $y = f(x)$ y el eje de abscisas

Sea f una función continua en $[a, b]$. Si $f \geq 0$, la integral definida de la función en dicho intervalo proporciona el área que delimita la gráfica de f, el eje de abscisas y las rectas de ecuación $x = a$ y $x = b$.

$$A = \int_a^b f(x)\, dx$$

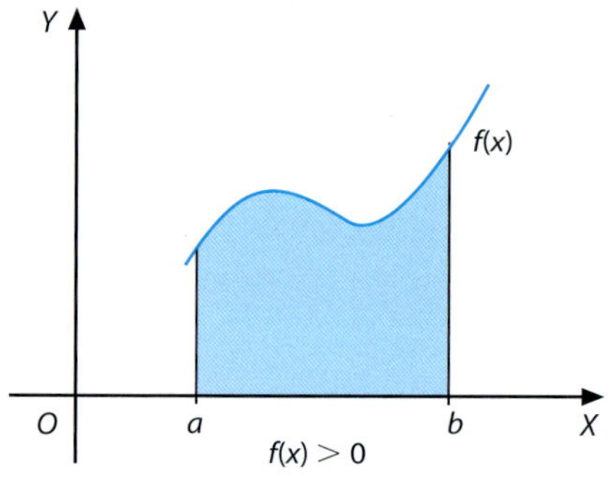

FIGURA 8.14.a.

Si $f \leq 0$ en $[a, b]$, entonces $A = \int_a^b [-f(x)]\, dx$. Ver figura 8.14.b.

Aplicando las propiedades de la integral definida, $A = \int_b^a f(x)\, dx$.

En general, siempre que la función no corte al eje de abscisas en el intervalo $[a, b]$, calculamos el área del trapecio mixtilíneo tomando el valor absoluto de la integral definida:

$$A = \left| \int_a^b f(x)\, dx \right|$$

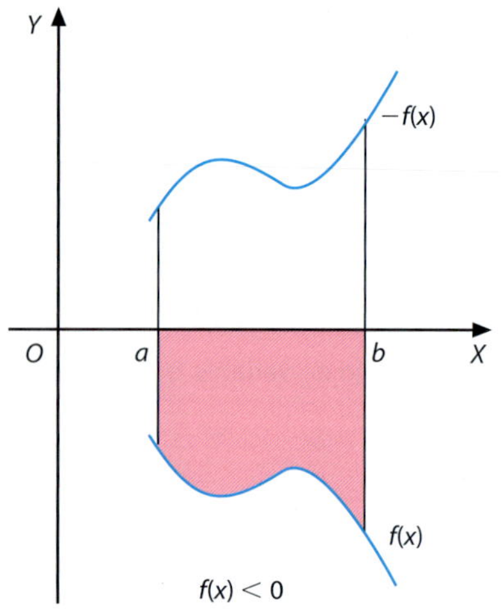

FIGURA 8.14.b.

En ocasiones, nos interesa calcular un área como la que muestra la figura 8.15.

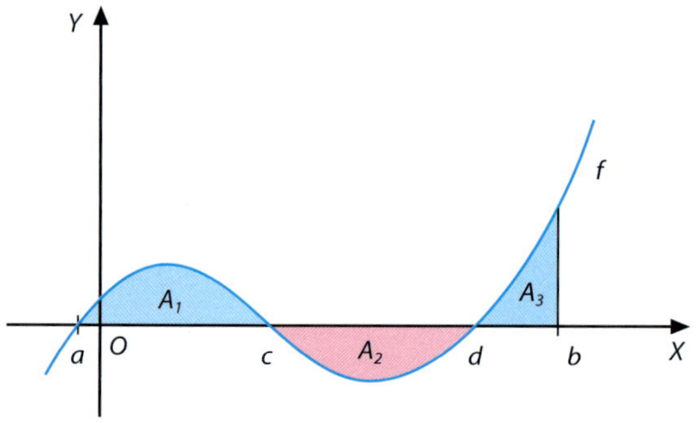

FIGURA 8.15.

En esta situación se deben averiguar los ceros de la función en el intervalo $[a, b]$. El área se calcula sumando las áreas parciales de las regiones que los ceros de f determinan sobre $[a, b]$. En el caso de la figura:

$$A = A_1 + A_2 + A_3 = \left| \int_a^c f(x)\, dx \right| + \left| \int_c^d f(x)\, dx \right| + \left| \int_d^b f(x)\, dx \right|$$

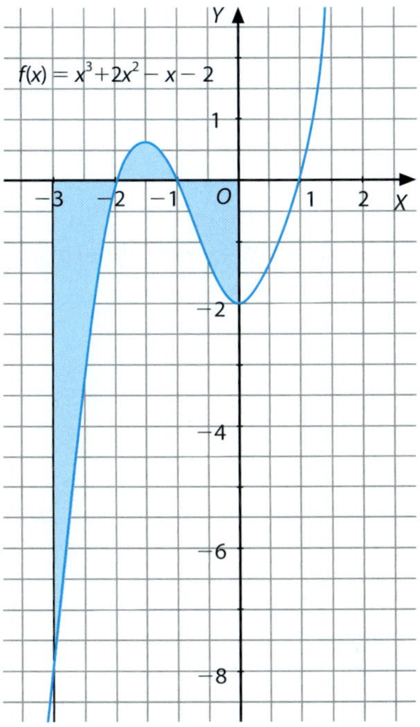

FIGURA 8.16.

EJEMPLOS

a) *Calcular el área delimitada por la curva $y = x^3 + 2x^2 - x - 2$, el eje de abscisas y las rectas $x = -3$ y $x = 0$.*

En primer lugar, determinamos los ceros de la función. Por el método de Ruffini se obtiene $x = -2$, $x = -1$ y $x = 1$.

Por tanto, en el intervalo $[-3, 0]$, la función se anula en los puntos $x = -2$ y $x = -1$.

Su gráfica es la que se representa en la figura 8.16, al margen.

El área buscada será:

$$A = \left| \int_{-3}^{-2} f(x)\,dx \right| + \left| \int_{-2}^{-1} f(x)\,dx \right| + \left| \int_{-1}^{0} f(x)\,dx \right|$$

Una primitiva de $f(x)$ es la siguiente:

$$F(x) = \frac{x^4}{4} + \frac{2x^3}{3} - \frac{x^2}{2} - 2x$$

Entonces, aplicando la regla de Barrow, tenemos:

$$A = |F(-2) - F(-3)| + |F(-1) - F(-2)| + |F(0) - F(-1)| =$$

$$= \left|\frac{2}{3} - \frac{15}{4}\right| + \left|\frac{13}{12} - \frac{2}{3}\right| + \left|0 - \frac{13}{12}\right| =$$

$$= \frac{37}{12} + \frac{5}{12} + \frac{13}{12} = \frac{55}{12} = 4{,}58 \text{ u}^2$$

ACTIVIDADES

6 Averigua el área que determinan la gráfica de la función $f(x) = |2x + 3|$, el eje de ordenadas, el eje de abscisas y la recta de ecuación $x = -2$.

Solución: 2,5 u^2

7 Determina el área de la región delimitada por la curva $y = 2x^3 + 7x^2 + 2x - 3$ y el eje de abscisas.

Solución: 9,76 u^2

8 Calcula el área del trapecio mixtilíneo que determina la gráfica de la función $f(x) = \text{sen } 2x$ en el intervalo $\left[0, \frac{\pi}{4}\right]$.

Solución: 0,5 u^2

9 Calcula el área de la región del plano encerrada por la gráfica de la función $f(x) = \ln x$, el eje de abscisas y la recta de ecuación $x = 2$.

Solución: $(2 \ln 2 - 1)$ u^2 = 0,39 u^2

10 Calcula el área que determinan la curva $y = \frac{1}{(x+1)^2}$, los ejes de coordenadas y la recta de ecuación $x = 2$.

Solución: $\frac{2}{3}$ u^2

Observa

Aunque las dos funciones no sean positivas en todo el intervalo $[a, b]$, el cálculo del área comprendida entre sus gráficas se realiza del mismo modo.

Observa las figuras 8.18.a. y 8.18.b.

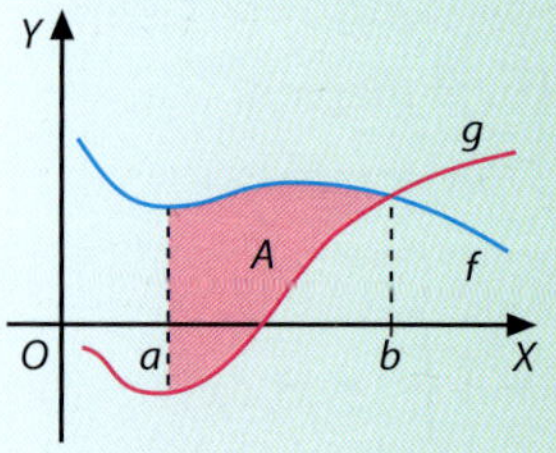

FIGURA 8.18.a.

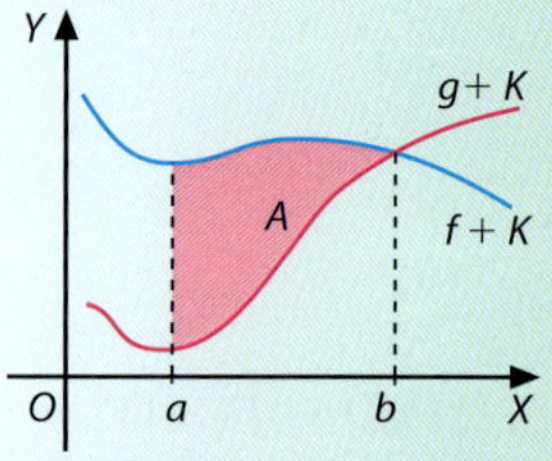

FIGURA 8.18.b.

La segunda se ha conseguido a partir de la primera sin más que sumar a f y g una constante, K, que asegure que ambas son positivas en $[a, b]$. Puesto que el área es la misma, podemos escribir:

$$A = \int_a^b [(f(x) + K) - (g(x) + K)]\, dx =$$

$$= \int_a^b (f(x) - g(x))\, dx$$

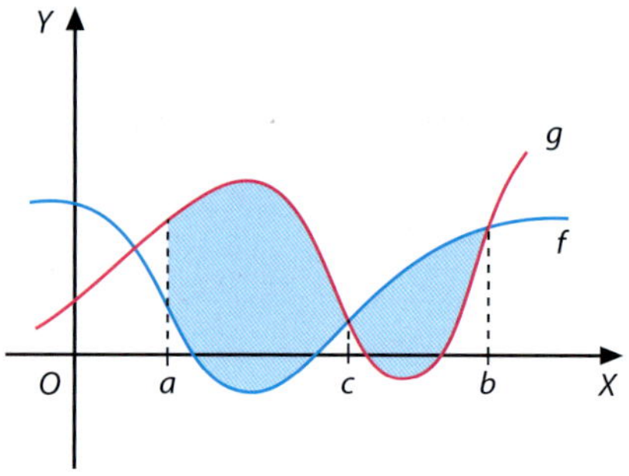

FIGURA 8.19.

8.2. Área que delimitan dos curvas, $y = f(x)$ e $y = g(x)$

En primer lugar, para determinar el área delimitada por las gráficas de dos funciones continuas, $f(x)$ y $g(x)$, en el intervalo $[a, b]$, hay que determinar, si existen, sus puntos de intersección en dicho intervalo.

Supongamos que no existen, tal como ocurre en la figura 8.17. En este caso, basta con restar las áreas de los trapecios mixtilíneos que determina cada una de las funciones en el intervalo $[a, b]$:

$$A = \int_a^b f(x)\, dx - \int_a^b g(x)\, dx = \int_a^b (f(x) - g(x))\, dx$$

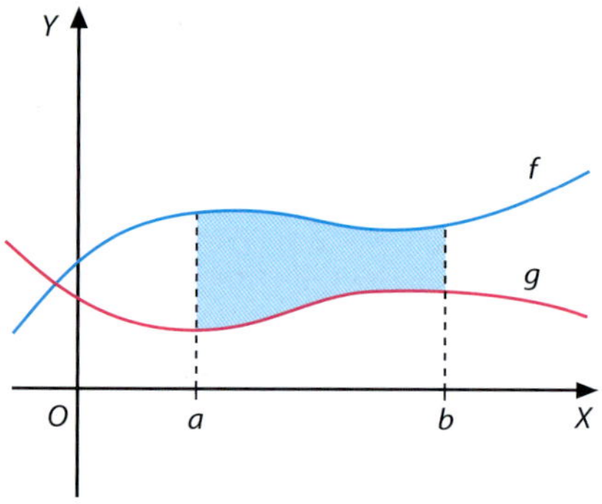

FIGURA 8.17.

Para asegurar el signo positivo del área, tomamos el valor absoluto de esta diferencia:

$$A = \left| \int_a^b (f(x) - g(x))\, dx \right|$$

Si en el intervalo $[a, b]$ las gráficas de las dos funciones se cortan en uno o más puntos, entonces determinan dos o más regiones cuya área total es la suma de las áreas parciales. En el caso de la figura 8.19, el área que delimitan las curvas de f y g es:

$$A = \left| \int_a^c (f(x) - g(x))\, dx \right| + \left| \int_c^b (f(x) - g(x))\, dx \right|$$

o también, en este caso:

$$A = \int_a^c (g(x) - f(x))\, dx + \int_c^b (f(x) - g(x))\, dx$$

EJEMPLOS

b) *Hallar el área que delimitan las gráficas de las funciones* $f(x) = x^2 + 2x$ *y* $g(x) = x + 2$.

En primer lugar averiguamos sus puntos de intersección. Para ello, resolvemos la ecuación $f(x) = g(x)$:

$$x^2 + 2x = x + 2 \;\Rightarrow\; x^2 + x - 2 = 0 \;\Rightarrow\; x = 1, \quad x = -2$$

EJEMPLOS

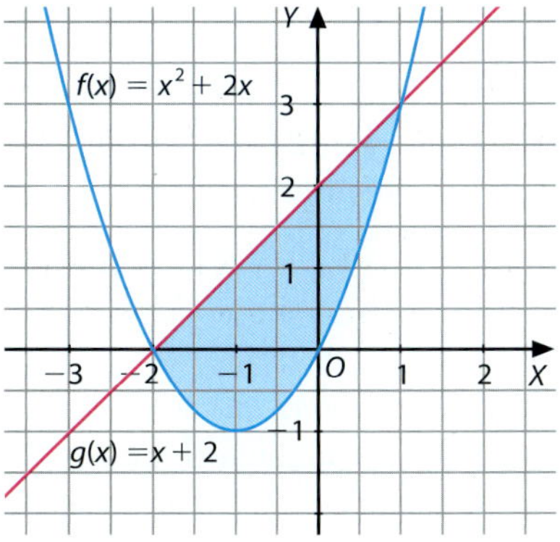

FIGURA 8.20.

Sus representaciones gráficas se muestran en la figura 8.20:

El área buscada será:

$$A = \left| \int_{-2}^{1} (f(x) - g(x))\, dx \right| = \left| \int_{-2}^{1} (x^2 + x - 2)\, dx \right| =$$

$$= \left[\frac{x^3}{3} + \frac{x^2}{2} - 2x \right]_{-2}^{1} = \left| \left(\frac{1}{3} + \frac{1}{2} - 2 \right) - \left(\frac{-8}{3} + 2 + 4 \right) \right| = 4{,}5 \text{ u}^2$$

c) *Calcular el área delimitada por las gráficas de las funciones* $f(x) = x$ *y* $g(x) = \sqrt[3]{x}$.

En primer lugar se calculan sus puntos de intersección:

$$f(x) = g(x) \Rightarrow x = \sqrt[3]{x} \Rightarrow x^3 = x \Rightarrow x^3 - x = 0 \Rightarrow x(x^2 - 1) = 0$$

Se resuelve la ecuación y se obtiene $x = -1$, $x = 0$ y $x = 1$.

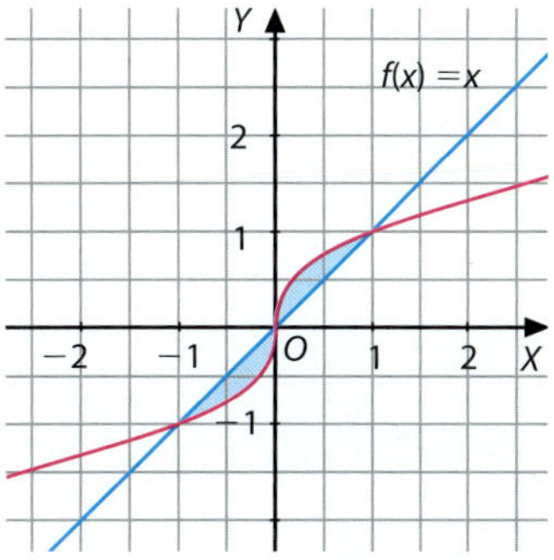

FIGURA 8.21.

El área buscada es:

$$A = \left| \int_{-1}^{0} (x - \sqrt[3]{x})\, dx \right| + \left| \int_{0}^{1} (x - \sqrt[3]{x})\, dx \right| = \left| \left[\frac{x^2}{2} - \frac{3\sqrt[3]{x^4}}{4} \right]_{-1}^{0} \right| +$$

$$+ \left| \left[\frac{x^2}{2} - \frac{3\sqrt[3]{x^4}}{4} \right]_{0}^{1} \right| = \frac{1}{4} + \left| -\frac{1}{4} \right| = \frac{1}{2} \text{ u}^2$$

Observa

En el ejemplo *f* puede hacerse uso de la simetría que presentan las funciones y calcular solamente el área de uno de los recintos. El área total es el doble.

ACTIVIDADES

11 Calcula el área delimitada por las gráficas de las funciones $f(x) = \sqrt{x}$ y $g(x) = x^2$.

Solución: $\frac{1}{3}$ u^2

12 Calcula el área de la región del plano limitada por las curvas $y = x^4 + 2x^2$ e $y = x^2 + 2$.

Solución: $\frac{44}{15}$ u^2

13 Calcula el valor del coeficiente *b* sabiendo que el área delimitada por la parábola $y = x^2 + bx - 2$ y la recta $2x + y + 1 = 0$, es $\frac{4}{3}$ u^2.

Solución: $b = -2$

14 Averigua el área que delimitan las gráficas de las funciones $f(x) = \text{sen}\, x$ y $g(x) = \cos x$, en el intervalo $[0, 2\pi]$.

Solución: $4\sqrt{2}$ u^2

9 Otras aplicaciones de la integral definida

A continuación, se detallan ejemplos en los que la integral definida se aplica en ámbitos de otras ciencias o se utiliza para realizar aproximaciones de largas sumas.

EJEMPLOS

a) *A las nueve de la mañana surge un rumor en una ciudad que se difunde a un ritmo de* $e^{2t} + 1\,000$ *personas/hora. Sabiendo que t representa el número de horas transcurridas desde la aparición del rumor, calcular el número de personas que lo habrán oído entre las diez y las doce de la mañana.*

Para resolver este problema hay que tener en cuenta que la función $f(t) = e^{2t} + 1\,000$ representa la tasa de variación instantánea de la difusión del rumor. El número de personas que oyen el rumor es una función primitiva de f. A las diez de la mañana las personas que habrán oído el rumor, teniendo en cuenta que se inicia a las nueve de la mañana, serán:

$$F(1) = \int_0^1 (e^{2t} + 1\,000)\,dt$$

A las doce de la mañana las personas que habrán oído el rumor serán:

$$F(3) = \int_0^3 (e^{2t} + 1\,000)\,dt$$

Por tanto, las personas que lo habrán oído entre las diez y las doce de la mañana serán:

$$F(3) - F(1) = \int_1^3 (e^{2t} + 1\,000)\,dt$$

Observa

El valor de esta integral definida se corresponde con el área bajo la curva de f entre 1 y 3, puesto que el origen, $t = 0$, se corresponde con las nueve de la mañana.

Una primitiva de $f(t) = e^{2t} + 1\,000$ es $F(t) = \dfrac{e^{2t}}{2} + 1\,000t$. Por tanto:

$$F(3) - F(1) = \int_1^3 (e^{2t} + 1\,000)\,dt = \left[\frac{e^{2t}}{2} + 1\,000t\right]_1^3 = \frac{e^6 - e^2}{2} + 2\,000 = 2\,198$$

Han oído el rumor entre las 10 y las 12 de la mañana 2 198 personas.

b) *La velocidad de un móvil en m/s se expresa, en función del tiempo, t, por* $v(t) = 1{,}2t + 0{,}1t^2$. *Averiguar el espacio recorrido en los 10 primeros segundos.*

La función $v(t)$ es la derivada de la función que proporciona el espacio recorrido en función del tiempo, $s(t)$. El espacio que recorre el móvil en los 10 primeros segundos coincide con el área bajo la curva $y = v(t)$ entre 0 y 10.

$$s(10) = \int_0^{10} (1{,}2t + 0{,}1t^2)\,dt = \left[\frac{1{,}2t^2}{2} + \frac{0{,}1t^3}{3}\right]_0^{10} = 93{,}333 \text{ m}$$

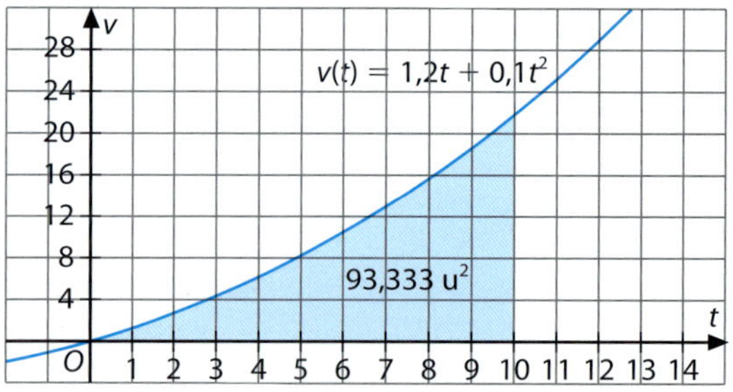

FIGURA 8.22.

EJEMPLOS

c) *La evolución de la demanda de un producto, en miles de artículos, en los cinco años transcurridos desde su aparición en el mercado, viene dada por la expresión $d(t) = 16e^{-0,1t}$, donde t expresa el tiempo, contado por semestres. Encontrar:*

- *La expresión que proporciona el número de artículos demandados en función del tiempo transcurrido.*
- *El número de artículos demandados durante los tres primeros años.*
- *La demanda media de artículos durante los dos últimos años.*

- La integral de la función que proporciona la evolución de la demanda nos dará la demanda, $D(t)$.

$$D(t) = \int 16e^{-0,1t}\,dt = 16 \cdot \frac{e^{-0,1t}}{-0,1} + C = -160e^{-0,1t} + C$$

Para calcular la constante, solo hace falta considerar que cuando $t = 0$, la demanda es nula, por lo que:

$$D(0) = 0 \Rightarrow C = 160$$

por tanto, la función que proporciona el número de artículos que se demandan de este producto es:

$$D(t) = -160e^{-0,1t} + 160$$

- En los tres primeros años, es decir, en los seis primeros semestres, el número de artículos demandados es:

$$D(6) - D(0) = \int_0^6 16e^{-0,1t}\,dt = \left[-160e^{-0,1t} + 160\right]_0^6 = 72,190$$

Es decir, se han demandado 72 190 artículos. Observa que el resultado es independiente de la primitiva que uses para hallar la integral definida.

- Para calcular la demanda media en los dos últimos años, es decir, en los últimos cuatro semestres, podemos calcular la demanda en este período y dividir entre cuatro:

$$\frac{D(10) - D(6)}{4} = \frac{\int_0^6 16e^{-0,1t}\,dt}{4} = 7,237$$

Por tanto, la demanda media por semestre durante los dos últimos años ha sido de 7 237 artículos.

d) *En una cadena de montaje se calcula que el tiempo, en segundos, que tarda un operario novato en montar una determinada pieza, depende del número de piezas montadas, según la expresión $20 + \frac{60}{\sqrt{n}}$, donde n es el número de piezas montadas. Es decir, para la primera tarda 80 s, para la segunda, 62,43 s, etc. Calcular el tiempo que tardará en montar sus 400 primeras piezas.*

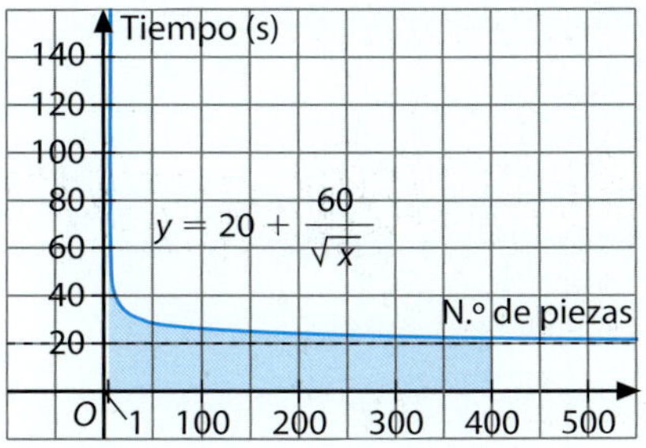

FIGURA 8.23.

Hemos de sumar el tiempo que tarda para cada una de las cuatrocientas primeras piezas. Como hay muchos sumandos, lo podemos calcular de forma aproximada, considerando que el tiempo total es, aproximadamante, el área bajo la curva $y = 20 + \frac{60}{\sqrt{x}}$, entre $x = 1$ y $x = 401$ (ver figura 8.23).

$$\text{Tiempo} = \int_1^{401}\left(20 + \frac{60}{\sqrt{x}}\right)dx = \left[20x + 120\sqrt{x}\right]_1^{401} \cong 10\,283$$

Es decir, 10 283 s, que son unas 2 h, 51 min y 23 s.

10 Integración numérica

En ocasiones, no es posible calcular la integral definida de una función, f, porque no se puede hallar fácilmente la primitiva de dicha función o porque f viene dada mediante una tabla de valores. En estas situaciones se utilizan dos métodos de integración, el método de los trapecios y el método de Simpson:

10.1. Método de los trapecios

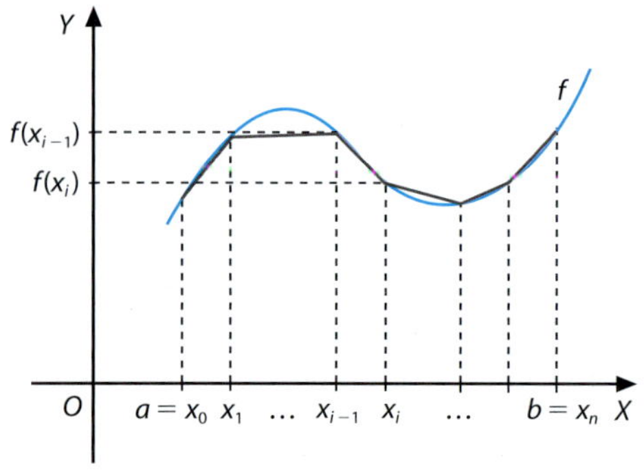

FIGURA 8.24.

Consiste en dividir el intervalo de integración, $[a, b]$, en n subintervalos de la misma amplitud y aproximar en cada intervalo el arco de curva por una recta secante que una sus puntos extremos. Esto es lo mismo que decir que se aproxima la función en cada subintervalo por un polinomio de primer grado.

Como se puede observar en la figura 8.24, el área del trapecio mixtilíneo se puede aproximar por la suma de las áreas de los trapecios que se obtienen. Como sabes, el área de un trapecio es la semisuma de las longitudes de sus bases por su altura; en nuestro caso, el área de cada uno de los trapecios vendrá dada por:

$$A_t = \frac{f(x_i) + f(x_{i+1})}{2} \cdot h$$

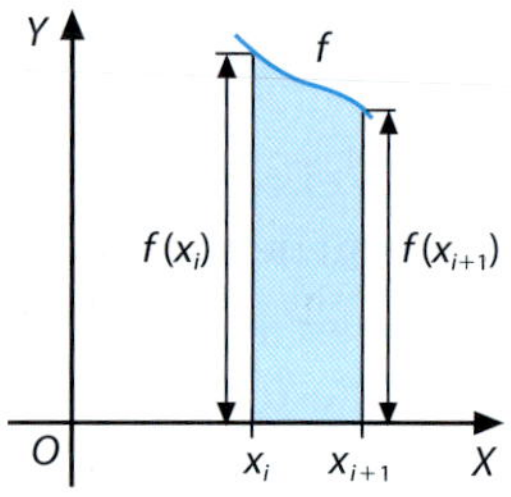

FIGURA 8.25.

Observa que la altura de cada uno de los trapecios coincide con la amplitud del subintervalo, que es igual en todos ellos (figura 8.25). Por tanto, el área del trapecio mixtilíneo, que coincide con el valor de la integral definida de f en $[a, b]$, se puede aproximar como:

$$A = h\left[\frac{f(x_0)+f(x_1)}{2} + \frac{f(x_1)+f(x_2)}{2} + \frac{f(x_2)+f(x_3)}{2} + \ldots + \frac{f(x_{n-1})+f(x_n)}{2}\right] =$$

$$= h\left[\frac{f(x_0)}{2} + f(x_1) + f(x_2) + f(x_3) + \ldots + f(x_{n-1}) + \frac{f(x_n)}{2}\right]$$

Observa que es importante conocer las ordenadas de los puntos x_i en los que se divide el intervalo $[a, b]$.

E J E M P L O S

a) *Aproximar el área delimitada por la curva $y = \ln x$, el eje de abscisas y las rectas de ecuaciones $x = 1$ y $x = 2$, por el método de los trapecios, dividiendo el intervalo en 10 partes.*

Construimos la siguiente tabla:

x	1	1,1	1,2	1,3	1,4	1,5
f(x)	0	0,095 3	0,182 3	0,262 4	0,336 5	0,405 5

x	1,6	1,7	1,8	1,9	2
f(x)	0,470 0	0,530 6	0,587 8	0,641 9	0,693 1

Aplicando la fórmula, tenemos que:

$$A = 0{,}1\left[\frac{0}{2} + 0{,}095\,3 + 0{,}182\,3 + 0{,}262\,4 + 0{,}336\,5 + 0{,}405\,5 + \right.$$

$$\left. + 0{,}470\,0 + 0{,}530\,6 + 0{,}587\,8 + 0{,}641\,9 + \frac{0{,}693\,1}{2}\right] = 0{,}385\,8 \text{ u}^2$$

10.2. Método de Simpson

La aproximación del área mejora si en lugar de aproximar la curva por una poligonal, se aproximan los arcos de curva por parábolas. Para ello se divide el intervalo $[a, b]$ en un número par de subintervalos; la partición tendrá, por tanto, un número impar, $n + 1$, de puntos: $P = \{x_0, x_1, x_2, \dots, x_n\}$

A continuación, se consideran los intervalos:

$$[x_0, x_2], [x_2, x_4], [x_4, x_6], \dots, [x_{n-2}, x_n]$$

En cada uno de ellos se aproxima la función por un polinomio de segundo grado. Observa la siguiente figura:

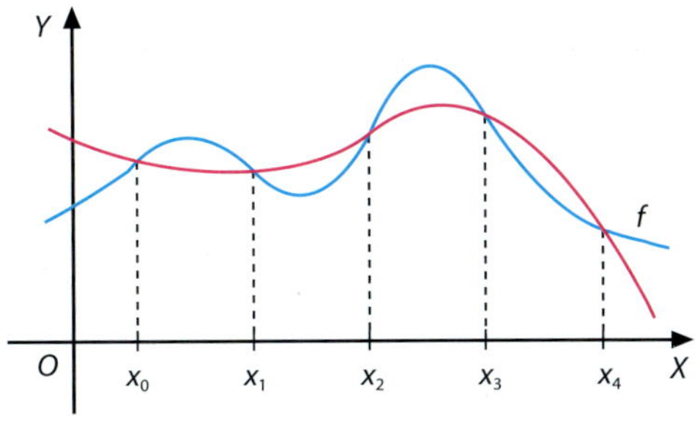

FIGURA 8.26.

El área que se obtiene por este método es: $A = \frac{h}{3} \cdot (E + 4I + 2P)$, donde E es la suma de las ordenadas de los extremos; I, la suma de las ordenadas de índice impar, y P, la suma de las ordenadas de índice par.

EJEMPLOS

b) *Aproximar el área delimitada por la curva $y = \ln x$, el eje de abscisas y las rectas de ecuación $x = 1$ y $x = 2$, por el método de Simpson, dividiendo el intervalo en 10 partes.*

Con la tabla del ejemplo anterior, y aplicando la fórmula, tenemos que:

$$E = 0{,}693\,1,\ I = 1{,}935\,7,\ P = 1{,}576\,6 \Rightarrow$$

$$\Rightarrow A = \frac{0{,}1}{3}(0{,}693\,1 + 4 \cdot 1{,}935\,7 + 2 \cdot 1{,}576\,6) = 0{,}386\,3 \text{ u}^2$$

ACTIVIDADES

15 Halla el área comprendida entre la gráfica $f(x) = \frac{5x}{x^2+1}$, el eje OX y las rectas $x = 0$ y $x = 1$:

a) Hallando una primitiva y aplicando la regla de Barrow.

b) Por el método de los trapecios, dividiendo el intervalo en diez partes.

c) Por el método de Simpson, dividiendo el intervalo en diez partes.

Solución: a) 1,732 9 u^2 ***b)*** 1,728 6 u^2 ***c)*** 1,732 9 u^2

16 Por el método de los trapecios, calcula, aproximadamente, el área comprendida por el eje de abscisas, las rectas $x = 2$ y $x = 3$ y la gráfica de la función dada por:

x	1	1,2	1,4	1,6	1,8	2
$f(x)$	2,718	1,624	2,255	3,004	3,879	4,886

Solución: 2,913 u^2

Cálculo de la integral definida de algunas funciones no continuas

Existen funciones que no son continuas en $[a, b]$ y que, sin embargo, son integrables. Por ejemplo, la función de la figura 8.27, que está acotada, es integrable en $[a, b]$, sin más que considerar que $\int_a^b f = \int_a^c f + \int_c^b f$

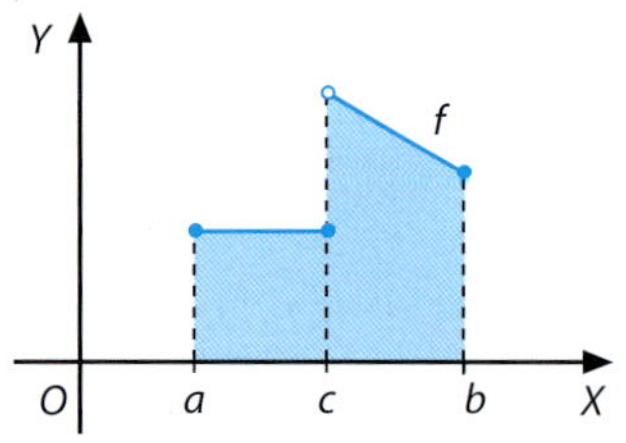

FIGURA 8.27.

Esto permite integrar ciertas funciones «continuas a trozos».

1 *Calcular el área bajo la curva de la función:*

$$f(x) = \begin{cases} x^2 + 2 & \text{si } 0 \le x < 2 \\ 3 & \text{si } 2 \le x < 3 \\ -(x-4)^2 + 2 & \text{si } 3 \le x \le 5 \end{cases}$$

La función no es continua en $x = 2$ ni en $x = 3$. Presenta discontinuidades de salto en dichos puntos. Se representa la función y se obtiene la siguiente gráfica:

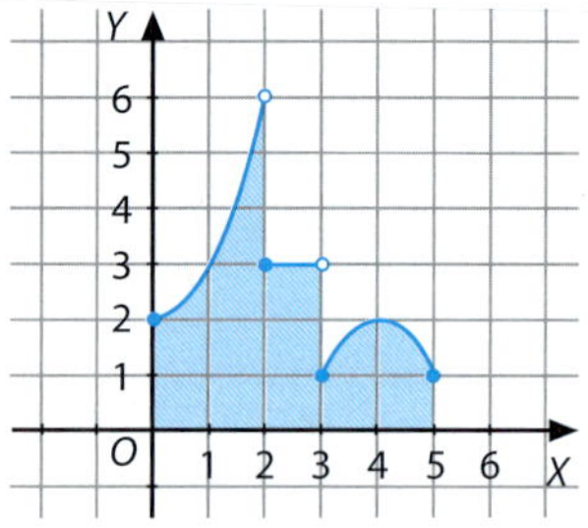

FIGURA 8.28.

Calculamos el área como:

$$A = \int_0^2 (x^2 + 2)\,dx + \int_2^3 3\,dx + \int_3^5 [-(x-4)^2 + 2]\,dx =$$

$$= \left[\frac{x^3}{3} + 2x\right]_0^2 + \left[3x\right]_2^3 + \left[-\frac{(x-4)^3}{3} + 2x\right]_3^5 = 13\text{ u}^2$$

Integración por partes

Sean f y g dos funciones derivables. Dado que:

$$(f \cdot g)' = f \cdot g' + g \cdot f' \Rightarrow g \cdot f' = (f \cdot g)' - f \cdot g'$$

si se integran ambos miembros:

$$\int g(x) \cdot f'(x)\,dx = \int (f(x) \cdot g(x))'\,dx - \int f(x) \cdot g'(x)\,dx =$$

$$= f(x) \cdot g(x) - \int f(x) \cdot g'(x)\,dx$$

Que también se escribe como:

$$\int u\,dv = u \cdot v - \int v\,du$$

Esta fórmula se aplica en productos de funciones. La elección de los factores se realiza teniendo en cuenta que la función a la que se asigna dv debe ser fácilmente integrable.

2 *Calcular* $\int \ln x\,dx$.

Esta integral solo puede realizarse integrando por partes. Únicamente hay una asignación posible:

$$\int \ln x\,dx = \left\{\begin{array}{l} u = \ln x \Rightarrow du = \dfrac{dx}{x} \\ dv = dx \Rightarrow v = x \end{array}\right\} = x \ln x - \int x \frac{dx}{x} =$$

$$= x \ln x - x + C$$

3 *Calcular* $\int \frac{x}{e^x}\,dx$.

Se puede escribir el integrando como un producto: $\int x\,e^{-x}\,dx$

Ahora, como las dos funciones son igualmente fáciles de integrar, se hace la misma asignación que en el caso anterior:

$$\int x e^{-x}\,dx = \left\{\begin{array}{l} u = x \Rightarrow du = dx \\ dv = e^{-x}\,dx \Rightarrow v = -e^{-x} \end{array}\right\} = -x\,e^{-x} -$$

$$- \int (-e^{-x})\,dx = -x\,e^{-x} + \int e^{-x}\,dx = -x\,e^{-x} - e^{-x} + C =$$

$$= -e^{-x} \cdot (x + 1) + C$$

Integración de funciones racionales sencillas

En esta unidad, se han integrado funciones racionales, pues:

$$\int \frac{f'}{f^n}\,dx = \int f' \cdot f^{-n}\,dx = \frac{f^{-n+1}}{-n+1} + C, \text{ si } n \neq 1$$

y para $n = 1$: $\int \frac{f'}{f}\,dx = \ln|f| + C$

También sabemos que: $\int \frac{f'}{1+f^2}\,dx = \text{arc tg } f + C$

Por ejemplo, sabemos resolver las siguientes integrales:

- $$\int \frac{(2x-1)}{(x^2-x+3)^3}\,dx = \frac{(x^2-x+3)^{-2}}{-2} + C =$$

  $$= -\frac{1}{-2(x^2-x+3)^2} + C$$

- $$\int \frac{3\,dx}{5x+3} = \frac{3}{5}\ln|5x+3| + C$$

- $$\int \frac{dx}{2x^2+1} = \int \frac{dx}{(\sqrt{2}\,x)^2+1} = \frac{1}{\sqrt{2}} \int \frac{\sqrt{2}\,dx}{(\sqrt{2}\,x)^2+1} =$$

  $$= \frac{1}{\sqrt{2}}\,\text{arc tg}\,(\sqrt{2}\,x) + C$$

4 *Calcular* $\int \frac{x-2}{x^2+5}\,dx$.

Descomponemos el integrando y procedemos de este modo:

$$\int \frac{x-2}{x^2+5}\,dx = \int \frac{x}{x^2+5}\,dx - \int \frac{2}{x^2+5}\,dx = \frac{1}{2}\int \frac{2x}{x^2+5}\,dx -$$

$$-2\int \frac{1/5}{(x/\sqrt{5})^2+1}\,dx = \frac{1}{2}\ln|x^2+5| -$$

$$-\frac{2}{\sqrt{5}}\int \frac{1/\sqrt{5}}{(x/\sqrt{5})^2+1}\,dx = \frac{1}{2}\ln|x^2+5| - \frac{2}{\sqrt{5}}\,\text{arctg}\left(\frac{x}{\sqrt{5}}\right) + C$$

En ocasiones, el grado del numerador es mayor o igual que el del denominador, y si se realiza la división se obtiene un polinomio y una función racional con el grado del numerador menor que el del denominador.

5 *Calcular* $\int \frac{x^3}{x^2+1}\,dx$.

Si realizamos la división $x^3/(x^2+1)$, se obtiene como polinomio cociente, x, y como residuo el polinomio, $(-x)$. Por tanto, podemos escribir que:

$$x^3 = x\cdot(x^2+1) - x$$

Es decir: $\frac{x^3}{x^2+1} = x - \frac{x}{x^2+1}$. Por tanto, procedemos como sigue:

$$\int \frac{x^3}{x^2+1}\,dx = \int \left(x - \frac{x}{x^2+1}\right)dx = \int x\,dx - \frac{1}{2}\int \frac{2x}{x^2+1}\,dx =$$

$$= \frac{x^2}{2} - \frac{1}{2}\ln|x^2+1| + C$$

Aplicación del teorema del valor medio

6 *Hallar el valor medio de la función $f(x) = 2x^2 + 1$ en el intervalo $[1, 3]$ y averiguar en qué punto se alcanza.*

El teorema del valor medio afirma que si f es continua en $[a, b]$, entonces existe $c \in [a, b]$ tal que:

$$f(c) = \frac{\int_a^b f(x)\,dx}{b-a}$$

Aplicando la regla de Barrow, si F es una primitiva de f, tenemos:

$$f(c) = \frac{F(b) - F(a)}{b-a}$$

En nuestro caso, $f(c) = \frac{\left[\frac{2x^3}{3} + x\right]_1^3}{2}$, de donde, $f(c) = \frac{29}{3}$ es el valor medio buscado.

Este se alcanza en el punto del intervalo en que $2x^2 + 1 = \frac{29}{3}$.

Se resuelve la ecuación y se obtiene $x = 2{,}08$.

Cálculo de áreas

7 *Calcular el área de la región del plano delimitada por la curva $y^2 = x$ y la recta $x - y - 2 = 0$.*

Se resuelve el sistema formado por ambas ecuaciones y se obtienen las soluciones $(1, -1)$ y $(4, 2)$.

Es necesario representar ambas funciones:

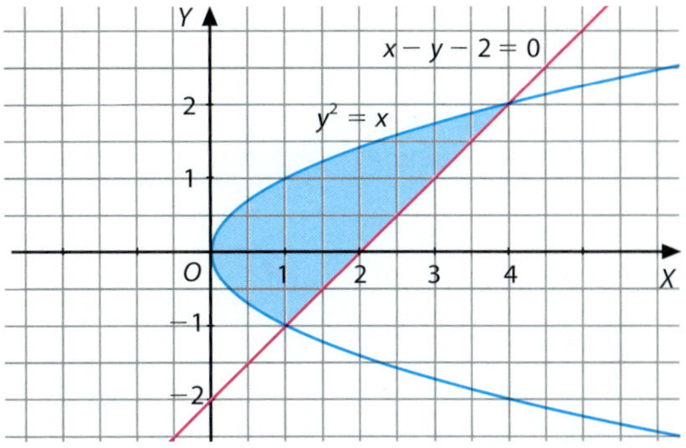

FIGURA 8.29.

Como se observa, el área de la región sombreada no se puede calcular como una integral definida entre 1 y 4 de la diferencia de ambas funciones. En realidad el área debe calcularse como:

$$A = 2\int_0^1 \sqrt{x} + \int_1^4 \left[\sqrt{x} - (x-2)\right]dx =$$

$$= 2\left[\frac{2x^{3/2}}{3}\right]_0^1 + \left[\frac{2x^{3/2}}{3} - \frac{x^2}{2} + 2x\right]_1^4 = \frac{9}{2}\,u^2$$

8 *Hallar el área delimitada por la gráfica de $f(x) = \frac{x}{1+\sqrt{x}}$, el eje de abscisas y las rectas de ecuación $x = 0$ y $x = 4$.*

En primer lugar, hay que averiguar si f cambia de signo en el intervalo $[0, 4]$. Puesto que está definida en $[0, +\infty)$, y solo se anula en $x = 0$, f es positiva en $(0, +\infty)$, por lo que el área buscada será:

$$A = \int_0^4 \frac{x}{1+\sqrt{x}}\,dx$$

Para hallar la integral de f, se realiza un cambio de variable:

$$t = \sqrt{x} \Rightarrow t^2 = x \Rightarrow 2t\,dt = dx$$

$$\int \frac{x}{1+\sqrt{x}}\,dx = \int \frac{t^2}{1+t}2t\,dt = 2\int \frac{t^3}{1+t}\,dt$$

Dividiendo t^3 entre $(1+t)$ se obtiene que $t^3 = (t^2 - t + 1)(1+t) - 1$.

Por tanto, el integrando se puede descomponer de esta forma:

$$2\int \frac{t^3}{1+t}\,dt = 2\int \left(t^2 - t + 1 - \frac{1}{1+t}\right)dt =$$

$$= 2\left(\frac{t^3}{3} - \frac{t^2}{2} + t - \ln|1+t|\right) + C$$

Para calcular la integral definida es más práctico cambiar los límites de integración. Puesto que $t = \sqrt{x}$, si $x = 0$, será $t = 0$ y si $x = 4$, $t = 2$ (observa que $t = -2$ no pertenece al dominio de la función). Por tanto:

$$A = 2\int_0^2 \frac{t^3}{1+t}\,dt = 2\left[\frac{t^3}{3} - \frac{t^2}{2} + t - \ln|1+t|\right]_0^2 = 3{,}136\ u^2$$

EJERCICIOS Y PROBLEMAS

1 Calcula las siguientes integrales:

a) $\int \frac{x^3 - 2}{3} dx$

b) $\int \left(-\frac{1}{x^5} + 2x\right) dx$

c) $\int \left(x\sqrt{x} - \frac{1}{\sqrt{x}}\right) dx$

d) $\int \left(\frac{2}{x^2} + \sqrt{2x}\right) dx$

e) $\int \left(x + \frac{1}{\sqrt{x}}\right) \sqrt[3]{x}\, dx$

f) $\int \frac{\operatorname{sen} x}{3 + \cos x} dx$

g) $\int \frac{(\ln x)^2}{x} dx$

h) $\int \operatorname{sen}^2 3x \cos 3x\, dx$

2 Calcula las siguientes integrales:

a) $\int \frac{\sqrt{1 + \operatorname{tg} x}}{\cos^2 x} dx$

b) $\int \operatorname{tg}(2x + 1)\, dx$

c) $\int \frac{x}{\sqrt{x^2 + 1}} dx$

d) $\int x\sqrt{x^2 + 1}\, dx$

e) $\int \frac{x}{x^4 + 9} dx$

f) $\int \frac{2e^x}{\sqrt{1 - e^{2x}}} dx$

g) $\int \frac{5x}{1 + 2x^2} dx$

h) $\int \frac{e^{\sqrt{2x}}}{\sqrt{x}} dx$

3 Calcula las siguientes integrales, utilizando los cambios de variable que se indican:

a) $\int \frac{dx}{1 + \sqrt{x}}$ $\qquad t = \sqrt{x}$

b) $\int \frac{dx}{\sqrt{x} - \sqrt[3]{x}}$ $\qquad x = t^6$

c) $\int \frac{1 + \sqrt{x}}{1 - \sqrt{x}} dx$ $\qquad t = \sqrt{x}$

d) $\int \frac{\sqrt{5x}}{\sqrt{5x} - 1} dx$ $\qquad t = \sqrt{5x}$

e) $\int \frac{\sqrt{x^2 - 1}}{x} dx$ $\qquad x^2 - 1 = t^2$

f) $\int \frac{x}{\sqrt{x - 1}} dx$ $\qquad t^2 = x - 1$

g) $\int \operatorname{tg}^3 x\, dx$ $\qquad t = \operatorname{tg} x$

4 Se sabe que la gráfica de una función pasa por el punto (1, 1) y que $f'(1) = 2$. Se conoce también que su derivada segunda es la función $g(x) = 2$. Calcula la función *f*.

5 Para cada una de las dos funciones, calcula la primitiva que cumple la condición de que su gráfica pase por el punto de coordenadas (0, 1):

$$f(x) = \frac{x}{\sqrt{x^2 + 1}} \text{ y } g(x) = \operatorname{tg} x$$

6 Halla $f(x)$ si sabemos que $f(0) = 1$, $f'(0) = 2$ y $f''(x) = 3x$.

7 Halla la ecuación de una curva $y = f(x)$ sabiendo que pasa por el punto (1, 1) y que la pendiente de la recta tangente en el punto de abscisa *x* es $m = 3x + 1$.

8 Averigua la función $f(x)$ cuya derivada es $f'(x) = \frac{x}{x^2 + 1}$, sabiendo que $f(0) = 2$.

9 Halla la ecuación de la curva $y = f(x)$ que cumple que $f''(x) = 4$, y que la recta tangente en el punto de abscisa $x = 3$ tiene por ecuación $y = 9x - 13$.

10 Calcula el valor de las siguientes integrales definidas:

a) $\int_{-1}^{3} \sqrt{x + 1}\, dx$

b) $\int_{-1}^{1} \frac{2x}{x^2 + 1} dx$

c) $\int_{-1}^{0} x^2 (x^3 + 2)^2 dx$

d) $\int_{1}^{\sqrt{3}} \frac{dx}{3 + x^2}$

f) $\int_{1}^{e} \frac{(\ln x)^3}{x} dx$

g) $\int_{-1}^{1} x\sqrt{2 + 2x^2}\, dx$

h) $\int_{0}^{\pi} \operatorname{sen} x \cos^2 x\, dx$

i) $\int_{\pi/4}^{\pi/2} \operatorname{cotg} x\, dx$

11 Calcula el valor de las siguientes integrales definidas:

a) $\int_{1}^{e} \frac{\operatorname{sen}(\ln x)}{x} dx$

b) $\int_{0}^{\pi} (\operatorname{sen}^3 x + \operatorname{sen}^2 x) \cos x\, dx$

c) $\int_{0}^{2} \frac{2x + 3}{2x + 1} dx$

d) $\int_{0}^{2} \frac{x^2}{x + 1} dx$

e) $\int_{1}^{e} x \ln x\, dx$

12 Razona las siguientes afirmaciones:

a) El área de un trapecio mixtlíneo determinado por una función *f* continua en $[a, b]$ es el valor de la integral definida en dicho intervalo.

b) Si una función continua toma valores positivos y negativos en un intervalo $[a, b]$, el área que determina en dicho intervalo puede ser nula.

c) Para calcular el área que determina una función *f* definida negativa en $[a, b]$ hacemos $A = \int_b^a f$.

13 Dada la función $f(x) = x^2\sqrt{x} - x^2$, calcula el área comprendida por su gráfica en el intervalo [1, 4].

14 Sabiendo que el área que determina $f(x) = 2x^2 + a$ entre $x = 1$ y $x = 3$ es 70/3 u², averigua el valor de la constante *a*, donde $a > 0$.

15 Estudiando previamente el signo de la función, calcula las áreas comprendidas por:

a) La curva de la función $f(x) = 2x^3 + x^2 - 7x - 6$, el eje de abscisas y las rectas de ecuación $x = -1$, y $x = 3$.

b) La curva de la función $f(x) = \dfrac{2x-1}{\sqrt[3]{x}}$, el eje de abscisas y las rectas de ecuación $x = 1$ y $x = 3$.

c) La curva de $f(x) = x^3 + 2x^2 - x - 2$ y el eje de abscisas.

d) La gráfica de la función $f(x) = 2x + \sqrt{x} - 1$, el eje de ordenadas y el eje de abcisas.

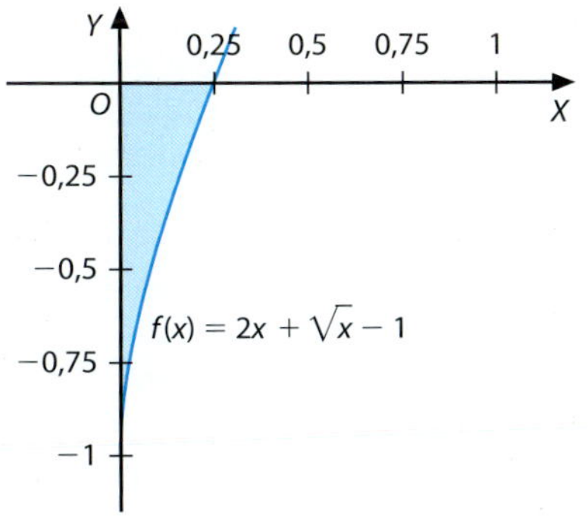

FIGURA 8.30.

16 Calcula el área del recinto limitado por las curvas de ecuaciones $y = x^2 + 2x - 1$ e $y = -x^2 + 3$.

17 Determina el área limitada por las curvas $y = x^3$ e $y = \sqrt[3]{x}$ en el primer cuadrante.

18 Halla el área del recinto limitado por $f(x) = x^3 - 2x$ y $g(x) = x^2$ considerando valores de $x \leq 0$.

19 Calcula el área del recinto limitado por la curva $y = \dfrac{1}{\sqrt{x+4}}$, y las rectas de ecuación $y = 1$ y $x = 0$.

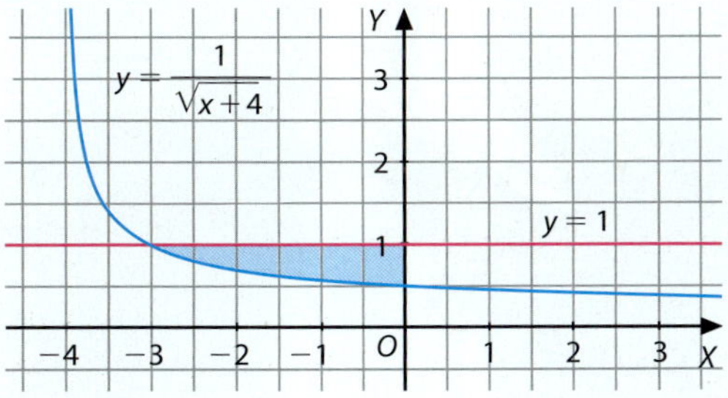

FIGURA 8.31.

20 Calcula el área del recinto limitado por las gráficas de las funciones $f(x) = x$, $g(x) = \sqrt{x+2}$ y el eje de abscisas.

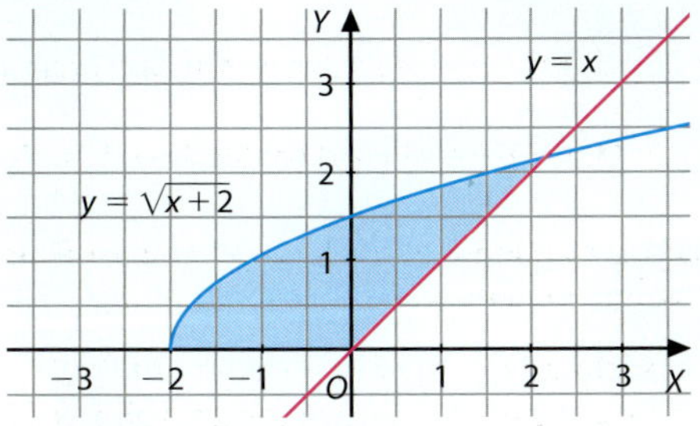

FIGURA 8.32.

21 Calcula el área del recinto finito limitado por la gráfica de la función $f(x) = x^4$, su recta tangente en el punto (1, 1) y el eje *OY*.

22 Determina el área de la región plana limitada por las gráficas de la parábola $y = 4x - x^2$, su recta tangente en el origen de coordenadas y la recta $x = 2$. Dibuja también esta región.

23 Calcula, por el método de los trapecios, subdividiendo el intervalo en diez partes, una aproximación de la siguente integral definida:

$$\int_{-1}^{1} e^{-x^2}\,dx$$

A continuación, realiza otra aproximación utilizando la fórmula de Simpson.

24 Dada la función $f(x) = xe^x$, calcula el área del trapecio mixtilíneo delimitado por su gráfica, el eje de abscisas y las rectas $x = 0$ y $x = 1$:

a) De manera aproximada, utilizando el método de los trapecios y la fórmula de Simpson.

b) Calculando $\int_0^1 e^x\,dx$. (Consulta la *Integración por partes* en la sección *Estrategias.*)

25 Calcula el espacio recorrido por un móvil cuya velocidad, en m/s, depende del tiempo, y cuya ecuación es:

$$v(t) = 2 + 10t$$

a) En los 20 primeros segundos.

b) Entre los instante $t = 7$ y $t = 10$.

26 El caudal, en hectólitros por día, de una pequeña fuente en una región montañosa, sigue la ley $C(t) = 30e^{-0,05t+2}$, donde *t* es el tiempo transcurrido, en días, desde el inicio del deshielo. Tomando por 360 los días del año:

a) Calcula el volumen de agua vertido por la fuente durante los tres primeros meses del deshielo.

b) Halla el caudal medio durante los seis últimos meses.

27 Los beneficios de una empresa, en miles de euros por año, se ajustan a la siguiente función:

$$B(x) = \frac{5x}{x^2 + 4}$$

¿A cuánto ascienden los beneficios acumulados en los cinco primeros años de vida de la empresa?

28 El alcohol en sangre de un conductor es de 0,4 g/cc. Sabiendo que la disminución de alcohol se rige por la función $m(t) = m_0\,(1/3)^t$, donde *m* es la cantidad de alcohol por centímetro cúbico y *t*, el tiempo medido en horas, calcula la cantidad de alcohol que habrá eliminado en 1,5 h. ¿Será suficiente para poder reanudar la conducción, si esta se permite con un nivel de alcohol en sangre menor que 0,08 g/cc?

29 Un proyectil se lanza desde un avión con velocidad, en m/s, de ecuación $v(t) = 10 + 32t$. Si a los 10 s todavía no ha llegado al suelo, ¿qué se puede afirmar sobre la altura a la que va el avión?

MATEMÁTICAS MODERNAS

Transición del XIX al XX

Uno de los matemáticos más sobresalientes del período de transición del siglo XIX al XX es, sin duda, **David Hilbert** (1862-1943), nacido en Königsberg. En el segundo Congreso Internacional de matemáticas, celebrado en París en 1900, Hilbert, que ya era profesor en la universidad alemana de Gotinga, planteó 23 problemas cuya resolución marcaría, a su juicio, el rumbo de las matemáticas en el siglo XX.

Uno de ellos proponía encontrar una base axiomática que permitiese deducir toda la matemática pura a partir de un número reducido de principios fundamentales. Muchos matemáticos han dedicado sus esfuerzos a resolver estos problemas. Entre otros, el matemático ruso **Andrey Nicolaievich Kolmogorov** (1903-1987) construyó una sólida fundamentación axiomática de la teoría de las probabilidades, y **Janos von Newmann** (1903-1957) matemático húngaro y compañero de **Albert Einstein** en el Instituto de Estudios Avanzados de Princeton, contribuyó, no solo a la matemática aplicada, sino también a la axiomatización de la teoría de conjuntos y de la teoría de grupos y a la lógica matemática. A él se debe la formalización de los llamados espacios de Hilbert.

Se hace referencia a Albert Einstein porque su nombre está asociado a la gran revolución de la física de principios de siglo, y porque es indiscutible la estrecha relación que esta ciencia y la matemática han tenido a lo largo de su historia. Y al igual que ha ocurrido en la física, en matemáticas se han generado diversas escuelas o tendencias.

A partir de los intentos de Hilbert para resolver problemas cruciales de fundamentación de las matemáticas, nació la llamada **escuela formalista,** que se esforzaba por desarrollar la matemática sólo a partir de la coherencia de su propio discurso, dejando de lado cualquier tipo de parentesco entre sus objetos básicos y la realidad.

Sin embargo, un matemático austriaco especialista en lógica, **Kurt Gödel** (1906-1978), que también trabajaba en Princeton, probó en 1931 que solo con métodos axiomático-deductivos no se puede asegurar que las matemáticas formen un sistema lógico completo. Un sistema lógico está constituido por proposiciones a las cuales se les asigna dos valores posibles, *verdadero* o *falso,* según una determinada interpretación. Un sistema es completo si cada una de sus proposiciones es decidible en su seno, es decir, si se puede encontrar para ella una interpretación que le asigne alguno de los valores posibles antes mencionados. Gödel probó que, en todo sistema lógico lo suficientemente vasto como para poder incluir la aritmética, existen proposiciones no decidibles, es decir, que dicho sistema no es completo.

Pero en el mismo congreso en que Hilbert enunció sus célebres problemas, algunos de los cuales aún no han sido resueltos o se ha probado que no se pueden resolver, otro extraordinario y prolífico matemático, **Henri Poincaré** (1854-1912), que se puede considerar como la otra gran figura de transición en el cambio de siglo, presentó un comunicado en el que comparaba la lógica y la intuición en la matemática, decantándose claramente por la última. Alrededor de las ideas de Poincaré surgió otra de las tendencias de la matemática del siglo XX que dio lugar a la **escuela intuicionista,** según la cual la matemática tiene una base empírica al igual que otras ciencias.

Por último, hay que citar otra corriente que incluye la matemática dentro de la lógica, y que tiene su origen en la **escuela logicista.** Podemos considerar al filósofo y matemático **Bertrand Russell** (1872-1970) el iniciador de esta corriente que considera que la principal característica de la matemática es su estructura lógica.

No obstante, no hay que pensar que estas tres concepciones son totalmente excluyentes entre sí y que los matemáticos se adscriben exclusivamente a una u otra. Es significativo el caso del matemático **Hermann Weyl** (1885-1955), discípulo de Hilbert, que, sin embargo, se considera un intuicionista, y que ha contribuido de forma notable al desarrollo de la relatividad y de la mecánica cuántica, ambas teorías revolucionarias en la física del siglo XX.

El avance de las matemáticas ha permitido el desarrollo científico y tecnológico del siglo XX.

Evaluación

1. Si $F(x)$ y $G(x)$ son dos primitivas de una misma función, entonces:

   a) $f'(x) = g'(x) = F(x) = G(x)$

   b) $f(x) = F'(x) = G'(x)$

   c) $F(x) - G(x) = 0$

2. Si sabemos que $y'' = 3$ y que en el punto de abscisa $x = -1$, la parábola $y = f(x)$ tiene por tangente la recta $y = -x + 3$, su ecuación es:

   a) $y = \frac{3}{2}x^2 + 2x + \frac{9}{2}$

   b) $y = 3x^2 + 4x + 9$

   c) $y = 3x^2 - x + 3$

3. Calcula $\int \frac{e^{\sqrt{x}}}{\sqrt{x}}\,dx$.

   a) $2\,e^{\sqrt{x}} + C$

   b) $e^{\sqrt{x}} + C$

   c) $\frac{1}{2}e^{2\sqrt{x}} + C$

4. Calcula $\int \frac{2x+1}{x^2+4}\,dx$.

   a) $\ln|x^2+4| + \frac{1}{2}\text{arc tg}\left(\frac{x}{2}\right) + C$

   b) $\ln|x^2+4| + \frac{1}{4}\text{arc tg}\,x + C$

   c) $2\ln|x^2+4| + \text{arc tg}\left(\frac{x}{\sqrt{2}}\right) + C$

5. Dada la función $f(x) = x^2 - 1$, en el intervalo $[-3, 2]$ y la partición P del mismo formada por los puntos $P = \{-3, -2, -1, 1, 2\}$, la suma superior y la suma inferior correspondientes a dicha partición y a dicho intervalo, son:

   a) 14 y 1 *b)* 14 y 5 *c)* Iguales.

6. El área delimitada por la curva $y = \sqrt[3]{x}$ en el intervalo $[-1, 1]$, es:

   a) $A = 2\left|\int_{-1}^{0} \sqrt[3]{x}\,dx\right|$

   b) $A = \left|\int_{-1}^{1} \sqrt[3]{x}\,dx\right|$

   c) $A = \int_{0}^{-1} \sqrt[3]{x}\,dx + \int_{0}^{1} \sqrt[3]{x}\,dx$

7. El área de la región del plano delimitada por la curva $y = x^3 - x^2 - 2x$ y las rectas $y = 0$, $x = -1$ y $x = 3$, es:

   a) $\frac{19}{3}$ u^2

   b) $\frac{71}{12}$ u^2

   c) 8 u^2

8. El área delimitada por los ejes de coordenadas, la curva $y = \sqrt{x-2}$ y la tangente a dicha curva en el punto de abscisa 6, es:

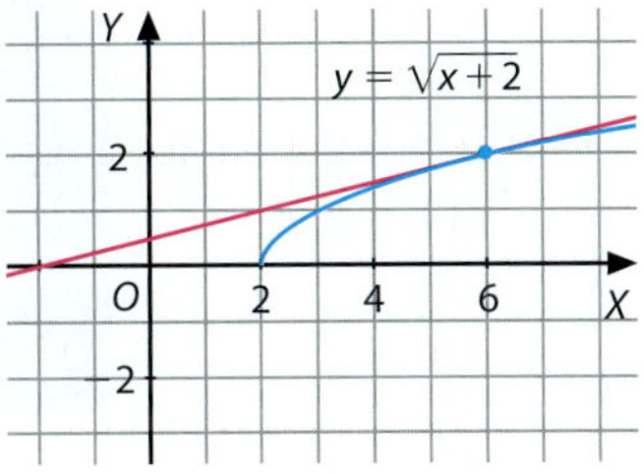

FIGURA 8.33.

   a) $\frac{103}{18}$ u^2 *b)* $\frac{8}{3}$ u^2 *c)* $\frac{13}{6}$ u^2

9. La evolución de las ventas de un modelo de teléfono, en miles de unidades, durante los dos últimos años se ajusta a la función:

$$C(t) = \frac{2e^t}{1+e^t}$$

   donde t es el tiempo, en meses. Calcula el número de unidades vendidas durante el último año.

   a) 24 000

   b) 22 614

   c) 2 000

10. Un determinado antibiótico se elimina, en g/L, según la función $f(t) = -0{,}125e^{-0{,}25t}$, siendo t el tiempo, en horas, transcurido a partir de su ingestión. Averigua la función que expresa la concentración en sangre sabiendo que ocho horas después de su ingestión es de 0,568 g/L.

   a) $F(t) = 0{,}03125e^{-0{,}25t} + 0{,}564$

   b) $F(t) = 0{,}5e^{-0{,}25t} + 0{,}568$

   c) $F(t) = 0{,}5 \cdot (e^{-0{,}25t} + 1)$

9 Probabilidad

1. ¿Qué probabilidad hay de sacar cara al lanzar una moneda? ¿Y dos caras al lanzar dos monedas?

2. Al lanzar dos dados, ¿qué es más probable, que su suma sea 7 o que sea 5?

3. ¿Cuántas cartas de una baraja española hay que extraer para asegurarse de que va a salir un oro? ¿Y una sota?

Cuando en el siglo XVII Antoine Gombaud (1610-1685), más conocido como el Caballero de Mère, propuso al gran matemático Blaise Pascal (1623-1662) una serie de problemas relacionados con los juegos de azar, no podía imaginar que tres siglos más tarde, cuando Albert Einstein (1879-1955) pronunciase la famosa frase «Dios no juega a los dados», la probabilidad se habría convertido en una herramienta fundamental para la interpretación física del universo en que vivimos.

Uno de los problemas que planteó el Caballero de Mère a Pascal rezaba así: suponiendo que se lancen varias veces seguidas dos dados, ¿cuántas tiradas habrá que hacer, como mínimo, para apostar con ventaja que saldrá un doble seis? A fin de solucionar los problemas que le propuso el Caballero de Mère, Pascal inició una relación epistolar con otro matemático, Pierre de Fermat (1601-1665). El estudio de esta correspondencia permitió a Christian Huygens (1629-1695) escribir el primer texto conocido dedicado por completo a la probabilidad.

Al finalizar la unidad, podrás resolver el problema del Caballero de Mère y habrás adquirido el criterio probabilístico necesario para comprender que, cuando Einstein pronunció su frase en el marco de una conversación con el físico Werner Heisenberg (1901-1976), se refería a que los fenómenos de la naturaleza no podían tener un tratamiento probabilístico, sino que deberían ser deterministas; es decir, siempre debería ser posible predecirlos de manera exacta; sin embargo, como decía Heisenberg: «Parece ser que las leyes de la naturaleza versan sobre lo posible y lo probable, y que las decisiones que conducen de lo posible a lo fáctico solo cabe registrarlas estadísticamente, no predecirlas»; o, según Stephen Hawking: «Dios no solo juega a los dados, sino que, además, los tira donde no podemos verlos».

1 Experimento aleatorio. Sucesos

El azar

Los experimentos aleatorios empezaron a ser estudiados en relación con los juegos en los que interviene el azar: cartas, dados, loterías, etcétera.

La palabra «aleatorio» proviene del latín *alea,* que significa «dado» o «suerte». Recuerda la famosa frase pronunciada por Julio César: «Alea iacta est», es decir, «la suerte está echada».

Tanto en la vida cotidiana como en la práctica científica existen **experimentos** cuyos resultados se pueden predecir con antelación. Por ejemplo, cuando dejamos caer una piedra, podemos determinar cuánto tiempo tardará en llegar al suelo; si colgamos un peso de un muelle, somos capaces de averiguar cuál será la longitud de su alargamiento; cabe, igualmente, predecir cuándo habrá un eclipse de Sol o de Luna o cuándo pasará un determinado cometa por cierto lugar.

Estos experimentos se denominan **deterministas** o **causales,** ya que la causa determina unívocamente el resultado.

Existen, por el contrario, experimentos en los que es imposible asegurar cuál será el resultado. Por ejemplo, al lanzar un dado, no es posible saber qué número vamos a obtener; tampoco se puede determinar qué número resultará premiado en la lotería ni predecir cuál será la carta que extraeremos de una baraja.

Estos experimentos reciben el nombre de **aleatorios.**

Un **experimento aleatorio** es aquel cuyo resultado no se puede predecir.

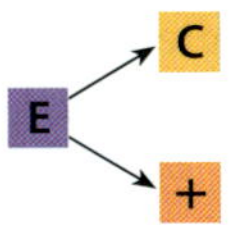

FIGURA 9.1.a.

En la práctica existen fenómenos deterministas que requieren un tratamiento tan complejo que solo pueden ser abordados si se consideran experimentos aleatorios.

El matemático francés Henri Poincaré (1845-1912) afirmaba que el azar no es más que una medida de nuestro desconocimiento: al lanzar una moneda al aire, no se puede predecir si saldrá cara o cruz; pero si se conociera su posición y velocidad iniciales, el rozamiento del aire, las turbulencias creadas en este por el giro de la moneda, etc., es decir, si fuera posible escribir detalladamente la ecuación de su movimiento, se podría predecir el resultado. El análisis de este experimento es tan complejo que resulta imposible hacer la predicción y, por ello, en la práctica se considera aleatorio.

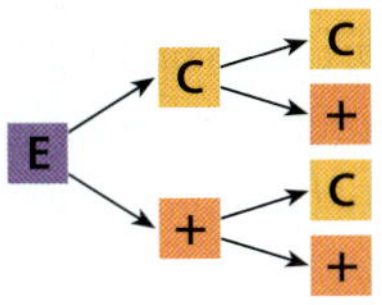

FIGURA 9.1.b.

El conjunto de todos los resultados que se pueden obtener al realizar un experimento aleatorio recibe el nombre de **espacio muestral.** El espacio muestral se representa mediante la letra ***E.***

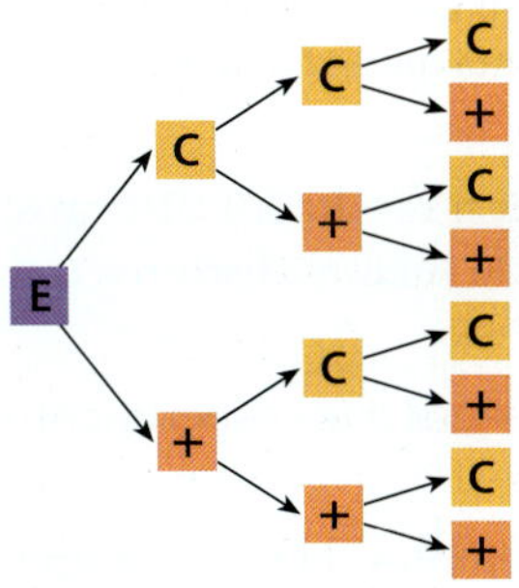

FIGURA 9.1.c.

Veamos algunos ejemplos:

- Al realizar el experimento de lanzar una moneda, el espacio muestral será (figura 9.1.a):

$$E = \{C, +\} \qquad \text{C: cara} \qquad +\text{: cruz}$$

- Al realizar el experimento de lanzar dos monedas, el espacio muestral será (figura 9.1.b):

$$E = \{CC, C+, +C, ++\}$$

- Al realizar el experimento de lanzar tres monedas, el espacio muestral será (figura 9.1.c):

$$E = \{CCC, CC+, C+C, C++, +CC, +C+, ++C, +++\}$$

- Al realizar el experimento de lanzar un dado, el espacio muestral será:

$$E = \{1, 2, 3, 4, 5, 6\}$$

- Al realizar el experimento de lanzar dos dados y sumar los puntos obtenidos, el espacio muestral será:

$$E = \{ 2, 3, 4, 5, 6, 7, 8, 9, 10, 11, 12\}$$

OTRAS ACTIVIDADES

I Escribe el espacio muestral correspondiente al experimento *lanzar cuatro monedas.*

II Determina el espacio muestral correspondiente al experimento *lanzar tres dados y sumar los puntos obtenidos.*

Cada uno de los subconjuntos del espacio muestral recibe el nombre de **suceso.**

Cualquiera de las preguntas que se pueden formular con respecto al espacio muestral implica un suceso. Estos se representan mediante letras mayúsculas.

Existen diferentes tipos de sucesos:

- **Sucesos elementales.** Son aquellos que están formados por un único resultado del experimento. En el ejemplo de lanzar dos dados y observar la suma de sus caras sería un suceso elemental *sumar 4*:

$$A = \{4\}$$

- **Sucesos compuestos.** Son aquellos formados por más de un resultado del experimento aleatorio. En el ejemplo anterior sería un suceso compuesto *sumar número par*:

$$B = \{2, 4, 6, 8, 10, 12\}$$

- **Sucesos seguros.** Son aquellos que se verifican siempre que se efectúa el experimento. El suceso seguro se identifica con la letra E. En el caso analizado sería un suceso seguro *sumar menos de 13*:

$$E = \{2, 3, 4, 5, 6, 7, 8, 9, 10, 11, 12\}$$

- **Sucesos imposibles.** Son aquellos que no se verifican nunca. El suceso imposible se representa mediante el símbolo $\varnothing$. Siguiendo el mismo ejemplo, sería un suceso imposible *sumar 15*.
- **Sucesos contrarios.** Dos sucesos son contrarios o complementarios si la no verificación de uno implica la verificación del otro. El contrario del suceso A se representa por $\overline{A}$. Serían sucesos contrarios *sumar par* y *sumar impar*. No serían sucesos contrarios *sumar par* y *sumar múltiplo de 5*, ya que si los dados suman 10, se verifican los dos sucesos a la vez.
- **Sucesos incompatibles.** Dos sucesos son incompatibles si no se pueden verificar los dos simultáneamente. Serían sucesos incompatibles *sumar 3* y *sumar múltiplo de 2*.

Observa

Dos sucesos contrarios son incompatibles, pero dos sucesos incompatibles no son necesariamente contrarios.

El conjunto de todos los sucesos que pueden tener lugar en un experimento aleatorio recibe el nombre de **espacio de sucesos** y se representa mediante $\mathcal{P}(E)$.

Observa que un experimento aleatorio puede tener n resultados distintos, pero el espacio de sucesos, $\mathcal{P}(E)$, es decir, el número de sucesos distintos que se pueden obtener, es siempre mayor que n.

Se puede demostrar que el número de sucesos asociados a un experimento aleatorio con n resultados distintos es 2^n.

En efecto, en primer lugar existen n sucesos elementales. Hay, así mismo, $\binom{n}{2}$ sucesos compuestos formados por dos sucesos elementales, $\binom{n}{3}$ sucesos compuestos formados por tres sucesos elementales, y así sucesivamente hasta llegar al suceso seguro formado por n sucesos elementales, $\binom{n}{n} = 1$.

Recuerda

$\binom{n}{0} = 1 \quad \binom{n}{1} = n \quad \binom{n}{n} = 1$

Si consideramos también el suceso imposible, $\varnothing$, la suma total de los sucesos viene dada por la siguiente expresión:

$$\binom{n}{0} + \binom{n}{1} + \binom{n}{2} + \ldots + \binom{n}{n}$$

que es la potencia n-ésima del binomio $(1 + 1)^n = 2^n$.

2 Operaciones con sucesos

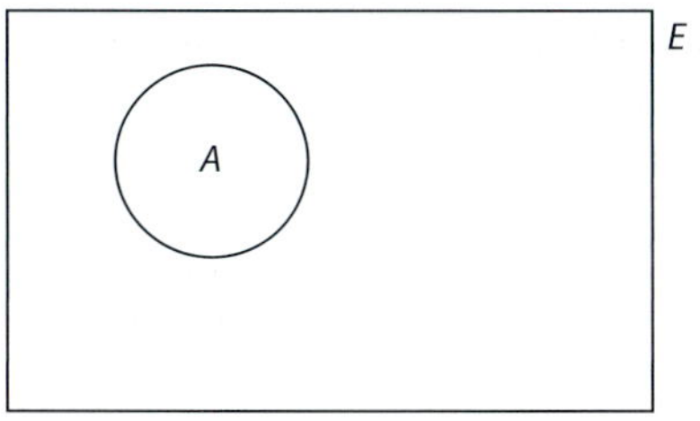

FIGURA 9.2.

Para facilitar la comprensión de las operaciones con sucesos, se suele representar el espacio muestral mediante un rectángulo, y los diferentes sucesos, incluidos los sucesos elementales propios, con círculos dentro del espacio muestral (figura 9.2).

En la figura 9.2, el suceso A contiene elementos del espacio muestral E. Esta forma de representación gráfica recibe el nombre de **diagrama de Venn.**

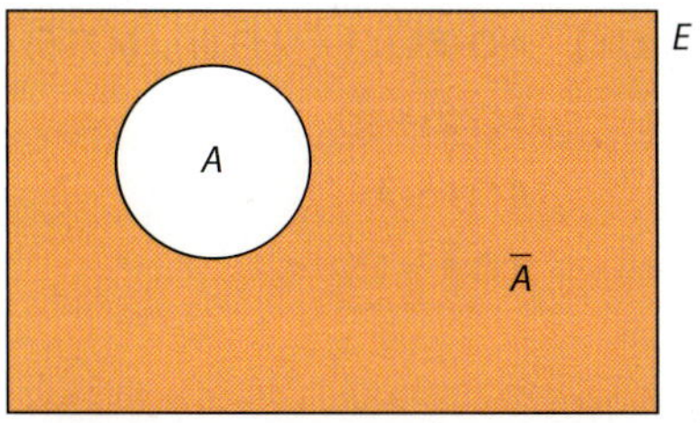

FIGURA 9.3.

Los elementos no pertenecientes al suceso A corresponden al suceso contrario de A, que es $\overline{A}$ (figura 9.3). Por ejemplo, en el experimento de lanzar dos dados y sumar sus caras, si tomamos el suceso A = *salir suma par*, entonces el suceso contrario será *salir suma impar* (figura 9.4).

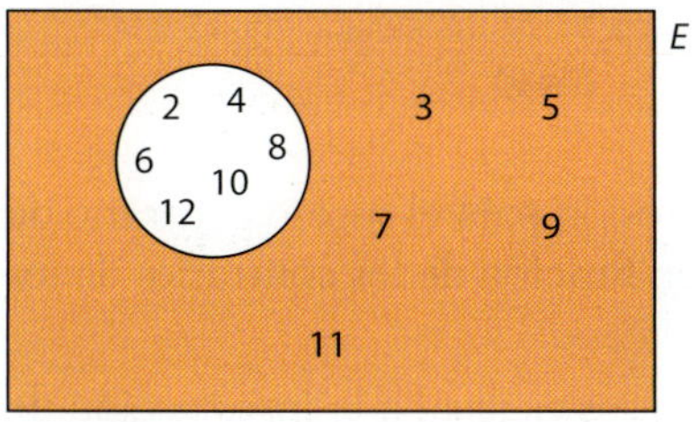

FIGURA 9.4.

2.1. Unión de sucesos

Dados dos sucesos, A y B, el **suceso unión, A ∪ B,** es aquel que se verifica si lo hace al menos uno de los dos sucesos, A o B; vendrá representado gráficamente por las partes coloreadas de la figura 9.5.

La unión de dos sucesos indica, pues, que se cumple uno cualquiera de ellos o los dos simultáneamente.

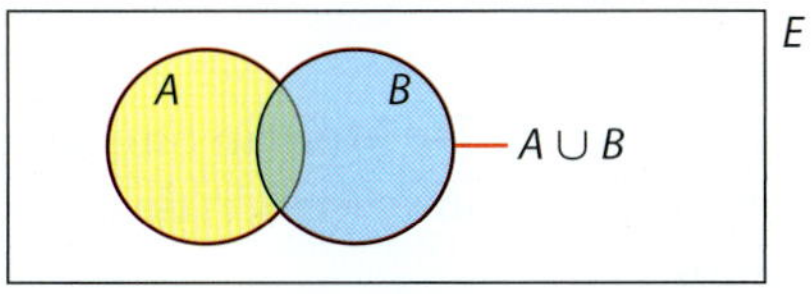

FIGURA 9.5.

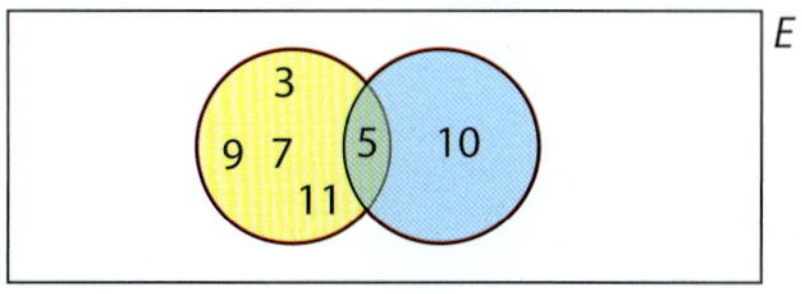

FIGURA 9.6.

Retomando el experimento de lanzar dos dados, si el suceso A es *sumar número impar*, y el suceso B, *sumar múltiplo de 5*, su unión es (figura 9.6):

$$A \cup B = \{3, 5, 7, 9, 10, 11\}$$

2.2. Intersección de sucesos

Dados dos sucesos, A y B, el **suceso intersección, A ∩ B,** se verifica cuando se cumplen A y B al mismo tiempo. La figura 9.7 muestra su representación gráfica.

La intersección de dos sucesos indica que se cumplen los dos a la vez.

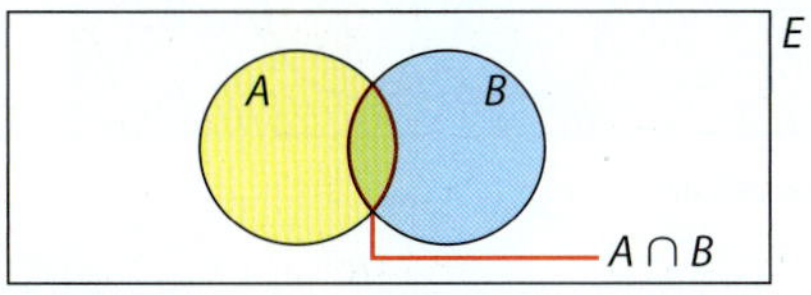

FIGURA 9.7.

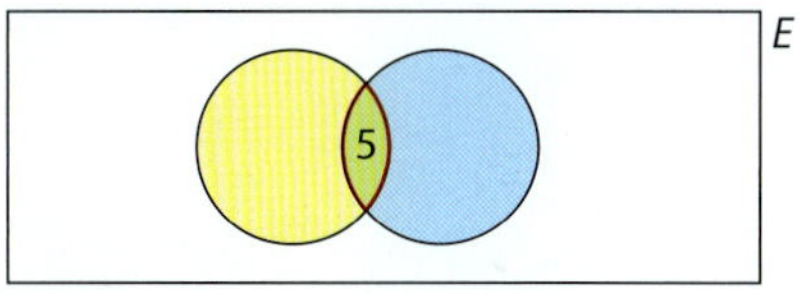

FIGURA 9.8.

La intersección, en el ejemplo anterior, es (figura 9.8):

$$A \cap B = \{5\}$$

Si dos sucesos, A y B, son incompatibles, entonces **A ∩ B = ∅.**

ACTIVIDADES

1 Resuelve: ***a)*** $A \cup \overline{A}$ ***b)*** $A \cup E$ ***c)*** $A \cup \varnothing$

Solución: ***a)*** E ***b)*** E ***c)*** A

2 Resuelve: ***a)*** $A \cap \overline{A}$ ***b)*** $A \cap E$ ***c)*** $A \cap \varnothing$

Solución: ***a)*** ∅ ***b)*** A ***c)*** ∅

2.3. Propiedades de las operaciones con sucesos

En los siguientes cuadros se enuncian las propiedades de las operaciones con sucesos. Puedes demostrarlas fácilmente con ayuda de los diagramas de Venn.

Propiedad	Unión	Intersección
Asociativa	$A \cup (B \cup C) = (A \cup B) \cup C$	$A \cap (B \cap C) = (A \cap B) \cap C$
Conmutativa	$A \cup B = B \cup A$	$A \cap B = B \cap A$
Idempotente	$A \cup A = A$	$A \cap A = A$
Simplificativa	$A \cup (A \cap B) = A$	$A \cap (A \cup B) = A$
Distributiva	$A \cup (B \cap C) = (A \cup B) \cap (A \cup C)$	$A \cap (B \cup C) = (A \cap B) \cup (A \cap C)$
Elemento ínfimo	$A \cup \varnothing = A$	$A \cap \varnothing = \varnothing$
Elemento universal	$A \cup E = E$	$A \cap E = A$
Complementario de un suceso	$A \cup \overline{A} = E$	$A \cap \overline{A} = \varnothing$

Otras propiedades	
Involución	$\overline{(\overline{A})} = A$
Contrario del ínfimo	$\overline{\varnothing} = E$
Contrario del universal	$\overline{E} = \varnothing$

Las **leyes de De Morgan** ofrecen una expresión para el suceso contrario de la unión y de la intersección de dos sucesos en función de los contrarios de los mismos:

- El suceso contrario de la unión de dos sucesos es igual a la intersección de sus contrarios.

$$\overline{A \cup B} = \overline{A} \cap \overline{B}$$

Demostración:

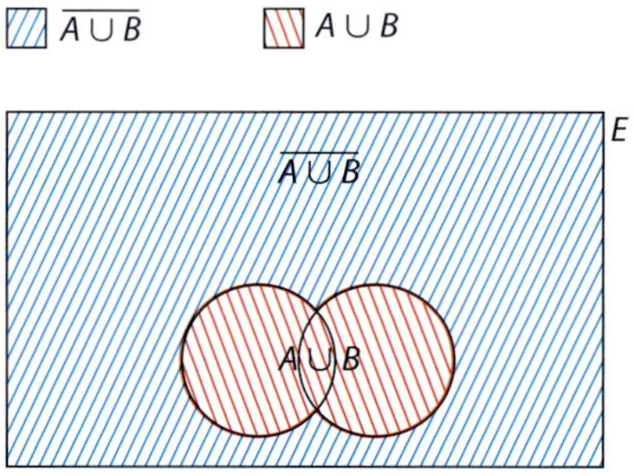

FIGURA 9.9.a.

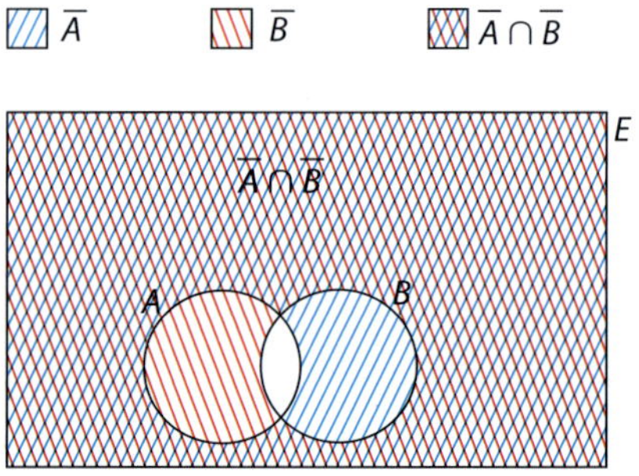

FIGURA 9.9.b.

- El suceso contrario de la intersección de dos sucesos es igual a la unión de sus contrarios.

$$\overline{A \cap B} = \overline{A} \cup \overline{B}$$

Demuestra tú ahora, utilizando los diagramas de Venn, la segunda ley de De Morgan.

ACTIVIDADES

3 Se lanzan tres dardos sobre una diana. Los sucesos *hacer blanco con el primer dardo, con el segundo* y *con el tercero* son designados mediante M_1, M_2 y M_3, respectivamente. Se obtiene premio cuando se hace blanco con un mínimo de dos dardos. Escribe, en función de M_1, M_2 y M_3, el suceso *obtener premio.*

Solución: $(M_1 \cap M_2 \cap M_3) \cup (M_1 \cap M_2 \cap \overline{M_3}) \cup (M_1 \cap \overline{M_2} \cap M_3) \cup (\overline{M_1} \cap M_2 \cap M_3)$

E J E M P L O S

a) *En una ciudad se realiza un estudio estadístico sobre la audiencia de tres cadenas de TV, una estatal (S), una autonómica (A) y una privada (P). Del resultado de la encuesta se sacan las siguientes conclusiones: la cadena estatal tiene una audiencia media del 43 %; la autonómica, del 38 %, y la privada, del 39 %. Además, el 15 % de los encuestados ve habitualmente la estatal y la autonómica; el 12 %, la autonómica y la privada; el 8 %, la estatal y la privada, mientras que el 3 % ve las tres cadenas.*

Representar los datos de la encuesta utilizando los diagramas de Venn y escribir los sucesos compuestos que se dan.

La representación gráfica es la siguiente:

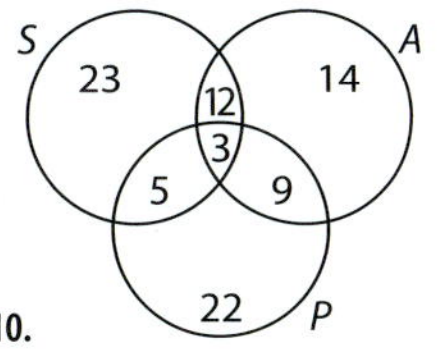

FIGURA 9.10.

Dados los sucesos S, A y P, podemos escribir los siguientes sucesos compuestos en función de ellos:

- Ver la TV: $S \cup A \cup P$; el 88 %.
- Ver la cadena estatal, pero no la autonómica: $S \cap \overline{A}$; el 28 %.
- Ver las tres cadenas: $S \cap A \cap P$; el 3 %.
- No ver la TV: $\overline{S \cup A \cup P}$; el 12 %.

Escribe tú ahora el suceso *ver como mínimo dos cadenas*.

A C T I V I D A D E S

4 Se lanzan dos dados y se consideran los sucesos *A, salir suma par,* y *B, salir como mínimo un 2.* Escribe los siguientes sucesos:

a) A y B ***c)*** $A \cap B$ ***e)*** $\overline{B}$

b) $A \cup B$ ***d)*** $\overline{A}$ ***f)*** $\overline{A} \cap B$

Solución: ***a)*** $A = \{(1, 1), (1, 3), (3, 1), (2, 2), (1, 5), (5, 1), (4, 2), (2, 4), (3, 3), (6, 2), (2, 6), (3, 5), (5, 3), (4, 4), (4, 6), (6, 4), (5, 5), (6, 6)\}$. $B = \{(2, 1), (1, 2), (2, 2), (2, 3), (3, 2), (4, 2), (2, 4), (5, 2), (2, 5), (6, 2), (2, 6)\}$

b) $A \cup B = \{(1, 1), (1, 3), (3, 1), (2, 2), (1, 5), (5, 1), (4, 2), (2, 4), (3, 3), (6, 2), (2, 6), (3, 5), (5, 3), (4, 4), (4, 6), (6, 4), (5, 5), (6, 6), (2, 1), (1, 2), (3, 2), (2, 3), (5, 2), (2, 5)\}$

c) $A \cap B = \{(2, 2), (4, 2), (2, 4), (6, 2), (2, 6)\}$

d) $\overline{A} = \{(1, 2), (2, 1), (1, 4), (4, 1), (3, 2), (2,3), (1, 6), (6, 1), (2, 5), (5, 2), (4, 3), (3, 4), (6, 3), (3, 6), (4, 5), (5, 4), (5, 6), (6, 5)\}$

e) $\overline{B} = \{(1, 1), (1, 3), (1, 5), (1, 6), (3, 1), (3, 3), (3, 4), (3, 5), (3, 6), (4, 1), (4, 3), (4, 4), (4, 5), (4, 6), (5, 1), (5, 3), (5, 4), (5, 5), (5, 6), (6, 1), (6, 3), (6, 4), (6, 5), (6, 6)\}$

f) $\overline{A} \cap B = \{(2, 1), (1, 2), (3, 2), (2, 3), (5, 2), (2, 5)\}$

5 En una ciudad se publican tres periódicos, *A, B* y *C.* El 35 % de la población lee el periódico *A;* el 40 %, el *B,* y el 43 %, el *C.* El 15 % lee el *A* y el *B;* el 17 %, el *B* y el *C,* y el 10 %, el *A* y el *C.* El 2 % de la población lee los tres periódicos.

a) ¿Qué porcentaje de ciudadanos no lee la prensa?

b) ¿Cuántas personas leen como mínimo 2 periódicos?

c) ¿Cuántas personas leen el periódico *A* o el *C*?

d) ¿Cuántas personas no leen el periódico *A*?

Solución: ***a)*** 22 % ***b)*** 38 % ***c)*** 68 % ***d)*** 65 %

3 Probabilidad

3.1. Ley empírica de la probabilidad. Ley de los grandes números

Al estudiar los experimentos aleatorios en el epígrafe anterior, se ha hecho referencia a la imposibilidad de predecir, por ejemplo, el resultado del lanzamiento de una moneda. Sin embargo, si lanzamos la moneda un número elevado de veces, sí que cabe esperar que aproximadamente en la mitad de las ocasiones obtengamos como resultado cara, y en la otra mitad, cruz.

Dado un experimento aleatorio, llamamos A al suceso correspondiente a este experimento. Al realizar el experimento n veces, el suceso A se verificará en m ocasiones $(m \leq n)$. Se designa a m **frecuencia absoluta** del suceso A $(f(A))$.

La **frecuencia relativa** del suceso A $(fr(A))$ es el número de veces que este se ha verificado, dividido entre el número total de veces que se ha realizado el experimento.

$$fr(A) = \frac{m}{n}$$

Por ejemplo, si lanzamos una moneda diez veces y obtenemos siete caras, la frecuencia relativa del suceso *obtener cara* es 7/10.

La experiencia demuestra que, si se realiza reiteradamente un experimento aleatorio, el valor de la frecuencia relativa de un suceso tiende a estabilizarse a medida que aumenta el número de veces que se repite el experimento.

Por ejemplo, la siguiente tabla muestra el número de veces que han salido dos caras al lanzar dos monedas, y la figura 9.11 representa la frecuencia relativa correspondiente.

N.º de lanzamientos	100	200	300	400	500	600	700	800	900	1 000
2 caras	17	42	72	108	112	136	160	185	209	232

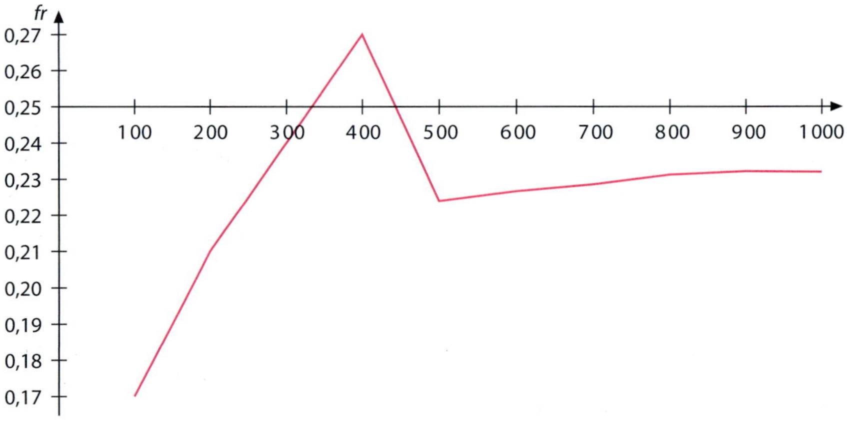

FIGURA 9.11.

El polígono de frecuencias tiende a estabilizarse en torno al valor 0,25 a medida que aumenta el número de lanzamientos efectuados.

Si repitiéramos el experimento, el polígono de frecuencias sería distinto, pero su comportamiento después de muchos lanzamientos sería parecido; es decir, el valor de la frecuencia relativa tendería a estabilizarse alrededor de 0,25.

Richard von Mises

Este matemático constató la dificultad de la expresión:

$$p(A) = \lim_{n \to \infty} \frac{m}{n} = \lim_{n \to \infty} fr(A)$$

dado que mezcla el concepto teórico de límite con la ley empírica de los grandes números.

Cuando n es lo suficientemente grande, la frecuencia relativa prácticamente coincide con la probabilidad.

OTRAS ACTIVIDADES

III Si lanzamos una moneda muchas veces, ¿en qué valor tenderá a estabilizarse, a medida que aumenta el número de veces, la frecuencia relativa del suceso *salir cara*?

La **ley empírica**[1] **del azar** o **ley de los grandes números** enuncia:

La **frecuencia relativa de un suceso** tiende a estabilizarse a medida que aumenta el número de veces que se realiza el experimento.

El primero en enunciar la ley empírica del azar fue el matemático suizo Jakob Bernoulli (1654-1705), que llegó a ella por haber dedicado casi la mitad de su vida a estudiar cuestiones relacionadas con la probabilidad.

Si consideramos que la probabilidad de un suceso A es el porcentaje de veces que cabe esperar que dicho suceso se verifique cuando se realiza el experimento aleatorio, es posible definir intuitivamente la probabilidad del suceso A como el límite de su frecuencia relativa cuando el número de veces que se repite el experimento tiende a ∞:

$$p(A) = \lim_{n \to \infty} \frac{m}{n} = \lim_{n \to \infty} fr(A)$$

Según se desprende de la ley empírica del azar, las probabilidades de los sucesos de un experimento aleatorio solo pueden ser conocidas después de realizar dicho experimento un número elevado de veces. Es por esta razón que las probabilidades anteriormente definidas reciben el nombre de **probabilidades *a posteriori*.** En ocasiones, este es el único método que permite el cálculo de probabilidades.

3.2. Definición clásica de probabilidad. Ley de Laplace

Pierre Simon Laplace

(1749-1827). Matemático, físico, filósofo y astrónomo francés. En 1812 publicó *Théorie analytique des probabilités,* donde realizó una exposición sistemática de todos los conocimientos de la época sobre probabilidad.

Para Laplace, el azar tiene su fundamento en la incapacidad de la inteligencia humana para comprender la complejidad de algunos fenómenos.

La primera definición de probabilidad se debe a Pierre Simon Laplace. El método que ideó requiere que los diferentes sucesos elementales del experimento aleatorio sean **equiprobables,** es decir, que todos tengan la misma probabilidad.

Cuando los distintos sucesos elementales son equiprobables, se dice que forman un modelo de **probabilidad uniforme.**

Aunque parece un contrasentido hablar de sucesos equiprobables antes de calcular la probabilidad, no es así, pues la equiprobabilidad de los sucesos elementales es un concepto totalmente intuitivo. Nadie duda, por ejemplo, de que las probabilidades de obtener cara y cruz al lanzar una moneda son iguales, como también lo son las probabilidades de que salga cada cara de un dado y la de extraer una u otra carta de una baraja.

La definición de probabilidad enunciada por Laplace, que suele llamarse también **probabilidad *a priori*,** afirma lo siguiente:

La **probabilidad** de un suceso A es igual al cociente entre el número de casos favorables al suceso A y el número de casos posibles:

$$p(A) = \frac{\text{N.º de casos favorables al suceso } A}{\text{N.º de casos posibles}}$$

Así, lanzar un dado es un experimento aleatorio en el que los sucesos elementales 1, 2, 3, 4, 5 y 6 son equiprobables. Por intuición, sabemos que la probabilidad de que salga una cualquiera de las caras es 1/6.

[1]**empírico:** que se basa en la experiencia.

Observa

Al aplicar la ley de Laplace, se obtiene:

$p(A) \leq 1$

$p(E) = 1$

$p(\varnothing) = 0$

La ley de Laplace nos permite formalizar el ejemplo anterior de este modo:

$$p(A) = \frac{\text{N.° de casos favorables}}{\text{N.° de casos posibles}} = \frac{1}{6}$$

Por otra parte, si calculáramos la probabilidad *a posteriori*, es decir, si lanzáramos el dado un gran número de veces, veríamos que la frecuencia relativa de cada una de las caras tiende a estabilizarse en el valor 1/6.

EJEMPLOS

a) *En una bolsa hay 5 bolas negras, 3 amarillas y 2 naranjas. ¿Cuál es la probabilidad de extraer una bola naranja?*

$$p(A) = \frac{\text{N.° de casos favorables}}{\text{N.° de casos posibles}} = \frac{2}{10} = 0{,}2$$

b) *Si se extrae una carta de una baraja española (40 cartas), calcular las siguientes probabilidades:*

- *Obtener un caballo.*
- *Obtener una espada.*
- *Obtener el siete de oros.*

- $P(\text{caballo}) = \frac{4}{40} = 0{,}1$
- $P(\text{espada}) = \frac{10}{40} = 0{,}25$
- $P(\text{siete de oros}) = \frac{1}{40} = 0{,}025$

3.3. Definición axiomática de probabilidad

En el subepígrafe anterior se han tratado las probabilidades *a priori* y *a posteriori*. El cálculo *a posteriori* presenta la dificultad de que no siempre es posible realizar un número de pruebas tal que sea suficiente para aproximarnos al valor de la probabilidad de un suceso mediante su frecuencia relativa.

El cálculo de probabilidades *a priori*, según el método de Laplace, precisa que los sucesos elementales del espacio muestral sean equiprobables.

Seguidamente se da una definición más abstracta de probabilidad basada en tres axiomas[1], que fundamenta una teoría consistente de la que se derivan importantes propiedades.

Sea $\mathcal{P}(E)$ el espacio de sucesos correspondiente a un experimento aleatorio y sea A un suceso de $\mathcal{P}(E)$:

La **probabilidad** es la aplicación:

$$p: \mathcal{P}(E) \rightarrow [0,1]$$
$$A \rightarrow p(A)$$

De este modo, $p(A)$ es la probabilidad del suceso A.

La probabilidad así definida ha de cumplir los siguientes axiomas:

- $p(E) = 1$
- $0 \leq p(A) \leq 1$
- Si A y B son incompatibles, es decir, $A \cap B = \varnothing$, entonces:
$$p(A \cup B) = p(A) + p(B)$$

[1]**axioma:** verdad que se acepta como válida sin demostración, por ser evidente.

Propiedades

- $p(A) + p(\overline{A}) = 1$
- $p(\varnothing) = 0$
- Generalizando el tercer axioma, si los sucesos $A_1, A_2, A_3, \ldots, A_n$, son incompatibles dos a dos, es decir, $A_i \cap A_j = \varnothing, \forall i, j$, entonces:

  $$p(A_1 \cup A_2 \cup A_3 \cup \ldots \cup A_n) = p(A_1) + p(A_2) + p(A_3) + \ldots + p(A_n)$$

  En particular, si $A_1 \cup A_2 \cup A_3 \cup \ldots \cup A_n = E$, entonces:

  $$p(A_1) + p(A_2) + p(A_3) + \ldots + p(A_n) = 1$$

  Observa que si todos los sucesos son equiprobables, $p(A_i) = 1/n \ \forall i$.

- Si A y B son dos sucesos compatibles, es decir, si $A \cap B \neq \varnothing$, entonces:

  $$p(A \cup B) = p(A) + p(B) - p(A \cap B)$$

  En efecto, es posible representar dos sucesos compatibles, A y B, como se indica en la figura 9.12:

  Si para calcular la probabilidad de la unión procediéramos a sumar la del suceso A y la del suceso B, adicionaríamos dos veces la probabilidad de la intersección, $A \cap B$; es por ello por lo que, para calcular la probabilidad de la unión, debemos recurrir a esta expresión:

  $$p(A \cup B) = p(A) + p(B) - p(A \cap B)$$

- Si A, B y C son compatibles, la propiedad anterior se puede generalizar utilizando las propiedades de la unión de sucesos:

  $$p(A \cup B \cup C) = p(A) + p(B) + p(C) - p(A \cap B) - p(A \cap C) - p(B \cap C) + p(A \cap B \cap C)$$

Recuerda

$\forall i, j$ se lee «para todo *i* y *j*».

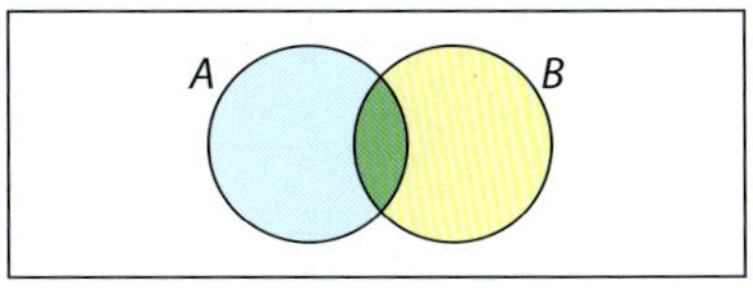

FIGURA 9.12.

Observa

Al lanzar una moneda, se puede considerar éxito obtener cara, así como obtener cruz. Lo realmente importante es el carácter excluyente de los dos resultados y la proporción de éxitos o fracasos que cabe esperar.

ACTIVIDADES

6 Determina la probabilidad de que, al extraer una carta de una baraja de 40 naipes, salga:

a) Un oro. ***b)*** Un as. ***c)*** Una figura.

Solución: ***a)*** 1/4 ***b)*** 1/10 ***c)*** 3/10

7 Al realizar el experimento de lanzar dos dados y sumar los puntos, determina la probabilidad de obtener:

a) 3 ***b)*** 7 ***c)*** 12

Solución: ***a)*** 1/18 ***b)*** 1/6 ***c)*** 1/36

8 Calcula la probabilidad de que, al lanzar tres monedas, obtengas:

a) Tres caras.

b) Como mínimo una cara (este es el suceso contrario de salir todo cruces). (Consulta la sección *Estrategias*.)

c) Más cruces que caras.

Solución: ***a)*** 1/8 ***b)*** 7/8 ***c)*** 1/2

9 Sean *A* y *B* dos sucesos tales que $p(A) = 0{,}7$, $p(B) = 0{,}5$ y $p(A \cap B) = 0{,}4$; calcula:

a) $p(A \cup B)$ ***b)*** $p(\overline{A} \cap \overline{B})$

Solución: ***a)*** 0,8 ***b)*** 0,2

10 Se ha trucado una moneda de modo que la probabilidad de que salga cara sea el triple que la de que salga cruz. ¿Cuál es la probabilidad de obtener cruz al realizar un lanzamiento?

Solución: 1/4

11 Un dado se ha trucado para que la probabilidad de que salga cada una de sus caras sea proporcional al número que aparece en ellas. Calcula la probabilidad de obtener un 4 al lanzar el dado.

Solución: 4/21

4 Probabilidad condicionada

Existen experimentos en los que el conocimiento de algún aspecto del resultado puede modificar el valor de la probabilidad asignada a un suceso. Por ejemplo, al lanzar dos dados, es posible considerar el suceso A = *obtener un 5 en, al menos, uno de los dados*.

Aplicando la fórmula de Laplace para el cálculo de la probabilidad, se obtiene $p(A) = 11/36$.

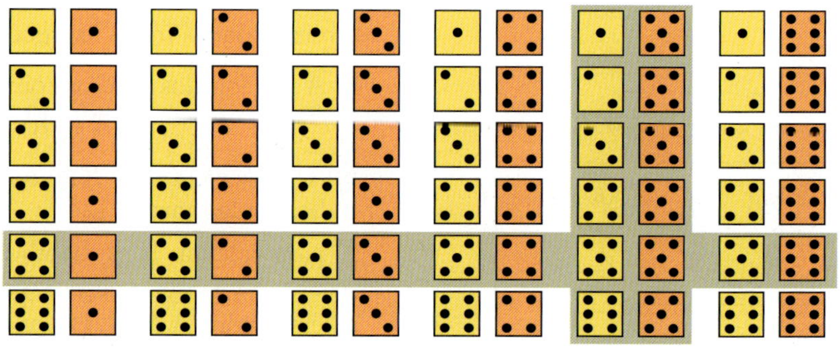

FIGURA 9.13.

	1	2	3	4	5	6
1	2	3	4	5	6	7
2	3	4	5	6	7	8
3	4	5	6	7	8	9
4	5	6	7	8	9	10
5	6	7	8	9	10	11
6	7	8	9	10	11	12

Consideramos también el suceso B = *la suma de las caras es igual a 8*; ayudándote de la tabla del margen (llamada tabla de contingencia o de doble entrada), puedes observar que la probabilidad es:

$$p(B) = 5/36$$

Ahora bien, también se podría preguntar por la probabilidad de que en una de las caras figure un 5, sabiendo que la suma de las dos es igual a 8.

Se denomina **probabilidad condicionada** del suceso *A* respecto del suceso *B* a la probabilidad del suceso *A* sabiendo que se ha cumplido el suceso *B*, y se representa mediante $p(A/B)$.

Aplicando la fórmula de Laplace al suceso anterior, el número de casos favorables es 2, y el número de casos posibles, 5; por tanto, $p(A/B) = 2/5$.

Observa que: $A \cap B = \{(5, 3), (3, 5)\}$

$B = \{(2, 6), (6, 2), (3, 5), (5, 3), (4, 4)\}$

Invirtamos ahora el experimento anterior y preguntémonos cuál es la probabilidad de que la suma sea 8 sabiendo que en uno de los dados figura un 5. De acuerdo con la definición anterior, se denomina probabilidad condicionada de B respecto de A a la probabilidad del suceso B sabiendo que se ha cumplido el suceso A, y se representa mediante $p(B/A)$:

$$p(B/A) = 2/11$$

Observa que: $B \cap A = \{(5, 3), (3, 5)\}$

$A = \{(6, 5), (5, 6), (5, 5), (4, 5), (5, 4), (3, 5), (5, 3), (2, 5), (5, 2), (1, 5), (5, 1)\}$

Para el cálculo de la probabilidad condicionada, se utiliza la expresión:

$$p(B/A) = \frac{p(B \cap A)}{p(A)} \quad \text{si } p(A) \neq 0$$

Aplicando esta expresión a los ejemplos anteriores, se obtienen los mismos resultados que utilizando la ley de Laplace, ya que:

$$p(A \cap B) = p(B \cap A) = 2/36$$

$$p(A) = 11/36 \text{ y } p(B) = 5/36$$

Observa

Como su nombre indica, en el cálculo de probabilidades condicionadas, la probabilidad de un suceso depende del cumplimiento de otro.

Observa

La probabilidad condicionada de *A* respecto de *B* equivale a considerar la probabilidad del suceso *A* como si todos los casos posibles se hubieran restringido a los casos favorables a *B*.

El concepto de probabilidad condicionada se utiliza, en múltiples ocasiones, para calcular la probabilidad de la intersección de dos sucesos, conociendo la probabilidad de uno de ellos y la probabilidad condicionada del otro suceso respecto del primero. Así, despejando la probabilidad de la intersección en la expresión:

$$p(B/A) = \frac{p(B \cap A)}{p(A)} \quad \text{si } p(A) \neq 0$$

se obtiene la fórmula que se conoce con el nombre de **ley de las probabilidades compuestas:**

$$p(B \cap A) = p(A) \cdot p(B/A)$$

La ley anterior se puede generalizar para un número cualquiera de sucesos. De este modo, si tenemos tres sucesos, A, B y C, se obtiene:

$$p(A \cap B \cap C) = p(A) \cdot p(B/A) \cdot p(C/A \cap B)$$

Para demostrar esta expresión, se procede de la siguiente manera:

$$p(A \cap B \cap C) = p[(A \cap B) \cap C] = p(A \cap B) \cdot p(C/A \cap B)$$

Al sustituir $p(A \cap B)$, se obtiene:

$$p(A \cap B \cap C) = p(A) \cdot p(B/A) \cdot p(C/A \cap B)$$

OTRAS ACTIVIDADES

IV A partir del procedimiento de demostración de la ley de probabilidades compuestas, comprueba que:

$$p(A_1 \cap A_2 \cap A_3 \cap \ldots \cap A_n) =$$
$$= p(A_1) \cdot p(A_2/A_1) \cdot \ldots$$
$$\ldots \cdot p(A_n/A_1 \cap A_2 \cap A_3 \cap \ldots \cap A_{n-1})$$

EJEMPLOS

a) *De una baraja española de 40 naipes se extraen sucesivamente dos cartas sin devolverlas a la baraja. ¿Cuál es la probabilidad de que las dos sean de oros?*

Consideramos el suceso A = *sacar oros en la primera extracción*, y el suceso B = *sacar oros en la segunda*. Debemos calcular la probabilidad del suceso $A \cap B$.

Por la ley de las probabilidades compuestas, se obtiene:

$$p(A \cap B) = p(A) \cdot p(B/A)$$

La expresión anterior podría leerse como sigue: la probabilidad de sacar oros en la primera y en la segunda extracción es igual a la probabilidad de sacar oros en la primera extracción por la probabilidad de sacar oros en la segunda, habiendo sacado ya oros en la primera (figura 9.14); el resultado es el siguiente:

$$p(A \cap B) = 10/40 \cdot 9/39 = 0{,}058$$

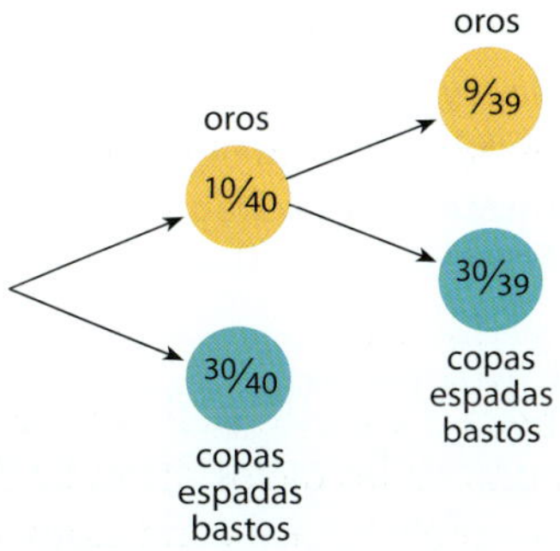

FIGURA 9.14.

ACTIVIDADES

12 El 70 % de los socios de un club deportivo practica la natación; el 25 % juega al tenis, y el 20 % realiza los dos deportes. Si escogemos al azar a uno de los socios, indica cuál es la probabilidad de que:

a) Si juega al tenis, practique la natación.

b) Si practica la natación, juegue al tenis.

c) Practique algún deporte.

Solución: ***a)*** 2/7 ***b)*** 4/5 ***c)*** 0,75

13 En una ciudad llueve 3 de cada 10 días. Los semáforos se estropean 1 de cada 10 días de lluvia. Calcula la probabilidad de que mañana llueva y no funcionen los semáforos.

Solución: 0,03

Los jugadores de cartas, **por Lucas van Leyden.**

5 Independencia de sucesos

En el epígrafe anterior hemos visto que existen experimentos en los que varios sucesos pueden tener cierta interdependencia, es decir, la verificación de uno de ellos condiciona la probabilidad del cumplimiento de otro. Sin embargo, también existen **sucesos independientes.**

Dos sucesos, *A* y *B*, son **independientes** cuando la probabilidad de uno de ellos no está condicionada por la verificación del otro.

En términos de probabilidad condicionada se podría afirmar que dos sucesos, A y B, son independientes si:

$$p(B/A) = P(B) \quad \text{y} \quad p(A/B) = P(A)$$

Aplicando la ley de las probabilidades compuestas para sucesos, se obtiene la expresión:

$$p(A \cap B) = p(A/B) \cdot p(B)$$

Por tanto, para sucesos independientes, se cumple la siguiente expresión:

$$p(A \cap B) = p(A) \cdot p(B)$$

Esta fórmula puede generalizarse para más de dos sucesos:

$$p(A_1 \cap A_2 \cap A_3 \cap \ldots \cap A_n) = p(A_1) \cdot p(A_2) \cdot p(A_3) \cdot \ldots \cdot p(A_n)$$

siempre y cuando todos los sucesos sean independientes dos a dos, es decir:

$$p(A_i/A_j) = p(A_i) \quad \forall i, j$$

Blaise Pascal

(1623-1662). Matemático, físico, filósofo y escritor francés. A los once años compuso su *Tratado de los sonidos* y a los doce se inició en el estudio de la geometría. En 1642, para ayudar en el trabajo de su padre, ideó una máquina de cálculo cuyo modelo definitivo no perfeccionó hasta 1652.

Pascal fue uno de los matemáticos pioneros en el estudio de la probabilidad aplicando métodos científicos.

EJEMPLOS

a) *De una baraja española se extrae una carta, se devuelve al mazo y se vuelve a sacar otra. Calcular la probabilidad de que los dos naipes sean oros.*

Consideramos el suceso A = *sacar oro en la primera* y el suceso B = *sacar oro en la segunda*. Hay que calcular la probabilidad del suceso $A \cap B$; pero, a diferencia de lo que ocurría en el ejemplo anterior, la probabilidad del suceso B no está condicionada por el suceso A; esto es, A y B son sucesos independientes. Por tanto:

$$p(A \cap B) = p(A) \cdot p(B) = 10/40 \cdot 10/40 = 1/16$$

ACTIVIDADES

14 Lanzamos un dado tres veces consecutivas. Calcula las probabilidades de los siguientes sucesos:

a) Salir tres 6.

b) No obtener ningún 6.

c) Obtener como mínimo un 6.

d) Obtener tres resultados distintos.

Solución: ***a)*** 1/216 ***b)*** 125/216 ***c)*** 91/216 ***d)*** 5/9

15 Se lanzan dos dados y dos monedas. Calcula las probabilidades de los sucesos siguientes:

a) Salir dos 6 y dos caras.

b) Salir dos 6, una cara y una cruz.

c) Salir dos parejas, tanto en los dados como en las monedas.

Solución: ***a)*** 1/144 ***b)*** 1/72 ***c)*** 1/12

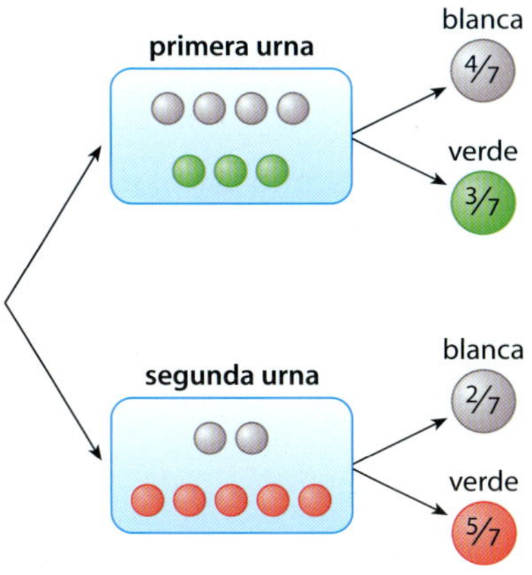

FIGURA 9.15.

6 Probabilidad total

Supongamos que tenemos dos urnas: la primera con 3 bolas verdes y 4 blancas, y la segunda con 2 bolas blancas y 5 rojas. Se escoge una de las urnas al azar y se extrae una bola; ¿cuál es la probabilidad de que esta sea blanca?

Observa el diagrama en árbol de la figura 9.15.

$$p(\text{blanca}) = p(\text{escoger 1.}^{\text{a}}\text{ urna}) \cdot p(\text{extraer blanca 1.}^{\text{a}}\text{ urna}) + $$
$$+ p(\text{escoger 2.}^{\text{a}}\text{ urna}) \cdot p(\text{extraer blanca 2.}^{\text{a}}\text{ urna}) = 1/2 \cdot 4/7 + 1/2 \cdot 2/7 = 3/7$$

Supongamos ahora que tenemos tres urnas: la primera con 3 bolas verdes y 4 blancas; la segunda, con 2 bolas blancas y 5 rojas, y la tercera, con 6 blancas y 1 roja. Se escoge una de las urnas al azar y se extrae una bola; ¿cuál es la probabilidad de que esta sea blanca?

$$p(\text{blanca}) = p(\text{escoger 1.}^{\text{a}}\text{ urna}) \cdot p(\text{extraer blanca 1.}^{\text{a}}\text{ urna}) +$$
$$+ p(\text{escoger 2.}^{\text{a}}\text{ urna}) \cdot p(\text{extraer blanca 2.}^{\text{a}}\text{ urna}) +$$
$$+ p(\text{escoger 3.}^{\text{a}}\text{ urna}) \cdot p(\text{extraer blanca 3.}^{\text{a}}\text{ urna}) =$$
$$= 1/3 \cdot 4/7 + 1/3 \cdot 2/7 + 1/3 \cdot 6/7 = 4/7$$

En general, si A_1, A_2, A_3, ..., A_n son sucesos incompatibles, es decir, $A_i \cap A_j = \varnothing$, $\forall i, j$, tales que:

$$A_1 \cup A_2 \cup \ldots \cup A_n = E$$

la probabilidad de un suceso cualquiera, S, vendrá determinada por:

$$p(S) = p(A_1) \cdot p(S/A_1) + p(A_2) \cdot p(S/A_2) + \ldots + p(A_i) \cdot p(S/A_i)$$

Esta expresión recibe el nombre de fórmula de la **probabilidad total.**

Observa

En el ejemplo del texto, A_i era el suceso *escoger la urna i.*

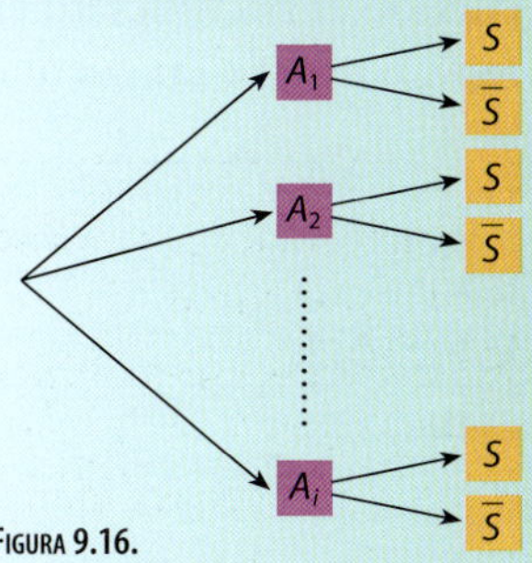

FIGURA 9.16.

ACTIVIDADES

16 Se tienen 30 dados normales y 3 cargados. La probabilidad de obtener un 6 en estos últimos es el triple que la de no obtenerlo. Elegimos al azar un dado y lo lanzamos. ¿Cuál es la probabilidad de obtener un 6?

Solución: 29/132 = 0,2197

«Mujeres jugando al tric-trac», del *Libro de los juegos,* de Alfonso X el Sabio.

17 En un centro educativo, el 30 % de los alumnos que realizan el Bachillerato cursan la modalidad de Tecnología; el 25 %, la de Ciencias de la Naturaleza y de la Salud; el 42 %, la de Humanidades y Ciencias Sociales, y el 3 %, la de Artes. El porcentaje de aprobados en estas modalidades es del 70 %, el 69 %, el 80 % y el 95 %, respectivamente. Si escogemos un alumno al azar, ¿cuál es la probabilidad de que apruebe el curso?

Solución: 0,747 = 74,7 %

18 Una empresa que fabrica latas de refrescos utiliza 4 máquinas distintas. Con la primera realiza el 60 % de la producción; con la segunda, el 20 %; con la tercera, el 15 %, y con la cuarta, el 5 %. El porcentaje de latas defectuosas de cada máquina es del 1 %, el 2 %, el 3 % y el 5 %, respectivamente. Si se escoge al azar una lata, ¿cuál es la probabilidad de que no sea defectuosa?

Solución: 0,9825 = 98,25 %

OTRAS ACTIVIDADES

V Calcula la probabilidad de extraer una bola roja de una de las tres urnas del segundo ejemplo del comienzo del epígrafe.

7 Teorema de Bayes

Sean A_i, con $i = 1, \ldots, n$, los distintos sucesos incompatibles, dos a dos, de un experimento aleatorio, tal que:

$$A_1 \cup A_2 \cup A_3 \cup \ldots \cup A_n = E$$

El **teorema de Bayes** invierte el planteamiento y permite calcular cuál es la probabilidad de la causa de la que proviene un determinado suceso, una vez conocida la de su verificación.

La expresión del teorema de Bayes se obtiene a partir de la fórmula de la probabilidad condicionada:

$$p(A_i/S) = \frac{p(A_i \cap S)}{p(S)}$$

Utilizando las siguientes expresiones:

$$p(A_i \cap S) = p(S \cap A_i) = p(A_i) \cdot p(S/A_i)$$

$$\text{y } p(S) = p(A_1) \cdot p(S/A_1) + p(A_2) \cdot p(S/A_2) + \ldots + p(A_n) \cdot p(S/A_n)$$

se obtiene la expresión del **teorema de Bayes:**

$$p(A_i/S) = \frac{p(A_i) \cdot p(S/A_i)}{p(A_1) \cdot p(S/A_1) + p(A_2) \cdot p(S/A_2) + \ldots + p(A_n) \cdot p(S/A_n)}$$

A partir del planteamiento de la actividad 17 del epígrafe anterior, podríamos preguntarnos ahora cuál es la probabilidad de que un alumno determinado, del que sabemos que ha aprobado, haya cursado el Bachillerato en la modalidad de Tecnología. Se trata de hallar $p(T/ap)$, teniendo en cuenta las siguientes notaciones:

- ap: aprobados.
- T: modalidad de Tecnología.
- C: modalidad de Ciencias de la Naturaleza y de la Salud.
- H: modalidad de Humanidades y Ciencias Sociales.
- A: modalidad de Artes.

Aplicando el teorema de Bayes, se obtiene:

$$p(T/ap) = \frac{p(T) \cdot p(ap/T)}{p(T) \cdot p(ap/T) + p(C) \cdot p(ap/C) + p(H) \cdot p(ap/H) + p(A) \cdot p(ap/A)} =$$

$$= \frac{\frac{30}{100} \cdot \frac{70}{100}}{\frac{30}{100} \cdot \frac{70}{100} + \frac{25}{100} \cdot \frac{69}{100} + \frac{42}{100} \cdot \frac{80}{100} + \frac{3}{100} \cdot \frac{95}{100}} = 0{,}28$$

También es posible calcular la probabilidad aplicando la fórmula de la probabilidad condicionada:

$$p(A_i/S) = \frac{p(A_i \cap S)}{p(S)}$$

Dado que $p(S)$ es la probabilidad de aprobar, que se ha calculado en la actividad 17, tenemos que:

$$p(T) = \frac{p(T \cap ap)}{p(ap)} = \frac{\frac{30}{100} \cdot \frac{70}{100}}{0{,}747} = 0{,}28$$

Observa

Hay ocasiones en las que es muy útil representar las distintas posibilidades de desarrollo que tiene un experimento aleatorio mediante un **diagrama en árbol.** Consulta la sección *Estrategias* para ver cómo hay que proceder. Así, el planteamiento de la actividad 17 del epígrafe anterior podría representarse mediante un diagrama en árbol:

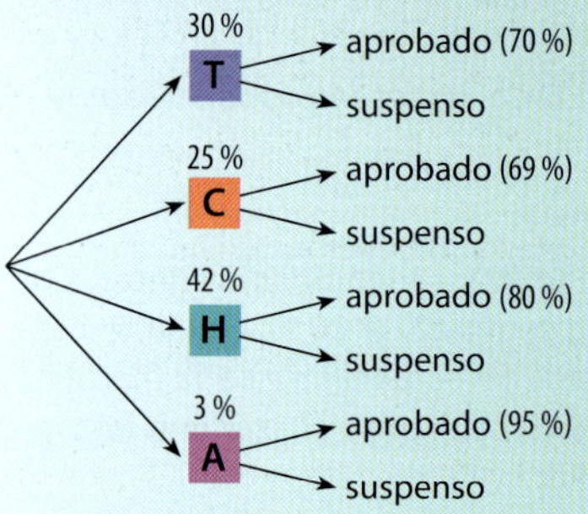

FIGURA 9.17.

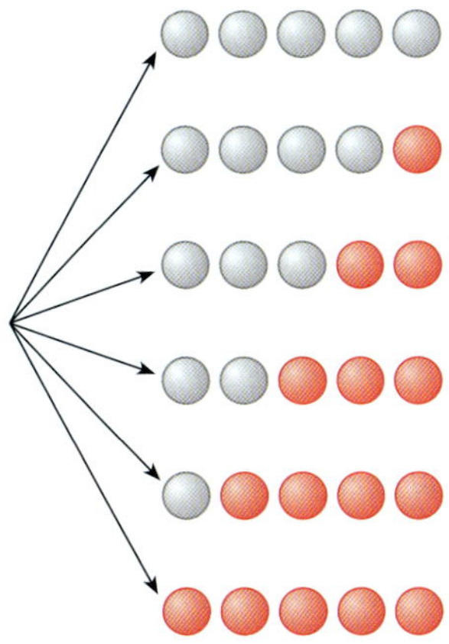

FIGURA 9.18.

EJEMPLOS

a) *Una bolsa se llena con cinco bolas de la siguiente forma: se lanzan dos monedas; si salen dos caras, se introduce en la bolsa una bola blanca, y si sale alguna cruz, una bola roja. Una vez llena la bolsa, se sacan dos bolas consecutivamente y sin volver a meterlas. Si las dos bolas extraídas resultan ser rojas, calcular la probabilidad de que todas las de la bolsa fueran rojas.*

No todas las posibles composiciones de la bolsa tienen la misma probabilidad (figura 9.18). Así:

- $p(5 \text{ blancas}) = \left(\frac{1}{4}\right)^5 = \frac{1}{1\,024}$
- $p(4 \text{ blancas y } 1 \text{ roja}) = 5\left(\frac{1}{4}\right)^4 \cdot \frac{3}{4} = \frac{15}{1\,024}$
- $p(3 \text{ blancas y } 2 \text{ rojas}) = 10\left(\frac{1}{4}\right)^3 \cdot \left(\frac{3}{4}\right)^2 = \frac{45}{512}$
- $p(2 \text{ blancas y } 3 \text{ rojas}) = 10\left(\frac{1}{4}\right)^2 \cdot \left(\frac{3}{4}\right)^3 = \frac{135}{512}$
- $p(1 \text{ blanca y } 4 \text{ rojas}) = 5\left(\frac{1}{4}\right) \cdot \left(\frac{3}{4}\right)^4 = \frac{405}{1\,024}$
- $p(5 \text{ rojas}) = \left(\frac{3}{4}\right)^5 = \frac{243}{1\,024}$

La probabilidad buscada será:

$$p(5R/RR) = \frac{\frac{243}{1\,024} \cdot 1}{\frac{243}{1\,024} \cdot 1 + \frac{405}{1\,024} \cdot \frac{4}{5} \cdot \frac{3}{4} + \frac{135}{512} \cdot \frac{3}{5} \cdot \frac{2}{4} + \frac{415}{512} \cdot \frac{2}{5} \cdot \frac{1}{4}}$$

Es decir, $p(5R/RR) = 0{,}374$.

Observa

La probabilidad de extraer 2 bolas rojas cuando la composición de la bolsa es de 5 bolas blancas o de 4 bolas blancas y 1 roja es cero, es decir:

$$p(RR/1R) = 0$$

$$p(RR/0R) = 0$$

Por esta razón, la probabilidad de estos dos sucesos no figura en el denominador.

ACTIVIDADES

19 Se tienen 4 bolsas con 5 bolas cada una. La primera tiene 3 bolas blancas y 2 negras; la segunda, 5 negras; la tercera, 4 blancas y 1 negra, y la cuarta, 2 blancas y 3 negras. Se escoge una bolsa al azar y, de esta, se extrae una bola que resulta ser negra. ¿Cuál es la probabilidad de que la bolsa elegida fuera la tercera?

Solución: $1/11 = 0{,}091$

20 Se escoge una de las cuatro bolsas de la actividad anterior mediante el siguiente procedimiento: se lanza un dado y si sale un 1, se escoge la bolsa 1; si sale un dos, la bolsa 2; si sale un 3 o un 4, la bolsa 3; y si sale un 5 o un 6, la bolsa 4. A continuación, se extrae una bola que resulta ser negra. ¿Cuál es la probabilidad de que la bolsa seleccionada fuera la tercera?

Solución: $2/15 = 0{,}1333$

21 Un equipo de fútbol gana 4 partidos de cada 6 que juega en casa y 2 de cada 5 que juega fuera.

a) Sin saber dónde jugará el próximo partido, calcula la probabilidad de que gane.

b) Si ganó el último partido, ¿cuál es la probabilidad de que jugara en casa?

Solución: ***a)*** $8/15 = 0{,}533$ ***b)*** $10/16 = 0{,}6250$

Cálculo de probabilidades a partir de las operaciones con sucesos

Para aplicar las operaciones con sucesos a problemas de probabilidad, es necesario conocer sus propiedades, así como el significado de la unión, de la intersección y del contrario.

1 *En una caja tenemos 100 botones: 60 de ellos son negros, 50 tienen 4 agujeros, y 15 son de color y tienen 2 agujeros. ¿Cuál es la probabilidad de escoger al azar un botón negro con 4 agujeros?*

Sean los sucesos:

- $A = \{$*escoger un botón negro*$\}$
- $B = \{$*escoger un botón con 4 agujeros*$\}$

El suceso *escoger un botón de color con 2 agujeros* es:

$$\overline{A \cup B}$$

$$p(A) = \frac{60}{100}$$

$$p(B) = \frac{50}{100}$$

$$p(\overline{A \cup B}) = \frac{15}{100}$$

La probabilidad del suceso $A \cap B$, que es la que hay que calcular, es la siguiente:

$$p(A \cup B) = 1 - 15/100 = 85/100$$

$$p(A \cap B) = p(A) + p(B) - p(A \cup B) =$$

$$= 60/100 + 50/100 - 85/100 = 25/100 = 0{,}25$$

Cálculo de probabilidades a partir de la ley de Laplace

El método de cálculo de probabilidades por aplicación de la ley de Laplace requiere que los sucesos que se dan en el experimento sean equiprobables, es decir, que el modelo que se estudia sea uniforme. Así mismo, exige que se efectúe un cómputo de los casos favorables a un suceso y de los casos posibles del experimento que se está realizando, al que es necesario aplicar a menudo conocimientos de combinatoria.

2 *De una baraja de 40 cartas, se extraen 4 sin devolverlas al mazo. Calcular la probabilidad de que:*

a) *Las cuatro sean espadas.*

b) *Dos sean bastos.*

c) *Tres sean del mismo palo.*

d) *Todos los números sean inferiores a 5.*

a) Al extraer 4 cartas, el número de casos posibles es:

$$\binom{40}{4} = \frac{40 \cdot 39 \cdot 38 \cdot 37}{4 \cdot 3 \cdot 2 \cdot 1} = 91\,390$$

El número de casos favorables a que las 4 cartas extraídas sean espadas es:

$$\binom{10}{4} = \frac{10 \cdot 9 \cdot 8 \cdot 7}{4 \cdot 3 \cdot 2 \cdot 1} = 210$$

Por tanto:

$$p(\text{cuatro espadas}) = \frac{210}{91\,390} = 0{,}0023$$

b) El número de casos favorables a que 2 de las cartas sacadas sean bastos es:

$$\binom{10}{2} \cdot \binom{30}{2} = 19\,575$$

La probabilidad de sacar dos bastos es, por tanto:

$$p(\text{dos bastos}) = \frac{19\,575}{91\,390} = 0{,}2142$$

c) El número de casos favorables a sacar 3 cartas del mismo palo es:

$$4 \cdot \binom{10}{3} \cdot \binom{30}{1} = 14\,400$$

Por tanto:

$$p(\text{tres del mismo palo}) = \frac{14\,400}{91\,390} = 0{,}1576$$

d) El número de casos favorables a extraer 4 cartas cuyo valor sea inferior a 5 es:

$$\binom{16}{4} = 1\,820$$

Por tanto:

$$p(\text{todas menores de 5}) = \frac{1\,820}{91\,390} = 0{,}0199$$

En la resolución de este ejercicio se ha podido utilizar la regla de Laplace, ya que los sucesos elementales de extraer cartas de una baraja son equiprobables.

Reconversión en modelo uniforme

En ocasiones, los distintos sucesos del experimento aleatorio no son equiprobables. Por tanto, el modelo no es uniforme y no se puede aplicar la fórmula de Laplace. Sin embargo, a veces es posible convertirlo en un modelo uniforme, reformulando ligeramente el problema. Esta estrategia, como verás, es de gran utilidad para el cálculo de probabilidades.

3 *El área de las partes coloreadas de la ruleta de la figura 9.19.a es el doble que el área de las partes blancas. Calcular la probabilidad de:*

a) *Extraer un 2.*

b) *Obtener número par independientemente de si está o no en la parte coloreada.*

c) *Que salga una de las partes coloreadas.*

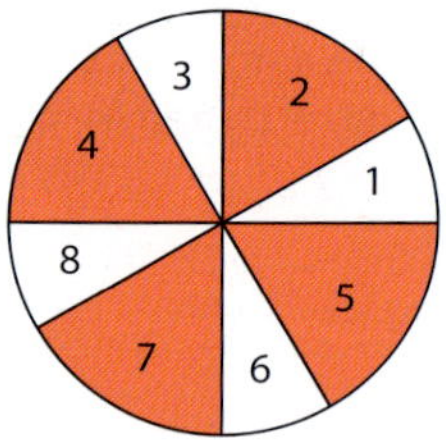

Figura 9.19.a.

Para reconvertir el experimento en otro uniforme, se dividen en secciones las diferentes porciones de modo que todas tengan la misma área y, por tanto, la misma probabilidad (figura 9.18.b).

a) $p(2) = \dfrac{2}{12} = \dfrac{1}{6} \cong 0{,}1667$

b) $p(\text{par}) = \dfrac{6}{12} = \dfrac{1}{2} = 0{,}5$

c) $p(\text{color}) = \dfrac{8}{12} = \dfrac{2}{3} \cong 0{,}667$

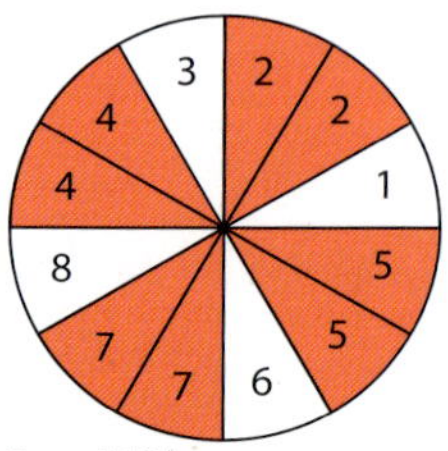

Figura 9.19.b.

Cálculo de probabilidades en experiencias sucesivas

Vamos a tratar ahora de forma simultánea dos problemas que nos servirán para poner de manifiesto la diferencia existente entre la dependencia y la independencia de sucesos.

4 ***De una urna, que tiene 3 bolas negras y 4 azules, se extraen 2 bolas. ¿Cuál es la probabilidad de que sean negras?***

Antes de abordar la resolución de este ejercicio, es preciso que quede claro cuál es el método que se ha utilizado en la extracción de las bolas.

Existen dos posibilidades:

- Extraemos la primera bola y la devolvemos a la urna antes de sacar la segunda.

  Observa que se hace referencia a dos sucesos independientes (la primera extracción y la segunda), pues el resultado de la segunda extracción no guarda relación con la primera, dado que se devuelve la bola:

  $$p(1.^{a}\text{ negra y }2.^{a}\text{ negra}) = p(1.^{a}\text{ negra}) \cdot p(2.^{a}\text{ negra}) =$$
  $$= 3/7 \cdot 3/7 = 9/49 = 0{,}1837$$

- Extraemos la primera bola, la retenemos y sacamos la segunda.

  En este caso, se trata de sucesos dependientes, ya que la segunda extracción está condicionada por el resultado que se obtiene en la primera:

  $$p(1.^{a}\text{ negra y }2.^{a}\text{ negra}) = p(1.^{a}\text{ negra}) \cdot p(2.^{a}\text{ negra}/1.^{a}\text{ negra}) =$$
  $$= 3/7 \cdot 2/6 = 6/42 = 2/14 = 1/7 = 0{,}1429$$

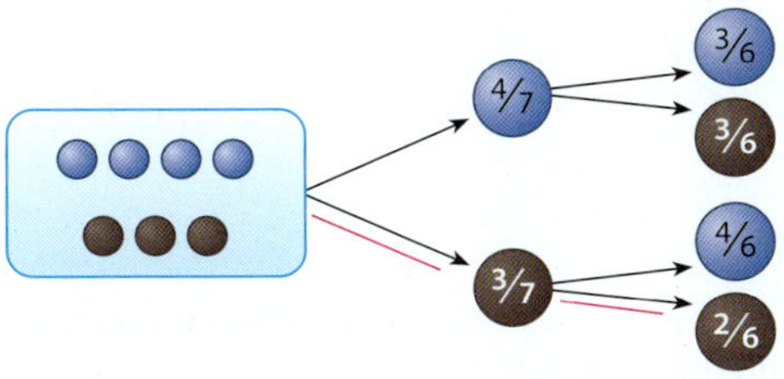

Figura 9.20.

5 ***Resolver ahora el problema 2 de esta sección de la misma manera que se ha realizado el problema 4.***

a) $p(4\text{ espadas}) = 10/40 \cdot 9/39 \cdot 8/38 \cdot 7/37 = 0{,}0023$

b) $p(2\text{ bastos}) = (10/40 \cdot 9/39 \cdot 30/38 \cdot 29/37) \cdot 6 = 0{,}2142$

El 6 que multiplica al paréntesis representa el número de permutaciones con repetición de 4 elementos tomados de 2 en 2:

$b\ \bar{b}\ \bar{b}\ b$	$b\ \bar{b}\ b\ \bar{b}$
$b\ b\ \bar{b}\ \bar{b}$	$\bar{b}\ b\ \bar{b}\ b$
$\bar{b}\ \bar{b}\ b\ b$	$\bar{b}\ b\ b\ \bar{b}$

Figura 9.21.

c) $p(3\text{ del mismo palo}) = (10/40 \cdot 9/39 \cdot 8/38 \cdot 30/37) \cdot 4 \cdot 4 = 0{,}1576$

El primer 4 que multiplica al paréntesis indica que es válido para cualquiera de los cuatro palos, y el segundo corresponde al número de permutaciones con repetición de 4 elementos tomados de 3 en 3.

d) $p(\text{inferiores a 5}) = 16/40 \cdot 15/39 \cdot 14/38 \cdot 13/37 = 0{,}0199$

Utilización de diagramas en árbol

Los diagramas en árbol permiten representar las diversas posibilidades que aparecen en la realización de un experimento.

6 ***En una bolsa hay 5 bolas blancas y 3 azules. Si extraemos 4 bolas, ¿cuál es la probabilidad de que salgan 2 de cada color?***

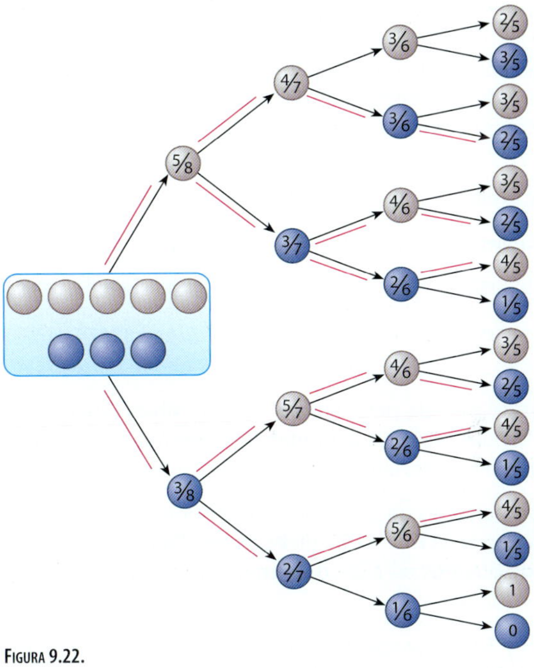

Figura 9.22.

Observa que para obtener la probabilidad final, $p = 0{,}43$, basta con desplazarse por las ramas favorables del diagrama, multiplicar las probabilidades que aparecen en cada una de ellas y sumar, al final, los resultados:

$$p(\text{2 de cada color}) = \frac{5}{8}\cdot\frac{4}{7}\cdot\frac{3}{6}\cdot\frac{2}{5} + \frac{5}{8}\cdot\frac{3}{7}\cdot\frac{4}{6}\cdot\frac{2}{5} + \frac{5}{8}\cdot\frac{3}{7}\cdot\frac{2}{6}\cdot\frac{4}{5} +$$
$$+ \frac{3}{8}\cdot\frac{5}{7}\cdot\frac{4}{6}\cdot\frac{2}{5} + \frac{3}{8}\cdot\frac{5}{7}\cdot\frac{2}{6}\cdot\frac{4}{5} + \frac{3}{8}\cdot\frac{2}{7}\cdot\frac{5}{6}\cdot\frac{4}{5} = 0{,}47$$

Cálculo de probabilidades a partir del suceso contrario

Esta estrategia permite ahorrar muchos pasos en el cálculo de probabilidades.

7 ***En un parto, la probabilidad de que un recién nacido sea niña es de 0,52. Si una familia tiene tres hijos, ¿cuál es la probabilidad de que tengan al menos una niña?***

Este ejercicio podría resolverse calculando la probabilidad de tener una, dos y tres hijas, y sumarlas posteriormente. Sin embargo, dado que la probabilidad del suceso seguro es 1, y *nacer al menos una niña* es el suceso contrario de *nacer tres varones*, podemos escribir $p(\text{al menos una niña}) = 1 - p(♂, ♂, ♂)$:

$p(♂) = 1 - 0{,}52 = 0{,}48$ $p(♂, ♂, ♂) = 0{,}48 \cdot 0{,}48 \cdot 0{,}48 = 0{,}1106$

Se multiplican las probabilidades porque los sucesos son independientes; por tanto:

$$p(\text{al menos una niña}) = 1 - 0{,}1106 = 0{,}8894$$

EJERCICIOS Y PROBLEMAS

1 En una urna hay 30 bolas: 15 rojas, 9 verdes y 6 blancas. Extraemos una bola, anotamos su color y la devolvemos a la urna. Si repetimos el experimento un número elevado de veces, ¿a qué valor se aproximará la frecuencia de cada uno de los colores?

2 Una urna contiene 200 bolas de colores, pero desconocemos cuántas hay de cada color. Realizamos distintas extracciones, devolviendo siempre la bola a la urna.

La siguiente tabla muestra el número de extracciones y el número de bolas extraídas de cada color. ¿Cuál crees que es la composición de la urna?

N.º extracciones	10	100	200	500	1 000	5 000	10 000
Bolas azules	2	28	52	127	252	1 240	2 500
Bolas amarillas	0	15	23	63	124	620	1 250
Bolas verdes	8	57	125	310	624	3 140	6 250

3 Un grupo de seis personas se sientan alrededor de una mesa circular. ¿Cuál es la probabilidad de que dos de ellas, determinadas previamente, se sienten juntas?

4 Las seis personas de la actividad anterior van al teatro y se acomodan en la misma fila de butacas. ¿Cuál es la probabilidad de que dos de ellas, determinadas con antelación, se sienten juntas?

5 Sean A y B dos sucesos incompatibles tales que $p(A) = 1/3$ y $p(B) = 1/4$; calcula $p(\overline{A} \cap \overline{B})$.

6 Sean A y B dos sucesos compatibles tales que $p(A) = 1/3$, $p(B) = 1/4$ y $p(A \cap B) = 1/5$; calcula $p(\overline{A} \cap \overline{B})$.

7 En la consulta de un médico hay 10 pacientes: 5 tienen gripe; 3, problemas digestivos, y 2, alergia. Si se eligen tres enfermos al azar, halla la probabilidad de que:

a) Los tres tengan enfermedades distintas.

b) Los tres tengan la misma enfermedad.

8 Un empleado de una floristería sale a repartir 3 plantas. Durante el reparto se le extravían los albaranes, de modo que conoce las direcciones pero no qué planta corresponde a cada dirección. Si se efectúa el reparto al azar, calcula la probabilidad de que al menos una de las tres plantas llegue a su destino correcto.

9 Una caja contiene 10 disquetes de ordenador, de los cuales 4 están formateados. Introducimos cada uno de ellos en el ordenador y comprobamos cuáles están formateados. ¿Qué probabilidad hay de obtener uno formateado antes de introducir el cuarto disquete?

10 Se guardan 5 pares de guantes en un cajón. Halla la probabilidad de que al escoger 2 guantes al azar:

a) Pertenezcan al mismo par.

b) Se saque un guante de cada mano.

11 Con las cifras 1, 2, 3 y 4 se escriben todos los números posibles de tres dígitos, sin repetir ninguno. ¿Cuál es la probabilidad de obtener un número múltiplo de 4? ¿Y de 3?

12 Un opositor se presenta a un examen. El temario está formado por 100 temas, pero él solo ha podido preparar 75 de ellos. El examen consiste en responder a tres temas escogidos al azar por el tribunal y en desarrollar otro elegido por el opositor. ¿Qué probabilidad tiene este de superar el examen?

13 Una comisión del Parlamento está formada por 12 diputados, de los cuales 6 pertenecen al partido político A; 4, al partido político B, y 2, al partido político C. Si se escogen tres portavoces al azar, calcula la probabilidad de que los tres pertenezcan:

a) A partidos distintos. *b)* Al partio A. *c)* Al C.

14 De las 200 personas que asisten a un congreso, 90 hablan inglés; 80, francés; 102, castellano; 22, castellano e inglés; 24, francés y castellano, y 26, inglés y francés. Se eligen al azar dos asistentes al congreso. Halla la probabilidad de que:

a) Ninguno hable francés.

b) Hablen en castellano.

c) Se entiendan solo en castellano.

d) Hablen solo un idioma.

e) Hablen los tres idiomas.

15 Considera la ruleta de la figura 9.23.

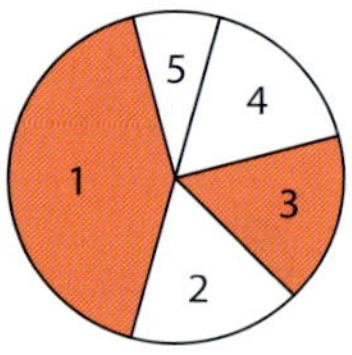

$p(2) = p(3) = p(4) = 1/6$

$p(5) = 1/12$

FIGURA 9.23.

a) Calcula $p(1)$.

b) ¿Cuál es la probabilidad de que al hacer girar la ruleta salga un número par?

c) ¿Cuál es la probabilidad de obtener rojo?

d) Sabiendo que ha salido rojo, ¿cuál es la probabilidad de que sea, además, impar?

16 Se utilizan tres máquinas para fabricar las piezas que componen un aparato: la primera fabrica un 1 % de piezas defectuosas; la segunda, un 1,5 %, y la tercera, un 2 %. Calcula la probabilidad de producir un aparato defectuoso (lo será si al menos una de sus piezas es defectuosa).

17 Al levantar una ficha de dominó, ¿qué probabilidad hay de obtener un número mayor que 5? ¿Y un múltiplo de 3?

18 En un torneo de *paddle* participan tres equipos, A, B y C. Se supone que la probabilidad de que A gane a B es 3/5 (A ha ganado a B en tres de cada cinco partidos en los que se han enfrentado); la de que B gane a C es 3/4, y la de que A gane a C es 6/7. El torneo se realiza del siguiente modo: se sortea qué equipo descansa; los otros dos se enfrentan y el que gana juega luego con el que ha descansado. El campeón es el que sale victorioso en este segundo encuentro. Calcula la probabilidad que tiene el equipo A de ganar el torneo.

19 La siguiente tabla muestra el resultado de 100 ecografías.

	Sexo real ♂	Sexo real ♀
Ecografía (♀)	10	41
Ecografía (♂)	38	11
Total	48	52

Calcula la probabilidad de que:

a) Si la ecografía muestra una niña, el sexo real sea niña.

b) Si la ecografía muestra una niña, el sexo real sea niño.

c) Si la ecografía muestra un niño, el sexo real sea niña.

d) Si la ecografía muestra un niño, el sexo real sea niño.

e) La ecografía muestre el sexo real del feto.

20 Se somete a una población a la prueba de la tuberculosis. Tenían la enfermedad 1 de cada 10 000 personas que habían dado negativo en el test y 1 de cada 100 de los que habían dado positivo. ¿Qué porcentaje de la población padecía la enfermedad si el 1 % de la misma dio positivo?

21 En el vestíbulo de un casino hay dos máquinas tragaperras, que permiten ganar con una probabilidad de 0,1. Una de las dos máquinas se estropea y, entonces, la probabilidad de ganar con ella es 0,5.

a) Si eliges una máquina al azar, ¿cuál es la probabilidad de que sea la estropeada?

b) Si juegas una vez y ganas, ¿cuál es la probabilidad de que sea la estropeada?

c) Si juegas dos veces y ganas, ¿cuál es la probabilidad de que sea la estropeada?

d) Si escoges una de las dos máquinas, pierdes y quieres volver a jugar, ¿debes insistir con la misma o cambiar de máquina?

22 Una central nuclear tiene un sistema de alarma que se activa en el 99 % de los casos en que existe alguna avería. También, en ocasiones, se activa sin razón, dando lugar a una falsa alarma con una probabilidad del 0,003. Sabiendo que existe una probabilidad de 0,001 de tener una avería nuclear, y habiendo detectado la alarma, ¿cuál es la probabilidad de que exista una avería?

23 La tabla de longevidad de un país del Tercer Mundo indica que la probabilidad de llegar a los 10 años es de 0,78, y la de llegar a los 60, del 0,50. Si un niño tiene 10 años, ¿cuál es la probabilidad de que cumpla 60 años?

24 La probabilidad de que se estropee uno de los motores de avión es del 0,005. Un avión puede efectuar un aterrizaje de emergencia aun cuando solo funcione el 50 % de sus motores. ¿Qué será más seguro, un bimotor o un cuatrimotor?

25 Se efectúa un sorteo entre los quince jugadores de un equipo de fútbol, contando con los reservas, de modo que cada uno va extrayendo una bola de una bolsa en la que hay 12 negras y 3 blancas. Calcula la probabilidad de que el antepenúltimo jugador obtenga la última bola negra.

26 Un ejemplar de gorila llega a un zoo. La probabilidad de que sobreviva 8 años es de 1/3. En el zoo hay otro gorila cuya probabilidad de sobrevivir 8 años es de 2/3. Calcula la probabilidad de que:

a) Ambos estén vivos dentro de 8 años.

b) Al menos uno esté vivo dentro de 8 años.

c) Dentro de 8 años hallan fallecido los dos.

d) Únicamente sobreviva el que ya estaba en el zoo.

27 Se sabe que la probabilidad de que determinado automovilista tenga un accidente es de 0,085 en un día de lluvia y de 0,0001 en uno soleado. En 20 días ha habido 15 de sol y 5 de lluvia. ¿Cuál es la probabilidad de que sufra un accidente?

28 Tenemos tres dados: uno normal, otro cargado de manera que la probabilidad de obtener 6 es de 1/4, y otro que tiene en tres caras un cinco y en tres caras un seis. Cogemos al azar un dado. ¿Cuál es la probabilidad de obtener un 6?

29 De una clase de 30 alumnos, 10 fuman, 22 practican algún deporte y 2 fuman y practican algún deporte. Calcula la probabilidad de que, al escoger un alumno al azar, si fuma practique algún deporte. Comenta el resultado.

30 En la tabla de contingencia se muestran los resultados obtenidos de un estudio sobre la dependencia del tabaco y la salud coronaria de una población de 200 personas.

	Enfermedad coronaria	Sano	Total
Fumadores	70	30	100
No fumadores	10	90	100
Totales	80	120	100

Calcula las probabilidades de que un individuo de esta población elegido al azar:

a) Sea fumador.

b) Esté sano.

c) Siendo fumador, esté sano.

d) Siendo no fumador, esté enfermo.

e) Siendo fumador, esté enfermo.

31 Resuelve el problema del Caballero de Mère que aparece al principio de esta unidad.

«Alfonso X dicta el libro de los dados», del *Libro de los juegos*. Durante la Edad Media, los juegos de dados gozaron de una enorme popularidad.

SUERTE O MATEMÁTICAS

Los juegos de azar

Disponemos de datos fidedignos que avalan la hipótesis de que civilizaciones como la egipcia, la griega y la romana utilizaban el astrágalo (hueso que se articula con la tibia y el peroné) para realizar juegos de azar. En excavaciones arqueológicas de 40 000 años de antigüedad se han encontrado estos huesos en una proporción cuatro veces superior a la de cualquier otro resto óseo, lo que parece evidenciar que los juegos de azar ya existían en la Prehistoria.

El primer dado que se conoce data del tercer milenio antes de Cristo y fue hallado en Irak. También se han encontrado dados en Egipto. En la Grecia y la Roma antiguas se practicaban los juegos de azar con asiduidad. Las cartas aparecieron en el siglo XV.

Aunque el juego es muy antiguo, el cálculo de probabilidades es relativamente reciente y precisó de un largo tiempo de gestación.

En 1526 vio la luz la primera publicación sobre cálculo de probabilidades, el *Liber de ludo alea (Libro de los juegos de azar)*, obra del excéntrico matemático Gerolamo Cardano.

Por su parte, Galileo Galilei utilizó el concepto de equiprobabilidad en *Considerazione circa il giuco dei dadi*. Un siglo después, el conocimiento de la correspondencia cruzada entre Pierre de Fermat y Blaise Pascal permitió al físico y astrónomo holandés Christian Huygens escribir el *Tractatus de ratiotinius in aleae ludo*, obra en la que expuso los trabajos sobre cálculo de probabilidades llevadas a cabo por Pascal y Fermat, además de otros descubrimientos propios, como el de la esperanza matemática.

A finales del siglo XVII, recién nacido el cálculo de probabilidades, surgieron las compañías de seguros y se inició una recopilación sistemática de datos de diversa índole (nacimientos, accidentes, defunciones, enfermedades, incendios...) que prosigue en nuestros días.

MATEMÁTICOS ILUSTRES

Pierre de Fermat (1601-1665)

Fue abogado de carrera y magistrado de profesión. Fermat apenas si publicó en vida; sin embargo, mantuvo una dilatada correspondencia con diversos científicos de su época. Como las matemáticas constituían un pasatiempo para él, algunos de sus trabajos se han perdido. En los márgenes de sus manuscritos aparecen anotadas una gran cantidad de espléndidas demostraciones. Es célebre a este respecto la anécdota que le atribuye el siguiente comentario sobre su teorema más famoso: «He encontrado una maravillosa demostración de esto, pero el margen del libro es demasiado pequeño».

Teorema de Fermat: la ecuación $x^n + y^n = z^n$ carece de soluciones enteras *x, y, z* para $n > 2$.

En 1908, poco antes de morir, Paul Wolfskehl legó 100 000 marcos para la primera persona que demostrara el teorema de Fermat, siempre y cuando esto ocurriera antes del 13 de septiembre del año 2007. Este legado ha provocado la mayor cantidad de demostraciones falsas de la historia de las matemáticas. Finalmente, el matemático Andrew Willes logró demostrar el teorema en 1993.

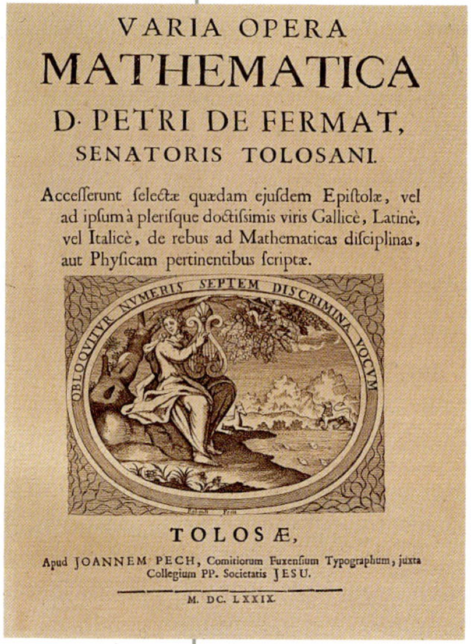

VARIA OPERA
MATHEMATICA
D. PETRI DE FERMAT,
SENATORIS TOLOSANI.

Acceſſerunt ſelectæ quædam ejuſdem Epiſtolæ, vel ad ipſum à pleriſque doctiſſimis viris Gallicè, Latinè, vel Italicè, de rebus ad Mathematicas diſciplinas, aut Phyſicam pertinentibus ſcriptæ.

TOLOSÆ,
Apud JOANNEM PECH, Comitiorum Fuxenſium Typographum, juxta Collegium PP. Societatis JESU.
M. DC. LXXIX.

Portada de un manuscrito de la obra de Fermat publicado en 1679.

Evaluación

1. En un circuito se conectan tres resistencias en serie, R_1, R_2 y R_3, como indica la figura:

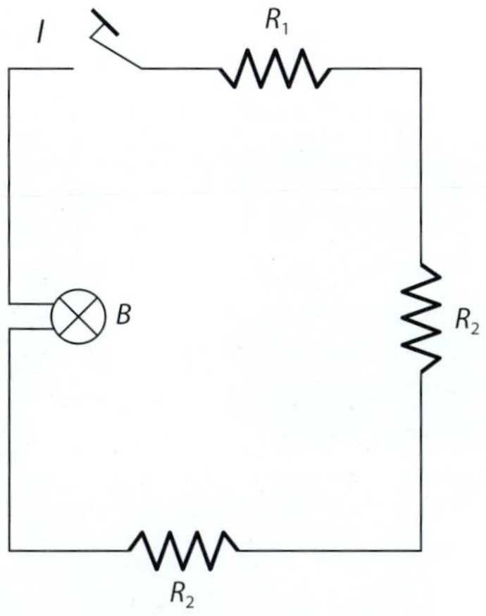

FIGURA 9.23.

La probabilidad de que al pasar la corriente se funda la primera resistencia es de 0,005; la de que se funda la segunda, de 0,01, y la de que se funda la tercera, de 0,02. Calcula la probabilidad de que al pulsar el interruptor *I* se encienda la bombilla *B*.

a) 0,0001 ***b)*** 0,965 ***c)*** 0,035

2. La urna *A* contiene 3 bolas negras y 5 blancas, y la urna *B,* 4 negras y 6 blancas. Se escoge una bola de la urna *A* y se introduce en la urna *B*. A continuación, se extrae una bola de la urna *B*; ¿cuál es la probabilidad de que sea blanca?

a) 53/88 ***b)*** 8/11 ***c)*** 269/40

3. El 40 % de los empleados de una empresa son mujeres. El 30 % de las mujeres están casadas, y el 55 % de los hombres, también. Si se elige al azar un empleado y está casado, ¿cuál es la probabilidad de que sea mujer?

a) 0,035 ***b)*** 0,965 ***c)*** 0,012

4. De un grupo de 40 alumnos hay 27 aprobados. Si se eligen 6 alumnos al azar, ¿cuál es la probabilidad de que 4 de ellos hayan aprobado?

a) 0,3289 ***b)*** 0,1920 ***c)*** 0,024

5. En un centro de enseñanza hay 120 alumnos matriculados en primer curso. Su distribución por sexos y las opciones escogidas figuran en la siguiente tabla de contingencia:

	Mujeres	Varones
Opción A	32	26
Opción B	37	25

Calcula la probabilidad de que un alumno seleccionado al azar:

- Sea de sexo femenino:

  a) 2/37 ***b)*** 23/40 ***c)*** 29/40

- No curse la opción B:

  a) 29/60 ***b)*** 31/40 ***c)*** 1/40

- Curse la opción A, sabiendo que es de sexo masculino:

  a) 26/51 ***b)*** 25/51 ***c)*** 51/120

6. Si *A* y *B* son dos sucesos de un experimento aleatorio tales que:

$$p(A) = 1/4;\ p(B) = 2/3;\ p(A \cup B) = 1/2$$

entonces, $p(\overline{A} \cup \overline{B})$ es:

a) 1/12 ***b)*** 7/12 ***c)*** 13/12

7. Un dado tiene una cara roja, dos amarillas y tres verdes. Calcula la probabilidad de que:

- Salga, como mínimo, una cara roja o amarilla en tres tiradas:

  a) 0,875 ***b)*** 0,125 ***c)*** 0,176

- No salga ninguna cara verde en cuatro tiradas:

  a) 0,9375 ***b)*** 0,0625 ***c)*** 0,4375

8. Determina la probabilidad de:

- Obtener tres veces un 2 en cinco lanzamientos de un dado:

  a) 0,32 ***b)*** 0,023 ***c)*** 0,032

- Obtener tres veces seguidas un 2 en cinco lanzamientos de un dado:

  a) 0,0096 ***b)*** 0,0032 ***c)*** 0,096

10 Muestras

1. Dada la distribución normal tipificada $N(0, 1)$, calcula $p(Z \leq 1{,}2)$.

2. ¿Qué tipo de distribución de probabilidad presenta el experimento de extraer 50 veces una carta de una baraja, devolviéndola al taco después de cada extracción, y observar si es de corazones?

3. ¿Cuál es la función de probabilidad de una distribución binomial?

4. ¿En qué condiciones se puede aproximar una distribución binomial a una normal?

La realidad es, en ocasiones, demasiado compleja. El estudio de una población se hace, también a veces, prácticamente imposible. En particular, las ciencias sociales suelen centrarse en colectivos muy numerosos, cuyos miembros no pueden ser estudiados individualmente. Por esta razón, para poder llevar a cabo estos estudios, se debe recurrir a muestras de la población. Es fácil comprender que la elección de la muestra puede conducirnos a conclusiones acertadas o erróneas acerca de la población general.

Observa las dos fotografías: la de la izquierda contiene 2 486 421 puntos de color, la de la derecha solamente 1 568. El ordenador que ha creado la imagen de la derecha divide la fotografía original en 1 568 rectángulos y asigna a cada uno de ellos un color, elegido al azar, de los puntos que los forman. La imagen de la derecha es una muestra de la imagen de la izquierda. Si las observas de cerca son totalmente distintas, pero si las alejas a una cierta distancia, verás que ambas parecen iguales. En el trabajo estadístico las muestras son una representación de la realidad, similar a la representación de la segunda fotografía en función de la primera.

1 Muestras

La estadística puede clasificarse en dos grandes ramas:

- La **estadística descriptiva** estudia los datos obtenidos al realizar observaciones de caracteres estadísticos en una población; calcula parámetros estadísticos de centralización (moda, media y mediana) y de dispersión (varianza, desviación típica y coeficiente de variación) que caracterizan la población, y realiza deducciones a partir de los datos y parámetros obtenidos.
- La **estadística inferencial** sirve para conocer propiedades de una población a partir de los resultados obtenidos, sobre una muestra, por la estadística descriptiva.

  Para trabajar en el campo de la estadística inferencial es muy importante la muestra que se utilice de la población; si la muestra no es representativa, se dice que está sesgada, y las conclusiones que puedan extraerse no serán fiables.

Recuerda

La **población** es el conjunto de personas o elementos a que hace referencia un estudio estadístico.

Una **muestra** es una parte de la población sobre la que se realiza el estudio estadístico. El número de individuos de una muestra recibe el nombre de **tamaño de la muestra.**

Una de las tareas más delicadas del trabajo estadístico inferencial es la elección adecuada de la **muestra**, la cual deberá ser representativa de la población. Lo ideal sería que la muestra fuese como la población en todos los aspectos salvo, claro está, en el tamaño.

En función del procedimiento utilizado para escoger los elementos de la muestra, esta puede ser de diferentes tipos:

Muestra aleatoria simple

Una muestra se llama **aleatoria** si cada individuo tiene la misma probabilidad de ser elegido. La mejor manera de escoger una muestra es utilizando un procedimiento externo de aleatoriedad como, por ejemplo, una tabla de números aleatorios. El procedimiento consistirá en enumerar los elementos de la población y elegir aquellos cuyo número coincida con el número aleatorio generado por un ordenador o calculadora. En la sección *Estrategias* se ejemplifica con una calculadora cómo generar una tabla de números aleatorios entre 1 y 1 000.

Así, por ejemplo, si se quiere escoger una muestra de 30 estudiantes de un colectivo de 500, se deberá, en primer lugar, numerar a los estudiantes; en segundo lugar, generar 30 números aleatorios entre 1 y 500 y, por último, seleccionar a los estudiantes cuyo número coincide con el número aleatorio generado.

Muestra aleatoria sistemática

Cuando se posee un listado con la población que se quiere estudiar, existe un método más sencillo para obtener una muestra representativa de la población.

Una guía telefónica es un buen ejemplo: supongamos que hay 854 722 abonados en la guía telefónica de Bilbao; se quiere realizar un estudio estadístico sobre la satisfacción de los usuarios con la propuesta de telefónica de acceso gratuito a Internet. Se pretende realizar el estudio sobre una muestra de 400 abonados. Para ello, se divide el número de abonados entre 400 y se obtiene, aproximadamente, 2 137. Si elegimos un abonado cada 2 137, obtendremos 400 abonados elegidos de forma uniforme a lo largo de toda la guía. Para seleccionar el primer abonado, se elige uno de entre los 2 137 primeros de manera aleatoria, mediante un sorteo o mediante un programa que genere números aleatorios entre 1 y 2 137. El procedimiento descrito genera una **muestra aleatoria sistemática.**

[... No nos ha de maravillar que el azar tenga tanto poder sobre nuestras vidas, desde el momento que estamos por azar.

MONTAIGNE

[... El azar, no la prudencia, es quien rige la vida.

CICERÓN

Muestra en múltiples etapas

Si la muestra es pequeña y está bien definida, los dos procedimientos anteriores son fáciles de aplicar, pero en situaciones más complejas como, por ejemplo, la muestra de los residentes de la Comunidad Autónoma de Valencia, no es fácil recoger una muestra aleatoria simple, ya que, en primer lugar, deberíamos tener una lista de todos los residentes de dicha comunidad, pero, además, aparecerían serias dificultades prácticas en el momento de contactar con las personas escogidas mediante la tabla de números aleatorios.

En este caso, deberíamos desglosar la población en unidades más pequeñas, y después, llevar a cabo el muestreo aleatorio en estas unidades.

Por ejemplo, dividiríamos la Comunidad Valenciana en comarcas y, posteriormente, tomaríamos una muestra aleatoria. De las comarcas seleccionadas tomaríamos una muestra aleatoria de poblaciones; seguidamente, podríamos tomar una muestra aleatoria de los habitantes de las mismas. Este tipo de muestreo se denomina **muestra en múltiples etapas.**

Observa

En las muestras en múltiples etapas, el número de ellas en las que se realiza el muestreo puede aumentar o disminuir; por ejemplo, una vez determinadas las poblaciones, podrían seleccionarse aleatoriamente algunos barrios, después, algunas calles de cada barrio, y, por último, tomar la muestra aleatoria de los residentes en estas calles. Además, hay que tener en cuenta que en cada una de las etapas, la muestra seleccionada debe tener un tamaño proporcional al tamaño total de la unidad respecto de la población total; por ejemplo, si una de las unidades está representada por las comarcas, como no todas tienen la misma población no se debe escoger la misma cantidad de individuos en cada una de ellas.

Muestras estratificadas

Es fácil comprender que un muestreo aleatorio no garantiza que la muestra escogida represente, exactamente, a la población que se desea estudiar.

En función del carácter estadístico que se quiera estudiar, una muestra aleatoria nos puede dar una medida *sesgada*, y, por tanto, no representativa.

Por ejemplo, consideremos el estudio estadístico que se deseaba realizar en la Comunidad Autónoma de Valencia. Imaginemos que el carácter estadístico que se quiere estudiar es el nivel de renta de los hogares valencianos. La muestra en múltiples etapas nos permite seleccionar una muestra aleatoria de hogares, pero si sabemos que el 15 % de los hogares valencianos tienen un miembro de la unidad familiar en el paro y el 5 % los dos, si la muestra no tiene en cuenta estos porcentajes los resultados estarán sesgados.

Si se sabe, con antelación al estudio estadístico, que existen subgrupos importantes en nuestra población, estos subgrupos son relevantes para nuestro estudio y, por tanto, los deberemos tener en cuenta en el diseño del muestreo. Esto se denomina **estratificación.** Cada uno de los subgrupos se denominan **estratos**. Para obtener una muestra de 10 000 familias representativas deberíamos tomar una muestra aleatoria de 8 000 hogares en los que trabajan los dos cónyuges; una muestra aleatoria de 1 500 en los que uno se encuentra en el paro y una muestra aleatoria de 500 en los que los dos están en paro.

Si la elección no se hace de forma proporcional al número de elementos perteneciente a cada uno de los estratos, la muestra no será representativa.

Observa

En las muestras de cuota, una vez escogida la muestra de la forma más representativa posible, el tipo de encuesta que se realiza puede influir en las respuestas. La encuesta deberá estar planteada de la forma más neutra posible, sin preguntas tendenciosas, para conseguir que los resultados tengan la máxima fiabilidad posible.

Muestras de cuota

Los muestreos estudiados hasta ahora son, en ocasiones, difíciles de realizar o gravosos económicamente. Es por esta razón que algunas empresas dedicadas a estudios de mercado prefieran otro tipo de muestreo más sencillo, denominado **muestreo de cuota.** Este tipo de muestreo requiere conocer algunas características de la población que influyan en el carácter estadístico que se desea estudiar. Por ejemplo, si se desea estudiar un carácter en el que el nivel de estudios es importante y se sabe que un 18 % de la población ha realizado estudios primarios, un 65 %, estudios secundarios y un 17 %, estudios superiores, el personal de campo que envía la empresa a realizar encuestas tendrá unas cuotas específicas que deberá cumplir. Así, un trabajador quizás deberá realizar encuestas únicamente a personas con estudios superiores. Si selecciona un hogar de manera aleatoria y encuentra una persona que no corresponde a su grupo de población, este no será entrevistado para el estudio.

OTRAS ACTIVIDADES

I En cierto barrio se quiere hacer un estudio para conocer el tipo de actividades de ocio que gustan más a sus habitantes. Para ello, van a ser encuestados 100 individuos elegidos al azar.

a) Explicar cuál sería procedimiento de selección más adecuado: muestreo con o sin reposición. Razona tu respuesta.

b) Como los gustos cambian con la edad y se sabe que en el barrio viven 2 500 niños, 7 000 adultos y 500 ancianos, se decide elegir la muestra anterior utilizando muestreo estratificado. Define los estratos y determina el tamaño muestral correspondiente a cada uno.

2 Distribuciones de probabilidad

2.1. Distribución de variable continua. Distribución normal

Recuerda

Dado un experimento aleatorio, se define el espacio muestral, *E*, como el conjunto de todos los resultados posibles del experimento.

Por ejemplo, al lanzar dos monedas, el espacio muestral es:

$E = \{CC, C+, +C, ++\}$

Una variable aleatoria, *X*, es una función que asocia a cada elemento del espacio muestral un número real.

$X: E \to \mathbb{R}$

En primer curso de Bachillerato se estudiaron las distribuciones de probabilidad continuas y, en especial, la **distribución normal.**

La distribución normal se caracteriza por tener una función de densidad de probabilidad, cuya representación gráfica tiene forma de campana. Una distribución normal de media μ y desviación típica σ se representa por $\mathbf{N(\mu, \sigma)}$.

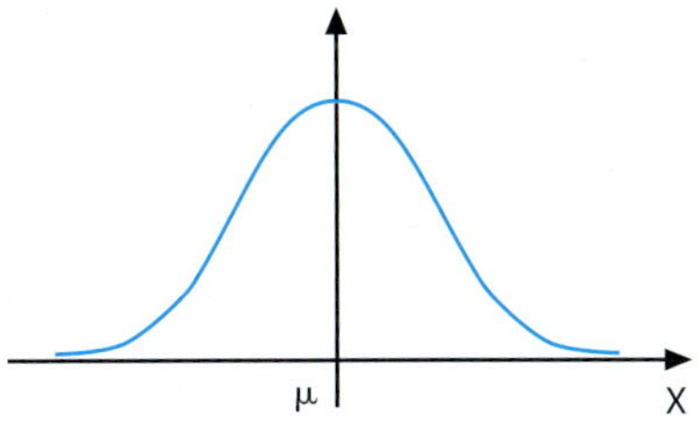

FIGURA 10.1.

Recuerda

Existen infinitas distribuciones $N(\mu, \sigma)$ en función de los valores de μ y de σ, pero todas ellas tienen la misma forma y encierran un área igual a la unidad.

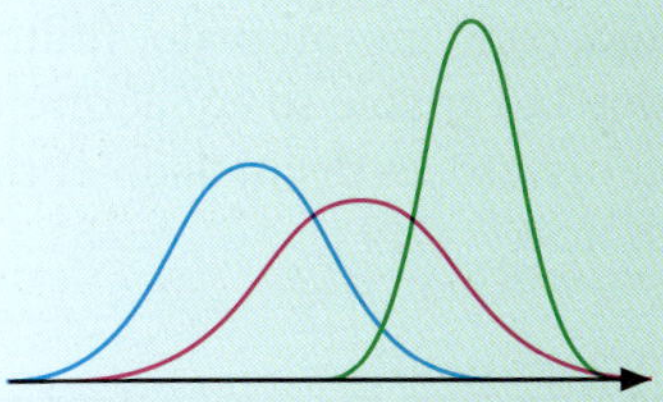

FIGURA 10.2.

Manejo de las tablas

Dado que todas las «campanas» tienen la misma forma y, por tanto, la misma distribución de probabilidades, se han tabulado las probabilidades de una de ellas, la más sencilla, denominada **distribución normal estándar,** de media 0 y desviación típica 1, **N(0, 1).**

El manejo de las tablas nos ayudará a calcular probabilidades. En el anexo 1 figura la tabla de la distribución normal tipificada $N(0, 1)$ en la que aparecen las probabilidades del tipo $p(Z \leq k)$.

EJEMPLOS

a) *Calcular la probabilidad* $p(Z \leq 1{,}25)$.

Para calcular esta probabilidad utilizando la tabla, bastará con buscar el valor que se encuentra en la fila 1,2 y columna 0,05.

$p(Z \leq 1{,}25) = 0{,}894\,4$

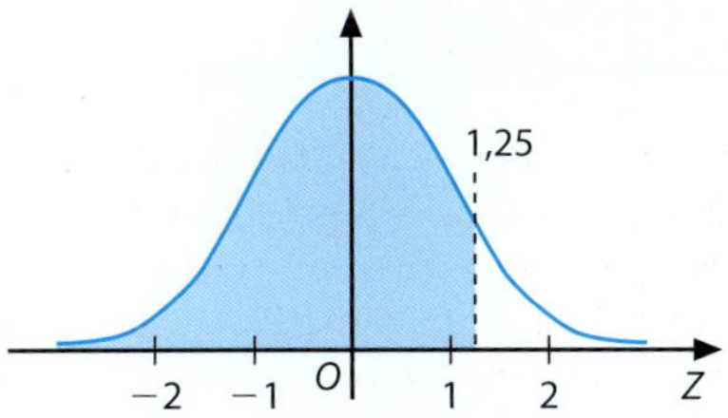

FIGURA 10.3.

b) *Calcular la probabilidad* $p(Z \geq 1{,}25)$.

$p(Z \geq 1{,}25) = 1 - p(Z < 1{,}25) = 1 - 0{,}894\,4 = 0{,}105\,6$

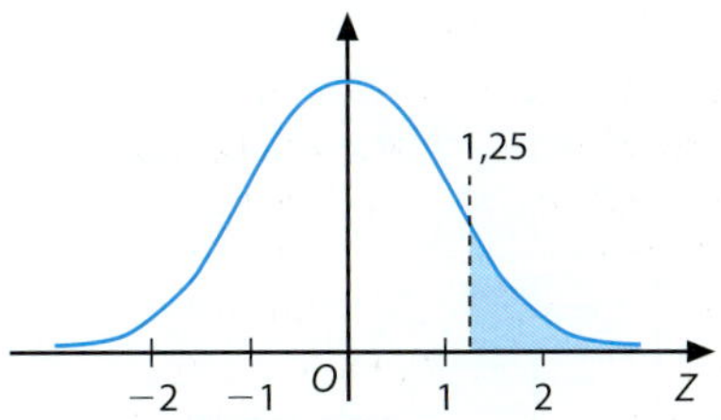

FIGURA 10.4.

EJEMPLOS

c) *Calcular la probabilidad:*

$$p(Z \leq -1{,}25)$$

En la figura se puede observar que $p(Z \leq -1{,}25) = 1 - p(Z \geq 1{,}25) =$
$= 0{,}105\,6$

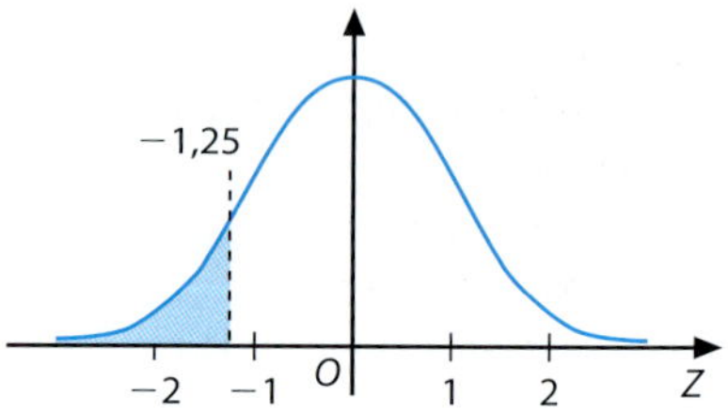

FIGURA 10.5.

d) *Calcular la probabilidad:*

$$p(Z \geq -1{,}25)$$

$p(Z \geq -1{,}25) = p(Z \leq 1{,}25) =$
$= 0{,}894\,4$

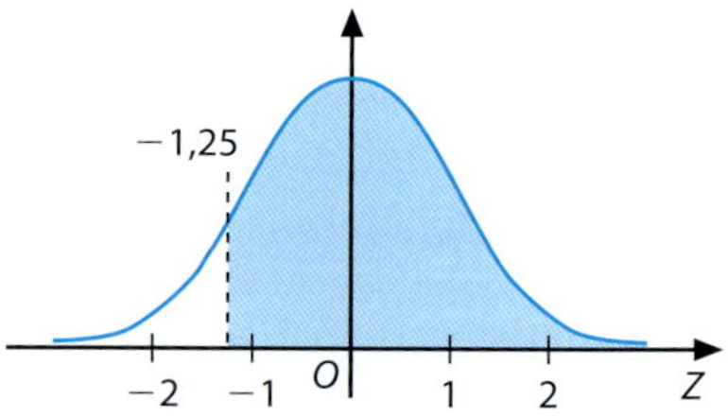

FIGURA 10.6.

e) *Calcular la probabilidad:*

$$p(0{,}5 \leq Z \leq 1{,}2)$$

$p(0{,}5 \leq Z \leq 1{,}2) =$
$= p(Z \leq 1{,}2) - p(Z \leq 0{,}5) =$
$= 0{,}884\,9 - 0{,}691\,5 =$
$= 0{,}193\,4$

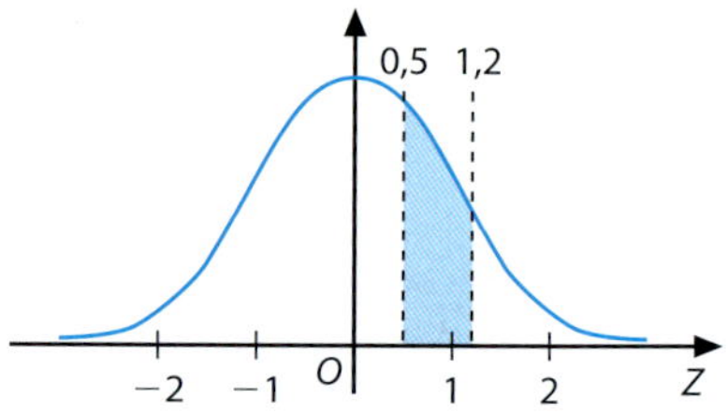

FIGURA 10.7.

Intervalos característicos para N(0, 1)

En el apartado anterior se ha explicado cómo, dado un intervalo, finito o infinito, se puede calcular la probabilidad de que la variable se encuentre en dicho intervalo. Se puede plantear el problema inverso, es decir, dado el tipo de intervalo y su probabilidad, calcular sus extremos.

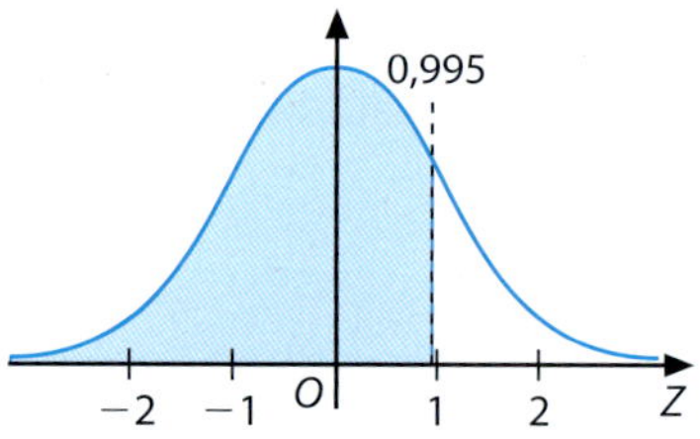

FIGURA 10.8.

EJEMPLOS

f) *¿Para qué valor de k se cumple* $p(Z \leq k) = 0{,}84$?

En la tabla observamos: $p(Z \leq 0{,}99) = 0{,}838\,9$ y $p(Z \leq 1{,}00) = 0{,}841\,3$.

Tomamos el valor promedio: $k = 0{,}995$

g) *¿Para qué valor de k se cumple* $p(-k \leq Z \leq k) = 0{,}8$?

Si el intervalo abarca un área de 0,8, fuera de él deberá haber un área de 0,2 (recuerda, una vez más, que el área total bajo la campana de Gauss es 1). Pero, por simetría, el área de cada una de las «colas» es 0,1. Véase la figura 10.9, al margen.

Se trata de buscar el valor de k.

$$p(Z \geq k) = 0{,}1 \Rightarrow p(Z \leq k) = 0{,}9$$

En las tablas encontramos:

$$p(Z \leq 1{,}28) = 0{,}899\,7$$
$$p(Z \leq 1{,}29) = 0{,}901\,5$$

Tomamos el valor $k = 1{,}28$.

El intervalo $[-1{,}28,\ 1{,}28]$ es aquel que encierra un 80 % del área total en una distribución de probabilidad $N(0, 1)$.

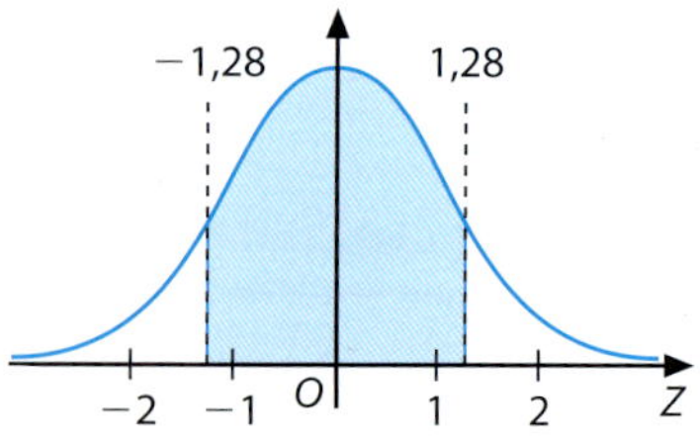

FIGURA 10.9.

> **Observa**
>
> Si un intervalo $(-k, k)$ encierra un área igual a p, la probabilidad de que Z tome un valor entre $-k$ y k, es p, es decir:
>
> $$p(-k \leq Z \leq k) = p$$

Si un intervalo $(-k, k)$ encierra un área igual a p, recibe el nombre de **intervalo característico** correspondiente a la probabilidad p, y k es el valor crítico.

Habitualmente, la probabilidad p se designa por $1-\alpha$, y se denomina **nivel de confianza.** Así mismo, el valor crítico, k, se designa por $z_{\alpha/2}$.

Con la notación anterior y observando la siguiente figura:

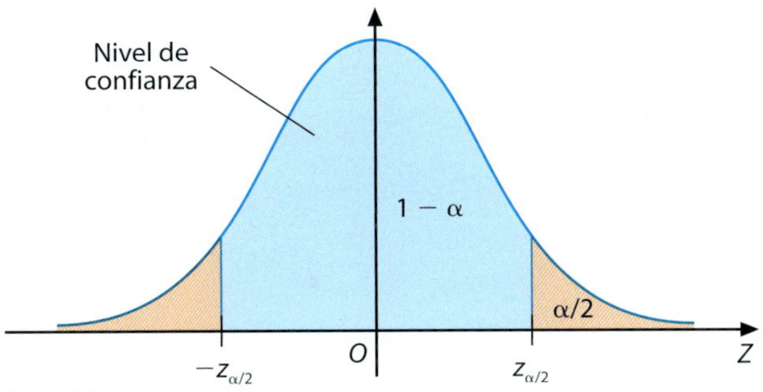

FIGURA 10.10.

podemos escribir:

$$p(Z \geq z_{\alpha/2}) = \alpha/2$$

$$p(-z_{\alpha/2} \leq Z \leq z_{\alpha/2}) = 1-\alpha$$

Si la distribución es $N(0, 1)$, el intervalo característico se escribe de la forma:

$$(-z_{\alpha/2}, z_{\alpha/2})$$

Generalmente, cuando se plantean problemas en los que es preciso calcular intervalos característicos, las probabilidades más utilizadas son 0,9, 0,95 y 0,99. Por tanto, es aconsejable tener calculados los intervalos característicos correspondientes a dichas probabilidades.

Cálculo de $z_{\alpha/2}$ para $1-\alpha = 0{,}9$

Si el intervalo abarca un área de 0,9, fuera de él deberá haber un área de 0,1; el área de cada una de las «colas» es 0,05.

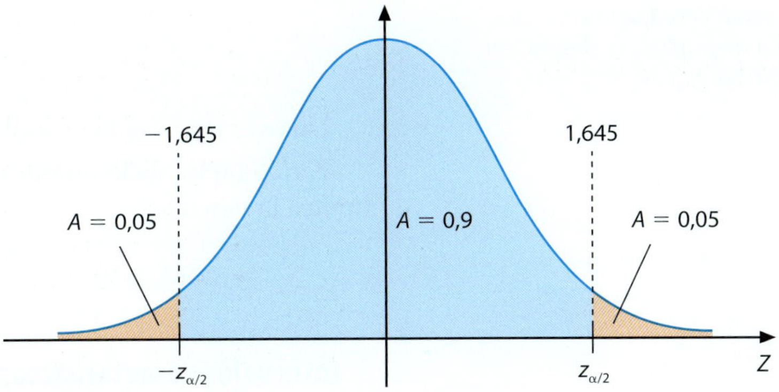

FIGURA 10.11.

Se trata de buscar el valor de k.

$$p(Z \geq k) = 0{,}05 \Rightarrow p(Z \leq k) = 0{,}95$$

En las tablas encontramos:

$$p(Z \leq 1{,}64) = 0{,}949\,5$$

$$p(Z \leq 1{,}65) = 0{,}950\,5$$

El valor promedio entre 1,64 y 1,65 es 1,645.

Si el intervalo abarca un área de 0,95, deberá haber fuera un área de 0,05; el área de cada una de las «colas» es 0,025.

Se trata de buscar el valor de k.

$$p(Z \geq k) = 0{,}025 \Rightarrow p(Z \leq k) = 0{,}975$$

En las tablas encontramos:

$$p(Z \leq 1{,}96) = 0{,}975\,0$$

El intervalo característico $[-1{,}96,\ 1{,}96]$ es aquel dentro del cual, en una distribución de probabilidad $N(0,\ 1)$, hay un área 95 % del total.

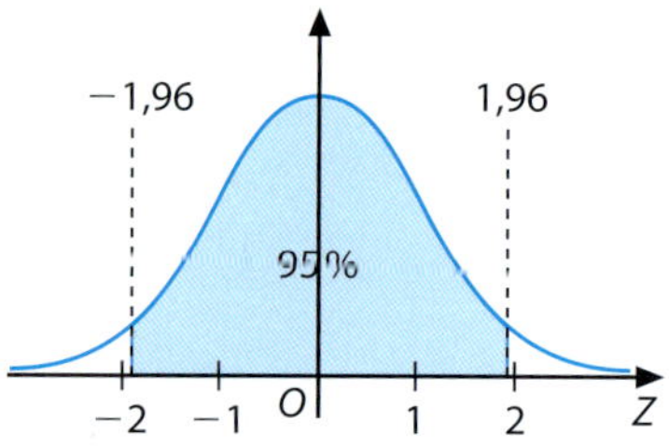

FIGURA 10.12.

■ **Cálculo de $z_{\alpha/2}$ para $1 - \alpha = 0{,}95$**

Del mismo modo, se puede calcular el intervalo característico correspondiente a una probabilidad de 0,99.

En la siguiente tabla figuran los intervalos característicos que suelen utilizar más:

$1-\alpha$	$\alpha/2$	$z_{\alpha/2}$	Intervalo característico
0,90	0,05	1,645	(−1,645, 1,645)
0,95	0,025	1,96	(−1,96, 1,96)
0,99	0,005	2,575	(−2,575, 2,575)

Recuerda

- Z sigue una distribución normal estándar de media 0 y desviación típica 1, $N(0, 1)$.
- X sigue una distribución normal de media μ y desviación típica σ, $N(\mu, \sigma)$.

■ **Tipificación de la variable**

En general, la distribución normal estudiada no será Z, $N(0,\ 1)$, sino X, $N(\mu,\ \sigma)$. Podemos utilizar las tablas de la distribución tipificada para una distribución cualquiera. El procedimiento utilizado, denominado **tipificación de la variable,** es el siguiente:

$$Z = \frac{X - \mu}{\sigma}$$

Una vez tipificada la variable, esta seguirá una distribución $N(0,\ 1)$.

Por ejemplo, dada una distribución $N(4,\ 0{,}5)$, para calcular $p(X \leq 5)$, se tipifica la variable:

$$p(X \leq 5) = p\left(\frac{X-4}{0{,}5} \leq \frac{5-4}{0{,}5}\right) = p(Z \leq 2) = 0{,}977\,2$$

Intervalos característicos para $N(\mu, \sigma)$

Seguidamente, procedemos a calcular los intervalos característicos correspondientes a una distribución normal cualquiera $N(\mu,\ \sigma)$. En este caso, a diferencia de la distribución $N(0,\ 1)$ los intervalos no estarán centrados en el 0, sino en la media de la distribución, μ; por tanto, los extremos del intervalo serán $\mu - k$ y $\mu + k$, y se deberá verificar la siguiente igualdad:

$$p(\mu - k,\ \mu + k) = p = 1 - \alpha$$

En el intervalo $(\mu - k,\ \mu + k)$ estarán el $100 \cdot (1 - \alpha)$ % de la población estudiada.

Dada una distribución $N(\mu, \sigma)$, si tipificamos la variable:

$$Z = \frac{X - \mu}{\sigma}$$

la distribución será $N(0, 1)$.

$$p(-z_{\alpha/2} \leq Z \leq z_{\alpha/2}) = 1 - \alpha \Rightarrow p(-z_{\alpha/2} \leq \frac{X - \mu}{\sigma} \leq z_{\alpha/2}) = 1 - \alpha$$

Por tanto, el intervalo característico será:

$$-z_{\alpha/2} \leq \frac{X - \mu}{\sigma} \leq z_{\alpha/2} \Rightarrow -z_{\alpha/2} \cdot \sigma \leq X - \mu \leq z_{\alpha/2} \cdot \sigma \Rightarrow$$

$$\Rightarrow \mu - z_{\alpha/2} \cdot \sigma \leq X \leq \mu + z_{\alpha/2} \cdot \sigma$$

En el caso de que la distribución sea $N(\mu, \sigma)$, el **intervalo característico** será:

$$(\mu - z_{\alpha/2} \cdot \sigma, \mu + z_{\alpha/2} \cdot \sigma)$$

Utilizando la tabla confeccionada en el apartado anterior para una distribución $N(0, 1)$, se puede construir una similar para una distribución $N(\mu, \sigma)$:

$1 - \alpha$	$\alpha/2$	$z_{\alpha/2}$	**Intervalo característico**
0,90	0,05	1,645	$(\mu - 1{,}645\sigma, \mu + 1{,}645\sigma)$
0,95	0,025	1,96	$(\mu - 1{,}96\sigma, \mu + 1{,}96\sigma)$
0,99	0,005	2,575	$(\mu - 2{,}575\sigma, \mu + 2{,}575\sigma)$

EJEMPLOS

h) *Aplicando los resultados obtenidos que figuran en la tabla anterior, calcular los intervalos característicos para el 90 %, el 95 % y el 99 %, en una distribución $N(50, 5)$.*

90 % $\Rightarrow (50 - 1{,}645 \cdot 5, 50 + 1{,}645 \cdot 5) \Rightarrow (41{,}775, 58{,}225)$

95 % $\Rightarrow (50 - 1{,}96 \cdot 5, 50 + 1{,}96 \cdot 5) \Rightarrow (40{,}2, 59{,}8)$

99 % $\Rightarrow (50 - 2{,}575 \cdot 5, 50 + 2{,}575 \cdot 5) \Rightarrow (37{,}125, 62{,}875)$

i) *Dada una distribución $N(62, 7)$, calcular el intervalo característico para el 97 %.*

$1 - \alpha = 0{,}97 \Rightarrow \alpha/2 = 0{,}015 \Rightarrow z_{\alpha/2} = 2{,}17$

Por tanto, el intervalo característico será:

$(62 - 2{,}17 \cdot 7, 62 + 2{,}17 \cdot 7) = (46{,}81, 77{,}19)$

Observa

A medida que la probabilidad aumenta, el intervalo característico se «ensancha».

ACTIVIDADES

1 Comprueba que el intervalo característico correspondiente a la probabilidad 0,99 es $(-2{,}575, 2{,}575)$.

2 Calcula las siguientes probabilidades:

a) $p(Z \leq 1{,}18)$ ***c)*** $p(Z \geq 1{,}27)$ ***e)*** $p(1{,}12 \leq Z \leq 1{,}97)$

b) $p(Z \leq 3{,}34)$ ***d)*** $p(Z \leq -0{,}93)$

Solución: ***a)*** $p(Z \leq 1{,}18) = 0{,}881\,0$ ***b)*** $p(Z \leq 3{,}34) = 0{,}999\,6$
c) $p(Z \geq 1{,}27) = 0{,}102\,0$ ***d)*** $p(Z \leq -0{,}93) = 0{,}1762$
e) $p(1{,}12 \leq Z \leq 1{,}97) = 0{,}107\,0$

3 Dada la distribución normal $N(20, 4)$, calcula $p(X \leq 15)$, $p(X \leq 23)$ y $p(X \geq 17)$.

Solución: $p(X \leq 15) = 0{,}105\,6$, $p(X \leq 23) = 0{,}773\,4$, $p(X \geq 17) = 0{,}773\,4$

2.2. Distribución de variable discreta. Distribución binomial

En primer curso de bachillerato se estudió la distribución binomial como un caso particular de distribución de probabilidad de variable aleatoria discreta.

Recuerda que la distribución binomial corresponde a la realización de un experimento que cumple las siguientes condiciones:

- Al realizar el experimento, únicamente se observa si se cumple un suceso, A (*éxito*), o si por el contrario, no se cumple, A (*fracaso*).
- Al repetir el experimento, el resultado es independiente de los resultados obtenidos anteriormente.
- La probabilidad del suceso A es constante, es decir, no varía al repetir el experimento.
- Si llamamos p a la probabilidad del suceso A, $p(A) = p$, entonces p (no A) = $= p(\overline{A}) = q$. Es fácil ver que $p + q = 1$.

Una distribución binomial en la que un experimento se repite n veces y la probabilidad de éxito es p se representa por $B(n, p)$.

Se demostró en primer curso de bachillerato que la probabilidad de obtener k éxitos es:

$$p(k \text{ éxitos}) = \binom{n}{k} \cdot p^k \cdot q^{n-k}$$

También se demostró que los parámetros de la distribución binomial son:

$$\mu = np$$
$$\sigma = \sqrt{npq}$$

La distribución binomial puede aproximarse a una distribución normal cuando n es grande y p y q tomen valores cercanos a 0,5. En la práctica, la aproximación es buena si $npq > 10$; de todos modos, la aproximación es tanto mejor cuanto mayor sea este valor.

En este caso; $B(n, p)$ se puede aproximar a $N(\mu, \sigma)$, es decir, $N(np, \sqrt{npq})$.

ACTIVIDADES

4 Para una distribución $N(0, 1)$, calcula el intervalo característico correspondiente a una probabilidad de 0,5.

Solución: $(-0{,}675, 0{,}675)$

5 Para una distribución binominal $B(10, 3)$, calcula el intervalo característico correspondiente a una probabilidad de 0,5.

Solución: (7,975, 12,025)

6 Para una distribución $N(100, 0{,}3)$, calcula el intervalo característico correspondiente a una probabilidad de 0,5.

Solución: (26,908 5, 33,091 5)

7 En una piscifactoría, la longitud media de las truchas es de 25 cm, con una desviación típica de 2 cm. En la piscifactoría hay 4 700 truchas. ¿Cuántas tendrán un tamaño inferior a 26 cm?

Solución: $p(X \leq 26) = 0{,}691\ 5$, cabe esperar 3 250 truchas con un tamaño inferior a 26 cm.

8 La probabilidad de que un tenista haga un punto de saque, ace, es de 0,02. Si durante un campeonato realiza 3 000 servicios. ¿Cuál es la probabilidad de que obtenga más de 80 puntos de saque?

Solución: $p(X > 80) = 0{,}0038$

9 Una distribución binomial $B(50, 0{,}3)$ se aproxima por la normal. ¿Cuál es la probabilidad de que la variable tome un valor menor o igual que 12?

Solución: $p(X \leq 12) = 0{,}22$

3 Distribución de variables aleatorias en el muestreo

3.1. Distribución de medias muestrales

Dada una variable estadística observada en una población, se puede calcular su media, $\overline{x}$ y su desviación típica, σ.

Así, por ejemplo, dada la población formada por los alumnos de un instituto, se puede considerar la variable estadística *peso de los alumnos*; podemos estudiar toda la población, pesar a todos los alumnos y obtener los parámetros estadísticos de centralización y de dispersión, en particular, la media y la desviación típica. Si tomamos una muestra aleatoria por uno de los procedimientos descritos en el epígrafe 1, y calculamos la media de los resultados obtenidos, no coincidirá con $\overline{x}$.

Si consideramos k muestras del **mismo tamaño** de una población, los distintos valores de $\overline{x}_i$, es decir, la distribución de las medias muestrales correspondientes a las muestras aleatorias que se han extraído, constituyen una nueva variable aleatoria.

La distribución formada por todos los valores obtenidos de $\overline{x}_i$, se denomina **distribución de medias muestrales.**

Los valores $\overline{x}_i$ no son iguales a $\overline{x}$. Ahora bien, cuanto mayores sean las muestras, más se aproximarán sus medias a la media poblacional y serán más parecidas entre ellas, es decir, presentarán menor variabilidad.

Si tomamos **todas** las muestras posibles de un determinado tamaño, n, la media de las medias muestrales coincide exactamente con la media de la población, como se verá en el epígrafe siguiente. No obstante, si disponemos de algunas muestras del mismo tamaño, una buena aproximación de la media de la población es la media de las medias muestrales obtenidas.

Recuerda

En este ejemplo, la muestra más representativa sería la escogida por estratos, considerando como estratos los diferentes niveles educativos, ya que es evidente que no pesará lo mismo un estudiante de 1.º de ESO que uno de 2.º de Bachillerato.

Recuerda

Al igual que hablamos de **distribución muestral de medias**, podríamos hablar de **distribución muestral de varianzas**, de **desviaciones típicas**, etcétera.

EJEMPLOS

a) *Una variable aleatoria, X, hace corresponder uno de los valores 1, 2, 3, 4 y 5 a cada uno de los individuos de una población de modo que los 5 valores se den con la misma probabilidad:*

I) *Construir una tabla con todas las muestras de tamaño 2.*

II) *Hallar la media y la desviación típica de la variable aleatoria X.*

III) *Dada la variable aleatoria $\overline{X}$, cuya distribución es la de las medias muestrales, calcular su media y su desviación típica.*

I)

Muestra	1 1	1 2	1 3	1 4	1 5	2 1	2 2	2 3	2 4	2 5	3 1	3 2	3 3	3 4	3 5	4 1	4 2	4 3	4 4	4 5	5 1	5 2	5 3	5 4	5 5

El número de muestras corresponde al número de variaciones con repetición de 5 elementos tomados 2 a 2, $VR_{5,2} = 5^2 = 25$.

II) La media de X es $\overline{x} = 3$ y su desviación típica $\sigma = 1{,}41$.

III) Construimos una tabla con la distribución de las medias muestrales:

Muestra	1 1	1 2	1 3	1 4	1 5	2 1	2 2	2 3	2 4	2 5	3 1	3 2	3 3	3 4	3 5	4 1	4 2	4 3	4 4	4 5	5 1	5 2
Medias muestrales	1	1,5	2	2,5	3	1,5	2	2,5	3	3,5	2	2,5	3	3,5	4	2,5	3	3,5	4	4,5	3	3,5

La media de las medias muestrales es $\overline{x} = 3$ y su desviación típica es $\sigma = 1{,}00$.

Observa

En el caso extremo en que la muestra tenga el mismo tamaño que la población, ambas medias coincidirán.

Observando el ejemplo anterior, ***a)***,es importante reflexionar sobre lo siguiente:

- Tomar la muestra 1–1 no indica que tomemos una muestra con un único individuo de la población repetido dos veces, lo cual es imposible, sino que tomamos dos individuos que tienen asociado el mismo valor de la variable aleatoria, 1.
- Las muestras 1–2 y 2–1 no son la misma; en la primera, el primer individuo tiene asociado un valor de la variable aleatoria igual a 1, y en la segunda, igual a 2.

3.2. Teorema central del límite

A continuación se enuncia, sin demostración, **el teorema central del límite,** que hace referencia a la distribución de **todas** las muestras de una población cuando todas ellas son del mismo tamaño:

> Dada una población de media μ y desviación típica σ, si se extraen muestras de tamaño *n*, la distribución de las medias de todas las muestras, denominada distribución de las medias muestrales, verifica lo siguiente:
>
> - Tiene la misma media, μ, que la población.
> - Su desviación típica es $\sigma/\sqrt{n}$.
> - Cuando $n > 30$, se aproxima a una distribución normal.

Es importante hacer algunas puntualizaciones con respecto al teorema enunciado anteriormente:

- La desviación típica de la distribución de las medias muestrales disminuye cuando *n* aumenta.
- El teorema central del límite es válido, tanto si la distribución de la población es discreta como si es continua.
- El grado de aproximación de la distribución de las medias muestrales a la correspondiente distribución normal depende de la población de partida y del valor de *n*, es decir, del tamaño de la muestra.
- Si la población de partida es normal, también lo será la distribución de las medias muestrales, cualquiera que sea el valor de *n*.
- Si la población no tiene una distribución normal, la distribución de las medias muestrales será normal si $n > 30$.

El teorema central del límite nos permitirá, conociendo la distribución de las medias muestrales de tamaño *n*, extraer conclusiones de la media de la población.

ACTIVIDADES

10 Una variable aleatoria, *X* hace corresponder los valores 1, 2, 3 y 4 a los individuos de una población:

a) Construye una tabla con todas las muestras de tamaño 3.

b) Halla la media y la desviación típica de *X*.

c) Halla la media y la desviación típica de la distribución de las medidas muestrales.

Muestra	1	1	1	1	1	1	1	1	1
	1	1	1	2	2	2	3	3	3
	1	2	3	1	2	3	1	2	3

Muestra	2	2	2	2	2	2	2	2	2
	1	1	1	2	2	2	3	3	3
	1	2	3	1	2	3	1	2	3

Muestra	3	3	3	3	3	3	3	3	3
	1	1	1	2	2	2	3	3	3
	1	2	3	1	2	3	1	2	3

Solución: ***a)*** Tabla del margen ***b)*** $\bar{x} = 2, \sigma = 0{,}8165$

c) $\bar{x} = \dfrac{53{,}\widehat{9}}{27} = 2, \sigma = \sqrt{0{,}\widehat{2}} = 0{,}4714$

11 Comprueba el teorema central del límite en el ejemplo ***a)*** y en la actividad 10.

3.3. Intervalo de confianza para las medias muestrales

Tenemos una población $N(\mu, \sigma)$ y se desea estimar, mediante un intervalo, el parámetro μ. Se toma una muestra de tamaño n y se calcula su media, $\bar{x}$. La distribución de la variable aleatoria formada por las medias, $\bar{x}_i$, de todas las muestras del mismo de tamaño, n, es $N(\mu, \frac{\sigma}{\sqrt{n}})$.

Si se tipifica la variable, $Z = \dfrac{\bar{x} - \mu}{\sigma/\sqrt{n}}$, presentará una distribución $N(0, 1)$ donde $p(-z_{\alpha/2} \leq Z \leq z_{\alpha/2}) = 1 - \alpha$, como se ha visto en el epígrafe anterior. Sustituyendo la expresión de Z:

$$p(-z_{\alpha/2} \leq Z = \frac{\bar{x} - \mu}{\sigma/\sqrt{n}} \leq z_{\alpha/2}) = 1 - \alpha \Rightarrow$$

$$\Rightarrow p(-z_{\alpha/2} \cdot \sigma/\sqrt{n} \leq \bar{x} - \mu \leq z_{\alpha/2} \cdot \sigma/\sqrt{n}) = 1 - \alpha \Rightarrow$$

$$\Rightarrow p(\bar{x} - z_{\alpha/2} \cdot \sigma/\sqrt{n} \leq \mu \leq \bar{x} + z_{\alpha/2} \cdot \sigma/\sqrt{n}) = 1 - \alpha$$

El **intervalo de confianza** para el parámetro μ de una población $N(\mu, \sigma)$ a un nivel de confianza $1 - \alpha$, es un intervalo centrado en $\bar{x}$ y de radio $z_{\alpha/2} \cdot \sigma/\sqrt{n}$.

En ocasiones, lo que ocurre es que se desconoce la media, μ, de la población y, también, la desviación típica, σ. En estos casos, si $n > 30$, se puede utilizar la desviación típica muestral, s:

$$p(\bar{x} - z_{\alpha/2} \cdot s/\sqrt{n} \leq \mu \leq \bar{x} + z_{\alpha/2} \cdot s/\sqrt{n}) = 1 - \alpha$$

Observa

La variable s es la desviación típica muestral y σ, la desviación típica de la población.

EJEMPLOS

b) *Las medias de los diámetros de una muestra tomada al azar de 200 cojinetes de bolas, fabricados por una determinada máquina, dieron una media de 2 cm y una desviación típica de 0,1 cm. Hallar para el diámetro de la muestra los intervalos de confianza de:*

- El 68,26 %.
- El 95,44 %.
- El 99,73 %.

- $p(-z_{\alpha/2} \leq Z \leq z_{\alpha/2}) = 0{,}6826 \Rightarrow 2p(Z \leq z_{\alpha/2}) - 1 = 0{,}6826 \Rightarrow$ $\Rightarrow p(Z \leq z_{\alpha/2}) = 0{,}8413 \Rightarrow z_{\alpha/2} = 1{,}0$

  Por tanto, el intervalo de confianza será:

$$\left(2 - 1 \cdot \frac{0{,}1}{\sqrt{200}}, 2 + 1 \cdot \frac{0{,}1}{\sqrt{200}}\right) = (1{,}993,\ 2{,}007)$$

- $p(-z_{\alpha/2} \leq Z \leq z_{\alpha/2}) = 0{,}9544 \Rightarrow 2p(Z \leq z_{\alpha/2}) - 1 = 0{,}9544 \Rightarrow$ $\Rightarrow p(Z \leq z_{\alpha/2}) = 0{,}9772 \Rightarrow z_{\alpha/2} = 2{,}0$

  Por tanto, el intervalo de confianza será:

$$\left(2 - 2 \cdot \frac{0{,}1}{\sqrt{200}}, 2 + 2 \cdot \frac{0{,}1}{\sqrt{200}}\right) = (1{,}986,\ 2{,}014)$$

- $p(-z_{\alpha/2} \leq Z \leq z_{\alpha/2}) = 0{,}9973 \Rightarrow 2\,p(Z \leq z_{\alpha/2}) - 1 = 0{,}9973 \Rightarrow$ $\Rightarrow p(Z \leq z_{\alpha/2}) = 0{,}9986 \Rightarrow z_{\alpha/2} = 3{,}0$

  Por tanto, el intervalo de confianza será:

$$\left(2 - 3 \cdot \frac{0{,}1}{\sqrt{200}}, 2 + 3 \cdot \frac{0{,}1}{\sqrt{200}}\right) = (1{,}979,\ 2{,}021)$$

Recuerda

Un intervalo característico correspondiente a una probabilidad de, por ejemplo, el 90 %, indica que, en el 90 % de las muestras, la media está comprendida entre los extremos del intervalo.

3.4. Distribución de las proporciones muestrales

En el apartado anterior se estudia, dada una población y una serie de muestras de tamaño n, la relación entre la media de la población y las medias muestrales; hecho que permite determinar intervalos de confianza para una cierta probabilidad.

Podríamos fijarnos ahora, no en la media de la población y en las medias muestrales, sino en la **proporción** de individuos de una población que posee una determinada característica.

Antes de proseguir, es interesante reflexionar sobre el hecho de que, si un individuo de la población cumple una determinada característica o no, es un estudio dicotómico (sí/no) y, por tanto, seguirá una distribución binomial que, en determinadas condiciones, se puede aproximar, como ya es sabido, a una distribución normal.

El planteamiento podría ser el siguiente:

En una población, la proporción de individuos con una cierta característica, es p. Si se consideran todas las posibles muestras de tamaño n que se pueden extraer de esta población, en cada muestra habrá una cierta proporción de individuos que cumpla esta característica, p_i. ¿Cómo se distribuyen los valores de p_i?

Reflexionemos sobre un problema concreto:

El 15 % de los españoles tiene los ojos azules. Si elegimos al azar 150 jóvenes, ¿qué proporción de personas con ojos azules habrá en la muestra?

Dado que la muestra tiene 150 jóvenes y dado que se observa una propiedad dicotómica, la muestra presenta una distribución binomial:

$$B(150,\ 0{,}15)$$

Puesto que $npq = 19{,}125 > 10$, la distribución anterior podrá aproximarse a una normal:

$$N(np,\ \sqrt{npq}) = N(22{,}5,\ 4{,}37)$$

Es importante comprender ahora el siguiente razonamiento:

El número de jóvenes con los ojos azules en la muestra presentará una distribución normal $N(22{,}5,\ 4{,}37)$. Si queremos estudiar la proporción de jóvenes de la muestra, esta seguirá una distribución normal:

$$N\left(\frac{22{,}5}{150},\ \frac{4{,}37}{150}\right) = N(0{,}15,\ 0{,}029)$$

En general, la distribución de las proporciones de individuos en muestras de tamaño n que poseen una determinada característica, p, seguirá una normal del tipo:

$$N\left(\frac{np}{n},\ \frac{\sqrt{npq}}{n}\right),\ \text{es decir, } N\left(p,\ \sqrt{\frac{pq}{n}}\right)$$

EJEMPLOS

c) *El 40 % de los estudiantes de un instituto tiene teléfono móvil. Si elegimos a 50 alumnos al azar, ¿cómo se distribuye la proporción de estudiantes que tienen móvil.*

Como la muestra es de 50 alumnos, esta sigue una distribución binominal $B(50,\ 0{,}4)$.

Puesto que $npq = 12 > 10$, la distribución se puede aproximar a una normal $N(np,\ \sqrt{npq}) = N(20,\ 3{,}46)$.

Por tanto la proporción de los que poseen móvil de la muestra se distribuye según la normal $N(0{,}4,\ 0{,}07)$.

3.5. Intervalo de confianza para el parámetro *p* de la distribución binomial

Una vez determinada la distribución normal a la que se ajusta la distribución de proporciones en una muestra, podrán hallarse los intervalos de confianza del mismo modo que en el apartado 3.3.

Observa

En el ejemplo ***d)*** un camión es una «muestra».

EJEMPLOS

d) *Una máquina produce botellas. Se sabe que el 5 % son defectuosas. Se cargan 1 000 botellas en cada camión.*

- *¿Cómo se distribuye la proporción de botellas defectuosas en los camiones?*
- *Hallar el intervalo en el cual se encuentren el 90 % de los camiones según su proporción de botellas defectuosas.*
- *Hallar el intervalo en el cual se encuentran el 99 % de los camiones.*

- La totalidad de botellas producidas por la máquina es la población.

La proporción de botellas defectuosas en la población es:

$$p = 0{,}05$$

La proporción de botellas defectuosas en los camiones sigue una distribución normal de media $\mu = 0{,}05$ y cuya desviación típica es:

$$\sigma = \sqrt{\frac{pq}{n}} = \sqrt{\frac{0{,}05 \cdot 0{,}95}{1\,000}} = 0{,}0069$$

Es decir, sigue una normal $N(0{,}05,\ 0{,}0069)$.

- Una probabilidad del 90 % significa:

$$1 - \alpha = 0{,}9 \Rightarrow \alpha/2 = 0{,}05 \Rightarrow z_{\alpha/2} = 1{,}645$$

El intervalo correspondiente es:

$$(\mu - z_{\alpha/2} \cdot \sigma,\ \mu + z_{\alpha/2} \cdot \sigma) =$$
$$= (0{,}05 - 1{,}645 \cdot 0{,}0069,\ 0{,}05 + 1{,}645 \cdot 0{,}0069) = (0{,}039,\ 0{,}061)$$

El intervalo que hemos calculado anteriormente indica que el 90 % de los camiones tienen una proporción de botellas defectuosas comprendida entre los valores 0,039 y 0,061, es decir, entre el 4 % y el 6 % de las botellas son defectuosas.

- Una probabilidad del 99 % significa:

$$1 - \alpha = 0{,}99 \Rightarrow \alpha/2 = 0{,}005 \Rightarrow z_{\alpha/2} = 2{,}575$$

El intervalo correspondiente es:

$$(\mu - z_{\alpha/2} \cdot \sigma,\ \mu + z_{\alpha/2} \cdot \sigma) =$$
$$= (0{,}05 - 2{,}575 \cdot 0{,}0069,\ 0{,}05 + 2{,}575 \cdot 0{,}0069) = (0{,}032,\ 0{,}068)$$

El intervalo anterior indica que el 99 % de los camiones tienen una proporción de botellas defectuosas comprendida entre 0,032 y 0,068, es decir, entre el 3,2 % y el 6,8 % de las botellas son defectuosas.

Generalmente, se tiende a pensar que, si en un camión hay 1 000 botellas y el 5 % de las botellas son defectuosas, entonces debería haber en todos los camiones 50 botellas defectuosas, pero ya podemos deducir que esto no será así; el estudio de las proporciones muestrales nos permite determinar, para un porcentaje determinado de camiones (en el tercer apartado, el 99 %) entre qué valores (intervalo de confianza) se halla la proporción de botellas defectuosas (en el tercer apartado, (0,032, 0,068)).

Observa

Un modo de achicar el intervalo de confianza, o aumentar el nivel de confianza, es hacer que el tamaño de la muestra sea mayor.

3.6. Tamaño de la muestra

En los epígrafes anteriores, conocido el tamaño de la muestra, se calculaba el intervalo de confianza correspondiente. Se podría plantear la pregunta inversa: ¿cuál debe ser el tamaño de la muestra para tener una confianza determinada? La pregunta es más clara si se ejemplifica:

Supongamos que la duración de las turbinas de una presa sigue una distribución normal de media desconocida y desviación típica de 50 meses. Para estimar la duración media, se experimenta con una muestra de tamaño n. Calcular el valor de n para que, con un nivel de confianza del 95 %, se haya conseguido un error en la estimación inferior a 5 meses.

La duración de las turbinas sigue una distribución normal $N(\mu, 50)$. Si tomamos muestras de tamaño n, la duración media de las muestras de las turbinas, $\bar{x}$, seguirá una distribución $N(\mu, 50/\sqrt{n})$. Si tipificamos la variable anterior, resulta:

$$Z = \frac{\bar{x} - \mu}{50/\sqrt{n}}$$

Esta seguirá una distribución $N(0, 1)$. El intervalo de confianza para esta distribución será:

$$\bar{x} - z_{\alpha/2} \cdot \sigma/\sqrt{n} \leq \mu \leq \bar{x} + z_{\alpha/2} \cdot \sigma/\sqrt{n}$$

Observa

Cuanto mayor sea el tamaño de la muestra, menor será el error.

Cuanto mayor sea el error admitido, más seguros estaremos de la previsión efectuada.

El **error máximo** vendrá determinado por el radio del intervalo centrado en $\bar{x}$, es decir:

$$E = z_{\alpha/2} \cdot \frac{\sigma}{\sqrt{n}}$$

Como ya se ha visto, en una distribución normal $N(0, 1)$, el intervalo dentro del cual se hallan el 95 % de los valores de la variable, es:

$$(-1{,}96,\ 1{,}96)$$

En nuestro ejemplo, el máximo error que se acepta es 5, así pues:

$$E = z_{\alpha/2} \cdot \frac{\sigma}{\sqrt{n}} \Rightarrow 5 = 1{,}96 \cdot \frac{50}{\sqrt{n}}$$

Despejando n, se obtiene:

$$\sqrt{n} = 1{,}96 \cdot \frac{50}{5} = 19{,}6 \Rightarrow n = 384{,}16$$

La muestra deberá tener 385 turbinas.

Si se estudia una distribución binomial y se desconoce el valor de p, para determinar el error, se utiliza el intervalo más desfavorable, $p = 0{,}5$, ya que, en este caso, la desviación típica es mayor, y por tanto, el error también es mayor.

EJEMPLOS

e) *¿De qué tamaño conviene tomar la muestra de una línea de producción para tener una confianza del 95 % de que la proporción estimada no difiera de la verdadera en más de un 5 %? Se sabe, por estudios previos, que la proporción de objetos defectuosos es del orden de 0,05.*

Dado que la línea de producción fabrica objetos que son defectuosos y otros que no lo son, la distribución de objetos defectuosos, x, en una muestra de tamaño n, será una distribución binomial $B(n, p)$; si n es lo suficientemente grande, la binomial se aproxima a la normal $N(np, \sqrt{npq})$.

La proporción de piezas defectuosas será x/n y seguirá una distribución $N(np/n, \sqrt{npq}/n)$, es decir:

$$N\left(\frac{np}{n}, \sqrt{\frac{pq}{n}}\right)$$

En este caso: $\sqrt{pq} = \sqrt{0{,}05 \cdot 0{,}95} = 0{,}218 \Rightarrow N(0{,}05,\ 0{,}218/\sqrt{n})$

Dado que se quiere determinar un intervalo con un nivel de confianza del 95 % al que corresponde, como se ha visto en ejemplos anteriores, un valor característico de 1,96, y el error máximo ha de ser del 5 %, se puede escribir:

$$1{,}96 \cdot \frac{0{,}218}{\sqrt{n}} = 0{,}05 \Rightarrow n = 73$$

Por tanto, se deberá tomar una muestra de 73 elementos en la línea de producción.

f) *Para estimar la proporción de familias de una determinada ciudad que poseen microondas, se quiere tomar una muestra aleatoria de tamaño n.*

Calcular el valor mínimo de n para garantizar que, a un nivel de confianza del 95 %, el error en la estimación sea menor que 0,05.

En este ejemplo, dado que se desconoce la proporción, se ha de tomar el caso más desfavorable, $p = 0{,}5$:

Como: $p(-z_{\alpha/2} \le Z \le z_{\alpha/2}) = 0{,}95 \Rightarrow z_{\alpha/2} = 1{,}96$

Entonces: $E = z_{\alpha/2} \cdot \sqrt{\frac{pq}{n}} \Rightarrow \left(\frac{1{,}96 \cdot 0{,}5}{0{,}05}\right)^2 = 384{,}16$

Por tanto, se debe tomar una muestra de, al menos, 385 familias.

ACTIVIDADES

11 Se sabe que el contenido en fructosa de cierto alimento sigue una distribución normal, cuya varianza es 0,25. Se desea estimar el valor de la media poblacional mediante el valor de la media de una muestra, admitiéndose un error máximo de 0,2 con una confianza del 95 %. ¿Cuál debe ser el tamaño de la muestra?

Solución: 25

12 En un determinado barrio se seleccionó al azar una muestra de 100 personas cuya media de ingresos mensuales era de 600 €, con una desviación típica de 120 €.

a) Si se toma un nivel de confianza del 95 %, ¿cuál es el intervalo de confianza para la media de los ingresos mensuales de toda la población?

b) Si se toma un nivel de confianza del 99 %, ¿cuál es el tamaño muestral necesario para estimar la media de ingresos mensuales con un error menor a 18 €?

Solución: ***a)*** (576,48, 623,52) ***b)*** 295

Errores en la elección de muestras

En las elecciones americanas de 1936, en las que ganó Roosvelt, una revista hizo una encuesta de intención de voto entre sus más de cuatro millones de lectores. El pronóstico fue erróneo.

Otra encuesta realizada con una muestra de 4 500 personas anunció el éxito de Roosvelt con mucha exactitud.

La razón de este curioso acontecimiento es que, en el primer caso, la muestra no era representativa de la sociedad americana, pues todos eran lectores de la misma revista y, por tanto, tenían las mismas tendencias políticas, sin embargo, las 4 500 personas de la segunda muestra fueron bien escogidas y se intentó que fueran un reflejo, a pequeña escala, de la población del país.

Generación de números aleatorios

Las calculadoras presentan una tecla, generalmente RAN, con la cual se puede obtener al azar un número decimal de tres cifras entre 0,000 y 0,999.

Si deseamos obtener una muestra de n elementos de una población de N elementos, podemos proceder como ves a continuación:

Multiplicamos el número aleatorio obtenido por el número de elementos de la población, N, obtenemos un número decimal comprendido entre 0 y $N-1$; si, con la calculadora, realizamos la secuencia N [×] [RAN] [+] 1 [=], obtenemos un número aleatorio entre 1 y N; si repetimos el procedimiento n veces, obtendremos una muestra aleatoria de n elementos. Si, al repetir el procedimiento, algún número resultara repetido, deberíamos volver a realizarlo con la intención de sustituir el elemento repetido.

Es fácil comprender que, si la población tiene más de 1 000 elementos, se debe recurrir a una tabla de números aleatorios con más decimales para poder seleccionar correctamente la muestra. Estas tablas de números aleatorios las generan los ordenadores.

Sorteo de la mili

El sorteo de la mili, famoso por su falta de ecuanimidad, ocurrió en 1997. Para elegir los 16 442 excedentes de cupo de entre los 165 342 reclutas, se procedió del siguiente modo:

Se extraían bolas de seis bombos. El primero de los bombos tenía dos bolas con un 0 y un 1; los otros cinco bombos contenían diez bolas numeradas del 0 al 9. El sorteo se realizaba del siguiente modo:

Se extraía una bola del primer bombo. Si era un 0, se extraía una del segundo, otra del tercero, etc., obteniéndose así un número entre 000 000 y 099 999 correspondiente a un recluta. Si en el primer bombo salía un 1, al extraer la bola del segundo, si era un 7 o mayor, se volvía a introducir en el bombo y se repetía la extracción hasta obtener un número menor o igual a 6; una vez realizada esta extracción, si en el segundo bombo había salido un 6 y en el tercero un número mayor que 5, se volvía a introducir la bola hasta obtener un número menor que 5; se procedía así hasta el final del sorteo teniendo siempre en cuenta que el número obtenido no podía ser mayor que 165 342, que era el número de mozos de remplazo.

Es evidente que los jóvenes numerados del 1 al 99 999 no tenían la misma probabilidad de salir excedentes de cupo que los numerados del 100 000 al 165 342.

Un procedimiento válido para realizar este sorteo hubiese consistido en extraer una muestra aleatoria simple generando 16 442 números aleatorios entre 1 y 165 342 y asignando el excedente de cupo a los reclutas cuyo número coincidiera.

Otro procedimiento hubiera consistido en tomar una muestra aleatoria sistemática:

En primer lugar: $165\,342/16\,442 \cong 10$

Tomaríamos después un número aleatorio entre 1 y 16 442, empezaríamos a contar por este número y, después, iríamos tomando los soldados siguientes cada 10.

Control de calidad

A principios del siglo XX, Henry Ford introdujo el concepto de cadena de montaje, método de trabajo que le llevó a construir un gran imperio.

Actualmente la mayoría de las industrias utilizan las cadenas de montaje para confeccionar sus productos.

El control de calidad, también llamado técnicamente control del proceso estadístico, es un factor clave para la competitividad de las empresas.

El procedimiento para determinar la calidad de ciertos productos se centra en las variables apropiadas que miden el funcionamiento del producto, estas variables pueden ser medidas físicas como el diámetro de una pieza, o bien puntuaciones adjudicadas por un experto como, por ejemplo, la calidad de los acabados de una prenda de vestir. En cualquier caso el procedimiento siempre es el mismo: se toma una muestra aleatoria de las unidades fabricadas y se determina la media aritmética del parámetro que se está observando; posteriormente, se confronta este valor con un valor estándar fijado previamente. Si la media obtenida no es satisfactoria, se rechaza el producto.

En una cadena de montaje se establecen diferentes controles de calidad a lo largo del proceso de construcción del producto.

La exigencia que establezca una industria en los diferentes controles de calidad revertirá en la fiabilidad del producto, en los años que se podrá ofrecer de garantía e, indudablemente, en su precio.

La aparición de las computadoras

En algunas ocasiones, la estadística requiere el análisis de muchos datos, es por esta razón que durante el siglo XX su desarrollo ha estado íntimamente ligado a la aparición de computadoras electrónicas de «alta velocidad». El interés de los matemáticos por conseguir máquinas de calcular que les ayudaran en sus cálculos viene de lejos. Las primeras máquinas ideadas por Pascal, Leibniz, Babbage eran todas de tipo mecánico. Ada Byron Lovelace introdujo el concepto de ficha perforada para su máquina de calcular. En su honor uno de los programas de IBM tiene el nombre de ADA.

Se puede decir que la computadora moderna nació en el MIT (Massachusetts Institute of Technology) en 1925. En el MIT Vannevar Bush y sus colegas construyeron una computadora analógica movida por motores eléctricos. En 1939 la IBM (International Business Machines Corporation) comenzó a construir el MARK I, que era un aparato electromecánico. Pero en 1944 el ENIAC (Electronic Numerical Integrator and Calculator) construyó la primera computadora completamente electrónica basada en el paso de electrones por tubos de vacio. En 1949 la SRC (Sperry Rand Corporation) construyó la UNIVAC I. Desde entonces el mundo de la computación no ha parado de evolucionar; todas las máquinas anteriores están en museos y, actualmente, todos tenemos computadores personales en nuestras casas. Existen paquetes integrados de análisis estadístico que nos permiten obtener resultados estadísticos valorando datos obtenidos de diversas muestras. Pero un buen estadístico no debe contentarse con obtener unos determinados resultados, debe comprender qué razonamientos matemáticos le han llevado a esos resultados, aunque él no haya tenido que realizar ningún cálculo para obtenerlos. Además, ha de comprender qué significan dichos resultados y debe ser crítico con ellos.

EJERCICIOS Y PROBLEMAS

1 Una variable aleatoria, X, tiene una distribución normal $N(140, 25)$. Calcula las siguientes probabilidades:

a) $p(X \leq 150)$

b) $p(100 \leq X \leq 130)$

c) $p(X \geq 155)$

2 Una máquina que expende bebidas está regulada de modo que descarga una media de 200 mL por vaso. Si la cantidad de líquido está distribuida normalmente con desviación típica de 15 mL:

a) ¿Qué porcentaje de vasos llenará con más de 224 mL?

b) Si vamos a utilizar seis vasos de 224 mL, ¿cuál es la probabilidad de que se derrame líquido solo en uno de los seis?

3 La duración de las pilas de una linterna se distribuye según una normal de media 70 h y desviación típica 4 h. A un establecimiento le quedan, del pedido anterior, 40 pilas.

a) ¿Aproximadamente, cuántas tendrán una duración superior a 70 h?

b) Calcula la probabilidad de que, elegida una pila al azar, tenga una duración de entre 75 h y 82 h.

4 En una cierta población, se sabe que el 20 % habla correctamente el castellano. Se elige una muestra al azar de 10 personas. Halla la probabilidad de que:

a) Todos hablen correctamente el castellano.

b) Solo una persona lo hable bien.

5 En un examen se formulan 38 preguntas del tipo «verdadero - falso». El examen se aprueba si se contestan correctamente, al menos, 20 preguntas. Si se lanza una moneda para decidir la respuesta de cada pregunta, ¿cuál es la probabilidad de aprobar el examen?

6 En una urna hay 30 bolas, 10 rojas y el resto blancas. Se elige una bola al azar, se anota si es roja y se devuelve la bola a la urna. El proceso se repite 10 veces. Calcula la media y la desviación típica del número de bolas rojas en las 10 extracciones.

7 Las estaturas, en centímetros, de los soldados de un remplazo, siguen una distribución normal $N(172, 5)$. Las guardias están formadas por grupos de 8 soldados. Calcula en qué intervalo están comprendidas el 90 % de las estaturas de los soldados de una guardia.

8 La altura media de los habitantes de una gran ciudad española se distribuye según una desviación típica de 8 cm.

a) Si la media de las alturas de dichos habitantes fuera de 175 cm, ¿cuál sería la probabilidad de que la altura media de una muestra de 100 individuos, tomada al azar, fuera superior a 176 cm?

b) Si se considera una muestra aleatoria de 100 individuos de esta ciudad, se obtiene una altura media de 178 cm. Determina un intervalo de confianza del 95 % correspondiente a la altura media de los habitantes de esta ciudad.

9 Se ha tomado una muestra aleatoria de 100 individuos a los que se ha medido el nivel de glucosa en la sangre, obteniéndose una media muestral de 110 mg/cc. Si se conoce que la población tiene una desviación típica de 20 mg/cc.

a) Obtén un intervalo de confianza del 90 % para el nivel en glucosa en sangre de la población.

b) ¿Qué error máximo se comete con la estimación del apartado anterior?

10 En un instituto de enseñanza secundaria hay matriculados 800 alumnos. A una muestra seleccionada aleatoriamente de un 15 % de ellos, se les preguntó si utilizaban la cafetería del instituto. Contestaron negativamente un total de 24 alumnos.

a) Estima el porcentaje de alumnos que utilizan la cafetería del instituto.

b) Determina, con una confianza del 99 %, el error máximo cometido en dicha estimación.

11 La media de edad de los alumnos que se presentan a las pruebas de acceso a la universidad es de 18,1 años y la desviación típica de 0,6 años.

a) De los alumnos anteriores se elige al azar una muestra de 100. ¿Cuál es la probabilidad de que la media de la edad de los alumnos esté comprendida entre 17,9 y 18,3 años?

b) ¿Qué tamaño debe tener la muestra de dicha población para que su media esté comprendida entre 17,9 y 18,3 años con una confianza del 99,5 %?

12 Se sabe que el cociente intelectual de los alumnos de una universidad se distribuye según una ley normal de media 100 y varianza 729.

a) Calcula la probabilidad de que, al tomar una muestra de 81 alumnos, esta tenga un cociente intelectual medio inferior a 109.

b) Halla la probabilidad de que una muestra de 36 alumnos tenga un cociente intelectual medio superior a 109.

13 El salario medio correspondiente a una muestra de 1 600 personas de cierta población es de 563 €. Se sabe que la desviación típica de los salarios de la población es de 120 €. Halla el intervalo de confianza para la media de la población con un nivel de confianza del 99 %.

14 Se desea estimar la proporción, p, de individuos daltónicos de una población a través del porcentaje observado en una muestra aleatoria de individuos de tamaño n.

a) Si el porcentaje de individuos daltónicos en la muestra es igual al 30 %, calcula el valor de n para que, con un nivel de confianza de 0,95, el error cometido en la estimación sea inferior al 3,1 %.

b) Si el tamaño de la muestra es de 64 individuos y el porcentaje de individuos daltónicos en la muestra es del 35 %, determina, usando un nivel de significación del 1 %, el correspondiente intervalo de confianza para la proporción de daltónicos de la población.

15 De 120 alumnos, la proporción de los que tienen dos o más hermanos es de 48/120. Indica los parámetros de la distribución a la que se ajustarían las muestras de tamaño 30.

16 Supongamos que, a partir de una muestra aleatoria de tamaño 25, se ha calculado el intervalo de confianza para la media de una población normal, obteniéndose una amplitud de ± 4.

Si el tamaño de la muestra hubiera sido 100, permaneciendo invariables todos los demás valores que intervienen en el cálculo, ¿cuál habría sido la amplitud del intervalo?

17 La media de las medidas de los diámetros de una muestra aleatoria de 200 bolas de rodamiento, fabricadas por cierta máquina, fue 0,824 cm y la desviación típica, de 0,042 cm. Halla los límites de confianza del 95 % para el diámetro medio de las bolas fabricadas por esa máquina.

18 Tras realizar un test de cultura general entre los habitantes de cierta población, se observa que las puntuaciones siguen una distribución normal, de media 68 y desviación típica 18. Se desea clasificar a los habitantes en tres grupos (de baja cultura general, de cultura general aceptable, de cultura general excelente), de manera que el primer grupo abarque un 20 % de la población, el segundo, el 65 % y el tercero, el 15 % restante. ¿Cuáles son las puntuaciones que marcan el paso de un grupo a otro?

19 A partir de la información suministrada por una muestra aleatoria de 100 familias de cierta ciudad, se ha determinado el intervalo de confianza al 99 %, (42, 58), para el gasto medio mensual por familia en electricidad. Determina:

a) La estimación puntual que daríamos para el gasto medio mensual por familia en electricidad en esa ciudad.

b) ¿Qué número de familias tendríamos que seleccionar al azar, como mínimo, para garantizarnos, con una confianza del 99 %, una estimación de dicho gasto medio con un error máximo no superior a 3 €?

20 Las estaturas de una muestra aleatoria de 50 estudiantes tienen una media de 174,5 cm; la desviación típica de la variable estatura es 6,9 cm. Calcular el intervalo de confianza al 95 % para la estatura media de los estudiantes.

21 Sea una población formada por tres elementos con valores 2, 4 y 6. Consideremos todas las muestras, con remplazamiento, de tamaño 2. Calcula la media y la desviación típica de la población y de las medias muestrales. ¿Qué relación hay entre ambas medias?

22 El peso de las naranjas producidas en una determinada región sigue una distribución normal con una desviación típica de 15 g. Un almacenista compra 120 000 de estas naranjas y observa que su peso medio es de 190 g. Razona si se puede afirmar, con un nivel de significación del 0,05, que el peso medio de las naranjas producidas en esta región es de 200 g.

23 Los estudiantes de bachillerato de una cierta comunidad autónoma duermen un número de horas diarias que se distribuye según una ley normal de media μ desconocida y desviación típica 3. A partir de una muestra de tamaño 30 se ha obtenido una media muestral igual a 7 h. Halla un intervalo de confianza al 96 % para la media de horas de sueño, μ.

24 Se ha tomado una muestra de los precios de un mismo producto en 16 comercios, elegidos al azar, en un barrio de una ciudad, y se han encontrado los siguientes precios, en euros:

95, 108, 97, 112, 99, 106, 105, 100, 99, 98, 104, 110, 107, 111, 103, 110

Suponiendo que los precios de este producto se distribuyen según una ley normal de varianza 25 y media desconocida:

a) ¿Cuál es la distribución de la media muestral?

b) Determina el intervalo de confianza, al 95 %, para la media poblacional.

25 La variable aleatoria «altura de las alumnas que estudian en una escuela de idiomas» sigue una distribución normal de media 1,62 m y desviación típica 0,12 m. ¿Cuál es la probabilidad de que la media de una muestra aleatoria de 100 alumnas sea mayor que 1,60 m.

26 Tomada al azar una muestra de 500 personas de una determinada comunidad, se encontró que 300 leían la prensa regularmente.

a) Halla, con un nivel de confianza del 90 %, un intervalo para estimar la proporción de lectores entre las personas de esa comunidad.

b) A la vista del resultado anterior, se pretende repetir la experiencia para conseguir una cota de error de 0,05 con un nivel de confianza del 90 %. ¿Cuántos individuos ha de tener la muestra?

CENSO PARA CONOCER A LA POBLACIÓN

El censo en España

Cuando se realizan estudios estadísticos, se debe conocer lo mejor posible la población que se estudia para poder utilizar muestras que sean lo más representativas posible.

Los **censos de población** en España se realizan cada 10 años aproximadamente siguiendo las normativas de la ONU y de la Unión Europea.

El censo recoge, elabora, valora y analiza los datos referentes a la demografía y los rasgos culturales y sociales de todos los habitantes de un país en un momento dado del tiempo. En el caso de España, los resultados del último censo fueron dados a conocer el día 26 de julio del 2002 y hace referencia al censo del año 2001.

Cualquier estudio que se realice sobre la población deberá tener en cuenta los resultados obtenidos en el censo. Las muestras intentarán ser un reflejo de la población.

Los porcentajes presentados en los medios de comunicación

En los medios de comunicación se nos dan estimaciones porcentuales prácticamente a diario: el índice de paro, la intención de voto de un partido político, el porcentage de usuarios de un determinado producto, las audiencias de las cadenas televisivas… Todas estas estimaciones se basan en una muestra de una población, pero prácticamente nunca se nos informa sobre la precisión de la información. En algunos casos, muy pocos, se puede ver una pequeña nota a pie de página informando sobre un margen de error o explicando el método utilizado en el sondeo como en el ejemplo siguiente extraído del *NEW YORK TIMES:*

En teoría, se puede decir que en 95 casos de cada 100 los resultados basados en la totalidad de la muestra no difieren en más de tres puntos porcentuales en una y otra dirección de los resultados que se habrían obtenido si se hubiera entrevistado a toda la población adulta norteamericana.

PRODUCTOS DEFECTUOSOS

El control de calidad

Un ejemplo de la utilidad del muestreo está en el control de calidad de las cadenas de producción. En una industria no se puede comprobar la calidad de todos los productos manufacturados. El proceso consiste en tomar muestras y analizar su correcto funcionamiento.

La mejora de la calidad de los productos se debe a la aplicación de unos principios básicos de garantía de calidad: a cada paso del proceso de fabricación se compueba una muestra del producto y sobre la base de la calidad de la muestra se acepta la partida completa o se rechaza.

Evaluación

1. Determina para qué valor de k se cumple $p(-k \leq Z \leq k) = 0{,}85$, siendo Z una variable normal tipificada.

a) $k = 1{,}04$

b) $k = 1{,}44$

c) $k = 1{,}24$

2. El intervalo característico para el 95 % de una distribución $N(37, 2)$ es:

a) (46,71, 53,29)

b) (33,08, 40,92)

c) (31,85, 42,15)

3. El tiempo de ocio en una muestra de 50 jóvenes tiene una desviación media diaria de 400 min y una desviación típica de 63 min. Calcula el intervalo de confianza de la media de la población con un nivel de confianza del 95 %.

a) (382,5, 417,5)

b) (276,5, 523,5)

c) (337, 463)

4. Tomada al azar una muestra de 500 personas del País Vasco, se encontró que 220 leían algún periódico habitualmente. Calcula con un nivel de confianza del 95 % el intervalo en qué se encontrará la verdadera proporción de lectores de periódicos.

a) (0,09, 0,871 2) **b)** (0,40, 0,48) **c)** (0,43, 0,45)

5. Al medir el tiempo de reacción, un psicólogo estima que la desviación típica del mismo es de 0,5 s. ¿Cuál será el número de medidas que deberá realizar para que sea del 99 % la confianza de que el error de su estimación no excederá en 0,1 s?

a) 166 **b)** 26 **c)** 13

6. Durante la celebración de una elecciones, y a la salida de un colegio electoral, se realizó una encuesta que indicó que, de las 300 personas encuestadas, 75 habían votado a un determinado partido. Estima, a partir de estos datos la proporción de votantes favorables a dicho partido con un nivel de confianza del 95 %

a) (20,1, 29,9) **b)** (25,2, 50,8) **c)** (33, 47)

11 Inferencia estadística

Un grupo de estudiantes realiza deporte extra escolar y obtiene mejores puntuaciones en la asignatura de educación física que otros que no lo realizan. ¿Podemos concluir que el deporte extra escolar influye en la mejoría del rendimiento de los alumnos, o por el contrario, se debe suponer que este resultado es fruto del azar?

Algunas empresas antes de lanzar un producto al mercado realizan investigaciones del mercado para determinar el posible éxito en el lanzamiento. Por ejemplo, una empresa de cosméticos pretende lanzar un nuevo perfume. Para determinar cómo los posibles consumidores valoran el nuevo producto se establecen reuniones de grupo, reuniones formadas por muestras de potenciales consumidores que habrán de valorar el producto entre varios productos afines de la competencia. Una vez realizadas diversas reuniones y analizadas las medias de los resultados, ¿es posible asegurar que el producto gustará a los consumidores si la puntuación obtenida está por encima de la media o simplemente esta puntuación se ha obtenido fruto del azar?

La inferencia constituye el colofón de los estudios estadísticos realizados durante el Bachillerato, ya que nos permite tomar decisiones utilizando los datos estadísticos de una población al tomar muestras de la misma.

1 Hipótesis estadísticas

La estadística es una herramienta muy útil a la hora de valorar hipótesis sobre los parámetros desconocidos de una población.

Por ejemplo, imaginemos que deseamos comprobar que hay diferencias entre las medias del nivel de colesterol en los hombres y en las mujeres. Es evidente que no es plausible analizar la sangre de toda la población, así que tomaremos dos muestras (que no necesariamente deberán tener el mismo tamaño) de hombres y mujeres y efectuaremos análisis de sangre a los individuos que las forman. Es de esperar que las medias de las dos muestras no coincidan, por lo que el planteamiento será el siguiente:

¿La medias de las muestras no coinciden porque, en efecto, el nivel de colesterol en sangre es diferente en los hombres que en las mujeres o, por el contrario, el nivel de colesterol es el mismo, pero las medias muestrales no coinciden debido a errores en la elección de la muestra?

Observa

En el ejemplo del nivel de colesterol, el test estadístico sería la realización de los análisis de sangre.

Cuando en un estudio deseamos determinar si una población verifica una característica, previamente debemos plantear un **test estadístico** que será el procedimiento que nos permitirá evaluar, a partir de una muestra, si una determinada hipótesis formulada sobre una característica de la población se verifica o no.

Una vez concluido el test estadístico podemos considerar la hipótesis, que, en principio, admitimos como válida, y que llamaremos **hipótesis nula, H_0,** que en el ejemplo anterior es la aceptación de que el nivel de colesterol es igual en ambos sexos, y una hipótesis contraria a esta, que denominaremos **hipótesis alternativa, H_1,** que es la que admitiremos como válida si nos vemos obligados a rechazar la hipótesis H_0, en el caso que nos ocupa, que el nivel de colesterol es distinto (mayor o menor).

Observa

La hipótesis nula es la que, *a priori,* consideramos como cierta. H_0 y H_1 son excluyentes.

En cada contexto, una de las hipótesis opuestas indica que la situación no cambia, y es la que denominamos hipótesis nula. La hipótesis opuesta es la hipótesis alternativa.

EJEMPLOS

a) *De un determinado modelo de automóvil se venden 1 700 unidades al mes. La empresa que lo fabrica pone en marcha una campaña publicitaria, y para comprobar su efecto, se recogen los datos de las ventas en los meses siguientes. Expresar la hipótesis nula y la hipótesis alternativa en un estudio sobre la efectividad de la campaña. Facilitar una expresión verbal y, posteriormente, una expresión formal, en la que se incluyan los parámetros poblacionales.*

El anunciante quiere saber si su campaña hace subir las ventas. La hipótesis nula sería que las ventas no aumentaran, y la hipótesis alternativa, que sí lo han hecho; si hubieran disminuido, la campaña habría fracasado. Desde el punto de vista del análisis formal, esta situación se designa por:

$$H_0\text{: } \mu \leq 1\,700 \qquad H_1\text{: } \mu > 1\,700$$

b) *Queremos contrastar los sueldos de hombres y mujeres con la misma categoría laboral. O bien la media de los sueldos es la misma —hipótesis nula— o bien es diferente —hipótesis alternativa—. Escribir una expresión formal en la que se incluyan los parámetros poblacionales.*

Hipótesis nula: H_0: $\mu_h = \mu_m$ Hipótesis alternativa: H_1: $\mu_h \neq \mu_m$

Observa

No existe ninguna fórmula o regla para plantear las hipótesis. Solo sirve de ayuda la experiencia que se obtiene al realizar muchos ejercicios.

Generalmente, aunque no siempre, como en el ejemplo *a*), la hipótesis nula consiste, o bien en una igualdad entre parámetros o bien entre un parámetro y un valor fijo, mientras que la hipótesis alternativa suele consistir en múltiples posibilidades; en el ejemplo *b*), que la media de los sueldos sea diferente admite múltiples posibilidades: el de los hombres puede ser mayor, o bien al revés.

2 Contraste de hipótesis

Es fácil comprender que es de vital importancia, una vez llevado a cabo el test estadístico, disponer de un criterio que nos permita determinar cuál de las hipótesis, H_0 o H_1, debemos aceptar.

La decisión de aceptar o rechazar la hipótesis nula dependerá de un procedimiento denominado **contraste de hipótesis** —cuyas fases se estudiarán en el apartado siguiente—, pero podemos reflexionar sobre el hecho de que la aceptación o no de una hipótesis estadística dependerá de cuál sea la discrepancia entre la hipótesis y la información muestral que poseamos. Si la discrepancia es menor que un determinado valor que consideramos aceptable, la hipótesis se dará por cierta; este valor se denomina **nivel de significación** y se representa mediante $\boldsymbol{\alpha}$.

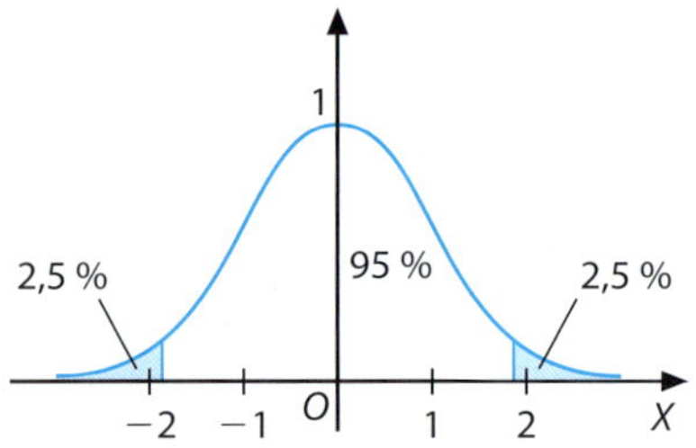

FIGURA 11.1.

Es obvio que una hipótesis estadística no se puede aceptar o rechazar con una certeza del 100 %, sino que se define un nivel crítico para α, que nos marcará los límites para aceptar o rechazar la hipótesis nula.

Así, por ejemplo, si el nivel de significación es $\alpha = 0{,}05$, rechazaremos como improbables el 5 % de los casos extremos; por esta razón, en ocasiones, también se dice que estamos trabajando con un **nivel de confianza** del 95 %.

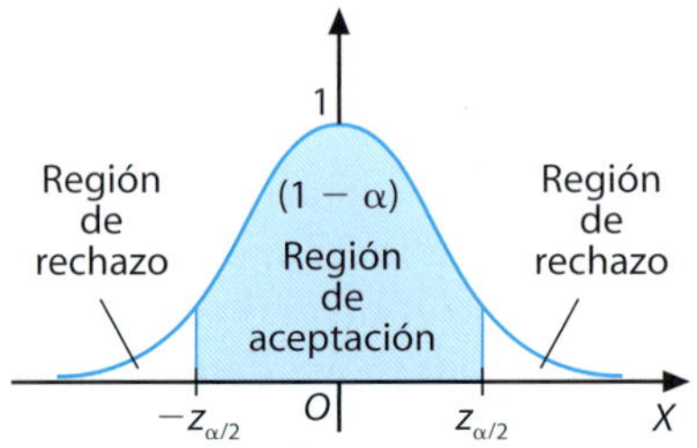

FIGURA 11.2.

Pueden enunciarse hipótesis nulas relativas a múltiples parámetros de la población, pero en este curso únicamente consideraremos hipótesis nulas relativas a la media y a la proporción.

Los valores de la media y de la proporción que nos llevan a aceptar la hipótesis nula, H_0, forman la **región de aceptación,** y los que nos conducen a rechazarla, constituyen la **región de rechazo.**

EJEMPLOS

a) *Al lanzar 200 veces un dado, sale 43 veces seis. ¿Podemos deducir que el dado no está trucado?*

La hipótesis nula, H_0, será: «El dado es correcto», y la hipótesis alternativa, H_1, «El dado está trucado».

Si la hipótesis nula fuera cierta, la proporción de «seises» de una muestra de tamaño 200 seguiría una distribución normal:

$$N\left(p, \sqrt{\frac{pq}{n}}\right) = N\left(0{,}167, \sqrt{\frac{0{,}167 \cdot 0{,}833}{200}}\right) = N(0{,}167,\ 0{,}026)$$

- En el 90 % de los casos, las proporciones muestrales se encontrarían en el siguiente intervalo:

$$(0{,}167 - 1{,}645 \cdot 0{,}026,\ 0{,}167 + 1{,}645 \cdot 0{,}026) = (0{,}124\,2,\ 0{,}209\,8)$$

Dicho intervalo, $(0{,}124\,2,\ 0{,}209\,8)$, es la zona de aceptación de la hipótesis con un nivel de confianza del 90 %, o a un nivel de significación $\alpha = 0{,}10$.

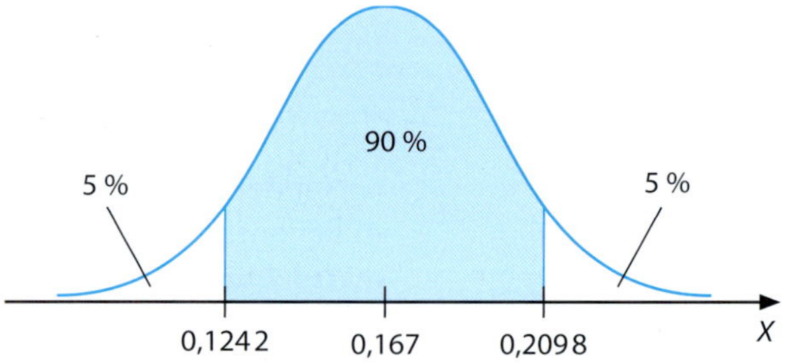

FIGURA 11.3.

EJEMPLOS

- En el 95 % de los casos, las proporciones muestrales estarían en:

$$(0{,}167 - 1{,}96 \cdot 0{,}026,\ 0{,}167 + 1{,}96 \cdot 0{,}026) = (0{,}1160,\ 0{,}2180)$$

Dicho intervalo es la zona de aceptación de la hipótesis con un nivel de confianza del 95 % o un nivel de significación $\alpha = 0{,}05$.

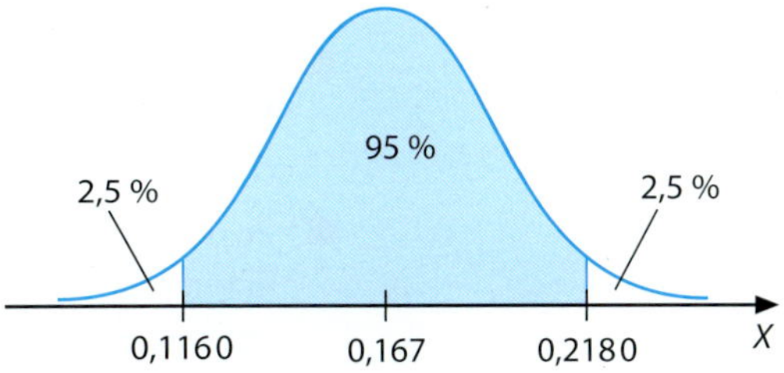

FIGURA 11.4.

- En el 99 % de los casos, las proporciones muestrales estarían en:

$$(0{,}167 - 2{,}575 \cdot 0{,}026,\ 0{,}167 + 2{,}575 \cdot 0{,}026) = (0{,}100\,1,\ 0{,}234\,0)$$

Dicho intervalo es la zona de aceptación de la hipótesis con un nivel de confianza del 99 % o un nivel de significación $\alpha = 0{,}01$.

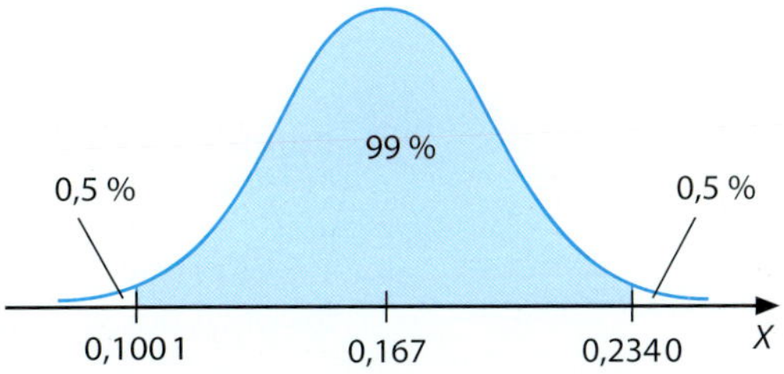

FIGURA 11.5.

En el ejemplo, hemos obtenido una proporción de $43/200 = 0{,}2150$. Podemos aceptar la hipótesis de que el dado es correcto con un nivel de significación del 0,05, o bien con un nivel de confianza del 95 %.

En general, una prueba es significativa cuando α es menor que 0,05.

En cualquier caso, podemos equivocarnos al aceptar o rechazar una hipótesis. Los errores que podemos cometer serán aceptar una hipótesis como cierta siendo falsa o rechazarla siendo cierta:

- **Error de tipo I.** Lo cometemos al rechazar la hipótesis nula siendo cierta.
- **Error de tipo II.** Se comete al aceptar la hipótesis nula siendo falsa.

La siguiente tabla esquematiza las diferentes posibilidades que pueden producirse en un contraste de hipótesis:

	H_0 cierta	H_0 falsa
Aceptamos H_0	No hay error	Error de tipo II
Rechazamos H_0	Error de tipo I	No hay error

EJEMPLOS

b) *Realizar un diagrama explicando cuáles son los errores de tipo I y de tipo II, en el ejemplo **a)** del epígrafe 1.*

El error de tipo I consistiría en suponer que las medias de las ventas han sido mayores a 1 700 cuando, en realidad, no han aumentado.

El error de tipo II consistiría en suponer que las ventas no han aumentado, cuando, en realidad, sí lo han hecho.

3 Fases del contraste de hipótesis

Para efectuar un contraste de hipótesis, deberemos seguir estos pasos:

- En primer lugar, se debe enunciar la hipótesis nula y la alternativa.
- Se extrae una muestra de tamaño n y se calcula en ella el valor del parámetro estadístico que se desea contrastar.
- Seguidamente, se elige el nivel de significación con el que se quieren tomar las decisiones; generalmente los niveles de significación son $\alpha = 0,10$, $\alpha = 0,05$ y $\alpha = 0,01$.
- A continuación, se construye la zona de aceptación de la hipótesis, es decir, los intervalos característicos, fuera de los cuales se encuentra el porcentaje de $\alpha \cdot 100$ % de casos que queremos rechazar.
- Si el valor del parámetro muestral se encuentra dentro de la zona de aceptación, se acepta la hipótesis con un nivel de significación α. En caso contrario, se rechaza.

3.1. Contraste de hipótesis para la media

Se inicia el contraste definiendo la hipótesis nula y la alternativa.

En el momento de definir la hipótesis nula, esta se puede plantear en términos de igualdad o de desigualdad: H_0: $\mu = \mu_0$

O bien: H_0: $\mu \geq \mu_0$ o $\mu \leq \mu_0$

El primer caso, es un contraste bilateral, o de dos colas (figura 11.6), y los otros dos, contrastes unilaterales o de una cola (figuras 11.7 y 11.8).

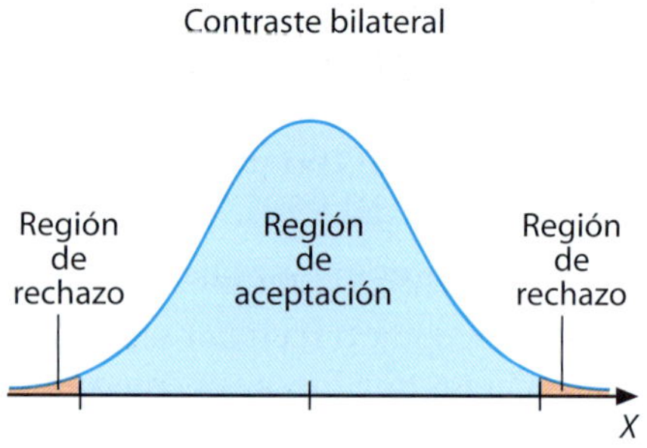

Figura 11.6.

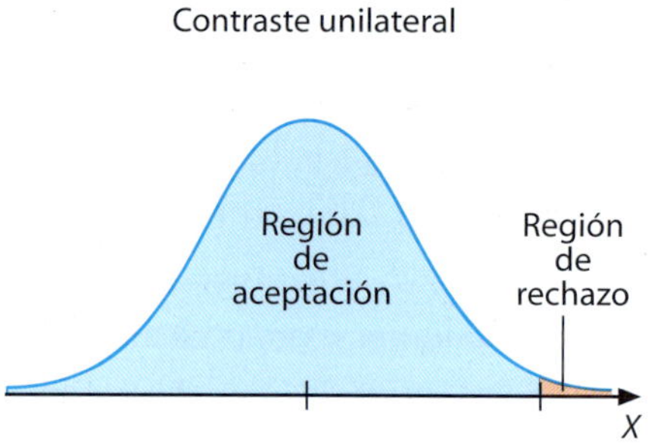

Figura 11.7.

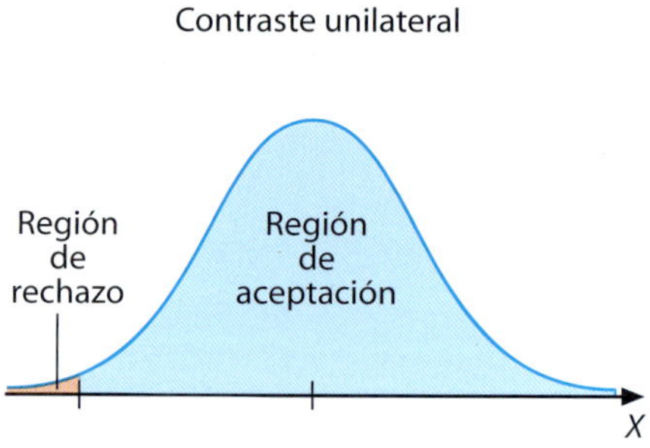

Figura 11.8.

EJEMPLOS

a) *La dirección de un instituto de Bachillerato se plantea quiénes obtienen mejores calificaciones: los chicos o las chicas. La hipótesis nula, en un estudio comparativo, es que los dos grupos consiguen el mismo nivel de éxito. ¿Cuál es la hipótesis alternativa? ¿Es unilateral o bilateral?*

La hipótesis alternativa es que ambos grupos de estudiantes consiguen niveles distintos.

Este será un contraste bilateral, ya que se desconoce si los éxitos de los chicos serán superiores a los de las chicas, o viceversa.

b) *Dos meses después de poner en práctica un programa de incentivos para los vendedores de una tienda, la gerencia quiere estudiar si ha tenido éxito. La hipótesis nula será que las ventas no han aumentado. ¿Cuál será la hipótesis alternativa? ¿Es un contraste unilateral o bilateral?*

La hipótesis alternativa será que el número de ventas ha aumentado, y el contraste es unilateral.

Contraste bilateral

Notación

μ → media de la población

σ → desviación típica de la población

n → tamaño de la muestra

$\bar{x}$ → media muestral

μ_0 → valor que tomamos como hipótesis para la media de la población

Como ya se ha visto en la unidad anterior, las medias muestrales se distribuyen de la forma $N\left(\mu, \frac{\sigma}{\sqrt{n}}\right)$. El intervalo de aceptación para esta distribución será:

$$\left(\mu_0 - z_{\alpha/2} \cdot \frac{\sigma}{\sqrt{n}} \leq \mu \leq \mu_0 + z_{\alpha/2} \cdot \frac{\sigma}{\sqrt{n}}\right)$$

Si el valor de la media, $\bar{x}$, se encuentra en este intervalo, se aceptará la hipótesis nula; en caso contrario, se rechazará.

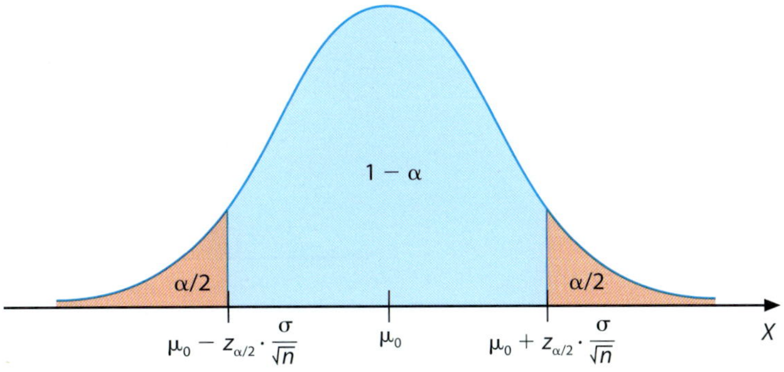

FIGURA 11.9.

EJEMPLOS

c) *La longitud de unos pasadores metálicos sigue una distribución normal de media desconocida y desviación típica 3 cm. Si se toma una muestra de tamaño 50 y se obtiene que la longitud media es de 30 cm, ¿se puede afirmar, con un nivel de confianza de 0,95, que la media de la población es de 35 cm?*

En primer lugar, definimos la hipótesis nula, H_0: $\mu = 35$ cm, y la hipótesis alternativa, H_1: $\mu \neq 35$ cm.

Este es un contraste bilateral, ya que en la hipótesis alternativa se da la posibilidad de que la longitud de los pasadores sea mayor o menor de 35 cm.

Si el nivel de confianza es del 0,95, es decir, del 95 %, el nivel de significación será $\alpha = 0{,}05$.

Por tanto, la zona de aceptación de la hipótesis será:

$$\left(35 - 1{,}96 \cdot \frac{3}{\sqrt{50}}, 35 + 1{,}96 \cdot \frac{3}{\sqrt{50}}\right) = (34{,}17,\ 35{,}83)$$

Dado que $30 \notin (34{,}17,\ 35{,}83)$, se rechaza la hipótesis nula.

d) *Sabemos que las alturas de los individuos de una tribu africana se distribuyen de forma normal. Se toma una muestra de 25 personas de la que se obtiene una media de 170 cm y una desviación típica de 10 cm. ¿Se puede afirmar, con un nivel de significación de 0,05, que la altura media de los individuos de la tribu es de 174 cm?*

La hipótesis nula es H_0: $\mu = 174$ cm, y la alternativa, H_1: $\mu \neq 174$ cm.

Este ejemplo corresponde a un test de dos colas (bilateral), ya que la altura media de los individuos de la tribu puede ser mayor o menor de 174 cm.

La zona de aceptación para el nivel de significación de 0,05 es:

$$\left(174 - 1{,}96 \cdot \frac{10}{\sqrt{25}}, 174 + 1{,}96 \cdot \frac{10}{\sqrt{25}}\right) = (170{,}08,\ 177{,}92)$$

Como $170 \notin (170{,}08,\ 177{,}92)$, no es aceptable la hipótesis nula.

Recuerda

α	$1-\alpha$	Nivel de confianza	$z_{\alpha/2}$
0,1	0,90	90 %	1,645
0,05	0,95	95 %	1,96
0,01	0,99	99 %	2,575

En el caso de que se desconozca el valor de la desviación típica de la población, σ, se debe sustituir por la desviación típica de la muestra cuando la medida de esta es suficientemente grande ($n \geq 30$); este cambio produce un **error típico** que no es importante.

Contraste unilateral

El contraste unilateral se plantea cuando la hipótesis nula es de la siguiente forma:

$$H_0 : \mu \leq \mu_0 \qquad \text{o} \qquad \mu \geq \mu_0$$

El contraste unilateral ha de verificar que el área correspondiente a la región de aceptación esté toda hacia un lado de la distribución, de modo que la región rechazable quede totalmente al otro lado.

Si la región de aceptación ha de ser $1 - \alpha$, la región de rechazo vendrá determinada por el valor de z_α.

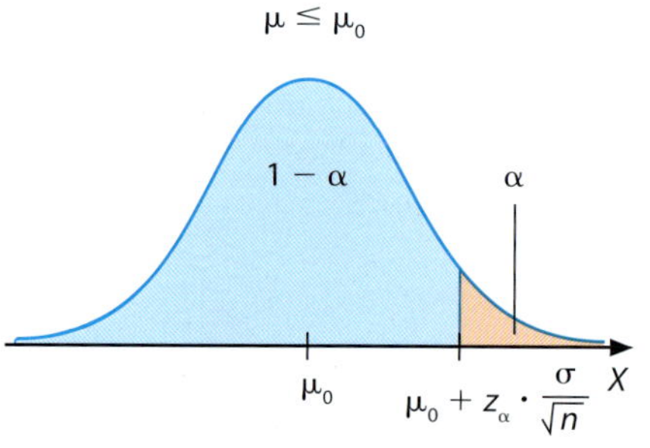

FIGURA 11.10

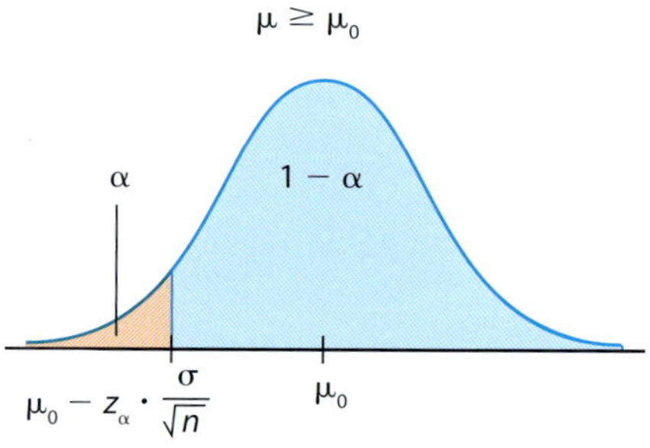

FIGURA 11.11

Para trabajar con facilidad con el contraste unilateral, es interesante construir una tabla, consultando con la tabla de la distribución $N(0, 1)$, con los valores de z_α correspondientes a los niveles de significación $\alpha = 0{,}10$, $\alpha = 0{,}05$ y $\alpha = 0{,}01$.

α	$1 - \alpha$	Nivel de confianza	z_α
0,10	0,90	90 %	1,28
0,05	0,95	95 %	1,645
0,01	0,99	99 %	2,33

Como resumen de todo lo anterior, se puede construir un cuadro con las posibles hipótesis nulas y alternativas correspondientes, así como para el tipo de contraste y para sus zonas de aceptación:

Hipótesis nula, H_0	Hipótesis alternativa, H_1	Tipo de contraste	Región de aceptación
$\mu = \mu_0$	$\mu \neq \mu_0$	Bilateral	$\left(\mu_0 - z_{\alpha/2} \cdot \frac{\sigma}{\sqrt{n}}, \mu_0 + z_{\alpha/2} \cdot \frac{\sigma}{\sqrt{n}}\right)$
$\mu \geq \mu_0$	$\mu < \mu_0$	Unilateral	$\left(\mu_0 - z_\alpha \cdot \frac{\sigma}{\sqrt{n}}, +\infty\right)$
$\mu \leq \mu_0$	$\mu > \mu_0$	Unilateral	$\left(-\infty, \mu_0 + z_\alpha \cdot \frac{\sigma}{\sqrt{n}}\right)$

Recuerda

Un nivel de significación de 0,1 equivale a un nivel de confianza del 90 %.

EJEMPLOS

e) *Una universidad cree poder probar que la edad media de los estudiantes de doctorado es inferior a 30 años. Si se toma una muestra de 40 alumnos y se obtiene una media de 29,5 años y una desviación típica muestral de 2 años, ¿estarán en los cierto con un nivel de significación de 0,1?*

Tomamos la hipótesis nula y alternativa como:

$$H_0\text{: } \mu \leq 30 \text{ años}$$

$$H_1\text{: } \mu > 30 \text{ años}$$

El intervalo de aceptación de la hipótesis será:

$$\left(-\infty,\ 30 + 1{,}28 \cdot \frac{2}{\sqrt{40}}\right) = (-\infty,\ 30{,}4)$$

Como la media de la muestra se encuentra en el intervalo de aceptación, $29{,}5 \in (-\infty,\ 30{,}4)$, se acepta la hipótesis nula, de que la media de edad de los estudiantes de doctorado es menor de 30 años.

f) *En una fábrica de lámparas, se garantiza una duración media de 850 h para una marca de lámparas de 60 W, donde la variable vida media se distribuye de acuerdo a una normal con una desviación típica* $\sigma = 120$ h.

De una partida de lámparas recién fabricada se extrae una muestra de 64, para realizar un estudio acerca de su duración. Si dicho estudio proporciona una media de 750 h, ¿sería necesario rechazar este lote por no cumplir la garantía, con un nivel de confianza del 95 %? ¿Cuál sería la mínima duración media de la muestra que permitiría no rechazar el lote con el mismo nivel de confianza?

Este es un claro ejemplo de contraste unilateral, ya que, lógicamente, nunca se realizará una devolución de un lote por durar más de lo que se garantiza.

Calculamos el intervalo característico:

$$\left(850 - 1{,}645 \cdot \frac{120}{\sqrt{64}},\ +\infty\right) = (825{,}3,\ +\infty)$$

El lote con una duración media de 750 h se debe rechazar, ya que:

$$750 \notin (825{,}3,\ +\infty)$$

Observando la zona de aceptación, podemos concluir que la mínima duración que permitiría no rechazar el lote con un nivel de confianza del 95 % es de 826 h.

g) *En un hospital de cierta localidad se quiere contrastar la afirmación de que la media de ingresos mensuales de los médicos es superior a 4 500 €. Para ello, se selecciona una muestra aleatoria de 25 médicos y se obtiene una media de los sueldos de 4 660 €. ¿A qué conclusión se puede llegar con un nivel de significación de 0,05 suponiendo que la distribución de los sueldos sigue una ditribución normal?*

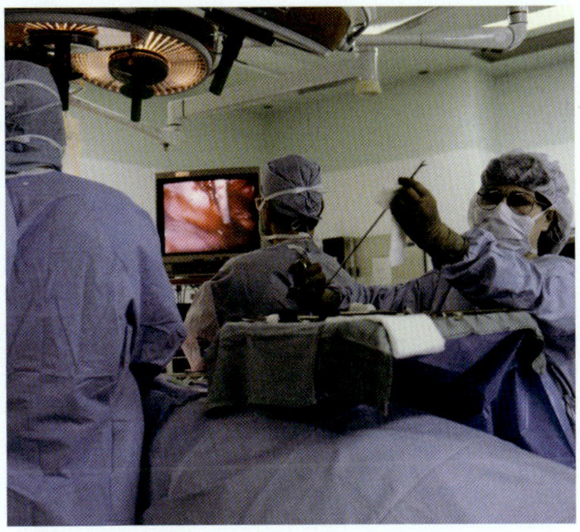

En este caso tenemos, un test lateral de una cola, pero, dado que no se conoce ni la varianza poblacional ni la muestral, no se puede concluir nada acerca de la hipótesis planteada.

Recuerda

α	$1-\alpha$	$\alpha/2$	$z_{\alpha/2}$
0,1	0,90	0,05	1,645
0,05	0,95	0,025	1,96
0,01	0,99	0,005	2,575

3.2. Contraste de hipótesis para la proporción

Las fases del contraste de hipótesis para la proporción coincidirán con las de la media; únicamente al determinar los intervalos de aceptación de la hipótesis se habrá de tener en cuenta cuál es la distribución de las proporciones muestrales.

Primero, se establecerá la hipótesis nula en función de la proporción:

$$H_0: p = p_0$$

O bien: $H_0: p \geq p_0$ o $p \leq p_0$

Al igual que en el contraste para la media, en el primer caso se trata de un contraste bilateral, o de dos colas, y en los otros dos, de contraste lateral, o de una cola.

Contraste bilateral

Como ya es sabido de la unidad anterior, las proporciones muestrales se distribuyen de la forma $N\left(p_0, \sqrt{\frac{p_0 q_0}{n}}\right)$. El intervalo de aceptación para esta distribución será:

$$\left(p_0 - z_{\alpha/2} \cdot \sqrt{\frac{p_0 q_0}{n}}, p_0 + z_{\alpha/2} \cdot \sqrt{\frac{p_0 q_0}{n}}\right)$$

Si el valor de la proporción en una muestra aleatoria de tamaño n se encuentra en este intervalo, se aceptará la hipótesis nula; en caso contrario se rechazará.

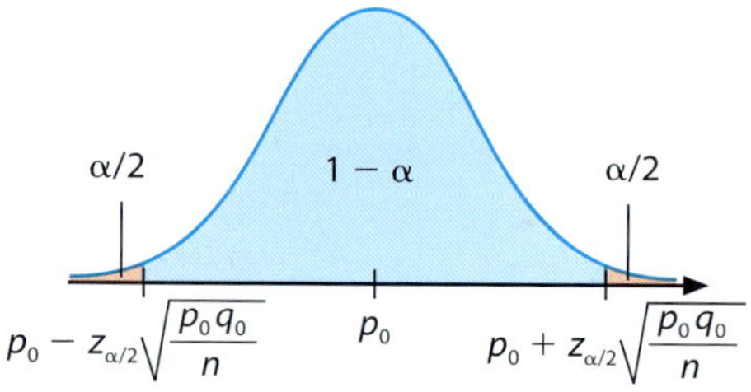

FIGURA 11.12.

EJEMPLOS

h) *El ayuntamiento de una ciudad afirma que el 65 % de los accidentes juveniles en los fines de semana son debidos al alcohol. Un investigador decide contrastar dicha hipótesis, para lo cual toma una muestra formada por 35 accidentes y observa que 24 de ellos han sido a causa del alcohol ¿Qué se puede decir sobre la afirmación del ayuntamiento?*

Para resolver este ejercicio, en primer lugar, formulamos la hipótesis nula, H_0, que consistirá en suponer que, efectivamente, $p = 0{,}65$. La hipótesis alternativa será $H_1: p \neq 0{,}65$.

Tomamos $\alpha = 0{,}01$, es decir, trabajamos con un nivel de confianza del 99 %.

La distribución que estudiamos es: $N\left(p, \sqrt{\frac{pq}{n}}\right) = N(0{,}65,\ 0{,}08)$

En el 99 % de los casos, las proporciones muestrales estarían en:

$$(p - z_{\alpha/2} \cdot \sigma, p + z_{\alpha/2} \cdot \sigma) = (0{,}65 - 2{,}575 \cdot 0{,}08,\ 0{,}65 + 2{,}575 \cdot 0{,}08) =$$
$$= (0{,}444,\ 0{,}856)$$

El valor de la proporción obtenida mediante la muestra es $\frac{24}{35} = 0{,}686$.

Como $0{,}686 \in (0{,}444,\ 0{,}856)$, se puede aceptar la hipótesis nula que afirma que el 65 % de los accidentes de fines de semana son debidos al alcohol.

Observa

En el ejemplo *i)* se considera mayoría significativa cuando el porcentaje es superior al 50 %.

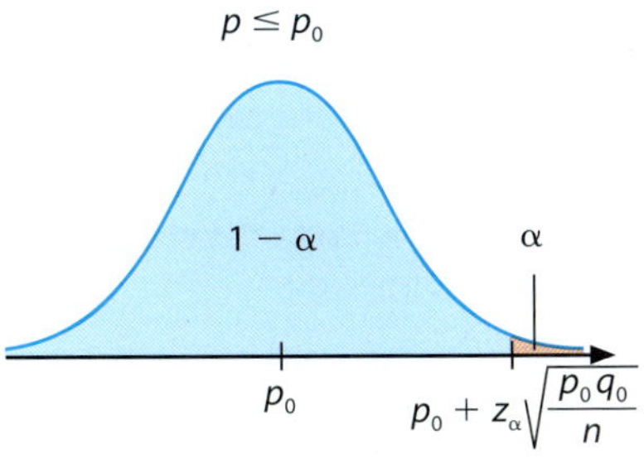

FIGURA 11.13.

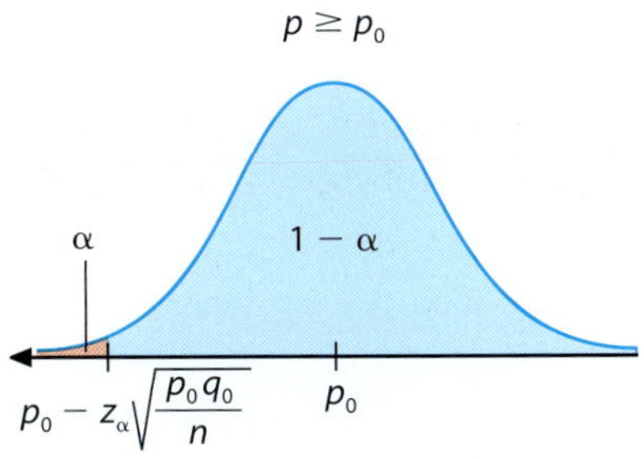

FIGURA 11.14.

Contraste unilateral

El contraste unilateral para la proporción verifica que el área correspondiente a la región de aceptación esté hacia un lado de la distribución, de modo que la región rechazable quede totalmente al otro lado. Si la región de aceptación es $1 - \alpha$, la de rechazo vendrá determinado por z_α.

EJEMPLOS

i) *En una encuesta a 1 500 habitantes de una ciudad, el 52 % estaba a favor de despenalizar la posesión de marihuana. ¿Es una mayoría significativa?*

Este es un contraste unilateral, donde H_0: $p \geq 0{,}5$ y H_1: $p < 0{,}5$.

La desviación típica de la proporción será: $\sigma = \sqrt{\frac{0{,}5(1-0{,}5)}{1500}} = 0{,}0129$

El intervalo de aceptación es: $(0{,}5 - 1{,}645 \cdot 0{,}0129, +\infty) = (0{,}479, +\infty)$

Como $0{,}52 \in (0{,}479, +\infty)$, se puede afirmar que es una mayoría suficiente.

Observa el cuadro con las posibles hipótesis nulas y alternativas correspondientes, así como para el tipo de contraste y para sus zonas de aceptación:

Hipótesis nula, H_0	Hipótesis alternativa, H_1	Tipo de contraste	Región de aceptación
$p = p_0$	$p \neq p_0$	Bilateral	$\left(p_0 - z_{\alpha/2} \cdot \sqrt{\frac{p_0 q_0}{n}}, p_0 + z_{\alpha/2} \cdot \sqrt{\frac{p_0 q_0}{n}}\right)$
$p \geq p_0$	$p < p_0$	Unilateral	$\left(p_0 - z_\alpha \cdot \sqrt{\frac{p_0 q_0}{n}}, +\infty\right)$
$p \leq p_0$	$p > p_0$	Unilateral	$\left(-\infty, p_0 + z_\alpha \cdot \sqrt{\frac{p_0 q_0}{n}}\right)$

Recuerda

Para trabajar con facilidad con el contraste unilateral, es conveniente utilizar la tabla con los valores de z_α consultando la tabla de la distribución N(0, 1) correspondiente a los niveles de significación $\alpha = 0{,}10$, $\alpha = 0{,}05$ y $\alpha = 0{,}01$.

α	$1 - \alpha$	Nivel de confianza	$z_{\alpha/2}$
0,10	0,90	90 %	1,28
0,05	0,95	95 %	1,645
0,01	0,99	99 %	2,33

ACTIVIDADES

1 Se cree que el tiempo medio que dedican unos alumnos a estudiar es de 150 min diarios, con desviación típica de 30 min. Para contrastar esta afirmación, se toma una muestra aleatoria de 100 alumnos y se obtiene que el tiempo medio es 120 min. ¿Qué se puede decir de la afirmación con un nivel de significación de 0,1?

Solución: Dado que $150 \notin (115, 125)$, se rechaza la afirmación inicial.

2 El número de accidentes mortales en una ciudad es, en promedio, de 17 mensuales. Tras una campaña de tráfico se contabilizaron los accidentes durante seis meses consecutivos, obteniéndose 14, 17, 15, 13, 18 y 17. ¿Fue efectiva la campaña?

Solución: Dado que $15{,}66 \notin (15{,}9, +\infty)$ se acepta la hipótesis alternativa y se afirma que la campaña ha sido efectiva.

3 En las últimas elecciones, el partido en el poder obtuvo un 54,5 % de los votos. Recientemente, se ha efectuado una encuesta para evaluar la aceptación por parte de los ciudadanos de la gestión del gobierno. Se toma una muestra de 500 personas y se obtiene que 247 están a favor. ¿Se puede afirmar, con un nivel de confianza del 90 %, que el partido no pierde popularidad?

Solución: $247/500 = 0{,}49 \notin (0{,}52, +\infty)$, luego el partido ha perdido popularidad.

4 Sabemos que las alturas de los individuos de una ciudad se distribuyen de forma normal. Se desea contrastar, con un nivel de significación $\alpha = 0{,}05$, si la altura media es mayor de 174 cm. Para ello se toma una muestra de 25 personas y se obtiene una media de 170 cm con una desviación típica de 10 cm.

Solución: Dado que $170 \in (-\infty, 177{,}29)$, se acepta que la altura es mayor de 174 cm.

Errores en el contraste de hipótesis

Como ya se ha comentado al principio de la unidad, y como se puede deducir después de los ejemplos resueltos, es fácil comprender que es posible que al enunciar hipótesis estadísticas y tomar decisiones basadas en ellas, se cometan errores.

Como ya se ha explicado, los errores serán de dos tipos:

- Error de tipo I: cometido cuando se rechaza la hipótesis nula siendo verdadera.
- Error de tipo II: cometido cuando se acepta la hipótesis nula siendo falsa.

Es evidente que cuando se realiza el contraste de hipótesis y se acepta o rechaza la hipótesis nula, se desconoce si se está cometiendo un error.

	H_0 verdadera	H_0 falsa
Aceptamos H_0	No se comete error	Error de tipo II
Rechazamos H_0	Error de tipo I	No se comete error

Lo que sí es posible es tratar de evaluar la probabilidad de cometer un error de uno u otro tipo.

Estudiaremos la probabilidad de cometer cada uno de los errores mediante un ejemplo concreto:

Una empresa automovilística decide otorgar un premio a concesionarios cuya nota media de una encuesta realizada a los clientes supere los 7 puntos.

Como (fundamentalmente por razones económicas) no puede realizar la encuesta a todos los clientes de todos los concesionarios, decide elegir una muestra aleatoria de 45 clientes de cada concesionario para que sean estos los encuestados.

En un concesionario se han obtenido los siguientes resultados: $\overline{x} = 7{,}9$ y $\sigma = 2{,}95$ (esta es la desviación típica de la muestra que tomaremos como una buena aproximación de la desviación típica de la población).

Ahora bien, la empresa automovilística se plantea la siguiente duda: ¿se puede asegurar que la media del concesionario es superior a 7 puntos o que el resultado obtenido se debe al azar o a la elección de la muestra?

El concesionario, seguro de merecer el premio, propone el siguiente proceso:

Para probar que la media, μ, es superior a 7, supone, en principio, lo contrario, es decir, que la media es inferior o igual a 7 y determina la probabilidad de que esto ocurra. Llegan al acuerdo de que si la probabilidad de que la media sea menor o igual que 7 es del 5 %, entonces se aceptará la hipótesis del concesionario y se le concederá el premio.

El concesionario argumenta lo siguiente: «Si la segunda hipótesis fuera cierta, es decir, la media fuera menor que 7, la distribución muestral de medias sería $N\left(7, \frac{295}{\sqrt{45}}\right) = (7, 0{,}44)$». Si esto es cierto en el 95 % de los casos, como mínimo, la media debería ser inferior a 7,723, ya que el intervalo característico es:

$$\left(-\infty, 1{,}645 \cdot \frac{\sigma}{\sqrt{n}}\right) = (-\infty, 7{,}723)$$

Dado que $7{,}9 \notin (-\infty, 7{,}723)$, se debe rechazar la hipótesis de que la media es menor o igual que 7; así pues, se acepta la hipótesis de que la media es mayor que 7 y que, por tanto, el concesionario merece el premio.

Probabilidad de cometer un error de tipo I

Cuando se plantea el contraste de hipótesis, este se hace con un nivel de significación α (en el ejemplo anterior 0,05); la probabilidad de aceptar la hipótesis nula siendo correcta será pues $1 - \alpha$.

Observando la gráfica anterior, se puede concluir que la probabilidad de rechazar la hipótesis nula siendo verdadera, es α.

Así pues, la probabilidad de cometer un error de tipo I es α. Es importante observar que la probabilidad de cometer este tipo de error es independiente de los valores del parámetro estadístico contrastado y, también, del tamaño de la muestra.

En el ejemplo anterior, se ha establecido la hipótesis nula: H_0: $\mu \leq 7$

La hipótesis alternativa: H_1: $\mu > 7$

Así mismo, se ha establecido el nivel de significación $\alpha = 0{,}05$. El razonamiento es el siguiente: si H_0 es cierta, en el mejor de los casos $\mu = 7$ y, por tanto, en el 95 % de los casos la media muestral que obtengamos deberá ser menor que 7,723, ya que el intervalo característico será: $\left(-\infty, 1{,}645 \cdot \frac{\sigma}{\sqrt{n}}\right) = (-\infty, 7{,}723)$

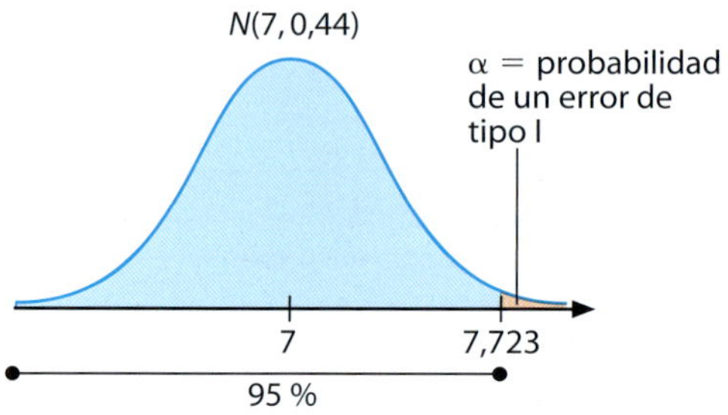

FIGURA 11.15.

Por tanto, el error de tipo I, es decir, la probabilidad de rechazar la hipótesis nula siendo verdadera, viene dada por la probabilidad de que la media esté en el intervalo $(7{,}723, +\infty)$, es decir, del 5 %.

Probabilidad de cometer un error de tipo II

La probabilidad de cometer un error de tipo II (aceptar la hipótesis nula cuando es falsa) se representa por β; así, $1-\beta$ será la probabilidad de rechazar la hipótesis nula cuando es falsa, y se denomina **potencia del contraste.**

Si se comete un error de tipo II es porque la hipótesis nula es falsa.

En el ejemplo anterior, si H_0 es falsa, es decir, si, por ejemplo, $\mu = 7{,}5$, ¿cuál es el riesgo de que aceptemos que la media es menor o igual que 7?

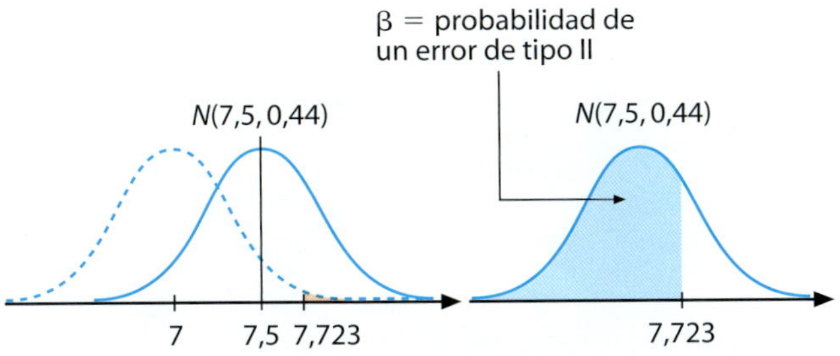

FIGURA 11.16.

Si un valor es menor que 7,723, estamos aceptando que la media es menor que 7, a pesar de ser 7,5. La probabilidad de que esto ocurra es:

$$\beta = p(\bar{x} < 7{,}723)$$

Cuando se construyen las áreas de aceptación y de rechazo de la hipótesis nula, estas se determinan a partir del valor $\bar{x}$ que, en realidad, es erróneo. Los verdaderos intervalos característicos se deberían determinar a partir del auténtico valor de μ.

Así mismo, se observa que si α está prefijado, al aumentar el tamaño muestral, n, disminuiremos la variabilidad muestral y, en consecuencia, también disminuirá el riesgo β; es decir, la manera de reducir simultáneamente los dos tipos de error es aumentar el tamaño muestral.

Por último, vemos que el riesgo de aceptar erróneamente una hipótesis nula es función del verdadero parámetro poblacional, de forma que, cuanto más alejado esté este de los valores ponderados en la hipótesis nula, menor es el riesgo β, es decir, mayor la probabilidad de tomar la decisión correcta.

El control de calidad

Fue en Norteamérica, en los años 20, donde surgieron los pioneros de la aplicación de métodos estadísticos a la mejora de los procesos de producción para conseguir mayor grado de consistencia y calidad del producto final. Este tipo de métodos, fue utilizado por la industria norteamericana durante la Segunda Guerra Mundial, pero tras ella, las empresas dejaron de utilizarlos, en gran medida, porque en aquellos momentos, se podía fabricar en los Estados Unidos cualquier cosa y venderla sin problemas en los mercados mundiales. Por contra, Japón acabó la guerra con una industria arruinada. Los japoneses abrazaron enseguida, no solo los métodos estadísticos aplicados a la fabricación, sino también, la filosofía de gestión que conllevaban. Pronto Japón conseguía abrirse mercados con artículos de gran calidad, mientras los Estados Unidos perdían progresivamente cuotas de mercado en favor de los japoneses, debido a la menor calidad de los productos que ofrecían.

En la actualidad, ninguna empresa puede despreciar este tipo de métodos, que permiten la mejora de los procesos de producción (con el ahorro de tiempo y dinero que ello supone), y de la calidad del producto final.

Pero, ¿qué es exactamente calidad? Alguien dijo una vez, que «un cliente satisfecho», lo que es una buena definición. Otras definiciones, incluyen términos tales como «concordancia, del producto con las especificaciones del mismo», «ajuste a lo que el cliente espera», etc. ¿Y cómo se puede controlar o mejorar la calidad? No existe una única respuesta a esta pregunta, pero veremos ahora algunas de las herramientas que se emplean para el control de calidad.

Con respecto a la mejora de la calidad, existe un lema que se adapta a la mayoría de los casos, «reducir la variabilidad del proceso». Conseguirlo es costoso y complicado, dado que eliminar las variaciones naturales de un proceso, resulta bastante difícil.

La dispersión o variabilidad de un conjunto de datos es uno de los factores más importantes en estadística. El significado de la dispersión de los datos depende del contexto en el que se esté tratando.

Si una variedad de trigo tiene una alta variabilidad en sus cosechas, un campesino que la utilice no sabrá nunca hasta qué punto las cosechas de ese año van a ser o no suficientes, y preferirá siempre otra variedad con mayor homogeneidad. Si la variabilidad en el resultado de una operación quirúrgica llevada a cabo mediante una determinada técnica es muy alta, los cirujanos preferirán aplicar otra técnica cuyos resultados sean más predecibles. La calidad de los servicios o de los artículos que compramos depende no solo de que sus características principales tengan una buena media, sobre todo de su homogeneidad. A nadie le gusta que si compra un paquete de 1 kg de un producto, este pueda pesar 950 g. De la misma forma, no nos dice nada que el tiempo medio en que una compañía de mensajeros entrega un paquete en una ciudad sea de 40 min, si el nuestro llega al cabo de 4 h.

Algunas oficinas bancarias, han suprimido las colas múltiples delante de las ventanillas, por una sola cola que abastece a todas las ventanillas. ¿Acaso lo han hecho porque resulte menor el tiempo medio de espera de los clientes? No, el tiempo medio no varía, pero de esta forma, se trata de eliminar la variabilidad en los tiempos de espera (en el primer sistema si damos con una cola lenta podemos pasar mucho tiempo en ella). La homogeneidad de los resultados es, en términos económicos, de la máxima importancia y normalmente la clave para la calidad y el éxito.

EJERCICIOS Y PROBLEMAS

1 Se quiere contrastar si el nivel de colesterol en sangre de un grupo de enfermos es mayor que el de una población que se ha tomado como referencia, que es de 160 u. Si se sabe que la desviación típica de la cantidad de colesterol en sangre es de 20 u:

a) Establece el contraste dando la hipotesis nula y la alternativa.

b) Si el tamaño de la muestra es de 50 enfermos y la media muestral es de 150 u, ¿se rechazará la hipótesis con un nivel de significación de 0,05?

2 En los folletos de propaganda, una empresa asegura que las bombillas que fabrica tienen una duración media de 1 600 h. A fin de contrastar este dato, se tomó una muestra aleatoria de 100 bombillas, obteniéndose una duración media de 1 570 h, con una desviación típica de 120 h. ¿Puede aceptarse la información de los folletos con un nivel de confianza del 95 %?

3 Se sabe que la renta anual de los individuos de una localidad sigue una distribución normal de media desconocida y desviación típica 1 446 €. Se ha estudiado la renta anual de 16 individuos escogidos al azar, de esta localidad y se ha obtenido un valor de 9 640 €.

Contrasta, con un nivel de significación del 5 %, si la media de la distribución es de 8 735 €.

a) Indica cuáles son las hipótesis nula y alternativa del contraste.

b) Determina la forma de la región crítica

c) ¿Se acepta la hipótesis nula con el nivel de significación indicado?

4 Una encuesta realizada a 64 empleados de una fábrica dio como resultado que el tiempo medio de duración de un empleo es de 6,5 años, con una desviación típica de 4 años. ¿Sirve esta información para aceptar, con un nivel de significación del 5 %, que el tiempo medio de empleo en esa fábrica es menor o igual que 6 años? Justifica la respuesta.

5 El peso medio de una muestra aleatoria de 81 personas de una población es de 63,6 kg. Se sabe que la desviación típica poblacional es de 6 kg. Con un nivel de significación del 0,05, ¿hay suficientes evidencias para rechazar la afirmación de que el peso medio poblacional es de 65 kg?

6 Un laboratorio afirma que un calmante quita la jaqueca en 14 min en los casos corrientes. Con el fin de comprobar esta información, se eligen al azar 30 pacientes con jaqueca y se toma como variable el tiempo que transcurre entre la administración del calmante y el momento en que desaparece la jaqueca. Los resultados obtenidos en esta muestra fueron: media, 17 min y desviación típica, 7 min. ¿Podemos admitir como cierta la afirmación del laboratorio con un nivel de confianza del 95 %?

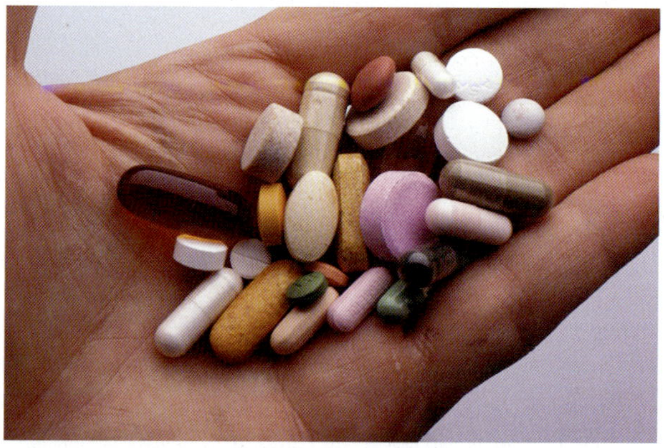

7 Un fabricante de lámparas eléctricas está ensayando un nuevo método de producción que se considerará aceptable si las lámparas obtenidas por este sistema dan lugar a una población normal con una duración media de 2 400 h y con una desviación típica igual a 300 h.

Se toma una muestra de 100 lámparas producidas por este método, la cual da una duración media de 2 320 h. ¿Se puede aceptar la hipótesis de la validez del nuevo proceso de fabricación con un riesgo igual o menor al 5 %?

Formula la hipótesis alternativa. Define el error de tipo I y el error de tipo II.

8 Cierta marca de refrescos de naranja indica que el contenido medio en zumo de naranja es del 37 %. Para comprobar la veracidad de la afirmación, una marca de la competencia realiza 35 análisis y determina que la media de contenido de zumo es del 36 % con una desviación típica del 1 %. ¿Se puede concluir con un nivel de significación del 10 % que la marca investigada engaña al consumidor?

9 Un electricista afirma que el 40 % de las bombillas que ha comprado a un fabricante en una promoción, son defectuosas. El fabricante eligió una muestra de 100 bombillas y observó que 30 tenían algún defecto. A un nivel de confianza del 95 %, ¿se puede aceptar la hipótesis del electricista?

10 Se ha realizado un estudio sobre el efecto del estrés sobre la presión arterial. La hipótesis del estudio es que la presión sistólica de los varones jóvenes estresados es mayor de 18 cm de Hg. Se estudia una muestra de 36 sujetos y se obtiene que la media es de 18,5 cm de Hg con una desviación típica de 3,6 cm de Hg.

¿Se puede aceptar la hipótesis del estudio con un nivel de confianza del 95 %?

11 Se cree que el cociente intelectual medio de los estudiantes de un instituto es $\mu = 110$ con una desviación típica $\sigma = 6$. Se toman 147 estudiantes y se obtiene que la media de sus cocientes intelectuales es $\mu_0 = 113$. ¿Se puede aceptar la hipótesis con un nivel de significación del 5 %?

12 La duración de las bombillas de 100 vatios que fabrica una empresa sigue una distribución normal con una desviación típica de 120 h. Su vida media está garantizada durante un mínimo de 800 h. Se escoge al azar una muestra de 50 bombillas de un lote y, después de comprobarlas, se obtiene una vida media de 750 h. Con un nivel de significación del 0,01, ¿habría que rechazar el lote por no cumplir la garantía?

13 Un entrenador de un equipo de baloncesto asegura que, durante los entrenamientos, sus jugadores encestan más del 90 % de los tiros libres. Para confirmar esta afirmación, se seleccionan, de forma aleatoria, 50 lanzamientos, de los que 42 son aciertos. ¿Se puede considerar correcta la afirmación del entrenador con un nivel de confianza del 90 %?

14 Un estudio afirma que al menos el 15 % de los adolescentes tienen moto. Se realiza un sondeo con una muestra de 200 adolescentes y se obtiene que 18 tienen moto. ¿Se puede aceptar como válido el estudio con un nivel de significación del 10 %?

15 Un entrenador asegura que, en los entrenamientos, sus jugadores encestan más del 92 % de los tiros libres. Con el fin de contrastar esta afirmación se ha elegido aleatoriamente una muestra de 60 lanzamientos de los que 42 han entrado en la canasta. ¿Era cierta la afirmación del entrenador?

16 Se cree que el tiempo medio de ocio que dedican al día los estudiantes de Bachillerato sigue una distribución normal de media 350 min y desviación típica poblacional de 60 min. Para contrastar esta hipótesis, se toma una muestra aleatoria formada por 100 alumnos, y se observa que el tiempo medio es 320 min. ¿Qué se puede decir de esta afirmación con un nivel de significación del 10 %?

17 Se quiere contrastar el contenido de azúcar de distintos cargamentos de remolacha. Se sabe que el contenido medio de azúcar para remolacha de regadío es del 18 % y con media superior para el de secano, siendo la desviación típica del 6 % en ambos casos. Se toma una muestra de 20 cargamentos. ¿Qué valor de la media permitirá tomar la decisión de si es de secano o de regadío al nivel del 5 %?

18 En una comunidad autónoma se estudia el número medio de hijos por mujer a partir de los datos disponibles en cada municipio. Se supone que este número sigue una distribución normal con desviación típica igual a 0,08 hijos. El valor medio de estos datos para 36 municipios resulta ser igual a 1,17 hijos por mujer. Se desea contrastar, con un nivel de significación de 0,01, si el número medio de hijos por mujer en la comunidad es de 1,25.

a) Plantea cuáles son la hipótesis nula y la alternativa en el contraste.

b) Determina la región crítica del contraste.

c) ¿Es posible aceptar la hipótesis con el nivel de significación indicado?

MANIPULACIÓN DE LA INFORMACIÓN

Hay verdades, mentiras y estadísticas

Esta célebre frase pretende poner en evidencia la facilidad con la que se puede manipular una información obtenida por métodos estadísticos.

Cuando se realiza un estudio estadístico del parámetro de una muestra de una población y se desea inferir resultados sobre el valor de dicho parámetro en toda la población, aparte de los errores inherentes al trabajo estadístico, que se han estudiado durante el desarrollo teórico de la unidad, y que son fácilmente acotables, existen otros errores de interpretación o de «manipulación» de los datos.

Es sorprendente leer las declaraciones de líderes políticos la jornada siguiente a la celebración de unas elecciones. Los resultados son los mismos pero las interpretaciones sobre quién gana, cuánto gana, por qué gana, con respecto a qué otras elecciones, a qué zonas, etc., son muy distintas.

El primer caso histórico de «inferencia estadística» nos muestra un claro ejemplo de lo comentado anteriormente:

John Arbuthnot nació en Inverbervie, Escocia, en 1667, se graduó en medicina en 1696 y llegó a gozar de una gran reputación, pues ejerció de médico de la reina Ana.

Este gran aficionado a las matemáticas tradujo al inglés el tratado sobre probabilidad de Huygens, del que ya hemos hablado, y lo amplió con algunos problemas propios.

Arbuthnot fue el primero en aplicar la estadística a la vida cotidiana y su estudio se considera el origen del **contraste de hipótesis.** Estudió los datos sobre el sexo en los nacimientos durante 82 años consecutivos y observó que nacían más niños que niñas. Hasta aquí, el estudio es correcto. Arbuthnot, después de un concienzudo estudio, concluyó que el hecho de que nacieran más varones se debía a la intervención divina y para respaldar este dato escribió un libro en 1710 al que tituló *Argumento en pro de la divina providencia*.

Quizás sería interesante destacar que la tasa de mortalidad perinatal es mayor en el caso de los niños que de las niñas.

Con esta unidad finaliza el estudio sobre estadística y probabilidad correspondiente a Bachillerato. A lo largo del bloque, han ido apareciendo citas y biografías de grandes matemáticos como Pascal, Fermat, Huygens, Bernuilli, Laplace, Galton y Pearson, entre otros; por ello, no sería justo finalizar sin nombrar, en el campo de la estadística, a Ronald Fisher (1890-1962) y a Jerzy Neyman (1894-1981).

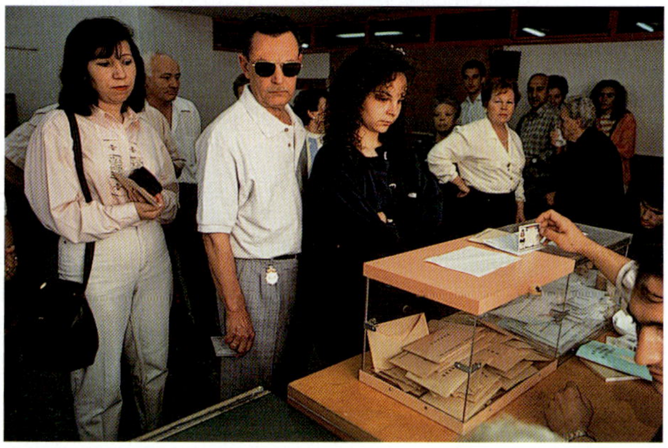

MATEMÁTICOS ILUSTRES

Ronald Fisher

El interés de Fisher en la teoría de los errores en observaciones astronómicas le llevó a investigar problemas estadísticos. En 1922 dio una nueva definición de estadística. Su propósito era la reducción de datos y enumeró tres problemas fundamentales:

- La especificación del tipo de población de la que provienen los datos.
- La estimación.
- La distribución.

Jerzy Neyman

Es considerado uno de los grandes fundadores de la estadística moderna. Trabajó junto a Egon Pearson, hijo de Karl Pearson, en la teoría de la prueba de hipótesis, dotándola de fundamentación lógica y rigor matemático. Sus ideas establecieron que las muestras deben ser abundantes, de modo que se eviten representaciones falsas. Neyman desarrolló también una teoría de estudio de muestreo en 1934 en la que utilizaba intervalos de confianza.

Evaluación

1. Un ayuntamiento quiere determinar si el agua de un pozo es potable (90 microorganismos o menos por unidad de volumen). Para ello establece un contraste estadístico que consiste en extraer diferentes muestras de agua y determinar el número de microorganismos por unidad de volumen en cada una de ellas.

   ¿Cuál de las siguientes afirmaciones es correcta?

   a) La hipótesis nula es que el agua no es potable.

   b) La hipótesis nula es que el agua sí es potable.

   c) La hipótesis nula es que hay menos de 90 microorganismos por unidad de volumen.

2. En un test de contraste en un juicio en el que la hipótesis nula es la inocencia del acusado y la hipótesis alternativa la culpabilidad:

   a) El error de tipo I sería declarar culpable a un inocente.

   b) El error de tipo II sería declarar no culpable a un inocente.

   c) El error de tipo II sería declarar culpable a un no inocente.

3. Para mejorar la calidad de sus productos, una empresa decide probar un nuevo método de producción. El antiguo método daba lugar a un 5 % de productos defectuosos. Las pruebas que se realizan en el nuevo método indican que, de 500, 20 resultaron defectuosos. ¿Indican los datos una disminución significativa (a un nivel del 1 %) de productos defectuosos?

   a) Sí.

   b) No.

   c) No se pueden dar una respuesta. Faltan datos muestrales para realizar un test.

4. Un fabricante asegura que la vida media de las lámparas que fabrica es de, al menos, 600 h. La oficina de defensa del consumidor, desea contrastar la veracidad de la afirmación. Para ello, selecciona una muestra de 250 lámparas, cuya vida media es de 610 h con una desviación típica de 20 h. Con un nivel de significación de 0,05:

   - El error de tipo I es:

     a) 5 %

     b) 95 %

     c) No se puede determinar.

   - La región crítica es:

     a) $(602, +\infty)$ *b)* $(-\infty, 618)$ *c)* $(602, 618)$

   - *a)* Después del contraste, se acepta la afirmación con un nivel de confianza del 95 %.

     b) Después del contraste, se rechaza la afirmación con un nivel de confianza del 95 %.

     c) Después del contraste, se rechaza la afirmación con un nivel de confianza del 5 %.

5. La región crítica en un contraste de hipótesis sobre la media de una población es $(-\infty, 250)$.

   a) Si la media muestral es, por ejemplo, 240, podemos rechazar la hipótesis alternativa.

   b) Una media muestral superior a 250 nos obligaría a rechazar la hipótesis nula.

   c) Una media muestral superior a 250 nos obligaría a aceptar la hipótesis nula.

6. Si la hipótesis nula en una situación es $p = 1{,}75$, la región de aceptación podrá tener la forma:

   a) $(-\infty, 1{,}70)$

   b) $(1{,}75, +\infty)$

   c) La unión de las dos anteriores.

Tabla de la distribución normal estándar o tipificada *N*(0, 1)

$$p(Z \leq k) = \int_{-\infty}^{k} \frac{1}{\sqrt{2\pi}} \cdot e^{-\frac{x^2}{2}} \cdot dx$$

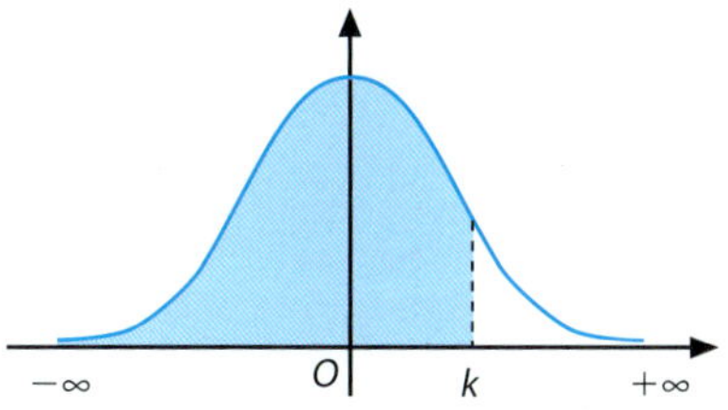

k	0,00	0,01	0,02	0,03	0,04	0,05	0,06	0,07	0,08	0,09
0,0	0,5000	0,5040	0,5080	0,5120	0,5160	0,5199	0,5239	0,5279	0,5319	0,5359
0,1	0,5398	0,5438	0,5478	0,5517	0,5557	0,5596	0,5636	0,5675	0,5714	0,5753
0,2	0,5793	0,5832	0,5871	0,5910	0,5948	0,5987	0,6026	0,6064	0,6103	0,6141
0,3	0,6179	0,6217	0,6255	0,6293	0,6331	0,6368	0,6406	0,6443	0,6480	0,6517
0,4	0,6554	0,6591	0,6628	0,6664	0,6700	0,6736	0,6772	0,6808	0,6844	0,6879
0,5	0,6915	0,6950	0,6985	0,7019	0,7054	0,7088	0,7123	0,7157	0,7190	0,7224
0,6	0,7257	0,7291	0,7324	0,7357	0,7389	0,7422	0,7454	0,7486	0,7517	0,7549
0,7	0,7580	0,7611	0,7643	0,7673	0,7704	0,7734	0,7764	0,7794	0,7823	0,7852
0,8	0,7881	0,7910	0,7939	0,7967	0,7995	0,8023	0,8051	0,8078	0,8106	0,8133
0,9	0,8159	0,8186	0,8212	0,8238	0,8264	0,8289	0,8315	0,8340	0,8365	0,8389
1,0	0,8413	0,8438	0,8461	0,8485	0,8508	0,8531	0,8554	0,8577	0,8599	0,8621
1,1	0,8643	0,8665	0,8686	0,8708	0,8729	0,8749	0,8770	0,8790	0,8810	0,8830
1,2	0,8849	0,8869	0,8888	0,8907	0,8925	0,8944	0,8962	0,8980	0,8997	0,9015
1,3	0,9032	0,9049	0,9066	0,9082	0,9099	0,9115	0,9131	0,9147	0,9162	0,9177
1,4	0,9192	0,9207	0,9222	0,9236	0,9251	0,9265	0,9279	0,9292	0,9306	0,9319
1,5	0,9332	0,9345	0,9357	0,9370	0,9382	0,9394	0,9406	0,9418	0,9429	0,9441
1,6	0,9452	0,9463	0,9474	0,9484	0,9495	0,9505	0,9515	0,9525	0,9535	0,9545
1,7	0,9554	0,9564	0,9573	0,9582	0,9591	0,9599	0,9608	0,9616	0,9625	0,9633
1,8	0,9641	0,9649	0,9656	0,9664	0,9671	0,9678	0,9686	0,9693	0,9699	0,9706
1,9	0,9713	0,9719	0,9726	0,9732	0,9738	0,9744	0,9750	0,9756	0,9761	0,9767
2,0	0,9772	0,9778	0,9783	0,9788	0,9793	0,9798	0,9803	0,9808	0,9812	0,9817
2,1	0,9821	0,9826	0,9830	0,9834	0,9838	0,9842	0,9846	0,9850	0,9854	0,9857
2,2	0,9861	0,9864	0,9868	0,9871	0,9875	0,9878	0,9881	0,9884	0,9887	0,9890
2,3	0,9893	0,9896	0,9898	0,9901	0,9904	0,9906	0,9909	0,9911	0,9913	0,9916
2,4	0,9918	0,9920	0,9922	0,9925	0,9927	0,9929	0,9931	0,9932	0,9934	0,9936
2,5	0,9938	0,9940	0,9941	0,9943	0,9945	0,9946	0,9948	0,9949	0,9951	0,9952
2,6	0,9953	0,9955	0,9956	0,9957	0,9959	0,9960	0,9961	0,9962	0,9963	0,9964
2,7	0,9965	0,9966	0,9967	0,9968	0,9969	0,9970	0,9971	0,9972	0,9973	0,9974
2,8	0,9974	0,9975	0,9976	0,9977	0,9977	0,9978	0,9979	0,9979	0,9980	0,9981
2,9	0,9981	0,9982	0,9982	0,9983	0,9984	0,9984	0,9985	0,9985	0,9986	0,9986
3,0	0,9987	0,9987	0,9987	0,9988	0,9988	0,9989	0,9989	0,9989	0,9990	0,9990
3,1	0,9990	0,9991	0,9991	0,9991	0,9992	0,9992	0,9992	0,9992	0,9993	0,9993
3,2	0,9993	0,9993	0,9994	0,9994	0,9994	0,9994	0,9994	0,9995	0,9995	0,9995
3,3	0,9995	0,9995	0,9995	0,9996	0,9996	0,9996	0,9996	0,9996	0,9996	0,9997
3,4	0,9997	0,9997	0,9997	0,9997	0,9997	0,9997	0,9997	0,9997	0,9997	0,9998
3,5	0,9998	0,9998	0,9998	0,9998	0,9998	0,9998	0,9998	0,9998	0,9998	0,9998
3,6	0,9998	0,9998	0,9999	0,9999	0,9999	0,9999	0,9999	0,9999	0,9999	0,9999
3,7	0,9999	0,9999	0,9999	0,9999	0,9999	0,9999	0,9999	0,9999	0,9999	0,9999
3,8	0,9999	0,9999	0,9999	0,9999	0,9999	0,9999	0,9999	0,9999	0,9999	0,9999
3,9	1,0000	1,0000	1,0000	1,0000	1,0000	1,0000	1,0000	1,0000	1,0000	1,0000

OXFORD
UNIVERSITY PRESS

Parque Empresarial San Fernando, Edificio Atenas
28830 San Fernando de Henares (Madrid)

Oxford University Press es un departamento de la Universidad de Oxford. Como parte integrante de esta institución, apoya y promueve en todo el mundo sus objetivos de excelencia y rigor en la investigación, la erudición y la educación, mediante su actividad editorial en:

Oxford Nueva York
Auckland Bangkok Buenos Aires Chennai Ciudad de México
Ciudad del Cabo Dar es Salaam Delhi Estambul Hong Kong Karachi
Kolkata Kuala Lumpur Madrid Melbourne Mumbai Nairobi
São Paulo Shanghai Taipei Tokio Toronto

Oxford y Oxford English son marcas registradas de Oxford University Press.
Oxford EDUCACIÓN es una marca registrada en España por Oxford University Press España, S. A.

Libro de texto para la etapa de Bachillerato, segundo curso, para la materia de Matemáticas, modalidad de Humanidades y Ciencias Sociales, elaborado según el proyecto editorial de Oxford Educación, que ha sido debidamente supervisado y autorizado.

Publicado en España por Oxford University Press España, S. A.

ISBN: 978-84-8104-477-5
Depósito Legal: M-35544-2009
Impreso en España por Orymu, S. A.
Ruiz de Alda, 1-3
28320 Pinto (Madrid)

El uso de la tilde en este libro sigue las indicaciones señaladas por la RAE en su *Ortografía de la lengua española* (1999).

AUTORES
Esther Bescós i Escruela, Zoila Pena i Terrén

COORDINACIÓN DEL PROYECTO EDITORIAL
Pilar Ruiz Fernández

EDICIÓN
Ramón Colera Cañas

CORRECCIÓN DE ESTILO
Santiago Díaz-H Sepúlveda, Mar García Mesuro, José M.ª Sotillos Martín

CORRECCIÓN NUMÉRICA
Raquel Colera Cañas

COORDINACIÓN GRÁFICA
Purificación Fernández López

DISEÑO DE CUBIERTA E INTERIORES
Dolors Albareda, Pepe Freire

MAQUETACIÓN
Patricia Graf Acuña
Departamento de Maquetación de Oxford Educación

ILUSTRACIÓN
delicado diseño
Ramón Colera Cañas

DOCUMENTACIÓN GRÁFICA
Belén Santiago Fondón
Ángel Somolinos Estévez

FOTOGRAFÍAS
AGE Fotostock, Aisa, Album, Cover, Europa Press, Firo-Foto, Index, Oronoz, Francisco J. J. Sánchez, Stock Photos, SuperStock y Archivo Oxford

AGRADECIMIENTOS
Editoriales: Alianza Editorial, Ediciones de la Torre, Ediciones Hiperión, Ediciones Pirámide